数据结构

吴　陈　编著

科学出版社
北　京

内 容 简 介

本书系统地介绍了线性表、栈、队列、串、数组、广义表、树、二叉树、图等常用数据结构以及查找、排序、索引等算法设计技术，给出了较多的数据结构应用实例及其算法在计算机中的存储和实现，分析了复杂度。书中各种算法采用 C++语言描述，既适合在 MS VC 下使用，也适合在 MS VC++.NET 中使用。全书注重程序设计风格，可读性和实用性强。

本书内容丰富，层次清晰，讲解深入浅出，可作为计算机及相关专业本、专科教材，也可供从事计算机软件开发和应用的工程技术人员参考。

图书在版编目(CIP)数据

数据结构/吴陈编著. —北京：科学出版社，2016.11

ISBN 978-7-03-050590-3

Ⅰ. ①数…　Ⅱ. ①吴…　Ⅲ. ①数据结构　Ⅳ. ①TP311.12

中国版本图书馆 CIP 数据核字(2016)第 268377 号

责任编辑：胡　凯　许　蕾/责任校对：王　瑞　高明虎

责任印制：徐晓晨/封面设计：许　瑞

科学出版社出版

北京东黄城根北街16号

邮政编码：100717

http://www.sciencep.com

北京凌奇印刷有限责任公司 印刷

科学出版社发行　各地新华书店经销

*

2016 年 11 月第 一 版　开本：787×1092　1/16

2021 年 2 月第七次印刷　印张：28 1/2

字数：676 000

定价：69.00 元

(如有印装质量问题，我社负责调换)

前　言

人类已进入信息社会，信息社会的主要任务是信息处理，信息处理中最主要的工作是数据和信息加工。计算机科学与技术作为信息技术的核心正在深刻地影响人类的学习、生活和工作方式。程序设计和软件开发是计算机科学与技术应用到社会活动各个领域的最重要基础。写出高质量的程序是每个软件开发者追求的目标。要达到这个目标仅靠高级程序设计语言是远远不够的。学会分析和研究计算机加工的对象的特性，选择合适的数据结构和存储表示，设计相应的求解算法，进而编制实现算法的程序乃至完成软件开发任务，是计算机科学与技术工作者不可缺少的知识。数据结构这门课程正是打开程序设计知识宝库的钥匙，其主要目的是培养学生将现实世界抽象为数据和数据模型的能力以及利用计算机进行数据存储和数据加工的能力。

目前，数据结构是高校计算机类专业(包括计算机科学与技术、软件工程、网络工程、信息安全等)的核心课程，也是其他信息类专业(包括信息管理与信息系统、通信工程、信息工程、信息与计算科学等)的必修课程。学好数据结构，可以使读者掌握更多的程序设计技巧，为以后学习计算机专业课程及走上工作岗位从事计算机大型软件开发打下良好的基础。

本书内容共 10 章，第 1 章重点介绍数据结构与算法的基本概念，介绍评价算法优劣的主要指标以及衡量算法效率的时间复杂度和空间复杂度；第 2 章～第 4 章重点介绍线性表、栈、队列和字符串等线性结构的逻辑特性、存储结构，以及基本操作算法；第 5 章～第 7 章重点介绍多维数组和广义表、树和二叉树、图等非线性结构的逻辑特征、存储表示及基本操作算法的实现和具体应用；第 8 章、第 9 章介绍了内部排序、外部排序和查找，对一些常用的查找、内部排序和外部排序算法进行详细描述及效率分析；第 10 章介绍索引技术，旨在对查找对象加以合理组织，提高查找效率。

书中算法采用面向对象程序设计语言 VC++加以描述，强调类和对象的概念，操作代码使用良好的设计风格，配有丰富的例题和习题。

数据结构是一门实践性很强的课程，读者在进行理论学习的同时，需要多动手编写程序上机调试，以加深对所学知识的理解，将一些基本算法和程序作为积木块以供今后使用，提高编程能力。本书可作为高校计算机类或信息类相关专业数据结构课程教材，建议理论课时为 50～70 学时，上机实践为 20～30 学时，课程设计 2～3 周。可根据本专业特点和具体情况适当增删教学内容加以使用。在第 1 章的 1.5 节，对较为频繁在本书讲解数据结构和程序设计内容时经常使用的与 C++有关的内容做了复习或补充式的介绍，若读者对 C++较为熟悉，可跳过。

本书是作者在多年讲授数据结构课程的基础上，针对数据结构教学的特点编写的。

在教学内容上，能够遵循认知规律，合理安排知识点，突出核心概念，提炼基础内容，细化难点，把握重点，侧重应用实践，减少形式化描述，注重算法设计与程序实现(书中代码在 VC++中调试运行通过，也可移植在.net 中的 C++.net 下运行)，使读者容易学习理解和使用，从实用性和培养工程应用能力的角度培养运用数据结构以及编程能力。

参加本书编写部分工作的先后有：王丽娟(第 2 章)、陈蓉(第 3 章)、常本勤(第 4 章)、吴文俊(第 5 章)、罗小虎(第 6 章)、闫仁武(第 7 章)、张绛丽(第 8 章)、夏永锋(第 9 章)、涂娟娟(第 10 章)等同志。本书电子资源网址：http：//ecsi.jsnclass. org/book-show/flex/book.html?courseNumber=23055764。

全书由杨静宇教授审阅，并提出了宝贵的修改意见，在此表示衷心感谢。

由于作者知识和写作水平有限，书中难免存在缺点或错误，希读者批评指正 (作者的邮箱：wuchenzj@sina.cn)。

作 者

2016 年 8 月

目　录

第1章　绪　　论

随着计算机科学的发展和计算机应用范围的拓展，计算机所解决的问题呈现得越来越复杂。用计算机解决问题的核心是程序设计。程序设计的实质是数据表示和数据处理。由于计算机所处理的工作不再仅仅是数值计算，其应用已由数值计算为主转化为非数值处理为主。数据对象已不再仅是数值，而是涉及字符、表格、声音、图像等多种信息。对计算机所要处理的数据仅作简单的分析，往往是不够的，或者得到的处理效率不高，而是需要加以认真的组织和管理。为了提高数据在查找、插入或删除等操作时的时间和空间利用效率，必须对被加工数据的组织形式、存储形式加以研究，找出与程序实现相配合的最佳组织形式。通过与程序设计技巧结合，达到完好解决应用问题的目的。数据结构课程主要讨论数据表示和数据处理中的一些基本问题。本章将概括地介绍数据结构的基本概念、基本思想、基本原理及实际背景。

1.1　引　　言

推动数据结构发展，可归纳为以下几个方面：

(1) 从利用计算机解题的步骤：具体问题→数学模型→算法→程序→调试→结果，可看到，由数据模型到算法设计和程序实现是用计算机解题的一个关键环节。算法设计和程序实现实质上就是要对问题所涉及的数据加以处理。从客观的需要来讲，为了提高解题即处理数据的效率，实际问题的庞大性和复杂性要求对操作的数据对象必须加以分析。从计算机实现的可能性来讲，当前计算机软、硬件技术的发展为其提供了实现的物理条件。

(2) 从计算机应用的范围日益扩大(数值计算→数据处理、实时控制及非数值计算)来看，待处理的问题多样化、复杂化，需要有或者形成统一的基本数据结构“库”，以便灵活应用。

(3) 从计算机加工处理的对象的变化(单纯数值→字符、声音、图像等)来看，各种复杂的具有一定结构的数据急待加以研究和分析，以寻找合适的存储方式及组织形式。

因此，要设计出一个“好”的程序，必须研究待处理数据的特性以及数据之间存在的关系。著名的瑞士计算机科学家沃思(N.Wirth)曾提出“算法＋数据结构＝程序”这样一个形式公式，尽管有很多人认为，这一公式现应发展而更完善地表示为“算法＋数据结构＋程序设计方法＋开发工具＝程序”，但无论如何，这都说明数据结构在计算机应用于解题中的重要作用。

数据结构是自1968年始正式成为一门课程的，它研究的是数据及数据之间的关系，以及实施在数据上的各类操作，即数据的逻辑结构、物理结构和数据上的各种操作及其实现途径。数据结构是研究计算机中大量数据的组织形式，并在此组织形式上定义相应操作，以提高计算机处理问题的能力的一门学科。其目的是提高计算机时间与空间利用效率。

数据是计算机加工处理的对象。数据在计算机存储器中的表示形式称为**机内表示**。数据在现实生活或实际问题中的表示往往是一种逻辑表示，又称为**机外表示或逻辑表示**。数据要能被计算机加工处理，首先必须要能够存储在计算机中，然后才能成为被计算机直接操作的对象。机外表示和机内表示都属于数据表示。数据结构中所指的数据表示主要是研究如何把数据及数据之间关系的机外逻辑表示转化为机内表示，并对在数据上的处理通过一定的计算机指令或程序语句所构成的操作加以实现。施加在数据上的操作则属于数据处理。

为了说明数据结构，先看几个例子。

例 1-1 学生登记表管理 为方便起见，假设一个学生的信息仅由学号、姓名、性别、出生日期、政治面貌、总分这些属性组成。在现实中，通常以表格的形式出现，如表 1-1。每一个学生的信息在表格中占一行，称为一条记录。为了查看某个学生的总分，通常要给出学号(具有唯一性)或姓名(不一定具有唯一性)，先找到该学生所在的行(记录)，然后才能查看到该生的总分。

表 1-1 学生登记表

学号	姓名	性别	出生日期	政治面貌	总分
0001	张三	男	1983/09/02	团员	340
0002	李四	男	1982/12/25	党员	329
0003	王五	女	1984/03/26	团员	318
⋮	⋮	⋮	⋮	⋮	⋮

例 1-2 计算机管理图书目录问题 借书或找参考书要查目录卡(按书名编排的、按作者名编排的或按分类编排的目录卡)。利用计算机来帮助查询书目，首先应将目录卡片存入计算机。如何存放使得查询时间短，节省时间？一般是建立一张表，每一本书的信息(用一张卡片表示)在表中占一行。操作对象(数据元素)是卡片，卡片之间的关系(数据元素之间的关系)是顺序排列的，计算机的操作是查询(按书名等查询)。数学模型则是包含图书目录的表和对表进行的查找操作。

在例 1-1 和例 1-2 中，问题的数据对象分别都是一种线性表。

由于图书的数目多，因此，为了提高查找图书效率，一般可建立索引表，实现快速查找。

例 1-3 计算机和人对弈问题 井字棋由二人对弈，棋盘为 3×3 的方格，当一方的三个棋子占同一行或同一列或同一对角线时便为胜。对弈的数据元素是一种格局，格局之间的关联结构是非线性的：由一个棋局可以派生出几个格局，即一方走一个棋子后，对方可选不同的走法，不同的走法又形成不同的格局，见图 1-1(a)。而计算机的操作是生成一棵对弈树并对其进行某种操作。

高等学校的管理机构设置(见图 1-1(b))，算术表达式 A*B+C−D 的图形表示(见图

1-1(c))，都可以表示为一种树状结构，均是一些比较简单的多层结构。而对弈问题则是相对来说较为复杂的多层结构，其结点所表示的格局(又称局势或态势)及格局之间的关系(随演化得到)，要根据对弈过程动态产生。

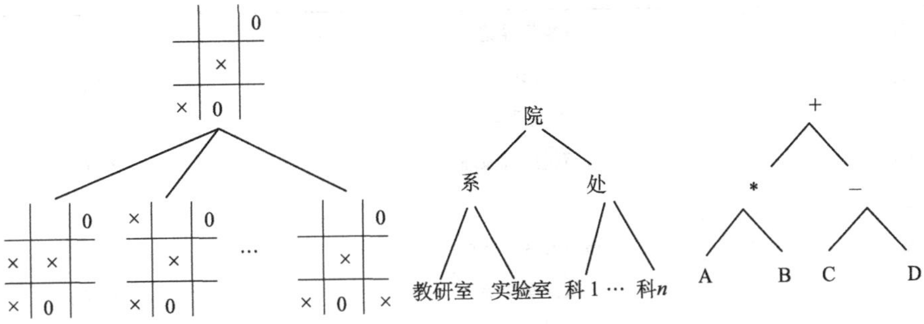

(a) 井字棋对弈格局　(b) 学院结构　(c) 表达式结构

图 1-1　几种树状结构

例 1-4　*旅行商问题*　即 Traveling Salesman Problem 问题，或称为 TSP 问题。假设有 n 个城市，如果要求从某城市出发遍历每一个城市一次，然后再回到原地，使总的路径长度最短(假设每两座城市之间都有相连通的道路)。

图 1-2(a)给出了 4 个城市间的连接图。图 1-2(b)列出了所有从顶点 1 出发经过其他每个顶点一次且仅一次后回到顶点 1 的路径及路径长度。显然，这样的回路有很多。在顶点数较大时，列出所有路径及路径长度根本不可能。需要特定的求解方法。

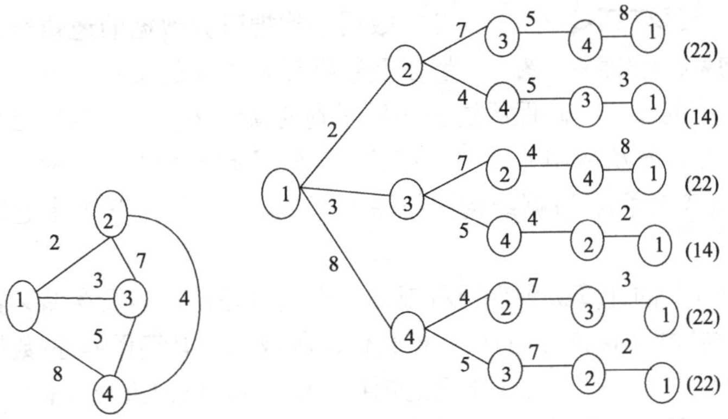

(a) 城市连接图　(b) 遍历4城市可能的走法(从1出发)

图 1-2　旅行商问题的简单描述图

例 1-5　*教学计划安排问题*　假设计算机专业教学计划中包含多门(这里仅给出专业方面的部分课程)，如表 1-2。课程之间，有些具有先后学习的次序，有些则没有。有先后学习的次序的课程，只有当先修课学过了，才能学习后续的课程。而没有先后学习次序要求的课程则可任意安排。课程之间的次序关系可用有向图直观表示，如图 1-3。有向图中每个顶点表示一门课程，如果从顶点 C_i 到顶点 C_j 之间存在一条有向边 $<C_i,C_j>$ 则

表示 C_i 必须在 C_j 之前安排学习。

表 1-2 部分学科基础课程及关系

课号	课程名称	先修课号
C_1	计算机导论	
C_2	程序设计 C++	C_1
C_3	汇编语言	C_1
C_4	计算机组成原理	C_2,C_3
C_5	数据结构	C_1,C_2
C_6	微机与接口技术	C_4
C_7	数据库基础	C_2,C_8
C_8	操作系统	C_5
C_9	人工智能	C_5

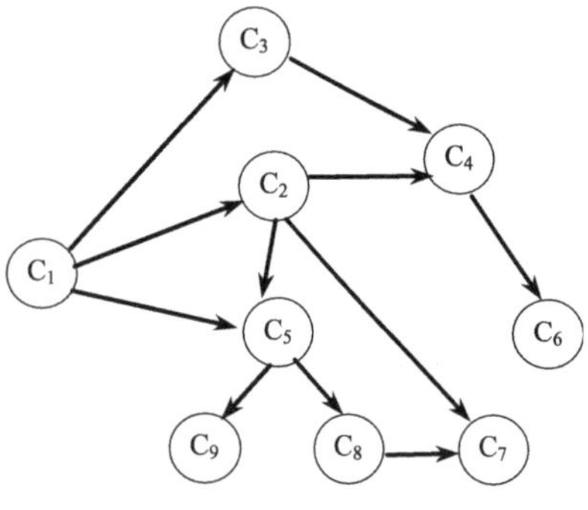

图 1-3 课程之间先后关系的有向图

要完成好教学计划的安排工作，必须对该有向图(应该无回路存在)的顶点得到一个拓扑排序序列。

尽管我们在这里分别介绍了几种不同的数据逻辑结构例子，但是，在现实生活中，经常出现的却是几种逻辑结构同时存在的情况。数据结构也可以是多层次的，如某一数据结构的数据元素本身又是某种数据结构。

数据结构把研究数据的逻辑结构和物理结构特性以及数据元素之间的相互关系，定义相适应的操作，并设计出相应的算法，确保经过操作后得到的新结构仍保持为原结构，作为其研究对象。数据结构是计算机应用专业的“瓶颈”课程，起着承上启下的作用，有人称其为程序设计的技巧(或艺术)。数据结构这门课在计算机专业课的学习中起着举足轻重的作用。

与数据结构有关的计算机硬件课程或知识有编码理论，涉及存储装置和存取方法的其他一些课程。与数据结构有关的计算机软件课程或知识有编译程序(数据元素在存储器中的分配方式等)、操作系统、信息检索(如何组织数据，以便查找和存取)、程序设计等。与数据结构有关的数学课程或知识有离散数学(涉及集合论、图论、数理逻辑等)。

所以，数据结构的先行课有：程序设计语言、离散数学、高等数学和概率论等，而后续课有：操作系统、数据库原理、算法分析与设计、编译原理和人工智能等。

1.2 数据结构中的基本概念和术语

为了便于读者学习，这里将数据结构中所涉及的名词术语作些解释。

(1) **数据**(data) 描述客观事物的数、字符以及所有能输入到计算机中并被计算机程序处理的符号的集合称为数据。它是计算机程序加工的“原料”，如整数、字符、字符串、声音、图像等，都是属于具有广泛含义的数据的范畴。也可以说，一切能够由计算机接受和处理的对象，即是数据。具有一定含义或内涵的数值、图表、刻度、符号等，能够反映一定的信息，有时亦简称为信息。随着计算机硬件、软件和外部设备的发展，数据以及信息的概念也在不断变化和发展。

(2) **数据元素**(data element)　数据元素是数据的基本单位，即数据这个集合中的一个个体(客体)。一个数据元素有时可由若干个数据项(data item)组成，数据项是数据的最小单位。如图书卡片被看成一个数据元素时，卡片中的书名、作者等则可分别看成不同的数据项。数据不是单个孤立的数或字符，是一批基本单位按一定的关系组织起来的。

(3) **数据对象**(data object)　一般指具有相同特性的数据元素的集合。它是数据的子集。例如，整数构成的集合是一个数据对象，英文字母所构成的集合也可以是一个数据对象。

(4) **数据结构**(data structure)　相互之间具有一定联系的数据元素的集合称为数据结构。数据之间的联系又统称为数据的逻辑关系或结构，通常指的是数据之间的邻接关系等。按不同的视点，数据结构又分为数据的逻辑结构和数据的物理结构或存储结构。

数据的逻辑结构指数据元素之间的逻辑关系的**总称**。数据的逻辑结构属于用户视图，是面向问题的，反映了数据内部的构成方式。如数组中各元素的先后次序关系等。尽管在一个数据结构中，两个数据元素之间可能存在多个逻辑上的联系或关系，但一般只考虑某一主要关系。例如，在一群人中，可能存在“同学”、“朋友”等关系，但如果只考虑“同学”关系，则其他的关系可暂时不考虑。这样可突出重点，简化问题。再比如，若选择城市如北京、上海、广州、天津、重庆、南京、武汉等，若仅考虑每座城市的基本信息，如人口量、总产值、面积、人均收入等，则只需建立一种线性表作为数据结构来加以信息查询等处理；但若考虑这些城市之间的铁路交通联系，则需建立图形数据结构来分析。因此，同一个数据集上的逻辑结构随问题求解的针对性不同，选择的数据结构类型就有很大的差异。一般只考虑某一最复杂的主要关系，其他关系暂不考虑，其类型也按主要关系所属类别来确定。

数据的物理结构(又称**数据的存储结构**)指数据及结构在计算机内存中的映象，即在存储中如何表示和安排。数据的存储结构属于具体实现的视图，是面向计算机的，如数组元素在内存中是物理顺序安排的。数据结构在计算机中的映象包含数据元素的映象和关系的映象，数据元素的映象称为**结点**或**元素**。数据元素又可以是由多个数据项所组成。当数据元素是由多个数据项所组成时，任一数据项的映象称为**数据域**、**字段**或**数据成员**。

数据结构一般是指数据的逻辑结构。数据结构的定义通常是在逻辑上给定，而数据操作实现则是在数据的存储结构上具体完成。

数据结构逻辑上描述为一个二元组的形式：Data_Structure=(D,R)，其中，D 表示数据元素的集合，针对具体问题，D 是一个具体的数据对象；R 表示 D 上关系的集合(可能是多个关系)，R 中的每一个关系表示了数据元素之间的一种联系。联系一般就是指逻辑上的邻接关系。

有时为了表述数据结构上所具有的操作，也可将数据结构逻辑上描述为一个三元组形式：Data_Structure=(D,R,O)，其中，O 表示该数据结构上操作的集合，D 和 R 如前定义。

一种数据的逻辑结构可以用多种存储结构来存储，而采用不同的存储结构，其数据处理的效率往往是不同的。

(5) **数据结构的映象** 数据元素之间的逻辑关系在内存储中的表现形式称为数据结构的映象。映象(mapping)主要有两种：**顺序映象**和**非顺序映象**。**顺序映象**(sequential mapping)把逻辑上相邻的元素也在物理存储上安排在相邻的位置上；**非顺序映象**(non-sequential mapping)把逻辑上相邻的元素不一定安排在物理存储上相邻的位置上。两种映象方法对应两种存储结构：**顺序存储结构**和**非顺序存储结构**。任何一个算法在编制程序之前需选择合适的存储结构来存储所要使用到的数据及结构。同一操作在不同的存储结构中实现的方法不同。算法设计依赖于所选取的存储结构。

(6) **数据结构按逻辑结构的分类** 数据结构按所考虑的数据之间的一种主要逻辑关系可将其划分为两大类：线性结构和非线性结构。

① **线性结构** 在线性结构中，若数据集非空，则数据集中的数据元素可按某种方式一个接一个地唯一顺序排列。其中，有且仅有一个称为第一个数据元素的数据元素，在它之前无任何数据元素，在其之后若有数据元素，则仅有一个称为直接后继的数据元素。另外，有且仅有一个称为终端元素的数据元素，在它之前若有数据元素，则仅有一个称为直接前趋的数据元素。而其余数据元素(既不是第一个数据元素，也不是终端元素)分别有且仅有一个直接前趋数据元素和一个直接后继数据元素。例如线性表，包括栈、队列和字符串，就是典型的线性数据结构。

② **非线性结构** 每个数据元素有一个或多个直接前趋数据元素及一个或多个直接后继数据元素的数据结构称为非线性结构。如**树**、**图**或**网**等。在树结构中，每个数据元素至多只有一个直接前趋数据元素，可能有多个直接后继元素，是一种层次结构。而在图结构(含网结构)中，每个结点可能有多个直接前趋数据元素和多个直接后继数据元素。树也可看成是图的特例。

集合是数据元素间没有任何联系的一种数据结构。可看成任意一种类型数据结构的特例。多数情况下，集合被看成线性结构的一种特例来加以简单方便地处理。

有时，也将数据结构按逻辑结构直接分为四类：**集合**、**线性结构**、**树结构**和**图结构**，图 1-4 是它们的示意图。

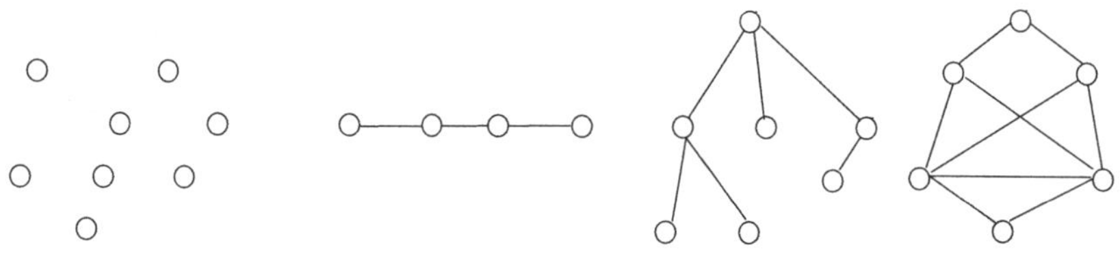

(a) 集合　(b) 线性结构　(c) 树结构　(d) 图结构

图 1-4　四种逻辑结构示意图

(7) **数据结构按存储结构的分类** 从存储结构来分类，数据结构可分为两大类：**顺序存储结构**和**非顺序存储结构**。这里所指的顺序主要强调的是，数据之间的逻辑相邻关系，在存储位置上是否物理相邻(每个数据元素的存储映象看成是一个基本单位)。而非顺序存储结构又含有**链式存储结构**、**散列存储结构**和**索引存储结构**。

有时也把存储结构直接分为：顺序存储结构、链式存储结构、散列存储结构和索引存储结构四类。下面对每一种存储结构加以简单说明。

① **顺序存储结构**(sequential storage structure) 在顺序存储结构中，它把逻辑上相邻的数据元素存储在物理上相邻的存储单元里，即用物理存储单元的相邻关系直接体现数据元素之间的逻辑上的邻接关系。在使用时，借助于程序设计语言中的数组(如C++语言中的简单数组、结构数组、指针数组等)来实现。

② **链式存储结构**(linked storage structure) 在链式存储结构中，它把逻辑上相邻的数据元素存储在物理上不一定相邻的存储单元里，数据元素之间逻辑上的相邻关系是通过存储单元中附设的指针进行表示的。使用时，借助于程序设计语言中的结构指针来表示。

③ **散列存储结构**(hash storage structure) 散列存储结构又称杂凑存储结构或哈希存储结构。它事先借助程序设计语言开辟一块逻辑上相邻的地址范围连续的存储空间，再建立一个数据元素的关键码到地址的映象函数，称为散列函数或哈希函数。数据元素的存储地址直接由数据元素的关键码计算得到。它在存储数据元素时不考虑数据元素之间逻辑上的相邻关系。逻辑上相邻的数据元素存储在物理上不一定相邻的存储单元里。

④ **索引存储结构**(indexed storage structure) 在索引存储结构中，它在存储数据元素的同时，还建立附加的**索引表**。数据元素存储的表称为**基本表**或**主表**。基本表中的元素通常“分块有序”，即块内元素按关键码不一定有序(既可有序，也可无序)，但块间要求是有序的(前一块的最大关键码都小于后一块中最小关键码)。

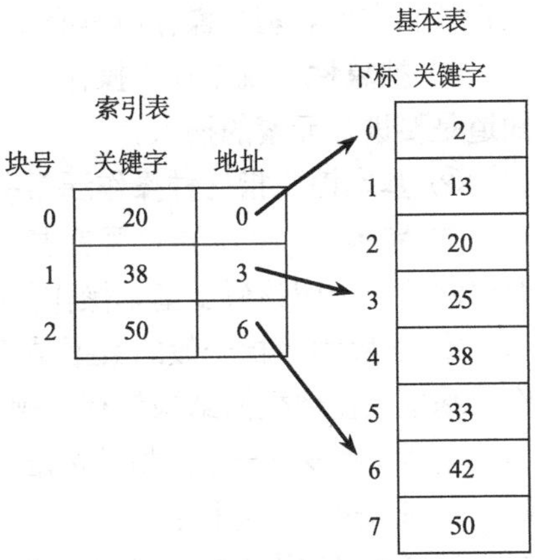

图 1-5 一个索引存储结构示意图

索引表中每一**索引项**由基本表所得到的分块中的信息构成，存放的是**块内最大关键码**和**块的起始地址**，图 1-5 给出了一个索引存储结构示意图，其中，基本表分成 3 块，第 0 块由下标 0、1、2 三个元素(记录)构成，第 1 块由下标 3、4、5 三个元素(记录)构成，第 2 块由下标 6、7 两个元素(记录)构成。块的大小，即所含元素的个数，又称为**块的长度**，简称为**块长**。前面两块的块长相同，但最后一块的块长不一定与前面的相同。当然，在实际应用中，也可建成不等长的块，这时，索引表的每个索引项在保留**块内最大关键码**下，相应地将**块的起始地址**改为**块的起始地址**和**块的终止地址**，或者改为**块的起始地址**和**块长**。

上述四类存储结构中，顺序存储结构和链式存储结构最常用，每种数据结构大都要考虑用这两种存储结构加以存储表示和实现。

例 1-6　下面是几个较简单的数据结构例子。

(a) 复数 Complex=(D,R,O)。其中，D={x|x 是实数}，R={R_1}，R_1={<x,y>|x,y 均属于 D，x 为实部，y 为虚部}，O={复数相加，复数相减，复数相乘，复数相除，……}

(b) 集合

① 元素的定义可以使用列表或谓词描述的方法给出，如{1,2,3,4},{a,b,c,d},{x|x 为整数且大于 0}。

② 认为集合中元素之间无关系，即关系集合为空。

③ 集合的操作有：交、并、差、属于等。

④ 有限无向图 Graph=(D,R,O)，其中，D={a,b,c,d}，R={R_1}且 R_1={(a,b),(a,d),(b,c), (c, d)}，而图上的操作运算 O={搜索某个结点，遍历，增加某个结点，删除某个结点，……}。其结构图如图 1-6 所示。

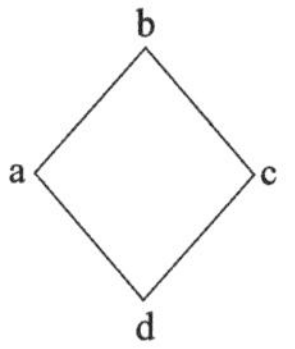

图 1-6　图结构(R_1)

(8) 数据结构上的操作　数据结构的操作是指对数据结构中的数据进行读取、修改、增删等加工处理。这些操作，有的不会改变数据的结构，而有的则可能导致数据的结构在操作前后发生变化。

数据结构的操作是定义在逻辑结构上的，但具体的实现则在物理结构上进行。定义在数据结构上的一组操作，即使逻辑结构相同，但因操作的种类和数目不同，这个数据结构的用途也会大为不同。最典型的例子是后面所讨论的栈和队列。

一个数据结构上可能有多个操作，但我们总是考虑基本操作。非基本操作则因具体要求不同，会显得很复杂或利用率不高，通常也可在掌握基本操作的基础上，相应地加以设计和实现。**基本操作**应具有下列几个特性：

① **抽象性**　就是抽出操作的本质特性，得到操作的概括描述。如插入操作，一见就知道是要进行元素的插入。

② **基本性**　指这种操作通常必不可少，比较简单，使用频率高。

③ **完备性**　指尽量将那些基本的操作都包括在所考虑的数据结构的操作范围内，不要遗漏掉一个应该属于基本操作的操作。

④ **一般性**　指一般的数据结构都可能具有的操作，都将其作为基本操作。如查找操作，基本上任何数据结构都有该操作。其操作名具有相当大的普遍意义。

当然，并没有一个严格的标准，用以区分一个数据结构上的操作哪些是基本操作、哪些不是基本操作，但我们一般都可通过一定的共识来确定。即使互不一致，也并不要紧。对于任何数据结构而言，我们这里主要讨论其上的基本操作，以便对其了如指掌，应用自如，充分将其思想运用于复杂的操作上。这里，数据结构的基本操作主要指以下几种：

① 插入　在数据结构中的指定位置上增添新的数据元素；

② 删除　删去数据结构中某个指定的数据元素；

③ 更新　改变数据结构中某个数据元素的值，在概念上等价于删除和插入操作的组合；

④ 查找　在数据结构中寻找某个特定的数据元素(所在位置和值)；

⑤ 排序　重新安排数据元素的顺序关系，使之有序。

从操作的特性可以把操作归结为两类：

① 加工型操作(constructor)　这种操作改变了(操作之前的)数据元素的内容或元素

之间的关系，即数据结构，如“插入”、“删除”、“更新”、“排序”等操作。

② 引用型操作(selector) 这种操作不改变数据元素的内容或元素之间的关系，只是查询或取值，如“查找”操作等。

数据结构的访问接口 一个数据结构的访问接口由该数据结构上的所有操作的访问接口(也可直接称为操作接口)组成。这是一个逻辑概念。只有当我们对数据结构及其操作加以具体实现后，通过对与各个操作对应的函数调用时所使用的参数类型、参数的次序、参数的个数、返回值的类型等，才能直观体会。

(9) **数据类型** 数据类型是程序设计语言中已经实现的数据结构，它由所允许的变量可能取值的集合或范围、在其数据元素上所能做的操作组成，即一个值的集合和定义在这个值集上的一组操作的总称。按照值的不同特性，在程序设计语言中，数据类型分为两类：原子类型和结构类型。

原子类型 整型、实型、字符型、枚举型和指针类型等不可再分解，称为原子类型。

结构类型 其值是由若干成分按某种结构组成的，因此是可以分解的，并且，它的成分可以是原子的，也可以进一步是结构的。例如数组，其值由若干分量组成，每个分量可以是整数，也可以是数组等。

(10) **抽象数据类型**(abstract data type，简称 ADT) 指一个数据结构，包括定义在该数据结构上的一组操作所构成的一个整体。

抽象数据类型的定义仅取决于它的一组逻辑特性，而与其在计算机内部如何表示与实现无关，即不论其内部结构如何变化，只要它的逻辑特性不变，都不影响其外部的使用。抽象的意义在于抽出问题本质特征，忽略非本质的如实现方面的细节。

例如，各个计算机都拥有的“整型”类型是一个抽象数据类型，尽管它们在不同处理器上实现的方法可以不同，但由于其定义的数学特性相同，在用户看来都是相同的。因此，“抽象”的意义在于数据类型的数学抽象特性。

抽象数据类型的范畴更广，它不再局限于前述各处理器中已定义并实现的数据类型(即固有数据类型)，还包括用户在设计软件系统时自己定义的数据类型。近代程序设计方法学中指出，一个软件系统的框架应建立在数据之上，而不是建立在操作之上，即在构成软件系统的每个相对独立的模块上，定义一组数据和施于这些数据上的一组操作，并在模块内部给出这些数据的表示及其操作的细节，而在模块外部使用的是抽象的数据和抽象的操作。显然，所定义的数据类型的抽象层次越高，含有该抽象数据类型的软件模块的复用程度也就越高。

抽象数据类型定义的主要作用是为了便于理解和把握一个数据结构的全貌特征，不涉及它的实现细节。可通过抽象数据类型名、数据元素之间逻辑关系的定义、所涉及的主要基本操作的定义给出。形式如下：

```
ADT 抽象数据类型名
Data
    数据元素及数据元素之间逻辑关系的定义
Operation
    构建器
```

　　初始值：用于初始化一个对象的数据
　　功能：　初始化一个对象
操作 1
　　前提条件：执行此操作前数据所必须的状态
　　输入：执行此操作所需要的输入
　　功能：此操作完成的功能
　　输出：执行此操作后产生的输出
　　后置条件：执行此操作后数据的状态
操作 2
　⋮
操作 *n*
　⋮
endADT

其中，构建器也是一个特殊的操作。但它具有特定的意义，所以，这里单独列出。

抽象数据类型处在将数据结构具体化为程序语言描述如 C++语言描述中的类实现的一个中间环节，是对用户所要处理的数据结构的一种逻辑描述。

一种数据结构从用户视图，即从用户角度所看到的是数据及数据之间的逻辑关系的描述，处于现实状态的总体逻辑描述层面。而转化为 ADT 设计视图，即用抽象数据类型(ADT)设计后所得到的是较为形式化的描述，如对每个操作都通过前提条件、输入、功能、输出、后置条件进一步对描述加以细化。再到实现视图，即最终以 C++语言中的类加以实现，由成员变量、成员函数给出数据结构的具体实现。这可从图 1-7 看到其从抽象到具体实现的转换过程。当然，若不采用 C++类，只要将数据结构所涉及的数据对象加以存储表示，给出其上的操作代码，亦可完成数据结构最终实现。抽象数据类型可看成是一种形式化逻辑描述，便于开发人员与用户交流。

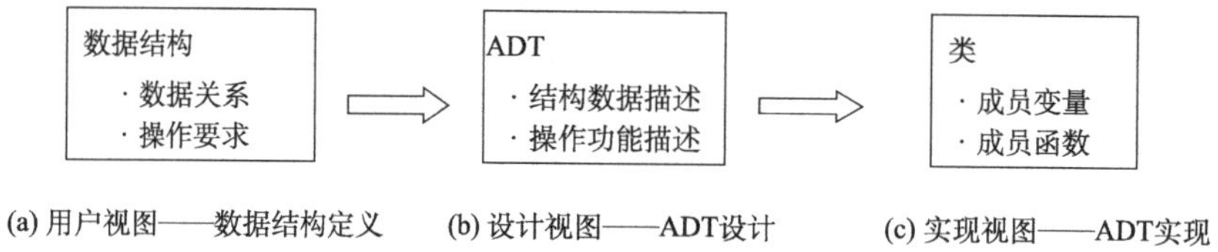

图 1-7　从不同角度看到的视图

例 1-7　描述长方形的抽象数据类型。含两个数据：长和宽，以及构建器、求面积和周长操作。

ADT Rectangle
　Data
　　由两个非负的实数分别确定长方形的长和宽
　Operation
　　Constructor

初始数值： 长,宽
功能： 由给定的初始数值确定一个长方形对象的长和宽

Area
前提条件： 无
输入： 无
功能： 求长方形面积
输出： 长方形面积
后置条件： 无

Circumference
前提条件： 无
输入： 无
功能： 求长方形周长
输出： 长方形周长
后置条件： 无

endADT

C++中的类体现了抽象数据类型的思想。本书中通过用 C++的类来实现抽象数据类型的具体表示。恰当地组织和设计类中的成员变量，可反映数据以及数据之间的逻辑关系，类中的成员函数即可实现各个操作。当然也基于下列理由：

(1) 每种数据结构用抽象数据类型加以描述，可增强抽象性，虽会引进一些操作符，通常用英文字母拼写，带来很多不必要的表示操作的符号，添加不少记忆上的麻烦(但记忆这些符号是没有多少必要的)，但好处是对数据结构能概貌了解。

(2) 对每种操作的描述不可能全面，当然也没必要，但这已可通过 C++函数实现来了解操作的主要思路，灵活的 C++函数参数设置和返回值已可很好地反映操作的界面。

(3) 从学习的过程来看，由直观和已实现的函数到抽象操作，更符合学习者的习惯，而反之，由抽象操作和抽象数据类型到函数和类的实现却使学习者感到理论性太强，有种在具体实现上仍存在大量悬而未决问题的感觉。所以对每种数据结构都先用抽象数据类型加以描述，起到抽象理解和概览全貌的作用，再用 C++的类加以实现，使得数据结构作为一门学科基础课，可学到很多以“积木块”形态展现的算法代码实现，便于今后在求解复杂工程问题时所用。

例 1-8 用 C++定义长方形类，并加以使用。在主函数中输入长方形的长和宽，计算其面积和周长。代码如下：

```
#include <iostream>
using namespace std;
class  Rectangle
   { private:
            float length, width;
     public:
          Rectangle(float len, float w);
```

```
        float Area(void) const;
        float Circumference(void) const;
};
Rectangle::Rectangle(float len, float w): length(len), width(w)
{ }
float Rectangle::Area(void) const
{ return  length*width;}
float Rectangle::Circumference(void) const
{ return 2*(length+width);}
```

主函数：

```
void main()
{ float len, wth;
  cout.setf(ios::fixed);        // 设定输出为定点输出
  cout.setf(ios::showpoint);    // 设定输出中显示小数点
  cout.precision(2);         //  输出中含两位小数位
  cout<<"Enter the length and width of the Rectangle: ";
  cin>>len>>wth;
  Rectangle  square(len,wth);  // 建立长方形对象square
  cout<<"面积= " << square.Area()<<endl;
  cout<<"周长= " << square. Circumference()<<endl;
}
```

运行结果：

```
Enter the length and width of the Rectangle: 2  3
面积=6.00
周长=10.00
```

1.3　算法和算法描述

1.3.1　算法的概念

算法(algorithm)是对特定问题求解步骤的一种描述，是指令的有限序列，其中每一条指令表示一个或多个操作，亦即算法是一个有穷的规则序列，这些规则决定了解决某一特定题目的系列操作。算法具有下列 5 个重要特性：

(1) **输入**　一个算法有零个或多个输入，这些输入取自特定的数据对象集合。

(2) **确定性**　算法中的指令的含义是确切的。在任何条件下，算法只有唯一的一条执行路径，对于相同的输入只能得出相同的输出结果。

(3) **有穷性**　一个算法在有穷步后结束，且在有穷时间内结束。

(4) **可行性**　算法中所描述的操作可通过已实现的基本运算执行有限次实现。

(5) **输出**　一个算法有一个或多个输出结果，每个输出结果是同输入有某个特定关系的量。

1.3.2　算法的描述方法

算法的描述方法可以是自然语言描述、伪代码、流程图、程序设计语言 C++、类 C++ 函数以及 C++函数。下面以实例来分别介绍每种描述方法。

例 1-9　求一个 *n* 阶矩阵中所有元素的和。

这个问题的求解思路很简单，就是把 *n* 阶矩阵中所有元素累加起来。

1. 自然语言描述

求一个 *n* 阶矩阵中所有元素的和的算法用自然语言描述如下：

(1)　输入 *n*, 输入 *n* 阶矩阵中的所有元素，将 0 赋给累加器变量 sum；

(2)　将 *n* 阶矩阵中所有元素的值累加到 sum；

(3)　sum 即为 *n* 阶矩阵中所有元素的和。算法结束。

用自然语言描述算法的最大优点是容易理解，但缺点是容易产生二义性，或出现跳转，不符合结构化程序设计思想，离程序实现尚有不少距离。

2. 伪代码描述

伪代码描述介于自然语言和程序设计语言之间，采用类似于某一程序设计语言的基本语法，操作指令可借助自然语言或指令来设计。

求一个 *n* 阶矩阵中所有元素的和的算法用伪代码描述如下：

```
1.初始化：累加器 sum=0
2. 行计数器 i 从 0 循环到 n−1
   2.1  列计数器 j 从 0 循环到 n−1
        2.1.1  将元素 a[i][j]累加到 sum
3. 输出 sum
```

但初学者不一定欣赏这种写法，因为这种语言所描述的有些操作仍缺乏很大的确定性，距离程序代码的转换尚远，有时甚至给人难以下手实现的感觉。

3. 流程图描述

用流程图描述算法的优点是直观易懂，缺点是不够严密，同样也会出现跳转，离程序实现尚有不少距离。

在流程图中，用下列图形符号表示：

(1)　椭圆框：用于表示算法的开始和结束；

(2)　平行四边形框：用于输入数据，输出数据或结果；

(3)　长方形框：表示某种处理；

(4)　菱形框(或变形的菱形框)：用于表示判断；

(5) 有向线：表示处理流。线边上的值表示取该值时算法沿该流向运行。

流程图一般作为理解算法的辅助手段。图 1-8 给出了求一个 *n* 阶矩阵中所有元素的和的算法的流程图。

4. 程序设计语言描述

用程序设计语言描述算法能由计算机编译程序直接编译并执行，但缺点是拘泥的细节较多，不具抽象性。但作为初学者，却是好的选择，因为其实现细节会为分析和实现提供直觉的参考，便于掌握程序设计技巧。如求一个 *n* 阶矩阵中所有元素的和的算法用 C++程序设计语言描述如图 1-9。

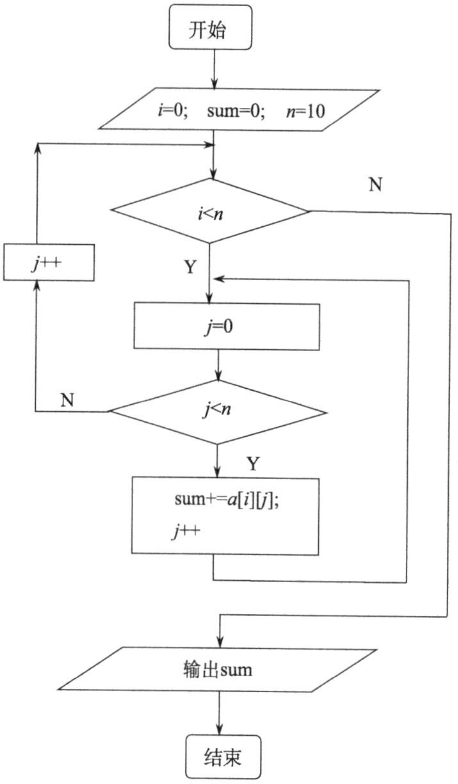

图 1-8　算法流程图

```
const int n=10;
int SumArray(int a[n][n])
{ int sum=0;
   for ( int i=0; i<n; i++)
     for ( int j=0; j<n; j++)
           sum+=a[i][j];
   return sum;
}
void main( )
{ int a[n][n] ;
   for ( int i=0; i<n; i++)
        for ( int j=0; j<n; j++)
              a[i][j]= 10*i+j ;
   cout<< SumArray(a)<<endl;
}
```

图 1-9　求 *n* 阶矩阵中所有元素和的程序

5. C++函数或类 C++函数描述

由于研究数据结构的目的在于更好地进行程序设计，因此，在讨论各种数据结构的基本运算时都需要给出代码。但是，由于用某种程序设计语言书写一个完整的程序会带来很多不便(如繁琐的变量说明，某些语句上的限制使程序不能一目了然，主函数的书写，等等)，因此一般用某种类程序设计语言的语句来描写算法。

算法必定在运行有限步后结束，但程序却不一定，如操作系统程序。

本书为方便起见，在可能的地方，尽量给出了较为具体的C++语言描述的函数甚至程序来描述算法。因此，本书并没刻意区别“程序”和“算法”。有时，为求解一个问题，需要一个或多个C++函数所组成的代码来描述相应的算法，这时，我们仍称其为一个“算法”。如求一个n阶矩阵中所有元素的和的算法可仅由图1-7中的函数sumArray( )表示，而不需写出主函数。

大多数情况下，为了突出算法的主要思想，采用一种所谓的类C++程序设计语言来加以描述，其中主要采取的与C++语言有区别的方法有：

(1) 不一定给出主函数、宏包含、数据、局部变量说明或定义。

(2) 有些语句或语句组用功能性“语句”描写。如交换x和y的值写成：$x \longleftrightarrow y$。

(3) 有些计算，如对x取整，用$[x]$；$\lceil x \rceil$表示取大于或等于x的最小整数；$\lfloor x \rfloor$表示取小于或等于x的最大整数；$\max(x_1,x_2,\cdots,x_n)$表示取$x_1,x_2,\cdots,x_n$中最大值；$\min(x_1,x_2,\cdots,x_n)$表示取$x_1,x_2,\cdots,x_n$中最小值，$x \bmod y$表示x除以y取余数，(x, y, z)表示一个长度为3的一维数组的三个分量或一个结构体三个成分分别取值x, y, z等。当然，若遇取大于或等于x的最小整数时，也可用C++中的函数ceil(x)，遇取小于或等于x的最大整数时，也用函数floor(x)。注意，数学库函数在使用前在源程序文件开始处应加入宏指令：#include <math.h>。

下面给出几个例子加以说明。

例 1-10 求一个n阶矩阵中所有元素的平均值的算法。

用C++函数描述如下：

```
const int n=10;
int AvgArray(int a[n][n])
{s=0;
  for  (i=0 ; i<n ; i++)
    for  (j=0; j<n; j++)
          s+=a[i][j];
  return s/(n*n);
}
```

例 1-11 用直接选择法对一维整数组中的元素排序的算法。

用类C++函数描述如下：

```
void SelectSort(int r[ ], int n)
{ for(i=0; i<n-1; i++)          // 对n个记录进行n-1趟简单选择排序
      {  index=i;
       for (j=i+1; j<n; j++)  // 在无序区中选取最小记录
             if (r[j]<r[index])
                  index=j;
       if (index!=i)
           {r[i]←→r[index]; }
       }
}
```

但类 C++函数离真正的 C++中函数仍有一定的差距。如上述算法，只有如下编写成完整的 C++程序(加上了主函数、宏定义、局部变量的说明、对类 C++中的缩写方法还原等)才能在 C++开发环境下运行。下面给出其完整的程序，以供读者区分。

```
#include <iostream.h>
void SelectSort(int r[ ], int n)
{   int i,j,index;int temp;
    for (i=0; i<n-1; i++)       // 对n个整数进行n-1趟简单选择排序
    {  index=i;
       for (j=i+1; j<n; j++)    // 在无序区中找到最小元素所在下标
        if (r[j]<r[index])  index=j;
        if (index!=i)
        {  temp=r[i];
           r[i]=r[index];
           r[index]=temp;
        }
    }
}
void main()
{  int a[5]={1,5,3,2,4};
   SelectSort(a,5);
   for(int i=0;i<5;i++)
     cout<<a[i]<<'\t';
   cout<<endl;
}
```

输出结果： 1　2　3　4　5

本书为方便初学者学习方便起见，尽量用 C++函数来描述算法，以便能够较好理解求解问题的程序设计方法，并掌握一些程序设计方面的技巧。而不循用传统的方法，少量采用伪代码描述，这样也可便于读者在短时间内对算法加以验证。

1.4　算法的评价方法

1.4.1　评价算法的一般原则

一般从算法的正确性、可读性和易测试性、健壮性、高效率等 4 个方面来评价算法的好坏。

(1) **正确性** (correctness)：要求该算法在合理的输入数据下，能在有限的合理时间内得出正确的结果。

(2) **可读性**(readability)和**易测试性**(testability)：容易让人阅读理解，并可用多组不同的数据进行测试。

(3) **健壮性**(robust)：程序具有一定的容错性，可靠性。

(4) 高效率(high performance)：是指算法的效率相对来说比较高。通常用算法的复杂度来加以衡量。

1.4.2　算法的复杂度

算法的复杂度分析方法有两种：事后统计和事前估算。

事后统计分析方法：先将算法加以实现，再测算其时间和空间开销。

事前估算分析方法：对算法所消耗资源直接做理论估算。

由于事后统计分析方法需要编程实现，而编写程序实现算法将花费较多的时间和精力，同时所得实验结果也依赖于计算机的软硬件等环境因素，因为影响一个程序在计算机上运行所需时间有：

(1) 运行时所需输入的数据总量；

(2) 对源程序进行编译时所需时间；

(3) 执行每条指令所需时间；

(4) 指令重复执行的次数；

(5) 人工复杂度(编程和改错所需的工作量)；

(6) 计算机的硬件性能；

(7) 编译系统的性能；

(8) 操作系统的性能；

……

由于事后统计分析方法存在费事且所得结果互比性差的缺点，如同样的代码在不同机器上运行的时间不同，我们不能轻易就说，在高性能机器上运行时间短的代码就比在低性能机器上运行时间长的代码好，因为它是同一代码。所以评价算法效率高低，不是通过用实现的程序运行所需时间来评价，而是通过事前估算分析方法来分析算法的复杂度来评价，这样避开了与计算机软硬件以及与人的因素有关的因素的影响。

算法的复杂度(complexity of algorithm)　指实现和运行某种算法所需“资源”的多少，主要含算法的时间复杂度(所需运行时间)和空间复杂度 (所占存储空间)。

算法的时间复杂度(time complexity)　指依据算法编制成程序后在计算机中运行时所要求消耗的时间长短。一般是问题规模的量级。

算法的空间复杂度(space complexity)　指程序运行时所需存储量的大小。由于解同一问题所设计的多个算法在基本的数据存储量上基本相同，所以，通常考虑所需附加辅助存储量的大小。

要求算法效率高，即，既要算法的时间复杂度小，又要算法的空间复杂度小(所占存储空间小)，这可能仅是一种理想。实际中所设计算法或选用的算法可能只是两者的某种折中。

一个看起来简单的程序，其运行时间要比一个形式上复杂的程序慢得多，运行时间较短的程序占用的存储量较大。如果一个程序需要执行 1～n 次，多次使用，则选择简便易读的方法来写，但若数据量大，内存小(如微机)，则考虑节省空间。执行每条指令所需时间、对源程序进行编译时所需的时间均依赖于机器。通常，为了便于分析，假设输入数据总量对不同的算法解决同一问题的情况相同，不考虑编译所需的时间，并假设执行一条指令需一个单位时间，这样就最终把语句重复执行的次数作为算法的时间量度。例如，比较和移动的次数、所需加法或乘法的次数，均可作为算法的时间复杂度的分析内容。

语句频度(statement frequency count)　指语句所重复执行的次数。语句频度可用来衡量一个算法的好坏。

问题规模　通常指算法处理问题中数据的多少。

问题规模可以是：向量的长度、多项式的项数、矩阵的阶、树或图的结点个数等。算法中基本操作重复执行的次数通常是问题规模的一个函数。

例 1-12　求两个 *n* 阶矩阵相乘的程序。

```
#include <iostream.h>
const int n=5;       // n表示矩阵实际的阶
void MatrixMultiply(int a[][n],int b[][n],int c[][n])
{ int i,j,k;int s;                              // 语句频度:
      for (int i=0; i<n;i++)                    // n+1
           for (int j=0; j<n;j++)               // n(n+1)
           { s=0;                               // n^2
             for ( k=0;k<n;k++)                 // n^2(n+1)
                  s=s+a[i][k]*b[k][j];          // n^3
             c[i][j]=s;                         // n^2
           }
      }
    void main()
    { int c[n][n];
      int a[n][n]={{1,2,3,4,5},{2,3,4,5,6},{3,4,5,6,7},{4,5,6,7,8},
                  {5,6,7,8,9}};
      int b[n][n]={{1,0,0,0,0},{0,1,0,0,0},{0,0,1,0,0},{0,0,0,1,0},
                  {0,0,0,0,1}};
      MatrixMultiply(a,b,c);
      for(int i=0;i<n;i++)
      {
         for(int j=0;j<n;j++)
             cout<<c[i][j]<<'\t';
         cout<<endl;
      }
}
```

在函数 multiply()中，执行语句的频度之和可作为其时间复杂度分析的依据。即

$$T(n)=n^3+n^2+n^2(n+1)+n^2+n(n+1)+n+1=2n^3+4n^2+2n+1 \tag{1-1}$$

它是矩阵的阶 *n* 的函数。

定义 若

$$\lim_{n \to +\infty} T(n)/f(n)=c \tag{1-2}$$

其中，c 为某个正常数，则称 $T(n)=O(f(n))$。

当算法的时间复杂度 $T(n)=O(f(n))$时，称算法的时间复杂度的量级为 $f(n)$。为了简便地称呼 $f(n)$，尽量选择 $f(n)$为表示形式简单的 n 的函数。

当 $f(n)$分别为 n、n^2、n^3 时，分别称时间复杂度 $T(n)$为问题规模 n 的线性量级、平方量级和立方量级。若 $f(n)$为 $\log_2(n)$，则称 $T(n)$为对数量级。若 $f(n)$为 n^2 或 n^3，则称 $T(n)$为指数量级。若 $f(n)$为常数，即 $T(n)=O(f(n))=O(1)$，则称 $T(n)$为常量级。常量级函数是不随 n 的增长而增长的。

定理 多项式

$$f(n)=a_m n^m+a_{m-1}n^{m-1}+\cdots+a_1 n+a_0 \tag{1-3}$$

的时间复杂度为

$$T(n)=O(n^m) \tag{1-4}$$

于是，例 1-12 中，$T(n)=2n^3+4n^2+2n+1$，所以，$T(n)=O(n^3)$。

算法的**渐近时间复杂度**(asymptotic time complexity)简称为**时间复杂度**，指随问题规模的增大，算法执行时间所呈问题规模增大的数量级。

一个算法是由控制结构(顺序、分支和循环三种)和原操作(指固定类型的操作)构成的，则算法时间取决于两者的综合效果。为了便于比较同一问题的不同算法，通常的做法是：从算法中选取一种对于所研究的问题(算法类型)来说是基本运算的原操作，以该原操作重复执行的次数作为算法的时间量度。在具体分析中，往往把最深层循环语句中原操作执行次数即语句频度作为该算法时间复杂度的分析依据。

算法的空间复杂度 表示随问题规模的增长，算法所需存储空间消耗量呈现的与问题规模同时增长的变化趋势(数量级)。算法的空间复杂度可类似于算法的时间复杂度作分析，通常用 $S(n)$表示。不过，在具体使用中，由于同一问题的不同求解算法所需的基本存储空间可能完全相同，而不同的可能是额外所使用的辅助存储空间不同。而所使用的辅助存储空间的大小也是 n 的函数，这时，就以辅助存储空间消耗量级来加以衡量和比较。例如，对于排序问题，待排序的数据都需要相同的基本存储空间加以存储，但不同的排序策略却导致所使用的额外辅助存储空间大不相同。具体情况要结合算法的具体思想和消耗的额外辅助存储空间加以分析。

例 1-13 分析下列几个程序段的时间复杂度。

(1) 交换 a 和 b 两个变量的值

```
temp=a;  a=b;  b=temp;
```

(2) 求 $1+2+\cdots+n$=?

```
sum=0;
for(i=0;i<n;i++)  sum=sum+i;
```

(3) 求整型数组 $a[n][n]$的所有元素之和

```
sum=0;
 for (i=0;i<n;i++)
   for (j=0;j<n;j++)  sum=sum+a[i][j];
```

(4) 求二维整型数组 $a[n][n]$的包括对角线的下三角元素之和

```
sum=0;
 for (i=0;i<n;i++)
   for (j=0;j<=i;j++)
       sum=sum+a[i][j];
```

(5) 求三维整型数组 $a[n][n]\,[n]$的部分三角体元素之和

```
sum=0;
 for (i=0;i<n;i++)
    for (j=0;j<i;j++)
      for (k=0;k<j;k++)
         sum=sum+a[i][j][k];
```

解 (1) 该程序段中每条语句的频度为 1，其执行时间是与问题规模 n 无关的常数，其时间复杂度 $T(n)=O(1)$为常数阶。空间复杂度也因仅用了三个变量 $a,b,$temp，而为常数阶，记为 $S(n)=O(1)$，空间消耗量亦与问题规模 n 无关。它们均不会随着问题规模 n 的增加而增加。

(2) 由于循环语句中的条件表达式要测试 $n+1$ 次，所以循环语句要执行 $n+1$ 次，即频度为 $n+1$。对循环语句，通常考虑其循环体最内层的语句的频度，所以，$f(n)=n$，即 $T(n)=O(n)$。为 n 的线性量级。

(3) 与(2)类似，$T(n)=O(n^2)$。为 n 的平方量级。

(4) 循环体最内层的语句的频度应如下计算：

$$f(n)=\sum_{i=1}^{n}\sum_{j=1}^{i}1=\sum_{i=1}^{n}i=\frac{n(n+1)}{2}$$

所以，$T(n)=O(n^2)$。也为 n 的平方量级。

(5) 循环体最内层的语句的频度应如下计算：

$$f(n)=\sum_{i=1}^{n}\sum_{j=1}^{i}\sum_{k=1}^{j}1=\sum_{i=1}^{n}\sum_{j=1}^{i}j=\sum_{i=1}^{n}\left(\frac{i(i+1)}{2}\right)=\frac{1}{2}\sum_{i=1}^{n}\left(i^2+i\right)$$

$$=\frac{1}{2}\left(\frac{n(n+1)(2n+1)}{6}+\frac{n(n+1)}{2}\right)=n^3+n^2+n$$

所以，$T(n)=O(n^3)$。为 n 的立方量级。

此外，有时，算法中基本操作重复执行的次数还随问题的输入数据集的不同而不同，因而经常还讨论的时间复杂度有：最好、最坏、平均情况下的时间复杂度。

(1) **最好时间复杂度**　　指数据分布呈最好情况下的时间复杂度；

(2) **最坏情况下的时间复杂度**　指数据分布呈最坏情况下的时间复杂度；

(3) **平均情况下的时间复杂度**　指数据分布呈等概率或操作位置呈等可能发生在各个位置情况下的时间复杂度，又简称为**平均时间复杂度**。

例 1-14　在一个整型数组中，顺序查找是否存在一个值等于 x 整数。

在整型数组中按值顺序查找，需要对顺序表中元素依次进行比较，如果查找成功，返回元素的序号，如果查找不成功，返回查找失败标志 0。其 C++函数如下：

```
int Find(int A[], int n,int x)
// n表示数组A中实际所具有的整数个数
{   for (i=0; i<n; i++)
        if (A[i]==x) return i+1;
    return 0;
}
```

由于不知会在何处 A 的数组元素与 x 相等，所以只能给出以下分析：

(1) 若 $A[0]$与 x 相等，则只需做一次比较，即算法最好时间复杂度 $T(n)=O(1)$；

(2) 若 $A[n-1]$与 x 相等，且 $A[0]\sim A[n-2]$均与 x 不相等，则需做 n 次比较运算，即算法的最坏时间复杂度 $T(n)=O(n)$；

(3) 在等概率的情况下，即假定每个位置上的数组分量与 x 相等的概率相等，都是 $p_i=1/n, i=1, 2, \cdots, n$。则其期望值，即在每个位置上的数组分量与 x 相等所需做的比较操作的平均次数为 $p_1c_1+p_2c_2+\cdots+p_nc_n$ (c_i 为至 i 已做的比较次数，显然，$c_i=i, i=1,2,3, \cdots, n$。于是，

$$\sum_{i=1}^{n} p_i c_i = \sum_{i=1}^{n} p_i \cdot i = \frac{1}{n}\sum_{i=1}^{n} i = \frac{1}{n}\cdot\frac{n(n+1)}{2} = \frac{n+1}{2}$$

故，在等概率的情况下 $T(n)=O(n)$，平均比较次数比表长即元素个数的一半多一点。

例 1-15　使 n 阶方阵中每一格都填上 $1, 2, \cdots, n$ 中的一个数，使每行每列中的数均不同，例如，n=5 时的方阵(拉丁方游戏)如图 1-10 所示。

1	2	3	4	5
2	3	4	5	1
3	4	5	1	2
4	5	1	2	3
5	1	2	3	4

图 1-10　5 阶拉丁方阵

算法思想：按行进行填写，若再加一行，则呈周期性变化，则可以用取模操作获得，在每填完一行后，跳过一个数，即可得。完整的程序如下。

```
#include <iostream.h>
const int  n=5;
void LatinSquare(int a[][n])
  {  int i,j,h,k,m=n+1;//做模除运算的除数为n+1
     h=1;
     for (i=0;i<n;i++)
        {  k=h;
           for (j=0;j<n;j++) {
           k=k%m;
```

```
            if(k==0)  k=1;
            a[i][j]=k;k=k+1;
            }
        h=h+1; //每填完一行，跳过一个数
      }
}
void main()
{  int i,j, a[n][n];
   LatinSquare(a);
   for(i=0;i<n;i++)
     {  for (j=0;j<n;j++)  cout<<a[i][j]<<'\t';
        cout<<endl;
     }
}
```

其中，算法或函数 LatinSquare( )的时间复杂度为 $T(n)=O(n^2)$。

对于递归函数描述的算法的时空复杂度分析，要解所谓的递归方程，而不能简单地用所谓最内层循环语句执行频度的量级来衡量。这里给出一个简单例子说明。

例 1-16　求 n!的递归算法。

```
long F(int n)
{ if (n==0||n==1) return 1;  else return n*F(n-1); }
```

假设在每次调用执行时只做了简单的比较和/或乘法运算，作为单位 1 来表示，则可解得如下：

$$T(n)=\begin{cases}1, & n=1\\ T(n-1)+1, & n>1\end{cases}$$

所以，$T(n)=O(n)$。其空间复杂度 $S(n)=O(n)$，因程序递归调用要消耗一个内部栈空间。

另外，对一些语句执行频度无法预知其量级的情况下的算法，其算法复杂度分析就更加困难，需要有很高分析技巧，这已超出了本书的学习范围。这里仅通过几个例子的分析，对其加以了解。

例 1-17　对下面程序中冒泡排序算法 BubbleSort( )函数，分析其时间复杂度。

```
void BubbleSort(int a[],int n)   //排列成自小至大有序的整数序列
{ int i=0,j, have_changed=1;
  int temp;
  do { have_changed=0;
      for (j=0;j<n-i;j++)
        if (a[j]>a[j+1])
          { temp=a[j]; a[j]=a[j+1]; a[j+1]=temp;
            have_changed=1;
          }
```

```
          i=i+1;
        }
      while (i<n-1 && have_changed);
    }
main()
  { int a[5]={3,2,4,5,1};
    BubbleSort(a,5);
    for(int i=0;i<5;i++)     cout<<a[i]<<'\t';
    cout<<endl;
  }
```

“交换序列中相邻两个整数”为基本操作。当 a 中初始序列为自小至大有序，基本操作的执行次数为 0；当初始序列为自大至小有序时，基本操作的执行次数为 $n(n-1)/2$。对这类算法的分析，一种解决的办法是计算它的平均值，即考虑它对所有可能的输入数据集的期望值，此时相应的时间复杂度为算法的平均时间复杂度。如假设 a 中初始输入数据可能出现 $n!$种排列情况的概率相等，则冒泡排序的平均时间复杂度 $T_{avg}(n)=O(n^2)$。

然而，在很多情况下，各种输入数据集出现的概率难以确定，平均时间复杂度也就难以确定。因此，更可行也更常用的办法是讨论算法在最坏情况下的时间复杂度，即分析最坏情况以估算算法执行时间的一个上界。例如，上述冒泡排序的最坏情况为 a 中初始序列为自大至小有序，则冒泡排序在最坏情况下的时间复杂度为 $T(n)=O(n^2)$。在本书中，除特别指明外，时间复杂度一般指最坏情况下的时间复杂度。

实践中我们可以把事前估算和事后统计两种办法结合起来使用。以两个矩阵相乘为例，若上机运行两个 10 阶方阵相乘，执行时间为 12ms，则由算法的时间复杂度 $T(n)=O(n^3)$ 可估算两个 31 阶方阵相乘所需时间大致为$(31/10)^3\times 12\text{ms}\approx 358\text{ms}$。

例 1-18 求两个正整数的最大公约数的欧几里得算法或辗转相除法的算法实现及其时间复杂度分析。程序代码如下：

```
int CommonFactor(int m, int n)
{   int r = m % n;
    while (r != 0)
      { m = n;  n = r;  r = m % n;  }
    return n;
}
void main( )
{   cout<<CommonFactor(63, 54)<<endl;  }
```

该算法的时间复杂度分析比较复杂，读者可参看有关书籍或参考书。这里仅给出人们得到的一个最坏情况下的时间复杂度估计：辗转相除法的运算步骤**不会超过较小数十进制下的位数的五倍**。如对 1226 与 24 求最大公约数时，因 24 是较小数，在十进制下的位数为 2，所以辗转相除法下，其最坏时间复杂度为 10。

由此例可见，算法的时间复杂度分析有时并不是那么简单的，而可能相当复杂。本例的分析仅仅只是为了对这一问题加以说明。深入的分析可参考 Ford(1996)和 Horowitz (1976)的书。

1.5　C++中的 typedef、模板与异常处理*

在学习数据结构前，读者一般已先修过 VC++程序设计语言。为了读者在学习本书后面的算法或程序的方便性，提高程序可复用性，适用于不同数据类型的灵活性，这里着重介绍类型定义 typedef、函数模板、模板类、模板结构体、异常处理。

先从程序设计方法说起。目前程序设计方法主要包括结构化程序设计方法、面向对象程序设计方法以及泛型程序设计方法。结构化程序设计方法是以功能为中心，基于功能模块划分的方法进行程序设计。一般采用自顶向下、逐步求精的方法，将一个复杂的系统按功能逐步分解为许多简单的子功能模块，然后，分别对每个子功能模块进行编程实现。一个程序由若干个子程序构成，每个子程序对应一个子功能。在面向对象程序设计方法中，一个程序由若干个对象构成。对象是由一些数据以及施加在这些数据上的操作所构成的封装体。由对象间相互发送消息和处理消息来完成程序的执行，以类作为软件复用的单位。

而泛型程序设计方法是一种将类型参数化的设计思想，充分考虑数据方面的广泛性，提高软件复用性，使算法具更大通用性。

C++中主要用类型定义 typedef、函数模板、模板类、模板结构体等实现软件复用，实即代码重用。

1. typedef 的使用

typedef 是使算法对不同类型数据使用时，尽量不修改算法的一种最简单的软件复用技巧。下面通过例子来说明 typedef 的使用：

```
typedef int  integer;   // 定义integer为int类型
typedef int *INTPTR;    // 定义INTPTR为整数指针类型
typedef int *ARRAY[10]; // 定义ARRAY为长度为10的整数指针数组类型
```

定义 NODE 为 node 结构体类型，PNODE 为 node 结构体指针类型：

```
typedef struct node {
            int data;
            node *next;
        }  NODE, *PNODE;
```

由此，变量说明：`NODE a; PNODE pa;` 说明的 *a* 为 node 结构体类型变量，而 *pa* 为 node 结构体指针类型变量。

可见，typedef 为某种类型指定了新名称，并不一定产生新类型。

2. 函数模板

在C++中没有模板(template)机制的时候，使用的就是普通的函数。要实现一个加法函数，能够对两个参数求和，并根据参数的类型返回具有适当类型的值，就必须书写所有的代码：

```
short Sum(short a,short b)
{  return a+b;  }
int Sum(int a,int b)
{  return a+b;  }
float Sum(float a,float b)
{  return a+b;  }
```

要写很多几乎重复的代码，非常麻烦！用 C++的模板函数来表达“通用型的函数”就会避免代码重复。

例 1-19 用模板函数实现两个数相加。

```
template <class T>
T Sum(T a, T b)
{  return a+b;  }
```

保存为sumtest.h。

C++编译器可以根据调用 sum 函数的参数类型“现场”生成一个适当的函数，然后调用它。

例 1-20 调用例 1-19 中定义的模板函数，实现两个数相加。

```
#include “sumtest.h”
using namespace std;
int main(void)
{  float fa=1,fb=3,fs;
   fs=Sum(fa,fb);
   cout<< “Sum(float,float)=” <<fs<<endl;
}
```

输出：

```
Sum(float,float)=4
```

函数模板不是真正的函数，它只是 C++编译器生成具体函数的一个模子。所以不能把函数模板的声明和定义分开放在不同的文件中，而普通的函数可以这样做。

3. 模板类

声明模板类的一般格式：

```
template <class 参数表>
```

```
class 类名
{
        …
}
```

例 1-21　定义一个模板类的例子。

```
template<class T>                    // 定义模板类
class ClassA {
        T x;
        int y;
  public:
    ClassA(T i, int j){ x=i; y=j;}    // 2个参数函数
    Output();
};
//模板类中的成员函数在类外定义
template<class T>
ClassA<T>::Output()
{cout<<x<<'\t'<<y<<endl;}
void main()
{  ClassA<int> d(5,1),e(10,2);  // 用int作为模板类中的实际数据类型
   d.Output(); e.Output();
   ClassA<char> c('G',7);       // 用char作为模板类中的实际数据类型
   c.Output();
   ClassA<float> g(3.5,3);      // 用float作为模板类中的实际数据类型
   g.Output();
}
```

输出结果：

```
5       1
10      2
G       3
3.5     4
```

也可定义含多个类参数的模板类。下面以两个类参数为例，介绍一个例子。

例 1-22　定义含两个类参数的模板类。

```
template<class T, class U>   // 定义模板类
 class ClassA {
        T a;
        U b;
  public:
        ClassA(T x, U y){ a=x; b=y;}
      Output();
```

```
};
template<class T, class U>
ClassA<T,U>::Output()
 {cout<<a<<b<<endl;}
void main()
{ ClassA<int,int> d(5,1), e(10,2);        // 模板类的使用
  d.Output();  e.Output();
  ClassA<char,int> c('G', 7);  c.Output();
  ClassA<float,int> g(3.5, 3);  g.Output();
}
```

输出结果:

```
    5     1
    6     a
    b     7
    3.5    G
```

4. 模板结构体

例 1-23 定义一个模板结构体。

```
template <class T>
struct node {
              T  data;
              int no;
              int sn;
             };
```

结构体变量说明:

```
node<char> stra,strb;
```

例 1-24 定义单链表中含指针成员的一个模板结构体。

```
template <class T>
struct node {
       T  data;
       node<T> *next;    //注意此用法
      };
```

结构体变量说明:

```
node<char> strl1,strl2;
```

5. 异常处理

主要可通过使用 try-catch 对异常情况进行处理。

- throw——抛出一个异常，供 catch 捕获
- try-catch 检测异常，捕获并处理异常

在可能产生异常的语句或函数中，用 if 检测异常，如果异常的条件成立了，则用 throw 语句抛出异常。

一般要将有可能抛出异常的语句或函数调用语句(函数内有抛出异常地语句)放在 try 复合语句中，用 catch 捕获并处理异常。若没有将可能抛出异常的语句或函数调用语句(函数内有抛出异常地语句)放在 try 语句中，在调用时会报异常没有处理的错误，程序将无法运行。

下面先给出一个小的例程加以说明，然后，通过设计一个小的计算器加以应用。

例 1-25　使用异常处理的一个简单例子。

```
void FuncExcep(int i) //可能抛出异常的函数
{    if(i==0) throw "This is an exception"; }
main()
{   int a,b;
    cin>>a>>b;
    try {  FuncExcep(b);  // 调用FuncExcep，检查除法运算前除数是否为0
           cout<<a/b;     // 做除法
        }
    catch(char *s)          // 捕获异常
     {  cout<<s<<endl;  } // 处理异常
 }
```

例 1-26　实现一个简单的计算器，能够完成对任意两个整数实现加、减、乘、除运算。但要注意，在做除法时，除数不能为 0。若除数为 0，则当成异常处理。

```
int Calculator(int a,char c,int b)
{  int r;
   switch (c)
        {  case  '+':  r=a+b;break;
           case  '-':  r=a-b;break;
           case  '*':  r=a*b;break;
           case  '/':  if (b==0) throw "divided by 0 ! "; else r=a/b;  break;
        }
           return r;
}
void main()
  {  int x,y;char ch;
     cin>>x>>ch>>y;
```

```
    try {  int r=Calculator(x,ch, y);
           cout<<"result="<<r<<endl;
         }
    catch(char *e)  //异常信息保存在e中
      { cout<<e<<endl; //输出异常信息
      }
    }
```

输入：3+4

输出：result=7

输入：3/0

输出：divided by 0 !

6. 关于C++标准库的头文件的一点说明

早期的C++中标准库的头文件都有.h后缀，如iostream.h,stdlib.h,string.h,time.h,math.h等，这是为了与更早的C兼容。若要用到其中的库函数都要用宏包含指令将相应的头文件包含进来，如通常会使用下列宏指令来便于使用涉及I/O的库函数：#include <iostream.h>。

而C++规范规定，标准库的头文件都无.h后缀，采用的形式如iostream,cstdlib cstring,ctime,cmath等，即很多都有个前缀字母c。C++规范标准库头文件中的标识符都被定义在C++标准命名空间std里。要在源程序文件的开头部分加入一条宏包含指令和一条使用标准命名空间的命令，才可直接使用涉及I/O的库函数或类：

```
#include <iostream>
using namespace std;
```

例如，对于输出语句：“cout<<"dog";”，若没语句：“using namespace std;”则要写成：“std::cout<<"dog";”。

使用带.h的头文件，还是使用不带.h的头文件，取决于使用者。两者都可用，但后者是发展方向。使用不带.h的头文件，一般要加语句：“using namespace std;”。

命名空间可使不同命名空间中相同的标识符按各自的定义引用，而不至于混淆或误用，这可请读者参看有关的C++书籍。

7. 算法描写的一些说明

用面向对象的方法来描写算法，既要注意算法思想的表述，同时更重要的是，要结合面向对象的程序设计语言如C++的特点，写出一定的合理代码，以便于练习和掌握。

每个算法的代码，不一定都写成类的成员函数的形式。本书主要采用类的友函数，或者一个一般的函数方式来描述。两者在表达上是有区别的。采用类的友函数，函数的形参一般最好要有类变量参数，否则，类变量内的私有数据无权访问。而采用一般的函数加以描述，形参中则可不带类变量参数，但需要通过类的一个友函数加以调用。下面通过两个C++程序实例加以说明。

例 1-27　用类的友函数描述直接选择排序算法。

```
#include <iostream>
using namespace std;
const int MaxSize=10;
class ClassB
{ public:
      ClassB( ){ length=0;}            // 无参构造函数
      ClassB(int a[], int n);            // 有参构造函数
      ~ClassB(){};                   // 析构函数为空
      friend void SelectSort1(ClassB d);
      void Print();                    // 输出元素
  private:
      int data[MaxSize];               // 存放数据的数组
      int length;
};
// 有参构造函数
ClassB::ClassB(int a[], int n)
{  if (n>MaxSize) throw "参数非法";
   for (int i=0; i<n; i++)
       data[i]=a[i];
       length=n;
}
void ClassB::Print()
{    for(int i=0;i<length;i++)
     cout<<data[i]<<" ";
     cout<<endl;
}
void SelectSort1(ClassB d)
{  int n=d.length;
   for (int i=0;i<n-1;i++)
    { int index=i;
      for(int j=i+1;j<n;j++)
          if (d.data[j]<d.data[index])  index=j;
      if (i!=index)
      {  int temp=d.data[i];
         d.data[i]=d.data[index];
         d.data[index]=temp;
      }
    }
   cout<<"输出排序后的结果:"<<endl;
   for (i=0;i<n;i++)
        cout<<d.data[i]<<" ";  cout<<endl;
```

```
}
void main( )
{   try
    { int a[5]={4,2,5,3,6};
      ClassB d(a,5);        // 建立对象变量
      cout<<"输出对象中的数据:"<<endl;
      d.Print();
      SelectSort1(d);
      cout<<"再输出对象中的数据:"<<endl;
      d.Print();
    }
    catch (char *s)
    { cout<<s<<endl;   }
}
```

输出结果:

```
输出对象中的数据:
   4  2  5  3  6
输出排序后的结果:
   2  3  4  5  6
再输出对象中的数据:
   4  2  5  3  6
```

由输出结果可见，对象以传值方式传给友元函数后，数据被排序，但原对象中的数据保持不变。

例 1-28　用一般的函数描述直接选择排序算法。

此时，形参中不带类参数，但需要通过类的一个友函数(带对象参数)加以调用。

```
#include <iostream>
using namespace std;
const int MaxSize=10;
class ClassB
{ public:
     ClassB( ){ length=0;}          // 无参构造函数
     ClassB(int a[], int n);          // 有参构造函数
     ~ClassB(){};                   // 析构函数为空
     friend void Sort(ClassB d);
    void Print();                   // 输出元素函数
  private:
    int data[MaxSize];               // 存放数据的数组
    int length;
};
// 有参构造函数
```

```
ClassB::ClassB(int a[], int n)
{  if (n>MaxSize)
       throw "参数非法";
   for (int i=0; i<n; i++)     data[i]=a[i];
   length=n;
}
void ClassB::Print()
{    for(int i=0;i<length;i++)
     cout<<data[i]<<" ";
     cout<<endl;
}

void SelectSort2(int a[ ],int n)
{  for (int i=0;i<n-1;i++)
   {  int index=i;
      for(int j=i+1;j<n;j++)
      if (a[j]<a[index])  index=j;
      if (i!=index)
      {  int temp=a[i];
         a[i]=a[index];
         a[index]=temp;
      }
   }
   cout<<"输出排序后的结果:"<<endl;
   for (i=0;i<n;i++)  cout<<a[i]<<" ";  cout<<endl;
}
void Sort(ClassB d)
{  int n=d.length;
   SelectSort2(d.data,n);
   cout<<"输出友元函数中对象内的数据1:"<<endl;
   d.Print();
}
void main( )
{    try
     {  int a[5]={4,2,5,3,6};
        ClassB d(a,5);        // 建立对象变量
        cout<<"输出对象中的数据:"<<endl;
        d.Print();  Sort(d);
        cout<<"再输出对象中的数据2:"<<endl;
        d.Print();
     }
     catch (char *s)
```

```
    { cout<<s<<endl; }
}
```

输出结果：

```
输出对象中的数据：
  4  2  5  3  6
输出排序后的结果：
  2  3  4  5  6
输出友元函数中对象内的数据1：
  2  3  4  5  6
再输出对象中的数据2：
  4  2  5  3  6
```

由输出结果可见，在友元函数中，对象中的数组传给普通的排序函数 SelectSort2( ) 后，数据被排序，友元函数中对象内的数据也排序了，而原对象内的数据保持不变。

本书中所写算法，除特殊声明外，要么以类似于例 1-27 中的友函数 `SelectSort1(ClassB d)`的形式给出，要么以类似于例 1-28 中的一般函数 `SelectSort2(int a[],int n)`的形式给出，在实际使用时，可另补写一个类的友函数，以便调用之。虽然不一定是完整的一个 C++函数(有的可能省去了局部变量的声明等细节)，但尽量近似为一个 C++函数。

本章小结和学习要点

本章简单介绍了数据结构的产生背景及与其他课程之间的关系，着重简要介绍了数据、数据元素、数据结构、数据类型等基本概念，对数据结构的逻辑结构、存储结构及其上的操作三方面分别进行了阐述，讨论了集合、线性表、树和图这四种不同结构(或粗分为线性结构和非线性结构)的逻辑结构特性，以及四种不同的数据存储方法：顺序存储、链式存储、杂凑存储和索引存储。

介绍了算法、算法的时间复杂度、算法的渐近时间复杂度、算法的最好时间复杂度、算法的最坏时间复杂度、算法的平均时间复杂度等时间复杂度概念以及空间复杂度概念，通过例子给出了分析算法时间复杂度的方法。

还简要介绍了本书所使用的算法描述语言所用到的 C++中的 typedef、函数模板、模板类、模板结构体、异常处理。并通过实例说明了本书算法的描述方式。

本章的学习要点是：

(1) 熟悉数据结构中各种名词术语的解释和含义(如数据、数据结构、抽象数据类型的定义和作用)，掌握基本概念，特别是数据的逻辑结构和存储结构之间的关系，分清哪些是逻辑结构的性质，哪些是存储结构的性质。

(2) 了解算法的五要素：①输入；②确定性(对于相同的输入执行相同的路径)；③有穷性(能执行结束)；④可行性(用以描述算法的东西都是足够基本的运算)；⑤输出。

(3) 熟悉 C++语言类型定义 typedef、函数模板、模板类、模板结构体、异常处理方式。

(4) 掌握算法时间复杂度分析方法，包括最好、最坏、平均情况下时间复杂度分析方法。

习 题 1

1. 概念理解题

(1) 简述下列概念：数据，数据元素，数据对象，数据类型，抽象数据类型，数据结构，逻辑结构，存储结构，线性结构，非线性结构。

(2) 设有数据结构(D,R)，其中 $D=\{1,2,\cdots,10\},R=\{R_1\}$，而 $R_1=\{<1,2>,<1,3>,<2,4>,<2,5>,<3,6>,<3,7>,<4,8>,<4,9>,<5,10>\}$。试画出其逻辑结构图并指出属于何种结构。

(3) 给出数据结构(D,R)，其中 $D=\{a,b,c,d,e,f\},R=\{K,S,T\}$, $K=\{<a,b>,<d,e>,<e,a>,<b,f>\},S=\{<a,d>,<f,c>,<e,d>\},T=\{<a,c>,<e,f>\}$，试画出其数据结构的逻辑结构示意图。

(4) 试简述算法、语句频度、算法的时间复杂度、算法的渐近时间复杂度、算法的最坏时间复杂度、算法的平均时间复杂度的概念含义。

2. 选择题

(1) 顺序存储结构中数据元素之间的逻辑关系是由______表示的，链接存储结构中的数据元素之间的逻辑关系是由______表示的。

A. 线性结构　　B. 非线性结构　　C. 存储位置　　D. 指针

(2) 算法指的是______。

A. 对特定问题求解的步骤描述，是指令的有限序列

B. 计算机程序　　C. 解决问题的推理方法　　D. 数据的组织和存储

(3) 下面______不是算法所必须具备的特性。

A. 有穷性　　B. 确定性　　C. 高效性　　D. 可行性

3. 判断题

(1) 抽象数据类型是数据类型的推广。( )

(2) 算法的时间复杂度是通过循环语句的来确定。( )

(3) 所谓数据的逻辑结构指的是数据之间的一种邻接关系。( )

(4) 数据结构不包括数据的存储结构。( )

(5) 基于逻辑结构之上的基本操作，其实现是唯一的，且仅能用 C++的类中的成员函数加以实现。( )

4. 填空题

(1) 数据的基本单位是_____，在数据结构中通常作为一个数据单位进行处理。

(2) 数据的最小单位是________，是构成数据结构中数据元素的最小数据单位。

(3) 从逻辑关系上讲，数据结构主要分为____和_____两大类。而_____和_____通常归纳在相对简单的______类，_____和_____则通常归纳在相对复杂的_____类。

(4) 数据结构含数据的_______和_______两个方面。数据结构在存储表示时，要存储 _______和_______。

(5) 数据的存储结构分为：_______、_______、_______、_______四类。其中，_______ 和_______

是两种最常用的存储结构。

(6) 算法具有的 5 个特性分别是输入、输出、有穷性、确定性、_______。

(7) 算法的描述方法通常有自然语言、流程图、程序设计语言和_______ 4 种，其中，_______被称为算法语言。用程序设计语言描述算法虽然较繁琐，但为理解和快速实现算法提供了直观的途径。

(8) 算法分析的目的是分析算法_______。

(9) 算法的渐进时间复杂度通常可具体用______、______、______方法表示。

(10) 评价算法的原则主要包括_______、_______、_______、_______。

5. 分析计算题

(1) 试按增大率，以由小到大的顺序对下列函数排序：

$2^n, \log_2 n, n\log_2 n, n^{3/2}, 2^{10}, (3/2)^n, n^n, \sqrt{n}, n!, n^2\log_2 n, n/\log_2 n, n\log_2^2 n$

(2) 多项式 $A(x) = a_n x^n + a_{n-1}x^{n-1} + \cdots + a_1 x + a_0$ 可直接计算或用下式计算：

$A(x) = (\cdots(a_n x + a_{n-1})x + \cdots + a_1)x + a_0$ 。试分析它们的时间复杂度。

(3) 写出下列程序段的时间复杂度(用 $T(n) = O(f(n))$ 表示)。

①
```
x=0;
for (int i=2;i>=n;i++)
      if (i%2==0) x++;
```

②
```
i=n-1;
while(i>0&&i/2!=1)
{s+=i; i--;}
```

③
```
i=1;sum=0;
while (i<n)
 { sum=sum+I;
   i++;
 }
```

④
```
i=1;sum=1;
do
{ sum=sum*i;
  i++;
}
while (i<n);
```

⑤
```
sum=0;
for(i=1,j=n;i<j;i++,j--)
  sum+=i+j;
```

⑥
```
x=0;y=0; // n>1
while (n>=(y+1)*(y+1)*(y/2))
    { x++; y++;}
```

⑦
```
x=91;y=100;
while (y>0)
if (x>100)
    {x=x-10;y--;}
else x++;
```

⑧
```
x=1;
for (i=0;i<n;i++)
  for (j=0;j<i/2;j++)
    for (k=j;k>=0;k--)
       x++;
```

6. 算法设计题

(1) 用递推公式 $x_{k+1}=(x_k+n/x_k)/2$ 求 n 的平方根，编写程序，要求精度达到 10^{-6} 。

(2) 写出在一个在一维整型数组中求最大值和次最大值，并记录它们所在位置的算法或程序，要求对数据只扫描处理一趟。

(3) 写出对一组整数用选择排序法进行排序的算法。

(4) 一个圆锥体，可以根据给定的底面半径和高计算其底面面积、表面积和体积，试为圆锥体定义一个抽象数据类型，包含圆锥体的常见运算，每个运算对应一个基本操作，每个基本操作的接口需定义前置条件、输入、功能、输出和后置条件，并用 C++语言中的类编程实现。

思考题 1

1. 试述 C++语言中函数形参分别为简单数据数型、数组、指针类型时的区别。

2. 什么叫函数模板、模板类、模板结构体？如何进行异常处理？

3. 以欧几里得算法作为求任意两个整数的最大公约数为例，对两个数均为 0 的情况，写出一个利用 try 和 catch 进行异常处理的程序。

4. 写出在一个在一维整型数组中同时求最大值、次最大值、最小值和次最小值，并记录它们分别所在位置的算法或程序，要求对数据只扫描处理一趟。

5. 在用递归法求任意两个正整数最大公约数的欧几里得算法下，写出求最小公倍数的程序。

6. 编写利用因子分解方法求任意两个正整数的最大公约数的程序。

7. 编写程序，由递推公式 $C_m^n = C_{m-1}^n + C_{m-1}^{n-1}$ 计算组合数 C_m^n 的值。

上机题 1

1. 二十问问题　由计算机随机产生一个 1～100 的整数，你猜一个数，给出交互式结果：若相等，则算赢；若小于那个数，则要继续猜下一个更大的数；若大于那个数，则要继续猜下一个更小的数；若你重复了前面猜的数，则立即做提醒，表示已猜过了，应重猜。最多可猜 20 次。当最后赢了时，输出猜数序列。包括重猜的数。

提示：

(1) 设置一个长度为 20 的整型数组，以记录猜数序列。

(2) 要用到随机产生整数的随机函数 rand( )。如果要每次产生的随机整数不同则应先使用函数 srand()。void srand(unsigned seed)中的参数 seed 是 rand()的种子，用来初始化 rand()的起始值。rand(void)返回一个[seed, RAND_MAX)间的随机整数(RAND_MAX =0x7fff)。如果希望 rand( )在每次程序运行时产生的值都不一样，必须给 srand(seed)中的 seed 一个变值，这个变值必须在每次程序运行时都不一样(比如到目前为止流逝的时间)。用 srand((unsigned)time(0))将由 rand()产生的随机整数与系统到目前为止流逝的时间有关，即使之随时间变化而变化，其中，time(0) 返回从 1970 年 1 月 1 日零时零分零秒到目前为止所经过的时间，单位为秒。

(3) 由表达式 rand( )%100+1 计算出一个处在 1～100 范围内的整数。

(4) 1～100 间的整数，若按每次猜范围内的中间值，只要不猜重复，最多只需 7 次就一定可猜出。

2. 工人分白领和蓝领　共同点是都有标识(工号或身份证号)、姓名、性别和年龄、月工资。蓝领工人按每天计算工资，每月按 30 天计，最后算出月工资。白领工人按半月发一次工资，每月两次，算出月工资。设分别有 5 个工人，将各类每个人的数据输入并计算出月工资(数据自给)，再对各类的数据输出。要求应用模板类及继承等知识编程完成上述问题的求解程序。

第2章 线 性 表

线性表(linear list)是一种最简单、最常用的数据结构，用它可以描述各种线性放置的数据，实现相应的操作。本章介绍线性表的逻辑结构定义与操作、顺序存储与操作实现、链式存储与操作实现、其他存储及操作实现及一元多项式的表示和相加操作，并对各种操作在不同的存储实现情况下的算法时间复杂性进行了分析。

2.1 线性表及其基本操作

2.1.1 线性表的逻辑结构定义

一个线性表是 n 个数据元素的有限序列，表中的数据元素，除第一个和最后一个外，有且仅有一个直接前趋和一个直接后继。第一个元素只有一个直接后继，没有直接前趋。最后一个元素只有一个直接前趋，没有直接后继。长度为 n 的线性表其数据结构可描述为如下二元组的形式：$L=(D,R)$，其中，$D=\{a_i|a_i\in \text{DataObject}, i=1,2,\cdots,n\}$，DataObject 为某个数据对象；$R=\{R_1\}$，且 $R_1=\{<a_{i-1}, a_i>|a_{i-1}, a_i\in \text{DataObject}, 2\leqslant i\leqslant n\}$表示相邻关系。当 $n=0$ 时，线性表为空表，简记为：$L=(\ )$；而当 $n>0$ 时，通常把线性表简记为：$L=(a_1,a_2,\cdots,a_n)$。

当 $i=2,3,\cdots,n$ 时，通常称 a_{i-1} 为 a_i 的直接前趋(简称前趋)，a_i 为 a_{i-1} 的直接后继(简称后继)。a_1 没有前趋，只有后继。a_n 有前趋，但无后继。当线性表为非空时，线性表中数据元素的个数 n 称为线性表的长度。当线性表为空时，线性表的长度为 0。

一般地，对数据元素来说，同一线性表中数据元素要求具有相同特性，即属于同一数据对象。应满足下列特性：

(1) 均匀性：线性表中的所有元素有相同的元素描述，不论元素是简单的还是复杂的，都要一致；元素本身的类型相同。

(2) 有序性：线性表中的元素有前后次序，不能随意改变。

(3) 保持性：在线性表操作前后仍要维持其线性结构。

若将线性表上的基本操作如插入、删除、查找等操作所构成的集合记为 O，则线性表亦可描述为三元组的形式：$L=(D,R,O)$。三元组的描述比二元组的描述更完整，但习惯上一般用二元组描述。

例 2-1 线性表的一些例子。

(1) 数据元素全为整数可组成一个线性表，如由 6,17,28,50,92,188 六个整数构成下列线性表：(6,17,28,50,92,188)。

(2) 数据元素全为字符亦可组成一个线性表，如由英文 26 个大写字母构成下列线性表：(A,B, C,D,…,Z)。

(3) 数据元素分别全为文本(如一页书) 可组成一个线性表。

(4) 数据元素全为由若干数据项组成的结构也可组成一个线性表。表 2-1 是一个仓库的货物登记表。

表 2-1　一个仓库的货物登记表

货号	品名	单价	数量	产地
10001	提包	30	50	上海
10002	衬衣	50	200	广州
10003	皮鞋	80	50	武汉
⋮	⋮	⋮	⋮	⋮

在这种稍复杂的线性表中，其中一个数据元素指的就是表中的一行，或称为一栏。表的每一行是由若干个数据项(data item)组成。在这种情况下，常把数据元素称为记录(record)或结构体(或结构)。

2.1.2　线性表的抽象数据类型定义

线性表是一种灵活的数据结构。逻辑上，即在不考虑采用何种具体的存储表示的情况下，线性表的数据元素不仅可被访问，而且也可在线性表中插入一个新的数据元素或删除一个已有的数据元素，从而导致线性表的长度可增长或缩短。线性表的常规基本操作有：存取、查找、插入和删除等。其抽象数据类型定义如下：

ADT　List

Data：　$D=\{a_i|a_i\in \text{DataObject},i=1,2,\cdots,n\}$，DataObject 为具相同类型数据对象集

Relation：　$\{<a_{i-1},a_i>|a_{i-1},a_i\in \text{DataObject},2\leqslant i\leqslant n\}$，即相邻关系

Operation：

InitList

　　前置条件：线性表不存在

　　输入：无

　　功能：初始化线性表操作

　　输出：无

　　后置条件：一个空的线性表

ClearList

　　前置条件：线性表已存在

　　输入：无

　　功能：清空线性表操作

　　输出：无

　　后置条件：释放线性表所占用存储空间,且表长置为 0

GetLength

　　前置条件：线性表已存在

　　输入：无

　　功能：求表长操作，求线性表的长度

　　输出：线性表中元素的个数

后置条件：线性表不变

Get

前置条件：线性表已存在

输入：元素的序号 i

功能：取元素操作，取线性表中第 i 个数据元素

输出：若 $n\geqslant1$，并且 $1\leqslant i\leqslant n$，则返回第 i 个数据元素，否则抛出异常

后置条件：线性表不变

Locate

前置条件：线性表已存在

输入：数据元素 e

功能：定位操作，确定数据元素 e 在线性表中位置(序号)

输出：若查找成功，返回元素 e 在表中的序号，否则返回 0

后置条件：线性表不变

Insert

前置条件：线性表已存在

输入：插入位置 i，待插入元素 e

功能：插入操作，在线性表的第 i 个位置插入新元素 e

输出：若插入不成功，则抛出异常

后置条件：若插入成功，表中增加了一个新元素

Delete

前置条件：线性表已存在

输入：删除位置 i

功能：删除操作，删除线性表中的第 i 个元素

输出：若删除成功，则返回被删元素，否则抛出异常

后置条件：若删除成功，表中减少了一个元素

PrintList

前置条件：线性表已存在

输入：无

功能：输出表操作，按先后次序，输出线性表中的元素

输出：线性表的各个数据元素

后置条件：线性表不变

endADT

要说明的是：

(1) 对于不同的应用，线性表的基本操作可以不同，并非要求全部包括其中的所有操作，有时，可含其中一部分操作。

(2) 对于不同的应用，同一操作的接口可能要求不同，例如，对删除操作，若要删除表中数据元素 x，则 Delete 操作的输入参数就不能是位置序号，而应该是数据元素本身(或本身的标识信息)。

(3) 上述操作是基本的，对于实际问题求解中要求的对线性表的更复杂操作，要么可通过用这些操作组合实现，要么可用其相关思想设计更为复杂的操作加以实现。

例如，复杂的操作有：

① 将两个或两个以上的线性表合并为一个线性表；

② 把一个线性表拆分成两个或两个以上的线性表；

③ 复制一个线性表；

④ 按某个数据项或关键字项的递增(或递减)顺序对线性表中的数据元素排序，结果得到有序的线性表，简称为有序表；

⑤ 倒置线性表，即将线性表中数据元素的排列次序变为逆转次序，等等。

这些操作需要根据具体情况分析后加以实现，学会这些复杂操作的实现是深入学习和掌握线性表所必需的，但对于初学者可逐步或部分地涉猎，以达到全部掌握的目的(严蔚敏等，1997)。

2.2 线性表的顺序存储结构——顺序表

2.2.1 顺序表的基本表示

线性表的顺序存储是最简单和最常用的线性表的存储方式，它是用一组地址连续的存储“单元”依次存储线性表的元素。

假设线性表的每个元素占用 C 个存储单元，并以其所占的第一个单元的存储地址作为该数据元素的存储位置。设线性表的第 1 个数据元素 a_1 的存储位置为 b，线性表的第 i 个数据元素 a_i 的存储位置为 $\mathrm{LOC}(a_i)$，即存放第 i 个结点的开始地址，则有 $\mathrm{LOC}(a_1)=b$，$\mathrm{LOC}(a_2)=\mathrm{LOC}(a_1)+C=b+C$。一般地，对于 $i=1,2,\cdots,n-1$，有

$$\mathrm{LOC}(a_{i+1}) = \mathrm{LOC}(a_i) + C = b+i \cdot C \tag{2-1}$$

或对于 $i=2,3,\cdots,n$ 有

$$\mathrm{LOC}(a_i) = \mathrm{LOC}(a_{i-1}) + C = b+(i-1) \cdot C \tag{2-2}$$

这种机内表示称为线性表的顺序存储结构或顺序映象(sequential mapping)，即用在机内物理上的紧邻来表示线性表中数据元素的紧邻逻辑关系。它的特点是线性表中相邻的数据元素 a_i 和 a_{i+1} 在内存中也是相邻存储的，存储位置 $\mathrm{LOC}(a_i)$ 和 $\mathrm{LOC}(a_{i+1})$之间相差一个常数 C。只要确定了起始位置，线性表中的任一数据元素都可随机存取，这是顺序存储的特征。所以，线性表的顺序存储结构也称为是一种随机存取的存储结构。

由于程序设计语言中的一维数组的机内表示也是顺序映象，由此，可以借用一维数组这种数据结构来描述线性表的顺序存储结构，如图 2-1 所示。只要建立起数组元素的下标值和存储地址之间的对应关系，就可由下标随机地访问该数组的任一元素。

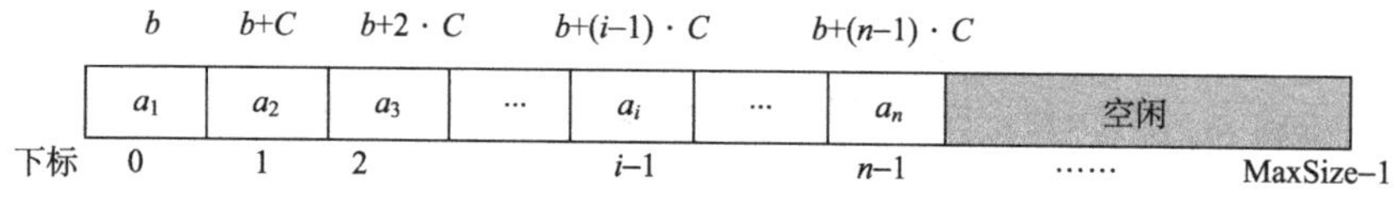

图 2-1　线性表数据元素的顺序存储结构

可用下列语句定义线性表所可能达到的最大长度：`const int MaxSize=100;`

线性表的顺序存储实现主要有用下列 3 种方法：

1. 分开定义

即分开声明存放线性表中元素的数组和存储表长的变量。以线性表中元素为单个整数为例，可声明如下：

```
int  data[MaxSize];          //  定义整型数组data
int length;                 // 定义整型变量，存放线性表实际元素的个数
```

数组 data[MaxSize] 用来存放线性表中的所有数据元素，数组 data 的第 i 个分量为线性表中第 i+1 个数据元素的存储映象(i=0,1,2,…,n−1)；length 用来保存线性表中数据元素的"实际个数"。这种定义最简单，学过程序设计人，一般大都会用。

2. 用结构类型定义

即将存放线性表中元素的数组和存储表长的变量作为一个结构来加以定义。也以线性表中元素为单个整数为例，可声明如下：

```
struct LinearList
 {  int data[MaxSize];
          int length;
 };
```

再如下定义一个线性表结构变量：`LinearList ls;`

结构类型变量 *ls* 的成分 data 是一个数组，data[MaxSize] 用来存放线性表中的所有数据元素，数组 data 的第 i 个分量为线性表中第 i+1 个数据元素的存储映象(i=0,1,2,...,n−1)；*ls* 的成分 length 用来保存线性表中数据元素的"实际个数"。学过程序设计语言中结构类型的人，也大都会用。

当然，若想使其对多种数据元素类型线性表都适用，则可以模板结构类定义：

```
template <class T>
struct LinearList
 {  T data[MaxSize];
    int length;
 };
```

然后，再如下定义一个线性表结构变量：

```
LinearList<int>  ls1;     // 线性表数据元素为整型
LinearList<char>  ls2;    // 线性表数据元素为char
```

例 2-2　描述高考学生成绩的汇总表(即线性表)，每个学生有姓名、语文、数学、物理、化学、英语成绩等内容，元素类型可以描述为

```
struct Student
  { char  name[20];     // 假定人名长为20个字符
```

```
        int  Chinese, math, physics, chemistry, english;
    } ;
```

若不采用结构来定义线性表，则可将高考学生成绩汇总表定义为如下数组：

```
Student  studata[MaxSize];     // 定义数组
```

再定义整型变量：　　int length;

此时，对第 *i* 个元素赋值的具体语句可以写成：

```
strcpy(studata[i].name, "Li ming");
studata[i].chinese=90;
studata[i].math=85;
studata[i].physics=91;
studata[i].chemistry=89;
studata[i].english=79;
```

若采用结构类型来定义，也可用下列形式：

```
struct StuList
  {  Student  studata[MaxSize];
     int length;
   };
StuList  st;    //  说明结构变量st
```

这样，对第 *i* 个元素赋值的具体语句则应写成：

```
strcpy(st.studata[i].name, "Li ming");
st.studata[i].chinese=90;
st.studata[i].math=85;
st.studata[i].physics=91;
st.studata[i].chemistry=89;
st.studata[i].english=79;
```

很显然，用结构说明，会带来一定的复杂性，但具有整体性。

3. 用 C++语言的模板类定义

在类中选择定义的成员函数，不光要考虑线性表的基本操作，还要结合面向对象程序设计语言和方法的特点，特别是由于封装性对私有数据对外访问封闭，应该对私有数据成员配上公有的取值和设定值函数，以便今后访问。采用 C++语言的模板类定义代码如下：

```
const int MaxSize=100;  // 100只是示例性的数据，可以根据实际问题具体定义
template <class T>      // 定义模板类SeqList
class SeqList
```

```
{public:
   SeqList( ){length=0;}                    // 无参构造函数
   SeqList(T a[], int n);                   // 有参构造函数
   ~SeqList(){ }                            // 析构函数
   int GetLength(){return length;}          // 求线性表的长度
   T Get(int i);                            // 按位查找，取线性表的第i个元素
   void Insert(int i, T x);                 // 在线性表中第i个位置插入值为x的元素
   T Delete(int i);                         // 删除线性表的第i个元素
   int Locate(T x);                         // 按值查找，求线性表中值为x的元素序号
   void PrintList( );                       // 依次输出线性表各元素
   void Set(int i,T x);                     // 增加的，设定线性表的第i个元素
   T *PData(){ return data;}                // 返回数组data的首地址
   void SetLength(int n) { length=n; }      // 置线性表长度为n
private:
   T data[MaxSize];         // 存放数据元素的数组
   int length;              // 线性表的长度
};
```

顺序表类 SeqList 声明的上述代码存于头文件 SeqList.h 中，而下面将要给出的其全部成员函数的代码存于源文件 SeqList.cpp 中。若在类 SeqList 声明中根据需要增加友函数的声明，则 SeqList.h 中的内容可以有所变化。

注意，在 SeqList.cpp 应有宏指令：`#include "SeqList.h"`

线性表中的元素在一个线性表类对象中的数组 data 中存储方式如图 2-1 所示。

在线性表顺序表类定义中，给出线性表的基本操作所对应的一些成员函数:

① 构造函数、析构函数；

② 读表长函数 GetLength( )、存第 i 个数据元素函数 Set(int i,T x)；

③ 取第 i 个数据元素函数 Get(int i)，即按位查找函数；

④ 插入第 i 个数据元素函数 Insert(int i, T x)；

⑤ 删除第 i 个数据元素函数 Delete(int i)；

⑥ 按值查找或定位函数 Locate(T x)；

⑦ 输出线性表的每个元素函数：PrintList( )(这时，暂假设数据元素为简单类型)；

此外，由于 C++语言只可用公有函数或友函数访问私有数据，所以另给出了 3 个成员函数：

⑧ 置第 i 个数据元素值函数 Set(int i,T x)；

⑨ 返回数组 data 的首地址函数 PData( )；

⑩ 置表长函数 SetLength(int n)。

理论上讲，公有函数越多，将来对对象的私有数据的访问也越方便，一般可根据需要增减。在类的声明的每个函数原型给出了每个函数的名字、返回值类型、参数的数据类型及参数的个数与次序。当函数体比较简单时，可直接在其声明中给出。有的函数要根据需要使用，如 SetLength()，通常要在使用后，对表中内容加以赋值。

2.2.2 顺序表模板类表示下的基本操作

下面对顺序表模板类表示下主要操作给出实现说明。

1. 构造函数

无参构造函数已在类中直接给出。它只是构造了一个空的顺序表对象：其中含一个长度为 MaxSize 的数组 data，实际的表长 length 置为 0。如图 2-2 所示。

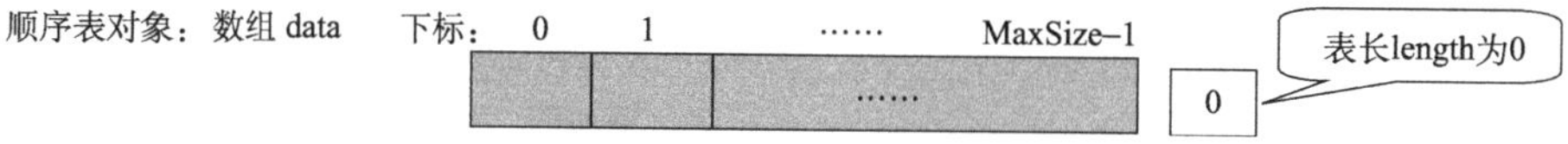

图 2-2 无参构造函数建立的顺序表对象

有参构造函数的功能是：在给出一个长度为 *n* 的一维数组 *a* 下，构造一个顺序表对象。如图 2-3 所示。

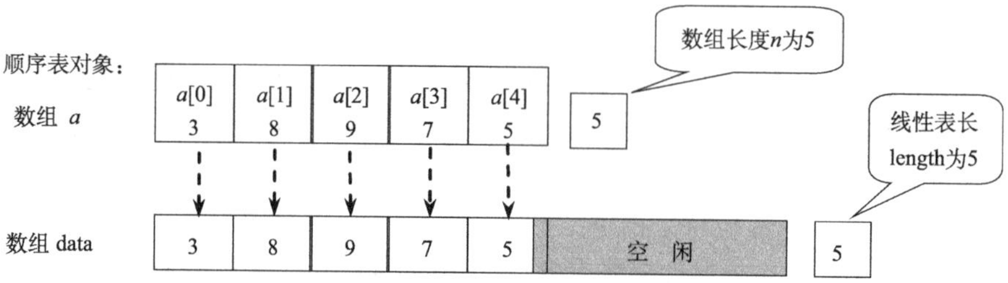

图 2-3 有参构造函数建立的顺序表对象

有参构造函数的代码如下：

顺序表的有参构造函数

```
template <class T>
SeqList<T>::SeqList(T a[ ], int n)
{   if (n>MaxSize)  throw "参数非法";
    for (i=0; i<n; i++)
    data[i]=a[i];
    length=n;
 }
```

2. 插入操作

在第 $i-1$ 和第 i 个元素之间插入一个新元素，线性表的长度加 1。例如，在图 2-4 中，要在由 5 个整数所组成的线性表中逻辑上第 3 个位置，即 $i=3$(注意：下标为 2)，插入元素 6，则插入操作将如图所示来完成。

在线性表的顺序存储结构中，由于逻辑上相邻的数据元素在物理上也是相邻的，因此在作插入操作时，除非 $i=n+1$，否则必须将逻辑上从后倒着将第 n 至第 i(共 $n-i+1$)个元素依次“向后平移”一个位置，以便留出一个“空位”来供新数据元素插入，从而保证物理上的顺序与逻辑上的顺序一致。

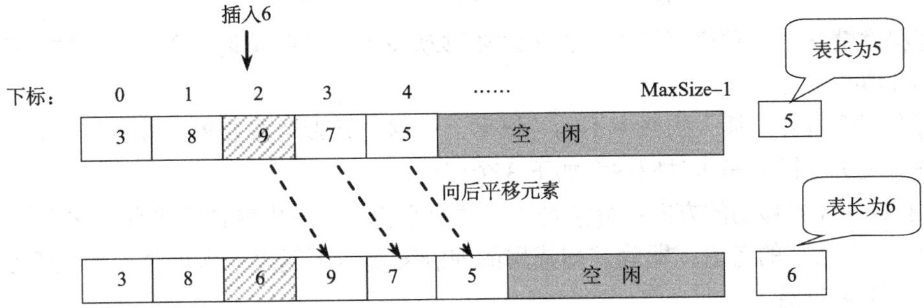

图 2-4 在顺序表位置 3 插入元素 6 前后的变化过程

在线性表中插入操作的伪代码和算法分别描述如下：

伪代码

1. 若表满，则抛出上溢异常；
2. 若元素要插入的位置不合理，则抛出位置异常；
3. 将最后一个元素直至第 i 个元素向后平移一个位置；
4. 将元素 x 填入位置 i 处；
5. 表长加 1。

线性表的插入算法 Insert

```
template <class T>
void SeqList<T>::Insert(int i, T x)
{  if (length==MaxSize) throw "上溢";
if (i<1 || i>length+1) throw "位置错误";
for (j=length; j>=i; j--)  //实现平移的下标比逻辑序号小1
   data[j]=data[j-1];
data[i-1]=x;
length++;
 }
```

插入操作的时间复杂度分析：

(1) 最好情况：$i=n+1$ 时为最好情况，此时，不需平移元素，时间复杂度为 $O(1)$。

(2) 最坏情况：$i=1$ 时为最坏情况，此时，需平移 n 个元素，时间复杂度为 $O(n)$。

(3) 平均情况：当 $1 \leqslant i \leqslant n+1$，插入的位置可有 $n+1$ 种。设在第 i 个位置上插入的概率 p_i 为等概率，即：$p_i=1/(n+1)$ $(i=1,2,\cdots,n+1)$。在第 i 位置上插入时，所移动元素个数

$m_i=n-i+1$，于是，插入一个元素所必需移动元素的个数的平均值(由期望值计算)，即平均移动元素个数为

$$E_{\text{ins}}=\sum_{i=1}^{n+1}(p_i\cdot m_i)=\frac{1}{n+1}\sum_{i=1}^{n+1}(n-i+1)=\frac{1}{n+1}\cdot\frac{n(n+1)}{2}=\frac{n}{2} \tag{2-3}$$

即在等概率情况下，顺序表插入操作平均要移动表中一半的元素。所以，平均时间复杂度 $T(n)=O(n)$。

若在每个位置上插入的概率不为等概率，则移动元素个数期望值应另行计算。

顺序表进行插入操作时应注意如下 3 个问题：

(1) 数据元素移动的方向：分清是由后往前平移，还是由前往后平移。这里是前者。

(2) 边界条件的考虑：即确定扫描用的控制变量是否越界。保证被处理元素必包括在内，且不多包括。

(3) 逻辑序号和数组下标的对应关系：逻辑上第 i 个元素在数组中的下标实际是 $i-1$。

3. 删除操作

删除第 $i(1\leqslant i\leqslant n)$个数据元素时，需将第 $i+1$ 至第 n(共 $n-i$)个数据元素由前往后依次“向前平移”一个位置，要删除的元素被自然地覆盖了，也就是被删掉了，维持了存储结构相应于逻辑结构的变化，且线性表的长度减 1，如图 2-5 所示。

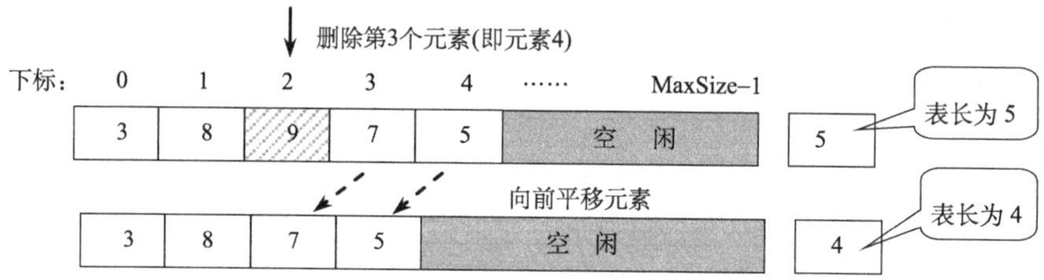

图 2-5　在线性表中删除第 3 个数据元素前后的变化过程

删除操作的伪代码和算法分别描述如下：

伪代码

1. 如果表空，则抛出下溢异常；
2. 如果元素的删除位置不合理，则抛出位置异常；
3. 将第 i 个元素赋给 x；
4. 将第 i+1 个元素到最后一个元素分别向前移动一个位置；
5. 表长减 1；
6. 返回元素 x。

线性表的删除算法Delete

```
template <class T>
T SeqList<T>::Delete(int i)
```

```
{ if (length==0) throw "Underflow";
  if (i<1 | | i>length)   throw "Wrong Position";
  T x=data[i-1];
  for (j=i; j<=length-1; j++)//向前平移
          data[j-1]=data[j];
  length--;
  return x;
}
```

在线性表中删除一个数据元素的算法时间复杂性分析：

当在顺序存储结构的线性表中某个位置上删除一个数据元素时，其时间主要耗费在移动元素上，而移动元素的个数取决于删除元素的位置，所以，

(1) 最好情况：当 $i=n$ 时，不需平移元素，时间复杂度为 $O(1)$。

(2) 最坏情况：当 $i=1$ 时，需平移 $n-1$ 个元素，时间复杂度为 $O(n-1)=O(n)$。

(3) 平均情况：当 $1=1\leqslant i\leqslant n$ 时，删除的位置可能有 n 种。假设 q_i 是删除第 i 个元素的概率，则在等概率下，删除第 i 个位置上的数据元素的概率：$q_i=1/n$，所移动元素个数 $m_i=n-i$，期望值(平均次数)：

$$E_{\text{del}}=\sum_{i=1}^{n}q_i\left(n-i\right)=\frac{1}{n}\times\frac{n(n-1)}{2}=\frac{n-1}{2} \tag{2-4}$$

即平均移动近一半元素。所以，平均时间复杂度 $T(n)=O(n)$。

4. 查找操作

1) 按位查找

所谓按位查找就是查找顺序表中第 i 个数据元素。由于数组是随机存取结构，第 i 个数据元素在 i 合法的情况下，其数据元素存储在数组中下标为 $i-1$ 的位置，因此返回 data[$i-1$]的值即可。顺序表可随机存取，因给定序号就可按数组下标直接存取或访问，所以，其时间复杂度为 $T(n)=O(1)$。

线性表的按位查找算法Get

```
T SeqList<T>::Get(int i)
{   if(i<1||i>length)
            throw "wrong position";
   return data[i-1];
 }
```

2) 按值查找

所谓按值查找就是针对已经存在的顺序表，查找是否存在一个数据元素的值等于 x。在顺序表中实现按值查找操作，需要对顺序表中的元素依次进行比较，如果查找成功，返回元素的逻辑序号，如果查找不成功，返回查找失败的标志 0。

线性表的按值查找算法Locate

```
template <class T>
int SeqList<T>::Locate(T x)
{   for (i=0; i<length; i++)
    if (data[i]==x) return i+1; //返回逻辑序号
    return 0;
}
```

按值查找算法 Locate 的时间复杂度分析：

从查找到元素 x 所在的位置 i 来看，

(1) 最好情况：当 $i=1$ 时，只需做 1 次比较，故时间复杂度为 $O(1)$。

(2) 最坏情况：当 $i=n$ 时，需做 n 次比较，故时间复杂度为 $O(n)$。

(3) 平均情况：当 $1\leqslant i\leqslant n$ 时，位置可能有 n 种，在等概率下，$p_i=1/n$。设 c_i 表示在 i 位置上查找成功时，则所比较元素的个数 $c_i=i$。平均比较次数：

$$E_{\text{cmp}}=\sum_{i=1}^{n}(p_i\cdot c_i)=\frac{1}{n}\sum_{i=1}^{n}i=\frac{1}{n}\cdot\frac{n(n+1)}{2}=\frac{n+1}{2} \tag{2-5}$$

故，Locate()的时间复杂度 $T(n)=O(n)$。

3) 设置线性表中第 i 个元素

设置线性表中第i个元素的算法Set

```
template <class T>
void SeqList<T>::Set(int i, T x)
{   if(i<1||i>length)  throw "wrong position";
    data[i-1]=x;
}
```

4) 线性表的输出

在线性表中元素为简单类型下，输出顺序表所有元素算法 PrintList( )如下定义。

输出顺序表所有元素的算法PrintList

```
template <class T>
void PrintList( )
{   for (int i=0;i<length;i++) cout<<data[i]<<" ";
cout<<endl;
}
```

最后，编写主函数测试。注意，抛出异常的函数放在 try-catch 内执行。

```
#include <iostream.h>
#include "SeqList.cpp"
```

```
void main( )
{  SeqList <int> d;                //创建顺序表对象a
try { d.Insert(1,10); d.Insert(2,20);  d.Insert(3,30);
        cout<<"按位查找第2个元素:"<<d.Get(2)<<endl;
        cout<<"按值查找20的位置: "<<d.Locate(20)<<endl;
        cout<<"删除第2个元素: "<<d.Delete(2);
        cout<<"顺序表的长度为: "<<d.GetLength()<<endl;
        cout<<"顺序表的元素为: "<<d.PrintList( );
        int a[ ]={12,10,21,14,28,13};
        SeqList <int> g(a,6);          //由数组a创建顺序表对象g
        cout<<"在第3个位置上插入元素8"<<endl;
        g.Insert(3,8);                //在第3个位置上插入元素8
        cout<<"插入操作后顺序表中的元素为: "<<g.PrintList( );
    }
catch(char* msg) {  cout << msg; }   //如失败提示失败信息
}
```

2.2.3 顺序表表示线性表下的其他操作

1. 将线性表内容逆置

逆置线性表是指将线性表中所存的数据 $a_1,a_2,\cdots,a_n$，逆置为：$a_n,a_{n-1},\cdots,a_2,a_1$。具体实现的思路是，将首尾两个元素交换，再将第二个元素和倒数第二个元素交换，……。若 n 为奇数，则中间元素不需与任何元素交换。如图 2-6 所示。

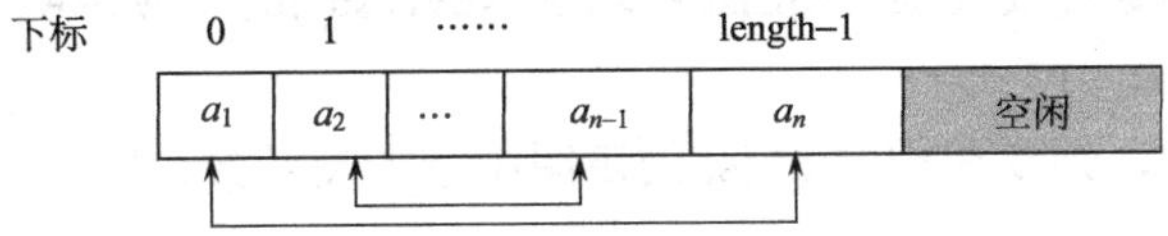

图 2-6 逆置线性表示意图

逆置线性表算法可有三种不同的写法。

方法一： 作为类的成员函数

逆置线性表的算法 RevList(类成员函数)

```
template <class T>
void SeqList<T>::RevList( )
{ for(int i=0;i<length/2;i++)
{ T temp=data[i];data[i]=data[n-1-i];data[n-1-i]=temp;}
}
```

方法二：作为友函数

逆置线性表的算法RevList1(类的友函数)

```
template <class T>
void RevList(SeqList<T> &a)
{ int n=a.GetLength( ); T temp;
for(int i=0;i<=n/2;i++)
{ temp=a.data[i]; a.data[i]=a.data[n-1-i];a.data[n-1-i]=temp;}
}
```

方法三：作为一般函数

一般函数逆置线性表的算法RevList2

```
template <class T>
void RevList2(SeqList<T> &a)
{ int n=a.GetLength( );
   for(int i=1;i<=n/2;i++)
      { T temp;
        temp=a.Get(i);    //i 应为逻辑序号
        a.Set(i, a.Get(n+1-i));
        a.Set(n+1-i, temp);
      }
}
```

这三种不同的描述有下列区别：

(1) 作为成员函数需要在类 SeqList 中增加 RevList( )的相应声明，成员函数本身也要有类作用符 SeqList<T>::；

(2) 作为友函数，则要在类 SeqList 的声明中增加友函数说明：

```
friend void RevList1(SeqList<T> a);
```

(3) 作为一般的函数，即既非类成员函数，也不是友函数，则因涉及私有数据的访问，要通过公有成员函数 Set 和 Get 访问数据元素和写入数据元素，使得代码阅读显得复杂。

实际上，我们应多以第三种方法来编写算法，以免需要经常修改类的声明，即增加友函数的说明，从而使代码过长。在单独求解某个具体问题时，不相关的很多友函数用不上。但这种方法却是应该尽量多采用。本书为从阅读上方便起见，一般将算法写成友函数，把类中友函数的声明留给了读者。编写如下主函数对上述三函数加以测试，省略了主函数所在源程序文件开始处的宏指令：

```
#include <iostream.h>
#include "SeqList.cpp"
```

以下所有测试主函数所在源程序文件开始处的宏指令都省略。运行前，需加上。

```
void main( )
{   int r[ ]={1,2,3,4,5};
    SeqList <int> e(r,5);          // 根据数组创建顺序表对象e
    e.RevList1();e.PrintList();
    SeqList <int> f(r,5);          // 根据数组创建顺序表对象f
    RevList2(f);f.PrintList();
    SeqList <int> g(r,5);          // 根据数组创建顺序表对象g
    RevList3(g);
    g.PrintList();
}
```

2. 线性表循环左移 *k* 位

即将线性表中的内容循环左移 *k* 位。假设线性表中的内容为整数：1 2 3 4 5 6 7 8，则循环左移 5 位，得到结果：6 7 8 1 2 3 4 5。有三种解法：

方法一：另设一个临时线性表暂存前面的 *k* 个元素。在将后面的 *n*–*k* 个元素放到线性表的前面后，再将临时表中的元素回放在其后面。

设辅助空间实现循环左移 *k* 位的算法 LeftRotate1

```
template <class T>
void LeftRotate1(SeqList<T> &a,int k)
{ SeqList<T> b; int i;int n=a.GetLength();
  for(i=0;i<=k-1;i++)  b.data[i]=a.data[i];
  for(i=k;i<=a.GetLength()-1;i++) a.data[i-k]=a.data[i];
  for(i=0;i<=k-1;i++)  a.data[n-k+i]=b.data[i];
}
```

方法一的时间复杂度 $T(n)=O(n)$，空间复杂度 $S(n)=O(n)$。

方法二：设一变量实现循环左移 *k* 位。每次拿出最前一个元素暂存，将元素向前平移一位，再将暂存的元素放入最后一个位置，重复 *k* 次。

多移动实现循环左移 *k* 位的算法 LeftRotate2

```
template <class T>
void LeftRotate2(SeqList<T> &a,int k)
{ T temp;int i,j,n;
  for(j=0;j<k;j++)
  {  temp=a.data[0];
     n=a.GetLength();          // 第一个元素暂存 temp
     for(i=1;i<=n-1;i++)
          a.data[i-1]=a.data[i];  // 平移 n-1 个元素
     a.data[n-1]=temp;          // 原首元素赋给最后一个位置
  }
}
```

方法二的时间复杂度 $T(n)=O(kn)$，空间复杂度 $S(n)=O(1)$。

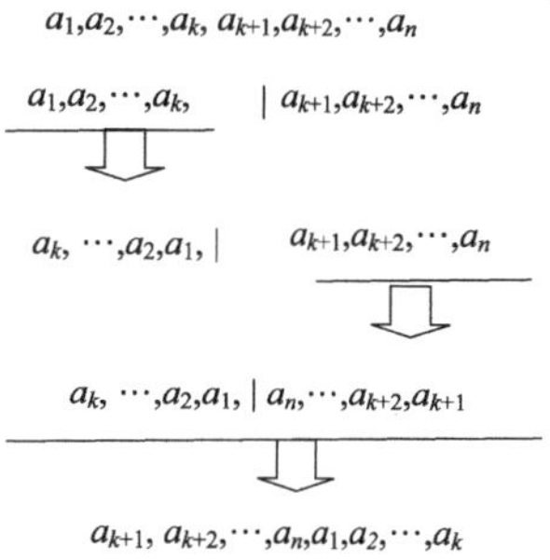

图 2-7　三次分段倒置循环左移 k 位

方法三：三次分段倒置实现循环左移 k 位。

算法思想：

(1) 先倒置前 k 个元素；

(2) 再倒置后 $n-k$ 个元素；

(3) 最后倒置全部元素。

如图 2-7 所示。要先写出表的一段(下标为 from～to) 的倒置算法，再写出三次分段倒置实现循环左移 k 位的算法。表的一段(下标为 from～to) 的倒置算法：

一段倒置的算法RevListSeg

```
template <class T>
void RevListSeg(SeqList<T> &a,int from,int to)
{ T temp;int i;
for(i=0;i<=(to-from)/2;i++)
{  temp=a.data[from+i];
   a.data[from+i]=a.data[to-i];
   a.data[to-i]=temp;
}
 }
```

三次分段倒置实现循环左移 k 位：

三次分段倒置实现循环左移 k 位的算法 LeftRotate

```
template <class T>
void LeftRotate(SeqList<T> &a, int k)
{   int n=a.GetLength();
    ReverseSeg(a,0,k-1);  //前 k 个元素倒置
    ReverseSeg(a,k,n-1);  //后 n-k 个元素倒置
    ReverseSeg (a,0,n-1); //全部倒置
}
```

方法三的时间复杂度 $T(n)=O(3n)$。当 $k>3$ 时，它比 $O(kn)$要高效。方法三的空间复杂度 $S(n)=O(1)$。

测试三种不同方法循环左移 k 位的主函数：

```
void main( )
{   int r[ ]={1,2,3,4,5,6};
    SeqList<int> b(r,6);            // 根据数组创建顺序表对象b
    LeftRotate1(b,3); b.PrintList();
```

```
    SeqList<int> c(r,6);            // 根据数组创建顺序表对象c
    LeftRotate2(c,3); c.PrintList();
    SeqList<int> d(r,6);            // 根据数组创建顺序表对象d
    LeftRotate(d,3);  d.PrintList();
}
```

3. 约瑟夫环问题的顺序表表示下的求解

问题描述：设有编号为 1,2,…,n(n>0)个人围成一个圈，每个人持有一个密码 m，从第 1 个人开始报数，报到 m 时停止报数，报 m 的人出圈，再从他的下一个人起重新报数，报到 m 的人出圈，……，如此下去，直到所有人全部出圈为止。当任意给定 n 和 m 后，设计算法求 n 个人出圈的次序。

图 2-8 所示为 6 个人围坐的一个圈。初始密码和每个人的密码均为 3，从第 1 个人开始报数，报到 m 的人出圈。出圈序列为 3,6,4,2,5,1。要解决如下几个问题：

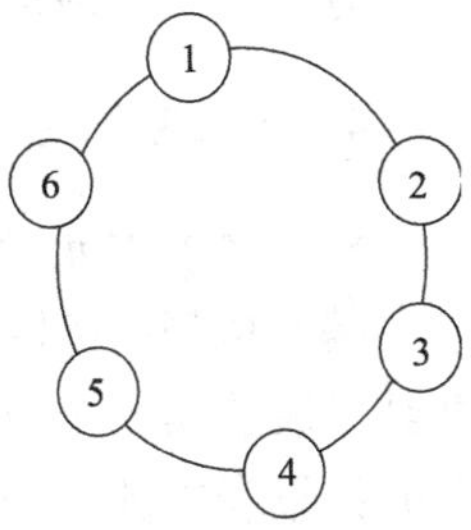

图 2-8　n=6 的约瑟夫环

(1) 如何表示某人已出圈，使之不参与下一轮报数？

方案一：将出圈者从顺序表中删除。

方案二：将出圈者所占单元存储一个标志(例如0)，表示已出圈。

(2) 当报数到表尾时，如何再回到表头使计数循环下去？可采用求模运算。

若采用方案一，则顺序表的长度是变化的，需要在每次出圈后，重新设定表长；

若如果采用方案二，则顺序表的长度不变，但在报数计数时要先判断是否为已出圈标志。

这里仅给出方案一所对应的算法 。

约瑟夫环问题求解的算法Josephus

```
template <class T>
void Josephus(SeqList<T> a, int m)
{   int s=0;       //s 为每次报数的起始点
    cout<<"出圈的顺序为:"<<endl;
    for(int n=a.length;n>=2;n--) //表长每次减一
      { s=(s+m-1)%n;
        cout<<a.data[s]<<" ";  //s 为第 m 个人
        for(int i=s+1;i<n;i++)
           a.data[i-1]=a.data[i];
      }
    cout<<a.data[0]<<endl;     // 最后剩下的一个人出圈
}
```

在将上述算法作为类 SeqList 的友函数后，可写出些列测试主函数：

```
void main( )
{  int n, m, i; int a[MaxSize];
   cout<<"请输入人数:";  cin>>n;
   for(i=0;i<n;i++)  a[i]=i+1;
   SeqList <int> b(a,n);          //根据数组创建顺序表
   cout<<"请输入密码:";  cin>>m;
   Josephus(b,m);
   b.PrintList();        // 传值调用后,对象变量b未变,输出观察
}
```

方案二所对应的算法留给读者作为练习。

4. 合并两个递增有序集为一个递增有序集的算法

称顺序表中元素构成一个递增有序集，指其元素互不相同，且由小到大排列。

基本思想：初始化游标变量 I,j 分别指向两个被合并表的第一个元素，k 为 0 指向合并结果表的第一个位置。比较分别由 i 和 j 指示的两个元素。若相等，则取任意一个作为合并结果表中的一个数据元素，k 增 1，i 和 j 均增 1；若不相等，则取较小者作为合并结果表中的一个数据元素，k 增 1，并将指向较小元素的游标变量(i 或 j 之一)增 1。如此重复，直到其中一个表被合并完为止。再把另一个未合并完表的剩余部分添加到结果表中。最后，合并结果表长度为被合并表所有相异元素个数，即 k 的当前值。其伪代码和算法函数描述如下：

伪代码

1. 初始化扫描变量 i=0, j=0 和 k=0;
2. 取递增有序集 A 和 B 的长度：`n=A.GetLength(); m=B.GetLength();`
3. 只要 $i<n$ 且 $j<m$，都做下列操作，直到该条件不成立：
   - 3.1 取 A 的第 i+1 个元素和 B 的第 j+1 个元素：
     `ax=A.Get(i+1), bx=B.Get(j+1);`
   - 3.2 比较 ax 和 bx 的大小，根据比较结果进行下列操作
     - 3.2.1 若 ax==bx，则 `C.data[k++]=ax; i++; j++;`
     - 3.2.2 若 $ax<bx$，则 `C.data[k++]=ax; i++;`
     - 3.2.3 若 $ax>bx$，则 `C.data[k++]=bx; j++;`
4. 若递增有序集 A 还有剩余元素，则将剩余元素添加在递增有序集 C，每添加一个，k 都增 1;
5. 若递增有序集 B 还有剩余元素，则将剩余元素添加在递增有序集 C，每添加一个，k 都增 1;
6. 置递增有序集 C 的表长为 k。

合并两个递增有序集为一个递增有序集的算法merge

```
template <class T>
void merge(SeqList<T> A, SeqList<T> B,SeqList<T> &C)
{  // A，B 分别为满足递增有序集要求的顺序表对象
T ax, bx;int i=0,j=0,k=0;
int n=A.GetLength(); int m=B.GetLength();
while (i<n&&j<m)
{  ax=A.Get(i+1);  bx=B.Get(j+1);
   if (ax==bx) { C.data[k++]=ax; i++; j++;}
   else if ((ax<bx)  { C.data[k++]=ax; i++; }
            else     { C.data[k++]=bx; j++;}
}
while (i<n) { ax=A.Get(i+1); C.data[k++]=ax;i++;}
while (j<m) { bx=B.Get(j+1); C.data[k++]=bx;j++;}
C.SetLength(k);
}
```

图 2-9 为合并两个递增有序集为一个递增有序集的操作。

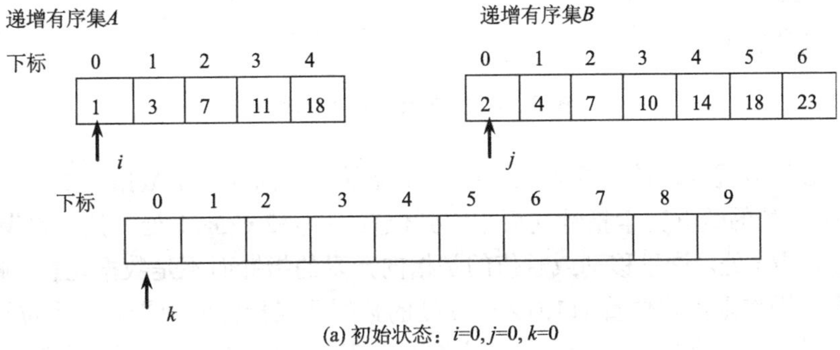

(a) 初始状态：i=0, j=0, k=0

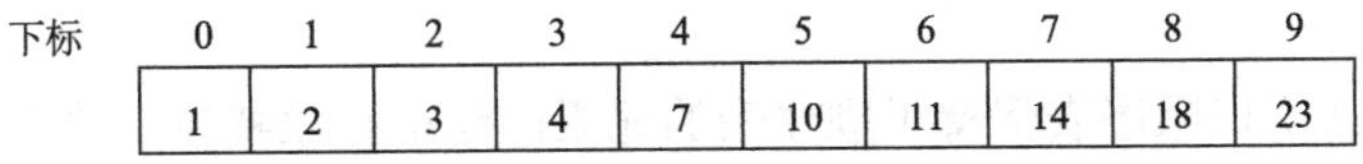

(b) 合并得到的递增有序集C的结果

图 2-9 合并两个递增有序集为一个递增有序集的操作

可用下列主函数测试合并两个递增有序集为一个递增有序集的算法：

```
void main()
{ int n1,n2,i;
  int a[50],b[50];  // 设线性表的数据元素为整数
  cout<<"请输入第一个递增有序集长度:";
  cin>>n1;
  for(i=0;i<n1;i++) cin>>a[i];
  SeqList <int> b1(a,n1);     // 根据数组创建顺序表对象b1
  cout<<"请输入第二个递增有序集长度:";
```

```
    cin>>n2;
    for(i=0;i<n2;i++)  cin>>b[i];
    SeqList <int> b2(b,n2);      // 根据数组创建顺序表对象b2
    SeqList <int> d;            // 创建存放合并后的顺序表
    merge(b1, b2,d);            // 合并
    cout<<"合并后的顺序表d为:"<<endl;
    d.PrintList();              //输出顺序表所有元素
}
```

2.2.4 间接寻址方式及其他方式实现的顺序表*

间接寻址(indirect addressing)方式实现顺序表是指用指针数组来表示线性表的一种方法(王红梅等，2011；彭波，2004)。数组分量中存储的是数据元素的地址而不是直接存储数据元素本身。如图 2-10 所示。

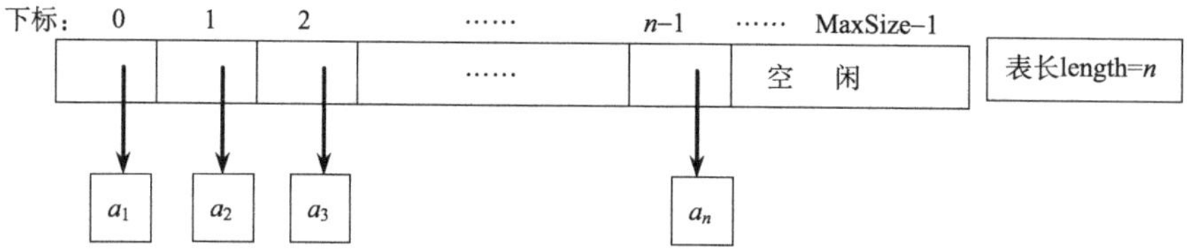

图 2-10　线性表的间接寻址

在间接寻址方式实现的顺序表表示中，在位置 i 处插入一个数据元素，也需要先将位于 $i,i+1,\cdots,n$ 处的数据元素指针向后平移到位置 $i+1,i+2,\cdots,n+1$ 处，然后将指向新元素的指针赋给位置 i 处。这里移动或赋值的是指向元素的指针而不是数据元素。删除位置 i 处数据元素的操作则需将位置 $i+1,i+2,\cdots,n$ 处的数据元素指针向前平移一个位置。插入和删除操作的时间复杂度仍均为 $O(n)$。但当数据元素占用的空间较大时，指针赋值比元素赋值速度快。

间接寻址方式实现顺序表保持了顺序表的元素的随机存取特性，改进了插入和删除操作的时间性能，但没解决连续存储分配下表长难以确定的问题。

间接寻址方式实现顺序表需将模板类 SeqList 声明中 private 部分数据成员 data 修改为

```
T *data[MaxSize];
```

对其他操作亦要做适当修改。

2.3　线性表的链式存储结构

2.3.1 单链表

在线性表的顺序存储结构中，逻辑关系上相邻的两个元素在物理位置上也相邻，存储位置可用一个简单直观的公式来表示，因此，可以随机存取表中任一元素。但也有其弱点：

(1) 作插入或删除操作时需移动大量元素；

(2) 给长度较大线性表预先分配空间时，需按最大空间分配，使存储空间不能充分利用；

(3) 表的容量难以扩充，容量受分配的空间的最大量的限制。

链式存储结构的特点是，不要求逻辑上相邻的元素在物理位置上也相邻。

单链表主要用于两个目的：一是建立不定大小的线性表的存储结构。如果存储空间预先已经知道，那么就可以用数组来存储，如果大小无法确定，就只能用单链表了。二是用数据库的磁盘文件存储，使用单链表在不重新安排整个磁盘文件的情况下，就可以方便迅速地插入和删除数据项。正是由于这些原因，单链表广泛地运用于数据库系统的数据管理之中。单链表可以是单链结构，也可以是双链结构，单链表包括一个指向后继数据元素结点的指针，双链表既包括一个指向后继数据元素的指针，又包括一个指向前趋数据元素的指针。这里首先主要讨论单链表。

单链表要求每个信息单元都含有指向下一个数据元素的指针(或称为链)，每个数据项的结构中既含有信息，又含有链接指针。

1. 结点结构

单链表的结点结构如图 2-11(a)所示。

用一组任意的存储单元存储线性表的元素(这组存储单元可以是连续的，也可以是不连续的)。为了表示每一个元素 a_i 与其直接后继元素 a_{i+1} 之间的逻辑关系，对元素 a_i 来说，除了存储元素本身的信息之外，还需要一个指示其直接后继的信息(即其直接后继的存储位置)。这两部分组成数据元素 a_i 的存储映象，称为结点(node)。它包括两个域，其中存储数据元素信息的域称为数据域，存储直接后继位置的域称为指针域。指针域中存储的信息称为指针或链。

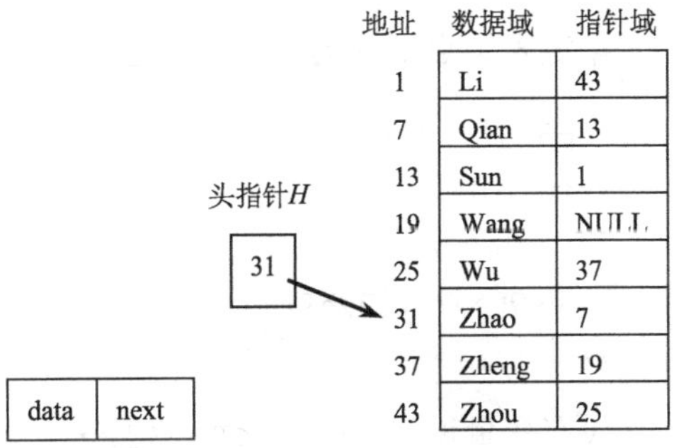

(a) 结点结构 (b) 线性表的链式存储结构

图 2-11 单链表的结点结构和存储结构

n 个结点(a_i 的存储映象)链结成一个单链表，即为线性表($a_1, a_2, \cdots, a_n$) 的链式存储结构。又由于此链表的每个结点只包含一个指针域，故又称**线性链表或单链表**。线性表(Zhao,Qian,Sun,Li,Zhou,Wu,Zheng,Wang)线性链表存储结构如图 2-7(b)所示。

整个单链表的存取必须从头指针开始进行，头指针指示单链表中第一个结点(一个数据元素的存储映象)的存储位置。同时，由于最后一个数据元素没有直接后继，则线性表中最后一个结点的指针为“空”(即 NULL)。用线性链表表示线性表时，数据元素之间的逻辑关系是由结点中的指针指示的。换句话说，指针为数据元素之间的逻辑关系的映象，逻辑上相邻的两个元素，其物理位置不要求紧邻，由此，这种存储结构为非顺序映象或链式映象。通常我们把单链表画成用带箭头的线相链接的序列，结点之间的带箭头线表示链域中的指针。这是因为在使用单链表时，关心的只是它所表示的线性表中数据元素的逻辑顺序，而不是每个数据元素在存储器中的实际位置。因而，图 2-11(b)的线性链表的逻辑链接状态可如图 2-12 所示。

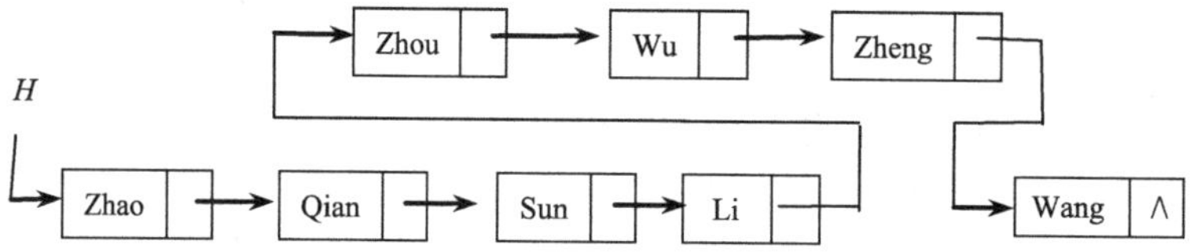

图 2-12　单链表逻辑链接

从以上讨论可知，表示单链表的语言要有以下几方面的能力：

(1) 方便地定义结点的结构；

(2) 需要一个产生供存放新结点的空闲存储单元的方法；

(3) 释放不再使用的结点所占用的存储区的方法。

因此，可借助于任何一门具有“指针”数据类型的高级语言来描述线性单链表。

单链表可由头指针唯一确定。所谓**头指针**是指为了确定单链表中的第一个结点，而附设的一个指向第一个结点的特殊指针。

2. 单链表结点结构的描述

单链表结点结构的类型可描述为

```
template <class T>
struct Node
{  T data;
   Node<T>  *next;
};
```

设有变量说明：`Node<T> *la;`

则 *la* 被说明为 Node<T>型的指针变量(此处<T>可省略)，可用 *la* 指向单链表中的第一个结点。若 *la* 为空(*la*=NULL)，则单链表为空表，其表长度为 0。

当改变链中的第一个元素，特别是删除或插入操作发生在表头位置时，不要忘了在程序中改变链的入口点。为了避免这种复杂的操作，可以用一个哨兵作为头一个元素结点，在任何情况下都永远排在单链表的第一个位置上，称其为**头结点**。线性链表的第一个结点的指针存放在头结点的链域中。这样单链表的入口点，就不会改变了。这个方法的缺点是，为存放第一个结点的指针使用了一些存储空间，但从总体来看是合算的，它是使操作方便而多设的。

头结点不是单链表的第一个结点，而是在第一个元素结点前附设的一个结点。头结点的数据域可以不存储任何信息，也可存储线性表的长度等附加信息。头结点的指针域存储指向第一个结点的指针(即第一个结点的存储位置)。此时，单链表的头指针由指向第一个元素结点改为指向头结点。若线性表为空表，则头结点的指针域为空。图 2-13 分别给出了带头结点的单链表、带头结点的“空”单链表、空头指针的示意图。

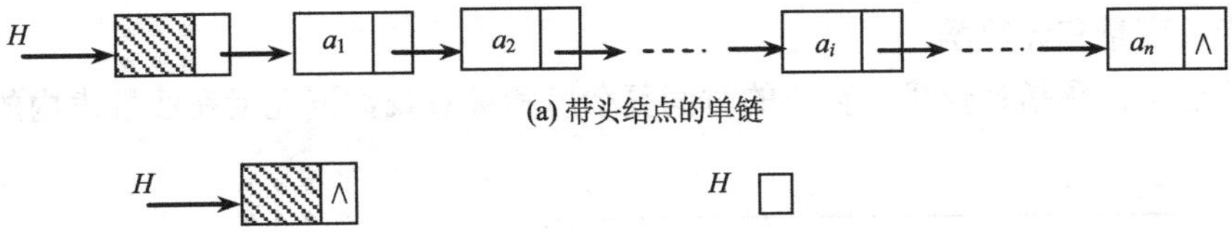

(a) 带头结点的单链

(b) 带头结点的“空”单链表

(c) 空头指针

图 2-13 带头结点的单链表

在单链表中，由于任何两个元素的存储位置之间没有固定的联系，每个元素的存储位置不可能通过线性表的起始位置计算得到，而是存储在其直接前趋结点的指针域中。假设 p 是指向线性表中第 i 个数据元素(结点 a_i)的指针，则 p→next 是指向第 i+1 个数据元素(结点 a_{i+1}) 的指针。换句话说，p→data 为 a_i 则 p→next→data 为 a_{i+1}。

在单链表中取第 i 个数据元素，必须从头指针出发顺链寻找。因此，单链表是一种非随机存取存储结构。

3. 单链表类的声明

```
template <class T>
class LinkList
{   public:
        LinkList( ); // 无参构造函数
        LinkList(T a[ ], int n); // 前插法构造函数
        LinkList(int n ,T a[ ]); // 尾接法构造函数
        ~LinkList( );
        int GetLength( );
        T Get(int i);
        void Set(int i,T x);
        int Locate(T x);
        void Insert(int i, T x);
        T Delete(int i);
        Node<T> *GetFirst( );       // 取头指针
        void SetFirst(Node<T> *p){ first=p;} // 置头指针
        void PrintLinkList( );     // 打印单链表
    private:
        Node<T> *first;
};
```

单链表模板类声明代码存放于头文件 LinkList.h，所有成员函数代码存放在源文件 LinkList.cpp(开始处写有宏指令：#include "LinkList.h")。

4. 单链表类的成员函数

1) 函数 Get(int i) 的实现

基本思想：从单链表的头结点开始，沿链找第 i 个元素结点。为此，需要设置用于

工作的指针变量和计数器。

算法思想：顺指针查找。查找的时间复杂度和被查找数据元素在线性表内的位置有关。

单链表模板类取元素的算法Get(int *i*)

```
template <class T>
T LinkList<T>::Get(int i)
{      Node<T> *p=first->next;    int j=1;
 while (p && j<i) {    p=p->next;    j++;   }
 if (!p)     throw "位置错误";    else return p->data;
}
```

长为 n 的单链表，Get 操作的最好时间复杂度为 $O(1)$，最坏和平均时间复杂度均为 $O(n)$。

2) 单链表的“插入”操作

设在单链表中的数据元素 a 和 b 之间插入一数据元素 x。已知 p 为该单链表结构中指向数据元素 a 结点的指针，则插入数据元素 x 结点前后的状况示意图如图 2-14 所示。

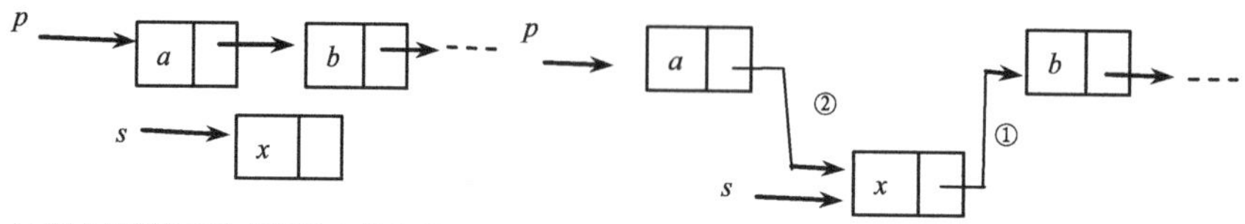

(a) 插入前单链表和待插结点的状况　　(b) 插入后单链表的状况

图 2-14　在单链表中插入一个数据元素结点前后状况

为防止出错，其操作次序按图 2-14(b)中的①②依次进行，即指针修改语句为

```
s→next=p→next;  p→next=s;
```

单链表模板类中插入元素的算法Insert

```
template <class T>
void LinkList<T>::Insert(int i, T x)
{  Node<T> *p=first ;  int j=0;
   while (p && j<i-1)
  {  p=p->next; j++; }
if (!p) throw "位置出错";
   else {  Node<T> *s=new Node<T>;
           s->data=x;  s->next=p->next; p->next=s;
        }
 }
```

在单链表中第 i 个数据元素之前($1 \leqslant i \leqslant n+1$)插入一个数据元素的算法思想：先沿链找到第 $i-1$ 个元素结点，再形成新结点，且将该新结点插入在第 $i-1$ 个元素结点之后。由于单链表带头结点，所以，不难分析，在单链表头、表中间、表尾插入这三种情况均可统一实现。这也是设置头结点所带来的好处。

3) 在单链表中的删除操作

若要删除线性表中第 i 个数据元素 b，且 b 的前趋为 a，b 的后继为 c，则为了在单链表中实现删除 b 之后 a、b 和 c 之间逻辑关系的变化，仅需修改结点 a 中的指针域即可。假设 p 为指向结点 a 的指针，则修改指针可用语句：

```
p→next=p→next→next;
```

在单链表中删除数据元素 b 这个结点前后指针的变化状况如图 2-15 所示。

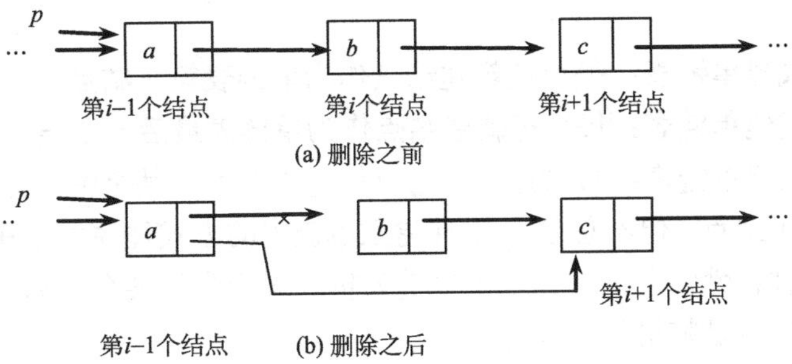

图 2-15 在单链表中删除数据元素 b 这个结点前后指针的变化状况

算法基本思想：寻找第 $i-1$ 个元素结点，在第 i 个结点存在情况下，通过修改链，达到删除第 i 个元素结点之目的。同样，删除的元素也可在单链表头、表中间、表尾，这三种情况均可统一实现。

单链表删除元素的算法Delete

```
template <class T>
T LinkList<T>::Delete(int i)
{   Node<T> *p=first ;   int j=0;
    while (p && j<i-1)
       { p=p->next;  j++; }
    if (!p || !p->next) throw "位置";
      else { Node<T> *q=p->next;
             T x=q->data;  p->next=q->next;
             delete q;  return x;
           }
}
```

单链表上的查找、插入和删除操作，虽无需移动元素，但需顺链将工作指针变量游历到第 $i-1$ 个结点或第 i 个结点，因此其时间复杂性均为 $O(n)$。

4) 单链表的构造函数

· 无参构造函数

单链表无参构造函数LinkList

```
template <class T>   //仅构造头结点
LinkList<T>:: LinkList( )
{  first=new Node<T>;
   first->next=NULL;
}
```

· 有参构造函数

根据把与数据元素对应的新建结点插入单链表位置分为三种不同的建立单链表算法：

(1) **前插方式建单链表**：每次把新建结点作为单链表第一结点。

(2) **后接方式建单链表**：每次把新建结点作为单链表最后一个结点，即后接单链表。

(3) **中插方式建单链表**：每次把新建结点作为单链表中某个特定位置(也可作为第一个结点或最后一个结点，但不总是)。这种建立单链表的方式往往发生在要使单链表在插入后仍能保持某种特性情况下，如要求单链表按数据元素的某个数据项作为关键字而有序，或要求插入位置是随机的，等等。

这里只给出建立单链表的前两种方法。

i　前插方式建单链表的算法

前插方式建单链表的方法是，依次扫描线性表所有数据元素，逐个生成结点，并始终将新建结点插入在首结点和第一个结点之间，即作为第一个结点，按前插方式建单链表。

具体而言，它先建立一个空单链表，即仅含一个头结点，且该结点的指针域为NULL，如图 2-16(a)。假设扫描数据依次为数组 *a* 中的元素 *a*[0],*a*[1],…,*a*[*n*]。扫描第一个数据，所建结点直接作为单链表的第一个结点，如图 2-16(b)。扫描完 *a*[0],*a*[1],…,*a*[*i*−1]且建立了部分单链表后，当前扫描到 *a*[*i*]时，建立新结点，且将其插入原部分单链表头结点和

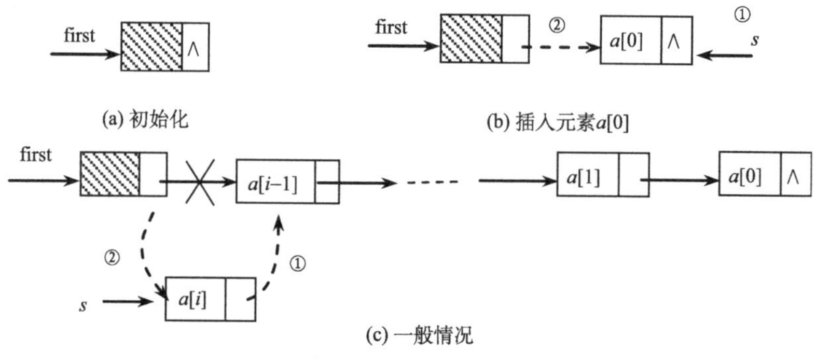

图 2-16　前插方式建立单链表

第一个结点之间，即作为新的首结点，如图 2-16(c)。如此重复，直到所有元素处理完为止。插入新结点时，都是完成下列步操作：

```
s->next=first->next;
first->next=s;
```

对应前插方式建单链表的构造函数为

LinkList(T *a*[ ], int *n*)。

前插方式建立单链表的构造函数 LinkList

```
template <class T>
LinkList<T>:: LinkList(T a[ ], int n)
{   first=new Node<T>; Node<T> *s;
    first->next=NULL;
    for (i=0; i<n; i++)
    {  s=new Node<T>;  s->data=a[i];
       s->next=first->next; first->next=s;
    }
}
```

前插方式建单链表算法的时间复杂度为 $O(n)$。

ii 后接方式建单链表的算法

前插方式建立的单链表，使得对从头指针开始顺链访问单链表元素结点所得到的数据次序和扫描输入数据的次序相反，有时不希如此。此时可用后接方式建立单链表。

后接方式建单链表的方法是，依次扫描线性表所有数据元素，逐个生成结点，并始终将新建结点后接单链表，即作为最后一个结点或尾结点，也就是按后接方式建单链表。

若每次后接一个新结点前，都要先顺链遍历链表而定位到尾结点，然后接入，则势必带来较大的时间开销。可通过增加一个始终指向已建部分单链表的尾结点的指针，简称为尾指针，来克服这个困难。每次接入新结点时，先直接将新结点的地址赋给尾指针所指的尾结点的指针域，再让尾指针指向新尾结点，以便下次接入。如此重复，直到所有数据结点接入完为止。这可减少遍历操作带来的耗时，提高效率。最后将最终的尾结点中的指针域置为 NULL。后接方式建单链表的过程如图 2-17 所示。

先建立一个空单链表，即仅含一个头结点，尾指针也指向头结点，如图 2-17(a)。假设扫描数据依次为数组 a 中的元素 $a[0],a[1],\cdots,a[n]$。当扫描到第一个数据，所建结点后接在头结点后作为单链表的第一个结点，尾指针也指向第一个结点，如图 2-17(b)。扫描完 $a[0],a[1],\cdots,a[i-1]$且建立了部分单链表后，此时尾指针指向其尾结点，当扫描到 $a[i]$ 时，建立新结点，且将其后接在原部分单链表之后，即作为新的尾结点，尾指针及时指向该结点即新的尾结点，如图 2-17(c)。如此重复，直到所有元素处理完，最后将尾指针所指的尾结点的指针域置为 NULL，如图 2-17(d)。注意，前插方式建单链表构造函数与后接方式建单链表构造函数，名相同，参数相同，但参数的次序不相同。

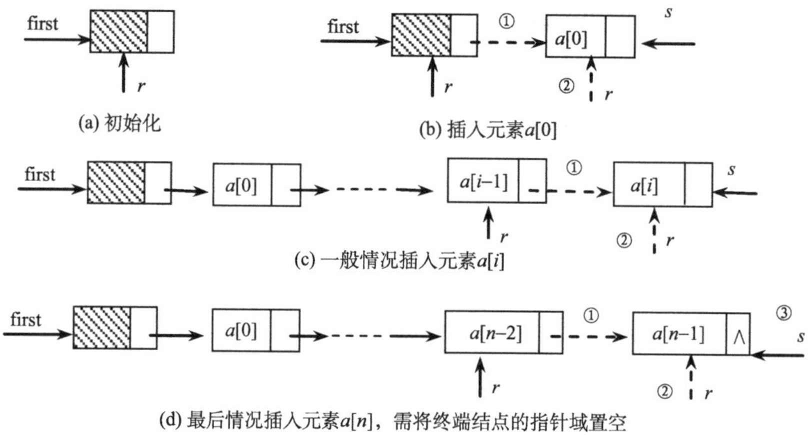

图 2-17　后接方式建立单链表

后接方式建单链表构造函数 LinkList(int *n*，T *a*[ ])

后接方式建立单链表的构造函数 LinkList

```
template <class T>
LinkList<T>:: LinkList(int n , T a[ ])
{  first=new Node<T>; first->next=NULL;
   Node<T> *r=first,*s;
   for (i=0; i<n; i++)  // r 为尾指针
       {   s=new Node<T>; s->data=a[i]; r->next=s; r=s; }
   r->next=NULL;
}
```

后接方式建单链表算法的时间复杂度也为 $O(n)$。

5) 置第 *i* 个结点的值的成员函数 Set(int *i*,T *x*)

置第*i*个结点值的算法Set

```
template <class T>
void LinkList<T>::Set(int i,T x)
{   Node<T> *p=first->next;  int j=1;
    while (p && j<i)   {   p=p->next;  j++;  }
    if (!p)   throw "位置 error";
    else p->data=x;
}
```

6) 取单链表的头指针成员函数 GetFirst( )

取得单链表的头指针成员函数 GetFirst

```
template <class T>
```

```
Node<T> *LinkList<T>::GetFirst( )
{  return first;  }
```

7) 求单链表长度的成员函数 GetLength( )

求单链表长度的算法GetLength

```
template <class T>
int LinkList<T>:: GetLength( )
{   Node<T> *p=first;  int j=0;
    while (p)
       {   p=p->next;   j++;  }
    return j;
}
```

其时间复杂度为 $O(n)$。

8) 单链表的析构函数

析构函数将单链表中结点的存储空间释放。

单链表的析构函数~LinkList

```
template <class T>
LinkList<T>:: ~LinkList( )
{   Node<T> *p=first;
    while (p)
    {
         Node<T> *q=p;
         p=p->next;
         delete q;
    }
}
```

其时间复杂度为 $O(n)$。

9) 输出单链表内容的函数 PrintList( )

输出单链表内容函数 PrintList

```
template <class T>
void LinkList<T>::PrintList( )
{  Node<T> *p=first->next;
   while (p)
   {  cout<<p->data;
      p=p->next;
   }
}
```

其时间复杂度亦为 $O(n)$。

单链表测试　可编写如下主函数文件，测试单链表的主要函数。

```
#include <iostream.h>  //引用输入输出流库函数的头文件
#include "LinkList.cpp"  //引用单链表的类
void main( )
{ try
     {  int r1[ ]={1,2,3,4,5};
        cout<<"\n前插方式新建单链表b! "<<endl;
        LinkList <int> b(r1,5);        // 前插方式创建单链表
        cout<<"单链表b的元素为: ";
        b.PrintList( );                // 输出单链表所有元素
        cout<<"单链表b的长度为: "<<b.GetLength()<<endl;
        int r2[ ]={6,7,8,9,10};
        cout<<"\n尾接方式新建单链表c! "<<endl;
        LinkList <int> c(5,r2);        // 尾接方式创建单链表
        cout<<"单链表c的元素为: ";
        c.PrintList( );                // 输出单链表中的所有元素
        cout<<"单链表c的长度为: ";
        cout<<c.GetLength( )<<endl;
        if(c.GetLength())
        { cout<<"执行删除第1个元素操作:"<<endl;
        c.Delete(1);                   //删除c中第1个元素
        cout<<"已删除成功,单链表c的长度为: ";
        cout<<c.GetLength()<<endl;
        }
        else  cout<<"单链表c长度为0"<<endl;
        cout<<"单链表c为: ";
        c.PrintList( );        //输出单链表c 的所有元素
     }
catch(char* msg)
  {   cout<<msg;      //如失败,提示失败信息
  }
}
```

例 2-3　集合的并运算(UNION)在单链表存储结构中的实现。集合的并运算(UNION运算)是指把两个集合并起来，并消除重复元素。在算法中，集合用带头结点的单链表表示。

设 *la* 和 *lb* 分别为单链表对象指针变量，对象内的单链表中分别存放集合 *A* 和 *B* 的元素。插入只是在 *la* 单链表表尾进行。

为了避免重复查找，可以在单链表上增加一个指向 *la* 单链表的最后一个结点的指针。同时，由于单链表的长度一般不作为结构的特征，因此，不以表长作为循环控制值，而

以单链表中最后一个结点指针域为“空”作为循环结束条件。

两个集合并运算的单链表算法 Union_LkLst

```
template <class T>
Node<T> *Union_LkLst (LinkList<T> *la,LinkList<T> *lb)
{  Node<T>  *pa,*pb,*p,*pc,*atail,*tail;
   LinkList<T> *lc;
   pa=(la->GetFirst())->next;
   pb=(lb->GetFirst())->next;
   atail=pa;                    // atail 指向 la 中单链表尾结点
   while (atail->next!=NULL) atail=atail->next;
   tail=atail;          // tail 指向已合并部分结果单链表的尾结点
   lc=la;               // la 中单链表头结点作为 lc 中单链表头结点
   pb=(lb->GetFirst())->next;   // pb 指针初始化指向 lb 首结点
   while (pb)
   { while (pb->data!=pa->data && pa!=atail)
           pa=pa->next;
     if (pb->data==pa->data)
     { p=pb; pb=pb->next; delete p;
       pa=la->GetFirst()->next;
     }
    else                          // pa==atail
     if ( pb->data!=pa->data)
          { atail->next=pb; atail=atail->next;
            pb=pb->next; pa=la->GetFirst()->next;
          }
     else       // 将 lb 的当前结点接到合并部分表后
          { p=pb; pb=pb->next;
            pa=la->GetFirst()->next; delete p;
          }
    }
    atail->next=NULL; lb->GetFirst()->next=NULL;
    return (lc->GetFirst())->next;
}
```

算法时间复杂性分析：由于 *la* 和 *lb* 中单链表分别表示两个集合，因此表中原有元素都均不相同，则每次当把 *lb* 中单链表的元素加入 *la* 中单链表时，查找无需在 *la* 中已插入部分(也就是加入的部分)进行。这可在算法开始时附设一个指针以保留插入前的表尾位置。

若 *la* 和 *lb* 中单链表所含元素数目分别为 m 和 n，则上述算法的时间复杂性为 $O(m \cdot n)$。

2.3.2 循环单链表

循环单链表又称环形单链表(circular linked list)，是单链表中最后一个结点的指针域指向头结点，整个单链表形成一个环的链式存储结构。从循环单链表中任一结点出发均能找到表中其他结点。图 2-18 是单链的循环单链表示意图。

循环单链表的操作基本和线性链表的一致，差别仅在于算法中的循环条件不是 *p* 或 *p*->next 是否为空，而是它们是否等于头指针。

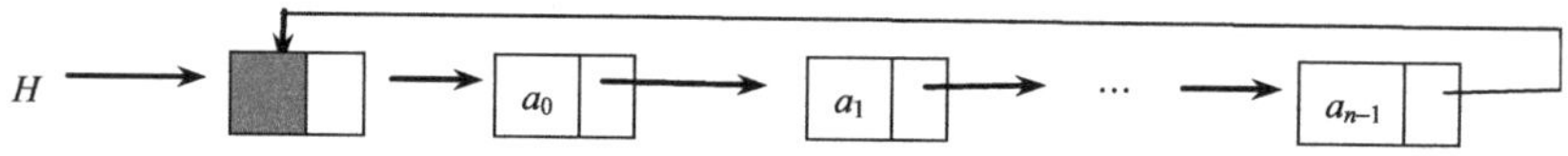

(a) 非空表

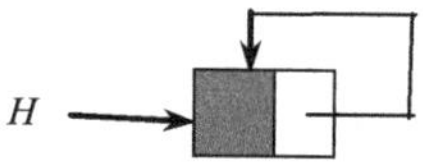

(b) 空表

图 2-18　单链的循环链表

但有时候也可使某些操作简化。例如，若在循环表中设有一个尾指针而不设头指针(如图 2-19(a)所示)，将两个线性表合并成一个表时，只要将一个表的表尾和另一个表的表头相接，仅需改变两个指针值即可，操作时间为 $O(1)$。合并后的表如图 2-19 所示。

设 A 指向 la 的最后一个结点，B 指向 lb 的最后一个结点。则合并操作为

```
temp1=A->next;
A→next=B→next→next;
temp2=B->next->next;
B→next=temp1;
A=B;             //  A指向la的新的最后一个结点
```

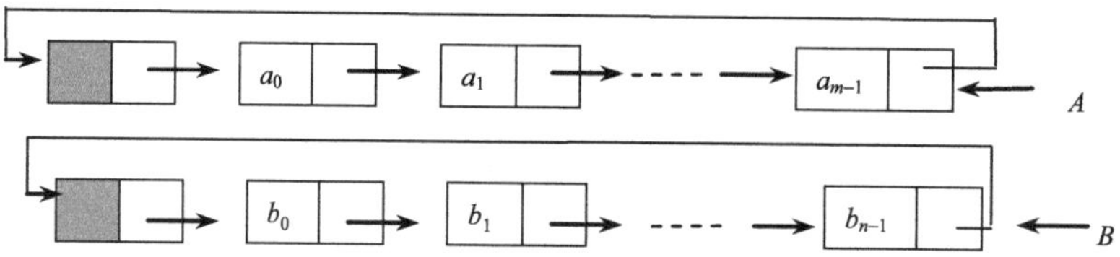

(a) 合并前两个用尾指针表示的循环单链表

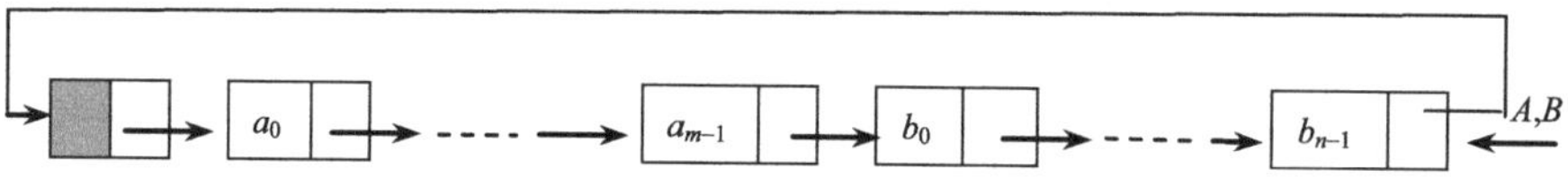

(b) 合并后的用尾指针表示的循环单链表

图 2-19　仅设尾指针的循环链表

2.3.3　双链表及循环双链表

以上讨论的链式存储结构的结点中，一个结点只有一个指示直接后继的指针域，由此，从某个结点出发只能顺指针往后寻查其他结点。若要寻查该结点的直接前趋，则要从表头结点出发进行遍历性查询。换句话说，在单链表中，从某个结点出发查其直接后继的时间复杂度为 $O(1)$，而查其直接前趋的时间复杂度为 $O(n)$。为克服这种不对等性缺点，可利用双链表(double linked list)。在双链表中有两个指针，一个指向直接后继，另一个指向直接前趋，结点结构如图 2-20(a)所示，结点类型的算法描述为

```
template <class T>
```

```
struct  DNode {
      T  data;
      DNnode  *prior, *next;
      }
```

类似于模板类 LinkList 的定义，可给出循环双链表模板类 DLinkList 的定义。

图 2-20(b)是空循环双链表(仅含头结点)。图 2-20(c)是普通的双链表(非循环的)，而图 2-20(d)是循环双链表。

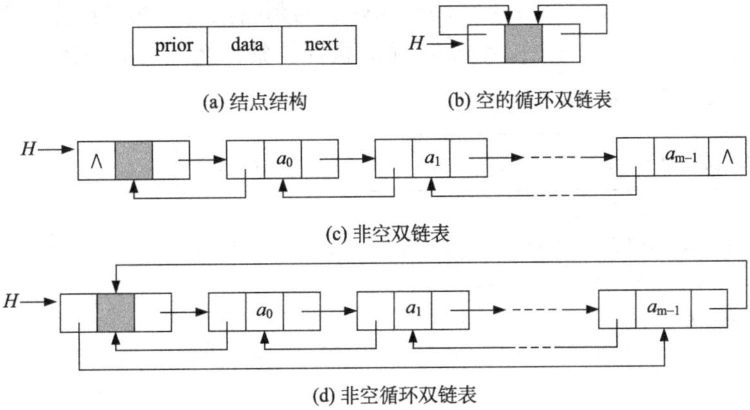

图 2-20　结点结构、双链表及循环双链表

在双链表中，若 d 为指向表中既有前趋又有后继结点的某一结点的指针(即 d 为指向基类型为 DNode 的指针变量)，则有：

```
d→next→prior=d→prior→next=d
```

这个表示式恰当地反映了这种结构的双向指针的指向特性。

在双链表中，有些操作，如 GetLength( ),Get( ),Locate( )等仅需涉及一个方向的指针，则它们的操作描述和单链表的操作相同。

但插入、删除操作则有很大的不同。在双链表或循环双链表中有两个链。所以，在双链表或循环双链表中进行删除、插入操作要同时修改两个方向的指针，分别如图 2-21 和图 2-22 所示。

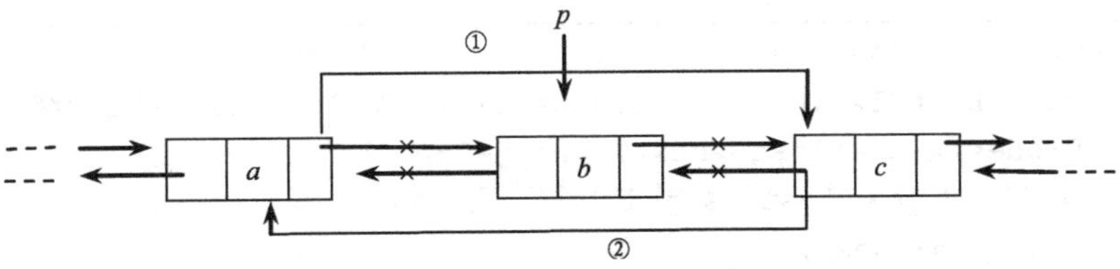

图 2-21　删除双链表中某个结点(上述为 b 结点)时指针的变化状况

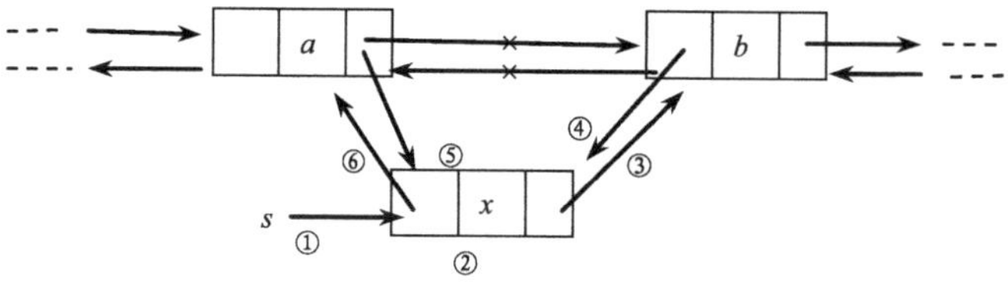

图 2-22　在双链表中插入一个结点 s 时指针的变化状况

下面只给出循环双链表中进行删除、插入操作的算法。注意，扫描条件：在初始化后工作指针变量为：p=first—>next 后，p!=first 成为判断当前 p 所指结点是否为循环双链表中的有效结点条件之一，即作为 while 循环执行的条件之一，另一条件是 $j<i$。

双链表中的插入算法描述如下：

双链表中第 i 个结点之前插入元素 x 的算法 Ins_DLkLst

```
template <class T>
void DLinkList<T>::Ins_DLkLst (int i, T x)
{ DNode<T> *p=first->next; int j=1;
  while ( p!=first && j<i )
     { p=p->next; // p 为指向第 i 个元素结点指针
       j++;
     }
  if( i==j && p!= first )
    {  s=new  DNode<T>;
       s->data=x;
       s->prior=p->prior;
       p->prior->next=s;
       s->next=p;
       p->prior=s;
    }
  else  throw "no this position\n" ;
}
```

双链表上的删除算法描述如下：

双链表上的删除算法Del_DLkLst

```
template <class T>
T DLinkList<T>::Del_DLkLst(int i) // 删除循环双链表第 i 个结点
{ DNode<T> *p=first->next; int j=1;
   while ( p!=first && j<i )
     {  p=p->next;
        j++;
     }  // 确定第 i 个结点的位置 p
  if (i==j && p!=first)
      {  T x=p->data; p->prior->next=p->next;
```

```
            p->next->prior=p->prior;
            delete p;
            return x;
        }
    else
        throw "no this position\n";
}
```

显然，这两个算法的执行时间和单链表的插入和删除算法分别相同，均为$O(n)$。所消耗时间主要花在顺链扫描上。

2.3.4 静态链表*

通常仍设 MaxSize 为静态链表可能的最大长度，用每个数组元素为一个结构体的一维数组来存储数据元素及他们之间的关系。称这种链表为静态链表。

结构体含两个成分：一个成分存储数据元素，另一个成分用于表示数据元素之间的关系。也就是说，静态链表中的结点是数组的一个分量，同时用游标(cursor)代替指针，指示下一结点在数组的位置(为代码简单起见，用 cur 表示 cursor)。图 2-23 给出了线性表在静态链表实现下插入数据元素“Shi”和删除数据元素“Zheng”的示意图。

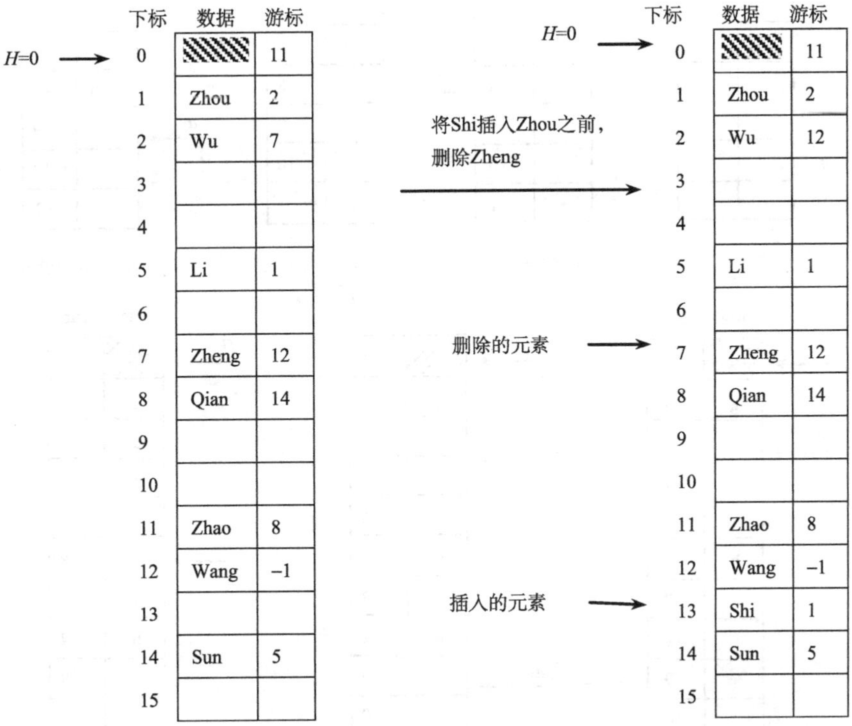

图 2-23 静态链表及操作示例

在实现静态链表的插入和删除算法中可以看到，游标修改和前面描述的单链表中的插入和删除的算法类似，所不同的是如何实现分配和释放空间这两个过程。为了生成新结点，需要辩明数组中哪些分量未被使用。解决的办法是将所有未被使用过及被删除的分量用游标链成一个备用的链表，每当进行插入时便可从备用链表上取得第一个结点作为待插入的新结点；反之，在删除时将从链表中删除下来的结点链到备用链表上(作为首结点)。

现在以集合运算(*A*–*B*)∪(*B*–*A*)为例来使用静态链表类。假设集合用不重复元素表示。

例 2-4 假设由终端输入集合元素，先建立表示集合 *A* 的静态链表对象 *A*，而后在输入集合 *B* 中元素的同时查找对象 *A* 的数据表，若存在相同的元素，则从对象 *A* 的数据表中删除之，否则将此元素插入对象 *A* 的数据表。

假设 *A*={c,b,e,g,f,d}，*B*={a,b,n,f}。图 2-24 展示了初始化静态链表、输入集合 *A* 的元素并建立 *A* 的静态链表的状况、集合 *B* 的元素输入后在静态链表 *sa* 中依次插入 a、删除 b、插入 n 和删除 f 后的状况。*av* 为备用静态链表的头指针。

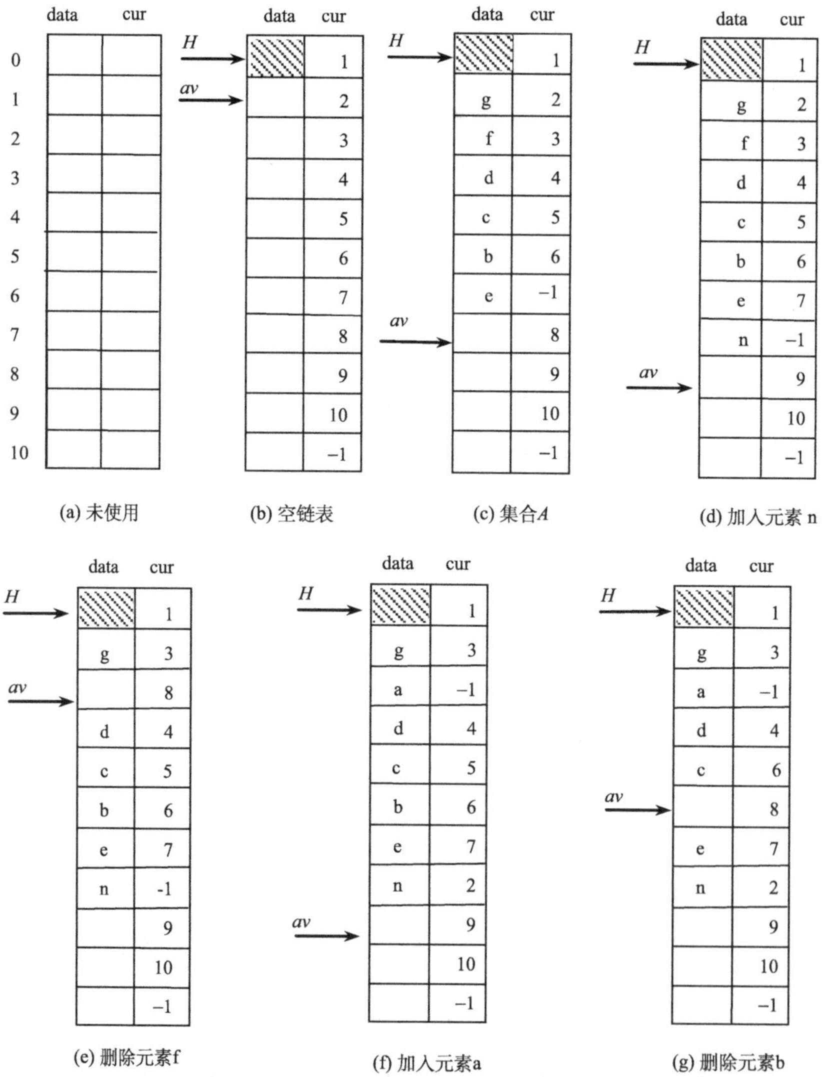

图 2-24　静态链表存储及操作示意图

显而易见，上述算法的执行时间为 $O((m+n)\cdot n)$，其中 m 和 n 分别表示集合 A 和 B 的元素个数。但如果将建立的表示集合 A 的链表设立一个尾指针(整型变量)，且在输入 B 的一个元素后，只在集合 A 所对应的结点中查找，而不在集合 B 中查找，则其时间复杂度可达到 $O(m\cdot n)$。

2.3.5 间接寻址方式实现的单链表*

与间接寻址(indirect addressing)方式实现的顺序表相似，在单链表结点中，数据域存储的是数据元素的地址而不是直接存储数据元素本身。如图 2-25 所示。

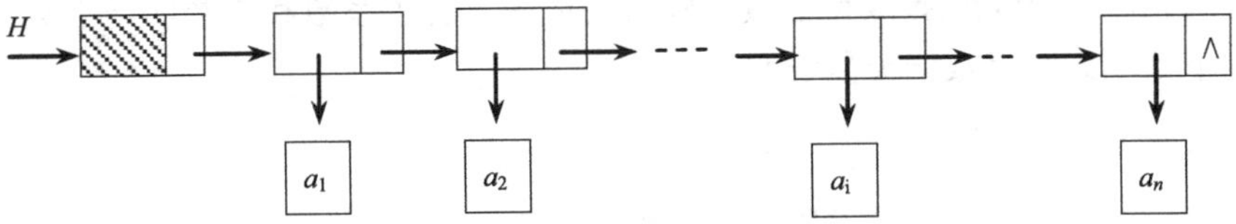

图 2-25 间接寻址的单链表

只需要将模板类 LinkList 数据的访问以间接寻址方式实现即可。

2.4 线性表的应用

2.4.1 一元多项式的表示及相加

一元多项式 $P_n(x)$:

$$P_n(x)=p_0+p_1x+p_2x^2+\cdots+p_nx^n \tag{2-6}$$

由 n 个系数和常数项(合起来简称为 $n+1$ 个系数，因常数项可看成 x^0 的系数)唯一确定。因此可用一个线性表 P 来表示:

$$P=(p_0, p_1, p_2, \cdots, p_n) \tag{2-7}$$

每一项的指数 i 隐含在其系数 p_i 的序号里。假设 $Q_k(x)$是一元 k 次多项式，则系数也可表示为 $Q=(q_0,q_1,q_2,\cdots,q_k)$，不失一般性，设 $k<n$，则两个多项式相加的结果 $R_n(x)=P_n(x)+Q_m(x)$可用线性表 R 表示为

$$R=(p_0+q_0, p_1+q_1, p_2+q_2,\cdots, p_k+q_k, p_{k+1},\cdots, p_n) \tag{2-8}$$

显然，我们可以对 P、Q 和 R 采用顺序存储结构(数组结构)似乎可解决问题。但在通常的应用中，多项式的次数可能很高，而非零项很少，会浪费大量的存储空间，使得顺序结构的最大长度难以确定。特别是在处理形如 $S(x)=1+3x^{100}+2x^{200}$ 的多项式时，就要用长度为 201 的线性表来表示，但表中仅有 3 个非零元素，这时内存的空间浪费很大。但是如果只存储非零系数项，则显然必须同时存储相应的指数。一般情况下，一元 n 次多项式:

$$P_n(x)=c_1x^{e_1}+c_2x^{e_2}+\cdots+c_mx^{e_m} \tag{2-9}$$

其中，c_i 是指数为 e_i 的项的非零系数，且满足:

$$0 \leqslant e_1 < e_2 < \cdots < e_m = n \tag{2-10}$$

若用一个长度为 m 且每个元素有两个数据项(系数项和指数项)的线性表：

$$((c_1, e_1), (c_2, e_2), \cdots, (c_m, e_m)) \tag{2-11}$$

便可唯一确定多项式 $P_n(x)$，在最坏情况下，$n+1(=m)$个系数都非零，则比只存储每项系数的方案要多存储一倍的数据。但对于上述 $S(x)$形的多项式，这种表示将大大节省。这样组织的线性表可以有两种存储结构：顺序存储结构和链式存储结构。

顺序存储结构：先说明多项式每一项(含系数和指数两个数据项)对应的结点数据类型，然后，利用前面的模板类 SeqList 的对象来表示。其中数据类型参数要置换为此结点数据类型。相应的 PrintList 成员函数要修改为适应复合了系数和指数的结点数据类型。顺序结构下多项式结点数据类型说明：

```
struct  elem  {   int  coef;
                  int  exp;
              };
```

假设要求两个多项式之和，与合并两个线性表类似，操作方式应由存储空间的状况来定。

这里，考虑求 $C_n(x)=A(x)+B(x)$ 即一元稀疏多项式加法时，用链式存储结构实现。

链式存储结构下多项式结点数据类型说明：

```
template <class T>
struct PolyNode
{ T data;
  PolyNode<T> *next;  //此处<T>也可以省略
};
```

图 2-26 给出了两个带表头结点的多项式的单链表表示。

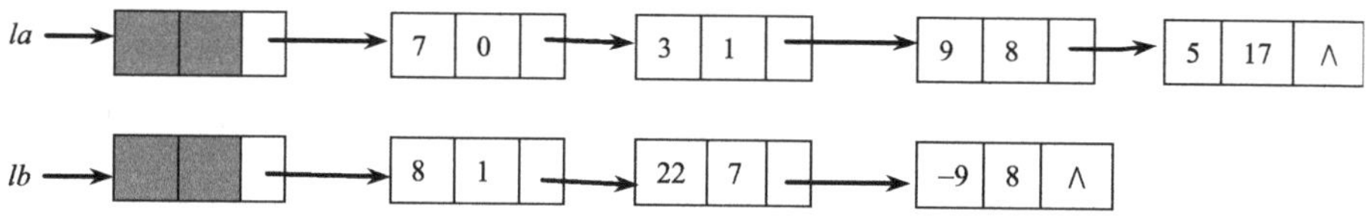

图 2-26　多项式的单链表表示，其中 $A(x)=7+3x+9x^8+5x^{17}$, $B(x)=8x+22x^7-9x^8$

一元多项式的相加运算规则：指数相同的项，对应系数相加，若和不为零，则构成“和多项式”中的一项；所有指数不相同的项均复抄到“和多项式”中。

算法实现的基本思想：两个多项式中指数相同的项，对应系数相加，若和不为零，则构成“和多项式”中的一项，指数不相同的项复制到“和多项式”中。此法则可简化为：同类项合并，非同类项复制。

先给出多项式类声明和相应成员函数的定义(两个多项式相加的运算作为类的友函数)：

```
template <class T>
class PolyLinkList
{ public:
        PolyLinkList( );
        PolyLinkList(T a[], int n);
        void PrintList( );
        friend void Add(PolyLinkList<elem> &A, PolyLinkList<elem> &B);
  private:
        Node<T> *first;  //单链表的头指针
};
```

无参构造函数：

```
template <class T>
PolyLinkList<T>::PolyLinkList( )
    {   first=new PolyNode<T>;
        first->next=NULL;
    } //建立只有头结点的空单链表
```

有参构造函数：

```
template <class T>
PolyLinkList<T>::PolyLinkList(T a[], int n)
    {    Node<T> *s,*r;
         r=first=new PolyNode<T>;
         for (int i=0; i<n; i++)
         {   s=new PolyNode<T>;
             s->data.exp=a[i].exp;  s->data.coef=a[i].coef;
             r->next=s;  r=s;
         }
         r->next=NULL;
    }
```

打印多项式函数：

```
template <class T>
void PolyLinkList<T>::PrintList( )   //遍历多项式单链表
    { Node<T> *p;
      p=first->next;
      while (p)
        {  cout<<p->data.coef<<"  "<<p->data.exp<<endl;
           p=p->next;
        }
    }
```

在实现求两个一元多项式代数和时，“和多项式”中结点无需另生成。

遵循下列运算规则：

设 p 和 q 分别指向多项式 A 和 B 中的某一结点，比较结点中的指数项：

(1) 若 p→data.exp<q→data.exp，则 p 结点应是“和多项式”中一项，p 指针后移；

(2) 若 p→data.exp>q→data.exp，则 q 结点应是“和多项式”中的一项，将 q 结点插入 p 结点之前，且 q 指针在原来的链上后移；

(3) 若 p→data.exp==q→data.exp，则将两个结点中的系数相加，当和不为零时修改 p 结点中的系数域，释放 q 结点；反之，“和多项式”中没有此项，从 A 表中删去 p 结点。

图 2-27～图 2-29 给出了求两个多项式和时出现的三种不同情况示意图。

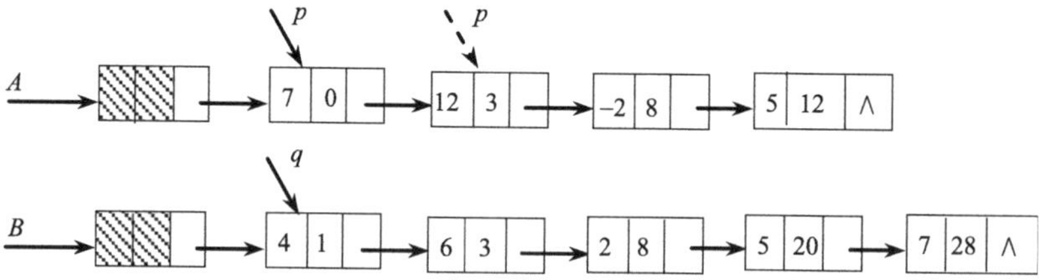

图 2-27　第一种情况示意图

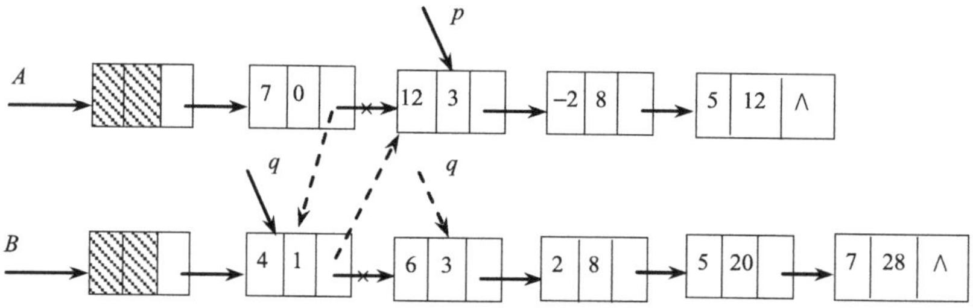

图 2-28　第二种情况示意图

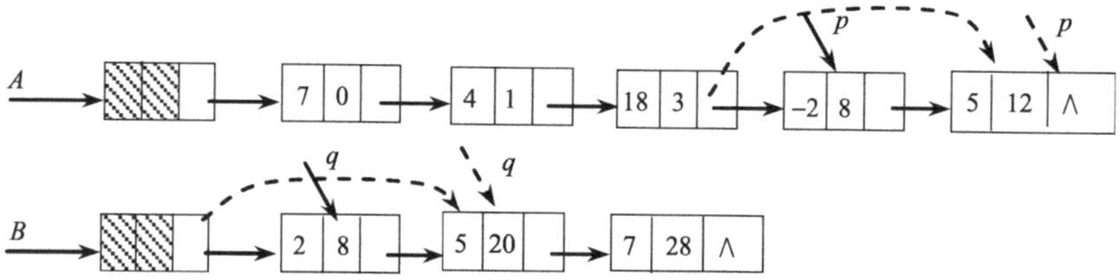

图 2-29　第三种情况(系数相加为零)示意图

两个一元多项式求和算法PolyAdd

```
template <class T>
void PolyAdd(PolyLinkList<T> &A, PolyLinkList<T> &B)
{ Node<elem> *pre,*qre,*p,*q,*v;
  pre=A.first; p=pre->next;   // 指针 pre 跟随工作指针 p 扫描
  qre=B.first; q=qre->next;   // 指针 qre 跟随工作指针 q 扫描
```

```
        while(p&&q)
        { if (p->data.exp<q->data.exp)  // 情况1
                 { pre=p; p=p->next; }
            else if (p->data.exp>q->data.exp) // 情况2,将q插入到p之前
                      { Node<elem> *s=new Node<elem>;
                        s->data=q->data; s->next=p;
                        pre->next=s; v=q->next;  delete q; q=v;
                 }
                   else    // 情况3
                   { p->data.coef=p->data.coef+q->data.coef;  //系数相加
                     if (p->data.coef==0)  //系数为0，删除p和q
                          { pre->next=p->next; //删除结点p
                            delete p;  p=pre->next;
                            qre->next=q->next;   //删除结点q
                            delete q;  q=qre->next;
                          }
                   }
              }  // end of while
             if (q) pre->next=q;  //将结点q链接在第一个单链表的后面
             delete B.first;   //释放第二个单链表的头结点所占的内存
    }
```

可写出下列主函数测试一元多项式求和算法：

```
void main(void)
{    elem a[4]={{1,2},{3,4},{4,5},{6,9}};
     elem b[2]={{4,5},{7,8}};
     PolyLinkList<elem> C(a,4);
     PolyLinkList<elem> D(b,2);
     Add(C,D);
     C.PrintList( );
}
```

假设 A 多项式有 m 项，多项式 B 有 n 项，则上述算法的时间为 $O(m+n)$。

2.4.2 算法举例

为了更好地理解线性表的操作，这里举几个有关线性表的应用例子。

例 2-5 设有一个由整数作为数据元素的线性表，其数据元素按元素值非递减有序排列，试设计一个算法，删除表中多余的值相同的整数。

例如，线性表(5,10,10,15,20,25,25,25,25,30,30,35)经过删除多余的值相同的元素后为(5,10,15,20,25,30,35)。这一问题可有两种解法：①挑出值不相同的元素；②反复比较相邻两个元素，若相同，则把后一元素删除(通过将其后面的元素向前平移完成，否则，继续比较下一相邻两个元素，直到比较完毕。

解法一　算法思想：假设线性表中的整数元素存放在线性表中的整型数组 data 中。一种高效的算法是，设下标变量 j 指示当前线性表中已确定的值不相同的最后一个元素。j 的初值为 0。设下标变量 i 作为扫描工作变量，i 赋值为 $j+1$，向后扫描。若 data[i]=data[j]，则 i 所指整数元素应从线性表中删除，此时，只将 i 增 1 即可。删除即指不作保留，删除的元素可能会被其他元素覆盖掉。若 data[i]≠data[j]，则 i 所指整数元素应移至 j 所指整数元素之后，即 data[j+1]=data[i]，j 增 1。i 再赋值为 $j+1$。如此重复做上述两步，直到 i 扫描完所有的元素为止。最后，$j+1$ 为值不相同的元素个数。

删除顺序表中重复元素的算法 Del_m

```
template <class T>
void Del_m(SeqList<T> &a) //假定线性表对象中数据由小到大有序
{  int j=0,i=1; int n=a.GetLength( );
        //j 指向部分结果表最后元素,初值为 0。i 指向当前元素。
   while(i<n)
        { if (a.data[i]!=a.data[j])
               a.data[++j]=a.data[i]; // 将 data[i]移至正确位置
          i=i+1;
        }
   a.SetLength(j+1);      // j+1 是为整数元素的个数
}
```

解法一的算法的时间复杂性是 $O(n)$。

解法二　算法思想：由于原整数线性表非递减有序，则若有值相同的元素，必为相邻元素。因此，只要依次比较相邻的两个元素，若值相同，则删除其中一个。删除时，机械地将后面元素向前平移一个位置。具体描述如下：

伪代码

1. 假设扫描工作变量为 i，存放表长的变量为 n。i 的初值置为 0，n 的初值置为当前表长。

2. 只要 $i<n-1$,都扫描线性表的元素。

　2.1　若 data[i]=data[$i+1$]，则将 data[$i+1$] 至 data[$n-1$]向前平移一个位置，n 自减 1，表示实际表长已少 1。

　2.2　若 data[i]≠data[$i+1$]，则 i 增 1，表示继续向后扫描线性表的元素。

解法二可能过多地做了元素平移，其时间复杂性仅为 $O(n^2)$，性能不如解法一。

删除顺序表中重复元素的另一算法 Del_m1

```
template <class T>
void Del_m1(SeqList<T> &a) //假定线性表对象中数据由小到大有序
{ int i=0; int n=a.GetLength( );
   while (i<n-1)
```

```
            if ( a.data[i]!=a.data [i+1])  i=i+1;    // 继续往下扫描
            else { for (int j=i+2;j<=n-1;j++)
                        a.data[j-1]=a.data[j];  // 删除第 i+1 个元素
                 n--;                          // 线性表的表长减 1
               }
        a.SetLength(n);
    }
```

例 2-6　试设计一个算法将带头结点的单链表所表示的线性表就地逆置。

这里，就地逆置是指得到的逆置单链表中的结点就是从原单链表中摘下来的，而不是新生成的。因为单链表是一种顺序访问结构，所以，设计算法应在对单链表结点顺链扫描一遍即可完成所需要的任务。

算法思想：首先，将原单链表的头结点摘下来，构成逆置单链表的头结点，建立一个空单链表。为了能继续访问原单链表的其他结点，摘头结点前应该用一个工作变量保存原单链表首结点的指针。然后，顺序扫描原单链表的结点，依次将原单链表中的结点摘下，逐个前插到逆置表的头结点和第一个结点(若有的话)之间。这也就是用类似“前插”方式建立单链表的方法来完成就地逆置。逆置过程可见图 2-30。图 2-30 (a)是原单链表；图 2-30 (b)建立了新的头结点，并使指针 p 指向首结点；图 2-30 (c)完成了首结点到新链表的插入。图 2-30 (d)表示将 a_i 所在结点从原链表上摘下来，准备前插入新链表；图 2-30 (e)是最终得到的结果单链表。

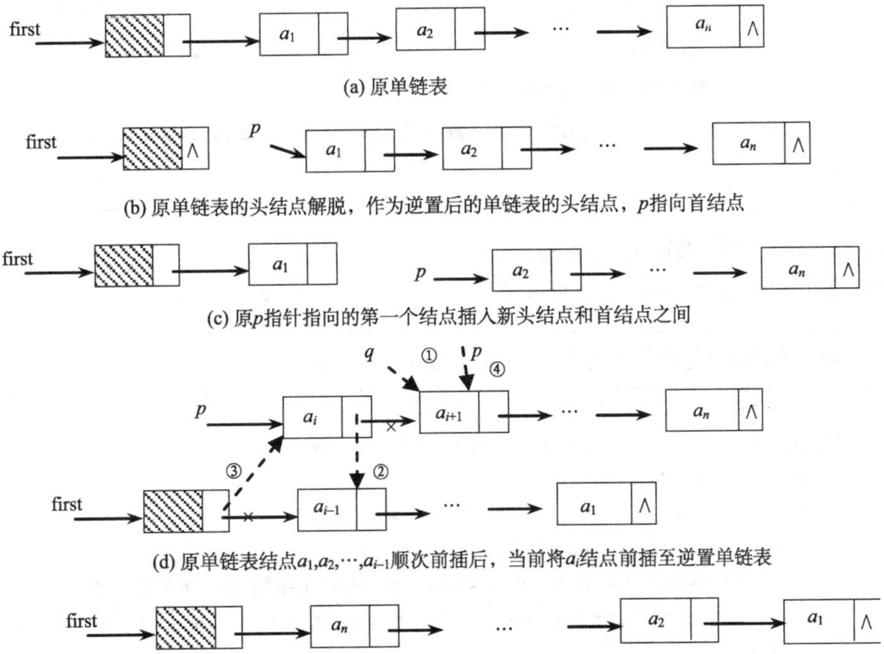

(a) 原单链表

(b) 原单链表的头结点解脱，作为逆置后的单链表的头结点，p指向首结点

(c) 原p指针指向的第一个结点插入新头结点和首结点之间

(d) 原单链表结点$a_1,a_2,\cdots,a_{i-1}$顺次前插后，当前将a_i结点前插至逆置单链表

(e) 得到的最终的逆置单链表

图 2-30　就地逆置带头结点的单链表的操作过程

逆置带头结点单链表的算法Reverse_LkLst

```
template <class T>
void Reverse_LkLst(LinkList<T> &a)
// 逆置后的链表仍带头结点,且 a.first 仍为头指针
{   Node <T> *p,*q;      // 工作指针变量
    p=a.first->next;       //  p 指向尚未逆置的第一个结点
    a.first->next=0;       // 设逆置后的链表初始时为空表
    while (p)            //  p 指向当前结点
      { q=p->next;       //  q 暂存剩下结点构成的待逆链表头指针
        p->next=a.first->next; // p 插在头结点之后,第一个结点之前
        a.first->next=p;
        p=q;               // p 再取下一个待逆结点
      }
}
```

逆置带头结点单链表的算法的时间复杂性为 $O(n)$。

例 2-7　在循环单链表中实现取第 i 个数据元素。

循环单链表中取元素的算法 Get

```
template <class T>
T Get(CirLinkList<T> a, int i)
{  Node<T> *p; int j;  p=a.first->next; j=1;  // 或p=a.first;  j=0;
    while (p!=first && j<i)              //工作指针 p 后移
      {  p=p->next;  j++;  }
    if (p==first)  throw "位置非法";  else  return p->data;
}
```

例 2-8　建立循环单链表的算法。

(1)前插方式建立循环单链表的算法:

前插方式建立循环单链表的算法 CirLinkList

```
template <class T>
CirLinkList<T>::CirLinkList(T a[ ], int n)
{  first=new Node<T>;
   first->next=first;     // 构成循环
   for (int i=0; i<n; i++)
     {  Node<T> *s=new Node<T>;  s->data=a[i];  // 建结点
       s->next=first->next;  first->next=s;          // 插入头结点后
     }
}
```

(2) 后接方式建立循环单链表的算法：

后接方式建立循环单链表的算法 CirLinkList

```
template <class T>
CirLinkList<T>::CirLinkList(int n,T a[ ])
{  first=new Node<T>; //生成头结点
   first->next=first; //先建立一个循环单链表
   Node<T> *r=first; Node<T> *s;
   for(int i=0; i<n; i++)
      {  s=new Node<T>; s->data=a[i];    // 生成结点
         r->next=s;  r=s;              // 尾指针指向新的尾结点
      }
  r->next=first;   // 尾结点的指针域存放 first，形成环
}
```

例 2-9 合并两个有序单链表为一个有序单链表。

编写的函数如下：

合并两个有序单链表为一个有序单链表的算法 Merge

```
template <class T>
Node<T> *Merge(OrderLinkList<T> *La, OrderLinkList<T> *Lb)
{ Node<T> *c,*pa,*pb,*s,*r; c=new Node<T> ;
  pa=La->first->next; pb=Lb->first->next; r=c;
  while(pa&&pb) //合并时重新生成结点.防止影响析构函数
     if(pa->data<=pb->data)
        { s=new Node<T>; s->data=pa->data;
          r->next=s; pa=pa->next;r=s;
        }
     else {  s=new Node<T>; s->data=pb->data;
             r->next=s; pb=pb->next;r=s;
          }
 // a 链表剩下结点的处理
while(pa) {   s=new Node<T>;
              s->data=pa->data;
              r->next=s; pa=pa->next; r=s;
          }
 //b 剩下结点的处理
while(pb) {   s=new Node<T>;
              s->data=pb->data;
              r->next=s; pb=pb->next; r=s;
          }
r->next=NULL;  return c;
 }
```

2.5　顺序表和单链表的比较

这里以线性表基本的顺序表和单链表两种存储结构及其上所进行操作性能加以讨论。

2.5.1　时间性能比较

时间性能主要指基于某种存储结构表示下基本操作(或算法)所消耗的时间量，用时间复杂度，特别是平均时间复杂度，来表示。

在线性表中插入和删除一个元素的操作，使用顺序表都需移动表长一半的元素，平均时间复杂度是 $O(n)$。当线性表中数据元素较多时，特别是当数据元素占用存储空间较大时，移动元素操作做花开销大。而在单链表中，插入和删除操作不需要移动数据元素，在确定了在链表中的某个合适位置的指针后，插入和删除操作所需的平均时间复杂度是 $O(1)$。从纯粹的插入和删除来看，在单链表上进行插入和删除操作比在顺序表上进行插入和删除操作效率要高。但因顺序表是随机存取存储结构，而单链表是顺序存储存储结构，所以，在定位上，则在顺序表上比在单链表上要快。因不管是在顺序表上还是在单链表上进行插入和删除操作前都需先定位，所以，在顺序表上插入和删除操作的低效性也可通过快速定位以及其简单性得到一定的补偿。此外，具体的插入位置也会对插入和删除操作有影响。

对于取线性表中第 i 个数据元素的操作，由于在顺序表上定位可随机定位，所以，在顺序表上 Get(i)的平均时间复杂度是 $O(1)$。而在单链表上，由于只能从头指针开始顺链向后扫描，直到找到第 i 个元素结点的指针后，才能取得到第 i 个数据元素，所以，在单链表上 Get(i)的平均时间复杂度是 $O(n)$。

而对于在线性表上的按值定位操作 Locate，无论是在顺序表上，还是在单链表上，平均时间复杂度都是 $O(n)$(这里假定表中数据元素并没有任何有序性)。因为它总需逐个扫描以检查表中的数据元素是否与给定值相同。

因此，若线性表上需频繁使用 Get(i)进行查找而较少进行插入和删除操作，则宜采用顺序表作为线性表的存储结构。若线性表需频繁进行插入和删除操作，则宜采用单链表作为线性表的存储结构。若线性表上只是按值定位的 Locate 操作，则可采用顺序表或单链表任意之一作为线性表的存储结构。但若按值定位要求是从线性表结尾到开始反向扫描定位，则只能采用顺序表，不能采用单链表，除非单链表改为双链表。

2.5.2　空间性能比较

空间性能主要指某种存储结构表示下所占用的空间大小和空间的有效利用率。首先给出数据元素映射在内存中结点的存储密度(storage density)定义。

$$存储密度=\frac{数据域占用的存储量}{整个结点占用的存储量}$$

存储密度可用来衡量某种存储结构中数据元素在内存中表示时空间的有效利用率，即空间的利用情况。例如，在顺序表中，每个数组元素所占的空间可看成在内存中为数据元素开辟的存储的空间。由于一个数组元素存放一个数据元素，所以，其存储密度始终为1。而在单链表中，每个结点除了存放数据元素外，还要存储指示数据元素之间逻辑关系的指针。以数据元素为整数，占4字节，结点中指针也占4个字节为例，则此单链表的存储密度为4/(4+4) =50%。显然，若链域越多，则存储密度越小。不论是何种链表，存储密度肯定小于1。因而，从存储密度上来讲，顺序表的存储空间利用率高于链表的存储空间利用率。

从整个存储结构的空间利用上，由于单链表不需要预分配存储空间，结点可在进行插入和删除时根据需要动态增减，所以，只要内存空间可以分配，链表中的结点都可增加，没有个数限制，从而，可表示的线性表元素个数也没有限制。

但对于顺序表而言，它需要预分配存储空间。若事先难以知道线性表的长度大小，则有可能因预分配过小，而发生上溢或需要再追加分配存储空间。若预分配空间过大，则可能造成有些存储空间得不到利用，形成浪费。

因此，一般而言，如果线性表中元素个数能事先预知其大小，那么使用顺序表较好。如果线性表中元素个数事先不知或变化较大，那么最好使用单链表作为存储结构。这样，空间利用率会较高。

如果单链表换成其他的链表，如双链表等，其性能亦可类似分析。

总之，顺序存储结构和链式存储结构各有优缺点，不能简单地说哪种好，哪种不好，只能根据求解的实际问题的需要，综合衡量各方面的因素，才能选定某种比较合适的存储结构。

本章内容小结和学习要点

线性表是最常用的一种数据结构。掌握线性表的知识对于整个数据结构的学习乃至程序设计都具有十分重要的基础作用。本章主要介绍了线性表的定义、操作和存储结构。线性表的主要存储结构是顺序存储结构和链式存储结构，对应的操作算法实现有一定的差别。用数组实现线性表的顺序存储，其上的元素的存取是随机方式的。用指针实现的链表是借助于动态内存分配实现的，而用游标实现的链表仍由数组来实现，分别将它们称为动态链表和静态链表。动态链表又分为单链表、循环链表、双链表和循环双链表，对链表上数据元素的访问仅能顺序进行，不能随机访问。

对线性表插入、删除、查找等典型操作在不同存储结构下进行了实现，并对它们对应的算法时间复杂性和空间复杂性进行了分析，同时，也给出了多个例算法或程序。

本章的学习要点是：

(1) 了解线性表中数据元素之间具有线性关系这样一种逻辑结构特性。在计算机中表示这种线性关系有两种主要的基本存储结构：顺序存储结构和链式存储结构。

(2) 熟练掌握这两类存储结构的描述方法。当了解了一维数组中一个区域[low，high]的上界(用 i 表示)、下界(用 j 表示)和长度(用 L 表示)之间的变换公式：$L=j-i+1$，$i=j-L+1$，

$j=i+L-1$，也可在定义顺序表类时，选用上、下界,而不选用长度作为数据成员来定义，因此，很多灵活性可由自己决定。链表中指针 p 和结构*p(或 p->)的对应关系(结点 p->next 指向指针 p 所指结点的后继等)，链表中的头结点、头指针和第一个结点的区别及循环链表、双链表、循环双链表的特点等知识内容是在学习本章时所要充分重视的。

(3) 熟练掌握线性表在顺序存储结构上实现时基本操作：查找、插入和删除等算法。

(4) 熟练掌握在各种链表结构(包括单链表、循环单链表、双链表和循环双链表等)中实现线性表操作：查找、插入和删除等的基本方法，并学会适时选用何种链表。

(5) 能够在时间和空间复杂度上综合比较线性表的两种存储结构，掌握它们的不同特点及各自的适用场合。

(6) 通过对本章例子的学习，除可掌握好线性表的相关基本内容和知识外，还可对程序设计语言 C++本身以及其使用方法等知识加以深化学习和提高。

习　题　2

1. 算法或程序阅读题

(1) 阅读下列程序，将其中函数(算法)Del_k，其功能是从线性表的第 i 个元素起，删除连续的 k 个元素，改为一个正确而高效的函数(算法)：

```
#include <iostream.h>
  const int MaxSize=100;
  void Del_k(int a[],int &length,int i,int k)
{  // a[0] ～ a[length-1]存放线性表元素，删除从第 i 个元素起的 k 个元素
   if (i<0||i>*length-1|| k<0 ||length>MaxSize||i+k>length+1)
     { cout<<"error"<<endl;  return;  }
   else {  int count,j;
         for ( count=0;count<k;kt++)
           { for ( j=length-1;j>i+1;j--)  a[j-1]=a[j];
             length=length-1;
           }
      }
}
void main()
{ int a[9]={1,2,3,4,5,6,7,8,9};
  int length=9;
  int i=2;  int k=3;
  Del_k(a,length,i,k);
  for (int j=0;j<length;j++)  cout<<a[j]<<"  ";
}
```

(2) 在用带头结点的单链表作存储结构表示集合 A 和 B 的情况下，下列函数为LinkList类的友函数，

实现求 *A*–*B*，即保留 *A* 中不在 *B* 内的元素。结果保留在单链表 *A* 中。

```
template <class T>
void Difference(LinkList<T> &A,Linklist<T> B)
{   Node<T> *pre,*p,*q=B.first;
    while (q!=NULL)
        { pre=A.first, p=pre->next;
          while (p!=NULL && p->data!=q->data)
              { pre=p;p=p->next;}
          if (p!=NULL && p->data==q->data)
              { pre->next=p->next; delete p;p=pre->next;}
                q=q->next;
        }
}
```

试用集合 *A* 为{1,3,5,6}，*B* 为{3,6}，执行该算法，给出结果。并将该算法改写成自然语言描写的伪代码形式。

2. 论述题

(1) 试论顺序表、顺序存储、顺序存取以及随机存取之间的区别。

(2) 试给出单链表的头指针、头结点、第一个结点的区别，并说明头指针和头结点的作用。

(3) 有哪些链表可由一个尾指针唯一确定？即从尾指针出发能访问表上任何一个结点。

3. 填空题

(1) 等概率情况下，在顺序表中插入和删除一个元素平均都分别需约移动______个元素。在______处插入元素不需要移动元素，而在______处插入元素需要移动全部元素。

(2) 顺序表的第一个元素的存储地址是 50，每个元素的长度为 5 个单位，则第 20 个元素的存储地址是______。

(3) 设单链表中指针 *p* 指向结点 *A*，若要删除 *A* 的后继结点的后继节点，则需执行的操作序列为______。

(4) 单链表中设置头结点带来的好处和不足之处分别是________________。

(5) 非空的带头结点的循环单链表，由头指针 *H* 指示，扫描工作指针变量 *p* 赋初值为 *p*=*H*–>next，则判断整个循环单链表中结点全部扫描完并控制结束的判定条件是_________。

(6) 带头结点的单链表，由头指针 *H* 指示，扫描工作指针变量 *p* 赋初值为 *p*=*H*–>next，若现在已扫描到由指针 *q* 所指的结点为第 *i* 个结点(*p* 与 *q* 已相同)，而要在第 *i*–1 位置上插入数据元素为 *x* 的结点。你能否用建立一个在第 *i* 位置上的结点，而将第 *i*–1 位置上(所对应结点中)的元素取出，放入第 *i* 结点，而将 *x* 放入第 *i*–1 个结点的方法，完成此插入任务。操作序列为_______________。

(7) 一个非空的带头结点的循环单链表，由头指针 *H* 指示，*p* 指向其中的某个结点，在 *p* 前插入一个数据元素为 *x* 的结点的操作序列为__________________。

(8) 带头结点的循环单链表 *H* 为空的判定条件是_____________________。

4. 选择题

(1) 在线性表存储结构中，能随机存取的是______；而只能顺序存取的是_____。

A. 单链表　　B. 双链表　　C. 循环链表　　D. 顺序表

(2) 线性表采用链式存储时，后一个结点的首地址在___________中。

A. 头指针　　B. 前一个结点　　C. 前一个结点的指针域中　　D. 本结点

(3) 用尾指针表示的带头结点的循环单链表的主要优点是___________。

A. 不再需要头指针了

B. 从尾结点出发也能扫描整个链表的所有节点

C. 在进行两个循环单链表的合并时算法效率高

D. 在进行插入、删除操作时，能更好地扫描链表

(4) 带头结点的循环双链表的特点是___________。

A. 插入、删除操作简单　　B. 可随机访问任一元素

C. 不受存储空间大小的限制　　D. 访问某个结点的前驱或后继的时间复杂度相同

(5) 若某线性表中最常用的操作是取第 i 个元素和找第 i 个元素的后继，则采用______存储方法最节省时间。

A. 顺序表　　B. 单链表　　C. 双链表　　D. 单循环链表

(6) 若线性表最常用操作是在第一个元素之后插入一个元素和删除最后一个元素，则采用______存储方法最节省时间。

A. 单链表　　B. 带尾指针的单循环链表

C. 循环双链表　　D. 带头指针的单循环链表

(7) 若线性表最常用操作是在最后一个结点之后插入一个元素和删除最后一个元素，则采用______存储方法最节省操作时间。

A. 顺序表　　B. 循环双链表

C. 单循环链表　　D. 带尾指针的双链表

(8) 在具有 n 个结点有序顺序表中插入一个新结点并使之仍然有序的时间复杂度是_______。

A. $O(1)$　　B. $O(n)$　　C. $O(n^2)$　　D. $O(n\log_2 n)$

(9) 对于 n 个元素组成的线性表，建立一个有序单链表的时间复杂度是______。

A. $O(1)$　　B. $O(n)$　　C. $O(n^2)$　　D. $O(n\log_2 n)$

(10) 设顺序表中有 10 个元素，删除第 4 个元素需移动________个元素。

A. 5　　B. 6　　C. 7　　D. 8

(11) 在循环双链表的 p 所指结点后插入 s 所指结点的操作是______。

A. `p->next=s; s->prior =p; p->next->prior =s; s->next=p->next;`

B. `p->next=s; p->next->prior =s; s->prior =p; s->next=p->next;`

C. `s->prior =p; s->next=p->next; p->next=s; p->next->prior =s;`

D. `s->prior =p; s->next=p->next; p->next->prior=s; p->next=s`

5. 判断题

(1) 线性表的逻辑顺序和存储顺序不一定相同。(　)

(2) 线性表的链式存储结构优于顺序存储结构。(　)

(3) 有序表在建立时，新的元素总是添加在表的中间某个位置上，决不放在尾部。(　)

(4) 设 $d1$,$d2$ 都是 LinkList 类的对象，则 $d1$.first 与 $d2$.first 永不相等。(　)

(5) 线性结构的基本特征是：除首尾两个数据元素外，其他每个元素有且仅有一个直接前驱和一个直接后继。且首结点仅有一个直接后继，尾结点仅有一个前驱。(　)

(6) 在循环双链表中，要取得某个元素，只要从第一个结点开始扫描到该结点，或者从尾结点开始扫描到该结点，或者从中间某个结点向前或向后扫描到该结点即可，因此循环双链表是一种随机存取的存储结构。(　)

6. 算法设计题

(1) 在线性表顺序存储下，设计将其元素循环右移 k 位的操作，并分析算法时间复杂度。

(2) 设线性表以顺序存储结构存储，其数据元素为整数，试写出求表中最大元素及其所在表中位置的算法。

(3) 设线性表以顺序存储结构存储，其数据元素为整数，试写出删除表中重复元素的算法(有相同元素时，仅保留第一个)。

(4) 设有一个整数顺序表，设计算法将其调整为前部为奇数，后部为偶数，且时间复杂度为 $O(n)$，空间复杂度为 $O(1)$。

(5) 设整数线性表以顺序存储结构或链式结构存储，试写出求表中元素之和的算法。

(6) 设计一算法，重新生成结点，实现逆置带头结点的单链表。

(7) 试编写静态链表上求表长操作的算法，并将长度写入头结点数据域。

(8) 将元素值相异且递增有序排列的线性表 A 和表 B 归并成一个元素值相异且递减有序排列的线性表 C。要求均以单链表作为存储结构，试编写算法。

(9) 假设在长度大于 1 的单循环链表中，既无头结点也无头指针。s 为指向链表中某个结点的指针，试编写算法删除结点*s 的直接前趋结点。

(10) 将表示代数多项式单链表中的结点结构类型说明改为下列形式后，重新编写求和运算的算法，并充分利用原有的结点，即不生成新结点。

```
struct PNode
{  float  coeff;
   int exp;
   PNode *next;
};
```

(11) 设计算法判断带头结点的非空循环双链表中存放的线性表是否为回文。

(12)* 假设带头结点的线性链中存放着一个一元多项式的系数和指数，试设计算法按其指数奇偶性分为两个带头结点的线性链表。

(13)* 已知由单链表表示的线性表中，含有三类字符的数据元素(如：字母字符、数字字符和其他字符)，试编写算法构造三个以循环链表表示的线性表，使每个表中只含同一类的字符，且利用原表中的结点空间作为这三个表的结点空间。

(14)* 设有一个双链表，每个结点中除有 prior、data 和 next 三个域外，还有一个访问频度域 freq，在链表被起用之前，其值均初始化为零。每当在链表进行一次按值 x 定位操作，则将元素值 x 所在结点中的 freq 域的值增 1，并使此链表中结点保持按访问频度递减的顺序排列，以便使频繁访问的结点总是靠近表头。试编写实现符合上述要求的操作的算法。

思 考 题 2

1. 设一个顺序表中存放的 $m+n$ 个数据元素是 $a_1,a_2,a_3,\cdots,a_m,b_1,b_2,b_3,\cdots,b_n$，试设计算法将其调整为 $b_1,b_2,b_3,\cdots,b_n ,a_1,a_2,a_3,\cdots,a_m$。

2. 将元素值相异且递增有序排列的线性表 A 和表 B 归并成一个元素值相异且递减有序排列的线性表 C。要求 A 和 B 均为顺序表，而 C 为单链表作，试编写算法。

3. 试写出实现两个多项式 $A_m(x)$和 $B_n(x)$相乘的算法。

上 机 题 2

1. 在每个人的密码都和初始密码相同的情况下，以循环单链表为存储结构，实现约瑟夫问题的求解。

2. 实现一个学生管理系统。学生信息包括：学号、姓名、性别、语文成绩、数学成绩、外语成绩、总分。在输入学生信息是，总分由各科成绩自动求和计算。要求可进行学生信息的录入、插入、删除、查找、按学号定位、按总分排序、输出。查找可分别按学号、姓名、某科成绩或总分进行。

3. 在初始密码和每个人的密码不一定相同的情况下，分别以顺序表和单链表作为存储结构，实现约瑟夫问题的求解。

第 3 章　栈 和 队 列

栈和队列是两种特殊的线性表。对它们的运算有一定的限制，故是限定性的线性数据结构。栈只允许在一端插入和删除数据元素；队列允许在一端插入数据元素，在另一端删除数据元素。本章给出了栈和队列的定义、表示方法及实现，还给出了一些应用实例。

3.1　栈

3.1.1　栈的逻辑结构

1. 栈的逻辑定义

栈(stack)是限定仅在表尾进行插入和删除操作的线性表。在栈中，一些名词术语与线性表中的名词术语在叫法上有所不同，它们之间的对照关系如下：

表尾：栈顶(top)

表头：栈底(bottom)

空表：空栈(表中无元素)

表尾元素：栈顶元素

表头元素：栈底元素

若给定栈 $s=(a_1, a_2, \cdots, a_n)$，

　　　　↑　　　　↑

　　栈底元素　栈顶元素

元素按 $a_1,a_2,\cdots,a_n$ 的次序进栈，退栈的第一个元素是栈顶元素 a_n。栈的特性是后进先出(last in first out，缩写为 LIFO)，如图 3-1 所示。

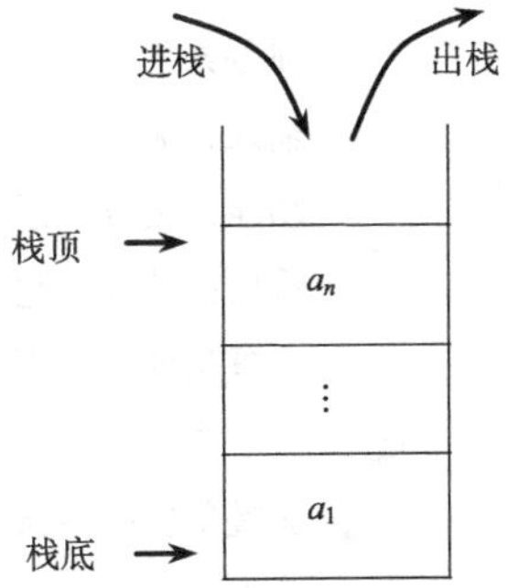

图 3-1　栈的示意图

2. 栈的抽象数据类型定义

尽管在栈的操作上，限制插入和删除只能在栈的一端进行，但也使得这种特殊的线性表上的操作更有效且更容易实现。其抽象数据类型定义如下：

ADT Stack

　数据：　$D=\{a_i|a_i\in \text{DataObject}, i=1,2,\cdots,n\}$，DataObject 为具相同类型数据对象集

　数据关系：$\{<a_{i-1},a_i>|a_{i-1},a_i\in \text{DataObject}, 2\leqslant i\leqslant n\}$，即相邻元素有前驱和后继关系

Operation：

InitStack

前置条件：栈不存在
输入：无
功能：构造一个空栈
输出：无
后置条件：一个空栈

DestroyStack

前置条件：栈已存在
输入：无
功能：销毁栈
输出：无
后置条件：释放栈所占用的存储空间

Push

前置条件：栈已存在
输入：准备进栈的一个元素 e
功能：压栈操作，在栈顶插入元素 e
输出：若插入不成功，则抛出异常
后置条件：若插入成功，则栈顶元素为新元素

Pop

前置条件：栈已存在
输入：无
功能：出栈操作，删除栈顶元素
输出：若删除成功，则返回被删除元素，否则，抛出异常
后置条件：若删除成功，则栈顶元素被删除

GetTop

前置条件：栈已存在
输入：无
功能：读取栈顶元素
输出：若栈不空，则读取栈顶元素，否则，抛出异常
后置条件：栈不变

Empty

前置条件：栈已存在
输入：无
功能：判断栈是否为空
输出：若栈空，则返回 1，否则，返回 0
后置条件：栈不变

Full

前置条件：栈已存在
输入：无

功能：判断栈是否满

输出：若栈满，则返回 1，否则，返回 0

后置条件：栈不变

Size

前置条件：栈已存在

输入：无

功能：求栈中元素个数

输出：输出栈中元素个数

后置条件：栈不变

endADT

对于实际应用，上述栈的操作可根据需要选用，甚至增加，以方便使用为主。栈的应用例子很多，如乘电梯时，进出电梯(假设一次只能顺次进出一人)的次序、洗净的碟子的叠放和取用所遵循的通常次序等，都可看成是栈的实例。在程序设计中，递归函数的调用与返回的处理以及递归函数也会应用到栈。

3.1.2　栈的顺序存储结构——顺序栈

1. 栈的顺序存储结构

1) 栈在顺序存储结构表示下的实现

(1) 数组直接实现　将栈中元素用一个固定长度的一维数组 data 加以存储，还设置一个整数变量 top 作为栈顶指针，指向栈顶元素。

(2) 结构类型实现　先定义一个结构类型，该结构类型含两个成分，一个是固定长度的一维数组，另一个是整数变量 top，作为栈顶指针栈顶指针。描述如下：

```
typedef int InfoType;
struct Stack
{ InfoType data[StackSize];
int top;
};
```

然后定义一个该结构类型变量，在此基础上实现栈的一些基本运算，并可实现栈其他复杂操作。

(3) 用模板类实现　先声明栈的顺序表示的模板类和基本操作成员函数，然后用该模板类的对象变量加以实现。该模板类实际上是前述结构类型的推广，便于封装和整体处理，更符合数据结构的逻辑结构定义。这是本书要重点介绍的方法。

究竟选用这三种方法中哪一个，完全取决于求解问题的要求和个人兴趣。这三种方法的基础内核就是用一维数组存储，为便于操作设置栈顶指针。

假设 StackSize 表示栈的最大容量，用数组 data[StackSize]表示栈。栈底可设置在数组两端的任意一端。若用数组下标为 0 的分量存放栈底元素，则元素进栈时元素依次放在下标向大的方向增长的与前一元素相邻的位置上。若用数组下标为 StackSize−1 的分量存放栈底元素，则元素进栈时依次放在下标向小的方向减小的与前一元素相邻的位置上。

这里我们使用数组下标为 0 的分量存放栈底元素。在元素尚未进栈时、或栈为空时置 top 为−1，即 top=−1。显然，只要 top 大于或等于 0，则 top+1 表示栈中实际元素的个数。data[0],⋯,data[i−1],⋯,data[top]分别表示第 1,2,⋯i,⋯和栈顶元素(在 C++语言中，数组下标从 0 开始)。

在栈的操作中，会产生下列现象：

(1) 上溢：当top=StackSize−1时，表示栈满。如果再有元素进栈，则产生上溢(overflow)，称为栈上溢。在程序中，会中断出错，因此要避免。

(2) 下溢：当栈空(即top＝−1)时，若再作退栈运算就称为栈下溢(underflow)。栈下溢常用作控制转移条件。

图 3-2 是元素进栈、退栈示意图。

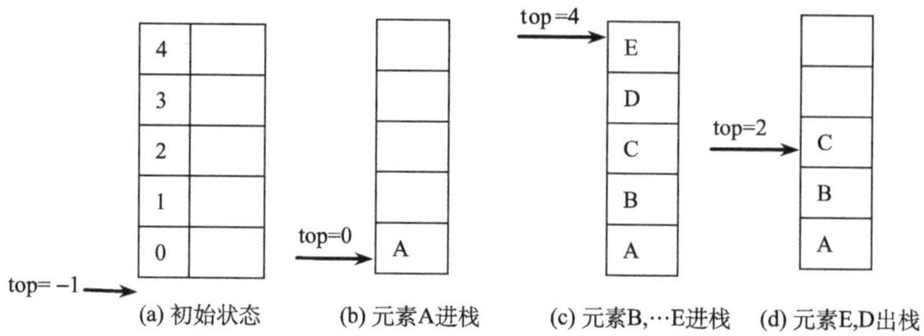

图 3-2　顺序栈进出栈操作示意图

2)顺序栈的模板类实现

顺序栈的模板类声明如下：

```
const int StackSize=100;          //可以根据实际问题具体定义
template <class T>               // 定义模板类SeqStack
class SeqStack
{ public:
    SeqStack( ) ;               // 构造函数,栈的初始化
    ~SeqStack( ){ }               // 析构函数
    void Push(T x);             // 将元素x入栈
    T Pop( );                  // 将栈顶元素弹出
    T GetTop( );            // 取栈顶元素(并不删除)
     bool Empty( );            // 判断栈是否为空
    int Top( ){ return top;} // 返回栈顶值
 private:
    T data[StackSize];        // 存放栈元素的数组
    int top;              // 栈顶指针,指示栈顶元素在数组中的下标
};
```

顺序栈模板类中的成员函数:

i　构造函数

```
template <class T>
SeqStack<T>::SeqStack( )
{    top=-1;}
```

ii　压栈函数

将元素 x 压入栈，即将 x 置于栈顶，相当于在顺序表的末尾插入 x。它需将栈顶指针 top 增 1，再将 x 赋给 top 指向的位置。算法如下：

顺序栈的压栈操作算法Push

```
template <class T>
void SeqStack<T>::Push(T x)
{  if (top==StackSize-1) throw "栈上溢";
   data[++top]=x ;
 }
```

iii　出栈函数

出栈操作又称将栈顶元素弹出。需取出栈顶元素，并将栈顶指针 top 减 1。

顺序栈的出栈操作算法 Pop

```
template <class T>
T SeqStack<T>::Pop( )
{  if (top==-1) throw "栈下溢";
   return data[top--];
    //它是: "T x=data[top--]; return x;"的简化
 }
```

iv　取栈顶元素函数

仅取出栈顶元素，栈顶指针 top 的值不变。

```
template <class T>
T SeqStack<T>::GetTop( )
{   if (top!=-1)  return data[top];   else throw "栈下溢"; }
```

v　判栈空函数

```
template <class T>
bool SeqStack<T>::Empty( )
{ if(top==-1) return 1;
  else return 0;
 }
```

测试用的主程序

```
#include <iostream>                    //引用输入输出流
using namespace std;
void main()
{   SeqStack<int> a;                   //创建模板类的实例
    try
    {  cout<<"栈空,执行入栈操作:"<<endl;
       cout<<"对15和10执行入栈操作:"<<endl;
       a.Push(15);
       a.Push(10);
       cout<<"栈顶元素为:"<<endl;      //取栈顶元素
       cout<<a.GetTop( )<<endl;
       cout<<"执行出栈操作:"<<endl;
       cout<<a.Pop( )<<endl;          //执行出栈操作
       cout<<"栈顶元素为:"<<endl;
       cout<<a.GetTop( )<<endl;
    }
    catch(char* wrong)
    {
        cout<< wrong;
    }
}
```

读者也可额外增写其他的公有函数函数，以便对栈运用自如，特别是能对栈中私有数据访问。如判栈满函数 Full()；置栈顶指针值成员函数 void SetTop(int *n*){ top=*n*;}；在栈中查找元素 Get()；设置栈中某位置上的元素 Set()(Get 和 Set 函数的写法如第 2 章中顺序表中的写法完全相同)；取得栈中元素个数的值 GetLength()；等等。这些函数的增加可能破坏或改变栈的特性，但若增加这些算法却对问题求解的方便性会带来好处。例如，在单道型停车场问题中，某车要从停车场开出来，虽可边出栈，边判断是否找到所要开出的车，但若根本没有该车，则会枉费不少弹出操作。若能先查找，只有查找到时，才将其后停入的车开出，再将查找到的车开出，然后再回压弹出的其他车，则会少做不少无用功，且更加符合实际情况下的管理运作。所以，在求解问题时，若使用某个数据结构，不必受制于其机械的定义或描述，而可根据具体情况增减成员函数。总之，掌握基础很重要，但也要结合程序语言特点和问题求解需要，作适当变形，以方便求解为宜。当然，初学者不必过于担忧成员函数不够用的问题，先掌握基本内容是基础。

2. 顺序栈的应用

例 3-1　用栈消除函数的递归调用。

递归函数是在程序设计中非常普遍采用的方法。递归调用有直接递归调用和间接递归调用两种。栈的另一个重要应用是在程序设计语言中实现递归函数调用，一个直接调用自己或通过一系列的函数调用语句间接地调用自己的函数，称为递归函数。如果函数 *A* 中有语句 *A*()直接调用了函数 *A* 本身，叫做直接递归调用。如果在函数 *B* 中调用了函

数 C，而函数 C 又调用了函数 B，这两个函数都通过另一个函数调用了它们自己，这就叫做间接递归调用。

递归函数可以多次自己调用自己，为保证每次函数调用和返回正确执行，必须设置工作记录，保存下述内容：

(1) 参数传递：寄存调用前函数的所有参变量(包括局部变量)的值；

(2) 返回地址：调用后的返回地址。

对于一系列的递归调用由于是后调用先返回，因此系统要开辟一个工作栈，存放当前每次调用时的“工作记录”以便在返回时可在栈顶找到正确的信息。

递归是计算机科学的一个重要概念，因此，对递归的研究是计算机科学领域中的重要课题。递归方法是程序设计中有效的方法之一，很多语言都提供了递归调用的功能。对某些问题而言，一经采用递归方法来编写算法，就能使程序变得非常简洁而清晰。但是也有一些程序设计语言(例如 FORTRAN 语言)不允许递归地使用函数，因此就有必要把递归函数转换成等价的无递归函数的程序段。那么如何把一个递归函数转换为一个非递归函数呢，现已找到的方法不止一种，这里不打算也不可能对方法作全面而深入的探讨。我们仅通过一个简单函数为例，介绍一种与栈密切相关的转换方法，目的在于揭示栈和递归的内在联系。这种方法是可行的，但并不一定是最佳的。因为有些递归函数的编写、理解和运行都相当容易，但要改用非递归方式就显得太难，因而，除非必要，我们大可不必都改成非递归的。

阶乘函数数学上的递归定义如下：

$$f(n)=n!=\begin{cases}1, & \text{当 } n=0 \text{ 时}\\ n*(n-1)!, & \text{当 } n>0 \text{ 时}\end{cases}$$

递归函数可写为

```
long factorial(int n)     // 求阶乘乘积factorial(n)=n!
{   if (n==0)
          return 1;
    else
         return n*factorial(n-1);  // 递归计算
}
```

其用栈消去递归得到的非递归算法如下：

求 n 的阶乘 $n!$的非递归算法 Factorial

```
long int Factorial(int n)
{  long int fact=1;int i;
   SeqStack<int> S;           //使用链栈
   while(n){ S.Push(n);n=n-1;}
   while(!S.Empty())
     {  i=S.Pop();  fact*=i;  }
   return f;
}
```

例 3-2　实现十进制整数到 r 进制整数的转换。

十进制整数到 r 进制整数的转换原理：按公式 $N=(N \text{ div } r)*r+N \bmod r$，求得的余数 $N \bmod r$ 作为最后 N 的 r 进制整数的最后一位数，再将商 $N \text{ div } r$ 赋给 N，继续按上述公式求出 N 的 r 进制整数的倒数第二位数，直到商为 0 止。也就是可采用通常人们所用的短除法来完成。例如 $(1348)_{10}=(2504)_8$。但由于先求得的余数只能后输出，所以其求得过程与栈的后进先出或先进后出特点比较吻合。因而，在每求得一个余数时，要将其压栈，直到商为 0 时，才将栈中的元素逐一弹出来输出，得到的结果才是正确的。否则，就不一定是正确的。

利用模板类 SeqStack 可将十进制整数转换为 r 进制整数的算法如下：

十进制整数转换为r进制整数的算法Conversion

```
void Conversion( int N, int r )   //
{    SeqStack<int>  S;    //声明一个顺序栈对象
     while(N)
        {  S.Push(N%r);  N=N/r;  }
     while(! S.Empty())
        {  int e= S.Pop(); cout<<e;  }
}
```

当然，如果也可直接用一个一维数组作为栈，将其编写如下：

十进制整数转换为 r 进制整数的另一形式算法 Conversion1

```
void Conversion1(int N, int r)
{  int s[StackSize], top= -1,e;
   while  (N)
      {   s[++top]=N%r; N=N/r;  }
   while(top!=-1)
      {  e=s[top--];  cout<<e;    }
}
```

顺序栈的缺点仍然是由顺号分配存储空间的局限所造成的，就是事先必须要估计并设定整个存储空间大小，若设置不当，会浪费系统的空间。

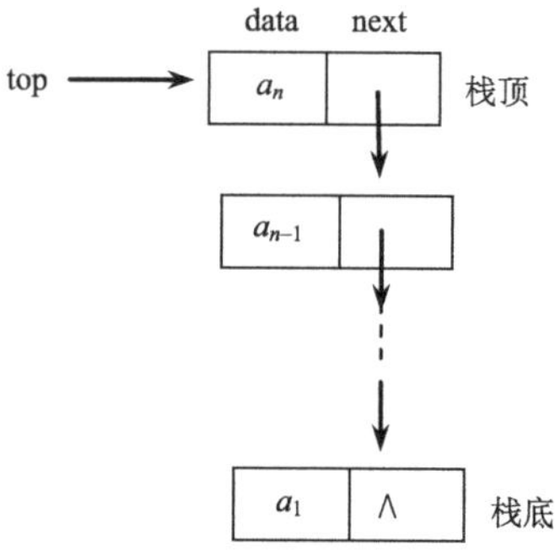

图 3-3　链栈示意图

3.1.3　栈的链式存储结构

栈的链式存储结构是指用链表来存储栈中的数据元素，简称链栈。如图 3-3 所示。链栈由栈顶指针唯一确定。假设 top 是 struct Node 型的指针变量，则 top 指示栈顶元素。top=NULL 时为栈空。对于链栈，栈满只会发生在内存空间占满时，此时，也称为栈上溢。链栈存取操作方便。链栈中由于每个结点中要额外分配存储指针的空间，所以空间利用率没有顺序栈高，但不需预定栈空间的大小。

结点结构和链栈模板类的描述如下：

```
template <class T>
struct Node
{    T data;
     Node<T> *next;
};
template <class T>
class LinkStack
{ public:
    LinkStack( );    // 构造函数
    ~LinkStack( );   // 析构函数
    void Push(T x); // 元素x入栈
    T Pop( );        // 栈顶元素出栈
    T GetTop( );     // 取栈顶元素
    bool Empty( );   // 判断链栈是否为空栈
private:
    Node<T> *top;    // 栈顶指针,即链栈的头指针
};
```

链栈模板类中成员函数的实现如下：

i 构造函数

```
template <class T>
LinkStack<T>::LinkStack( )
{    top=NULL; }
```

ii 析构函数

```
template <class T>
LinkStack<T>::~LinkStack( )
{    Node<T> *p;
     while (top)
     {    p=top->next;
          delete top; top=p;
      }
}
```

iii 取栈顶元素

```
template <class T>
T LinkStack<T>::GetTop( )
{  if (top!=NULL) return top->data;  }
```

iv　判栈空操作

```
template <class T>
bool LinkStack<T>::Empty( )
{  if(top==NULL) return 1;  else  return 0; }
```

v　压栈操作

只要先生成元素 x 结点，再将该结点前插，并由 top 指向。如图 3-4 所示。

链栈的压栈操作算法 Push

```
template<class T>
void LinkStack<T>::Push(T x)
{   Node<T> *s;
    s=new Node<T>;// 申请结点 s
    s->data = x; s->next = top;
    top=s;     // 结点 s 压栈顶
}
```

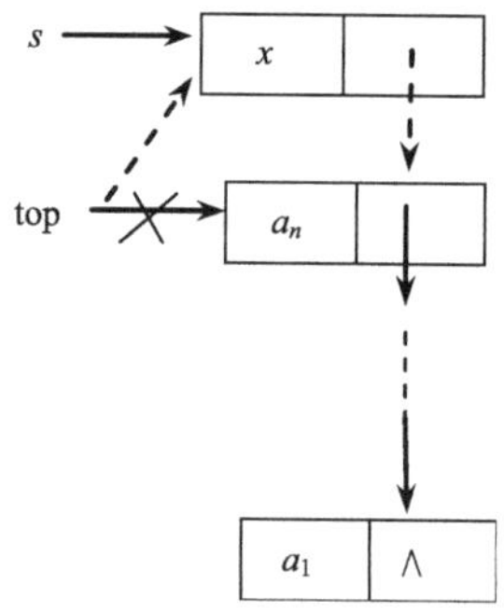

图 3-4　入栈示意图

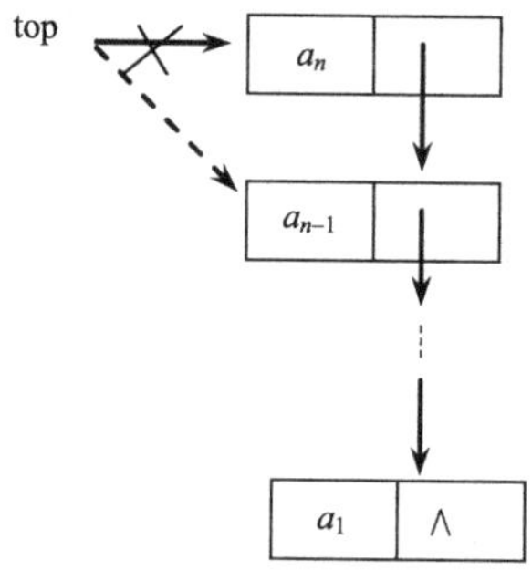

图 3-5 出栈示意图

vi　出栈操作

将栈顶元素先暂存，再将栈顶指针 top 指向下一结点(新栈顶结点)，释放原栈顶结点，返回原栈顶元素。见图 3-5。算法如下：

链栈的出栈操作算法Pop

```
template <class T>
T LinkStack<T>::Pop( )
{  Node<T> *p;   T x;
   if (top==NULL) throw "下溢";
   x=top->data;   // 暂存栈顶元素
   p=top; top=top->next; // 将栈顶结点摘链
   delete p; return x;
}
```

测试用主函数：

```
void main()
{  LinkStack<int> a;      // 创建链栈模板类的实例
   try
     {  a.Push(15);  a.Push(10);
        cout<<"栈空,执行入栈操作:"<<endl;
        cout<<"对15和10执行入栈操作:"<<endl;
        cout<<"栈顶元素为:"<<endl;      // 取栈顶元素
        cout<<a.GetTop( )<<endl;
        cout<<"执行出栈操作:"<<endl;
        cout<<a.Pop( )<<endl;           // 执行出栈操作
        cout<<"栈顶元素为:"<<endl;
        cout<<a.GetTop( )<<endl;
     }
     catch(char* wrong)
       {   cout<< wrong;   }
}
```

例 3-3 利用链栈消除递归，求 *n* 的阶乘 *n*!的非递归函数的算法。

利用模板类 LinkStack 将十进制整数转换为 *r* 进制整数的算法如下：

求 *n* 的阶乘 *n*!的非递归算法 Factorial1

```
long int Factorial1(int n)
{  long int fact=1;int i;
   LinkStack<int> S;          //使用链栈
   while(n)
  { S.Push(n);
   n=n-1;
  }
   while(!S.Empty())
       { i=S.Pop();
         fact*=i;
       }
    return f;
}
```

3.2 队　　列

3.2.1 队列的逻辑结构

1. 队列的定义

在现实生活中，任何一次排队的过程，都形成一个队列，它反映了“先来先服务”

的处理原则，这一类例子比比皆是，在计算机的操作系统中出现许多队列问题，当在设计作业调度算法时，人们往往根据某些希望达到的不同目标，对所有已收容的后备作业进行排队。如希望系统每天能运行尽可能多的作业，那么应该将运行时间短的作业排在队头，并按所需运行时间长短依次送入队列，需要计算时间最长的放在队尾，然后有序地一个作业接着一个作业运行。当然也可以简单地以先来先服务为目标，按作业到达的先后次序排队。有时还需根据用户的收费标准，排定优先级，然后按优先级构成一个队列。总之作业调度必定需要使用队列。再如对计算机系统的每个资源的使用，都有一张等待表，即关于对某一资源请求使用，但未被满足而被阻塞进程的表，这种进程表是一种称为等待进程的队列，从中可以找到暂时不能使用该资源的所有进程。即计算机系统采用队列的办法来控制和管理各项资源的使用。

队列(queue)是一种先进先出(first in first out，缩写为 FIFO)的线性表。它允许在表的一端进行插入(称为入队列)，在表的另一端进行删除(称为出队列)。如图 3-6 所示。

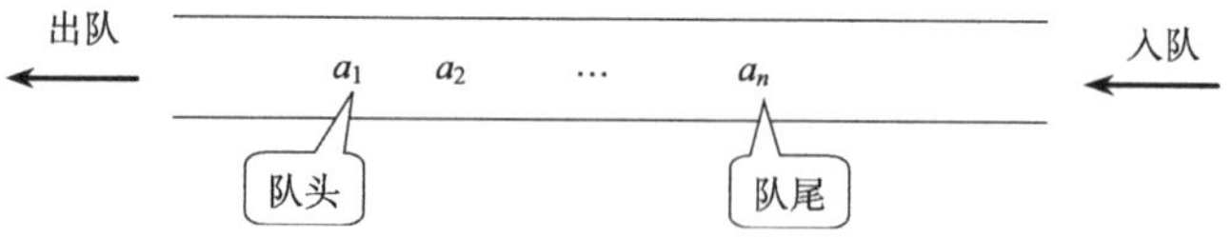

图 3-6　队列的示意图

对应的有：队尾(rear)指插入的一端；队头(front)指删除的一端。

假如队列 $q=(a_1,a_2,\cdots,a_n)$，则 a_1 称为队头元素，a_n 称为队尾元素，队列中元素按进队列顺序出队列，得到：$a_1,a_2,\cdots,a_n$。

2. 队列的抽象数据类型定义

ADT Queue

数据：　$D=\{a_i|a_i\in \text{DataObject}, i=1,2,\cdots,n\}$，DataObject 为具相同类型数据对象集

关系：　$\{<a_{i-1},a_i>|a_{i-1},a_i\in \text{DataObject}, 2\leqslant i\leqslant n\}$，即相邻元素有前驱和后继关系

Operations：

　　InitQueue

　　　　前置条件：队列不存在

　　　　输入：无

　　　　功能：初始化队列

　　　　输出：无

　　　　后置条件：创建一个空队列

　　DestroyQueue

　　　　前置条件：队列已存在

　　　　输入：无

　　　　功能：销毁队列

　　　　输出：无

后置条件：释放队列所占用的存储空间

EnQueue

前置条件：队列已存在

输入：元素 e

功能：入队操作，在队尾插入元素 e

输出：若插入不成功，则抛出异常

后置条件：如果插入成功，队尾增加了一个元素

DeQueue

前置条件：队列已存在

输入：无

功能：出队操作，删除队头元素

输出：若删除成功，则返回被删除元素，否则，抛出删除异常

后置条件：如果删除成功，队列减少了第一个元素

GetFront

前置条件：队列已存在

输入：无

功能：读取队头元素

输出：若队列不空，返回队头元素

后置条件：队列不变

Empty

前置条件：队列已存在

输入：无

功能：判空操作，判断队列是否空

输出：若队列为空，则返回 1，否则，返回 0

后置条件：队列不变

Full

前置条件：队列已存在

输入：无

功能：判满操作，判断队列是否满

输出：若队列为满，则返回 1，否则，返回 0

后置条件：队列不变

Size

前置条件：队列已存在

输入：无

功能：求队长操作，求队列中元素的个数

输出：队列的长度

后置条件：队列不变

endADT

3. 队列和栈的其他变种

队列可能会有下列三种变形方式：

(1) 双端队列，见图 3-7。插入和删除可在两端进行。

(2) 一端允许插入和删除，蜕变为栈。

(3) 一端允许插入和删除，另一端只删除。

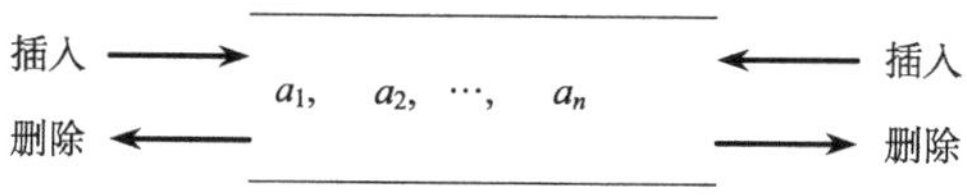

图 3-7　双端队列示意图

3.2.2　队列的链式存储结构

一般来讲，对于数据元素变动较大的数据结构来说，用链式存储结构比顺序存储结构有利。队列也属此类数据结构。用链表来表示的队列称为链队列。一个链队列需要分别指示队头和队尾两个指针(队头指针和队尾指针)，见图 3-8。

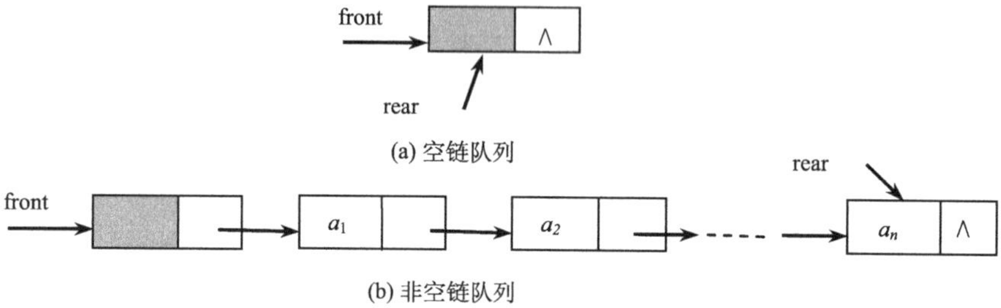

图 3-8　链队列

链队列的实现方法有三种：

(1) 全分离的单链表和队头队尾指针实现。先定义链队列中数据元素结点的类型：

```
template<class T>
struct Node
   {  T  data;
      Node  *next;
   };
```

再定义分别指示队头和队尾的两个指针(头指针和尾指针)：

```
Node *front, *rear;
```

(2) 先定义单链表结点类型，再以定义一个含队头队尾指针的结构类型实现。单链表结点类型如前，含队头队尾指针的结构类型定义如下：

```
struct LinkQueue
     { Node *front, *rear;
};
```

这样，变量说明：LinkQueue q；就定义了一个表示链队列的结构变量 q。

(3) 模板类实现。在结点结构类型定义的基础上，以模板类定义实现。

不管哪种具体的定义实现方式，其核心内容都是含有一个单链表和分别指向队头队尾的两个指针。然后，相应给出链队列的基本操作的具体实现。

链队列的单链表一般附设头结点。队头指针始终指向头结点。在链队列非空时队尾指针指向尾结点。但当链队列为空时，为便于入队操作，此时，队尾指针也指向头结点。链队列空的条件是 front==rear。链队列一般没有满，除非内存已耗尽。上述语句可完成一般意义下的链队列定义，然后可相应给出链队列的基本操作的实现。这里，将链队列的结构类型和模板类定义如下：

```
template <class T>
  struct Node
  {  T data;
     Node<T> *next;  //此处<T>也可以省略
   };
template <class T>
class LinkQueue
{ public:
     LinkQueue( );              // 构造函数,初始化一个空的链队列
     ~LinkQueue( );              // 析构函数,释放链队列中各结点的存储空间
     void EnQueue(T x);          // 将元素x入队
     T DeQueue( );              // 将队头元素出队
     T GetQueue( );             // 取链队列的队头元素
     void SetNullQueue( );        // 队列清空
     bool Empty( );             // 判断链队列是否为空
 private:
   Node<T> *front, *rear;    // 队头和队尾指针,分别指向头结点和终端结点
};
```

i　构造函数

```
template <class T>
LinkQueue<T>::LinkQueue( )
{ Node <T> *s;  s=new Node<T>;
  s->next=NULL; front=rear=s;
}
```

ii　析构函数

```
template <class T>
LinkQueue<T>::~LinkQueue( )
```

```
{   while(front)
     { Node <T> *p;   p=front->next;
     delete front;  front=p;
     }
}
```

iii　入队函数

只需生成入队元素 x 对应的结点，接在队列后，并将队尾指针指向新队尾结点。如图 3-9 所示。操作应保证按标有序号①②的次序进行，否则会出错。

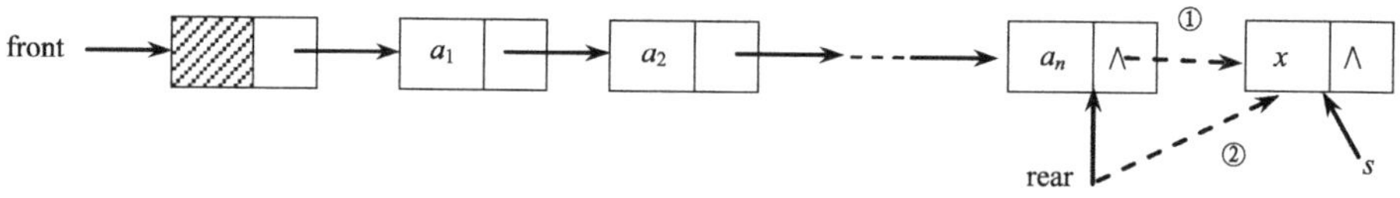

图 3-9　链队列的入队操作

链队列的入队操作算法EnQueue

```
template <class T>
void LinkQueue<T>::EnQueue(T x)
{   Node<T> *s;  s=new Node<T>;        // 生成结点 s
    s->data=x;   s->next=NULL;
    rear->next=s;         // 将结点 s 接队尾
    rear=s ;              // 队尾指针指向新队尾结点
}
```

iv　出队函数

即使队列非空，出队操作也要考虑两种情况。

第一种情况是队列中元素个数大于 1，即链队列中至少有两个结点。此时，队头元素对应在单链表中的第一个结点。只要先将第一个结点的指针暂存 p，其中的元素暂存 x，第一个结点的指针域赋给头结点的指针域，释放第一个结点空间，返回队头元素即 x，队尾指针不变。

第二种情况是队列中元素个数刚好只有 1 个。此时，除要先做第一种情况中“返回队头元素即 x”的前面几步操作外，还要修改队尾指针，让队尾指针指向头结点，且将头结点的指针域置空。这是因为原队尾结点被释放了，队尾指针若不做修改，则队尾指针无处指向，会影响队列的后续操作。最后才返回队头元素即 x。出队操作过程如图 3-10 所示。

将两种情况结合起来考虑，可写出出队操作的算法。

链队列的出队操作算法 DeQueue

```
template <class T>
T LinkQueue<T>::DeQueue()
{  Node <T> *p; T x;
   if (rear==front) throw "下溢";
```

```
    p=front->next;
    x=p->data;                 // 暂存队头元素
    front->next=p->next;       // 将队头元素所在结点摘链
    if (p->next==NULL)
        rear=front;            // 判断出队前队列长度是否为 1
    delete p;
    return x;
}
```

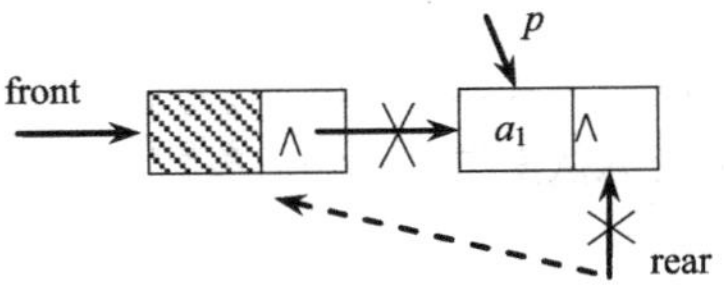

(a) 特殊情况——队列长度为1

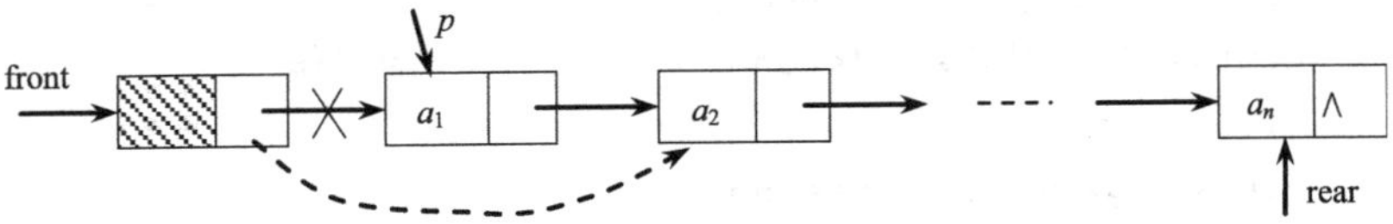

(b) 一般情况——队列长度大于1

图 3-10　链队列的出队操作

v　取链队列的队头元素函数

```
template <class T>
T LinkQueue<T>::GetQueue()
{   if (front!=rear)
     return front->next->data;
    else throw "下溢";
}
```

vi　判断链队列是否为空函数

```
template <class T>
bool LinkQueue<T>::Empty( )
{   if(front==rear)  return 1;
    else   return 0;
}
```

vii　队列清空函数

```
template <class T>
void SetNullQueue( );
{   rear = front;  }
```

测试主函数：可用下列主函数来检验前面的定义正确与否。

```
#include<iostream>          // 引用输入输出流
using namespace std;
void main()
{    LinkQueue<int> q;                        // 创建模版类的实例
     try
     {    cout<<"队空,对10执行入队操作:\n";
          q.EnQueue(10);                        // 入队操作
          cout<<"查看队头元素:"<<endl;
          cout<<q.GetQueue( )<<endl;           // 读队头元素
          cout<<"对15执行入队操作:"<<endl;
          q.EnQueue(15);
          cout<<"查看队头元素:"<<endl;
          cout<<q.GetQueue()<<endl;
          cout<<"执行出队操作:"<<endl;         // 出队操作
          q.DeQueue( );
          cout<<"查看队头元素:"<<endl;
          cout<<q.GetQueue( )<<endl;
       }
     catch(char* wrong)
       { cout<< wrong; }
         q.~LinkQueue( );
}
```

3.2.3 队列的顺序存储结构

在链队列中，每个结点设有一指针域，从而要多占用存储空间。另外，在有的情况下，如在无指针类型的程序设计语言中，需用顺序存储结构来表示队列。对用顺序结构来表示队列时，其结构必包括：

(1) 一个能容纳最大量元素的数组；

(2) 两个分别指向队头元素和队尾元素的“指针”(实际为整型变量，分别存放队头队尾元素的数组下标值)。

于是，类型说明为：

```
struct SeqQueue
{   datatype data[QueueSize];
int front, rear;
} ;
```

为了方便起见，我们规定队头指针指向队头元素的前一位置，队尾指针指向队尾元素。如图 3-11 所示。

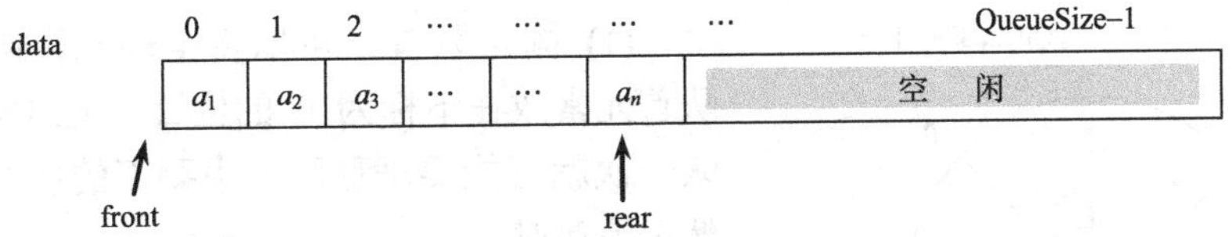

图 3-11　队头指针指向队头元素的前一位置，队尾指针指向队尾元素

这个规定与其他相关的读物上的规定可能不一致，如有的读物上规定队头指针指向队头元素，尾指针指向队尾元素。

设 *sq* 为 SeqQueue 类型的变量。

入队运算(不考虑上溢)为

```
rear=rear+1;      // 修改尾指针
data[rear]=x;      // x入队列
```

出队运算(暂不考虑队列下溢)为

```
front= front+1;
x= edata[front];      // 当队列元素为结构类型时,此赋值应改换
```

当存放队列的数组的最大容量为 5 时队列的动态变化情况。见图 3-12 所示。从空队列开始，在空队列时，a_1,a_2,a_3 先入队列，然后 a_1,a_2,a_3 出队列，最后 a_4,a_5 入队列。很显然在此过程中，就像 front 在追赶 rear 一样。

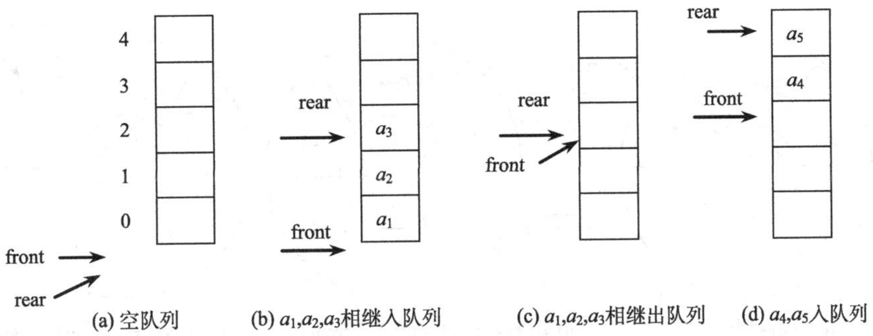

图 3-12　最大容量为 5 的队列的动态变化示意图

队列为空的判定条件是 rear== front (即没有信息。但实际上存储在队列中的信息并未真正被毁掉，只是它不能再次被访问，逻辑上相当于已被毁掉)。值得考虑的是，在队列中，队列满(上溢)的判定条件是什么呢?假设当前队列处在图 3-12(d)的状态。即

QueueSize−1=5，rear=5，front=3

显然，此时不能作入队列运算，因为 rear+1> QueueSize，但队列中实际上还有空闲空间。呈现假溢出现象。真满的条件是

rear−front==QueueSize

于是我们有必要解决这种问题，从而有利于合理利用空间。可有如下解决方案：

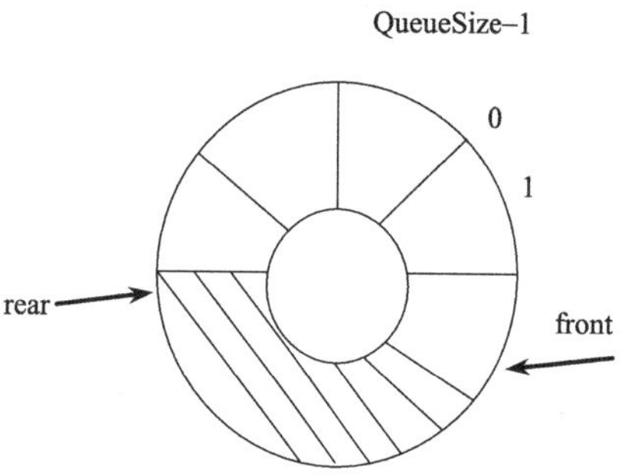

图 3-13　循环队列示意图

(1) 固定队首　可以将全部元素向前移直至队首元素放在下标为 0 的位置。但这样由于每出队一次就可能要平移队列中剩下的所有元素，显然很浪费时间。

(2) 循环队列　将存储队列数据的一维数组设想为一个首尾相连的循环表。臆想 data[0]接在 data[QueueSize−1]之后。如图 3-13 所示。

在这种情况下，我们就能充分利用空间。如果在入队列时，队尾指针加 1 超出最大下标，即 rear+1=QueueSize 时，则令 rear=0。

同样，如果在出队列时，每出队一个元素，队首指针加 1，使队首指针指向新的队首元素。若超出最大下标，即 front+1=QueueSize 时，则令 front=0。

规定队列初始化或操作过程中，一旦队列为空，队首指针和队尾指针相等。即 front== rear。如初始化时，front=−1, rear=−1。注意，−1 不是数组下标。

但即使这样，仍然会产生新的问题：当入队时，队尾指针可能会赶上队首指针。出现真满，条件仍为 front== rear。

这就要区分队空和队满这两种截然不同的情况。

假设当前循环队列如图 3-14(a)所示，QueueSize=6。入队和出队演化过程见图 3-14(b)和图 3-14(c)。

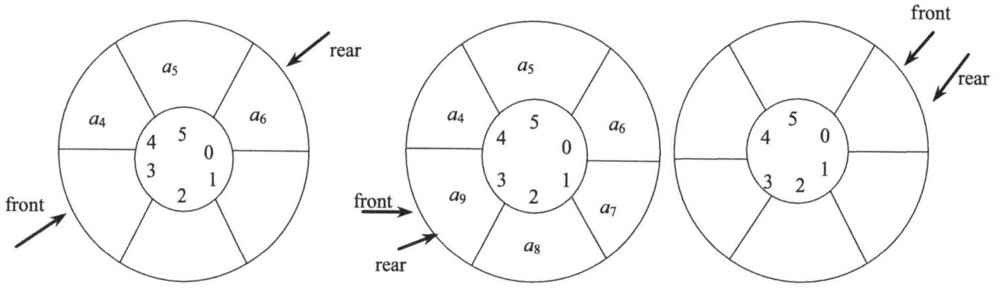

(a) 一种状态　　(b) 队满时，rear从后面追上front，rear=front=3　　(c) 空队列，front从后面追上rear，front=rear=0

图 3-14　循环队列

解决办法是：

(1) 设置队列长度。通过额外设置一个记录队列长度的变量 length，队列为空或初始化时其值为 0，每入队一个元素，其值增 1，每出队一个元素其值减 1。它也起着计数器的作用。当 length 为 0 时，表明队列为空，其值为 QueueSize 时表示队列为满。此法最简单，因无须考虑队尾指针和队首指针是否相等的比较。

(2) 设置区分标志。也有两种设置区分标志的方法。

一种是，分别设置两个标志量：tagempty, tagfull。tagempty 用于判断队列是否为空，

tagfull 用于判断队列是否为满。队列为空，tagempty=1，否则 tagempty=0。队列为满，tagfull=1，否则 tagfull=0。这样在入队或出队前先测试标志量的值，再根据其值确定下一步的工作。

另一种是，仅设一个标志量 flag。当 front==rear 且 flag==0 时为队空；当 front==rear 且 flag=1 时为队满。初始时为队空，所以 flag=0。

(3) 实际浪费一个元素空间。将队满的条件设置为：(rear+1) % QueueSize==front。这意味着，若队尾指针加 1 后赶上队首指针，就认为队列满。此时队列中虽有一个空间是可用的，但为了区别队列“空”和“满”而宁愿损失一个空间。也就是，实际上浪费了一个元素空间。尽管尾指针在哪儿赶上头指针就在哪儿损失一个单元，但避免了由于判别队列是“空”还是“满”而另设标志位所造成的时间上的计算损失。

由于数组的上界为 QueueSize−1，下界为 0，所以利用 C++语言中的“模除运算(%)”就可容易实现循环队列首尾相连的模拟运算。

本书采用最后一种方法来区分队列是“空”还是“满”，即

当 front==rear 时，循环队列为空；

当(rear+1) % QueueSize==front 时，循环队列为满。

循环队列的模板类定义如下：

```
const int QueueSize=100;  //定义存储队列元素的数组的最大长度
template <class T>        //定义模板类CirQueue
class CirQueue
{ public:
        CirQueue( );           //构造函数,置空队
        ~CirQueue( ){ };             //析构函数
        void EnQueue(T x);           //将元素x入队
        T DeQueue( );              //将队头元素出队
        T GetQueue( );             //取队头元素(并不删除)
        bool Empty( );             //判断队列是否为空
        int GetFrront() { return front;}; // 取队头值
        int GetRear() { return rear;};    // 取队尾值
    private:
        T data[QueueSizeSize];         //存放队列元素的数组
        int front, rear;    //分别指向队头元素前一个位置和队尾元素位置
};
```

i 构造函数

```
template <class T>
CirQueue<T>::CirQueue( )
{     front=rear=0;   }
```

ii　循环队列入队操作

```
template <class T>
void CirQueue<T>::EnQueue(T x)
{  if ((rear+1) % QueueSize ==front) throw "上溢";
   rear=(rear+1) % QueueSize;      // 队尾指针在循环意义下加1
   data[rear]=x;                   // 在队尾处插入元素
}
```

iii　循环队列出队操作

```
template <class T>
T CirQueue<T>::DeQueue( )
{  if (rear==front) throw "下溢";
   front=(front+1) % QueueSize;    // 队头指针在循环意义下加1
   return data[front];//返回队头元素。新队头指针指向新队头元素前一位置
}
```

iv　取循环队列队头元素操作

```
template <class T>
T CirQueue<T>::GetQueue( )
{  int i;
   if (rear==front) throw "下溢";
   i=(front+1) % QueueSize;  // 注意不要给队头指针赋值
   return data[i];
}
```

v　判循环队列队空操作

```
template <class T>
bool CirQueue<T>::Empty( )
{  if (front==rear)  return 1;
   else  return 0;
}
```

测试用主函数:

```
void main()
{   CirQueue<int> q;              // 创建模版类的实例
     try
     {  cout<<"循环队列空,对10执行入队操作:"<<endl;
        q.EnQueue(10);                        // 入队操作
        cout<<"读取队头元素:"<<endl;
        cout<<q.GetQueue( )<<endl;            // 读队头元素
        cout<<"对15执行入队操作:"<<endl;
        q.EnQueue(15);
```

```
            cout<<"读取队头元素:"<<endl;
            cout<<q.GetQueue( )<<endl;
            cout<<"执行出队操作:"<<endl;              // 出队操作
            q.DeQueue( );
            cout<<"读取队头元素:"<<endl;
            cout<<q.GetQueue( )<<endl;
        }
    catch(char* wrong)
        {  cout<<wrong;  }
    }
```

例 3-4 用循环队列作辅助存储结构求迷宫的最短路径。

在求迷宫的最短路径时，为了记录按广度优先搜索算法得到的所有路径，并从中找出最短路径，采用一种循环队列两种特性的数据结构。

计算中可用一个二维数组 maze[M+1][N+1]只使用下标从 1 开始的数组元素来表示迷宫。如图 3-15(a)。数组分量 maze[i][j]的值或为 0 或为 1。0 表示可以走通，1 表示受阻。不失一般性，设迷宫的入口为 maze[1][1]，出口为 maze[M][N]，且 maze[1][1]=0，maze[M][N]=0。

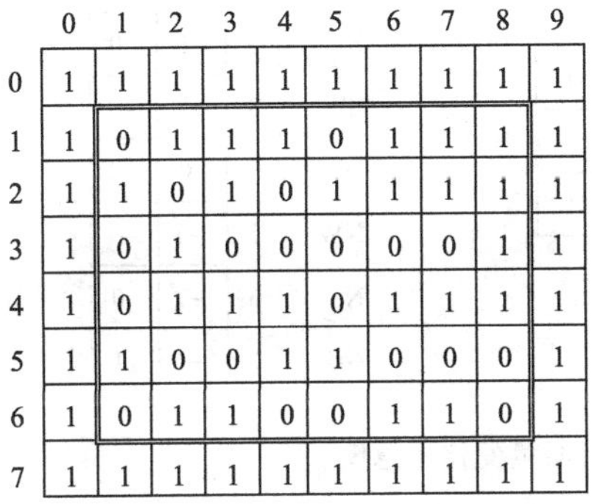

(a) 迷宫(1代表有障碍，0代表无障碍)

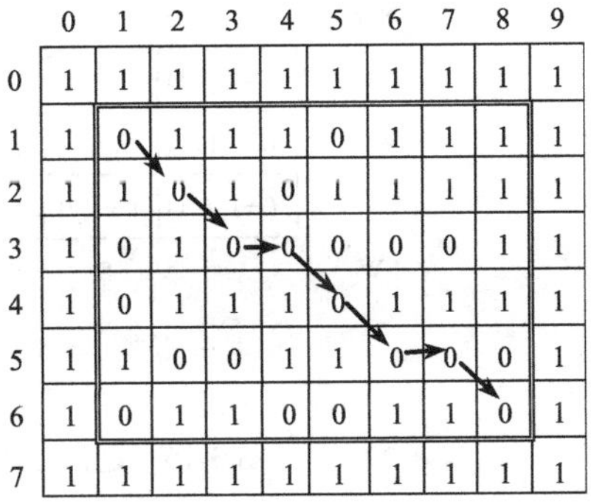

(b) 迷宫的一条从入口到出口的最短路径

图 3-15 迷宫问题示意图

要求设计一个算法找出一条从迷宫入口到迷宫出口的最短路径。

算法思想：从迷宫入口出发，向四周搜索，记下所有一步能走通的坐标点 P_v(v=1,2,⋯,k_1;0≤k_1≤3；从(1,1)出发一步达到的坐标点仅有 3 个方向)；然后分别从每一个一步到达的坐标点 p_{1v}(v=1,2,⋯,k_1)出发，向四周搜索，……，记下所有从入口点出发，经两步能走通的坐标点 p_{2v}(v=1,2,⋯,k_2;0≤k_2≤5)。依此类推，从所有由入口点出发走若干步到达的坐标点出发向四周搜索，直至到达迷宫的出口点为止(好似一颗石子投入池水引起波纹一圈一圈向四周扩散直至岸边)。然后由出口点往回沿搜索路径向前进直至入口，由此找到的从入口到出口的路径即为最短路径。图 3-15(b)标记了从每一能走通坐标点向四周搜索的过程。

实现此算法需解决三个问题：

(1) 如何从一点出发向四周搜索?

(2) 如何避免有的点被重复到达?

(3) 为避免在边界点向四周扩散时，如何做扩充点是否在迷宫内的复杂判断处理？

(4) 如何存储搜索路径?

下面来逐一处理这些问题。

(1) 如何从一点出发向四周搜索? 迷宫上每个坐标点(i,j)(除边界点外) 的四周都有 8 个可达到方位(g,h)。若将从坐标点(i,j)到周围 8 个方向可达到方位(g,h)坐标分量的增量(是分别固定的)存放在结构数组 move[8]中，如图 3-16 所示。它们之间的关系是

$$\begin{aligned} g &= i+\text{move}[v].dx \\ h &= j+\text{move}[v].dy \end{aligned} \quad (v=0,1,2,\cdots,7)$$

由此，只要令 v 从 0 增至 7，便可计算得到从(i,j)出发可能到达的每一坐标点。其中，v 表示方向，从正东起顺时针方向 v 的值依次为 0～7。

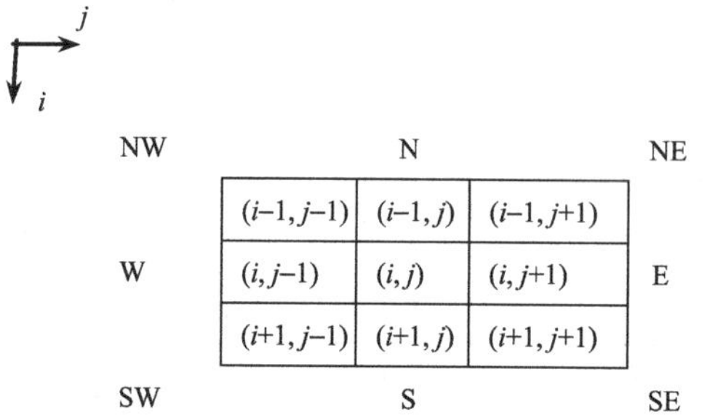

结构数组move

	v	dx	dy
E	0	0	1
SE	1	1	1
S	2	1	0
SW	3	1	−1
W	4	0	−1
NW	5	−1	−1
N	6	−1	0
NE	7	−1	1

图 3-16　迷宫上的方向增量变化示意图

N——北；S——南；E——东；W——西

(2) 如何避免有的点被重复到达?可设置一个标记数组 mark$[M+1][N+1]$，其初始状态置“全零”，一旦到达某点就置相应分量为“1”，凡是在 mark 数组中被置为“1”的点在再次搜索时就被看做是受阻的点，由此判别迷宫中的哪一点是否可以通行的条件应该就是 maze$[i][j]$和 mark$[i][j]$同时为 0。

(3) 为避免在边界点向四周扩散时，如何判断搜索到的点(称为扩充点)是否在迷宫内呢？因为从边界上的点，向四周搜索既要判断下标是否越界，还要看有多少个点可搜索，显得比较复杂。可在迷宫 maze$[1{:}M][1{:}N]$周围镶上一个值为“1”的边，以此表示受阻，由此表示迷宫的二维数组应为 maze$[0{:}M+1][0{:}N+1]$(每维的下标从 0 开始)。如图 3-14(b)所示。

(4) 如何存储搜索路径？在搜索过程中必须记下途经的每一个坐标点，以便从这些点出发继续向四周搜索，并且要求先到达的点其邻点先被搜索，这就需要一个“先进先出”的结构。

假设以数组 $sq[r][3]$(r 一般置为$(M\times N)/2$ 中的第 1 列和第 2 列记下搜索过程中到达的每个点的坐标值(g,h)，并且以“头”指示器 prior，初值为−1，指示 sq 中当前出发向四周搜索的中心点，以“尾”指示器 recent 指示 sq 中当前正搜索到的点，同时为了能从迷宫出口往回搜索路径找到入口和出口间的最短路径，在数组 sq 的第 3 列记下到达本坐标点时出发搜索的中心点(坐标点)在 sq 中的下标号。

从入口出发进行搜索开始几步情况记录见图 3-17。很明显，变化速度是 $v_{\text{recent}}>v_{\text{prior}}$。

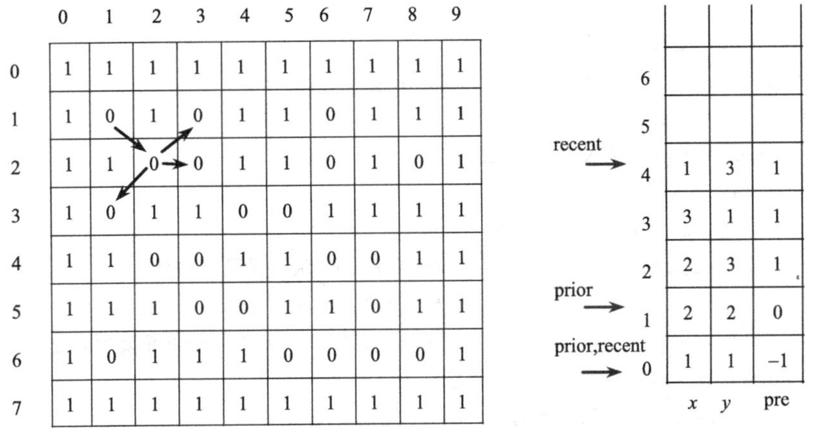

(a) 迷宫前几步的搜索　　　　(b) 队列中存放的坐标点和前趋下标

图 3-17　迷宫搜索示意图

求迷宫最短路径的算法描述如下：

```
#include <iostream.h>
const int M=6;
const int N=8;
typedef struct {int x,y,pre; } DataType;
typedef struct {int dx,dy;} DirectInc;
DirectInc move[8]={{0,1}, {1,1},{1,0},{1,-1},{0,-1},{-1,-1},{-1,0},{-1,1}};
int maze[M+2][N+2]={ {1,1,1,1,1,1,1,1,1,1},
                     {1,0,1,1,1,0,1,1,1,1},
                     {1,1,0,1,0,1,0,1,0,1},
                     {1,0,1,0,0,1,1,1,1,1},
                     {1,0,1,1,1,0,0,1,1,1},
                     {1,1,0,0,1,1,0,0,0,1},
                     {1,0,1,1,0,0,1,1,0,1},
                     {1,1,1,1,1,1,1,1,1,1} };
void PrintShortPath(CirQueue <DataType> Q)    //输出路径
{  int r=Q.rear;                           // 因队尾指针指向队尾下一位置
   do  { cout<<"("<<Q.data[r].x<<','<<Q.data[r].y<<')'<<endl;
         r=Q.data[r].pre;  }
```

```
   while(r!=-1);
}
void Restore(int maze[M+2][N+2])//int maze[M+2][N+2]
{  int i,j;                       // 仅需扫描恢复围在中央的迷宫部分
   for (i=1;i<=M;i++)
   for (j=1;j<=N;j++)
   if (maze[i][j]==-1)   maze[i][j]=0;
}
void ShortPathQue()
{   int i,j,g,h,v,find=0;DataType e={1,1,-1};
    CirQueue <DataType> Q;
    Q.EnQueue(e); //入口点进队列
    maze[1][1]=-1;
    while(!Q.Empty()&&!find)
    {  e=Q.GetQueue();    // 暂没移动front,队列元素没破坏
                        // g=Q.data[Q.front+1].x;h=Q.data[Q.front+1].y;
     g=e.x;h=e.y;  // 用g,h,不用i,j,以防循环中,i,j被下轮复用时出错
     for(v=0;v<8;v++)  // 8个方向
        {  i=g+move[v].dx; j=h+move[v].dy;
           if (maze[i][j]==0)
              {  e.x=i; e.y=j; e.pre=Q.front+1;     // +1
                 Q.EnQueue(e);  maze[i][j]=-1;
                 if(i==M&&j==N)
                    {  PrintShortPath(Q);
                       Restore(maze);find=1;    // 恢复maze
                    }
              }  // if
           }  // for
        Q.front++;   // very important
     }  //while
     if(!find) {cout<<"no path !\n"; }
}
void main()
{     cout<<"走出迷宫的正确路径为：\n";
    ShortPathQue( );
}
```

由 *sq* 打印的最短路径：

$$(1,1)\to(2,2)\to(2,3)\to(3,4)\to(3,5)\to(4,6)\to(5,7)\to(6,8)$$

搜索过程中队列内容和逆向跟踪的最短路径示意图如图 3-18 所示。

	0	1	2	3	4	5	6	7	8	9	10	11	12	13	14	15	16	17
x	1	2	2	3	1	3	4	3	4	5	4	2	5	4	5	1	6	6
y	1	2	3	1	3	4	2	5	3	3	6	6	4	7	7	6	5	8
pre	−1	0	1	1	2	2	3	4	5	6	7	7	8	9	9	10	11	13

图 3-18　迷宫的搜索过程中队列内容和逆向跟踪的最短路径

3.3　栈和队列的综合应用

3.3.1　算术表达式求值

算术表达式求值是编译中的一个最基本问题，也是栈的一个典型应用实例。在表达式求值时，要使用“算符优先法”。

1. 直接对中缀表达式求值

要把一个表达式翻译成正确求值的一个机器指令序列，或者直接对表达式求值，首先要正确解释表达式。

表达式求值应按照下述算术四则运算法则来进行运算：

(1) 先乘除，后加减；

(2) 从左算到右；

(3) 先括号内，后括号外。

算符优先法就是根据这个运算优先关系的规定来实现对表达式的编译或解释执行的。例如，对于算术表达式 4+2*3–10/5 的计算顺序应为

$$4+2*3-10/5=4+6-10/5=10-10/5=10-2=8$$

在编译中，操作数一般指常数、变量或常量标识符；运算符则包括运算符和界限符。运算符指算术运算符、逻辑运算符和关系运算符；算术界限符指左右括号和表达式结束符。为简便起见，这里将左右圆括号以及在表达式前后所各设的定界符#均作为运算符加以处理。在具体的程序代码实现中，#还被进一步用=号代替，以使输入的算术表达式更显得自然。

表达式都由操作数(operand)、操作符(又称运算符) (operator)、界限符(delimiter) 所组成。操作数操作符统称为单词。

令算符集合名为 *op*，任意运算符 $\theta_1, \theta_2 \in op$，优先关系至多是下面三种关系之一：

$\theta_1 < \theta_2$，　θ_1 的优先权低于 θ_2

$\theta_1 = \theta_2$，　θ_1 的优先权等于 θ_2

$\theta_1 > \theta_2$，　θ_1 的优先权高于 θ_2

例如，算术运算的算符之间的优先关系见图 3-19。

	+	–	*	/	(	)	#
+	>	>	<	<	<	>	>
–	>	>	<	<	<	>	>
*	>	>	<	>	<	>	>
/	>	>	>	>	<	>	>
(	<	<	<	<	<	=	
)	>	>	>	>		>	>
#	<	<	<	<	<		=

图 3-19　操作符优先表

在运算中，应注意下列关系：

当 '('=')'，即左右括号相遇，括号内运算完成；

当'#'='#'时，表示整个表达式求值完毕.

而')'与'('，'#'与')'，'('与'#'之间无优先关系。

为实现算符优先算法可以使用两个工作栈，OPTR——寄存运算符栈，OPRD——寄存操作数据或结果栈。

算符优先算法思想的文字描述如下：

(1) 首先置操作数栈 OPND 为空栈，再置操作符(运算符)栈 OPTR 为空栈，然后，将表达式起始符“#”作为运算符栈的栈底元素。

(2) 依次读入表达式中每个字符，若是操作数，则进 OPND 栈；若是运算符，则和运算符栈 OPTR 的栈顶运算符比较优先级后作相应操作，直至整个表达式求值完毕。

利用该算法对算术表达式 3*(7–2)求值的操作过程如表 3-1 所示。

表 3-1　操作符和操作数栈的变化过程

步骤	OPTR 栈	OPND 栈	输入字符	主要操作
1	#		3*(7-2)#	push(OPND,'3')
2	#	3	*(7-2)#	push(OPTR,'*')
3	#	3	(7-2)#	push(OPTR,'(')
4	#*(	3	7-2)#	push(OPND,'7')
5	#*(	3 7	-2)#	push(OPTR,'-')
6	#*(-	3 7	2)#	push(OPND,'2')
7	#*(-	3 7 2	)#	operate('7','-','2')
8	#*(	3 5	)#	pop(OPTR)　// 消去一对括号
9	#*	3 5	#	operate('3','*','5')
10	#	15	#	return(GETTOP(OPND))

下面给出一个可实现多位数+、–、*、/运算的例程。其中，用到 putback()系统函数。当遇到数字或小数点时，就要整体读入数值，所以要利用该函数先暂放回，再读入。代码前部的一些定义和函数如下：

```
#include <iostream.h>
#include <stdlib.h>
#include <ctype.h>        // 引用isdigit所在的函数库
#include "SeqStack.cpp"   // 宏包括顺序栈模板类及成员函数相关的文件
SeqStack<char> OperatorStack; // 声明操作符栈对象变量
SeqStack<float> OperandStack;  // 声明操作数栈对象变量
char opr1,opr2;  float number;  char ch;
```

检查字符 ch 是否为运算符或左右圆括号的函数:

```
int isoperator(char ch)
{   if (ch=='+'||ch=='-'||ch=='*'||ch=='/'||ch=='('||ch==')')
          return 1;
    else
          return 0;
}
```

检查字符 ch 是否为空格、制表符或换行符的函数:

```
int iswhitespace(char ch)
{   if (ch==' '||ch=='\t'||ch=='\n') return 1;
    else return 0;
}
```

将运算符号内部赋数字值的函数:

```
int order(char op)
{  int i;
   switch(op)
   {  case '+':  i=0;  break;
      case '-':  i=1;  break;
      case '*':  i=2;  break;
      case '/':  i=3;  break;
      case '(':  i=4;  break;
      case ')':  i=5;  break;
      case '=':  i=6;
   }
  return(i);
}
```

根据操作符进行计算的函数:

```
void Evaluate(char op)
{ float operand2=OperandStack.Pop(); // 取得右操作数
  float operand1=OperandStack.Pop(); // 取得左操作数
  // 计算并将计算结果压操作数栈
  float r=0.0;
  switch(op)
  {  case '+': r=operand1+operand2; break;
     case '-': r=operandl-operand2; break;
     case '*': r=operand1*operand2; break;
     case '/': if(operand21=0)r=operandl/operand2;
                          else exit(0);
  }
```

```
    OperandStack.Push(r);
  }
```

下面是计算算术表达式(可以为含多位的带小数点的数的算术式子)的算法函数。其算法思想是：将当前扫描到的操作符作为右边的操作符，赋给 opr2 取得操作符栈顶元素，作为左边的操作符，赋给 opr1 (栈顶没改变)。然后，检查算符优先级表 optable[*i*][*j*]元素的值，进行 opr2 与 opr1 的优先级比较。

若栈顶操作符即 opr1 优先级比 opr2 的低(>)，则弹出 opr1,进行 opr1 计算；

若栈顶操作符即 opr1 优先级与 opr2 的相等(=)，则仅弹出操作符栈顶元素；

若栈顶操作符即 opr1 的优先级比 opr2 的高(<)，则将 opr2 压入操作符栈；

若栈顶操作符即 opr1 的优先级比 opr2 的不能比较(为空)，则表达式有错。

通过设置标志量 flag 的不同值来决定循环是否继续。只有当栈顶操作符即 opr1 的优先级比 opr2 的高(>)时，要继续比较新的栈顶元素与扫描到的当前操作符之间关系。若仍高，则要弹出操作符栈顶给 opr1 并进行 opr1 计算。

为了自然起见，在具体实现的代码中用'='代替了前面所用的'#'。当扫描到表达式之后的等号(=)时,在前面的 while 循环控制中不作任何运算，而退出循环，因而操作符栈上可能仍有一些比'='优先级高的操作符，需要继续将操作符栈上的操作符逐一弹出计算直到操作符栈顶为'='止。

```
void CalAnyExp( )
{   //算符优先关系表, + - * / ( ) = 的内部序号值分别为 0,1,2,3,4,5,6
    char optable[7][7]={ '>',  '>',  '<',  '<',  '<',  '>', '>',
                         '>',  '>',  '<',  '<',  '<',  '>', '>',
                         '>',  '>',  '>',  '>',  '<',  '>', '>',
                         '>',  '>',  '>',  '>',  '<',  '>', '>',
                         '<',  '<',  '<',  '<',  '<',  '=', ' ',
                         '>',  '>',  '>',  '>',  ' ',  '>', '>',
                         '<',  '<',  '<',  '<',  '<',  ' ', '='};
  OperatorStack.Push('=');//将=压栈
  while (cin.get(ch)&& ch!='=')
  { //能处理带小数点的操作数
    if (isdigit(ch)||ch=='.')
    {  // 将数字或'.' 回入缓冲,并读入整个数值(数值要作为整体输入)
        cin.putback(ch);
        cin>>number;
        OperandStack.Push(number);// 将读入的数值压栈
    }
   // 处理扫描到的操作符
   else if (isoperator(ch))
   {  opr2=ch;                    // A opr1 B opr2 C
      int j=order(opr2);  int i;
```

```
        char tmpop;  char opr1;  int flag=1;
        while(!OperatorStack.Empty()&&flag)
        { opr1=OperatorStack.GetTop();
          i=order(opr1);
          switch (optable[i][j]){
            case '>': opr1=OperatorStack.Pop();
                           Evaluate(opr1);   break;
            case '=': tmpop=OperatorStack.Pop();
                      //只有左右括号相比或等号相比才为'='
                      flag=0;break;
            case '<': OperatorStack.Push(opr2);flag=0; break;
            case ' ': cerr<<"InvalidInput"<<endl;    exit(1);
                      flag=0;break;
             }
          }
        }
      }
  if (ch=='=')
  {  while(!OperatorStack.Empty())
  {  char op=OperatorStack.Pop();
     if(op!='=') Evaluate(op);
     else break;
    }
  }
  // 表达式计算的最后结果在操作数栈顶上。最后弹出并输出
  cout <<"表达式的运算结果: " <<OperandStack.Pop()<<endl;
  }
```

主函数如下：

```
void main()
{ CalAnyExp( );}
```

运行结果：

```
3+2-(5*2-9)=
表达式的运算结果: 4
```

2. 由中缀式转换为后缀式后求表达式的值

前面是采用表达式的中缀式直接来进行计算的。这里先中缀式转换为后缀式后，再求表达式的值。操作符增加了幂运算符∧。有时，在语法扫描分析等应用场合一般都采用后缀式(又称逆波兰式)做运算。(a+b)*(c–d)的逆波兰式为 ab+cd–*。对逆波兰式求值只需从左到右扫描，遇到操作符就将左边的两个操作数进行计算，直到整个式子扫描结束

为止。假定操作符栈和操作数栈仍如前所设定，可给出表达式按逆波兰式进行计算的下述代码。由于两个数连续放在一起是无法让人分断开究竟表示的两个什么数，例如123456，你是断开成 123 和 456，还是断开成 1234 和 56 呢？所以在代码中，扫描输入表达式的中缀式形式，在代码内实现中缀式到后缀式的转换，为了练习起见，使用文件存储后缀式，其中运算符直接存储，而数在存储之前加一个'|'，便于扫描时跳过且接着读入一个数，避免数之间连排，便于后缀式计算。通过类和对象的方式来完成，其中也用到了 putback 库函数。

类及相关的定义如下：

```
#include <iostream.h>
#include "ctype.h"
#include "SeqStack.cpp"
#include "math.h"
#include "fstream.h"
class Calculator
 {    SeqStack<double> s; // 操作数栈
      SeqStack<char> chs; // 操作符栈
      void GetOperand(double& ,double&);// 获得操作数栈顶的两个元素
      void DoOperator(char oper);// 将操作数栈顶的两个元素做oper运算
     void run();// 从文件读入后缀表达式并求解
     void convert();
    // 将输入的中缀表达式转换成后缀表达式,并存入文件datafile.txt中
  public:
         Calculator( ){}; // 构造函数
         int inp(char); // 求操作符栈内栈顶元素优先级
         int outp(char);// 求栈外(当前扫描到的操作符)优先级
         void DoIt();   // 控制模块
};
```

获得操作数栈顶的两个元素的成员函数：

```
void Calculator::GetOperand(double& opd1, double& opd2)
{ opd2=s.Pop(); opd1=s.Pop();// opd1为左操作数,opd2为右操作数
}
void Calculator::DoOperator(char oper)//操作数栈顶两个元素做oper运算
{  double opd1, opd2;
   GetOperand(opd1, opd2);
   switch(oper)
{   case '+': s.Push(opd1+opd2);break;
    case '-': s.Push(opd1-opd2);break;
    case '*': s.Push(opd1*opd2);break;
    case '/': if(fabs(opd2)<1e-6)
                          {  cout<<"Divided by 0!"<<endl;
```

```
                exit(0);
              }
        else  s.Push(opd1/opd2);break;
        case '^': s.Push(pow(opd1,opd2));break;
    }
}
```

从文件读入后缀表达式并进行计算的成员函数：

```
void Calculator::run()
{   char c; double newopd;
    ifstream infile("datafile.txt"); // 定义文件对象变量infile
       if(!infile)
    {   cout<<"Cannot open the file data.txt."<<endl;
          return;
    }
    while(infile.get(c), c!='#')
    { switch(c)
         {case '+':
          case '-':
          case '*':
          case '/':
          case '^':  DoOperator(c); break;
          case '|':  infile>>newopd;
                     s.Push(newopd);
                     break;
          default:
                     cout<<"错误的操作数或操作符."<<endl;
                     return;
         }
    }
    if(!s.Empty())    { cout<<s.Pop()<<endl;    }
    infile.close();//关闭文件
}
```

这里通过把栈内(在左的)和栈外(在右的)运算符赋给相应的级别值，供以后比较使用，而不通过直接建立算符优先级比较表来决定两个运算符的计算顺序，所以有下列对运算符赋优先级别值的两个函数。

栈内运算符的优先级别值的赋值函数：

```
int Calculator::inp(char ch)  //栈内运算符的优先级
{   switch(ch)
    {   case '(': return 1;
        case '^': return 4; break;
```

```
        case '*': return 3; break;
        case '/': return 3; break;
        case '+': return 2; break;
        case '-': return 2; break;
        case '#': return 0; break;
        default: cout<<"#inp(char): error!"<<endl;
             return -1;
    }
}
```

栈外运算符的优先级别值的赋值函数：

```
int Calculator::outp(char ch)  //栈外运算符的优先级
{ switch(ch)
     {  case '(': return 5; break;
        case '^': return 4; break;
        case '*': return 3; break;
        case '/': return 3; break;
        case '+': return 2; break;
        case '-': return 2; break;
        case '#': return 0; break;
        default: cout<<"#outp(char): error!"<<endl;
             return -1;
     }
}
```

将输入的中缀表达式转换成后缀式并存入文件 datafile.txt 的成员函数：

```
void Calculator::convert()
//将输入的中缀表达式转换成后缀表达式,并存入文件datafile.txt中
{   char ch, y; double newopd; chs.Push('#');
    ofstream outfile("datafile.txt");
       while(cin.get(ch), ch!='=')
       { if(isdigit(ch))
         { cin.putback(ch);       // 数字回放,以便作为数值整体读入
           cin>>newopd;
           outfile<<'|'<<newopd; // 读入数值写入文件前加'|'
         }
       else if(ch=='.')          // 对纯小数数值( 如.5)数据的读入
       {   cin.putback(ch);      // 将'.'回放缓冲,以作为数值整体读入
           cin>>newopd;
           outfile<<'|'<<newopd; //写入文件前 '|'
       }
      else if(ch==')')
```

```
    //若遇右圆括号,则将运算符栈中左圆括号后压入运算符弹出并写入文件
            {  for(y=chs.Pop(); y!='('; y=chs.Pop())
               outfile<<y;
            }
        else
        { y=chs.GetTop();       // 运算符栈顶赋给y,当前扫描运算符在ch
if(outp(ch)>inp(y))    // 比较栈外运算符ch与栈内运算符y优先级
chs.Push(ch);       // 若ch比y的优先级序号大,则压栈
          else                  // 若ch比y优先级序号小,则弹出栈顶
          { chs.Pop();
            outfile<<y;              // 栈顶运算符y写入文件
            y=chs.GetTop();          // 再取栈顶运算符赋给y
            while(outp(ch)<=inp(y)) // 比较ch与y的优先级序号
             {  chs.Pop();              // 若y比ch的序号大,弹出栈顶给y
                outfile<<y;             // y写入文件
                y=chs.GetTop();         // 再取栈顶运算符赋给y
             }
            chs.Push(ch);            // 将ch压入运算符栈
          }
        }
    }
    while(!chs.Empty())     // 只要运算符栈非空
    {  y=chs.Pop();         // 弹出栈顶给y
       outfile<<y;         // y写入文件
    }
outfile.close();
}
```

计算表达式的主控函数:

```
void Calculator::DoIt()
{   char flag;
    while(1)
        {    cout<<"请输入表达式,要结束请输入字母q"<<endl;
             cin>>flag;
             if(flag=='q')
             {    cout<<"Quit calculator."<<endl;    break;
             }
             else cin.putback(flag);
             convert();                //调用将中缀式转换为后缀式的函数
             cout<<"表达式的运算结果: ";
             run(); // 调用按后缀式计算的函数
}
```

```
}
```

主函数：

```
void main(
{   Calculator cal; // 声明对象变量cal
   cal.DoIt();   // 调用方法DoIt( )
}
```

运行结果：

```
请输入表达式,要结束请输入字母q:
3+2-(5*2-9)=
表达式的运算结果: 4
```

文件 datafile.txt 中存放内容为：|3|2+|5|2*|9--#，即：3 2 + 5 2 * 9 - -

3.3.2　用顺序栈作辅助存储结构求迷宫的一条路径解

为解迷宫问题，特别是要保存搜索路径，可按前面的方法容量用足够大的循环队列(顺序队列也可以)可求得迷宫问题的一个最优解，即从迷宫的入口到出口的一条最短路径。用栈也可求解迷宫问题。将所走过的点保存在栈上，直到搜索到出口为止。只不过所求得的是一条从迷宫的入口到出口的路径，但不一定是一条最短路径。用队列求解是一种宽度优先搜索方法，而用栈求解是一种深度优先搜索方法。

栈中所存放的数据元素由坐标点的值和到下一步搜索的点的方向构成(x,y,d)。存放到下一步搜索的点的方向则作用是，当由后搜索的点回溯时，可快速从本点的下一方向继续搜索，即当本点到下一步搜索的点的方向值原来为 d，增 1 后若仍为可用方向，则从这个可用方向继续搜索，若不是可用方向，则继续回溯即弹栈操作。初始化时，从初始点(1,1)向下一点搜索的方向值未定，所以，初始化为–1。以后，每从某点向下点搜索，其方向值都要增 1 后判断是否可用。

在前面的分析基础上，改用栈，再加入下列代码，去掉原有的一些代码即可得到相应的解。

```
#include “SeqStack.cpp”
typedef struct {int x,y,d;} DataType;
//输出栈中所有元素，即从出口到入口的序列。倒序即为从入口到出口的一条路径
void SeqStack::Print(SeqStack<DataType> S)
//作为SeqStack的成员函数,输出的每个元素含3个成分
{  DataType e;
   cout<<"x "<<"y "<<"d  "<<endl<<endl;
   while(!S.Empty())
    {   e=S.Pop();
        cout<<e.x<<" "<<e.y<<" "<<e.d<<endl;
    }
```

```
}
void mazepath()
    {   DataType temp;
        int g,h,v,i,j;
        SeqStack<DataType> S; //栈S已建立
        temp.x=1;temp.y=1;temp.d=-1; //入口位置及方向
        S.Push(temp);
        while(!S.Empty())
        {   temp=S.Pop();
            i=temp.x;j=temp.y;v=temp.d+1;
            while(v<8)
            {   g=i+move[v].dx;
                h=j+move[v].dy;
                if (maze[g][h]==0)
                {   temp.x=i;  temp.y=j;  temp.d=v;
                    S.Push(temp);
                    maze[i][j]=-1;i=g;j=h;
                    if (i==M && j==N) //到达出口
                    {   cout<<i<<"\t"<<j<<endl;
                        Print(S); return;
                    }
                    else v=0;
                }
                else v++;
            }
        }
    }
void main()
{   cout<<"从迷宫出口到入口路径为\n(x y坐标,d方向(0--7))\nx\ty\td"<<endl;
    mazepath();
}
```

运行结果:

```
从迷宫的出口到入口的路径为
(x y坐标,d方向(0--7))
 x  y  d
 6  8
 5  8  2
 5  7  0
 4  6  1
 4  5  0
 3  4  1
```

```
3  3   0
2  2   1
1  1   1
```

倒过来看，就是一条从迷宫入口到出口的一条路径。*d* 列给出的是走到下一点的方向。如从(1,1)按方向 1 到(2,2)，再由(2,2)按方向 1 到(3,3)，再按方向 0 到(3,4)，等等，直到出口(6,8)。

本章内容小结和学习要点

栈是一种后进先出的线性表，插入和删除操作只能在栈顶一端进行。队列是一种先进先出的线性表，插入在一端进行，而删除则在另一端进行。这是这两种结构的逻辑结构特性。本章对这两种结构的类实现做了系统介绍，包括定义、顺序存储结构的顺序栈和循环队列，链式存储结构的链栈和链队列，以及其上的基本操作和实现，并对它们如何应用举出了几个例子。在学习和使用中，可能常会遇到栈或队列的变型。所以，掌握基本的栈、队列的逻辑特性和操作特性是基础，但也不能拘泥于此。灵活使用栈或队列，可解决很多实际的有趣问题。

这一章的学习要点：

(1) 掌握栈这种数据结构的特性，懂得在处理什么问题时应该利用栈，熟练掌握在顺序和链式存储结构上实现栈的基本运算，特别注意栈满和栈空的条件及它们的描述；

(2) 掌握队列这种数据结构的特性，学会在适用的问题中使用队列，并能熟练掌握循环队列和链队列的基本运算，特别注意循环队列满和空的判定方法；

(3) 学习如何利用栈和队列进行问题求解和程序设计；

(4) 通过例子，理解递归算法到非递归算法转化的基本方法，逐步学会将一些简单的直接递归算法转化为非递归算法，了解递归算法执行过程中栈的状态变化过程。

其中，(3)和(4)属于有一定难度的学习内容。

习　题　3

1．填空题

(1) 初始化一个顺序栈或链栈对象 *s* 后，将数据元素 a,b,c,d,e，经 Push、Push、Push、Pop、Pop、Push、Pop、Push 操作后，栈中元素有________，栈顶元素为________。

(2) 对顺序栈对象*s*，判定其为栈空的条件是__________或__________；判定其为栈满的条件是________。

(3) 对链栈对象 *s*，判定栈空的条件是_____ 或_____；判定其为栈满的条件是____。

(4) 递归函数在调用中，内部使用了________，有些递归函数可用________数据结构消除递归调用。

(5) 表达式 $a+(b+c)*d-e$ 的前缀表达式(运算符在前，两个操作数在后)是________，后缀表达式是________。

(6) 栈的最大操作特性是________，队列的最大操作特性是________。

(7) 循环队列的引入是为了克服________。

(8) 在循环队列类的对象 s 中，s.front 为当前队头的前一个位置，s.rear 为队尾元素的位置，计算队列中元素个数的公式为(s.rear–s.front+QueueSize)%QueueSize。若设 s.front 为当前队头元素位置，s.rear 为队尾元素的后一位置，则计算队列中元素个数的公式为___________。

(9) 若用循环链表表示的队列，队列长度为 n，若只设头指针，则出队和入队的时间复杂度分别是________和________。

2. 选择题

(1) 若一个栈输入序列是 1,2,3,…,n。出栈的第一个元素是 n，则第 i 个出栈元素是___。

A. $n-i$　　B. $n-i+1$　　C. $n-i-1$　　D. i

(2) 设栈 S 和队列 Q 的初始状态为空。元素 $e1$, $e2$, $e3$, $e4$,$e5$,$e6$ 依次通过栈 S，每个元素必须先入栈再出栈，出栈后再进入队列 Q，若 6 个元素出队列的顺序是 $e2$,$e4$,$e3$,$e6$,$e5$, $e1$，则栈 S 的容量至少应该是________。

A. 6　　B. 4　　C. 3　　D. 2

(3) 元素序列 1,2,3 必须先入栈再出栈，则栈的不可能输出序列是________。

A. 321　　B. 213　　C. 312　　D. 123

(4) 采用________ 数据结构，可用于纯粹判断表达式中左右括号是否配对。

A. 顺序表　　B. 循环单链表　　C. 队列　　D. 单链表

(5) 在解决计算机主机与打印机之间速度不匹配问题时通常设置一个打印缓冲区，该缓冲区应该是一个________结构。

A. 栈　　B. 队列　　C. 数组　　D. 线性表

(6) 一个队列的入队顺序是 1,2,3，则队列的输出顺序是________。

A. 321　　B. 123　　C. 132　　D. 321

3. 判断题

(1) n 个元素依次压栈或出栈，则出栈序列只有 1 种。( )

(2) 栈可以作为实现函数调用的一种数据结构。( )

(3) 在队列满的情况下不能做入队操作，否则将产生“上溢”。 ( )

(4) 在循环队列中，front 指向队头元素的前一个位置，rear 指向队尾元素的位置，队空的条件定为 front==rear。则队满的条件是(rear+1)%QueueSize==front 以区别队空，实际有一个空间没有使用。( )

(5) 栈和队的主要区别在于插入和删除元素运算的限定位置不同。栈是限定在一端进行插入和删除运算的线性表。队列是限定在一端进行插入而在另一端进行删除运算的线性表。( )

(6) 设数组作为两个栈共享的存储空间，为使空间达到最佳运用，即只有当数组空间全占满时才不能进行进栈操作，最好的设计方案是，一个栈底位置固定在始端，另一个栈底位置固定在另一端，而让两个栈顶斗向中运动，只有当栈顶值相差 1 时，都不能再做入栈操作。( )

4. 计算和证明题

(1) 将 1,2,3,4 压栈或从栈中弹出，则其所有可能顺序是哪些？

(2) 试证明：若借助栈由输入序列 12…n 得到输出序列为 $p_1p_2\cdots p_n$(输入序列的一个排列)，则在输出序列中不可能出现这样的情形：存在着 $i<j<k$ 使 $p_j<p_k<p_i$。

5. 算法设计题

(1) 设单链表中存放着 n 个字符，试编写算法，判断该字符串是否有中心对称关系，例如 xyzzyx、xyzyx 都算是中心对称的字符串。要求用尽可能少的时间完成判断。(提示：将一半字符先依次进栈。)

(2) 设计算法判断一个算术表达式的圆括号是否正确配对。(提示：对表达式进行扫描，凡遇'('就进栈，遇')'就退掉栈顶的'('，表达式被扫描完毕，栈应为空。)

(3) 两个栈共享向量空间，它们的栈底分别设在向量的两端，每个元素占一个分量。设两个栈在顺序表类定义下共用向量空间，试写出两个栈在此类中的栈操作算法即成员函数：Push(i,x)、Pop(i)、GetTop(i)和 Top(i)，其中 i 为 0 或 1，用以指示栈号。

(4) Ackerman 函数的定义如下：

$$A(m,n)=\begin{cases} n+1, & 当m=0时 \\ A(m-1,1), & 当m\neq 0,n=0时 \\ A(m-1,A(m,n-1)), & 当m\neq 0,n\neq 0时 \end{cases}$$

其中，m 和 n 均为非负整数。请写出递归算法。

(5) 设顺序栈 S 中有 $2n$ 个元素，从栈顶到栈底的元素依次为 $a_{2n},a_{2n-1},\cdots,a_1$，要求通过一个循环队列重新排列栈中元素，使得从栈顶到栈底的元素依次为 $a_{2n},a_{2n-2},\cdots,a_2,a_{2n-1},a_{2n-3},\cdots,a_1$，请设计算法实现该操作，要求空间复杂度和时间复杂度均为 $O(n)$。

(6) 用栈实现递归函数：

$$f(n)=\begin{cases} 1, & n=1 \\ \left[\dfrac{n}{2}\right]f\left(\left[\dfrac{n}{2}\right]\right), & n>1 \end{cases}$$

的非递归算法。

(7) 假设以带头结点的循环单链表表示队列，并且只设一个指针指向队尾元素结点(注意不设头指针)，试编写相应的置空队、入队列和出队列的算法。

(8) 对于循环队列，写出求队列长度的公式。

(9) 假设以使用循环队列类，同时设变量 rear 和 queuelen 分别指示循环队列中队尾元素的位置和内含元素的个数。试给出判别此循环队列的队满条件，并写出相应的入、出队列的算法(在出队的算法中要返回队头元素)。

(10)* 对迷宫问题，假设只容许在东、西、南、北四个方向上进行搜索，试分别编写用栈和队列求一条从入口到出口的路径，并指出哪一条一定是最短路径。

(11)* 将队列按下列顺序存储结构实现：设置队首指针、队尾指针和队列长度。试声明相应的模板类，并实现相应的成员函数：判空、判满、入队、出队等函数，并写出测试用的主函数。

思 考 题 3

1. 多种括号匹配问题。假设一个算术表达式中可以包含三种括号：圆括号'('和')'，方括号'['和']'以及花括号'{'和'}'，且这三种括号可按任意的次序嵌套使用，如(…[…{…}…[…]…]…)…(…[…]…)。设计算法判断给定表达式中所含括号是否正确配对。

2. 八皇后问题：是回溯算法典型例题。是由十九世纪著名数学家高斯 1850 年提出的一个古老而著名的问题。在 8×8 格国际象棋棋盘上摆放 8 个皇后，使其不能互相攻击，即任意两个皇后都不能处于同一行、同一列或同一斜线上，问有多少种摆法（八皇后问题可以推广为 n 皇后问题：这时棋盘的大小变为 $n \times n$，而皇后个数也变成 n。当且仅当 $n=1$ 或 $n \geqslant 4$ 时问题有解）。

上 机 题 3

马踏棋盘问题　将中国象棋中的马放到一个 8×8 棋盘格阵中的某一格作为出发点，按“日”字形走棋规则行走，要求每个方格只走一次，走遍棋盘 64 个方格。编写程序判断从起始格出发是否有解。若有解，则按马的走步，将数字 1,2,3,…,64 依次填入 8×8 的棋盘上，且输出之。

第 4 章　字　符　串

字符串，简称为串，是非数值处理对象，可看成数据元素为字符的特殊线性表。计算机上的非数值处理对象基本上是字符串数据。在较早的程序设计语言中，字符串是作为输入和输出常量出现的。随着语言加工程序的发展，产生了字符串处理。这样，字符串也就作为一种特定的形式出现在越来越多的程序设计语言中，同时也产生了一系列字符串的操作。字符串的应用范围很广。在汇编和其他语言的编译程序中，源程序和目标程序都是字符串数据。在事务处理程序中，顾客的姓名和地址以及货物的名称，产地和规格等一般也是作为字符串来处理的。在信息检索系统、文字编辑程序、问答系统、自然语言翻译系统以及音乐分析程序等中，都是以字符串数据作为处理的对象。在不同类型的应用中，所处理的字符串具有不同的特点，要有效地实现字符串的处理，就必须根据具体情况使用合适的存储结构。

这一章，我们将讨论串的几种不同存储结构和一些基本操作。

4.1　串及其运算

1. 串的逻辑定义

串(string)或字符串，是由零个或多个字符组成的有限序列，记为 S="$a_1a_2\cdots a_n$"，其中，S 称为串名，即串的名字，双撇号括起来的字符序列 $a_1a_2\cdots a_n$ 称为串的值或内容。串值用双撇号括起来，但双撇号不属于串值得内容(注意：双撇号指的是英文下的双撇号，不是中文下的双引号)。其中，$a_i(1\leqslant i\leqslant n)$可以是字母 a、b、c、…、z、A、B、C、…、Z 及中文，数字 0、1、…、9 或其他字符;、$、!、空格，等等，一般由机器决定或程序设计语言决定。例如 S="123"，T="XYZ"，这里，S 和 T 都是串名。串名也可简称串。有时，也将串名和串值不作严格区分。例如：称串 T 指的是串名，而用串"XYZ"就指用串"XYZ"本身或串 T 的值。只有通过上下文来判断究竟所指为谁。字符串涉及下列术语。

串的长度：串中字符的数目。简称串长。

空串：零个字符的串称为空串(NULL string)，可用""表示。空串长为 0。

空格串：一个或多个空格字符组成的串称为空格串(blank string)。它有长度，其长度就等于空格串中所含空格的个数。例如，"　　"含 4 个空格，所以其长度为 4。空格串不等于空串，空串不含任何字符，当然，空串也不含一个空格。

字符在串中的位置：指字符在序列中的逻辑序号。

子串：串中任意个连续字符组成的子序列称为子串(substring)。

主串：它是相对于子串而言的，包含子串的串称为主串(primary string)。

子串在主串中的位置：当主串中含有该子串时，以子串第一次出现时的第一个字符在主串中的位置表示。例如，设

S="BEI"，T="JING"，U="BEIJING"，V="BEI JING"

对于串 T，其在 U 中的位置为 4，在 V 中的位置为 5，S 在 U 或 V 中的位置均为 1。

下面是几个字符串的例子：

S="abcd1234"	长度为 8 的字符串
T="0123456789"	长度为 10 字符串
U="　　"	长度为 4 的空格字符串，空格为不可见字符。
V=""	长度为 0 的空串字符串
W="中国 China"	长度为 9 的字符串

注意，一个汉字在字符串中占两个西文符号的位置。

串的相等：两个串相等指它们的长度相等且各个对应位置上的字符都相等。

串的比较：两个字符串的比较是通过它们串值中的字符自前往后逐位比较进行。对于纯英文，计算机系统常用字符编码是 ASII 编码(美国国家标准信息交换编码)。在 ASCII 中，每个字符都有唯一的编码——内部是二进制，但为便于说明和使用都相应地转换为与其内部二进制数等值的十进制数值来表示。纯英文字母、数字字符都按一定次序编码。'A'的编码是 64，其他大写字母'B',…,'Z'的编码是 65,…,90；'a'的编码是 97，其他小写字母'b',…, 'z'的编码 98,…,122。数字字符'0', '1', '2',…, '9'的编码是 48,49，…,57。其他字符如键盘上的一些可见标点符号以及一些不可见的控制符号等的编码可查 ASCII 表。可见任何数字字符的编码值都小于大写字母的编码值，而大写字母的编码值又都小于小写字母的编码值。对于汉字，字符编码也有很多种，如中国内地使用国标码 GB2312(只含一级汉字 3755 个，二级汉字 3008 个(共 6763 个简化汉字)，以及 682 个非汉字图形字符)，中国台湾使用大五码 Big5(繁体中文汉字字符集标准，共收录 13060 个中文字)，而目前国际上还采用 UTF-8(UNICODE 的一种变长字符编码，又称万国码，由 Ken Thompson 于 1992 年创建)，它兼容很多字符编码。内部的二进制数位数长度扩大到 3 个字节或 4 个字节，表达能力更强。但不管哪种编码，内部都采用二进制数表示。外部习惯用十进制换算后来表示。汉字字符大小根据汉字编码比较。例如"们"<"我"。注意：虽然汉字字符一个占两个英文字符位宽，但在比较时，是取完整的汉字的内码来进行比较大小的，并不是折开进行的。

对于给定的两个字符串：S="$a_1a_2\cdots a_n$"和 T="$b_1b_2\cdots b_m$"，它们比较的结果如下：

$S=T$：若 $n=m$，且 $a_1=b_1$，$a_2=b_2,\cdots,a_n=b_m$。

$S<T$：若 $a_1=b_1$，$a_2=b_2,\cdots,a_k=b_k,k\geqslant 0$ 且 a_{k+1} 不存在而 b_{k+1} 存在，或 a_{k+1} 和 b_{k+1} 都存在且 $a_{k+1}<b_{k+1}$，这里 $k\leqslant \min\{m,n\}$。

$S>T$：以上两种情况都不满足。

串的逻辑结构定义为：String=(D,R)，其中，

$D=\{a_i \mid a_i\in \text{CHARCTER}, 1\leqslant i\leqslant n, n>0\}$，即数据对象为字符集

$R=\{R_1\}$

$R_1=\{<a_{i-1},a_i> \mid a_{i-1}, a_i\in D, 2\leqslant i\leqslant n\}$

2. 串的抽象数据类型定义

ADT String

Data：$D=\{ a_i | a_i \in$ CHARCTER , $1 \leqslant i \leqslant n, n>0\}$

Relation: $\{< a_{i-1},a_i > | a_{i-1},a_i \in D, 2 \leqslant i \leqslant n\}$

Operation:

Init

前置条件：串不存在

输入：无

功能：初始化串操作

输出：无

后置条件：一个空的串

Assign

前置条件：串不存在

输入：给出一个输入串

功能：串赋值，建立一个串对象，以输入串的内容作为其内容

输出：串

后置条件：得到一个串对象，其内容为输入串内容

StrLen

前置条件：串已存在

输入：无

功能：求串长

输出：串所含字符个数

后置条件：无

StrCat

前置条件：串已存在

输入：给出一个输入串

功能：串连接，将输入的串连接串之后

输出：若连接成功，则输出连接后的串

后置条件：串和输入串连接后替代原串

SubStr

前置条件：串已存在

输入：串中位置 i 和子串长度 l

功能：求子串，求串中从 i 开始长度为 l 的子串

输出：若 i 合法，则输出串中从 i 开始长度小于或等于 l 的子串，否则，抛出异常

后置条件：串不发生改变

StrCmp

前置条件：串已存在

输入：给出一个输入串

功能：串比较，比较串和输入串

输出：返回串和输入串比较的结果，相等，则返回 1，否则返回 0

后置条件：串不发生改变

Index

前置条件：串已存在

输入：给出一个输入串(又称模式)

功能：子串定位(又称串匹配)，检查输入串在串中是否存在

输出：若输入串在串中存在，则返回其所在开始位置，否则返回 0

后置条件：串不发生改变

Insert

前置条件：串已存在

输入：给出一个输入串，串中位置 i

功能：串插入，在串中位置 i 插入输入串

输出：若串中位置 i 合法，则将输入串插入串中位置 i，否则，抛出异常

后置条件：若插入成功，则串被加长，否则串不发生改变

Delete

前置条件：串已存在

输入：串中位置 i，要删除的子串长度 l

功能：子串删除，在串中位置 i 开始删除长度为 l 的子串

输出：若串中位置 i 合法，则删除位置 i 开始长度为 l 的子串，否则，抛出异常

后置条件：若删除成功，则串被缩短，否则，串不发生改变

Replace

前置条件：串已存在

输入：子串 T 和子串 R

功能：子串替换，在串中与 T 相同的第一个子串用 R 代替

输出：若串中有与 T 相同子串，则用 R 代替第一次出现后输出，否则原样输出

后置条件：若子串替换成功，则串发生改变，否则，串不变

endADT

实际上，上述运算，有的是基本的，有的却可以用其他的运算加以实现。

插入运算——可用连接和求子串运算实现。例如，设 s="ZHONGGUO"，则 StrCat(SubStr(s,1,5)," ",SubStr(s,6,3))="ZHONG GUO"在两个 G 字符中间插入一个空白字符。

删除运算——可用连接和求子串运算实现。例如，StrCat(Sub(s,1,2)，SubStr(s,7,2))= "ZHUO"删去子串"ONGG"。

子串定位 Index——又称串匹配，也可通过从主串的第一个字符起，在 s 中取和 t 长度相等的子串和 t 比较实现定位。可写成下面的“形式”算法。

```
int Index(String S,String T)
{   int i=0,n=StrLen(S),m=StrLen(T);
    while ( i<=n-m-1 && ! StrCmp(SubStr(s,i,m),t) )  i++;
    if (i<=n-m+1) return(i);  else  return(-1);
}
```

不属于其中运算或操作的运算,也可用其中的运算来完成。例如，修改串值，可通过求子串操作和替换操作实现。例如，设 *s*="NANJING"，则执行 Replace(*s*,Sub(*s*, 1,3),"BEI")可得到"BEIJING"。

此外，可以还有其他的运算或上述运算的变形。如判断一个串是否是另一个串的子串 IsSub。

为便于说明，这里将参加运算的主要参数用括号括起来放在运算名后。于是，可得到如下说明形式的操作：

判子串运算 IsSub(s,t)——判串 *t* 是否是串 *s* 的子串。例如，设 *s*=" BEIJING ", *t*="JING"，则 *t* 是 *s* 的子串，IsSub(*s*,*t*)返回 1。否则，若 *t* 不是 *s* 的子串，则返回 0。此操作可看成是上面的 Index 的变形，因为通过判断 Index 的返回值就可起到与之等价的作用。若 Index 返回值大于 0，则对应地就有 IsSub(*s*,*t*)返回值为 1，否则都将返回 0。

还有，替换操作 Replace 也可出现为形式 Replace(*S*,start,len,*R*)，即将 *S* 中从 start 开始的 len 个字符构成的串用串 *R* 替换。

4.2　串的顺序存储结构

1. 串的定长顺序存储结构

将字符串用 C++中字符数组来加以处理的方法，称为定长顺序存储结构。在实际使用时也可采用不同的形式。假定 *M* 为较大整常量。用最大长度为 *M* 的固定长度数组存储字符串。一般有如下三种固定长度顺序存储结构实现方式：

(1) 用一个大字符数组存放字符串内容，额外用一个变量来表示串的实际长度。如图 4-1(a)所示。

(2) 在串尾存储一个不会在串中出现的特殊字符，表示串内容已结束。如图 4-1(b)所示。这是 C++语言中采用的办法，它用\0 表示串的结束。而串的实际长度需另行计算。

(3) 用数组的 0 号单元存放串的长度，从 1 号单元开始存放串值。如图 4-1(c)所示。这是 PASCAL 语言的一种表示方法。但这种办法比较明显的缺点是，要求数组元素的类型字符型能够与长度的整型兼容。即使兼容，也使得数组的长度会受到限制。

按照 C++的习惯用法，大家普遍采用第(2)种表示方式。

2. 串的堆分配存储结构

以一组地址连续的存储单元存放字符串的字符序列，但它们的存储空间是在程序执行过程中按需要的长度动态分配而得到的。通常用++的字符指针变量和动态内存分配函数 new 来实现。与字符数组表示区别最大地方是，其存储空间不需要时可释放。但都希最后的字符是'\0'或对给定范围内的字符访问而不能在长度上越界。

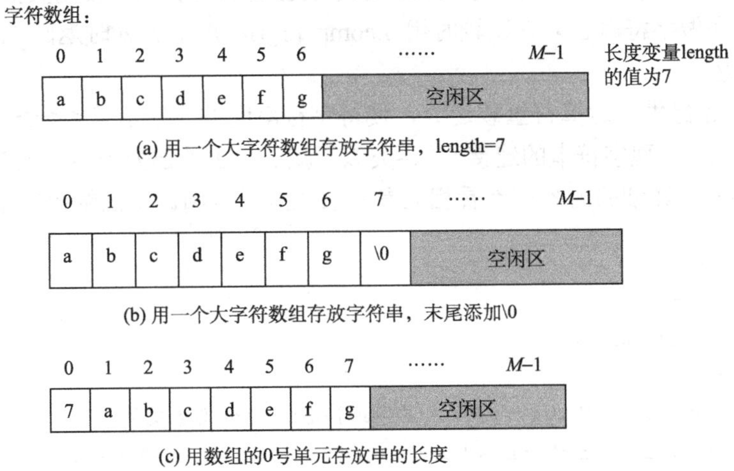

图 4-1　字符串用字符数组存放的三种表示方法

```
void main()
{  int n; char *st; int i=0;
   cin>>n;
   st=new char[n];
for (i=0;i<n-1;i++) st[i]=cin.get();
   st[n-1]='\0';
   cout<<strlen(st)<<" "<<st<<endl;
   cout<<endl;
   cout<<endl;
}
```

在运行后，输入 5abcd，则输出为 4 abcd

表明'\0'只占单元，但不计算在字符串的长度内。与字符数组表示效果相当。但注意，一个字符指针变量在说明后仅为游离指针，不指向具体地址，只有用 new 分配空间后将空间首地址，或者把一个字符串常量赋给它，它才指向具体地址。

对于字符数组和字符指针，C++提供了很好的处理办法。由于 C++继承 C 语言(以保持与 C 语言兼容)，且 C 语言提供了很多库函数，所以，在 C++中也可使用。只要在源程序头部使用宏指令：#include<string.h>。因而可借助 string.h 中的这些库函数加以简单应用。例如，操作 StrLen、IsSub、Assign、StrCat、StrCmp 可分别借助于 C 的库函数 strlen( )、strstr( )、strcpy( )、strcat( )、strcmp( )加以实现。

同时，C++又提供了名为 string 的类，在使用宏包含指令：#include <string>(而不是 #include <string.h>)后，可使用 string 类型，使得字符串的操作更加灵活。但要注意，定义的 string 类变量是对象变量。

string 类提供的成员函数有 at, assign, copy,compare, append, find, length, erase, substr, replace, swap,insert，等等。它们的含义从英文单词就可知道其表示的操作的意义。使用时，大多既可对 string 对象也可对字符数组或字符指针直接作用。使用灵活方便。例如，compare 函数在做字符串 *a* 与 *b* 比较时用 *a*.compare(*b*)，规定 *a*>*b* 时返回 1，*a*<*b* 时返回 −1，*a*==*b* 时返回 0。

另外，它还提供了运算符重载运算，使得字符串间的比较运算<,<=,>,>=,==,!=等十分自然，且可用+实现字符串的连接，用–类似于减法，去掉部分子串。还有复合的赋值+=,[]等。string 的详细的内容可参看相应参考书或网上查阅。下面给出一个例程加以简单使用。

```
#include <string>
#include <malloc.h>
void main()
{string a="abc",b("xyz"),c; //声明或构造string对象变量
 cout<<"a="<<a<<" b="<<b<<" c="<<c<<" a.length()="<<a.length()<<endl;
 c=a+b;
 cout<<"a="<<a<<"  b="<<b<<"  c="<<c<<"  c=a+b,c.length()"<<c.length()
<<endl;
 a.append(b);
 cout<<"a="<<a<<" b="<<b<<" c="<<c<<" a.length()="<<a.length()<<endl;
 cout<<"a.compare(b)(a>b): "<<a.compare(b)<<endl;
 cout<<"b.compare(a)(b>a): "<<b.compare(a)<<endl;
 cout<<"b.compare(b)(b=b): "<<b.compare(b)<<endl;
 a.assign(b);
 cout<<"a.assign(b),a="<<a<<"b="<<b<<" c="<<c<<" a.length()="<<a.length()
<<endl;
 cout<<"a.compare(b): "<<a.compare(b)<<endl;
 int r=a==b;
 cout<<"a="<<a<<" b="<<b<<" r=a==b: "<<r<<endl;
 cout<<"a.at(2): "<<a.at(2)<<endl;
 cout<<"a.at(0): "<<a.at(0)<<endl;
 cout<<"a[2]: "<<a[2]<<endl;
 cout<<"a.erase(2, 2): "<<a.erase(2, 2)<<endl;
 cout<<"a="<<a<<" a.length()="<<a.length()<<endl;
 cout<<"c="<<c<<" b="<<b<<endl;
 cout<<"c.find(b):"<<c.find(b)<<endl;
 cout<<"c.insert(3,b): "<<c.insert(3,b)<<endl;
 cout<<"c.erase(3,3): "<<c.erase(3,3)<<endl;
 cout<<"c.append(\"ust\"): "<<c.append("ust")<<endl;
 cout<<"c.replace(3,3,\"mnk\"): "<<c.replace(3,3,"mnk")<<endl;
}
```

输出结果为：

```
a=abc b=xyz c=a.length()=3
a=abc b=xyz c=a+b=abcxyz c.length()=6
a=abcxyz b=xyz c=abcxyz a.length()=6
a.compare(b)(a>b): -1
b.compare(a)(b>a):1
b.compare(b)(b=b):0
a.assign(b), a=abc b=xyz c=abcxyz a.length()=3
a.compare(b):0
a.at(2): z
a.at(0): x
a[2]: z
a.erase(2, 2): xy
a=xy a.length()=2
c=abcxyz b=xyz
c.find(b):3
c.insert(3,b): abcxyzxyz
c.erase(3,3): abcxyz
c.append("ust"): abcxyzust
c.replace(3,3,"mnk"): abcmnkust
```

类似于第 2 章所介绍的顺序表，也可定义自定义的字符串顺序表类，实现字符串的顺序存储和有关的操作，只是数据元素的类型限定为字符而已。

4.3 串的链式存储结构

就是以链式方式存储字符序列。由线性表可知，为了便于插入与删除，通常采用链表形式较为方便，在字符串处理中，也常有这类问题出现，其结点结构如图 4-2。可定义 data 域中存放字符的数目为结点的大小。

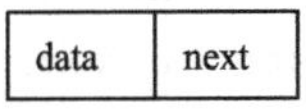

图 4-2 串的链式存储结构中的结点结构

例如，每个结点中存放 3 个字符的单链表结点结构见图 4-3(a)，可描述如下：

```
struct  Node {
     char data1;
     char data2;
     char data3;
     Node *next;
    };
```

或

```
struct Node {
```

```
    char data[3];
    Node *next;
   };
```

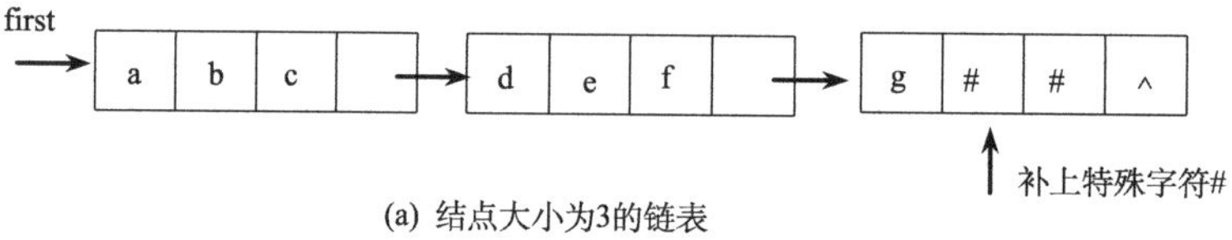

(a) 结点大小为3的链表

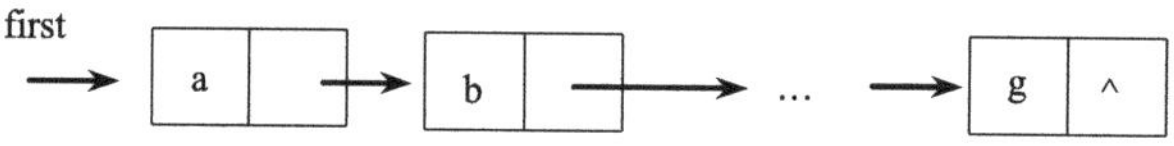

(b) 结点大小为1的链表

图 4-3　用链表存放字符串

一个结点中若存储的字符数多于一个，可能影响串处理的效率。在进行串的插入与删除时，为了减少结点间字符的移动，可使用特定的无效字符如“#”填在相应位置上，表示该位置上的字符是无效的。但此时要花时间检查被查字符是否为无效字符。有时在存储数量较大时，我们不得不考虑其存储效益问题。

每个结点只含一个字符的单链表结点结构见图 4-3(b)，可描述如下：

```
struct Node {
       char data;
       Node *next;
};
```

为具有一般性，先将每个结点含的一个或多个字符构成结构类型或数组类型，作为模版类的参数 T，即单链表结点数据的类型，描述如下：

```
template <class T>
struct Node {  T data;
            Node<T>  *next;
          };
```

然后，用单链表作存储结构。可直接给出串的单链表类的声明，或将串的单链表类定义为公有继承 LinkList 类的子类，再给出成员函数即操作的实现。具体描述在这里省略。这种表示法也称为串的块链存储表示，即每个结点可以存放一个字符，也可存放多个字符的单链表。

4.4　串的模式匹配算法

给定两个串 S="$s_1s_2\cdots s_n$" 和 T="$t_1t_2\cdots t_m$"，在主串 S 中寻找子串 T 的过程称为模式匹配，T 称为模式。如果匹配成功，返回 T 在 S 中的位置，如果匹配失败，返回 0。对应于串操作：字串定位 Index(T,S)。下面介绍串的模式匹配的两种算法。

1. 朴素的模式匹配算法

朴素的模式匹配算法就是直接进行搜索匹配。基本思想是：从主串 S 的第一个字符开始和模式 T 的第一个字符进行比较，若相等，则继续比较两者的后续字符；否则，从主串 S 的第二个字符开始和模式 T 的第一个字符进行比较。重复上述过程，若 T 中的字符全部比较完毕，则说明本趟匹配成功；否则匹配失败。按这一思想所写的算法简称 BF 算法(brute-force algorithm)。如图 4-4 所示。设 S="ababcabcacbab", T="abcac"，图 4-5 给出了其按 BF 算法的匹配过程。

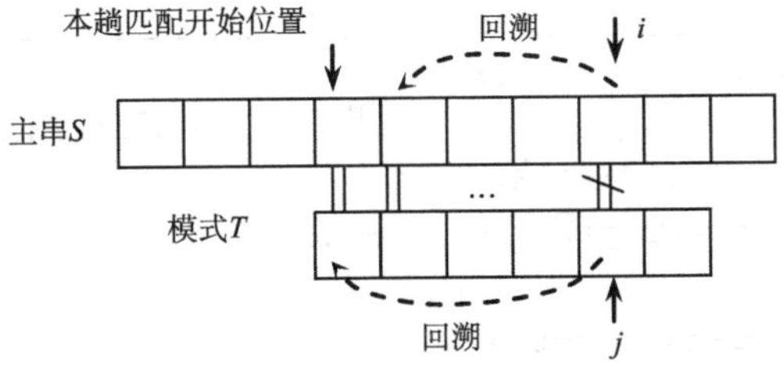

图 4-4 BF 算法的基本思想

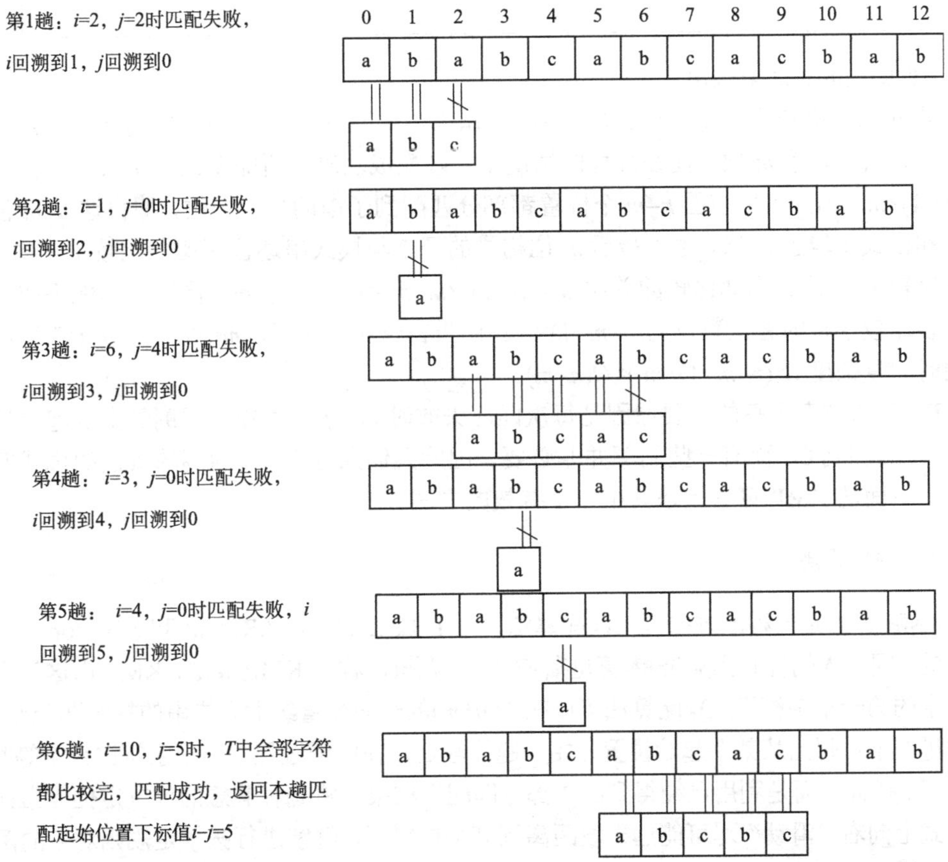

图 4-5 BF 算法的执行过程

朴素的模式匹配方法的伪代码和算法描述如下：

伪代码

1.分别设扫描主串 S 和子串 T 的下标变量 i 和 j 的初值；
2.循环直到主串 S 或 T 的所有字符对应均比较完
　2.1 如果 $S[i]=T[j]$，继续比较 S 和 T 的下一个字符；否则
　2.2 将 i 和 j 回溯，准备下一趟比较；
3. 如果 T 中所有字符均比较完毕，则匹配成功，返回匹配的起始比较下标 $i-j$；否则，匹配失败，返回−1

模式匹配算法BF算法

```
int BF(char S[],char T[])
{   int i=0, j=0;              //从下标 0 所对应的字符进行比较
    while ( S[i]!='\0' && T[j]!='\0')
       if (S[i]==T[j]) {i++; j++;}
       else
           {i=i-j+1; j=0;}
    if (T[j]=='\0') return (i-j);  //返回下标号
    else return -1;               //返回-1，表明不存在该模式
}
```

BF 算法的时间复杂度：

若 n 为主串长度，m 为模式串长度，则串的 BF 匹配算法，在最好的情况下是：一配就中！只比较了 m 次。而在最坏的情况下，匹配成功时，所需要比较字符的总次数为 $(n-m+1)\times m$。因为主串前面 $n-m$ 个位置都部分匹配到子串的最后一位，即自这 $n-m$ 位开始都和模式比较了 m 次，主串最后 m 位构成的子串与模式串逐位相比各比较了一次，所以又比较了 m 次。因此比较的总次数为 $(n-m)\times m+m=(n-m+1)\times m$。同理，匹配不成功时所需要比较字符的总次数也为 $(n-m+1)\times m$。由于在一般情况下，$m<<n$，所以 BF 算法算法的时间复杂度 $O((n-m+1)\times m)\approx O(n\times m)$。

BF 算法效率不高的主要原因是每次匹配失败时 i 和 j 都回溯，i 回溯到上次起点的下一点，j 回溯到 0，而有一些回溯并非必要。因此人们探讨不让 i 回溯的改进的模式匹配算法。下面的 KMP 算法就是其中一个有效的方法。

2. KMP 算法

KMP 算法是一种改进的模式匹配算法，是 D.E.Knuth 与 V.R.Pratt 和 J.H.Morris 同时发现的，因此人们称它为克努特-莫里斯-普拉特操作(简称为 KMP 算法，KMP 由这三个人的名字的第一个字符拼成)。此算法可以在 $O(n+m)$ 的时间数量级上完成串的模式匹配操作。其改进在于：每当从某个起始位置开始一趟比较后，在匹配过程中出现字符比较不等时，不回溯 i 指针，而是利用已经得到的“部分匹配”结果，将一种假想的位置定位“指针”在模式上向右“滑动”尽可能远一段距离到某个位置后，继续进行按一定规则对应的两字符间的比较，以开始下一趟的比较，而不是从模式的首字符开始继续与主串中的原起始位

置的下一位置(按 BF 算法是作为新的一趟匹配的起始比较位置)上的字符进行比较。

下面先从具体例子看起。注意在下面的说明中，i,j 都是下标，从 0 开始。第 0 个元素指下标为 0 的元素，第 1 个元素指下标为 1 的元素，……，等等。但趟数则从 1 开始。

在 S="ababcabcacbab", T="abcac"下，由图 4-5 给出的 BF 算法匹配过程的第 3 趟匹配中，i=6、j=4 且字符比较不等时，又要从 i=3、j=0 重新开始比较。然而，经仔细观察可发现：i=3 和 j=0，i=4 和 j=0 以及 i=5 和 j=0 这 3 次字符的对应比较都是不必进行的。因为从第 3 趟部分匹配的结果就可得出，主串中第 3、4 和 5 个字符必然是'b'、'c'和'a' (即与模式串中第 1、2 和 3 个字符分别对应相同)，而模式的首字符是'a'，它分别与 'b'、'c'肯定不等，与'a'肯定相等。若将模式向右滑动 3 个字符位置继续进行 i=6 和 j=1 时的字符比较，显然会加快比较进程。同理，在第一趟匹配中出现字符不等时，仅需继续进行 i=2、j=0 时的字符比较。由此，整个匹配过程，可让 i 指针不回溯。如图 4-6 所示，现在讨论一般情况。假设主串为 S="$s_0s_1\cdots s_{n-1}$"，模式串为 T="$t_0t_1\cdots t_{m-1}$"。从上例的分析可知，为了实现改进算法，需要解决下述问题：当匹配过程中产生“失配”(即 $s_i \neq t_j$)时，模式串 T“向右滑动”可行的距离多远，换句话说，当主串中第 i 个字符与模式中第 j 个字符“失配”(即比较不相等)时，主串中第 i 字符(i 不回溯)应与模式中哪个字符比较?

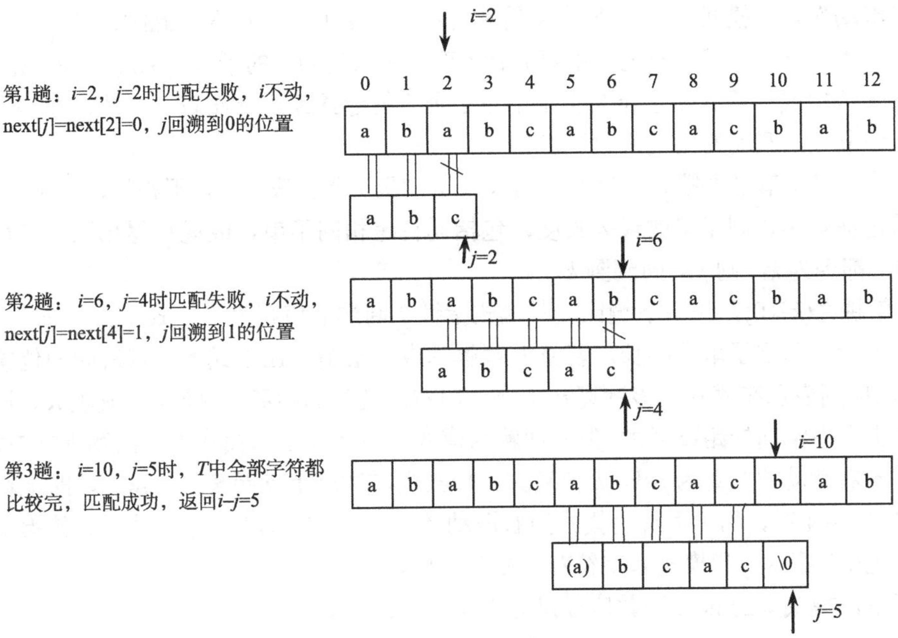

图 4-6 KMP 算法的匹配过程示例

模式中某位置上的字符与主串中一个字符匹配失败时，其回溯的位置值称为模式中该位置字符的“**失效函数值**”。模式中每一位置上的字符都有回溯值，即都有“**失效函数值**”。模式中所有位置上字符的“**失效函数值**”统称为模式的“**失效函数值**”。该值与模式字符及其位置有关。为简便起见，仅将其写为模式中字符位置的函数。用 next[j] 表示模式 j 位置的失效函数值。

当主串中第 i 个字符与模式中第 j 个字符“失配”时，假设此时应与模式中第 k 个字符继续比较，即 next[j]=k。由于 j=0 时，若主串中第 i 个字符与模式中第 j 个字符不匹配，则 j 没有可回溯位置，此时只有 i 增 1 且 j 回溯到 0 后继续比较，所以令 next[0]=–1。相应地，–1 也可作为控制转移手段，一旦出现回溯值为–1 时就让 i 增 1 且 j 回溯到 0。所以，只要 j>0,next[j]=k，则 k≥0。

若 k=0，则表示 j 回溯到模式的开始位置，即接着用 t_0 与 s_i 进行比较。

现假定 k>0 且 k<j，即 1≤k<j，则模式 T 中前 k 个字符构成的子串 $t_0t_1\cdots t_{k-1}$ 必满足关系式(4-1)，且不可能存在 k'，使得 $k<k'<j$ 满足关系式(4-1)。

$$t_0t_1\cdots t_{k-1}=s_{i-k}s_{i-k+1}\cdots s_{i-1} \tag{4-1}$$

而已经得到的“部分匹配”的结果是

$$t_{j-k}t_{j-k+1}\cdots t_{j-1}=s_{i-k}s_{i-k+1}\cdots s_{i-1} \tag{4-2}$$

由(4-1)和(4-2)推得下列等式：

$$t_0t_1\cdots t_{k-1}=t_{j-k}t_{j-k+1}\cdots t_{j-1} \tag{4-3}$$

反之，若模式串 T 中 t_j 之前的字符构成的子串存在满足式(4-3)的首尾两个子串，其长度为 k,k>0，则主串 S 中第 i 个字符 s_i 与模式 T 中第 j 个字符 t_j 比较不相等时，仅需将模式“向右滑动”，让模式 T 中第 k 个字符和主串中第 i 个字符对齐，此时，模式中头 k 个字符的子串 $t_0t_1\cdots t_{k-1}$ 必定与主串中第 i 个字符之前长度为 k 的子串 $s_{i-k}s_{i-k+1}\cdots s_{i-1}$ 相等，即匹配仅需从模式中第 k 个字符与主串中第 i 个字符起继续进行比较。显然，取满足(4-3)的 k 值为最大，匹配的比较次数最省。

其实，当主串 S 中第 i 个字符 s_i 与模式 T 中第 j 个字符 t_j 比较不相等，模式 T 中第 j 个字符之前首尾相同子串的最大长度，包括无首尾相同子串，或说首尾相同子串最大长度为 0，都令为 k，则 j 就回溯到 k。

k 值越大(k≥0)，说明下趟比较时模式指针 j 回溯的值越大，模式中 k 之前与主串 i 位置之前的已匹配子串就越长。若将 k 理解为像一根指针在模式上向右滑动的位置定位器，k 的值则表示在模式上该针离开始处“向右滑动”的距离，显然，k 值越大，该指针在模式上向右滑动的距离越大。但若理解为模式向右滑动是指模式本身的物理向右滑动，则模式向右滑动的距离为 j–k。k 值越大，模式向右物理滑动距离 j–k 越小，匹配可能越快。即使 k=–1 时，仍可理解为模式向右滑动了 j–k=j–(–1)=j+1 个字符位置，使得下趟匹配要从主串字符 s_{i+1} 和模式 t_0 字符对齐后开始比较。

于是，模式串的 next 函数应满足如下定义的统一表达式：

$$\text{next}[j]=\begin{cases} 1, & \text{当} j=0\text{时} \\ \max\{k \mid 0 \leqslant k < j \text{且} "t_0t_1\cdots t_{k-1}"="t_{j-k}\cdots t_{j-1}"\}, & \text{当} j>0\text{时} \end{cases} \tag{4-4}$$

其中，k 为 0 意味着在 j 之前模式中无相同前缀和后缀，而 k 大于 0 时表示有长度为 k 的相同前缀和后缀。模式 T="abaabcac"按上述方法计算的 next 函数值如图 4-7。

实际上在 next[j]=k，k≥0 时，k 的值就是模式 T 中第 j 个字符之前的字符所构成的字符串首尾相同子串的最大长度(注意：可允许部分重叠但不能完全重叠)，k=0 时表明首尾无相同的子串。见图 4-8 所示。

j	0	1	2	3	4	5	6	7
模式	a	b	a	a	b	c	a	c
next[j]	−1	0	0	1	1	2	0	1

图 4-7　模式串 T="abaabcac"的 next 函数值的求值结果

图 4-8　模式 T 中第 j 个字符之前的字符所构成的整个字符串首尾相同子串的最大长度为 k(没重叠)示意图

若按上面理论公式来进行失效函数 next，则在取定 next[0]=−1 后，需从第 1 位(下标为 1)逐位观察其前后最大长度且相同的前缀和后缀子串是否存在，若存在，则该位的回溯值就是其长度值；否则为 0。而这种观察求解不是计算机的强项。

KMP 算法是在已知模式串的 next 函数值的基础上执行的。模式串的 next 函数值究竟如何求得呢？

首先可见，此函数值仅取决于模式串本身，而和主串无关。经过分析研究，可将 next 函数值的计算转化为递归计算和非递归计算(递推方式)两种方法来求解。

(1)　模式串的 next 函数值的递归计算方法。

(2)　按前述模式串 next 函数值的演算理论方法，可将它看成是递归进行计算的。模式第 j 位的回溯值可递归为模式第 j−1 位的回溯值(或第 j+1 位的回溯值可递归为第 j 位的回溯值)基础上的计算。第 0 位的回溯值−1，作为递归的出口。按这种 next 函数的定义，可写出求模式中某一位的回溯值的递归算法如下：

求模式失效函数值的递归算法 GetNext

```
int GetNext(int j,char T[])
{ if (j==0) return -1;
  if (j>0)
 {  int k= GetNext(j-1,T);
    while (k>=0)
       if (T[j-1]==T[k])  return k+1;
       else   k= GetNext(k,T);
    return 0;
 }
  return 0;
}
```

而若要求模式所有位或称整个模式的回溯值，则可先说明一个与模式对应的数组，再由循环控制逐个调用上述函数完成。代码片断如下：

```
int next[MaxSize];
 for (int j=0;T[j]!='\0';j++)
      next[j]=get_nextr(j,T);
```

(3) 模式串的 next 函数值的非递归计算方法。

下面从分析其定义出发，看利用递推的方法来求 next 函数值。

由定义得知：

$$next[0]=-1 \tag{4-5}$$

next[1]=0 是显然可推得的。设 $j>1$ 时，next[j]=k，则必有 $k\geqslant 0$。现在求 next[j+1]=?

若 next[j]=k=0，则表明，t_j 之前没有首尾相同的子串，此时只需比较 t_j 与 t_0 是否相同。若 t_j 与 t_0 相同，则 next[j+1]=1；若 t_j 与 t_0 不相同，则 next[j+1]=0。而 next[j]=k=0，比较 t_j 与 t_0，即是比较 t_j 与 $t_{next[j]}$。若相等则 next[j+1]=1=next[j]+1=k+1=1，否则 next[j+1]=0。若 $k>0$，则表明在模式串中有

$$t_0t_1\cdots t_{k-1}=t_{j-k}\cdots t_{j-1} \tag{4-6}$$

其中，k 为满足 $0<k<j$ 的某个最大值，并且不可能存在 $k'>k$ 满足等式 $0<k<k'<j$。

这可分两种情况来分析：

(1) 若 $t_k=t_j$，则表明在模式串中，有

$$t_0t_1\cdots t_k=t_{j-k}\cdots t_j \tag{4-7}$$

并且不可能存在 $k'>k$ 满足等式(4-7)，这就是说 next[j+1]=k+1，即

$$next[j+1]=next[j]+1 \tag{4-8}$$

(2) 若 $t_k\neq t_j$，则表明在模式串中

$$t_0t_1\cdots t_k\neq t_{j-k}\cdots t_j \tag{4-9}$$

此时，可把求 next 函数值的问题看成是一个模式匹配的问题：整个模式串既是主串又是模式串。而当前在匹配的过程中，已有 $t_{j-k}=t_0,t_{j-k+2}=t_1,\cdots,t_{j-1}=t_{k-1}$，则当 $t_j\neq t_k$ 时应将模式向右滑动至以模式中的第 next[k]个字符和主串(还是模式串本身)中的第 j 个字符相比较。若 next[k]=k'，且 $t_j=t_{k'}$，则说明在模式中第 j+1 个字符之前存在一个长度为 k'(即 next[k]的最长子串，和模式串中从首字符起长度为 k'的子串相等，即

$$t_0\cdots t_{k'}=t_{j-k'+1}\cdots t_j \quad (1<k'<k<j) \tag{4-10}$$

这就是说 next[j+1]=k'+1，即 next[j+1]=next[k]+1。

若 $t_j\neq t_{k'}$，则将模式继续向右滑动直至将模式中第 next[k']个字符和 t_j 对齐，依此类推，直至 $t_j=t_p$(p=next[$\cdots$next[k]]$\geqslant$0)匹配成功，此时，next[j+1]=p+1。或者不存在任何 $p(0<p<k'<k<j)$ 满足 $t_0\cdots t_p=t_{j-p+1}\cdots t_j$，则 next[$j$+1]=0。

归纳起来，得到求失效函数值 next 的递推公式如下：

$$\begin{cases} next[0]=-1; \\ next[1]=0; \\ next[j+1]=\begin{cases} p+1, & \text{当首次出现}p=next[\cdots next[j]]\text{，且}p\geqslant 0\text{且}t_j=t_p\text{时} \\ 0, & \text{其他情况} \end{cases} \end{cases} \tag{4-11}$$

因在计算函数 next[j]时，j 是作为自变量，要计算 next 的多次复合函数必须由内向

外计算，所以，在公式中，"当首次出现 p=next[⋯next[j]]，且 $p \geqslant 0$ 且 $t_j=t_p$ 时"是指由内向外计算 next[⋯next[j]]过程中首次满足条件 $p \geqslant 0$ 且 $t_j=t_p$ 的 p 出现时。

例如，图 4-9 中的模式串，已求得前 5 个字符的 next 函数值，现求 next[6]。

j	0	1	2	3	4	5	6	7
模式	a	b	a	a	b	c	a	c
next	−1	0	0	1	1	2	0	1

图 4-9 求模式的每一位的失效函数值示意图

因为 next[5]=2，又 $t_5 \neq t_2$，则需比较 t_5 和 t_0(因为 next[2]=0)，这相当于将子串模式向右滑动。由于 $t_5 \neq t_0$，而 next[0]=−1，所以 next[6]=0。也可认为，在找不到满足 p=next[⋯next[j]]，$p \geqslant 0$ 且 $t_j=t_{p'}$时，p 的值已为 0，再求一次 next，即有 next[0]=−1，则 next[j+1]=next[6]=0。再求 next[7]=?因为 $t_6=t_0$ (next[6]=0)，所以 next[7]=next[6]+1 =0+1=1。在定义 MaxSize 为一较大常数且说明 next 为一全局整型数组下，根据上述分析过程，可得到求 next 的非递归或称递推算法如下：

求模式失效函数值的递推算法 Next

```
Void GetNext(char T[])  // 模式串 T 的 next 函数值并存入数组 next
{  int j=0,k=-1; next[j]=k; // 初始化
   while (T[j]!='\0')
     if (k==-1 || T[j]==T[k])   { j=j+1; k=k+1;  next[j]=k;}
     else k=next[k];
}
```

在求得模式的 next 函数之后，KMP 匹配算法可如下进行：

将指针 i 和 j 分别指示主串和模式中待比较字符，如 i 和 j 的初值分别置为 pos 和 0(pos 表示主串最开始的匹配位置)。若 $s_i=t_j$，则 i 和 j 分别增 1，继续进行比较；否则，即 $s_i \neq t_j$，则 i 不变，而 j 退到 next[j]的位置，再比较 s_i 和 t_j(j=next[j])。若相等，则指针 i 和 j 各自增 1 继续进行匹配。若不相等，则 j 再继续回溯，即 j=next[next[j]]。依此类推，直至下列两种可能之一发生：一种是 j 退到某个 next 值，即 next[next[⋯next[j]]]$\geqslant 0$ 时字符比较相等，则指针 i 和 j 各自增 1 继续进行匹配；另一种是根本找不到这种$\geqslant 0$ 的 next 值使得 s_i 与该 next 值位置上的模式字符相等，此时仍让 j 再回溯一次，即 j 退到值−1(即模式的第 0 个字符也"失配")，则从主串的下一个字符 s_{i+1} 起和模式开始字符 t_0 重新匹配。

算法上也是指针 i 和 j 各自增 1 继续进行匹配。虽然−1 已对 T 的下标越界，但利用 C++逻辑或的优化计算方法，当 j==−1||s[i]==t[j] 中 j==−1 时不做||后的表达式的计算，所以，两种情况可在算法中合在一起编写。图 4-6 所示正是上述匹配过程的一个例子。得到 KMP 的伪代码和 KMP 算法分别如下：

伪代码

1. 分别设扫描主串 S 和子串 T 的下标变量 i 和 j 的初值；
2. 循环直到 S 中所剩字符长度小于 T 的长度或 T 中所有字符均比较完毕
   2.1 如果 $S[i]=T[j]$，继续比较 S 和 T 的下一个字符；否则
   2.2 将 j 向右滑动到 next[j]位置，即 j=next[j]；
   2.3 如果 j=–1，则将 i 和 j 分别加 1，准备下一趟比较；
3. 如果 T 中所有字符均比较完，则返回匹配起始下标 $i–j$，否则返回–1

模式匹配算法KMP

```
int  KMP(char S[], int start,char T[])
{  int i=start,j=0;          // 初始化
   while (S[i]!='\0'&& T[j]!='\0')
   if ( j==-1 || S[i]==T[j] )
      { i=i+1; j=j+1; }    // 继续下一对字符的比较
   else  j=next[j];       // 模式串向右滑动
  if ( T[j]=='\0')  return(i-j);   //  匹配成功,返回下标值
  else  return(-1);              //  匹配不成功,返回-1
}
```

求模式失效函数值的算法的时间复杂度为 $O(m)$。通常，模式串的长度 m 比主串的长度 n 要小得多，因此，对整个匹配算法来说，所增加的这点时间是值得的。

虽然简单匹配算法 BF 算法的时间复杂度是 $O(n\times m)$，但在一般情况下，其实际的执行时间近似于 $O(n+m)$，因此至今仍被采用。KMP 算法仅当模式与主串之间存在许多“部分匹配”的情况下才显得比简单匹配算法快得多。但是 KMP 算法的最大特点是，指示主串的指针不需回溯，整个匹配过程中，对主串仅需从头至尾扫描一遍，这对处理从外设输入的庞大文件内容很有效，可以边读入边匹配，而无需回头重读。

3. 失效函数值计算的一个改进算法

前面定义的 next 函数在某些情况下尚有缺陷。例如在主串 s="aaabaaaab"，模式 t="aaaab"(其每位的 next 失效函数值分别为–1,0,1,2,3)进行匹配时，当 i=3,j=3 时，$s_3\neq t_3$，由 next[j]的指示还需进行 i=3、j=2；i=3、j=1；i=3、j=0 三次比较。实际上，因为模式中第 0、1、2 个字符和模式中的第 3 个字符都相等，因此不需要再和主串中第 3 个字符相比较，而若将模式一气向右滑动 4 个字符的位置直接进行 i=4, j=0 时的字符比较，则匹配效率将得到更大提高。见图 4-10。而此时 j=3，若 j 的回溯值 k 为–1，则 $j–k$=3–(–1)=4，模式右移字符位数正好为 4。如何得到这个理想回溯值呢？

若 next[j]=k，而模式中 $t_j=t_k$ 时，则当主串中字符 s_i 和 t_j 比较不等时，不需要再将 t_k 和与 s_i 进行比较(因为肯定不等)，而直接和 $t_{next[k]}$ 进行比较。换句话说，此时的 next[j] 应和 next[k]相同。但这与 next[j]=k 不一致了。两者前后产生矛盾。

为了将模式的这种便于更高效匹配用的回溯值求出来，用类似前面求 next 函数值的方法进行。这里假定将这种更优方式的回溯值记为 nextval，并称为修改的失效函数值。

首先有 nextval[0]=–1，然后，同样假设 nextval[j]=k，再求 nextval[j+1]=?

设模式中 p=nextval[⋯nextval[j]], $p \geqslant 0$, $t_j=t_p$，若 $t_{j+1}=t_{p+1}$，则当模式中 t_{j+1} 和主串中字符 s_i 比较不等时，不需要再将 t_{p+1} 与 s_i 进行比较，而直接用 $t_{\text{nextval}[p+1]}$和 s_i 进行比较。换句话说，此时的 nextval[j+1] 应和 nextval[p+1]相同。而若 $t_{j+1} \neq t_{p+1}$，则 nextval[j+1]=p+1。

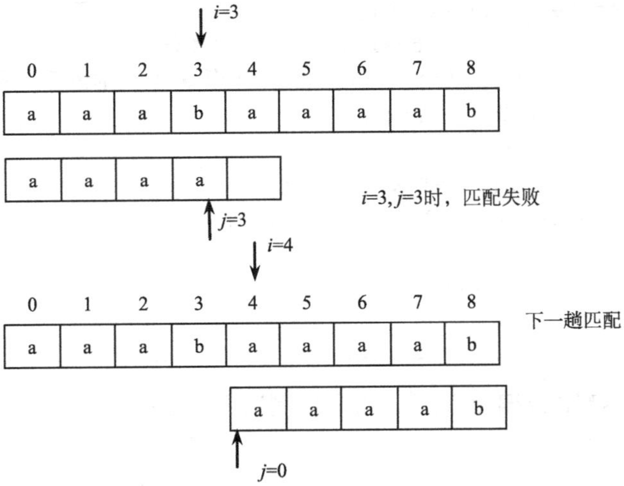

图 4-10 主串 S="aaabaaaab"，模式 T="aaaab"，在 i=3,j=3 字符不等时模式右滑 4 个字符

归纳起来，求模式的修改的失效函数值的递推公式如下：

$$\begin{cases} \text{nextval}[0] = -1, \\ \text{nextval}[j+1] = \begin{cases} p+1, p = \text{nextval}[\cdots\text{nextval}[j]], p \geqslant 0, t_j = t_p, t_{p+1} \neq t_{j+1} \\ \text{nextval}[p+1], p = \text{nextval}[\cdots\text{nextval}[j]], p \geqslant 0, t_j = t_p, t_{p+1} \neq t_{j+1} \end{cases} \end{cases}$$

图 4-11 给出了分别求模式 T="abaabcac"和 T="aaaab"的修改的失效函数值。在 i=3, j=3 对应字符不相等，j 按 nextval[j]=nextval[3]=–1 回溯。此时，模式向右滑动距离为 j–nextval[j]=3–(–1)=4。当然，由于 j 的回溯值为–1，它表示 i 和 j 同步增 1 后，即 i=4, j=0 继续比对。比 j 按原 next 值回溯并多做 3 次比较后再到 i=4, j=0 继续比对优化了许多。在给出 nextval 为全局数组等说明后，可得到求模式的修改的失效函数值 nextval 的算法（彭波，2004；许卓群等，2004）。

j	0	1	2	3	4	5	6	7
模式	a	b	a	a	b	c	a	c
nextval	–1	0	–1	1	0	2	–1	1

(a) 模式T= "abaabcac"的修改的失效函数值计算结果

j	0	1	2	3	4
模式	a	a	a	a	b
next	–1	0	1	2	3
nextval	–1	–1	–1	–1	3

(b) 模式T= "aaaab"的两种失效函数值计算结果

图 4-11 模式修改失效函数值 nextval 的计算

于是，由模式匹配的 KMP 算法，除其中的 next 改用 nextval 外，其他保持不变，可得到 KMP 的一个修改算法。

由推导过程来看，对于任意模式和 *j*=0,1,…，都有 nextval[*j*]<=next[*j*]。

求模式失效函数值的一个修改算法 Get_NextVal

```
void  Get_NextVal(char T[])
{  int j=0,  k=-1;  nextval[j]=k;  // 初始化
   while  ( T[j]!='\0')   //向下推进，计算 j+1 时的值用 j 时的值
   if  (k==-1  ||T[j]==T[k])
       {   j=j+1;k=k+1;
           if  ( T[j]!=T[k]  ) nextval[j]=k;
           else nextval[j]=nextval[k];
       }
  else  k=nextval[k];
}
```

在准备好 (由 KMP 改编而来)后，可写出测试主函数：

```
void main( )
{  char  S[]="ababaabcacbab";
   char  T[]="abaabcac";
  cout<<BF(S,T)<<endl;
  get_next(T);
  cout<<"KMP(S,0,T)  "<<KMP(S,  0,T)<<endl;
  int  next1[MaxSize];
  cout<<"递归法求模式失效函数值next: ";
        for  (int  j=0;T[j]!='\0';j++)
          {  next1[j]=get_next(j,T);
             cout<<next1[j]<<  "  ";
          }
        cout<<endl;
        cout<<"<<"递推法求模式失效函数值next:  ";
        for(int  i=0;T[i]!='\0';i++)
           cout<<next[i]<<"  ";
        cout<<endl;
        get_nextval(T);
        cout<<"KMP1(S,  0,T)  "<<KMP1(S,  0,T)<<endl;
                  //设KMP1由KMP将其中的next数组改用nextval数组而来
        cout<<"<<"修改的递推法求模式失效函数值nextval:   ";
        for(i=0;T[i]!='\0';i++)
            cout<<nextval[i]<<"  ";
   cout<<endl;
}
```

运行结果:

```
BF(S,T): 2
KMP(S,0,T): 2
递归法求模式失效函数值next:   -1  0   0  1  1  2   0  1
递推法求模式失效函数值next:   -1  0   0  1  1  2   0  1
KMP1(S, 0,T): 2
修改的递推法求模式失效函数值nextval: -1  0  -1  1  0  2  -1  1
```

4.5 串的应用

4.5.1 大整数加法

对于超过程序语言所能表示的整数，肯定无法直接加以运算。只有先将大整数用字符串加以表示，然后才能加以计算。这里通过引用双链表作为内部计算用的数据结构，给出两个大整数进行加法运算的方法（刘大友等，2001）。计算的方法是，比较两个数哪一个大，以大的长度作为循环次数，从低位到高位逐位加，且考虑进位。类似于手工运算。每计算一位，生成一个结点接在双链表尾，该位的值放在结点的数据域中。当计算完毕，双链表由尾到头存放的就是加法运算的结果。

具体的计算实现过程是：设字符数组 *a* 和 *b* 每个分量中从下标 0 开始分别存放两个大的数的每 位，先判断哪个数大。假设 *a* 大。用两个字符指针 *pa* 和 *pb* 分别指向数组 *a* 和 *b* 的最后一个分量。先初始化进位变量 *C* 为 0(*C* 是英文进位 Carry 的简写)。以大数的长度作为循环次数。每次做 *pa* 和 *pb* 所指的两个数字字符转换为十进制数字值的加法运算并加进位值。当前位计算的进位值更新 carry 的值，以便从低位到高一位的计算时能加上进位值。每计算一位，就建立一个双链表的结点，其值就是计算结果除进位后的值。建立的结点后接双链表。如此继续，对应位数少(即短)的数组分量肯定先被算完，再继续处理大的数组多出的高位部分的最后一位与进位加，产生的进位再与更高一位的数相加，产生的进位再与更高一位的数相加，依此类推，直到全部多出的高位处理完，循环结束。再考虑是否可能因进位使得结果值可能比长数组的长度还要多出一位。这可根据最后的进位判断。如果进位仍为 1，则再生成一个结点接在双链表后。否则，停止结点生成。这样，由低到高位相加的计算结果的每一位存储在双链表的自始至终的结点中。最后，将双链表结点中的内容由后向前写入结果数组 result，并将其输出。

图 4-12 所示为字符数组 *a*="9578734"和 *b*="712658"表示的两个“大整数”进行加法运算的过程。在 4-12(a)中，让两个字符指针 *pa* 和 *pb* 分别指向两个数组的最后位置，并分别统计两个字符数组的长度，以便决定循环次数按较长的进行。在图 4-12(b)中，初始进位 *C* 置 0(图中用 *C*=0 表示)。然后，随指针 *pa* 和 *pb* 由后往前同步扫描，将其指向的实质为字符的对应元素转换为十进制数后和进位一起做加法运算，并建立双链表结点，产生的结果除以 10 得到的余数放入结点数据域，而除以 10 得到的商赋给进位变量 *C*。

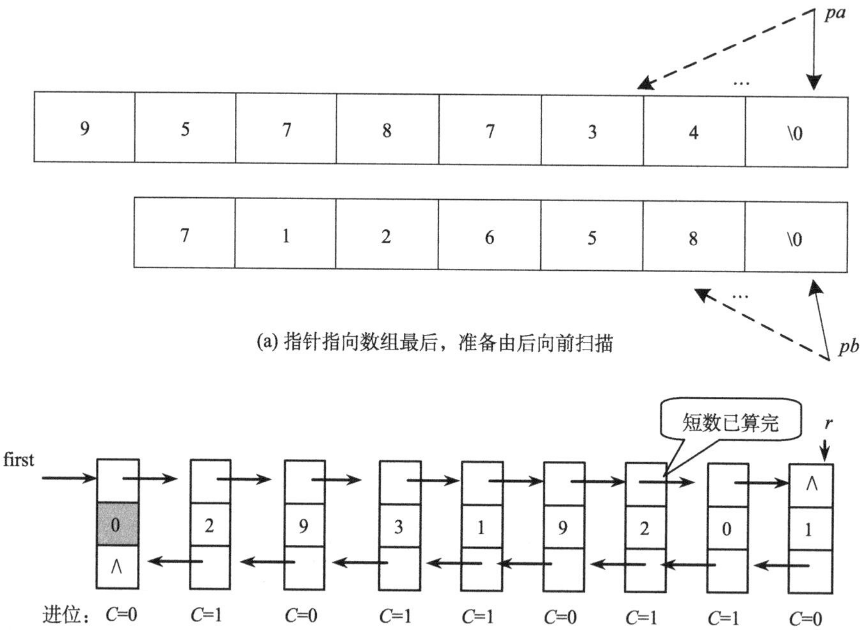

(a) 指针指向数组最后，准备由后向前扫描

(b) 在数组元素由后向前做运算时同步建立的双向链表

图 4-12　大整数加法在字符数组和双链表表示下的示意图

```
#include <iostream>
using namespace std;
struct Node
{char ch;
        Node *next, *prior;
};
void Add(char *a, char *b,char* &res) // 计算两大数之和
{  int alen=0,blen=0;
   char *pa=a,*pb=b;
   while (a[alen]!='\0') {alen++;pa++;}
   alen++; pa--;
   while (b[blen]!='\0') {blen++;pb++;}
   blen++;pb--;
   int times =0;  // 标志要计算多少次位加运算。
   int carry=0;   // 存储进位
   int temprlt;   // 存储当前位和的临时结果
   Node *first,   // 用于存储头指针
        *r,       // 用于计算时得到的双链表的当前尾结点的尾指针
        *s;       // 用于申请新结点
   r =new Node; //初始化头结点。
   first = r;
   r -> ch = 0;
   r -> next = NULL;
   r -> prior = NULL;
```

```
  if (alen>=blen) times=alen;else times=blen;
  res=new char[times+2];
  while (((times--)&& (times>=1)))//|| carry != 0)
  {   s = new Node;
      s -> next = NULL;
      s -> prior = r;
      r -> next = s;
      if (blen>0)
         {  temprlt =*pa-48+(*pb-48)+carry ; //当前位相加=两数相加+进位
            pb--;
         }
         else
            temprlt =*pa-48+carry ; //当前位相加=当前位+进位
         s->ch=temprlt%10+'0'; //存储当前位
         carry=temprlt/10; //进位
         r = r -> next; //结点移动
      blen--;
      pa--; //被加数指针移动
  }
  if (carry != 0) //最高位计算完,仍有进位,应再建一个高位
  {   s = new Node;
      s -> next = NULL;
      s -> prior = r;
      r -> next = s;
      s->ch=carry+'0';
      r=s;
  }
  int i = 0; //将双链表中内容由后到前存到字符数组
  while(r != 0)
  {  res[i++] = r->ch;
     r = r->prior ;
  }
  r =first; //释放空间
  while(r->next != 0)
  {  s = r->next ;delete r;
     r =s;
  }
}
void main(void)
{  char *a={"1111111111111111111111111111"};
   char *b={"9999999999999999999999999999"};
   char *res;
   cout<<"a: "<<a<<endl;
   cout<<"b: "<<b<<endl;
   Add(a,b,res);
   cout<<"res=a+b=";
```

```
    cout<<res;
    cout<<endl;
}
```

运行结果：

```
a: 1111111111111111111111111111
b: 9999999999999999999999999999
r=a+b=11111111111111111111111111110
```

4.5.2　名字特征数

根据个人的名字，逐位求其 ASCII 值的 1 次方, 2 次方, ……。再将每次运算的结果中每个数若为多位数，则拆成一位一位的 1 位数后相加，若和仍超过 1 位数，则再拆成一位一位的 1 位数后相加，直到成为一个 1 位数；然后将所有每个字符对应的 1 位数相加。若和超过 1 位数，则拆成一位一位的 1 位数后相加，若和仍超过 1 位数，则再拆成一位一位的 1 位数后相加，直到成为一个 1 位数。最后得到的这个 1 位数就称为该名字的特征数，有时，又称为名字魔数(name magic number)。以名字"jim"为例，计算过程如下：

(1) 先自左向右求每个字符的 ASCII 码，再按序求 1 次方, 2 次方, 3 次方, ……，再将多位数拆成一位一位的个位数求和，如此进行，直到每个字符对应产生一个一位数。得到：

j: 106^1=106-->1+0+6=7；

i: 105^2=11025-->1+1+0+2+5=9；

m: 109^3 = 1295029-->1+2+9+5+0+2+9=28-->2+8=10-->1+0=1。

(2) 求每位字符对应的 1 位数的和，若得到的是多位数，则将该多位数拆成一位一位的个位数，求和，如此进行，直到对应产生一个一位数。得到：

7+9+1=17-->1+7=8。

(3) 最后，8 就是名字 jim 的特征数。

现编写程序完成对任一名字特征数的计算。

下面给出其求解程序：

```
#include <iostream>
#include <string>
#include <cmath>
using namespace std;
int Calculate(long v)
{  if (v<10) return v;
   else { int sum=0;
        char a[50];
        itoa(v,a,10);                    // 整数转换为字符串
        for (int i=0;a[i]!='\0';i++)
                sum+=a[i]-48;          // 字符转化为数进行运算
        return Calculate(sum);
```

```
    }
}
void main( )
{  string myName; int tsum=0;
   cout<<"firstName: ";
   cin>>myName;
   for (int i=0;myName[i]!='\0';i++)
   tsum+=Calculate(pow(myName.at(i),i+1));
   cout<<"Your Magic Number is: "<< Calculate(tsum)<<endl;
}
```

本章小结和学习要点

这一章的学习要点是：

(1) 熟悉串的基本概念和运算的定义，掌握利用这些基本运算来实现串的其他各种运算的方法；

(2) 熟练掌握在给出的存储结构上实现串的各种运算方法；

(3) 理解串的模式匹配算法 KMP 算法，了解模式串的失效函数的定义。了解手工计算给定模式串的 next 函数值的计算方法；

(4) 了解串的应用，如大整数的加法等运算。

习 题 4

1. 概念解释题

简述下列每对术语的区别：

空串和空格串；串变量和串常量；主串和子串；串名和串值。

2. 运算题

(1)设有 *A*="horse", *B*="mule",*C*="fast",*D*= " ",*E*="I have fast horse and mule",请计算下面运算的结果：

(a) StrCat(*A*,*B*)

(b) StrCat(*B*,*A*)

(c) StrCat(StrCat(*C*,*D*),*A*)

(d) SubStr(*E*,13,5)

(e) SubStr(*E*,1,0)

(f) StrLen(*A*)

(g) StrLen(*D*)

(h) Index(*E*,*D*)

(i) Index(*E*,*B*)

(j) Insert(*E*,13, "dog,")

(k) Insert(*B*,1,*C*)

(l) Delete(*E*,8,5)

(m) Delete(*E*,2,0)

(n) Replace(*E*,13,5, "dog")

(2) 用串的其他基本运算构造串的子串定位运算 Index。

(3) 已知：*S*="(xyz)*", *T*="(x+y)*y"。试利用连接、求子串和置换等运算，将 *S* 转换为 *T*。

(4) 对下列串的模式，求模式每一位的失效函数(next 函数)值。

① abaababaaaba　　② 1001001100011001

3. 填空题

(1) 设 *S*="I have a lovely pet."，其长度为_______。

(2) 串是一种特殊的线性表，其特殊性体现在____________________。

(3) 两个串相等的充分必要条件是__________________________。

4. 选择题

(1) 设有串 s，求 s 中第 i 个字符开始的连续 j 个字符的运算称作_______。

A. 连接　　B. 模式匹配　　C. 求子串　　D. 求串长

(2) 模式匹配的 BF 算法中主串和模式的扫描指针分别为 i 和 j，当扫描到的当前字符不相等时，_______。

A. i 回溯，j 回溯　　B. 仅 j 回溯　　C. 仅 i 回溯　　D. i 不回溯，j 回溯

(3) 模式匹配的 KMP 算法中主串和模式的扫描指针分别为 i 和 j，当扫描到的当前字符不相等时，______。

A. i 回溯，j 回溯　　B. 仅 j 回溯　　C. 仅 i 回溯　　D. i 不回溯，j 不回溯

5. 判断题

(1) 求串的长度时，可以不计算串中所含空格的个数。(　)

(2) 空串与空格串是相同的。(　)

(3) 将两个串连接时，其结果的长度等于这两个串长之和。(　)

(4) 两个空格串一定是相同的。(　)

6. 算法设计题

(1) 试设计一个算法，在顺序串上实现串的比较运算 StrCmp(S,T)。

(2) 若 X 和 Y 是用结点大小为 1 的单链表表示的串，试设计一个算法找出 X 中第一个不在 Y 中出现的字符。

(3) 对于顺序存储结构的串 s，编写一个函数删除其所有与子串 t 相同的子串。

(4) 用链式存储结构存储串 s，编写一个函数，判断该串是否是回文。

(5) 分别直接用字符数组作字符串存储的参数改写模式匹配 BF 和 KMP 算法，并让它们返回串的逻辑序号，而不是下标值。

(6)* 试设计一个算法，在链串上实现串的比较运算 StrCmp(S,T)。

思 考 题 4

1.* 试设计用字符串实现求两个都是正的大整数的减法运算。(提示：当减数大于被减数时，结果为负。结果为较大者减去较小者。)

2.* 若 S 和 T 是用结点大小为 1 的单链表存储的两个串，试设计一个算法将 S 中首次与 T 匹配的子串逆置。

上 机 题 4

将参加运算的两个大整数以及其运算的结果均以字符数组作存储结构，编写实现加法运算的程序。

第 5 章　数组和广义表

数组是程序设计语言中已实现的一种数据结构。逻辑上这种数据结构应该称为向量和矩阵。但为了简单起见，这里就直接用数组来称谓。但其所指的概念实质上是向量和矩阵。否则，若它已用程序语言中的数组加以存储了，这里就没有必要谈论其压缩存储等概念了。数组是数学上的向量、矩阵的某种具体实现，但它又是向量和矩阵的推广，因为数组中所有元素虽都属同一数据类型，但元素本身又可具有某种结构。一维数组可以看成是线性表或向量的实现；二维数组可以看成元素是线性表的实现；依此类推。多维数组是线性表的推广。在多维数组中，一个元素一般同时属于多个线性表，如二维数组中的元素可以看成同时属于行列两个方向上的线性表，由于一个元素可能在行列两个方向上有两个直接前趋和两个直接后继，所以，将它不划分在线性表这类数据结构中。多维数组也不划分在线性表这类数据结构中。在程序设计语言中，已重点介绍数组的使用，而这里重点介绍数组的内部实现，即数组的存储结构和寻址。

广义表是一种特殊的数据结构。广义表的元素不仅可以是直接的数据元素，还可以是广义表，因此，广义表的元素构成层次结构，各层的元素构成线性表。广义表是线性表的推广。除非其元素均为原子，否则，广义表被划分在非线性结构中。

5.1　数组的寻址和运算

1. 数组的一般寻址

(1) 一维数组　一维数组的实现和寻址比较简单。设一维数组为 $a[c_1\sim d_1]$，则第 $i(c_1\leqslant i\leqslant d_1)$个元素的寻址公式是：$\mathrm{Loc}(i)=\mathrm{Loc}(c_1)+(i-c_1)\times c$，其中，$c$ 为元素所占存储空间的大小。若 $c_1=0, d_1=m-1$(m 为数组长度)，则 $\mathrm{Loc}(i)=\mathrm{Loc}(0)+i\times c$。

这里着重讲述二维及多维数组。

(2) 二维数组　二维数组的逻辑结构可形式表示为：ARRAY_2＝(D,R)。这里，$D=\{a[i][j]|c_1\leqslant i\leqslant d_1, c_2\leqslant j\leqslant d_2, a[i][j]\in \mathrm{DataObject}\}$，$R=\{\mathrm{ROW}, \mathrm{COL}\}$，且

$\mathrm{ROW}=\{<a[i][j],a[i][j+1]>|\ c_1\leqslant i\leqslant d_1, c_2\leqslant j\leqslant d_2-1, a[i][j], a[i][j+1]\in D\}$，

$\mathrm{COL}=\{<a[i][j],a[i+1][j]>|c_1\leqslant i\leqslant d_1-1,c_2\leqslant j\leqslant d_2, a[i][j], a[i+1][j]\in D\}$，

其中，c_1, c_2, d_1, d_2, i, j 均取整数值。

二维数组含有数据元素的个数为$(d_1-c_1+1)\times(d_2-c_2+1)$，ROW 称为行关系，COL 称为列关系，$D$ 或 DataObject 表示某个数据对象。在 ROW 中，$a[i][j+1]$是 $a[i][j]$的直接后继。在 COL 中，$a[i+1][j]$是 $a[i][j]$的直接后继。如图 5-1(a)所示。

数组要求其各元素为同一数据类型，每个数据元素对应一组下标$[i][j]$。c_1 和 c_2 分别是下标 i 的下界和上界，d_1 和 d_2 分别是下标 j 的下界和上界。

对于数组，一旦规定了它的维数和各维的上下界，即可为它分配存储空间。只要给

出一组下标便可求得相应数据元素的存储位置。采用数组的这种顺序存储方式的优点是可以随机地存取元素。只要知道数组元素的下标值，就可以找到该元素在存储器中的相对位置。

逻辑上，一个二维数组可看成是由若干个列向量所构成的一个线性表 $A=(\alpha_{c_2},\alpha_{c_2+1},\cdots,\alpha_{d_2})$，其中，每个数据元素 $\alpha_j(c_2\leqslant j\leqslant d_2)$ 是一个列向量的线性表 $\alpha_j=(a_{c_1,j},a_{c_1+1,j},\cdots,a_{d_1,j})$，$c_2\leqslant j\leqslant d_2$，见图 5-1(b)。

也可把一个二维数组看成是由若干个行向量所构成的一个线性表 $A=(\beta_{c_1},\beta_{c_1+1},\cdots,\beta_{d_1})$，其中，每个数据元素 $\beta_i(c_1\leqslant i\leqslant d_1)$ 是一个行向量的线性表，$\beta_i=(a_{i,c_2},a_{i,c_2+1},\cdots,a_{i,d_2})$，$c_1\leqslant i\leqslant d_1$，见图 5-1(c)。

$$\begin{bmatrix} a_{c_1,c_2} & a_{c_1,c_2+1} & \cdots & a_{c_1,d_2} \\ a_{c_1+1,c_2} & a_{c_1+1,c_2+1} & \cdots & a_{c_1+1,d_2} \\ \vdots & \vdots & & \vdots \\ \vdots & \vdots & & \vdots \\ a_{d_1,c_2} & a_{d_1,c_2+1} & \cdots & a_{d_1,d_2} \end{bmatrix}$$

(a) 二维数组

$$\left[\begin{bmatrix} a_{c_1,c_2} \\ a_{c_1+1,c_2} \\ \vdots \\ a_{d_1,c_2} \end{bmatrix} \begin{bmatrix} a_{c_1,c_2+1} \\ a_{c_1+1,c_2+1} \\ \vdots \\ a_{d_1,c_2+1} \end{bmatrix} \cdots \begin{bmatrix} a_{c_1,d_1} \\ a_{c_1+1,d_1} \\ \vdots \\ a_{d_1,d_2} \end{bmatrix}\right]$$

(b) 列向量表示的二维数组

$$\begin{bmatrix} (a_{c_1,c_2} & a_{c_1,c_2+1} & \cdots & a_{c_1,d_2}) \\ (a_{c_1+1,c_2} & a_{c_1+1,c_2+1} & \cdots & a_{c_1+1,d_2}) \\ \vdots & \vdots & & \vdots \\ \vdots & \vdots & & \vdots \\ (a_{d_1,c_2} & a_{d_1,c_2+1} & \cdots & a_{d_1,d_2}) \end{bmatrix}$$

(c) 行向量表示的二维数组

图 5-1　二维数组图例

对二维数组有两种存储方式：

① 以行序为主序(row major ordor)　先顺序存储第一行上的数据元素，再顺序存储第二行上的数据元素，……，最后顺序存储最后一行上的数据元素。C++中采用此种顺序存储二维数组的元素，如图 5-2。$a(i,j)$的寻址公式为

$$\mathrm{LOC}(i,j)=\mathrm{LOC}(c_1,c_2)+[(d_2-c_2+1)(i-c_1)+(j-c_2)]c \tag{5-1}$$

其中，$\mathrm{LOC}(c_1,c_2)$ 为数组元素 $a[c_1][c_2]$ 的地址。

相应地，若 $c_1=0,c_2=0,d_1=m-1,d_2=n-1$，即对于为 $m\times n$ 的二维数组，按行优先的次序存储，则 $a(i,j)$ 的地址计算公式为

$$\mathrm{LOC}(i,j)=\mathrm{LOC}(0,0)+[n\times i+j]c \tag{5-2}$$

② 以列序为主序(column major order)　先顺序存储第一列上的数据元素，再顺序存储第二列上的数据元素，……，最后顺序存储最后一列上的数据元素。Matlab 等采用此种顺序存储二维数组的元素。以列序为主序存储下，$a(i,j)$的寻址公式为

$$\mathrm{LOC}(i,j)=\mathrm{LOC}(c_1,c_2)+[(d_1-c_1+1)(j-c_2)+(i-c_1)]c \tag{5-3}$$

相应地，若 $c_1=0$, $c_2=0$, $d_1=m-1$, $d_2=n-1$，即对于为 $m\times n$ 的二维数组，按列优先的次序存储，则 $a(i,j)$ 的地址计算公式为

$$\mathrm{LOC}(i,j)=\mathrm{LOC}(0,0)+[m\times j+i]c \tag{5-4}$$

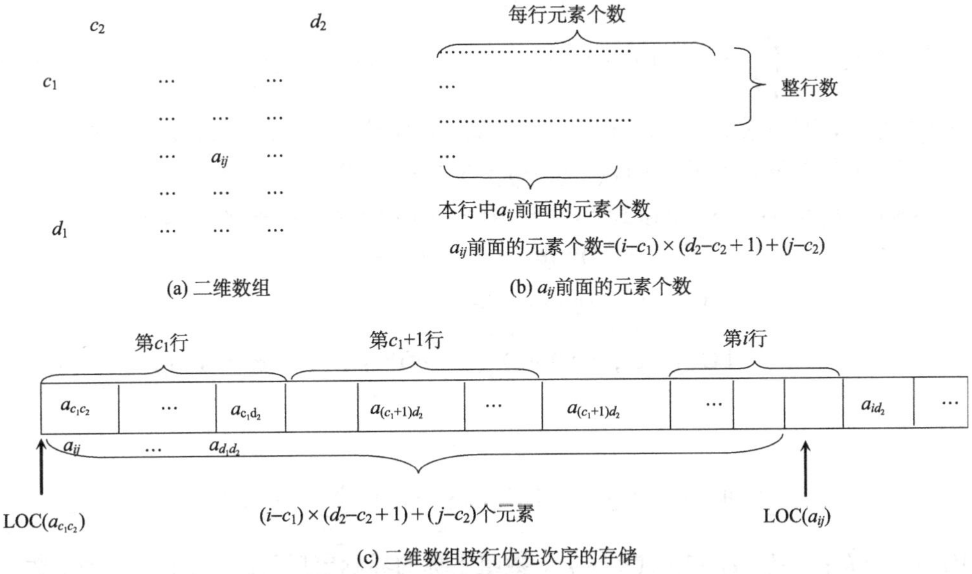

图 5-2　二维数组按行优先存储时元素的寻址方法

(3) 三维数组　对于三维数组，以行序为主序存储下，即按最后一维从小到大变得最快，第二维从小到大变得次快，第一维变得最慢的次序存储，则 $a(i,j,k)$的寻址公式为

$$\mathrm{LOC}(i,j,k)=\mathrm{LOC}(c_1,c_2,c_3)+[(d_2-c_2+1)(d_3-c_3+1)(i-c_1)+(d_3-c_3+1)(j-c_2)+(k-c_3)]c \tag{5-5}$$

相应地，若 $c_1=0,c_2=0,c_3=0,d_1=m_1-1,d_2=m_2-1,d_3=m_3-1$，即对于 $m_1\times m_2\times m_3$ 的三维数组，按行优先的次序存储，则 $a(i,j,k)$ 的寻址公式为

$$\mathrm{LOC}(i,j,k)=\mathrm{LOC}(0,0,0)+[m_2\times m_3\times i+m_3\times j+k]c \tag{5-6}$$

以列序为主序存储下，即按最后一维从小到大变得最慢，第二维从小到大变得次慢，第一维变得最快的次序存储，$a(i,j,k)$的寻址公式为

$$\mathrm{LOC}(i,j,k)=\mathrm{LOC}(c_1,c_2,c_3)+[(d_1-c_1+1)(d_2-c_2+1)(k-c_3)+(d_1-c_1+1)(j-c_2)+(i-c_1)]c \tag{5-7}$$

相应地，若 $c_1=0,c_2=0,c_3=0,d_1=m_1-1,d_2=m_2-1,d_3=m_3-1$，即对于 $m_1\times m_2\times m_3$ 的三维数组，按列优先的次序存储，则 $a(i,j,k)$ 的寻址公式为

$$\text{LOC}(i,j,k)=\text{LOC}(0,0,0)+[m_1\times m_2\times k+m_1\times j+i]c \tag{5-8}$$

(4) n 维数组　虽然 n 维数组受 n 个关系的约束，每个关系都是线性关系。一个三维数组可以看成其分量为二维数组的线性表，……，一个 n 维数组可以看成其分量为 $n-1$ 维数组的线性表，但这里从直接的角度给出其逻辑定义。

对于 n 维数组，其逻辑定义如下：ARRAY_n=(D,R)

其中，$D=\{a_{j_1,j_2,\cdots,j_n} \mid c_i\leqslant j_i\leqslant d_i, 1\leqslant i\leqslant n, a_{j_1,j_2,\cdots,j_n}\in \text{dataobject}\}$

$$R_i=\{<a_{j_1,j_2,\cdots,j_i,\cdots,j_n}, a_{j_1,j_2,\cdots,j_i+1,\cdots,j_n}> \mid c_i\leqslant j_i\leqslant d_i-1,$$
$$1\leqslant i\leqslant n, a_{j_1,\cdots,j_i,\cdots,j_n}, a_{j_1,\cdots,j_i+1,\cdots,j_n}\in D\}$$

元素个数为：$\prod_{i=1}^{n}(d_i-c_i+1)=\prod_{i=1}^{n}m_i$。这里，$m_i$ 为第 i 维长度（i=1,2,…,n)。若按行优先次序存储，即按最后一维从小到大变得最快，倒数第二维从小到大变得次快，……，第一维变得最慢的次序存储，则 $a(j_1,j_2,\cdots,j_n)$ 的寻址公式为

$$\begin{aligned}\text{LOC}(j_1,j_2,\cdots,j_n)&=\text{LOC}(c_1,c_2,\cdots,c_n)+[(d_2-c_2+1)\cdots(d_n-c_n+1)(j_1-c_1)\\&\quad+(d_3-c_3+1)\cdots(d_n-c_n+1)(j_2-c_2)+\cdots\\&\quad+(d_n-c_n+1)(j_{n-1}-c_{n-1})+(j_n-c_n)]\times c\\&=\text{LOC}(c_1,c_2,\cdots,c_n)+[\sum_{i=1}^{n-1}(j_i-c_i)*\prod_{k=i+1}^{n}(d_k-c_k+1)+(j_n-c_n)]\times c\end{aligned}$$

可缩写为

$$\text{LOC}(j_1,j_2,\cdots,j_n)=\text{LOC}(c_1,c_2,\cdots,c_n)+\sum_{i=1}^{n}(j_i-c_i)l_i \tag{5-9}$$

其中，$l_n=c, l_{i-1}=(d_i-c_i+1)l_i, 1<i\leqslant n$。数组下标的界确定后，$d_i-c_i+1$ 均为常数，因而 l_i 亦为常数。相应地，若 c_i=0,d_i=m_1−1(i=1,2,…,n)，即对于 $m_1\times m_2\times\cdots\times m_n$ 的 n 维数组，按行优先为主次序存储，则 $a(j_1,j_2,\cdots,j_n)$ 的存储地址公式为

$$\begin{aligned}\text{LOC}(j_1,j_2,\cdots,j_n)&=\text{LOC}(0,0,\cdots,0)+[\sum_{i=1}^{n-1}j_i*\prod_{k=i+1}^{n}m_k+j_n]\times c\\&=\text{LOC}(0,0,\cdots,0)+\sum_{i=1}^{n}j_il_i\end{aligned} \tag{5-10}$$

此时，其中，$l_n=c, l_{i-1}=m_il_i, 1<i\leqslant n$。当 $m_i(i=1,2,\cdots,n)$ 为常数时，l_i 亦为常数。也就是说，数组下标的界如何给定，存储位置的公式都是其下标的线性函数，存取数组中任一元素的时间相等。故常称数组存储结构为随机存取结构。

2. C++中数组的寻址

在C++语言中，数组的存储方式采取的是行优先次序，而不是采用列优先次序，而且每维的下标均从 0 开始，所以用 C++语言中的数组来实现时，数组元素的寻址应相对来说好计算一些。同时，因为数组的每个分量所占存储空间相同，所以一般在其寻址公式中，每个分量所占存储空间为常数的 c 就不要写出。下面以一个简单的程序说明在 C++

中一维数组和二维数组的引用例子。其中，对一维数组 a 中第 i 个元素的引用就是*(a+i)或 $a[i]$，对二维数组 b 中第 i 行第 j 列的元素 $b[i][j]$的引用就是*(*(b+i)+j)或 $b[i][j]$。

```
#include <iostream>
using namespace std;
void main()
{    int a[4]={1,2,3,4};
     int b[4][4]={{1,2,3,4},{2,2,2,2},{3,3,3,3},{4,4,4,4},{5,5,5,5}};
     for (int i=0;i<4;i++)  cout<<*(a+i)<<" " ;
     cout<<endl;
     for(i=0;i<4;i++)
        { for(int j=0;j<4;j++)      cout<<*(*(b+i)+j)<<"  ";
          cout<<endl;
        }
}
```

3. 数组的运算

在数组的顺序存储结构实现下，对其操作一般要求：

(1) 不作插入和删除；

(2) 元素个数和其关系不变动。

数组有两种主要基本运算：

(1) 给定一组下标，存取相应的数据元素；

(2) 给定一组下标，修改相应的数据元素，或在数据元素为结构类型时修改其中某个数据项的值或几个数据项的值。

5.2　矩阵的压缩存储

在科学计算与工程应用领域，会遇到大量的矩阵计算问题。对于一般的矩阵，用相应的数组就可很好地完成计算。但当矩阵阶数很高，相同元素多的情形，或零元素多的情况，为节省空间，可把值相同的元素只分配一个存储空间，零尽量不分配空间，进行压缩存储。主要有两种情形：

(1) 特殊矩阵　对称矩阵、三角矩阵、带状矩阵都属于特殊矩阵。在特殊矩阵中，值相同的元素或零元素在矩阵中分布有规律，可通过使两个或两个以上的相同元素只分配一个存储空间的办法，采用一维数组或小规模的二维数组存储那些有用的非零元素和少量的零元素，以实现压缩存储。

(2) 稀疏矩阵　零元素多且非零元素相对较少的矩阵称为稀疏矩阵。在稀疏矩阵中，非零元分布无规律，可通过将非零元素及其位置(行、列值) 构成的三元组，形成行优先次序的三元组表，分别用顺序存储结构和链式存储结构实现，得到稀疏矩阵的压缩存储。用顺序存储结构实现得到顺序实现的三元组表，简称三元组表；用链式存储结构实现得到十字链表(或称正交链表)。

5.2.1　特殊矩阵

常用特殊矩阵如下：

(1) 对称矩阵　即满足 $a_{ij}=a_{ji}$ $(0\leqslant i,j\leqslant n-1)$的矩阵。简称对称阵。

(2) 下三角矩阵　除下三角中元素外，其余元素均为 0 或常数 C。

(3) 上三角矩阵　除上三角中元素外，其余元素均为 0 或常数 C。

(4) 带状矩阵　非零元集中在主对角线为中心的带状区域。又称对角阵。

1. 对称矩阵

$$A=\begin{bmatrix}3&6&4&7&8\\6&2&8&4&2\\4&8&1&6&9\\7&4&6&0&5\\8&2&9&5&7\end{bmatrix}$$

图 5-3　对称矩阵

可以为每一对对称位置元素只分配一个存储空间，则可将 n^2 个元素存储到 $n(n+1)/2$ 个单元空间中，从而节约内存。图 5-3 是一个对称矩阵。不失一般性，可以行序为主存储下三角(包括主对角线)中的元素。图 5-4 是对称矩阵下三角元素及其存储示意图。对称矩阵中，数组元素的寻址公式为 $\mathrm{LOC}(i,j)=\mathrm{LOC}(0,0)+[(1+2+\cdots+i-1)+j-1]\times c=\mathrm{LOC}(0,0)+(i\times(i-1)/2+j-1)\times c$。

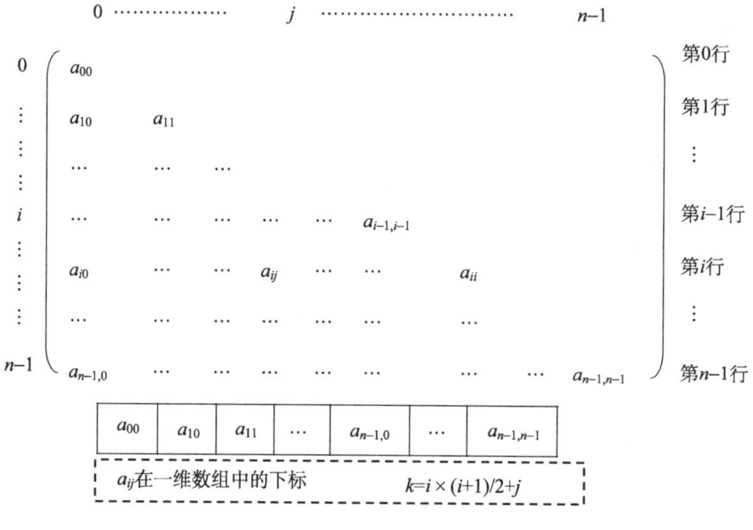

图 5-4　对称矩阵下三角部分按行优先存储寻址示意图

设以一维数组 $sa[n(n+1)/2]$ 存储 n 阶对称矩阵 A 的下三角部分以行序为主的元素，则 $a[i][j]$存储到 $sa[k]$时，下标 i 和 j 到下标 k 的对应关系为

$$k=\begin{cases}i(i+1)/2+j, \text{ 当 } i\geqslant j \text{ 时}\\ j(j+1)/2+i, \text{ 当 } i<j \text{ 时}\end{cases}\tag{5-11}$$

统一写成（唐策善等，2002）：

$$k=I(I+1)/2+J\tag{5-12}$$

其中，I=max{i,j}, J=min{i,j}。

2. 下三角矩阵

除下三角中元素外，其余元素为 0 或常数 C 的矩阵。如图 5-5。

既要存储下三角中的元素，还要存储对角线上方的常数(因为是同一个常数 C，所以只存一个即可)

下三角矩阵中任一元素 a_{ij} 在一维数组 sa 中的下标 k 与 i、j 的对应关系为：

$$k=\begin{cases} i(i+1)/2+j, & 当 i \geqslant j 时 \\ n(n+1)/2, & 当 i < j 时 \end{cases} \tag{5-13}$$

3. 上三角矩阵

除上三角中的元素外，其余元素为 0 或常数 C 的矩阵，简称上三角阵，如图 5-6。按行存储上三角部分，最后存储对角线下方的常数。a_{ij} 前有

$$\sum_{p=0}^{i-1}(n-p)+j-i+1=i(2n-i+1)/2+j-i+1 \tag{5-14}$$

个元素，其中，p 作为行指示器，分别指向 0,1,⋯,i−1 行。

$$A=\begin{bmatrix} 3 & C & C & C & C \\ 6 & 2 & C & C & C \\ 4 & 8 & 1 & C & C \\ 7 & 4 & 6 & 0 & C \\ 8 & 2 & 9 & 5 & 7 \end{bmatrix}$$

图 5-5　下三角矩阵

$$A=\begin{bmatrix} 3 & 6 & 4 & 7 & 8 \\ C & 2 & 8 & 4 & 2 \\ C & C & 1 & 6 & 9 \\ C & C & C & 0 & 5 \\ C & C & C & C & 7 \end{bmatrix}$$

图 5-6　上三角矩阵

由于一维数组下标从 0 开始，所以，上三角矩阵中任一元素 a_{ij} 在一维数组 sa[0～$n(n+1)/2$]中的下标 k 为

$$k=i(2n-i+1)/2+j-i \tag{5-15}$$

下三角中的常数 C 存储在 $n(n+1)/2$ 中，见图 5-7。因此，得到的一般式为

$$k=\begin{cases} i(2n-i+1)/2+j-i, & 当\ j>=i\ 时 \\ n(n+1)/2, & 当\ j<i\ 时 \end{cases} \tag{5-16}$$

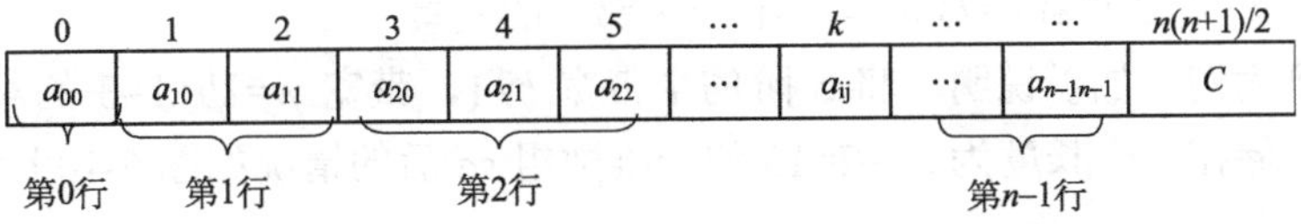

图 5-7　下三角矩阵存储在一维数组中的示意图

4. 带状矩阵(对角矩阵)

对于 n 阶方阵，若它的全部非零元素落在一个以主对角线为中心的带状区域中。这个带状区域若包括主对角线下面及上面各 b 条对角线上的元素以及主对角线元素，那么，方阵称为半带宽为 b 的带状矩阵（Baase et al., 2000；Shaffer, 1997）。

若带状矩阵 A 的元素记作 a_{ij}，半带宽为 b，带宽 w=2b+1。则当 $i-j>b$ 或 $j-i>b$ 时，$a_{ij}=0$。或者说当$|i-j|>b$ 时，$a_{ij}=0$。b 是比 n 小的正整数。

在实际编写问题的算法时，往往遇到的矩阵也可能是当$|i-j|>b$ 时，a_{ij} 具有相同的值；或者由于某种别的原因，可以不存储“离开主对角线的距离大于 b”的一切元素。这两类矩阵都可以当做带状矩阵来加以处理。

带状区域以外的元素 a_{ij}，满足条件$|i-j|>b$。由于在主对角线一侧，每离开主对角线一步，其线上的元素个数比前一条线上少一个元素，b 条线少 $1+2+\cdots+b=b(b+1)/2$ 个元素，两侧则共少 $b(b+1)$个元素，所以带状区域内一共具有的元素个数为 $(2b+1)n-b(b+1)$。例如设半带宽 b=1，则带宽 $2b+1=3$，带状区域内共有$(2b+1)n-b(b+1)=3n-2$ 个元素。可采用如下几种具体的存储方式。

1) 用一个二维数组存储对角矩阵带状区域内元素

下面以一个例子加以说明。设有一个 5 阶的对角矩阵，半带宽 b=1，带状区域内共有$(2b+1)n-b(b+1)=3n-2=3*5-2=13$ 个元素，如图 5-8 所示。

压缩到图 5-9 二维矩阵 $B_{5\times3}$，其中，首尾两行前后多存储一个非带状区域内的 0，a_{ij} 与 b_{ts} 的下标对应关系为

$$\begin{cases} t=i \\ s=j-i+1 \end{cases} \tag{5-17}$$

其中，$t=0,1,\cdots,5;s=0,1,3;i=0,1,\cdots,5;j=0,1,\cdots,5$。

$$A=\begin{bmatrix} a_{00} & a_{01} & 0 & 0 & 0 \\ a_{10} & a_{11} & a_{12} & 0 & 0 \\ 0 & a_{21} & a_{22} & a_{23} & 0 \\ 0 & 0 & a_{32} & a_{33} & a_{34} \\ 0 & 0 & 0 & a_{43} & a_{44} \end{bmatrix}$$

图 5-8　一个半带宽为 1 的 5 阶对角矩阵

$$B=\begin{bmatrix} 0 & a_{00} & a_{01} \\ a_{10} & a_{11} & a_{12} \\ a_{21} & a_{22} & a_{23} \\ a_{32} & a_{33} & a_{34} \\ a_{43} & a_{44} & 0 \end{bmatrix}$$

图 5-9　对角矩阵压缩为 5×3 的矩阵

2) 用一个一维数组存储对角矩阵中带状部分的元素

仍以上例为例来加以说明。将 5 阶的半带宽 b=1，带宽 $w=2b+1=3$ 的对角矩阵中带状部分元素存储在一个长度为 $3n-2=13$ 的一维数组 sa 后的情况如图 5-10 所示。

0	1	2	3	4	5	6	7	8	9	10	11	12
a_{00}	a_{01}	a_{10}	a_{11}	a_{12}	a_{21}	a_{22}	a_{23}	a_{32}	a_{33}	a_{34}	a_{43}	a_{44}

图 5-10　将对角矩阵压缩存储在一维数组中

元素 a_{ij} 在一维数组中的序号为 $2+3(i-1)+(j-i+2)=2i+j+1$。因一维数组下标从 0 开始，所以，元素 a_{ij} 在一维数组中的下标 k 为 $k=2i+j$。其中，$i=0,1,\cdots,5$; $j=0,1,\cdots,5$; $k=0,1,2,\cdots,12$。此种情况下，由 k 也可反过来确定 i 和 j 的值：

$$\begin{cases} i = \left[(k+1)/3\right] \\ j = k - 2i = k - 2\left[(k+1)/3\right] \end{cases} \tag{5-18}$$

其中，$k=0,1,2,\cdots,12$。

5.2.2　稀疏矩阵

零元较多的矩阵，称稀疏矩阵。其判断并无严格定义。一般认为，若矩阵 A 为 m 行 n 列，非零元个数为 t，当 t 大大地小于 $m\times n$ 时，就认为 A 为一个稀疏矩阵。例如，图 5-11(a)是一个 6 行 7 列的矩阵 A，一共有 42 个元素，仅 8 个非零元，可认为 A 是一个稀疏矩阵。A 的转置矩阵 $B=A^{\mathrm{T}}$ 也是一个稀疏矩阵，如图 5-11(b)所示。

按照压缩存储的概念，只存储稀疏矩阵的非零元。由于非零元的出现无规律，因此除了存储非零元值外，还需同时记下它所在行和列的位置(i,j)。也就是说，要用一个三元组(i,j,v)的形式来表示矩阵 A 的一个非零元。再增加上行数 m，列数 n 及非零元的数目 t，就可以完全确切地表示整个稀疏矩阵。

$$A_{6\times7}=\begin{bmatrix} 0 & 12 & 9 & 0 & 0 & 0 & 0 \\ 0 & 0 & 0 & 0 & 0 & 0 & 0 \\ -3 & 0 & 0 & 0 & 0 & 14 & 0 \\ 0 & 0 & 24 & 0 & 0 & 0 & 0 \\ 0 & 18 & 0 & 0 & 0 & 0 & 0 \\ 15 & 0 & 0 & -7 & 0 & 0 & 0 \end{bmatrix}$$

(a) 稀疏矩阵

$$B_{7\times6}=\begin{bmatrix} 0 & 0 & -3 & 0 & 0 & 15 \\ 12 & 0 & 0 & 0 & 18 & 0 \\ 9 & 0 & 0 & 24 & 0 & 0 \\ 0 & 0 & 0 & 0 & 0 & -7 \\ 0 & 0 & 0 & 0 & 0 & 0 \\ 0 & 0 & 14 & 0 & 0 & 0 \\ 0 & 0 & 0 & 0 & 0 & 0 \end{bmatrix}$$

(b) 稀疏矩阵 $B=A^{\mathrm{T}}$

图 5-11　稀疏矩阵及其转置

对于图 5-11(a)，其三元组为(0,1,12),(0,2,9),(2,0,–3),(2,5,14),(3,2,24),(4,1,18), (5,0,15),(5,3,–7)。它们可构成一个线性表，称为三元组表。相应地，$m=6,n=7,t=8$。

对三元组表采用两种不同压缩存储方法：

(1) 三元组顺序表　以顺序存储结构存储稀疏矩阵的三元组表，且以行优先为次序，得到稀疏矩阵的一种三元组顺序表表示，简称为三元组表(如图 5-12 和图 5-13 所示)。

(2) 十字链表　以链式存储结构存储三元组表。得到稀疏矩阵的一种称为十字链表的表示，简称为十字链表。

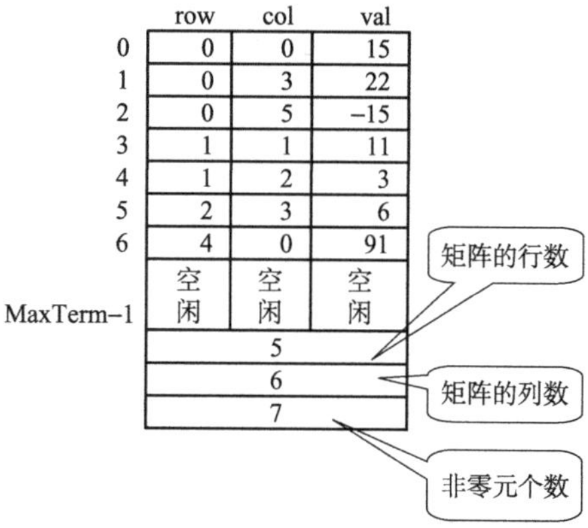

图 5-12　*A* 的三元组顺序表

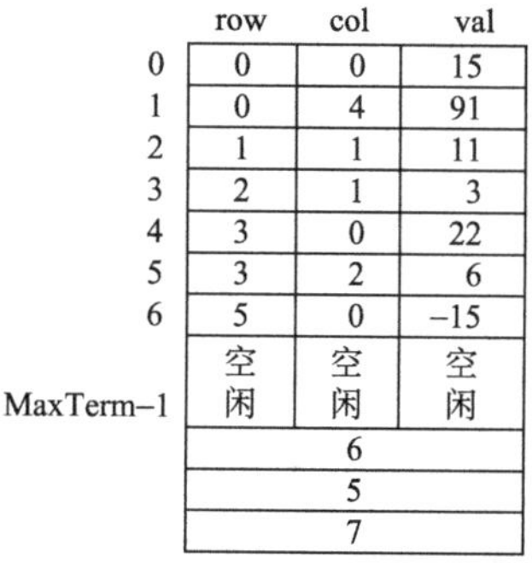

图 5-13　*B* 的三元组顺序表

1. 稀疏矩阵的三元组顺序表

稀疏矩阵的三元组顺序表就是将稀疏矩阵非零元对应的三元组表按行优先次序顺序存储。图 5-12 和图 5-13 分别给出了图 5-11(a)中稀疏矩阵和图 5-11(b)即其转置矩阵的三元组顺序表。在稀疏矩阵三元组顺序表中，三元组的结构说明如下：

```
template <class T>
struct element
{  int row, col;    // 行号、列号
   T val;          // 元素值
};
```

稀疏矩阵的类声明如下：

```
const int MaxTerm=100;
template <class T>
class SparseMatrix
{ public:
  SparseMatrix(){}                              // 无参构造函数
  SparseMatrix(int m,int n,int t,element<T> a[]);     // 有参构造函数
  ~SparseMatrix(){ }                              // 析构函数
  friend void Print(SparseMatrix<T> &A);           // 输出三元组顺序表
  friend SparseMatrix<T> Trans1(SparseMatrix<T> &A); // 直接取、顺序存转置
  friend SparseMatrix<T> Trans2(SparseMatrix<T> &A); // 顺序取、直接存转置
  private:
  element<T> data[MaxTerm];  // 矩阵非零元素
  int m, n, t;               // 行数、列数、非零元个数
};
```

主要的函数:

1) 构造函数

三元组表构造函数SparseMatrix

```
template <class T>
SparseMatrix<T>::SparseMatrix(int m,int n,int t,element<T> a[])
{  if (t >MaxTerm )
          throw "构造函数的初始化参数不正确";
   this->m = m;
   this->n = n;
   this->t = t;
   for(int i=0;i<t;i++)
      data[i] = a[i];
}
```

2) 输出函数

三元组表输出函数Print

```
template <class T>
void Print(SparseMatrix<T> &A)
{ for(int i=0;i<t;i++)
   cout<<A.data[i].row<<""<<A.data[i].col<<""<<A.data[i].val<<"\n";
   cout<<endl;
}
```

3)求转置矩阵

给定一个 m 行 n 列的矩阵 $M_{m\times n}$，其转置矩阵 $N_{n\times m}$ 满足：$N[i,j]=M[j,i]$, $0\leqslant i\leqslant m-1$, $0\leqslant j\leqslant n-1$。对于非稀疏的普通矩阵，若在计算机程序设计和实现时用二维数组表示，其转置可简单完成，人们都应比较熟悉其转置算法。

而这里的矩阵转置是指稀疏矩阵所有非零元以行优先为主的三元组表下的“转置”，也就是要求得其转置矩阵所有非零元仍然是以行优先为主存储的三元组表。

设 A,B 为 SparseMatrix 类型的对象变量，分别表示矩阵 M 和 N。如何由 A 得到其转置 B 呢?图 5-12 和图 5-13 分别给出了图 5-11(a)中的矩阵及其转置矩阵图 5-11(b)以行为主优先顺序表示的三元组表。

如果由 A 中所有三元组的每一个交换行列值，写入 B 的三元组表，得到的虽然是一个三元组表，但并不一定是转置矩阵所有非零元以行优先为主的三元组顺序表。要得到转置矩阵的所有非零元以行优先为主的三元组顺序表，尚需进一步处理，或者设计更好的其他算法来完成。

下面介绍两种主要方法。

● 选择取、顺序存转置算法

● 顺序取、直接存转置算法

此外，还可先行列值交换，再按行值稳定排序三元组顺序表求得，这里省略。

(1) **选择取、顺序存转置算法**。

按照 *B*.dada 中三元组的次序依次在 *A*.dada 中找到相应的三元组进行转置。即按照矩阵 *M* 的列序来进行转置。为了找到 *M* 的每一列中所有的非零元素，需要对其三元组表 *A*.data 从第一行起整个扫描一遍，由于 *A*.dada 是以 *M* 的行序来存放每个元素的，由此得到的恰是 *B*.dada 应有的顺序。

基本思想：对 *A*.dada 进行 *n* 次扫描(*n* 为 *M* 的列数，即 *N* 的行数)。

第一次扫描把 *A*.dada 中每个元素的第二个成分分量值等于 0(即 *M* 中列号为 0)所在的三元组(它们对应于 *N* 中第 0 行所有非零元素所构成的三元组)，按照从上到下(即 *A* 的行号从小到大)的顺序写入数组 *B*.dada 中；

第二次扫描把 *A*.dada 中每个元素的第二个成分分量值等于 1(即 *M* 中列号为 1)的所有三元组(它们对应于 *N* 中第 1 行所有非零元素所构成的三元组)，按照从上到下的顺序写入数组 *B*.dada 中，……，依此类推，直到第 *n* 次扫描完为止。

也可称这种方法为按矩阵的列序进行转置的算法。

由于在 *M* 的以行优先为主的三元组顺序表中，列号相同时，行值小的排列在前，转换后在 *N* 的以行优先为主的三元组顺序表中，行相同时，列也由小到大排列，因此不需要对结果排序。这样求得的结果恰是 *M* 的**转置**矩阵的按以行优先为主的三元组顺序表。选择取、顺序存转置算法友函数代码如下。

选择取、顺序存转置算法 Trans1

```
template <class T>
SparseMatrix<T> Trans1(SparseMatrix<T> &A)
{  SparseMatrix<T> B;
   int pb,pa;  // pa 用于对 A 扫描，pb 用于对 B 写入时的地址
   B.m=A.n; B.n=A.m; B.t=A.t;//设置行数、列数、非零元素个数
   if(B.t>0) //有非零元素则转换
      { pb = 0;
        for(int col=0; col<A.n; col++)  //依次考察每一列
            for(pa=0; pa<A.t; pa++)  //在 A 中扫描整个三元组表
             if(A.data[pa].col==col ) //处理 col 列元素
               { B.data[pb].row= A.data[pa].col ;
                 B.data[pb].col= A.data[pa].row ;
                 B.data[pb].val= A.data[pa].val;
                pb++;
               }
      }
 return B;
}
```

算法的复杂性分析：算法主要工作是在 *pa* 和 col 的二重循环中完成，故算法执行时间为 $O(n\times t)$。即与 *M* 的列数和非零元个数的积成正比。当非零元的个数 *t* 和 $m\times n$ 同数量级时，算法 trans1 的执行时间就为 $O(m\times n^2)$。对于 100×500 的矩阵中有 $t=10000$ 个非零元，虽节省空间，但耗时 $O(5\ 000\ 000)$。而一般矩阵转置算法为

```
for (col=0; col<n; col++)
  for (row=0;row<m;row++)
      N[col][row]=M[row][col];
```

执行的时间为 $O(m\times n)$，耗时大。分析其原因：对于每个 col 值，都要对 *A* 的整个三元组顺序表扫描。如果只进行少量固定次数扫描，时间将大大缩短。

(2) **顺序取、直接存转置算法。**

按照 *A*.data 中三元组的次序进行转置，并将转置后的三元组置入 *B*.data 中恰当的位置。怎样才能在对 *A*.data 中的三元组依次作扫描时，便可直接将其“转置”(即行列号互换) 后放到 *B*.data 中恰当的位置上去呢？为了确定这些位置，在转置前，先求得 *M* 的每一列中非零元的个数，进而求得每一列的第一个非零元在 *B*.data 中应有的位置。这种方法又称为稀疏矩阵快速转置算法。

设两个向量 num 和 cpot：

num[col]表示矩阵 *M* 中第 col 列非零元的个数；

cpot[col] 指示 *M* 中第 col 列的第一个非零元在 *B*.data 中的恰当位置。

cpot 中的分量满足关系：

$$\begin{cases}\text{cpot}[0]=0;\\ \text{cpot}[\text{col}]=\text{cpot}[\text{col}-1]+\text{num}[\text{col}-1], \quad 0<\text{col}\leqslant A.n-1\end{cases}$$

对于图 5-11(a)的矩阵 *M*, num 和 pot 的值如图 5-14 所示。

由 cpot 可得到每列第一个非零元在转置后的三元组表中的位置，如图 5-15 所示。

col	0	1	2	3	4	5	6
num[col]	2	2	2	1	0	1	0
cpot[col]	0	2	4	6	7	7	8

图 5-14　图 5-11(a)各列非零元个数与各列第一个非零元在转置后的三元组表中的位置

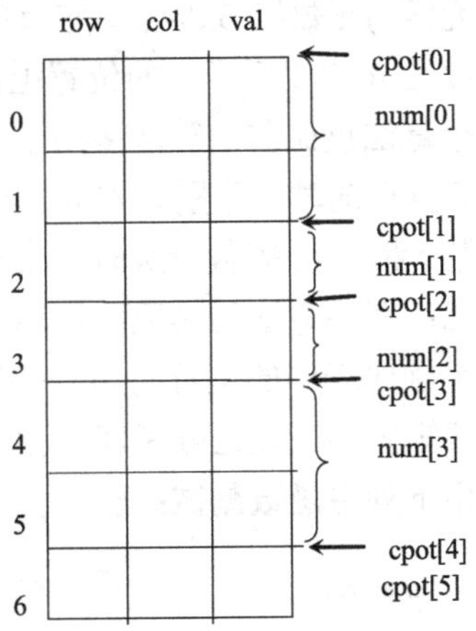

图 5-15　num 与 cpot 之间关系

稀疏矩阵快速转置算法思想如下：

顺序取、直接存转置算法 Trans2

```
template <class T>
SparseMatrix<T> Trans2(SparseMatrix<T> &A)
{  SparseMatrix<T> B;int i,j,k,num[MaxTerm],cpot[MaxTerm];
   B.m=A.n;  B.n=A.m;  B.t=A.t;  // 设置行数、列数、元素个数
   if (B.t>0)  //有非零元素则转换
   { for(i=0; i<A.n; i++)  num[i]=0; // 初始化为 0
      for(i=0; i<A.t; i++)          // 求矩阵 A 中每列非零元素个数
         { j= A.data[i].col;  num[j]++; }
   cpot[0]=0;    // A 中第 0 列第一个非零元素在 B 中的位置为 0
   for (i=1; i<A.n; i++) // 求 A 中每列第一个非零元在 B 中的下标
         cpot[i]= cpot[i-1]+num[i-1];
   for (i=0; i<A.t; i++)        // 扫描三元组表 A
     { j=A.data[i].col;      // 当前三元组的列号
       k=cpot[j];          // 当前三元组在 B 中的下标
       B.data[k].row= A.data[i].col ;
       B.data[k].col= A.data[i].row ;
       B.data[k].val= A.data[i].val;
       cpot[j]++;    // 预置同一列的下一个三元组的下标
     }
   }
  return B;
}
```

对数组 *A*.data 进行两次扫描，第一次扫描统计出 *M* 中每一列(即对应于 *N* 中每一行)非零元素的个数，由此可求出 *M* 中每一列的第一个非零元素 (即对应 *N* 中每一行的第一个非零元素)在数组 *B*.data 中应有的位置；第二次扫描依次把数组 *A* 中的每一个三元组写入到数组 *B* 中“适当”的位置上。

这个算法仅比前一算法多用了两个辅助向量。从时间上看，算法中有四个并列的单循环，其执行的时间分别为 $O(n),O(t),O(n),O(t)$，其计算时间复杂性是 $O(n+t)$。在 *M* 的非零元个数 t 和 $m\times n$ 等数量级时，上升到 $O(m\times n)$。从而与经典算法相当。

注意：在该算法的实现中使用了一个特殊技巧，记录每列第一个非零元在转置矩阵的三元组顺序表中的位置的指针每写入一次就增 1，为该列中下一个非零元(若有的话)写到转置矩阵的三元组顺序表中预定了“恰当”位置。

可用下列主函数测试：

```
void main()
{  element<int> elm;int i; SparseMatrix<int> B;
   try
     { element<int> a[]={{0,0,15},{0,3,22},{0,5,-15},{1,1,11},{1,2,3},
```

```
                          {2,3,6},{4,0,91}};
        element<int> b[]={{0,0,1},{1,1,1},{2,2,1},{3,3,1},{4,4,1},{5,5,1}};
        SparseMatrix<int> A(6,6,7,a);    // 构造三元组顺序表
        B=Trans1(A);
        cout<<"使用直接取、顺序存转置算法转置后的三元组顺序表:"<<"\n";
        Print(B);                    // 显示第二种方法转置后的三元组顺序表
        B=Trans2(A);
        cout<<"使用顺序取、直接存转置算法转置后的三元组顺序表:"<<"\n";
        Print(B);                    // 显示第三种方法转置后的三元组顺序表
    }
catch(char* msg)
  { cout<<msg; }
}
```

2. 稀疏矩阵的十字链表表示

当矩阵非零的位置或个数经常变动时，三元组的顺序存储就不适合于稀疏矩阵的存储结构。例如，两个稀疏矩阵相加 $A=A+B$，则会产生大量的元素移动。此时，采取链存储结构更为恰当。

在链表中，矩阵的每个非零元可用一个结点表示。结点中除了表示非零元的三元组(row,col,val)(即行, 列和值)外，还有两个指针域：向下域 down，用以链接同一列中下一个非零元；向右域 right，用以链接同一行中下一个非零元。其结点结构见图 5-16 所示。

<table>
<tr><td colspan="2">row</td><td colspan="2">col</td><td colspan="2">val</td></tr>
<tr><td colspan="3">down</td><td colspan="3">right</td></tr>
</table>

图 5-16　十字链表结点结构

如果每行增设一个头结点，同一行的非零元通过 right 链接成一个带表头结点的循环链表；每列增设一个头结点，同一列的非零元通过 down 链接成一个带表头结点的循环链表。每个非零元三元组(i,j,v)，既是第 i 行循环链表中的结点，又是第 j 列循环链表中的结点，处于十字交叉点上，故称**十字链表或正交链表**。

$$M=\begin{bmatrix} 3 & 0 & 0 & 0 & 5 \\ 0 & 0 & 1 & 0 & 0 \\ 2 & 0 & 0 & 0 & 0 \\ 0 & 0 & 0 & 0 & 0 \\ 0 & 0 & 0 & -8 & 0 \end{bmatrix}$$

图 5-17　一个稀疏矩阵

图 5-17 给出的稀疏矩阵，其十字链表表示如图 5-18 所示。

表头结点的设置：为了使整个链表中的结点结构一致，列循环链表的表头结点与表示非零元的结点一样，也设五个域。并且置表头的行和列域都为–1(约定矩阵的行列都大于–1)，以显示其为表头结点。如果要链接成十字循环链表，则每一列链表的结点只需一个链域(down)，指向这列中第一个非零元素；每一行链表结点只需一个链域，指向这行中一个非零元。恰好它们的 row 和 col 域同为–1。故两组头结点可以合用(第 i 行链表和第 i 列共一个头结点)。

这些表头结点本身又可以通过 next 域相链接(注意：next 域与非零元结点中的由 val 构成公用体，在表头结点中为 next，指向下一表头结点，而在非零元结点为 val，存放非零元的值)，表头结点结构如图 5-19 所示。

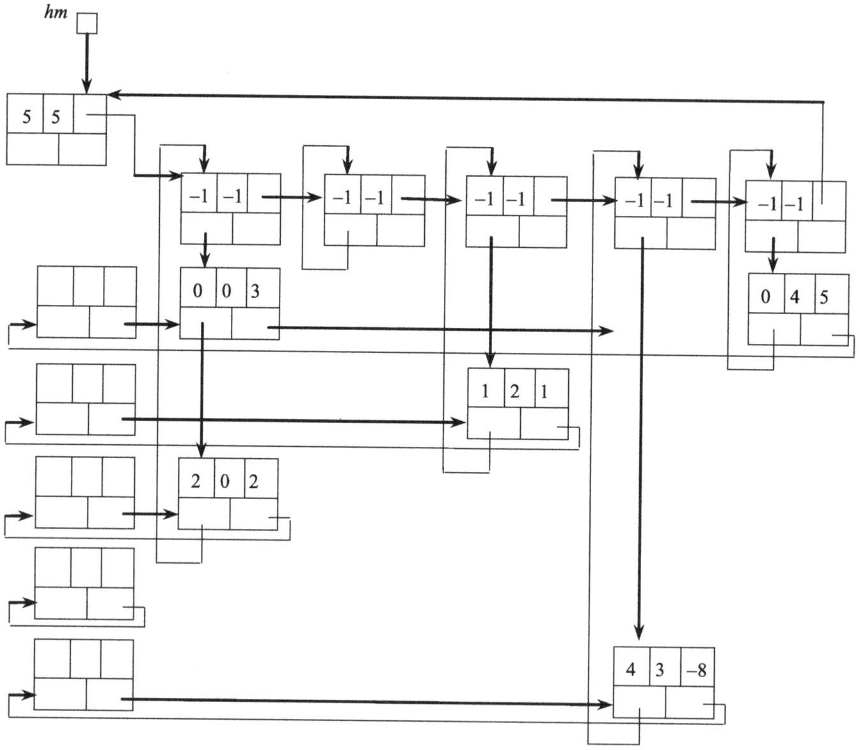

图 5-18　图 5-17 给出的稀疏矩阵的十字链

加上附加头结点，由指针 *hm* 指示，即 *hm* 所指结点为整个十字链表的表头结点，其 row 和 col 的值分别为行数和列数，如图 5-20 所示。由整个十字链表的表头结点和所有的表头结点又组成一个带表头的循环链表。十字链表中结点结构如图 5-21 所示。*hm* 为头指针。

由此，只要给定 *hm* 指针值，便可取得整个稀疏矩阵的全部信息了。

–1	–1	next
down	right	

图 5-19　行列合用表头结点

m	*n*	next
down	right	

图 5-20　稀疏矩阵表头结点

i	*j*	val/next
down	right	

图 5-21　所有结点共用结构

5.3　广　义　表*

5.3.1　广义表的概念

1. 广义表的逻辑定义

广义表(general list，简称 GL)是线性表的推广，又称列表(lists，以复数形式区别于统称的表 list)。广义表是人工智能中等领域中表处理程序设计语言 LISP 和逻辑程序设计

语言 Prolog 的基本数据结构(LISP 和 Prolog 语言都是人工智能中的主要语言)。广义表形式定义为 GL_ List＝(D,R)，其中，$D=\{d_i|d_i\in$ DataObject 或 $d_i\in$ GL_List$,1\leqslant i\leqslant n,n\geqslant 0\}$，$R=\{R_1\}$且 $R_1=\{<d_{i-1},d_i>|d_{i-1},d_i\in D,2\leqslant i\leqslant n\}$，这里，$n$ 为广义表的长度。$n=0$ 时为空表。

广义表一般简记为

$$\text{GL}=(d_1,d_2,\cdots,d_n)$$

其中，GL 是名称(用大写形式)，单元素用小字母表示，n 为长度。在线性表中，$d_i(1\leqslant i\leqslant n)$只限于是数据元素，而在广义表中，$d_i$ 既可以是数据元素，也可以是广义表。d_i 是数据元素时称为 GL 的单元素，d_i 是广义表时称为 GL 的子表。即 d_i 可以是 GL 的单元素或子表。下面列举一些广义表的例子来说明:

(1) $A=()$：空表，长度为 0；

(2) $B=(\text{e})$：仅有单元素 e，长度为 1；

(3) $C=(\text{a},(\text{b},\text{c},\text{d}))$：广义表 C 之长度为 2，含单元素 a 及子表(b,c,d)。

(4) $D=(A,B,C)$：长度为 3，是上面三个例子的广义表。每个元素是子表，即 $D=((),(\text{e}),(\text{a},(\text{b},\text{c},\text{d})))$。

(5) $E=(\text{a},E)$：递归的表，长度为 2，它相当于无限的广义表 $E=(\text{a},(\text{a},(\text{a},\text{a}(\text{a},(\text{a},\cdots))))))$。

(6) $F=(())$：仅由空表( )作为一个元素广义表，长度为 1。

可见，广义表具有如下重要特性:

(1) 广义表的元素既可以是原子也可以是子表。而子表的元素还可以原子或子表，……。由此，广义表是一个多层次的结构，可以用图形象地表示，例如广义表 D 的图示如图 5-22 所示。用圆圈表示(子)广义表，方块表示单元素。

(2) 一个广义表可以为其他广义表所共享。例如上面的 A,B,C 为 D 的子表。则在 D 中不必列出子表的值,而是通过子表的名称来引用。

(3) 广义表可以是一个递归的表，即广义表也可以是其本身子表，如广义表 E。

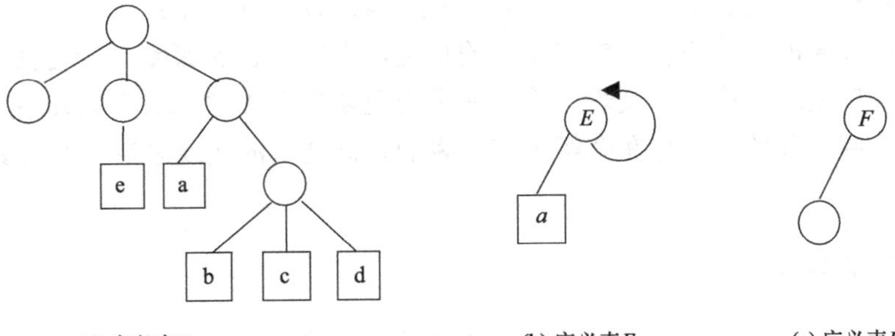

(a) 广义表D　　(b) 广义表E　　(c) 广义表F

图 5-22　广义表的图形表示

广义表的抽象数据类型简化描述如下：

ADT Lists

Data：$D=\{d_i\,|\,i=1,2,\cdots,n;\ n\geqslant 0;d_i\in$ AtomSet 或 $d_i\in$ GList,AtomSet 为某个数据对象}

Relation：$\{<d_{i-1},d_i>|\ d_{i-1},\ d_i\in \text{D},2\leqslant i\leqslant n\}$

Operation：

InitGLists

初始化一个广义表

DestroyLists

销毁一个广义表

Length

求广义表的长度

Depth

求广义表的深度

Head

求广义表的表头

Tail

求广义表的表尾

endADT

2. 广义表的运算

(1) 取表头运算 Head(GL)：取表头元素。如 Head(B)＝e, Head(D)＝A。

(2) 取表尾运算 Tail(GL)：把 GL 的表头元素除外，由其他元素组成一子表。如 Tail(B)＝( ), Tail(D)＝(B,C)。又 Head(Tail(D))＝Head((B,C))＝B, Tail(Tail(D))＝Tail((B,C))＝(C)。

另外，要区别空表和含空表作为元素的子表，即( )与(( ))的区别，( )是空表，长度为0；而(( ))是含一个元素( )的表，长度为1。( )的表头元素不存在，可用 NULL 表示，即Head(( ))＝NULL，( )的表尾也不存在，即 Tail(( ))＝NULL。而(( ))的表头元素是( )，即Head ((( )))＝( )，(( ))的表尾也是( )，即 Tail((( )))＝( )=NULL。( )和 NULL 实际上是等价的，在存储结构图中均表示为∧。但( )与(( ))存储表示是不相同的。

此外，广义表的运算还有：求广义表的长度，求广义表的深度，广义表中原子元素的个数，复制广义表，构造广义表，若广义表中元素为整数时，求广义表中所有整数值和等操作。一些具体的操作将在介绍了广义表的存储结构的实现之后，结合具体的算法实现来讲解。

5.3.2 广义表的存储结构

广义表 ($a_1,a_2,\cdots,a_n$) 中的数据元素或是单元素，或是表，因此难以用顺序存储结构表示，而只能用链式存储结构。每个数据元素可用一个结点表示。

由于广义表中数据元素可能为单元素或列表，所以需要有两种结构的结点：一种是表结点，用以表示列表，另一种是元素结点，用以表示单元素。如果分别定义对应的两种结点结构，也是可以表示广义表的存储结构的。但一般为概念单一起见，会将两种结点结构利用程序语言提供的“联合”功能，只用一种联合体结点结构来统一表示表结点和元素结点。

1. 广义表结点的头尾表示法

由于任何一个非空列表可以分解为表头和表尾，反之，由一对确定的表头和表尾可唯一地确定一个列表。因此，一个广义表的表结点至少含两个域：指向表头的指针域和指向表尾的指针域。而单元素对应的元素结点至少应含有一个数据域。通过设置标志域(tag)将表结点和元素结点联合表示。通过标志 tag 的取值不同来区分表结点和元素结点。表结点中除标志域(tag)外，还有指向表头的指针域(*hp*)和指向表尾的指针域(*tp*)。元素结点中除标志域 (tag)外，还有一个数据域(data)。标志域的值为 1 表示表结点，标志域的值为 0 表示元素结点。如图 5-23 所示。

(a) 表结点　　(b) 元素结点

图 5-23　头尾表示法的结点结构

可将数据域与两个指针域定义为联合体，这样表结点和元素结点的定义可一次同时定义完成。在广义表结点的这种存储结构中，表结点和元素结点类型的语言描述：

```
const int M=100;
template <class T>
struct GLNode{ int tag;
               union
                   {   T data[M];
                       struct {
                              GLNode *hp,*tp;   // tag=1时为表结点
                             } ptr;
                   } node;
             };
```

其中，tag=1 表示表结点，tag=0 表示元素结点。上面例子的表示可如图 5-24 所示。

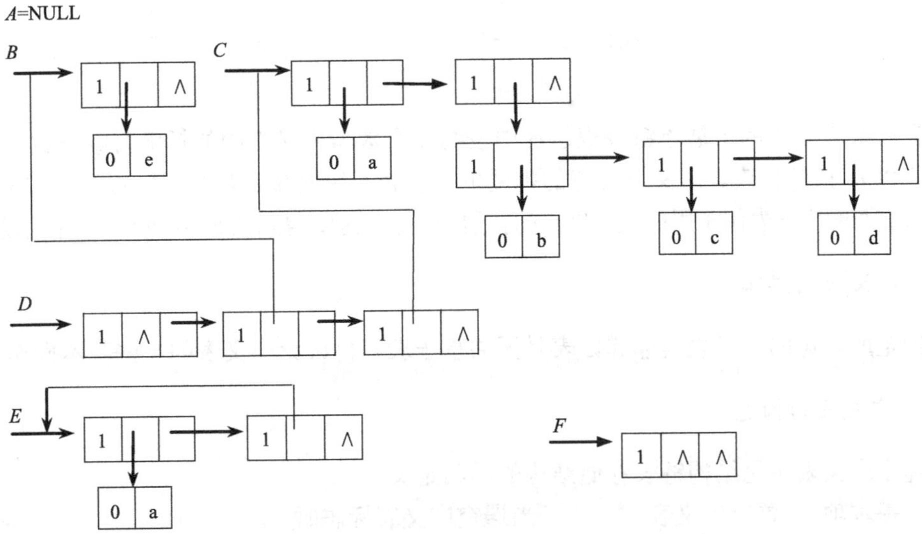

图 5-24　广义表头尾表示法的存储结构

很明显，在这种存储结构中有以下几个特点：

(1) 除空表的表头指针为空外，对任何非空广义表，其表头指针均指向一个表结点，且该表结点中的 *hp* 指示广义表表头(或为原子结点，或为表结点)，*tp* 指向广义表表尾(当表尾为空时，指针为空，否则必为表结点)。

(2) 容易分清广义表中单元素和子表所在层次。例如，广义表 $D=(A,B,C)=((\,),(e),(a,(b,c,d)))$中单元素 a 和 e 在同一层次，而 b,c,d 也在同一层，但比 a 和 e 低一层，*B* 和 *C* 是同一层的子表。

(3) 最高层的表结点的个数即为广义表的长度(用 *tp* 指针遍历，从而计算得出)。

以上三个特点，给广义表的运算带来方便，例如，求广义表的长度和深度，求表头和表尾等。这种存储结构的缺点是存储结构中表结点多，和广义表中括弧对数不匹配，会多存储一些结点，也就多占存储空间。

2. 广义表的扩展单链表表示法

tag=1	*hp*	*tp*

(a) 表结点结构

tag=0	data	*tp*

(b) 单元素结点结构

图 5-25　广义表扩展单链表中结点结构

在广义表的扩展单链表表示法中，其结点将数据域与指向表头的指针域设计为联合类型。当标志域值为 1 时，其中存放指向表头的指针，当标志域值为 0 时，存放数据。而表尾指针域始终都出现在结点中，不管该结点对应的是表结点，还是元素结点。如图 5-25 所示。

在广义表扩展单链表存储结构中，表结点和元素结点类型的语言描述：

```
const int M=100;
struct EGLNode{ int tag;  // tag=1表示表结点,tag=0表示元素结点
                 union  {
                             T  data[M];      // 当tag=0时,存放数据
                             EGLNode  *hp;  // 当tag=1时,为指向表头的指针
                         } node;
                   EGLNode *tp;
               };
```

在广义表结点的扩展单链表表示法中表结点个数与广义表中的括弧对数一致，同一层结点以 *tp* 指针相连。广义表结点的扩展单链表表示法的缺点是写递归算法不方便。

将前面的广义表例子用广义表结点的扩展单链表表示，得到图 5-26 所示的存储示意图。

5.3.3　广义表的操作

约定所讨论的广义表是非递归表且无共享子表，再讨论广义表的一些基本操作。

1. 广义表的构造

建立广义表头尾结构链表存储结构的递归定义：

基本项：　置空广义表　　　　当遇空广义表标志时
　　　　　建原子结点的子表　当遇非空广义表要建立时

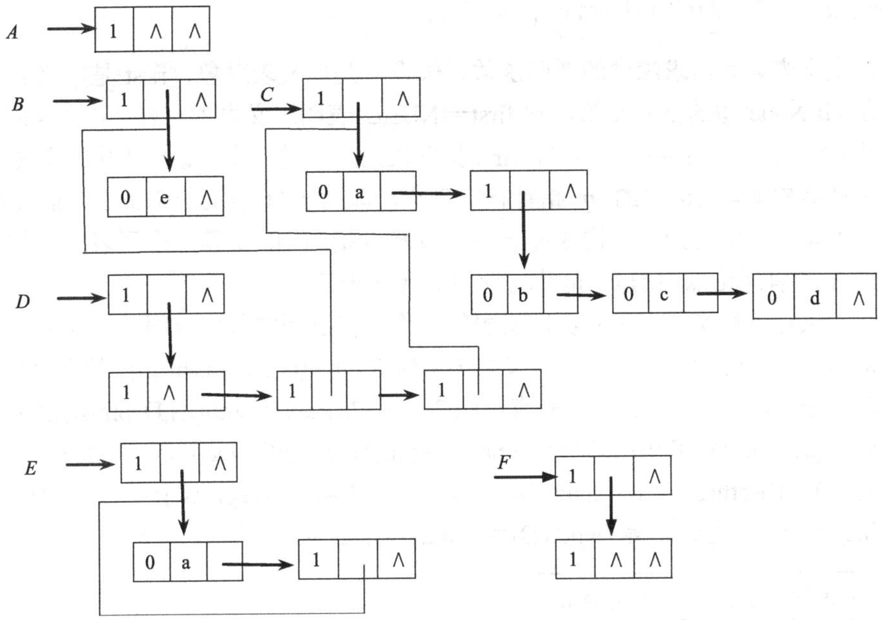

图 5-26　广义表扩展单链表表示存储结构

归纳项：假设 remstr 是脱去非空广义表最外层括号的子串，记为“$s_1, s_2,\cdots, s_n$”，其中，s_i(i=1,2,⋯,n)为非空字符串。对每个 s_i 建立一个表结点，并令其 *hp* 域的指针为由 s_i 建立的子表的头指针，除最后对应 s_n 建立的表结点的尾指针为 NULL 外，其余表结点的尾指针指向在它之后建立的表结点。由于 s_i 本身可能仍是一个广义表的书面格式，所以，这一递归过程还要继续,直到建立完毕止。

这样编写的广义表的创建函数既可接受书面格式在原子元素为单字符的情况，也可接受为多字符构成的字符串，甚至还可以是数字或整型数值(数值当做字符串内容处理)，如：

(a,b,(a,c),d,e)、(aa,bb,abc,(efg,xyz),d) 或 (10,(20,30,(60, 70)),50)

2. 求广义表的深度

广义表的深度即指广义表中括弧的重数，是广义表的一种量度。例如：多元多项式广义表的深度为多项式中变元的个数。

设非空广义表为　GL＝($\alpha_1,\alpha_2,\cdots,\alpha_n$)，其中，$\alpha_i$($i$＝1,2,⋯,$n$)或为单元素或为 GL 的子表，则求 GL 的深度可分解为 n 个子问题，每个子问题为求 α_i 的深度。若 α_i 是单元素，则由定义其深度为零；若 α_i 是广义表，则和上述一样处理，而 GL 的深度为各 α_i(i＝1,2,⋯,n)的深度中最大值加 1。空表也是广义表，空表的深度为 1。

由此可见，求广义表的深度的递归算法有两个终结状态：空表和单元素，且只要求得 α_i (i＝1,2,⋯,n)的深度，广义表的深度就容易求得了。显然，它应比子表深度的最大值多 1。广义表的深度 Depth(GL)的递归定义为

基本项：　Depth(GL)＝1　　当 GL 为空表时；

　　　　　Depth(GL)＝0　　当 GL 为单元素时。

归纳项：　$\text{Depth}(GL)=1+\max\limits_{1\leqslant i\leqslant n}\{\text{Depth}(\alpha_i)\}$

由此定义容易写出求深度的递归函数，假设 g 是广义表对象，first 是广义表 g 的头指针，是 GLNode 型的指针变量，则 first==NULL 表明广义表为空表；first→tag==0 表明是单元素。否则，first→tag＝＝1，first 指向表结点。进一步，该结点中与数据域联合使用的指针结构变量 ptr 中的 *hp* 指针指向表头，即为 first 的第一个子表，而其中的 *tp* 指针所指表尾结点中的指针结构变量 ptr 中 *hp* 指针指向 GL 的第二个子表。在第一层中由 *tp* 相连的所有尾结点中的 *hp* 指针均指向 first 的子表。

算法的执行过程实际上是遍历广义表的过程，在遍历中首先求得各子表的深度，然后综合得到广义表的深度。例如，广义表 $D=(A,B,C)=((\ ),(e),(a,(b,c,d)))$的深度为 3。若按递归定义分析广义表 D 的深度，则有：Depth(D)＝1+max{Depth(A),Depth(B),Depth(C)}。因为 Depth(a)＝0，Depth((b,c,d))＝1+max{Depth(a),Depth(b),Depth(c)}＝1+0＝1，所以 Depth(A)＝1；Depth(B)＝1+ max{Depth(e)}＝1+0＝1；Depth(C)＝1+max{Depth(a), Depth((b,c,d))} =2。由此，得 Depth(D)＝1+max{1,1,2}＝3。

求广义表的深度算法 Depth

```
template <class T>
int GList<T>::Depth(GLNode<T>* first)
{ if (first==NULL) return 1;          //空表深度为1
   if (first->tag==0) return 0;       //单元素深度为0
   int max=0,dep; GLNode<T> *p = first;
   while (p)  {  dep = Depth(p->node.ptr.hp); //求表头的深度(递归)
                 if (dep>max) max = dep;
                 p = p->node.ptr.tp;        //准备求表尾的深度
              }
   return max+1;      //非空表的深度是各元素深度最大值加1
}
```

3. 复制广义表

任何一个非空广义表均可分解成表头和表尾，反之，一对确定的表头和表尾可唯一确定一个广义表。由此，复制一个广义表只要分别复制其表头和表尾，然后合成即可。复制广义表的操作就是建立相应的链表。只要建立和原表中的结点一一对应的新结点，便可得到复制表的新链表。假设 first 是原广义表的头指针，newfirst 是复制的广义表的头指针，则复制操作的递归定义为：

基本项：当 first 为空时，`newfirst=NULL;`　// 置空表

归纳项：如果是单元素,则直接复制：　`newfirst->node.data=first->node.data;`

否则，即为由头尾构成的广义表结点，则分别复制表头和表尾：

```
newfirst->node.ptr.hp=Copy(first->node.ptr.hp);  // 复制表头
newfirst->node.ptr.tp=Copy(first->node.ptr.tp);   // 复制表尾
```

复制广义表的递归算法 Copy

```
template <class T>
GList<T> *GList<T>::Copy()
{  GList<T>* newGList=new GList<T>;
   newGList->first=Copy(first);
   return(newGList);
}
template <class T>
GLNode<T>* GList<T>::Copy(GLNode<T> *first)
{  GLNode<T> *newfirst;
   if (first==NULL) newfirst=NULL;  //空表时
   else { newfirst=new GLNode<T>;  newfirst->tag=first->tag;
        if (first->tag==0) strcpy(newfirst->node.data,first->node.
data);
        else { newfirst->node.ptr.hp=Copy(first->node.ptr.hp);
               newfirst->node.ptr.tp=Copy(first->node.ptr.t p);
             }
         }
   return newfirst;
}
```

4. 求广义表原子个数

求广义表原子个数 Num 的递归定义为：

基本项：Num(GL)＝0，当 GL 为空表时；

归纳项：$\text{Num(GL)}=\sum_{i=1}^{n}\text{Num}(\alpha_i)$，当 $\text{GL}=(\alpha_1,\alpha_2,\cdots,\alpha_n)$时。

5. 求广义表原子数据之和

当广义表中原子元素为数据时，可求广义表原子数据之和，用 Sum 表示，Sum 的递归定义为：

基本项：Sum(GL)＝0，当 GL 为空表时；

归纳项：$\text{Sum(GL)}=\sum_{i=1}^{n}\text{Sum}(\alpha_i)$，当 $\text{GL}=(\alpha_1,\alpha_2,\cdots,\alpha_n)$时。

将上述两个算法的设计留作作业，以便练习。

本章小结和学习要点

这一章的学习要点是：

(1) 熟悉数组在以行为主的存储结构中的地址计算方法；

(2) 熟悉特殊矩阵实现压缩存储时的下标变换；

(3) 理解稀疏矩阵的三元组顺序表表示和十字链表表示这两种存储方式的特点和适用范围，领会以三元组顺序表示稀疏矩阵时进行矩阵转置运算采用的处理方法；

(4) 理解稀疏矩阵的三元组顺序表在十字链表表示下进行加法运算的实现思想；

(5) 熟悉广义表的定义及其存储结构，熟练分解广义表的表头、表尾，学会其中的第一种结点存储结构的链表；

(6) 学习编制广义表的递归算法。

广义表作为表处理语言 LISP 和逻辑程序设计语言 Prolog 的基本数据结构，有着很广泛和深入的应用。LISP 和 Prolog 都是人工智能领域中采用的编程语言。掌握广义表，将会为人工智能等知识的学习奠定较好的基础。

习　题　5

1. 简答题

(1) 什么叫特殊矩阵和稀疏矩阵的压缩存储？

(2) 广义表具有哪些重要特性？

2. 选择题

(1) 因为对数组任一元素是_______，所以数组被称为随机存取结构。

A. 随机的　　B. 存取时间相等的　　C. 随时可访问的　　D. 结构任意的

(2) 设二维数组 *A*[6][7] (行列下标均从 0 开始)的每个元素占 4 个字节，问：

① 存放 *A* 至少需要_______个字节；

A. 160　　B. 168　　C. 216　　D. 196

② *A* 的第 6 列和第 3 行(行从第 0 行、列也从第 0 列算起)共占_____个字节；

A. 48　　B. 44　　C. 36　　D. 52

③ 若 *A* 按行优先方式存储，元素 *A*[5][4]的起始地址与当 *A* 按列优先方式存储时的_______元素的起始地址一致。

A. *A*[3][5]　　B. *A*[3][6]　　C. *A*[5][3]　　D. *A*[5][4]

(3) 关于数组的压缩存储，正确的是________。

A. 减少数组的存储元素

B. 节省存储空间

C. 使访问元素更加简洁

D. 在元素分布有规律时，只存储重要元素且重复的元素只存一个

(4) _______不被视为特殊矩阵。

A. 带状矩阵　　B. 上或下三角矩阵　　C. 对称矩阵　　D. 稀疏矩阵

(5) 下面的说法中，正确的是_______

A. 广义表是一种非线性结构　　B. 广义表是一种线性结构

C. 广义表一定是一种非递归结构　　D. 广义表一定是一种递归结构

(6) 若广义表 A 满足 Head(A)=Tail(A)，则 A 为_______。

A. ( )　　B. (( ))　　C. (( ),( ))　　D.(( ),( ),( ))

(7) 广义表(a, (b,c),d,(e, (b)))的表尾是_______。

A. (b)　　B. (e,(b))　　C. (d,(e,(b)))　　D.((b,c),d,(e,(b)))

(8) 已知广义表 GL=(a, (b), (c,d), (a,d,e))，运用 Head 函数和 Tail 函数取出 GL 中原子 c 的运算是______。

A. Head(Head(Tail(Tail(GL))))　　B. Head(Tail(Tail(Tail(GL))))

C. Tail(Head(Tail(Tail(GL))))　　D. Tail(Head(Head(Tail(Tail(GL)))))

3. 填空题

(1) 数组通常采用_______结构加以存储，两种主要运算_______和_______。

(2) 二维数组 A 中行的下标从 5 到 8，列的下标从 4 到 15，按行优先存储，每个元素占 5 个存储单元，A[5][4]的存储地址是 500，则元素 A[6][12]的存储地址是________。

(3) 设有一个 10 阶的对称矩阵 A 采用压缩存储，A[0][0]为第一个元素，其存储地址为 d，每个元素占 3 个存储单元，则元素 A[7][3]的存储地址为_______。

(4) 稀疏矩阵一般压缩存储方法有两种，分别是_______和_______。

(5) 一个 8×8 对称矩阵，按行优先或列优先进行压缩存储，则其存储容量为_______。

(6) 一个 n×n 的上三角矩阵，按行优先进行压缩存储，则其存储容量为_______。

(7) 若将 n×n 对称矩阵 A(行列下标均从 1 开始)按行优先为主次序将其下三角部分的元素压缩存储到一个一维数组(下标从 0 开始)中，则 A[i][j](j>i)在一维数组中的存储位置是_________。

(8) 三维数组 M[7][6][7](下标均从 0 开始)中每个元素的长度是 5 字节，从首地址 d 开始存储。按行优先为主次序存储，则元素 M[5][4][3]起始地址为______。

(9) 广义表((a,b), (((b,c,d),c,(d))),(d))的长度是____，深度是____，表头是_____，表尾是_____。

(10) 已知广义表 GL=(a,(b,c),(d,e))，用 Head 和 Tail 函数取出原子 d 的运算是__________。

4. 判断题

(1) 数组是一种线性结构。( )

(2) 数组除存取、修改、和检索元素等基本操作外，还有插入与删除操作。( )

(3) 对特殊矩阵采用压缩存储的目的主要是为了对元素存取变得简单。( )

(4) 对称矩阵只需存储包括主对角线元素在内的上(或下)三角的元素即可。( )

(5) 稀疏矩阵中大量值为零的元素分布无规律，因此采用三元组表存储。( )

(6) 线性表是广义表的特例。( )

(7) 顺序表存储稀疏矩阵非零元，有时并不一定能节省存储空间。( )

(8) 稀疏矩阵压缩存储后，可能失去随机存取特性。( )

(9) 稀疏矩阵元素在十字链表中压缩存储后，每个非零元处在两个链表中。( )

(10) 若一个广义表的表尾为空表，则此广义表亦为空表。( )

$$X=\begin{bmatrix}0&1&0&2&0\\0&0&3&0&0\\4&0&0&6&0\\0&0&9&0&3\\0&7&0&0&0\end{bmatrix}$$

图 5-27　稀疏矩阵 X

5. 运算题

(1) 以行优先顺序列出四维数组 $A[2][3][2][3]$所有元素在内存中的存储次序。

(2) 求三维数组按行优先顺序存储的地址计算公式。

(3) 画出由图 5-27 给出的稀疏矩阵 X 的三元组表和十字链表。

(4) 画出下列广义表的图形表示：

①$D(A(\,),B(\text{e}),C(\text{a},L(\text{b,c,d})))$；

②$J_1(J_2, J_4(J_1,a,J_3(J_1)),J_3(J_1))$。

(5) 画出第(4)题的广义表 D 和 J_1 的链表表示。

(6) 设有三对角矩阵 $A_{n\times n}$(行、列下标均从 0 开始)，将其三条对角线上的元素逐行存于数组 $B[3n-2]$中，使得 $B[k]=a_{ij}$，求：

① 用 i,j 表示 k 的下标变换公式；

② 用 k 表示 i,j 的下标变换公式。

(7) 设某计算机学院 SC 由“院办”、“计算机系”、“通信工程系”、“软件工程系”、“计算机基础教育中心”五个部门组成，其中计算机系包括“软件教研室”、“硬件教研室”，通信工程系仅含“通信工程教研室”，软件工程系仅含“软件工程教研室”，计算机基础教育中心含“计算机基础教育教研室”和“计算中心”。

① 请用广义表形式表示所描述的计算机学院 SC，并用表头和表尾运算求表中的“软件教研室”项；

② 画出该计算机学院广义表 SC 的两种形式存储结构。

6. 编程题

(1) 若在矩阵 $A_{m\times n}$ 中存在一个元素 $A[i][j]$满足：$A[i][j]$是第 i 行元素中最小值，且又是第 j 列元素中最大值，则称此元素为该矩阵的一个鞍点(注意：也有将在某行中为最大且在所在列中为最小的元素值定义为鞍点的)。假设以二维数组存储矩阵 $A_{m\times n}$，试编写求出矩阵中所有鞍点的算法，并分析你的算法在最坏情况下的时间复杂度。

(2)* 已知两个 $n\times n$ 的对称矩阵按压缩存储方法存储在一维数组 A 和 B 中，编写算法计算对称矩阵的乘积。

(3) 编写求广义表中原子元素个数的算法。

(4) 假设构造的广义表原子元素为个位整数，编写求其所有元素之和的算法。

思 考 题 5

1. 在对称矩阵以压缩存储方式存储下，求矩阵中最大元素及其所在位置。
2. 在稀疏矩阵分别以三元组表和十字链表压缩存储方式存储下，求矩阵中最大元素及其所在位置。

上 机 题 5

1. 编程求魔方矩阵。n 阶魔方矩阵是指，将 $1,2,\cdots,n^2$ 填入该 n 阶矩阵后，使得其每行、每列、主对角线、次对角线上所有元素之和分别都相等。当 n 为大于或等于 3 的奇数时，填入的方法如下：将 1 填在第一行的正中；将每增 1 后的值填入其左上位置，若上方越界，则填入最下面一行的相应位置，若左方越界，则填入最右边一列的相应位置。即将上下、左右均分别看成循环连接的，最左上角的位置与最右下角的位置也是连接的。若某个要填入数的位置已填入了其他元素，则将其填在刚填的元素的正下位置。如此重复，直到 n^2 填入为止。由于方阵具有对称性，所以，可类似地有多种不同的填法，同样也可得到不同形式的魔方矩阵。

2.* 试编写两个稀疏矩阵在三元组顺序表表示下相乘(C=A*B)的算法，并编写主函数，联调并运行稀疏矩阵在三元组顺序表下进行处理的相关程序。

第 6 章　树和二叉树

在日常生活中，可以见到很多层次结构，如一个学院的机构设置，可用一个树形结构来表示，见图 6-1，它是一种非线性的数据结构(一个结点可能有多个后继)。而在这类结构中又以二叉树 (一个结点至多有两个后继) 最为常用并最易处理。树形结构在计算机科学中也常有应用，如在编译程序中，可用树来表示源程序的语法结构等。本章讨论树、二叉树的逻辑结构和存储结构及相关的操作，并涉及树、森林与二叉树之转换关系，最优二叉树(即哈夫曼树)等。

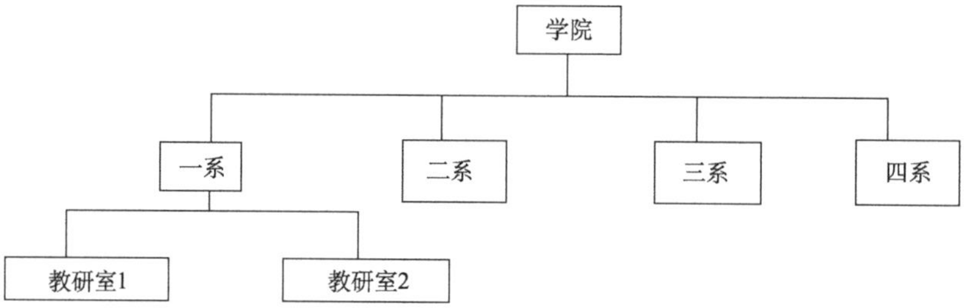

图 6-1　学院机构图(仅画出一部分)

6.1　树的基本定义

下面首先介绍与树有关的基本定义及术语：

1. 树的定义

树(tree)是 $n(n\geqslant 0)$个结点的有限集，递归定义如下。当 $n=0$ 时，为空树。当 $n>0$ 时

(1) 有且仅有一个称为根(root)的结点；

(2) 其余结点可分为 $m(m\geqslant 0)$个互不相交的有限集 $T_1,T_2,T_3,\cdots,T_m$，其中每一个集合又是一棵树，称为根的子树(subtree)。

例 6-1　在图 6-2 中，分别给出了三种不同形态的树。

三种不同形态的树

(a) 空树：$\varnothing$；

(b) 只有一个根结点的树；

(c) 有 13 个结点的树，其中 A 是根，其余结点分为三个互不相交的子集：

$$T_1=\{B,E,F,K,L\},\quad T_2=\{C,G\},\quad T_3=\{D,H,I,J,M\}。$$

T_1,T_2 和 T_3 都是根 A 的子树，且本身也是一棵树。

例如 T_1，其根为 B，其余结点分为两个不相交的子集：$T_{11}=\{E,K,L\}$，$T_{12}=\{F\}$。T_{11}

和 T_{12} 都是 B 的子树。而 T_{11} 中 E 是根，{K}和{L}是 E 的两棵不相交子树中结点所构成的子集,它们本身又都只有一个根结点,构成 E 的两棵不同的子树。同理，对 T_2 和 T_3 也可得到类似的解释。

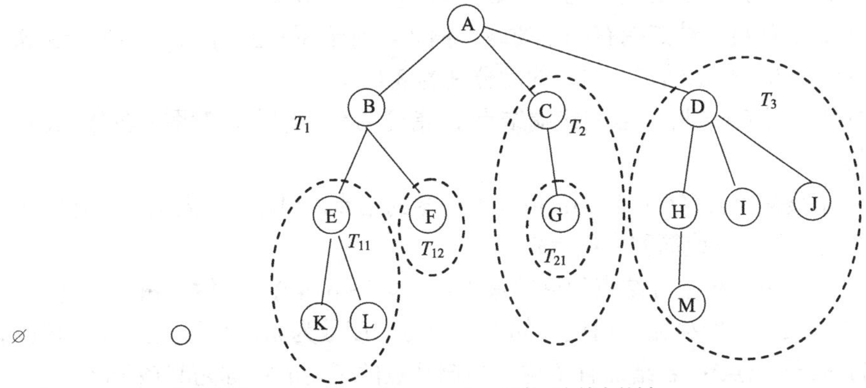

(a) 空树　　(b) 仅一个结点的树　　　　　　　　(c) 一棵有13个结点的树

图 6-2　树的例子

树的表示除用图 6-2 中的形式外，还有其他三种不同的形式，如图 6-3。它们分别是：

(1) 嵌套集合　即一些集合的集体，其中任何两个集合，或不相交，或一个包含另一个，如图 6-3(a)。

(2) 广义表的形式　根作为由子树森林组成的表的名字，写在表的左边，如图 6-3(b)。形式为(A(B(E(K,L),F),C(G),D(H(M),I,J))。

(3) 凹入表示法　类似于书的编目，如图 6-3(c)。

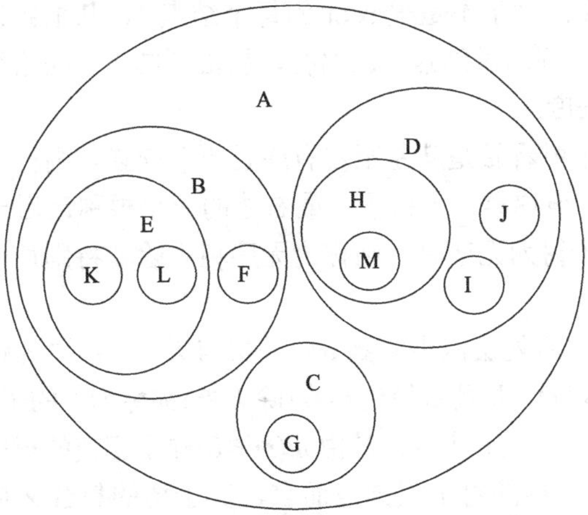

(a) 嵌套集合

(A(B(E(K,L),F),C(G),D(H(M),I,J)))

(b) 广义表的形式

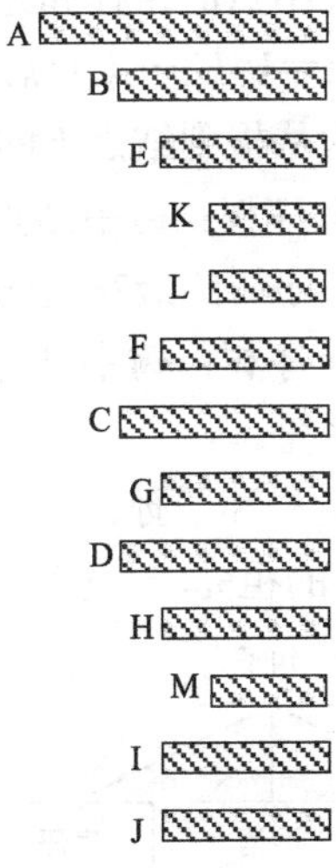

(c) 凹入表示法

图 6-3　树的不同表示法

2. 树的有关术语

(1) 结点：表示一个数据的点称为结点。

(2) 边：结点间的连线称为一条边，或称为一条分支。

(3) 结点的度：结点拥有的子树数。例如，对于图 6-2 (c), degree(A)＝3, degree(C)＝1,degree(F)＝0，表示结点 A,C,F 的度分别为 3,1,0。

(4) 叶结点(又称叶结点或终端结点)：指度为零的结点，对图 6-2(c)，K,L,F,M,I,J 均为叶结点。

(5) 非终端结点(分支结点)：指度不是零的结点。根称为根结点。除根外的非终端结点又称为内部结点(或简称内结点)。

(6) 树的度：树中各结点的度的最大者，如图 6-2(c)中的树，树的度为 3。仅含根结点的树的度是 0。空树无所谓度。如果一个树的度数为 m，则称其为 m 度树或 m 叉树。

(7) 孩子(结点)：若结点有子树，则该结点的子树的根称为其孩子(结点)。

(8) 双亲(结点)：它是相对一个结点而言的。结点对于其子树的根的关系。从子树根结点角度来看该结点，这个结点称为孩子的双亲(结点)。

(9) 兄弟：同一个双亲的孩子之间互称兄弟。

(10) 结点的层：从根开始定义，根为第一层，根的孩子是第二层。若某结点在第 k 层，则其子树的根即孩子(若存在)就在第 k+1 层。

(11) 树的深度：树中结点的最大层数，也称为树的高度。

(12) 路径及路径长度：若从某一结点 k 经过“自上而下”通过树中的结点，到达结点 i，则称从 k 到 i 存在一条路径，且其长度等于路径上分支总数，或这条路径上的结点总数减 1。

树中某结点的路径和路径长度：对于不是根 root 的每个结点 k，从根到该结点有结点序列 root＝$k_0,k_1,\cdots,k_n=k$，这个序列叫做结点 k 的路径，从根到结点 k 的路径中所含的边数 n 称为从根到结点 k 的路径长度。

(13) 有序树：树中结点的各子树看做是从左至右有序且不能交换，则称该树为一棵有序树。有序树的最左边的子树的根称第一个孩子，最右边的一个根称最后一个孩子。

(14) 无序树：树中结点的各子树为无序时，则称为无序树。除非特别声明，一般树通常指无序树。

(15) 祖先和子孙：由上层结点(所处层值小)k 到 i(所处层值大) 所经过的路径上的结点都称为 i 的祖先(一般不包括 i 本身)，并且所经过结点(除 k 外)都称为 k 的子孙或后代。

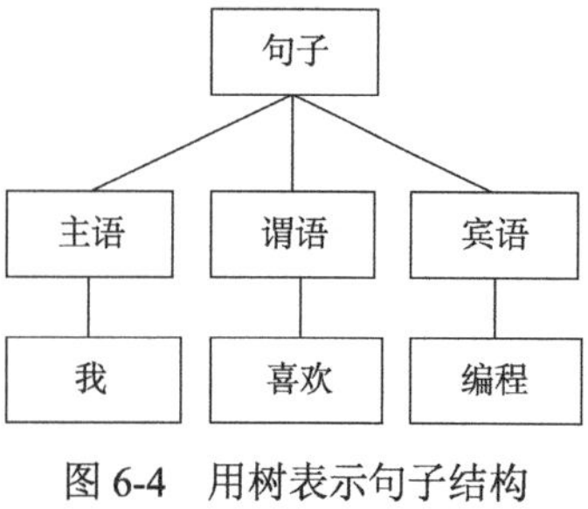

图 6-4 用树表示句子结构

(16) 森林：是由 $m(m\geqslant 0)$棵不相交的树的集合。对其中树的每个根结点而言，其子树的集合又是森林。树和森林可相互递归地定义或描述。

树的结构有着广泛的用途，经常用来定义层次关系，如前面的图 6-1 和 6-2(c)。除了层次关系外，有序树还指明结点的子树的某种顺序关系，这在许多情况下是很有用的。

例如，图 6-4 的树，不仅表示句子是由主语、谓语和宾语组成，而且主语在谓语之前，谓语在宾语之前。另外，可以用有序树表示算术表达式。

例如，简单算术表达式(*A*+*B*)*5/(2*(*C*–*D*))，可用图 6-5 和图 6-6 两种表示法分别表示之。

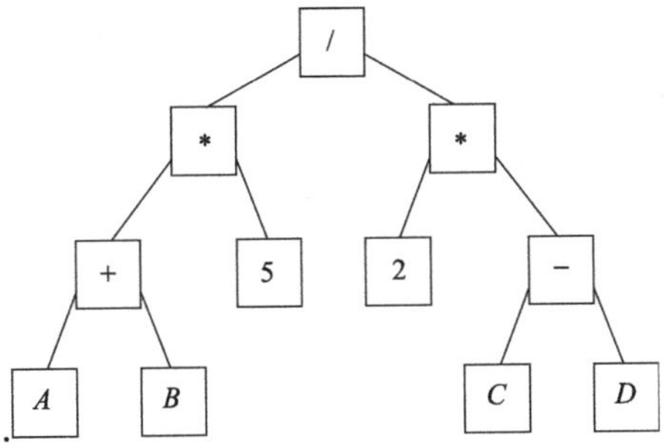

图 6-5　(*A*+*B*)*5/(2*(*C*–*D*)) 的树表示法之一

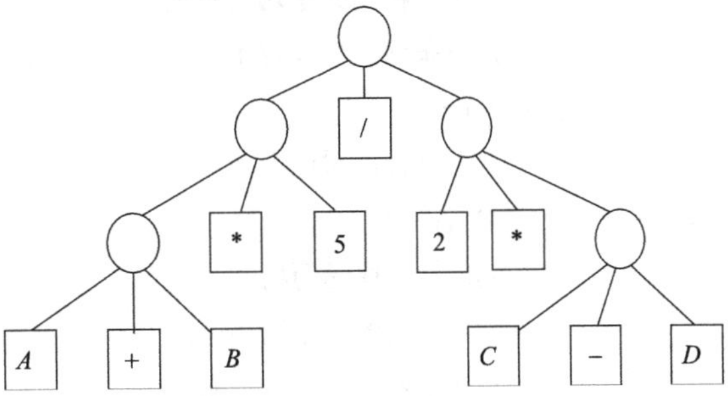

图 6-6　(*A*+*B*)*5/(2*(*C*–*D*)) 的树表示法之二

从严格意义上来讲，这里定义的树和后面将定义的二叉树都属于有向树，因为在递归定义中，实际上应指出了从根到孩子的方向连接，或反方向的连接。这样，在画出其图形表示时，习惯性地将根画在上方，并省去了边的方向。否则，在画出的无向图中，并不知道哪个结点是根，因为任何一个结点都可看成无向图的根。

3. 树的抽象数据类型定义

ADT Tree

Data:

　　树的定义如前给出,数据集为具有相同特性的数据元素即树中结点的集合

Relation:

　　树中结点具有层次关系

Operations:

　　InitTree

　　　　前置条件：树不存在

　　　　输入：无

　　　　功能：初始化一棵树

　　　　输出：无

　　　　后置条件：构造一棵空树

　　DestroyTree

　　　　前置条件：树已存在

　　　　输入：无

　　　　功能：销毁一棵树

　　　　输出：无

　　　　后置条件：释放该树占用的存储空间

PreOrder

前置条件：树已存在

输入：无

功能：先序遍历树

输出：树的先序遍历序列

后置条件：树保持不变

PostOrder

前置条件：树已存在

输入：无

功能：后序遍历树

输出：树的后序遍历序列

后置条件：树保持不变

LevelOrder

前置条件：树已存在

输入：无

功能：层序遍历树

输出：树的层序遍历序列

后置条件：树保持不变

endADT

此外，对树的操作可以有：

(1) Root(t)或 Root(x)：要找树或找结点所在的树的根结点。若 t 是空树或 x 不在任何一棵树上，则运算结果是空。

(2) Parent(t,x)：在树上求结点 x 的双亲结点。若 x 是根结点或 x 不在树 t 中，则运算结果是空。

(3) Child(t,x,i)：求树 t 中 x 结点的第 i 个孩子结点，若 x 是 t 的叶结点，或没有第 i 个孩子，或结点 x 不在树 T 中，则返回空。

(4) RightSibling(t,x)：求树 t 中结点 x 右边的兄弟。若 x 是双亲的最右边孩子结点或不在树 t 中，则运算结果为空。同理可有求左兄弟结点之函数。

(5) Create(x,f)：建立一棵以 x 为根并以森林 f 为其子树森林的树。

(6) AddChild(y,i,x)：把以结点 x 为根的树作为某棵树中结点 y 的第 i 棵子树。

(7) DelChild(x,i)：删除结点 x 的第 i 棵子树。

(8) 搜索树中满足某个特定条件的结点。

(9) 找出树中满足某个条件的从根到某叶结点的一条最佳路径。

6.2 二 叉 树

二叉树作为一种基本的树形结构，是研究其他树形结构的基础，因此在讨论一般树的存储结构和运算之前，先研究二叉树的逻辑定义和基本运算。

6.2.1　二叉树的定义和基本运算

二叉树(binary tree)是一种特殊的树型数据结构，其特点是：每个结点至多只有两棵子树(即二叉树中不存在度大于 2 的结点)，并且子树有左右之分，其次序不能任意颠倒(在无序树中，结点子树的次序是无关紧要的)。由此，二叉树可以有 5 种基本形态，如图 6-7 所示。

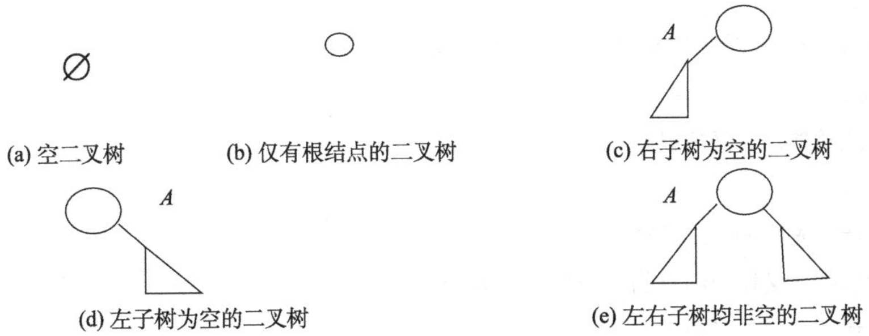

图 6-7　二叉树的五种基本形态

因此，二叉树是一种特殊的有序树。由于二叉树是有序树，而一般的树逻辑上是一种无序树，所以，通常认为，二叉树并不是树。这一点与人们的直观认识是有区别的。

二叉树也可如下递归定义：一棵二叉树，或为空，或为由一个根结点加上两棵分别称为左子树和右子树且互不相交的二叉树组成，且左子树和右子树也是二叉树。

二叉树的这种递归定义的出口是，到空就不再往下定义。

有的书上把二叉树的定义简单描述为：是 $n(n\geqslant 0)$个结点的有限集，此集合或是空集或是由一个根结点加两棵互不相交的二叉树(分别称为左子树和右子树)组成。

二叉树与树的区别在于：树的子树不必区分其先后次序，而二叉树的子树有左右之分，且对二叉树之每一结点(含根结点)的子树不超过 2 个。

二叉树的抽象数据类型定义

ADT CBinaryTree

Data:

　　D 是具有相同特性的数据元素的集合。

Relation:

　　若 *D* 为空集，称 CBinaryTree 为空二叉；

　　否则由一个根结点和两棵互不相交的左右子树构成。

Operation:

　InitBiTree

　　前置条件：无

　　输入：无

功能：初始化一棵二叉树

输出：无

后置条件：构造一棵空的二叉树

DestroyBiTree

前置条件：二叉树已存在

输入：无

功能：销毁一棵二叉树

输出：无

后置条件：释放二叉树占用的存储空间

PreOrder

前置条件：二叉树已存在

输入：无

功能：先序遍历二叉树

输出：二叉树中结点的一个先序序列

后置条件：二叉树不变

InOrder

前置条件：二叉树已存在

输入：无

功能：中序遍历二叉树

输出：二叉树中结点的一个中序序列

后置条件：二叉树不变

PostOrder

前置条件：二叉树已存在

输入：无

功能：后序遍历二叉树

输出：二叉树中结点的一个中序序列

后置条件：二叉树不变

LevelOrder

前置条件：二叉树已存在

输入：无

功能：层序遍历二叉树

输出：二叉树中结点的一个层序序列

后置条件：二叉树不变

endADT

与树的操作相似，二叉树除有上述基本操作外，还可有下列操作(当不满足条件时常返回 NULL)：

(1) Root(BT)或 Root(x)：求二叉树 BT 的根或求 x 所在二叉树的根结点。

(2) Parent(BT,x)：求二叉树 BT 中结点 x 的双亲。

(3) LChild(BT,x)和 RChild(BT,x)：分别求二叉树 BT 中结点 x 的左孩子和右孩子。

(4) Create(x,lbt,rbt)：建立一棵以 x 为根结点，分别以二叉树 lbt 和 rbt 为左右子树的二叉树。

(5) AddLChild(x,x)：在结点 x 为根的二叉树中，x 的左子树为空的条件下，把以结点 x 为根的二叉树置为结点 x 的左子树。同理可定义 AddRChild(x,x)。

(6) DelLChild(x)：删除二叉树中结点 x 的左子树。同理可定义 DelRChild(x)。

(7) Level(BT)：求二叉树的深度或高度。

(8) Count(BT)：计算二叉树 BT 的结点个数。

(9) CountLeaf(BT)：计算二叉树 BT 的叶结点的个数。

6.2.2　二叉树的性质

二叉树作为一种重要的树形结构，具有下述重要性质。

性质 1　在二叉树的第 i 层上结点个数至多为 2^{i-1} ($i \geqslant 1$)。

证明　可用归纳法证明之。设当 i 表示层数，则当 $i=1$ 时只有根结点，$2^{i-1}=2^0=1$。结论成立。

假设对所有的 $j(1<j<i)$，结论成立，现在来证明 $j=i$ 时也成立。

由归纳假设在第 $i-1$ 层上至多有 $2^{(i-1)-1}=2^{i-2}$ 个结点。由于二叉树的每个结点的度至多为 2，故在第 i 层上的最多结点数为第 $i-1$ 层上的最大结点数的 2 倍，即 $2\times 2^{i-2}=2^{i-1}$。证毕。

性质 2　深度为 k 的二叉树至多有 2^k-1 个结点($k \geqslant 1$)。

证明　深度为 k 的二叉树的最大结点数为

$$\sum_{i=1}^{k}(\text{第}i\text{层上的最大结点数}) = \sum_{i=1}^{k} 2^{i-1} = 1+2+\cdots+2^{k-1} = 2^k - 1 \tag{6-1}$$

在实际应用中有两种特殊形态的二叉树：完全二叉树和满二叉树。

满二叉树　深度为 k 且有 2^k-1 个结点的二叉树，称为满二叉树。

满二叉树的每一层上的结点数都有最大结点数。除根结点和叶结点外，其余每个内结点都有两个孩子结点(左孩子和右孩子)。

如图 6-8，深度为 3 的满二叉树的结点进行编号，约定编号从根结点起，自上向下，自左向右。从 1 到 $2^k-1=2^3-1=7$，编号为 $1,2,3,\cdots,2^k-1=7$。

而图 6-9(a)是一棵深度为 4 的满二叉树。

完全二叉树　深度为 k 的，有 n 个结点的二叉树，当且仅当其每一个结点都与深度为 k 的满二叉树中编号从 1 到 n 的结点一一对应时，称为完全二叉树。

此定义与有些离散数学书上有关完全二叉树的定义不同,如有的离散数学书上定义完全二叉树为:结点的度要么为 2,要么为 0,而没有其他度的结点的二叉树(如图 6-9(b))。

而图 6-9(b)不是满足本书在这里所定义的一棵完全二叉树。

图 6-9(c)才是这里所定义的一棵完全二叉树。读者要注意区分。

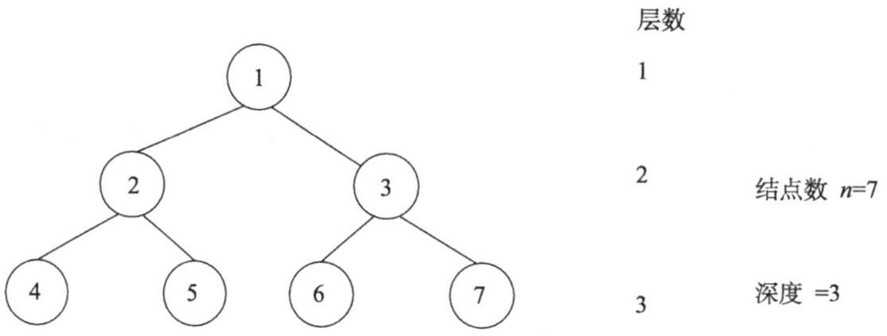

图 6-8　深度为 3 的一棵满二叉树

对于完全二叉树，其特点是：

(1) 叶结点只可能在层次最大的两层上出现。

(2) 对任一结点，若其右分支下的子孙的最大层次为 L，则其左分支下的子孙的最大层次不小于 L(必为 L 或 $L+1$)。例如在图 6-9(c)中的结点 3，其右孩子的层数为 3，则其左分支下的结点的层数为 3 或 4。

(3) 满二叉树是完全二叉树的特例。

图 6-9(b)和图 6-9(d)都不是完全二叉树，也不是满二叉树。

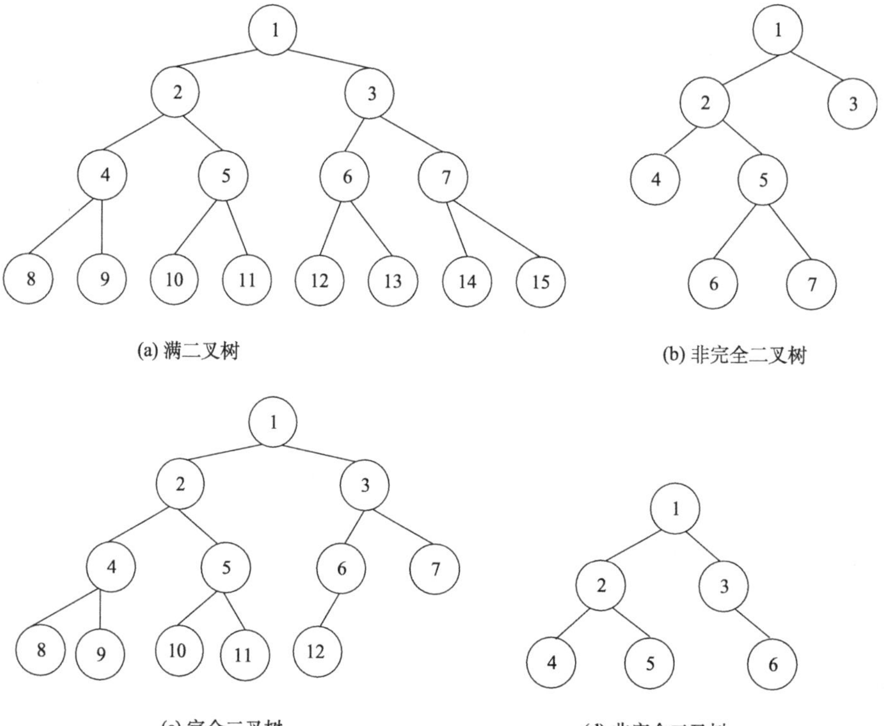

图 6-9　特殊形态的二叉树

对于完全二叉树，有如下两个特性：

性质 3　具有 n 个结点的完全二叉树的深度为$\lfloor \log_2 n \rfloor+1$。

证明　假设完全二叉树的深度为 k，则根据性质 2 和完全二叉树的定义有

$$2^{k-1}-1<n\leqslant 2^k-1 \quad 或 \quad 2^{k-1}\leqslant n<2^k$$

于是

$$k-1\leqslant \log_2 n<k$$

因为 k 是整数，所以

$$k=\lfloor \log_s n \rfloor+1 \tag{6-2}$$

说明：$2^{k-1}-1$ 是深度为 $k-1$ 的满二叉树的结点数，如 $n=16$ 个结点的完全二叉树的深度 $k=5$，$n=100$ 个结点的完全二叉树的深度 $k=7$。

性质 4　如果对一棵有 n 个结点的完全二叉树(深度为$\lfloor \log_2 n \rfloor+1$)的结点按层次 (从第 1 层到第$\lfloor \log_2 n \rfloor+1$ 层，每层从左到右) 编号，则对任一结点 $i(1\leqslant i\leqslant n)$，有

(1) 如果 $i=1$，则 i 是根，无双亲；如果 $i>1$，则其双亲的编号是结点$[i/2]$；

(2) 如果 $2i>n$，则结点 i 无左孩子，否则，即 $2i\leqslant n$，其左孩子的编号是 $2i$；

(3) 如果 $2i+1>n$，则结点 i 无右孩子，否则，即 $2i+1\leqslant n$，其右孩子的编号是 $2i+1$。

上述性质只要证明(2)、(3)后，即可导出(1)。

对于 $i=1$，由完全二叉树的定义，其左孩子的编号若存在就是 2。若 $2>n$，则不存在左孩子。结点 i 的右孩子的编号若存在则也只能是 3，若编号 3 不存在，即 $3>n$，此时结点 i 无右孩子。

假设对于所有的结点 $j(1\leqslant j\leqslant i)$，$j$ 的左孩子的编号若存在则是 $2j$，j 的右孩子的编号若存在则是 $2j+1$ 成立。根据完全二叉树结构的特点，$i+1$ 的左孩子之前的两个结点的编号是结点 i 的左孩子和右孩子的编号。

由归纳假定：i 的左孩子是 $2i$，i 的右孩子是 $2i+1$，因此，$i+1$ 的左孩子的编号就应是 $2i+2$，即 $2(i+1)$。若 $2(i+1)>n$，则 $i+1$ 无左孩子。而 $i+1$ 的右孩子的编号应是 $2i+3$，即 $2(i+1)+1$。若 $2(i+1)+1>n$，则 $i+1$ 无右孩子。

(2)和(3)证毕。上述证明读者可结合图 6-10 加以直观理解。

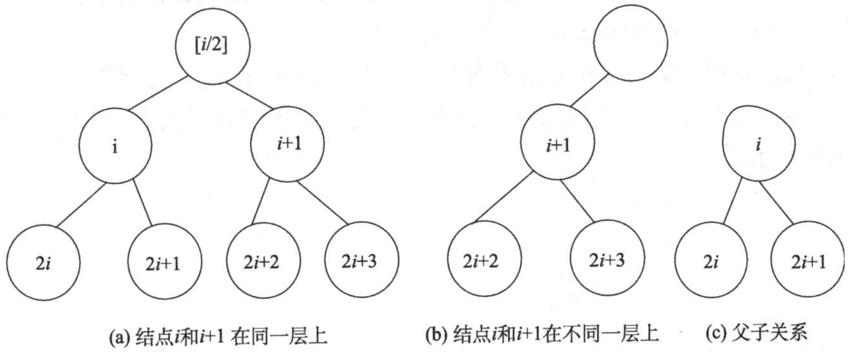

图 6-10　完全二叉树中结点 i 和 $i+1$ 的左孩子

关于二叉树和树还有很多性质，读者可参见离散数学中的有关章节。这里仅列出一个，作为性质 5,仅起到说明性的作用。

性质 5　对任一棵二叉树，如果其终端结点数为 n_0(即叶结点数为 n_0)，度为 2 的结点数为 n_2，则

$$n_0=n_2+1 \tag{6-3}$$

证明　设 n_1 为二叉树中度为 1 的结点数。因二叉树中任一结点度小于或等于 2，所以其结点总数为

$$n=n_0+n_1+n_2 \tag{6-4}$$

再看二叉树的分支数(或边数)。除了根结点外，其余结点都有一个分支进入，设 B 为分支总数，则 $n=B+1$(因任何树中结点数等于分支数加 1)。由于这些分支是由度为 1 或 2 的结点射出的，所以有 $B=n_1+2n_2$。于是

$$n=n_1+2n_2+1 \tag{6-5}$$

进一步变形得 $n_0=n_2+1$。

此外，还有两种极端的二叉树：左斜二叉树和右斜二叉树，可分别简称为左斜树和右斜树。所谓左斜树是指每个结点要么没有孩子，要么仅有左孩子的二叉树，也称为左单支树。而所谓右斜树是指每个结点要么没有孩子，要么仅有右孩子的二叉树，也称为右单支树。

6.2.3　二叉树的存储结构

1. 二叉树的顺序存储结构

1) 二叉树的一维数组顺序存储

对于具有 n 个结点的完全二叉树，按层序从上到下，每一层从左到右的结点序列 $a_1,a_2,\cdots,a_n$，用一个一维数组 A 的元素 $A[1]$～$A[n]$来存储结点，把结点 $a_i(1\leqslant i\leqslant n)$存放在存储单元 $A[i]$中。这样的存储顺序不需要另外的附加信息就能表现一棵树的结点之间的主要关系，即父子关系。

当 $i\leqslant n/2$ 时，a_i 存放在 $A[i]$中，其左孩子 a_{2i} 存放在 $A[2i]$中，否则 a_i 没有左孩子。

当 $i\leqslant (n-1)/2$ 时，a_i 的右孩子 a_{2i+1} 存放在 $A[2i+1]$中，否则 a_i 没有右孩子。

当 $2\leqslant i\leqslant n$ 时，a_i 有双亲 $a_{i/2}$，存放在 $A[i/2]$中。

当 $1\leqslant i\leqslant (n-1)/2$ 时，a_{2i} 和 a_{2i+1} 有相同的双亲，即 a_{2i} 和 a_{2i+1} 是兄弟。

例如，6-11(a)的完全二叉树的结点信息可以用一维数组 A 的分量 $A[1]$～$A[12]$存储，如图 6-11(b)所示。

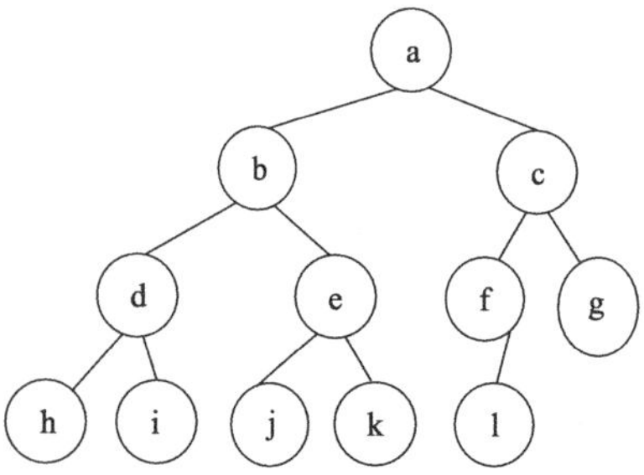

(a) 一棵具有12个结点的完全二叉树

1	2	3	4	5	6	7	8	9	10	11	12
a	b	c	d	e	f	g	h	i	j	k	l

(b) 直接顺序存储表示

图 6-11　完全二叉树的一维数组顺序存储结构

根据完全二叉树的特性，结点在数组分量中的相对位置蕴含着结点之间的关系，如 $A[5]$中的 e 的双亲是 $A[2]$中的 b；$A[5]$的左孩子是 $A[10]$中的 j，右孩子是 $A[11]$中的 k。

显然，上述方法仅适合完全二叉树。

对一般的二叉树即非完全二叉树，若仍希望用一维数组表示，且结点间的父子关系仍由下标计算定位，则首先必须将其转化为一个扩展后的完全二叉树，然后再按完全二叉树的形式来加以存储。但这样势必要增加很多“虚结点”，数组分量中对应地存储特定标志信息，如“#”，从而将造成极大浪费。如图 6-12(a) 是一棵非完全二叉树，先将其转化为图 6-12(b)所示的扩展后的完全二叉树，再以一个一维数组表示如图 6-12(c)。显然其中有很多单元存储的是“#”，造成空间的浪费。

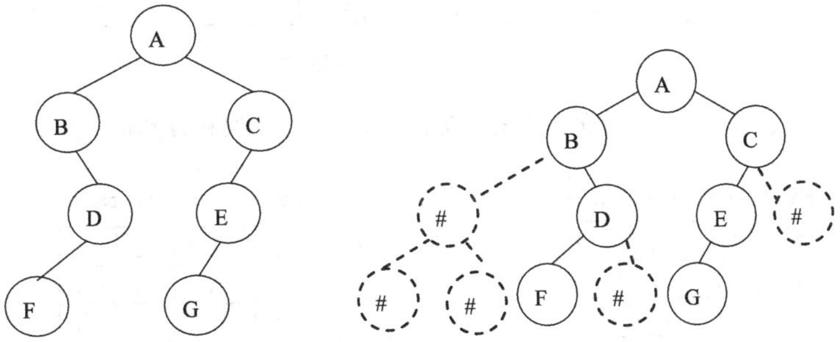

(a) 一个非完全二叉树　　(b) 扩展后的完全二叉树

下标	1	2	3	4	5	6	7	8	9	10	11	12
	A	B	C	#	D	E	#	#	#	F	#	G

(c) 扩展后的完全二叉树的顺序存储

图 6-12　二叉树的顺序存储结构(一维数组表示)

在最坏的情况下，一个深度为 k 且只有 k 个结点的右单支二叉树(树中无度为 2 的结点)，却需 2^k-1 个存储单元，浪费单元数为 2^k-1-k。例如，当深度为 k=4 且只有 k=4 个结点的右单支树，需要增加 $2^4-1-4=11$ 个虚结点，如图 6-13 所示。

2) 二叉树的一维结构数组顺序存储

在这种存储表示法中，一维结构数组的每个分量是含三个成分的结构：lcur、data、rcur。其中，data 域存放本结点信息；lcur 称为左游标，当结点有左孩子时，存放其左孩子结点在数组中的下标，否则，存放–1，表示无左孩子；rcur 称为右游标，当有右孩子时，存放其右孩子结点在数组中的下标，否则，存放–1，表示无右孩子。按层序从上到下、自左至右把树中的结点依次存放在一个一维结构数组中。图 6-12(a)中的非完全二叉树的一维结构数组顺序存储如图 6-14(a)所示。这种存储结构对于从某个结点找其左右孩子的操作是方便的。

为了进一步对于从某个结点找其双亲的操作也方便，可进一步再增加一个双亲游标域 parent，用于存放其双亲结点所在的编号，如图 6-14(b)所示。

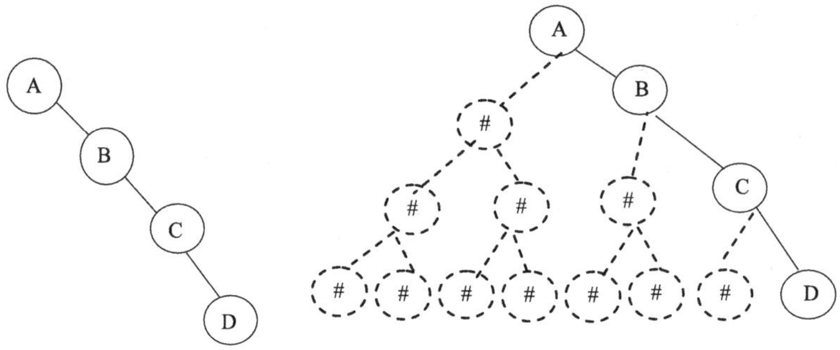

(a) 深度为4的右单支二叉树　　(b) 扩展后的完全二叉树

下标：	1	2	3	4	5	6	7	8	9	10	11	12	13	14	15
	A	#	B	#	#	#	C	#	#	#	#	#	#	#	D

(c) 右单支二叉树(右斜树)的顺序存储

图 6-13　深度为 4 的右单支二叉树的扩展完全二叉树及其顺序存储

下标	lcur	data	rcur
0	1	A	2
1	–1	B	3
2	4	C	–1
3	5	D	–1
4	6	E	–1
5	–1	F	–1
6	–1	G	–1

(a) 带左右游标的结构数组表示

下标	lcur	data	rcur	parent
0	1	A	2	–1
1	–1	B	3	0
2	4	C	–1	0
3	5	D	–1	1
4	6	E	–1	2
5	–1	F	–1	3
6	–1	G	–1	4

(b) 带左右和双亲游标的结构数组表示

图 6-14　二叉树的一维结构数组存储表示

2. 二叉树的链式存储结构

为了进一步充分利用内存，用链式存储结构来存储二叉树。

lchild	data	rchild

图 6-15　二叉链表结点结构

二叉树的结点包含一个数据元素和分别指向其左、右子树的两个分支，这表示二叉树的链表中的结点可包含三个域：数据域 data、左指针域 lchild、右指针域 rchild。结点结构如图 6-15 所示。

二叉树的二叉链表结点结构的存储表示简称为二叉链表。图 6-16 给出了一个一般的二叉树(见图 6-16(a))的二叉链表(见图 6-16(b))。

而图 6-17 则分别给出了深度为 4 的左单支树和右单支树的二叉链表。

二叉链表的结点说明和二叉链表存储结构的类声明：

1) 二叉链表的结点说明

```
template <class T>
struct BiNode
```

```
{   T data;
   BiNode<T>   *lchild, *rchild;
};
```

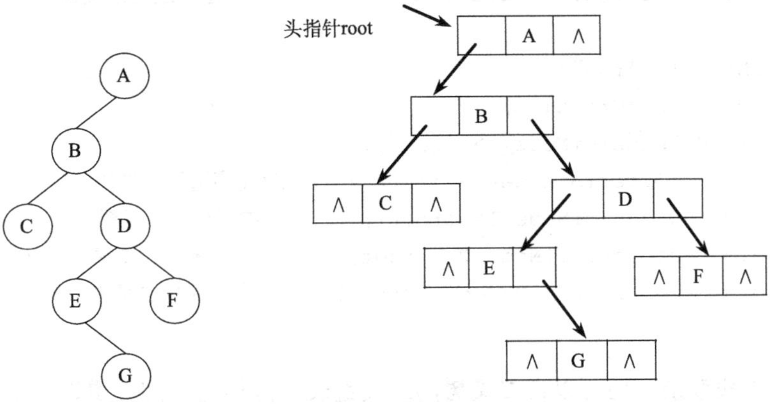

(a) 二叉树 (b) 二叉链表

图 6-16 二叉树的二叉链表

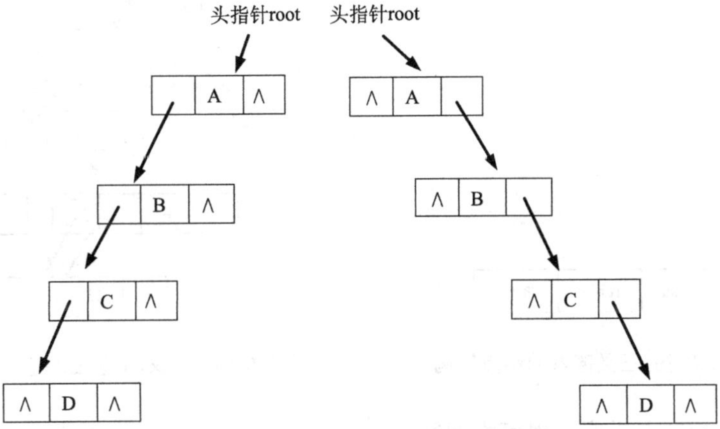

(a) 左单支二叉树的二叉链表存储 (b) 右单支二叉树的二叉链表存储

图 6-17 单支二叉树的二叉链表存储

2) 基于二叉链表结点说明的二叉链表类声明

```
template <class T>
class BiTree
{ public:
     BiTree( );
     ~BiTree(void );
     BiNode<T> *GetRoot( ){ return root;}   //取根指针
     Void PutRoot(BiNode *r) { root=r;}    //置根指针
```

```
        void PreOrder(){PreOrder(root);}        //先序遍历二叉树
        void InOrder(){ InOrder(root);}         //中序遍历二叉树
        void PostOrder(){PostOrder(root);}      //后序遍历二叉树
        void LevelOrder(){LevelOrder(root);}    //层序遍历二叉树
    private:
        BiNode<T> *root;
        BiNode<T> *Creat( );
        void Release(BiNode<T> *root);
        void PreOrder(BiNode<T> *root);        //先序遍历二叉树
        void InOrder(BiNode<T> *root);         //中序遍历二叉树
        void PostOrder(BiNode<T> *root);       //后序遍历二叉树
        void LevelOrder(BiNode<T> *root);      //层序遍历二叉树
    };
```

为了便于找双亲，还可以在二叉树的二叉链表结点结构基础上增设一个指向双亲结点的指针域 parent，结点结构如图 6-18 所示。

二叉树三叉链表结点结构下的存储表示简称为二叉树的三叉链表，见图 6-19。

lchild	data	rchild	parent

图 6-18　二叉树的三叉链表的结点结构

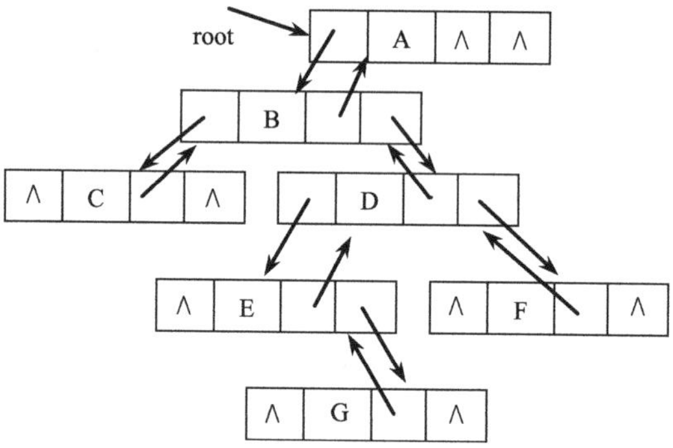

图 6-19　二叉树的三叉链表存储结构

三叉链表的结点说明，也可类似写出：

```
template <class T>
struct  ThrNode
   {  T data;
     ThrNode<T> *lchild, *rchild,*parent;
};
```

很显然，各种不同的存储结构适用于不同的操作，比如在三叉链表中易实现操作 Parent(BT,*x*)，但在二叉链表中，则需从根结点出发巡查，从而其操作的繁简度也不一样，数据结构课程本身就是要求能根据所用数据的操作类型，从操作方便出发，来构造不同的存储结构和算法。

6.3　二叉树的建立和遍历

6.3.1　遍历二叉树

在一些二叉树的应用中，查找具有某种特征的结点，或对全部结点进行逐一处理，都要涉及二叉树的遍历(traversing binary tree)操作。所谓遍历二叉树，是指按一定的顺序访问二叉树中的所有结点。当二叉树以顺序存储或二叉链表表示后，就要设计相应的算法实现对二叉树的遍历。当然，算法的设计和实现取决于二叉树的存储结构表示形式。

逻辑上，如何按一定的规律巡访树中的每一结点，使每个结点被访问一次且仅一次?这需要一定的策略。由于二叉树是非线性结构，所以，遍历也可看成是使结点排列在一个线性序列上。为方便起见，假定对结点的访问仅仅只是打印结点的相关信息，如果对结点做其他的处理，则要做相应的变化加以应对。

在二叉树的顺序存储结构表示下，由于存储时就是以从上到下、自左至右的次序存放每个结点中的数据的，所以只要对该数组进行一遍从前往后的扫描，跳过虚结点对应的数组分量，即可实现二叉树的层序遍历，即按从上到下、自左至右次序处理每个结点一次且仅一次。

而在二叉树的链式存储结构表示下，却没有在顺序存储结构表示那么简单。下面主要以二叉树的二叉链表存储结构表示下来讨论二叉树的遍历、建立等操作。

从宏观上看，二叉树有三个基本单元：根结点、左子树和右子树。且对二叉树中的任何一个结点，以其为根的子树也有这三个基本单元。要做遍历，也就必须按一定次序遍历这三部分中的信息。假设用 L 表示遍历左子树，D 表示访问根结点，R 表示遍历右子树，则有：DLR,LDR,LRD,DRL,RDL,RLD 六种方法。

此外，按照层序，即自上而下、自左至右的次序遍历二叉树，又可得到二叉树的另一种遍历方法，称为层序遍历。因此遍历方法总共有七种。

若限定先遍历左子树，后遍历右子树，则只有三种方案：DLR,LDR,LRD。按照根结点被访问的先后，可分别称这三种方案为：先根序遍历、中根序遍历和后根序遍历。先根序遍历、中根序遍历、后根序遍历又分别被简称为先根遍历或先序遍历、中根遍历或中序遍历、后根遍历或后序遍历。一旦采用了这三种中的某一种遍历方案，在遍历每个子树时也仍采用相应的遍历方案。所以，每个遍历方案都是递归形式的。

对于另外的三种方案即限定先遍历右子树后遍历左子树的三种方案，也只需在对应的算法中简单地作修改，如调整语句次序等，便可得到相应的算法。当然，根据需要，有时还必须利用这另外的三种方案中的某一个求解问题，例如要得到后序遍历序列的逆序等时，就要设计为先访问根结点，再遍历右子树，后遍历左子树。

而层序遍历通常不以递归形式出现，它通常需要用一个队列作辅助存储结构加以实现。

下面逐一描述这四种遍历二叉树方法。

1. 先序遍历二叉树

先序遍历二叉树的伪代码如下：

伪代码

若二叉树为空，则空操作；否则
(1) 访问根结点；
(2) 先序遍历左子树；
(3) 先序遍历右子树。

先序遍历二叉树的递归函数算法如下：

先序遍历二叉树的递归函数算法 PreOrder

```
template  <class T>
void BiTree<T>::PreOrder(BiNode<T> *root)
{  if  (root ==NULL)  return;
   else {    cout<<root->data;         // 访问根结点
          PreOrder(root->lchild);     // 先序遍历左子树
          PreOrder(root->rchild);     // 先序遍历右子树
        }
}
```

对于图 6-20 所示的三棵二叉树，其先序遍历的序列为
① ABCDEGF　② ABCDEFHIJG　③ ABDHIECFG

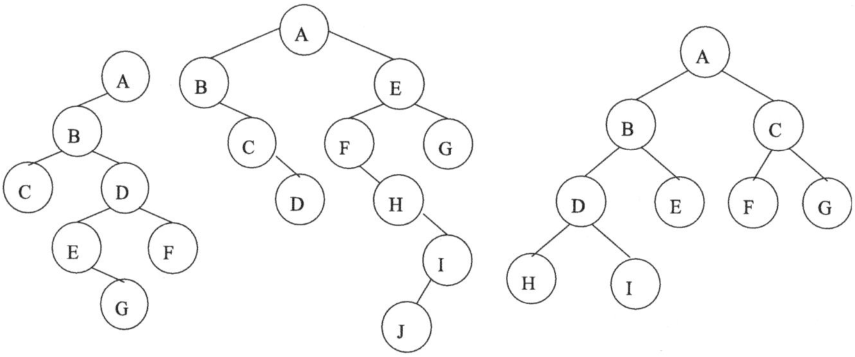

(a) 第一棵二叉树　(b) 第二棵二叉树　(c) 第三棵二叉树

图 6-20　三棵不同的二叉树

2. 中序遍历二叉树

中序遍历二叉树的伪代码如下：

> 伪代码
>
> 若二叉树为空，则空操作；否则
>
> (1) 中序遍历左子树；
>
> (2) 访问根结点；
>
> (3) 中序遍历右子树。

中序遍历二叉树的递归函数算法如下：

中序遍历二叉树的递归函数算法 InOrder

```
template <class T>
void BiTree <T> ::InOrder(BiNode<T> *root)
{  if (root==NULL) return;
   else {   InOrder(root->lchild);     // 中序遍历左子树
            cout<<root->data;        // 访问根结点
            InOrder(root->rchild);    // 中序遍历右子树
        }
}
```

对于图 6-20 中的三棵二叉树，其中序遍历的序列分别为

① CBEGDFA　　② BCDAFHJIEG　　③ HDIBEAFCG

3. 后序遍历二叉树

后序遍历二叉树的伪代码如下：

> 伪代码
>
> 若二叉树为空，则空操作；否则
>
> (1) 后序遍历左子树；
>
> (2) 后序遍历右子树；
>
> (3) 访问根结点。

后序遍历二叉树的递归函数算法如下：

后序遍历二叉树的递归函数算法 PostOrder

```
template <class T>
void BiTree <T> ::PostOrder(BiNode<T> *root)
{  if (root==NULL) return;
   else
    {  PostOrder(root->lchild); // 后序遍历左子树
       PostOrder(root->rchild); // 后序遍历右子树
```

```
        cout<<root->data;       // 访问根结点
    }
}
```

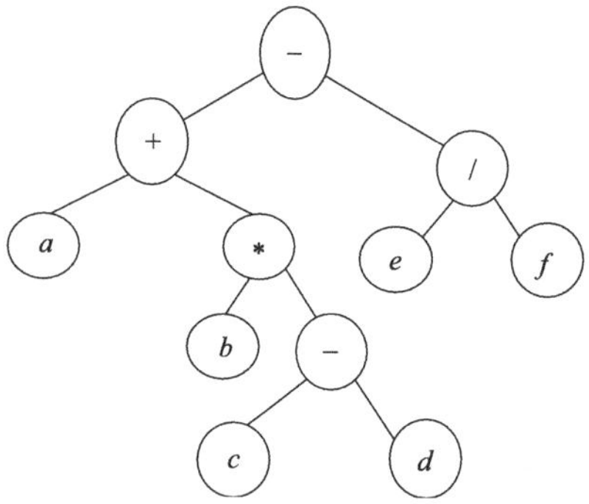

图 6-21　表达式 $a+b*(c-d)-e/f$ 的二叉树

对于图 6-20 中三棵二叉树，后序遍历序列为

① CGEFDBA

② DCBJIHFGEA

③ HIDEBFGCA

对于表达式：$a+b*(c-d)-e/f$，按规则：若为一元算符，则左子树为空；若为二元运算符，则两个操作数分别作为运算符结点的左右子树，构造一棵二叉树。如图 6-21 所示。

图 6-21 中二叉树的三种遍历序列为：

先序遍历序列：　$-+a*b-cd/ef$　(6-6)

中序遍历序列：　$a+b*c-d-e/f$　(6-7)

后序遍历序列：　$abcd-*+ef/-$　(6-8)

式(6-6)称为表达式的前缀式，即波兰式，式(6-7)称为表达式的中缀式，式(6-8)称为表达式的后缀式或逆波兰式。

4. *层序遍历*

层序遍历就是按自顶向下，从左到右的次序，逐个遍历二叉树中的结点。要实现二叉树的层序遍历，必须自顶向下逐层访问结点，要保证先访问的结点的孩子也比后访问的结点的孩子结点先访问。

为此，要借助于一个二叉链表结点结构的指针队列作为辅助存储结构。

初始时，队列为空。根结点的指针入队列。每次队头元素(是指针)出队列，将该指针所指结点的信息加以访问，并将该结点的非空左右孩子的指针分别加入队列。再让队头元素(指针)出队列，将该队头元素(指针)所指结点的信息加以访问，并将该结点的非空左右孩子的指针分别加入队列，如此循环，直到队列为空。

层序遍历二叉树的伪代码如下：

伪代码

1. 队列 Q 初始化；
2. 如果二叉树非空，将根指针入队；
3. 循环直到队列 Q 为空
   - 3.1 队列 Q 的队头元素出队，赋给指针变量 p；
   - 3.2 访问结点 p 的数据域；
   - 3.3 若结点 p 存在左孩子，则将 p 的左孩子指针入队；
   - 3.4 若结点 p 存在右孩子，则将 p 的右孩子指针入队。

层序遍历二叉树的递归函数算法如下：

层序遍历二叉树的算法LevelOrder

```
template <class T>
void BiTree <T>::LevelOrder(BiNode<T> *root)
{  typedef BiNode<T> *Pointer;  // Pointer 为类型名
   CirQueue<Pointer> Q;        // 用顺序队列模板类说明队列 Q
   if (root==NULL) return;
   Q.EnQueue(root);            // 根指针入队列
   while(!Q.Empty())
   {  BiNode<T> *p=Q.DeQueue(); // 出队列
      cout<<p->data<<" ";         // 访问结点中的信息
      if (p->lchild!=NULL) Q.EnQueue(p->lchild); //非空左指针入队
      if (p->rchild!=NULL) Q.EnQueue(p->rchild); //非空右指针入队
   }
}
```

以队列作为辅助存储结构实现二叉树的层序遍历的队列变化过程如图 6-22 所示。其中，P_A表示结点 A 的指针。$P_B, P_C, P_D,\cdots$等的含义类似。

对于图 6-20 中的三棵二叉树，其层序遍历序列分别为

① ABCDEFG　② ABECFGDHIJ　③ ABCDEFGHI

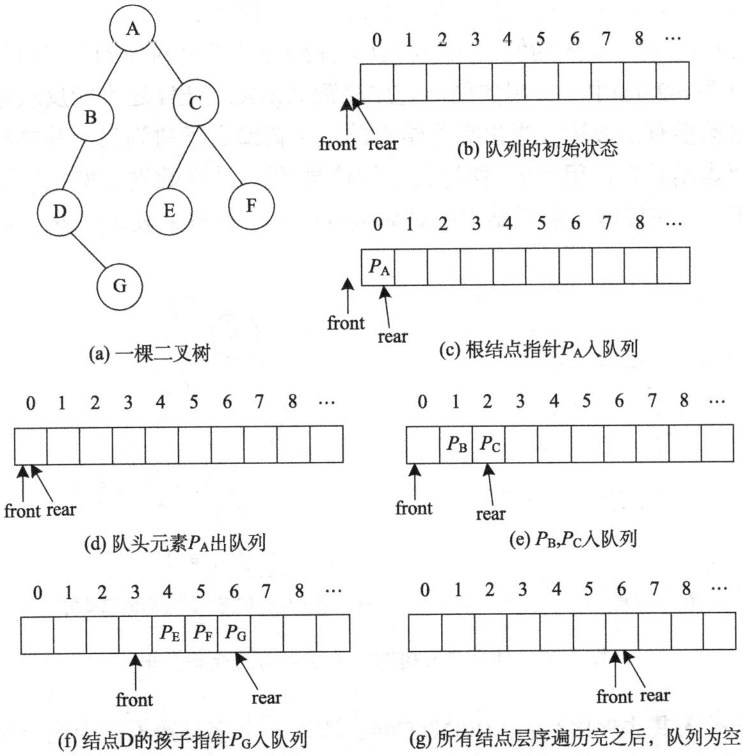

图 6-22　层序遍历二叉树时队列变化示意图

层序遍历也可在直接设一个指针数组作为队列的存储结构下，写成下述形式：

层序遍历二叉树的队列简化算法 LevelOrder1

```
const int M=100;
template  <class T>
void BiTree <T>::LevelOrder1(BiNode<T> *root)
{  BiNode<T> *Q[M];    // 指针数组Q,作为顺序队列,M足够大
   int front,rear;          // 队头、队尾游标
   front=rear=-1;         // 顺序队列初始化
   if (root==NULL) return;
   Q[++rear]=root;       // 根指针入队
   while(front!=rear)
   {  BiNode<T> *p=Q[++front];  // 出队
      cout<<p->data;            // 访问结点信息
      if (p->lchild!=NULL) Q[++rear]=p->lchild; //非空左指针入队列
      if (p->rchild!=NULL) Q[++rear]=p->rchild; //非空右指针入队列
   }
}
```

6.3.2 建立和释放一棵二叉树的二叉链表

这里介绍如何以先序方式建立一棵二叉树的二叉链表表示。

以图 6-23(a)所示二叉树为例，来说明以其先序方式建立对应的二叉链表表示。

若直接以图 6-23(a)中二叉树的结点先序序列 ABDC 给出，还不能反映相应的结构关系，因此，必须要有所改进，指出哪些结点的左子树或右子树为空。其办法是在空子树处增加一个“虚结点”，用“#”作为其中的信息(假定结点数据类型是字符型，如果是其他类型数据，就应以能区别于结点中具体数据的某个数据来表示)。扩充后得二叉树如图 6-23(b)所示。

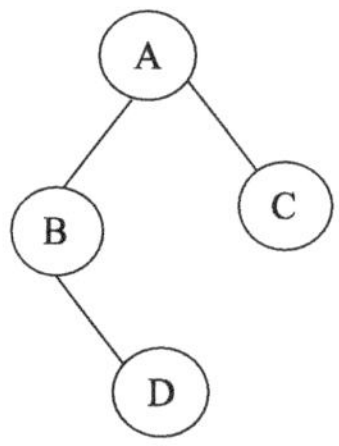

(a) 二叉树

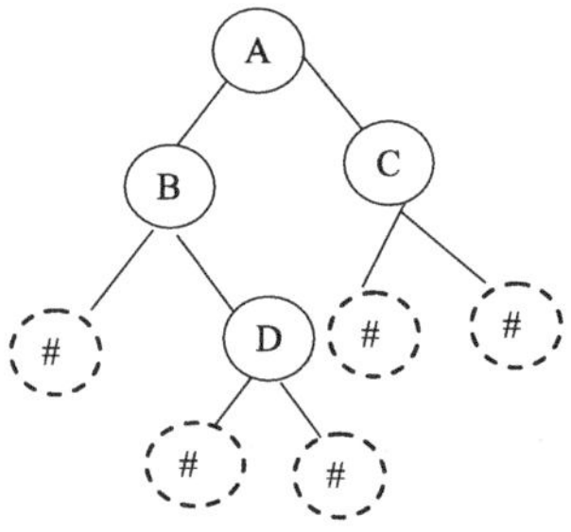

(b) 空子树处扩充虚结点后的二叉树

图 6-23　建立二叉树的二叉链表前的准备工作

从键盘上输入其先序序列：AB#D##C##。读入一个字符数据，当这个字符不是“#”时，表明遇见了一个非空结点，就应用 new 建立一个 BiNode<*T*>类型的结点，其指针赋

给 *p*，并把读来的字符写进 *p*→data，继续分别递归建立相应的左子树和右子树，否则，若是“#”，则表明所要建立的子树为空。所以，“#”主要是帮助建树时，区分建立实际的结点，还是对应于空。

而对于如图 6-24(a)所示的二叉树，应先扩充虚结点(具体扩充留给读者做练习)，然后，从键盘上输入其扩充“虚结点”后的先序序列：

ABC##DE##FG###HI##JKL##M##N##

来建立对应的二叉链表，如图 6-24(b)所示。

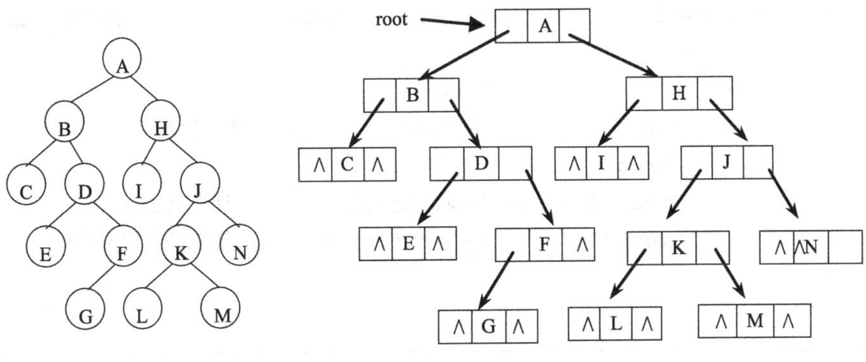

(a) 二叉树　　(b) 二叉链表

图 6-24　建立二叉树的示意图

对于 *n* 个结点的二叉树，所要添加的虚结点个数是 $2n_0+n_1=n+1$，所以，在该二叉树含 $n=14$ 个结点时，先序序列中一定有 $n+1=15$ 个“#”。构造函数描述如下：

构造二叉树的二叉链表算法 BiTree

```
template <class T>
BiTree<T>::BiTree( )
{  cout<<"请输入创建一棵二叉树的结点数据"<<endl;
   this->root = Creat( );
}
```

在对二叉树构造对应的二叉链表算法中，用到下列递归函数来进行创建。

构造二叉链表中用的递归调用的函数算法 Creat

```
template <class T>
BiNode<T>* BiTree<T>::Creat( )
{  BiNode<T>* root;  T ch;  cin>>ch;
   if (ch=='#') root = NULL;
   else{  root = new BiNode<T>;    //生成一个结点
          root->data=ch;  root->lchild = Creat( );   // 递归建左子树
          root->rchild = Creat( );                 // 递归建右子树
       }
   return root;
}
```

若将BiTree中的语句`BiNode<T> *Creat();`改为`void Creat(BiNode<T> **root);`表明 root 是一个二级指针。此时可通过以二级指针作为参数的递归函数实现。

构造二叉链表的构造函数的另一算法 Creat

```
template<class T>
BiTree<T>::BiTree( )
{ Creat(&root);  }
template <class T>
void BiTree<T>::Creat(BiNode<T> **root) // root 是二级指针变量
{   T ch; cin>>ch;
    if (ch=='#') *root = NULL;
    else{   *root = new BiNode<T>;      // 生成一个结点
            (*root)->data=ch;
            Creat(&((*root)->lchild));     // 递归建立左子树
            Creat(&((*root)->rchild));     // 递归建立右子树
        }
}
```

析构函数释放二叉链表占用的存储空间，需先释放该结点的左右子树上所有结点，再释放根结点，因此，应采用后序遍历策略来完成。

释放二叉链表占用的存储空间算法~BiTree

```
template <class T>
BiTree<T>::~BiTree( ) // 析构函数。
{ Release(root); }   //结点空间释放
template<class T>
void BiTree<T>::Release(BiNode<T>* root)
{  if(root != NULL)
      {  Release(root->lchild);   // 释放左子树
         Release(root->rchild);   // 释放右子树
         delete root;           // 释放当前根结点
      }
}
```

6.3.3 二叉链表其他函数和主函数

例 6-2　求一棵二叉树的叶结点个数(友函数)。

可先分别求出左右子树上的叶结点个数，然后由它们两者之和，即可得到当前根结点所代表子树上叶结点数，因此，应以后序遍历的思想写成一个递归算法。

求一棵二叉树的叶结点个数算法 CountLeaf

```
template<class T>
void CountLeaf(BiNode<T> *root,int &count)
{ if (root!=NULL)
     { if (root->lchild==NULL&&root->rchild==NULL)
       count++; //若 root 所指的结点是叶结点,则计数器加 1
       CountLeaf(root->lchild,count); //累计左子树上的叶结点数
       CountLeaf(root->rchild,count); //累计右子树上的叶结点数
     }
}
```

例 6-3　求二叉树的高度。

二叉树的高度定义为二叉树中结点层次的最大值。而结点的层次是自根结点起开始计算的，根结点为第一层，所有 *n* 层的结点的左右孩子结点在 *n*+1 层。用后序遍历的方法来求二叉树的高度，可通过计算二叉树中每个结点的左子树的高度和右子树的高度，求得最大者，增加 1 之后，作为该二叉树的高度。

求一棵二叉树的高度的算法Height

```
template<class T>
int Height(BiNode<T> *root)
{  int L,R;
   if (root==NULL) return 0;
   else{   L=Height(root->lchild); R=Height(root->rchild);
           return (L>R)?L+1:R+1;
       }
}
```

在二叉链表的结点类型说明、二叉链表类 BiTree 声明、BiTree 的所有成员函数均可访问的情况下，可写出测试用的主函数。若在层序遍历二叉树时，使用了循环队列类，则还应将队列 CirQueue 的有关类和类的成员函数置于可访问的范围内。或简单地，均复制在同一文件或文件夹中,充分利用 C++的宏包含#include 加以连接，实现对相关代码的正确访问。

```
void main()
{  int count=0;
   cout<<"输入扩展二叉树的结点的先序序列:"<<endl;
   BiTree<char> bt; //创建一棵树
   BiNode<char> *r = bt.GetRoot( );  //获取指向根结点的指针
   cout<<"------先序遍历------ "<<endl;
   bt.PreOrder(); cout<<endl;
   cout<<"------中序遍历------ "<<endl;
   bt.InOrder();cout<<endl;
   cout<<"------后序遍历------ "<<endl;
```

```
    bt.PostOrder(); cout<<endl;
    cout<<"------层序遍历------ "<<endl;
    bt.LevelOrder();  CountLeaf(r,count);
    cout<<"叶结点数="<<count<<endl;
    cout<<"高度="<Height(r)<<endl;
}
```

6.3.4 二叉树的三种遍历的非递归算法

利用一个栈把一个递归函数改写为一非递归函数。分别使用一个栈作辅助数据结构，也可将遍历二叉树先序遍历、中序遍历、后序遍历写成非递归的形式。

1. *先序非递归遍历算法*

先序遍历二叉树的非递归算法伪代码描述如下：

> **伪代码**
>
> 1. 栈 *S* 初始化，root 为当前根指针；
> 2. 循环直到 root 为空且栈 *S* 为空
>   2.1 当 root 不空时循环
>   2.1.1 输出 root 所指结点的数据 data；
>   2.1.2 将指针 root 压栈；
>   2.1.3 root←root–>lchild。
>   2.2 如果栈 *S* 不空，则
>   2.2.1　将栈顶元素(指针)弹出赋给 root；
>   2.2.2　root←root–>rchild (准备先序遍历 root 的右子树，进入下一轮外循环)。

先序遍历二叉树的非递归算法描述如下：

先序遍历二叉树的非递归函数算法 PreOrder1

```
template  <class T>
void BiTree <T>::PreOrder1(BiNode<T> *root)
{  typedef BiNode<T> *Pointer;
   SeqStack<Pointer> S;
      // S 中的结点数据类型为 BiNode 指针类型 Pointer
while(root!=NULL|| !S.Empty())
{ while(root!=NULL)               // root!=NULL,访问,压栈
  {  cout<<root->data;
     S.Push(root); root=root->lchild;  // 往左支走
  }
  if(!S.Empty())                  // 弹出,其右孩作新根
     {  root=S.Pop();  root=root->rchild;}
}
 }
```

若不希望使用模板类的栈对象，也可直接用一个足够大的一维指针数组作为栈，来书写，即先序遍历二叉树的非递归函数可改写为如下形式：

先序遍历二叉树的简化非递归函数算法 PreOrder1

```
#define  M   100
template  <class T>
void BiTree <T>::PreOrder1(BiNode<T> *root)
{  BiNode<T>  *s[M]; int top=-1;
   s[++top]=root;      // 根节点指针压栈
   while( top!=-1)
   { root=s[top--];     // 出栈
     cout<<root->data;
     if (root->rchild !=NULL) s[++top]=root->rchild; // 压非空右指针
    if (root->lchild !=NULL)s[++top]=root->lchild; // 压非空左指针
   }
}
```

2. 中序非递归遍历算法的描述

中序遍历二叉树的非递归算法伪代码描述如下：

伪代码

1. 根结点指针为当前工作指针(可指向某个结点或为空)；
2. 循环执行直到当前工作指针为 NULL 或栈为空止
   2.1 循环执行直到当前工作指针＝NULL
      2.1.1 当前工作指针(非空)进栈；
      2.1.2 当前工作指针所指结点的 lchild 为当前工作指针。
   2.2 若栈非空
      2.2.1 弹出栈顶元素(是指针型)赋给当前工作指针；
      2.2.2 处理当前工作指针所指结点数据；
      2.2.3 当前工作指针所指结点的 rchild 作当前工作指针。

中序遍历二叉树的非递归算法描述如下：

中序遍历二叉树的非递归函数算法InOrder

```
template  <class T>
void BiTree <T>::InOrder1(BiNode<T> *root)
{  typedef BiNode<T> *Pointer; // 定义 BiNode 指针类型 Pointer
   SeqStack<Poniter> S;      // 数据类型为 BiNode 指针类型
   while(root!=NULL|| !S.Empty( ))
   {  while(root!=NULL)  {  S.Push(root); root=root->lchild;}
      if(!S.Empty())
      {    root=S.Pop(); cout<<root->data; //与先序位置的区别
```

```
            root=root->rchild;  //准备遍历 root 的右子树
        }
    }
}
```

图 6-25 给出了一棵二叉树在中序遍历执行过程中栈的变化情况。

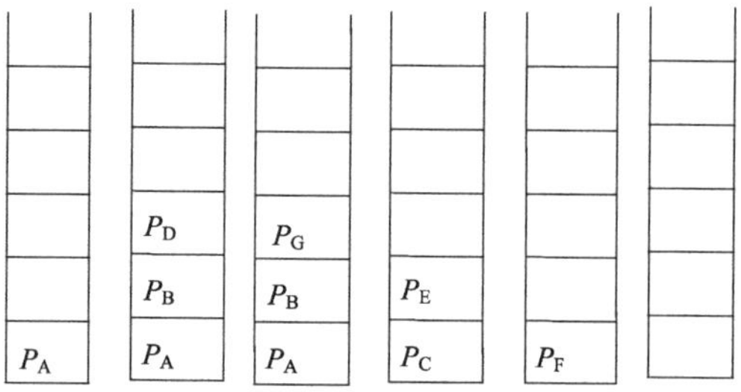

图 6-25　中序非递归遍历图 6-22(a)中的二叉树时，栈的压入和弹出的变化过程

若不希望使用模板类，则中序遍历二叉树的非递归函数可改写为如下形式：

中序遍历二叉树的简化非递归函数算法 InOrder2

```
#define  M    100
template  <class T>
void BiTree <T>::InOrder2(BiNode<T> *root)
{  BiNode<T>  *s[M]; int  top=-1;
   while (root!=NULL||top!=-1)
     {  while(root!=NULL)
          { s[++top]=root; root=root->lchild;  }
        if( top!=-1)
          {  root=s[top--];  cout<<root->data;
            root=root->rchild;
          }
     }
}
```

3. *后序非递归遍历算法*

考虑到访问根结点在遍历左右子树之后，因此，根结点必被三次“触及”，第一次是遍历左子树之前，第二次是遍历其左子树之后且在遍历其右子树之前，第三次是在右子树遍历之后。所以，须记下根结点被“触及”的次序，以便在遍历右子树之后才能访问根结点。其实，每个结点都必被三次“触及”。如何区别？

我们采用的办法是：设一个栈，栈的元素是由结点的指针域和一个标志域构成的结构体组成。当首次“触及”某结点并准备去访问其左子树时，形成一个由结点指针和标志域值置为 1 的结构元素压栈。当第二次“触及”该结点，即由该结点指针及标志信息所构成的结构元素处在栈顶，此时，已遍历完其左子树，准备要去遍历其右子树，即在遍历其左子树之后且在遍历其右子树之前，这时，并不真正将其从栈顶弹出，而只是将其标志域的值置为 2，等其右子树遍历完，回到对栈顶元素处理时，栈顶元素标志域的值必为 2，即到第三次“触及”时，就弹出栈顶元素，并对其中指针域所指结点加以访问。

当对栈顶元素处理时，只要是其标志为 2 就应该可访问其中指针所指的结点。且一旦结点被访问，就说明其左右子树已被遍历过，算法应只能继续对栈上其他结点加以处理，不能再去考虑其左右子树的遍历，否则，会陷入死循环。后序遍历的非递归算法伪代码描述如下：

伪代码

1. 根结点指针为当前工作指针 root；
2. 循环执行直到当前工作指针 root＝NULL 或栈为空止
   - 2.1 循环执行直到当前工作指针 root＝NULL
     - 2.1.1 当前工作指针和标志域的值置为 1 的结构体元素压栈；
     - 2.1.2 root←root->lchild。
   - 2.2 循环执行直到栈为空或栈顶结构体元素中标志域的值不为 2
     - 2.2.1 栈顶结构体元素弹出，root←结构体元素中的指针；
     - 2.2.2 访问 root 所指结点数据 root->data(因标志域值为 2,可以访问)；
     - 2.2.3 root=NULL(作用：强迫外循环处理栈,而不继续访问其左子树)。
   - 2.3 如果栈非空
     - 2.3.1 栈顶元素结构体中标志域置为 2；
     - 2.3.2 root←栈顶元素结构体中指针。

先做下列定义，然后给出算法。

```
#define  M   100
template <class T>
struct Element
{ BiNode <T> *ptr;
int flag;        //标志域：值为1表示左子树遍历；值为2表示右子树遍历
};
```

后序遍历二叉树的简化非递归函数算法PostOrder1

```
template <class T>
void Bitree <T> ::PostOrder1(BiNode<T> *root)
{  Element<T> S[M]; int top= -1; // 用S作顺序栈,足够大，不上溢
   while (root!=NULL)||top!=-1)
   { while (root!=NULL)
     { S[++top].ptr=root;
      S[top].flag=1;
      root=root->lchild;
     }
   while(top!=-1&& S[top].flag==2)     // 多个可立即访问
    {  root=S[top--].ptr;             // 出栈
      cout<<root->data;
      root=NULL;    // 到外循环。不继续访问其左子树。
```

```
                           // 若无此句，死循环
        }
      if(top!=-1) {  S[top].flag=2;
                      root=S[top].ptr->rchild;
                   }
        }
   }
```

后序非递归遍历图 6-22(a)中的二叉树时，栈的压入和弹出的变化过程如图 6-26 所示。其中，P_A表示结点 A 的指针。$P_B,P_C,P_D,\cdots$等的含义类似。

遍历二叉树的算法分析。因遍历实为沿结点的左右指针周游，所需辅助空间量为栈的容量，即恰为树的深度，则至多为 $O(n)$。

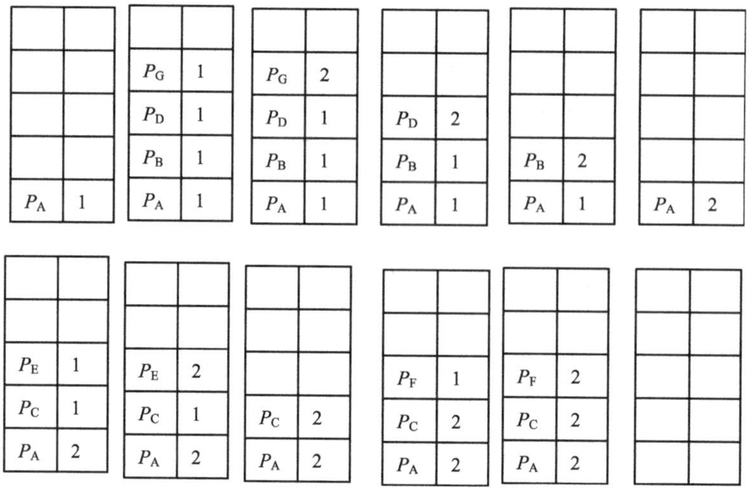

图 6-26　后序非递归遍历图 6-22(a)中的二叉树时，栈的压入和弹出的变化过程

6.3.5　二叉树的其他算法例

例 6-4　统计一棵二叉树中的叶结点数的非递归算法。

```
const int M=100;
template <class T>
int CountLeaf1(BiNode<T> *bt)
{  BiNode<T> *s[M]; //s作为栈，下标为0的单元不用
   BiNode<T> *p=bt; int top=0; int count=0;
   while (!((p==NULL) && (top==0)))
   { while (p!==NULL)
      {  if ((p→lchild==NULL)&&(p→rchild==NULL))
            {  count++;
               break;
            }
            top++;
```

```
            s[top]=p;
            p=p→lchild;
        }
    if (top!=-1)
        {  p=s[top--]->rchild; }
    }
    return count;
}
```

例 6-5　已知二叉树的先序序列和中序序列建立二叉树。

由先序遍历得知，先序序列的第一个元素是二叉树的根结点上的元素。以该元素在中序序列中的位置为分界点，根的左子树结点的中序序列应在根的整个中序序列中与该分界点位置上元素相等的元素的前部，而根的右子树结点的中序序列应在根的整个中序序列中与该分界点位置上元素相等的元素的后部。再以左子树结点的中序序列长度又可在先序序列中决定左子树结点的先序序列(根之后的等长段就是左子树的先序序列，之后是右子树的先序序列)。类似地，可由左子树的先序序列和中序序列构造根的左子树，由右子树的先序序列和中序序列构造根的右子树。例如，假设二叉树结点的先序序列和中序序列分别为

先序序列：A B C D E F G

中序序列：C B E D A F G

由先序遍历序列得知二叉树的根为 A，则其左子树的中序序列为(CBED)，其右子树的中序序列为(FG)。如图 6-27(a)所示。进一步得知其左子树的先序序列必为(BCDE)，其

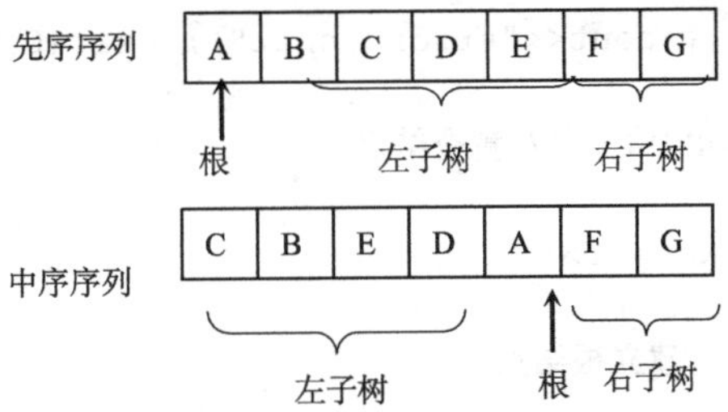

(a) 由先序序列和中序序列确定原二叉树的根、左子树和右子树子序列

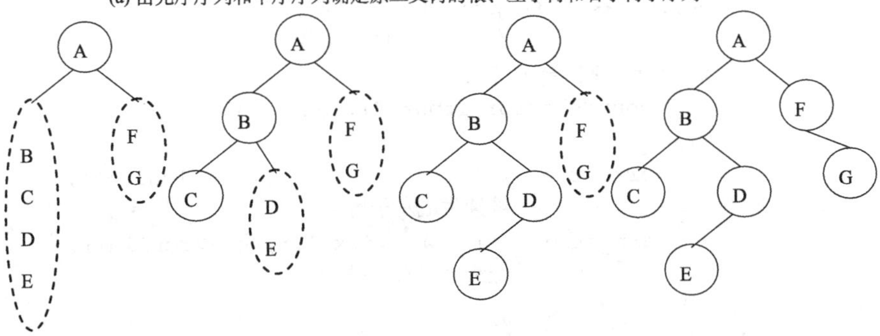

(b) 确定第1次　　(c) 确定第2次　　(d) 确定第3次　　(e) 确定第4次

图 6-27　由先序序列和中序序列构造原二叉树

右子树的先序序列为(FG)。类似地，可由左子树的先序序列和中序序列构造得 A 的左子树，由右子树的先序序列和中序序列构造得 A 的右子树。通过逐步构造的方法可求得整棵二叉树，其构造过程如图 6-27(b)～(e)所示。

由构造过程，说明，给定二叉树结点的先序序列和中序序列，可确定一棵二叉树，至于它的唯一性，读者可试用归纳法证明之。

此外，由给定二叉树结点的中序序列和后序序列，也可唯一确定一棵二叉树。

但由给定二叉树结点的先序序列和后序序列，则不一定能唯一地确定该二叉树，见图 6-28，虽然两棵二叉树的形态不同，但他们分别都有相同的先序序列和后序序列。

先序序列：ABC

后序序列：CBA

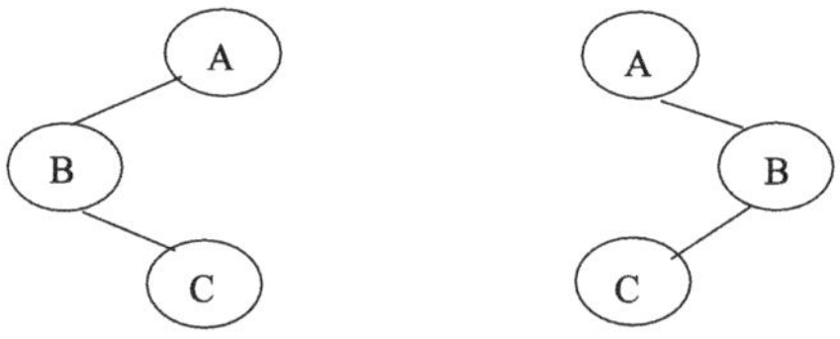

(a) 给定的序列　　(b) 构造的第1棵二叉树　　(c) 构造的第2棵二叉树

图 6-28　分别有相同的先序序列和后序序列的两棵不同形态的二叉树

由给定二叉树结点的先序序列和中序序列构造该二叉树的算法描述如下：

由先序序列和中序序列构造二叉树的算法 CrtTree

```
template <class T>
CrtTree(int i,int j,int s,int t,BiNode<T> **bt)
// 假定数组 pre[i:j]和 ino[s:t]分别存放二叉树的先序序列和中序序列
{  BiNode<T> *p;    int k;
   if (j-i!=t-s)   { cout<<"error input"); exit(0);}
   else
     if (i>j) *bt=NULL; // 置空结点
     else
       {  p=new BiNode<T>;
          p->data=pre[i];
          *bt=p; // 建立根结点
          k=s;
          while (k<=t && pre[i]!=ino[k]) k++;
                        // 在中序序列中查找根结点
          if (ino[k]!=pre[i])
            {  cout<<"error input "); exit(0); }
          else
            {  crt_tree1(i+1,i+(k-s),s,k-1,&(p->lchild));
                        // 继续生成左子树
               crt_tree1(i+(k-s)+1,j,k+1,t,&(p->rchild));
                        // 继续生成右子树
            }
       }
 }
```

6.4　线索二叉树

1. 什么叫线索二叉树

遍历二叉树是以一定规则将二叉树中的结点排列成一个线性序列，这实质上是对一个非线性结构进行线性化。例如，按先序遍历得到先序序列，按中序遍历得到中序序列，按后序遍历得到后序序列，等等。这样，都使得序列中的每个结点(第一和最后一个除外)在线性序列中有一个(直接)前驱和(直接)后继。而第一个结点只有后继，最后一个结点只有前驱。

以二叉链表作为存储结构时不能直接得到这些信息，只有在遍历的动态过程中得到。保存这种在遍历过程中得到的信息的简单方法是在每个结点上加两个指针域 fwrd 和 bwrd，指示出依某一次序遍历时得到的前驱和后继信息。显然这将使得结构的存储密度大大降低。

容易证明：在含有 n 个结点的二叉链表中有 $n+1$ 个空链域。每个结点都有 2 个链域，故共有 $2n$ 个链域，而 n 个结点中除根结点外，每个结点由一个指针指向，所以空链域数为 $2n-(n-1)=n+1$ 个。用这些空链域来存放结点的直接前驱和后继信息，使空链域指向结点前驱或后继。这样空链域成为线索。

加上线索的二叉树称为线索二叉树(threaded binary tree)。

在图 6-29 中，图 6-29(b)～(d)分别给出了图 6-29(a)所给的先序、中序、后序线索二叉树。

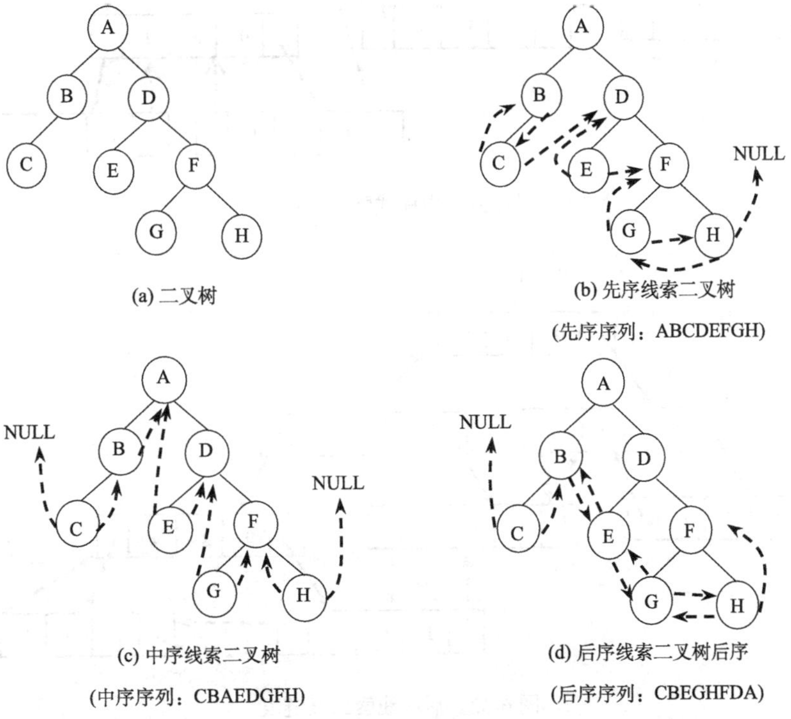

(a) 二叉树

(b) 先序线索二叉树

(先序序列：ABCDEFGH)

(c) 中序线索二叉树

(中序序列：CBAEDGFH)

(d) 后序线索二叉树后序

(后序序列：CBEGHFDA)

图 6-29　三种不同的线索二叉树

对二叉树以某种次序遍历使其变为线索二叉树的过程叫线索化。

加上线索的二叉链表称为线索二叉链表。

图 6-30、图 6-31、图 6-32 分别是图 6-29(a)中二叉树的先序、中序和后序线索二叉链表。

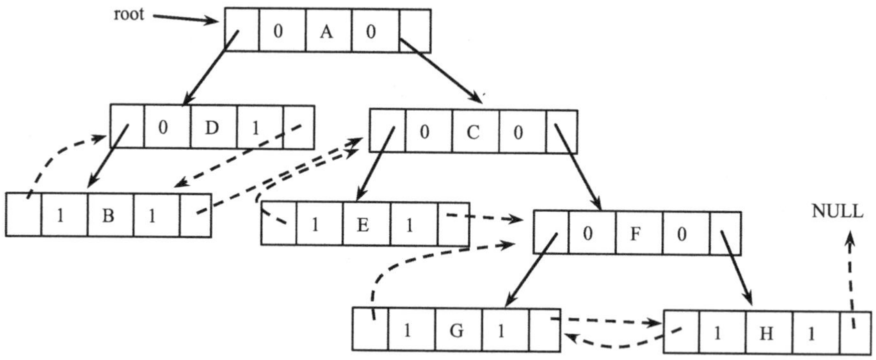

图 6-30　先序线索二叉链表

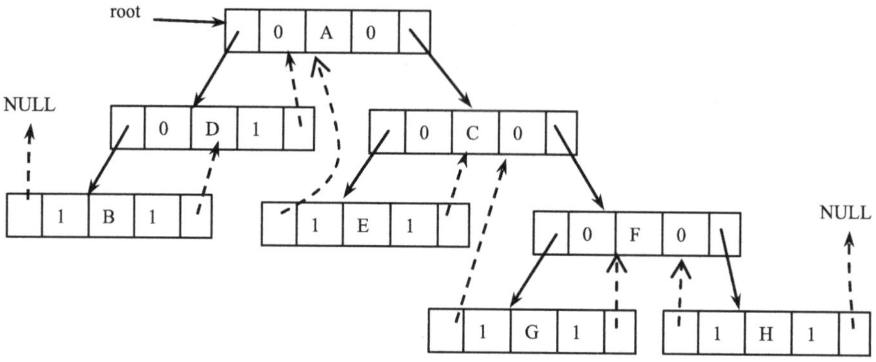

图 6-31　中序线索二叉链表

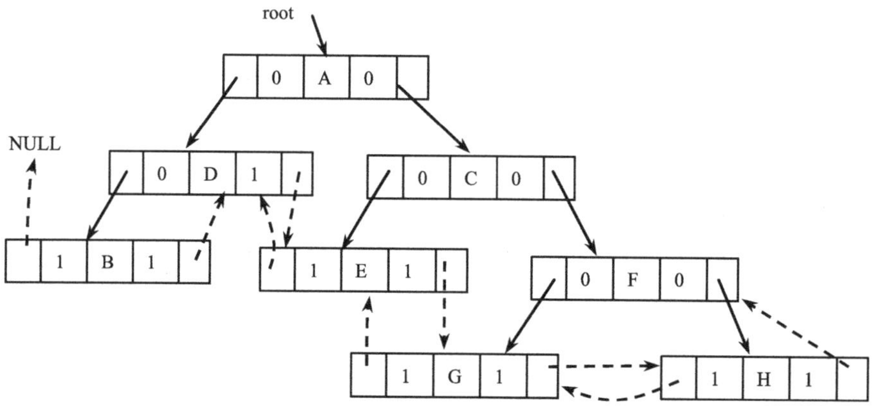

图 6-32　后序线索二叉链表

这里主要以中序线索二叉树及其线索二叉链表的建立和遍历为例加以介绍。

2. 中序线索二叉树和中序线索二叉链表

对二叉树的二叉链表中的结点结构作如下改造：若结点有左子树，则其 lchild 域指示其左孩子，否则，令 lchild 指示其中序前驱；若结点有右子树，则令 rchild 域指示其右孩子，否则令 rchild 域指示其中序后继。

这样，为了区别一个结点的 lchild 域究竟是指向其左孩子还是中序前驱，rchild 域是指向其右孩子还是中序后继，在二叉链表的结点结构中增加两个标志域。使二叉链表的结点结构扩展成为图 6-33 的形式。

lchild	ltag	data	rtag	rchild

图 6-33　中序线索二叉链表结点的结构

其中，ltag 和 rtag 的定义如下：

$$ltag = \begin{cases} 0\text{，表示 lchild 指向该结点的左孩子} \\ 1\text{，表示 lchild 指向该结点的中序前趋} \end{cases}$$

$$rtag = \begin{cases} 0\text{，表示 rchild 指向该结点的右孩子} \\ 1\text{，表示 rchild 指向该结点的中序后继} \end{cases}$$

结点的算法描述通过在 BiNode 的定义中增加标志域 ltag 和 rtag 而获得，为区别起见，命名为 ThrNode(见下面的定义)。

1)二叉树的中序线索化

在建立线索之前，二叉树的二叉链表应该已建立，只是结点中增加的两个标志域的值未定，且空指针域尚未指向前驱或后继。

中序线索化过程的实质就是将二叉链表中的空链域改为指向前驱或后继的线索。而前驱或后继的信息只有在中序遍历时动态获得。因此中序线索化的过程实即为在中序遍历中修改空链域。

中序线索二叉链表结点类和中序线索二叉链表类定义：

```
template <class T>
struct ThrNode              //二叉线索树的结点结构
{  T data;
   ThrNode<T> *lchild, *rchild;
   flag ltag, rtag;
};
template <class T>
class InThrBiTree
{ public:
    InThrBiTree( );       //构造函数,建立中序线索链表
```

```
    ~InThrBiTree( );      //析构函数,释放线索链表中各结点的存储空间
        ThrNode<T>* GetRoot( );          //获取根结点
    ThrNode<T>* Next(ThrNode<T>* p);    //查找结点p的后继
    void InOrder(ThrNode<T>* root);    //中序遍历线索链表
private:
    ThrNode<T> *root;         // 指向线索链表的头指针
    ThrNode<T> *Creat( );     //构造函数调用
    void ThrBiTree(ThrNode<T> *root);    //构造函数调用
    void Release(ThrNode<T> *root);       //析构函数调用
};
```

中序线索化的算法：

设 p 指向二叉链表的当前结点即根结点，pre 指向其前驱，pre 的初值为 NULL。在遍历过程中，当 p 的左链域为空时，可建立前驱线索；当 pre 的右链域为空，可建立后继线索。算法的具体步骤如下：

(1) 若 $p=bt$ 为空(bt 为指向根结点的指针)，则空操作，否则转(2)；

(2) 对 p 的左子树进行中序线索化；

(3) 若 pre 指向结点，且其右链域为空，则 pre→rtag<=1；pre→rchild<=p；
　若 p 的左链域为空，则 p→ltag<=1，p→lchild<=pre；

(4) 对 p 的右子树进行中序线索化。

中序遍历中序线索二叉树的算法：

基本思想：首先找到中序遍历方式下第一个要中序遍历的结点，访问之；然后找该结点的中序直接后继结点作为当前结点，访问之；再找其中序直接后继结点，访问之；……，直到遍历完为止。

现在的问题是对任一结点 P，如何找其直接后继 Q 呢?

在中序线索二叉链表下，找其直接后继可如此进行：若结点 P 的右指针为后继线索，则后继线索所指的结点就是 P 的直接后继 Q，否则，以 P 的右孩子为根的子树上的第一个中序遍历的结点就是其直接后继，见图 6-34。

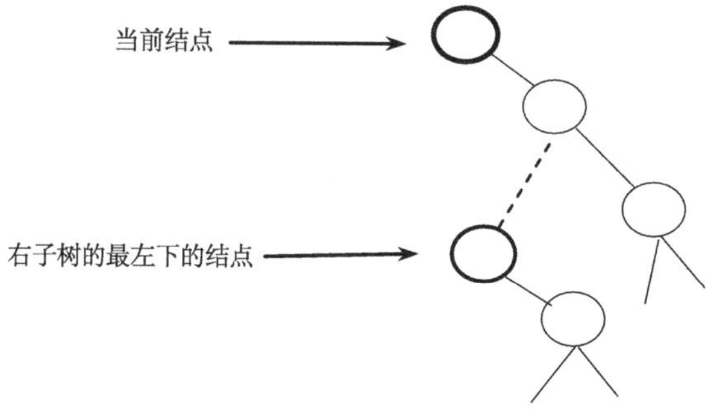

图 6-34　当前结点的右子树上最左下的结点是其中序后继

遍历中序线索二叉树的算法的具体步骤：

(1) 在中序线索二叉链表中，找第一个要中序遍历的结点，其方法是从根结点开始沿左链向左找，直到无左孩子的那个结点，即为第一个要中序访问的结点；

(2) 若该结点为中序线索二叉树中的最后一个结点，即其右孩子域为空，则结束；否则转(3)；

(3) 若该结点无右孩子，则其右链域所指结点为该结点的后继；否则，该结点的右子树中第一个访问的结点为其后继结点(即从其右孩子结点的左链向下找，直到没有左孩子的结点)。

中序线索二叉树上遍历二叉树的时间复杂度为 $O(n)$，但常数因子要比上节讨论为少，且不需要设栈。因此，若所用二叉树需要经常中序遍历或查找结点在中序序列中的前驱和后继，则应采用中序线索二叉链表作为存储结构。

2) 中序线索二叉链表类的成员函数

i 构造函数

```
template <class T>
InThrBiTree<T>::InThrBiTree( )
{  this->root = Creat( );
   ThrBiTree(root);
}
   template <class T>
   ThrNode<T>* InThrBiTree<T>::Creat( )
   {  ThrNode<T> *root; T ch;
      cin>>ch;
      if (ch=='#')  root = NULL;
      else{  root=new ThrNode<T>;      // 生成二叉链表的一个结点
              root->data = ch;
             root->ltag = root->rtag = 0;  // 建立二叉链表时,左右标志都初始化为0
             root->lchild = Creat( );      // 递归建立左子树对应的二叉链表
             root->rchild = Creat( );      // 递归建立右子树对应的二叉链表
          }
     return root;
}
```

ii 析构函数

中序线索二叉链表的析构函数~InThrBiTree

```
template <class T>
InThrBiTree<T>::~InThrBiTree(void)
{  Release(root);  }
template<class T>
void InThrBiTree<T>::Release(ThrNode<T>* root)
{  if (root!=NULL)
```

```
    {
      Release(root->lchild);      // 释放左子树
      Release(root->rchild);      // 释放右子树
      delete root;
    }
  }
```

iii 取根指针函数

中序线索二叉链表的取根指针函数 GetRoot

```
template <class T>
ThrNode<T>* InThrBiTree<T>::GetRoot( )
{    return root;
}
```

iv 找中序后继函数

中序线索二叉链表的找中序后继函数Next

```
template <class T>
ThrNode<T>* InThrBiTree<T>::Next(ThrNode<T>* p)
{   ThrNode<T>* q;
if (p->rtag==1)
     q = p->rchild;  // 右标志为1,可直接得到后继结点
else{
     q = p->rchild;                  // 工作指针初始化
     while (q->ltag==0)
         q = q->lchild; // 查找最左下结点
   }
return q;
}
```

v 中序线索化二叉链表函数

中序线索化二叉链表的算法 ThrBiTree

```
template <class T>
void InThrBiTree<T>::ThrBiTree(ThrNode<T> *root)
{   if (root==NULL) return;       // 递归结束条件
    ThrBiTree(root->lchild);
    if (!root->lchild)              // 对 root 的左指针进行处理
  {  root->ltag = 1;
     root->lchild = pre;        // 设置 pre 的前驱线索
  }
```

```
    if (!root->rchild) root->rtag = 1; // 对 root 的右指针进行处理
    if(pre != NULL)
       if (pre->rtag==1) pre->rchild = root; // 设置 pre 的后继线索
    pre = root;
    ThrBiTree(root->rchild);
   }
```

vi　中序遍历中序线索二叉链表

中序遍历中序线索二叉链表的算法 InOrder

```
template <class T>
void InThrBiTree<T>::InOrder(ThrNode<T> *root)
{ ThrNode<T>* p = root;
  if (root==NULL) return;    // 如果线索链表为空，则空操作返回
  while (p->ltag==0) p = p->lchild; // 查找中序遍历第一个结点并访问
  cout<<p->data<<" ";
  while (p->rchild!=NULL)   //存在后继，依次访问后继结点
    { p = Next(p); cout<<p->data<<" ";}
}
```

3) 中序遍历中序线索二叉链表的主函数

```
#include<iostream>
using namespace std;
ThrNode<char>* pre;                    // pre为全局变量
void main()
{  InThrBiTree<char> inbt;              // 构造一中序线索二叉链表类对象
   ThrNode<char> *p = inbt.GetRoot( );  // 获取指向根结点的指针
   cout<<"----中序遍历线索二叉树------"<<endl;
   inbt.InOrder(p);
}
```

6.5　树 和 森 林

1. 树的存储结构

树在内存中的存储有三种典型的表示方法：双亲表示方法、孩子表示法、孩子兄弟表示法等。下面逐一介绍。

1) 双亲表示法

由于每个结点(除根外)只有唯一的双亲，因此，对每个结点附设一个指示器指示其双亲，用一个结构数组来存储树。图 6-35 的树双亲表示法如图 6-36 所示。

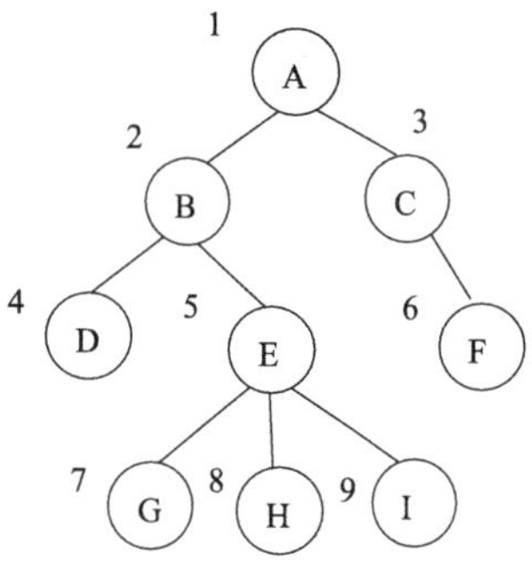

图 6-35　一棵树

序号	data	parent
1	A	0
2	B	1
3	C	1
4	D	2
5	E	2
6	F	3
7	G	5
8	H	5
9	I	5

图 6-36　树的双亲表示法示例

结点结构和结构数组表示为

```
template <class T>
struct TreeNode {    T data;
                     int parent;
};
TreeNode<char> tree[MaxSize+1]; // MaxSize为最大结点数
```

因而，结点 i 的双亲中的数据信息为

```
tree[tree[i].parent].data
```

2) 孩子链表表示法

由于树中每个结点有多棵子树，则采用链式存储结构时可用多重链表，即每个结点设多个指针域，每个指针指向一子树的根结点。

因此可有如图 6-37 所示的两种结点格式。

图 6-37(a)为第一种结点格式，每个结点中指针域数与树的度相同。

图 6-37(b) 为第二种结点格式，每个结点中指针域数与该结点的度相同。

data	$child_1$	$child_2$	…	$child_d$

(a) 每个结点中指针域数与树的度相同

data	degree	$child_1$	$child_2$	…	$child_d$

(b) 每个结点中指针域数与该结点的度相同，这里，d=degree

图 6-37　树的结点的两种存储形式

在第一种结点格式中，多重链表中的每个结点都具有相同多的链域，假设树的度为 d，每个结点的链域数都为 d。由于树中有很多结点的度小于 d，所以结点中有很多空链域，空间浪费很大。容易算出在 n 个结点，且度为 d 的树的多重链表中，必有 $n\times d-(n-1)=n\times(d-1)+1$ 个空链域。

例如，当 $d=3$ 时，树的空指针域数为 $2n+1$，即一棵三叉树有多于 2/3 的空链域(因 $(2n+1)/3n>2/3$)。容易看出，树的度越大，则空链域数就越多，空间浪费越严重。

在第二种结点格式中，多重链表中的结点的大小是不同。对于任一结点 A，设 $d=$ degree(A)为结点 A 的度，即链域数正好与结点的度相同，这样做可节约存储空间，但建立树的多重链表存储表示时不方便。

因此，一种解决办法是，把每个结点的孩子排列起来，看成一个线性表，且以单链表作其存储结构，则 n 个结点有 n 个孩子链表(叶结点的孩子链表为空表)，而 n 个头指针又组成一个线性表。

为提高存储效率起见，结点的信息与头指针构成一个结构体，且用顺序存储表示，即用一个一维的结构数组加以存储。孩子链表中所存信息仅为对应于结点在该一维结构数组中的位置。这种表示方法也称为孩子链表表示方法，如图 6-38 所示。

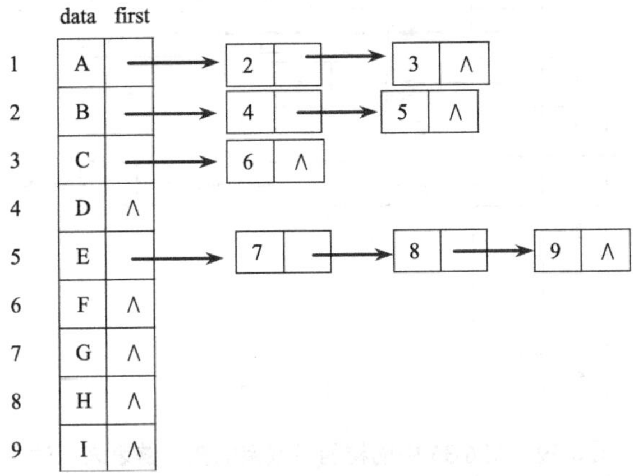

图 6-38　图 6-35 中的树的孩子链表表示法

具体存储结构形式说明如下。

先定义孩子链表中结点结构：

```
template <class T>
struct ChildNode
        {   int index;          // 存放孩子结点在顶点数组中的下标
            ChildNode *next;
        };                     // 同一结点的孩子链结点的说明方法
```

再定义结点结构。因结点结构中的指针域是存放只限于孩子链表结点类型的指针，所以要在孩子链表结点结构定义之后定义。

```
template <class T>
struct Node
        {  T  data;
          ChildNode  *first; // 指向孩子链表的首结点
```

```
        };
```

结点的结构数组变量的说明：`Node<char> tree[MaxSize+1]; // MaxSize` 为常量

孩子链表表示法有利于那些涉及孩子的运算的实现，却不适用于求某个结点的双亲 Parent(T, x)和求根结点 Root(x)等运算。

综合上述双亲表示法和孩子链表表示法这两种表示法的优点，将指向双亲结点的游标与结点信息集成在结构描述中，可以得到带双亲的孩子链表表示法，如图 6-39 所示。

注意，根结点无双亲，所以在图中，根结点 A 的所对应的 parent 域的值置为–1。无孩子的结点的孩子链表头指针为空。

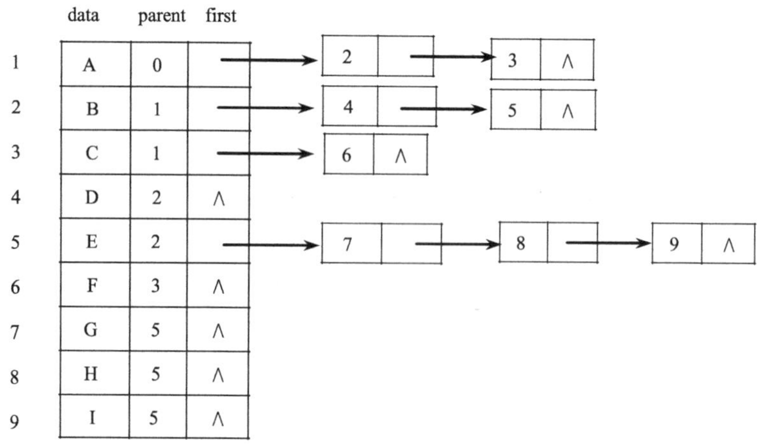

图 6-39　图 6-35 中的树的带双亲的孩子链表表示法

带双亲的孩子链表表示法中，孩子结点和顶点结点的算法说明如下：

```
template <class T>
struct ChildNode
                {  int index;
                   ChildNode *next;
                 };
template <class T>
       struct Node
              {   int parent
                  T data;
                  ChildNode *first;
              };
Node<char> tree[MaxSize+1]; // MaxSize为常量，大于树的顶点数
```

3) 孩子兄弟链表表示法

又称为二叉树表表示法或二叉链表表示法，即以二叉链表作树的存储结构。

链表中结点的左、右两个链域分别指向该结点的第一个孩子和下一个兄弟结点，分别命名为 firstchild 域和 nextsibling 域。见图 6-40 所示。

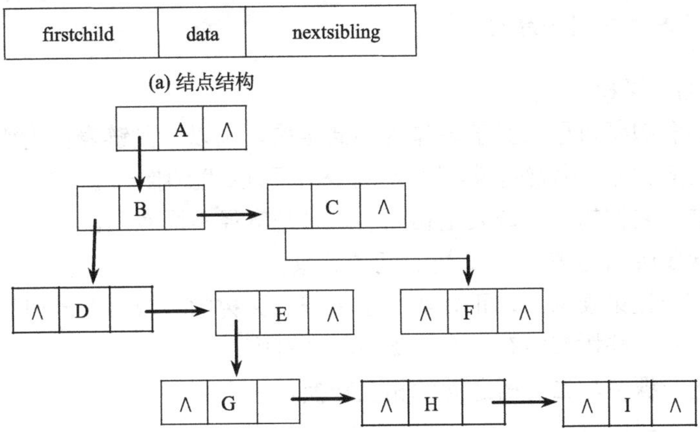

(a) 结点结构

(b) 孩子兄弟链表

图 6-40　图 6-35 中的树的孩子兄弟链表表示法

孩子兄弟链表表示法中结点结构的算法说明：

```
template <class T>
struct Node  {  T data;
                 Node  *firstchild;
                 Node  *nextsibling;
              };
```

指向孩子兄弟链表中结点指针变量的说明：

```
Node<char> *tree;
```

很明显这种结点结构构成的树的表示法便于树的各种运算。

(1) 找结点孩子等的运算：例如若要找结点 x 的第 i 个孩子，则只要先从 firstchild 域找到第 1 个孩子结点，再沿孩子结点的 nextsibling 域连续走 i–1 步，便是其第 i 个孩子。

(2) 若每个结点都增设一个 parent 域，则同样能方便地实现 Parent(T, x)和 Root(x)运算。此时，结点结构如图 6-41 所示。

firstchild	data	parent	nextsibling

图 6-41　带双亲的孩子兄弟链表中结点的结构

带双亲的孩子兄弟链表中结点结构的算法说明：

```
template <class T>
struct Node {   T  data;
```

```
Node *firstchild,*parent,*nextsibling;
        };
```

2. 树、森林和二叉树的转换

1) 树转换为二叉树

由于二叉树和树都可用二叉链表作为存储结构，则以二叉链表作为媒介可导出树与二叉树之间的对应关系。也就是说，给定一棵树，可以找到唯一的一棵二叉树与之对应。从物理结构来看，它们的二叉链表是相同的，只是解释不同而已。

图 6-42 直观地展示了树与二叉树之间的关系。

采用树的孩子兄弟表示法，正好实现了树与二叉树的转换：左子树接孩子，右子树接兄弟。即对于每一棵树都能有一个二叉树与之对应。

下面将给出一棵树与二叉树之间的相互转换。

树转换为二叉树的方法：

(1) 加线——树中所有相邻兄弟之间加一条连线；

(2) 去线——对树中的每个结点，只保留它与第一个孩子结点之间的连线，删去它与其他孩子结点之间的连线。

(3) 层次调整——以根结点为轴心，将树顺时针转动一定的角度，使之层次分明。

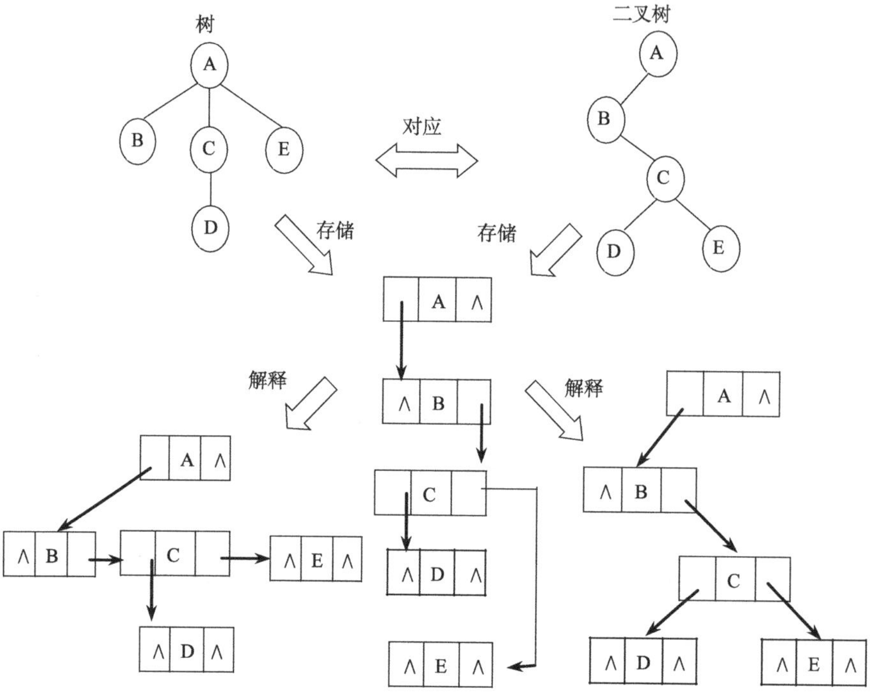

图 6-42　树与二叉树的对应关系示例

图 6-43 给出了一棵树转化为二叉树的过程。

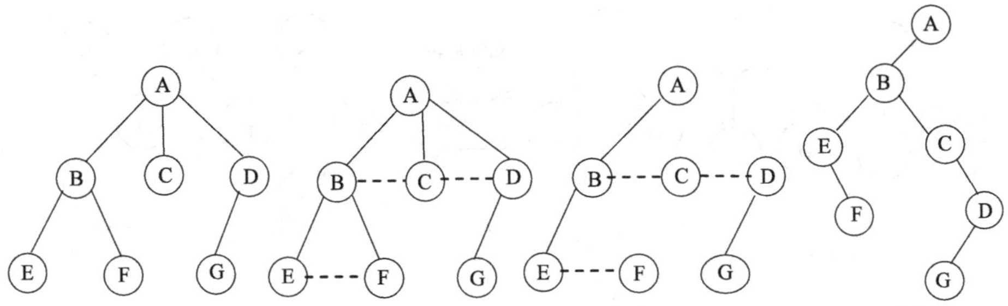

(a) 一棵树　(b) 加线　(c) 去线　(d) 层次调整

图 6-43　树转换为二叉树的过程

2)森林转换为二叉树

从树的二叉链表示的定义可知，任何一棵树都对应地有一棵二叉树，其右子树为空，即根结点的右子树为空。若把森林中第二棵树的根结点看成是第一棵树的根结点的兄弟，则同样可导出森林和二叉树的对应关系。这个一一对应关系导致森林与二叉树可以相互转换。

森林到二叉树转换的形式定义如下。

如果 F＝$\{T_1,T_2,\cdots,T_m\}$是森林，则可按如下规则转换成一棵二叉树 B＝(root,LB,RB)。

(1) 若 F 为空，即 $m=0$，则 B 为空二叉树；

(2) 若 F 非空，即 $m\neq 0$，则 B 的根 root 即为森林中第一棵树的根 root(T_1)：B 的左子树 LB 是从 T_1 中根结点的子树森林 $F_1=\{T_{11},T_{12},\cdots,T_{1m_1}\}$转换而成的二叉树，其右子树 RB 是从森林 $F'=\{T_2,T_3,\cdots,T_m\}$转换而成的二叉树。

通俗来讲，森林转换为二叉树也可如下完成：

(1) 将森林中的每棵树转换成二叉树；

(2) 依次把后一棵二叉树的根结点作为前一棵二叉树根结点的右孩子，当所有二叉树连起来后，所得到的结果就是由森林转换得到的二叉树。

图 6-44 给出了一森林转化为二叉树的过程。这一过程显然是可逆的。

3) 二叉树转换成树或森林

如果 B＝(root,LB,RB)是一棵二叉树，则可按如下规则转换成树或森林 F＝$\{T_1,T_2,\cdots,T_m\}$。其中，当 m=1 时，表示 F 是一棵树：当 m>1 时，表示 F 是一个森林。

(1) 若 B 为空，则 F 为空；

(2) 若 B 非空，则 F 中第一棵树 T_1 的根 root(T_1 即为二叉树 B 的根 root；T_1 中根结点的子树森林 F_1 是由 B 的左子树 LB 转换而成的森林，F 中除 T_1 之外其余树组成的森林 $F'=\{T_2,T_3,\cdots,T_m\}$是由 B 的右子树 RB 转换而成的森林。

通俗来讲，二叉树转换成树或森林也可如下完成：

(1) 加线——若某结点 x 是其双亲 y 的左孩子，则把结点 x 的右孩子、右孩子的右孩子、……，都与结点 y 用线连起来；

(2) 去线——删去原二叉树中所有的双亲结点与右孩子结点的连线；

(3) 层次调整——整理由(1)、(2)两步所得到的树或森林，使之层次分明。

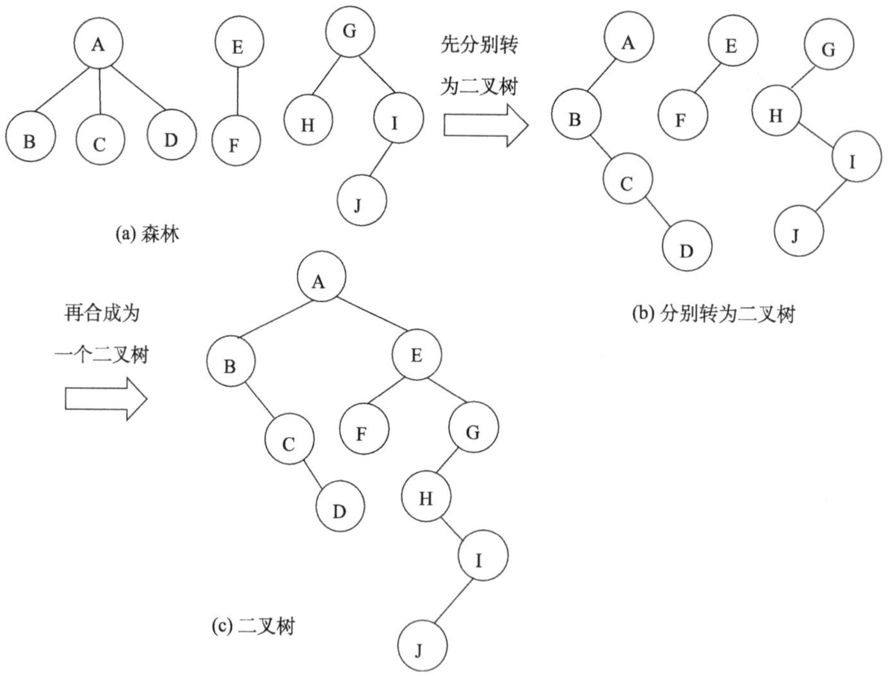

图 6-44　森林转换为二叉树的过程

图 6-45 是二叉树转化为森林的过程。二叉树转化为树的过程可看成其子过程。

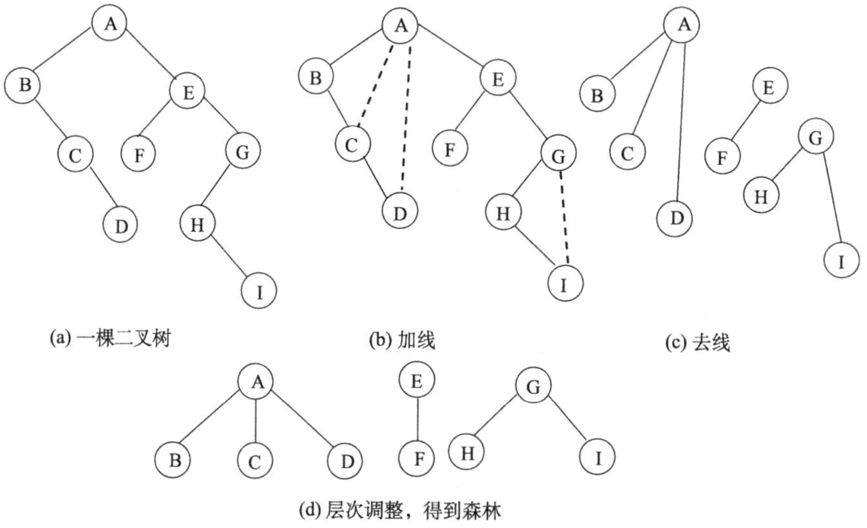

图 6-45　二叉树还原为森林的过程

3. 树和森林的遍历

1) 树的三种遍历算法

(1) 先根遍历树：先访问根结点，然后依次先根序遍历根的每棵子树。图 6-46 的先

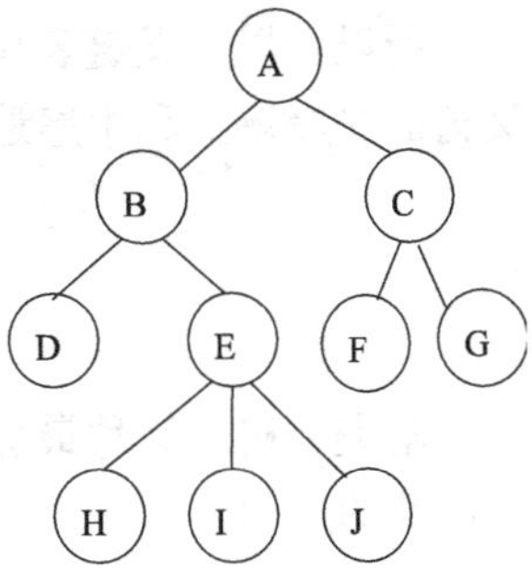

图6-46　一棵树

根遍历序列为：ABDEHIJCFG。

(2) 后根遍历树：先依次后根遍历每棵子树，然后访问根结点。图6-46的后根遍历序列为：DHIJEBFGCA。

(3) 层次遍历树，首先访问处于第一层的根结点，然后访问处于第二层上的结点，……，直至全部访问结束为止。

图6-46的层次遍历序列为：ABCDEFGHIJ。

若对图 6-46 的树转化后的二叉树分别进行先序和中序遍历可得到：

先序遍历二叉树的序列为：A B D E H I J C F G。

中序遍历二叉树的序列为：D H I J E B F G C A。

其结果，与树的直接先根遍历和后根遍历得到的先根遍历序列和后根遍历序列分别完全相同。因此，当以二叉链表作树的存储结构时，树的先根遍历和后根遍历可借用二叉树的先序遍历和中序遍历分别加以实现。

2) 森林的两种遍历算法

森林有两种遍历方法：先序遍历森林、中序遍历森林(或称后根序遍历森林)。

(1) 先序遍历森林。若森林非空，则按下列顺序遍历之：

① 访问森林中的第一棵树的根结点；

② 先序遍历第一棵树中根结点的子树森林；

③ 先序遍历除第一棵树之后剩余的树构成的森林。

对于图6-44(a)所给出的森林，先序遍历该森林所得的序列为：ABCEGHIJ。

(2) 后根遍历森林(或称中根遍历森林)。

若森林非空，则按下述规则遍历之：

① 后根遍历森林中第一棵树的根结点的子树森林；

② 访问第一棵树的根结点；

③ 后根遍历除去第一棵树之后剩下的树构成的森林。

对于图6-44(a)所给出的森林，后根遍历该森林所得的序列为：BCDAFEHJIG。

从树的二叉链表表示的定义可知，任何一棵树转化为对应一棵二叉树后，根结点的右子树为空。若先把森林中每一棵树转化为对应的一棵二叉树，再把森林中第二棵二叉树树的根结点看成是第一棵二叉树的根结点的右孩子，第三棵二叉树的根结点看成是第二叉树的根结点的右孩子，……，最后一棵二叉树的根结点看成是倒数第二棵二叉树的根结点的右孩子，最后得到一棵二叉树，这就导出森林到二叉树的转化。这一过程也是可逆的，即由一个森林转化得到的二叉树反过来也可唯一地转化为原森林。

当森林转换成二叉树后，对对应的二叉树分别进行先序和中序遍历，如对图6-44(a)中由森林转化为二叉树后，分别进行先序和中序遍历，可得到

先序遍历序列：　A B C D E F G H I J；

中序遍历序列：　B C D A F E H J I G。

其结果是，原森林的先序遍历序列与其转化为二叉树后的先序遍历序列相同，原森林的后根序遍历序列与其转化为二叉树后的中序遍历序列相同。

所以，以二叉链表作森林的存储结构后，森林的先根遍历和后根遍历分别可借用二叉树的先序遍历和中序遍历的算法实现。

6.6 哈夫曼树及其应用

哈夫曼树，又称最优二叉树，是一类带权路径长度最短的二叉树。在实际工作中有着广泛的应用。

1. 哈夫曼树(最优二叉树)

1) 二叉树的带权路径长度

二叉树中叶结点的路径长度：从叶结点到树根的分支数。也等于从叶结点到二叉树根的路径上的结点数减 1。

叶结点的权：二叉树中叶结点赋上的带某种意义的实数。

叶结点的带权路径长度：叶结点的路径长度与叶结点上所带权的乘积。

二叉树的带权路径长度：树中所有叶结点带权路径长度之和，记为

$$\mathrm{WPL}=\sum_{i=1}^{P} w_i l_i \tag{6-9}$$

其中，w_i 表示第 i 个叶结点上的权，l_i 表示第 i 个叶结点的路径长度。

例 6-6　给定权值分别为 2,4,5,5,7，以它们分别作为叶结点的权，构造如图 6-47 所示的三棵二叉树，分别计算它们的带权路径长度。

图 6-47(a)中二叉树带权路径长度：　WPL＝7×2+5×2+2×2+4×2＝36

图 6-47(b)中二叉树带权路径长度：　WPL＝4×2+7×3+5×3+2×1＝46

图 6-47(c)中二叉树带权路径长度：　WPL＝7×1+5×2+2×3+4×3＝35

从上例似乎可看出如下规律：权值大的叶结点离根近，则 WPL 最小。

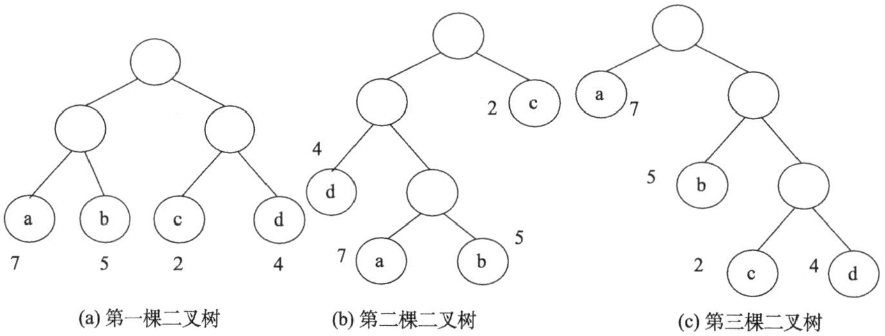

图 6-47　叶结点权值相同所构造的三棵不同形态的二叉树

2) 哈夫曼树的定义

权为 $w_1,w_2,\cdots,w_n$ 的 n 个叶结点的所有二叉树中，带权路径长度 WPL 最小的二叉树称为哈夫曼树(Huffman tree)，也称为最优二叉树(optimium binary tree)。

2. 哈夫曼树的构造方法

哈夫曼树的构造步骤：

(1) 根据 n 个权值 $w_1,w_2,\cdots,w_n$ 构造 n 棵二叉树的森林 $F=\{T_1,T_2,\ \cdots,T_n\}$。$T_i$ 含带权为 w_i 的根结点，无左、右子树。

(2) 在森林 F 中选出两棵根结点权值最小的二叉树，作为左、右子树合并成一棵新的二叉树，新二叉树根的权值为其左、右子树根结点上的权值之和。

(3) 在 F 中删除刚合并的两棵二叉树，新二叉树加入 F 中。

(4) 重复(2)和(3)，直到 F 中只含一棵二叉树，即为哈夫曼树。

下面通过两个例子来说明 Huffman 树的构造。

例 6-7　给定字母：a,b,c,d，分别对应的权值：7,5,2,4，构造其相应的 Huffman 树。构造过程如图 6-48 所示。

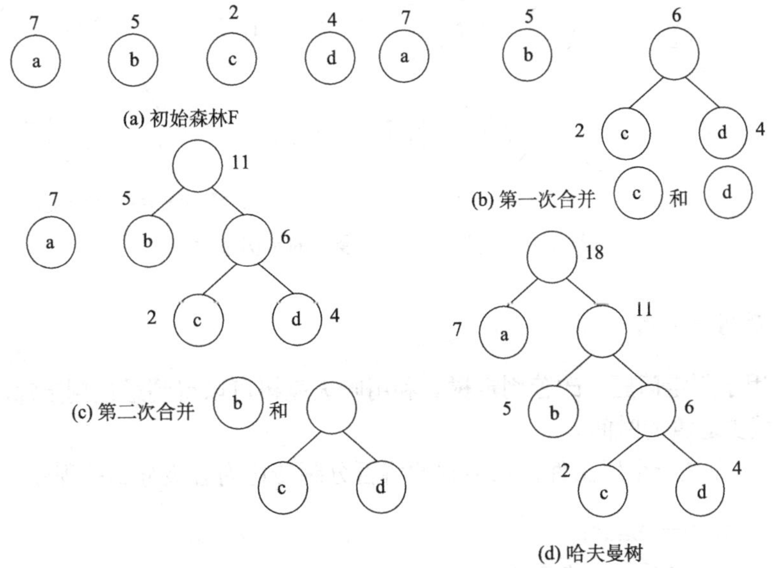

图 6-48　构造一棵哈夫曼树的示例过程

例 6-8　给定字母：a,b,c,d,e,f,分别对应的权值为：3,5,11,7,6,14，构造其相应的 Huffman 树。

构造过程如图 6-49 所示。

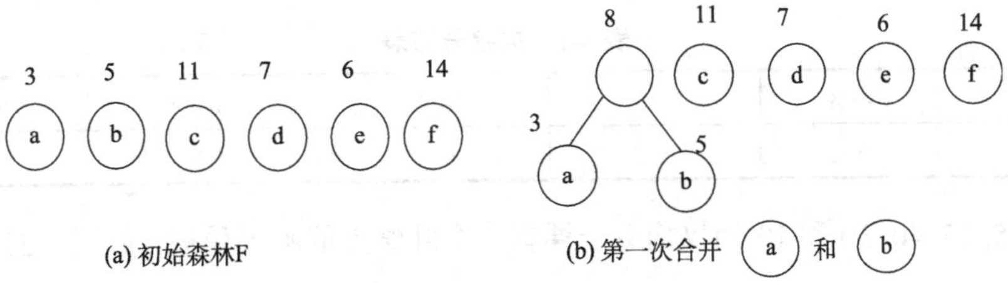

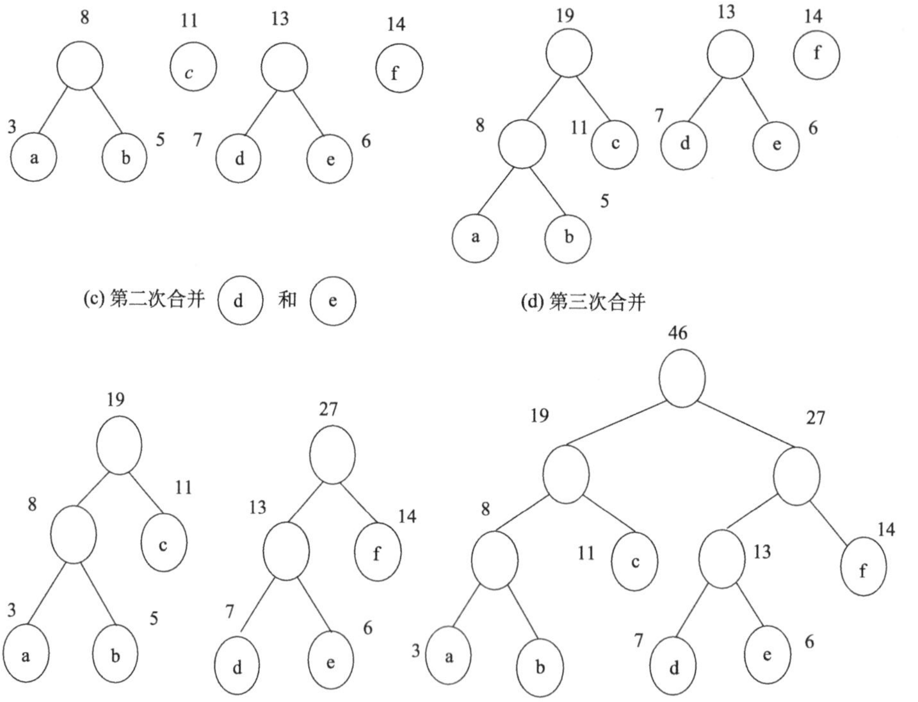

(c) 第二次合并 (d) 和 (e)　　(d) 第三次合并

(e) 第四次合并　　(f) 第五次合并——哈夫曼树

图 6-49　构造一棵哈夫曼树的示例过程

3. 哈夫曼树的应用

(1) 应用于判定问题，改善判定树。利用哈夫曼树可以得到最佳判定算法，提高程序的质量，减少运算的时间。

例 6-9　下面是一个用条件语句编制的将百分制转化为五级分制的程序。

```
if ( a<60) b="bad";                              // 不及格
    else if (a<70)  b="pass";                     // 通过
         else if (a<80) b="general";              // 中
              else if (a<90) b="good";            // 良
                else  b="excellent";              // 优
```

若学生成绩在五个等级上分布不均匀，见表 6-1。其判定过程如图 6-50 所示。有 80%(=0.4+0.3+0.1)以上的数据需三次或三次以上比较才能得出结果。

表 6-1　成绩分布表

分数	0~59	60~69	70~79	80~89	90~100
比例	0.05	0.15	0.40	0.30	0.10

设以 5, 15, 40, 30 和 10 为权构造一棵有 5 个叶结点的哈夫曼树，如图 6-51 所示，则

大部分的数据经过较少的比较次数得出结果。

设有 10000 个输入数据，原判定次数为

10000×0.05×1+10000×0.15×2+10000×0.40×3+10000×0.3×4

+10000×0.10×4＝500+3000+12000+12000+4000＝31500(次)

现为 10000×0.05×3+10000×0.15×3+10000×0.40×2+10000×0.3×2

+10000×0.1×2＝1500+4500+8000+6000+2000＝22000(次)

减少了 31500－22000＝9500(次)

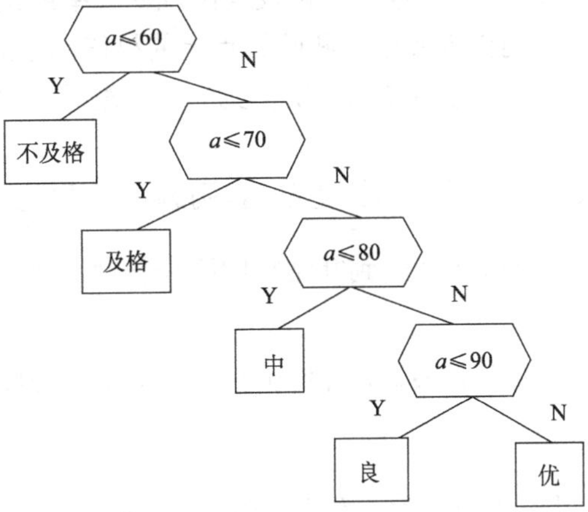

图 6-50　判定树

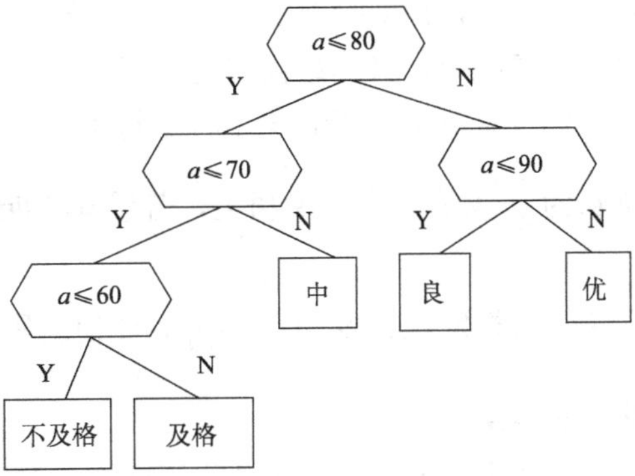

图 6-51　改进后的判定树

(2) 应用于编码——哈夫曼编码。在电报的传输当中，电文是以二进制的 0,1 序列发送的。在发送端，把文中的字符转化成二进制的 0,1 序列，这也就叫编码。在接收端，又把收到的 0,1 序列转化成对应的字符，这叫做译码。编码方法分为等长编码和非等长编码。当然，不论用什么编码方案，在同一个编码方案中，必须保证每个字符的编码互不相同。

① 等长编码　等长编码是指每个字符都用长度相同的 0,1 串加以编码。例如，若对 ABCD 分别有如下编码：A——00, B——01, C——10, D——11。则字符串：ABACCDA 的编码为 00010010101100，总长度为 14。译码时也采用等长分段来译码。

② 非等长编码　不等长编码是指每个字符都用长度不一定相等的 0,1 串加以编码。例如，若对 ABCD 分别如下编码：A——0, B——00, C——1, D——11。则字符串：ABACCDA 的编码为 000011110，总长度为 9。显然，如将某字符用较少位的 0, 1 串来编码，可减少总电文长度。但破坏了译码的唯一性，如前四位 0000 可译成 AAAA 或 ABA 或 BB。

从上述例子可以说明，为了不引起混淆，任一字符的编码都不能是另一字符编码的前缀。

③ 前缀编码　如果在编码方案中，任一字符的编码都不是另一字符编码的前缀，则称其为前缀编码。前缀编码一般是不等长编码。可利用二叉树设计二进制形式的前缀编码。因为在二叉树上，从根到叶结点的路径是唯一的。例如，四个叶结点 A,B,C 和 D

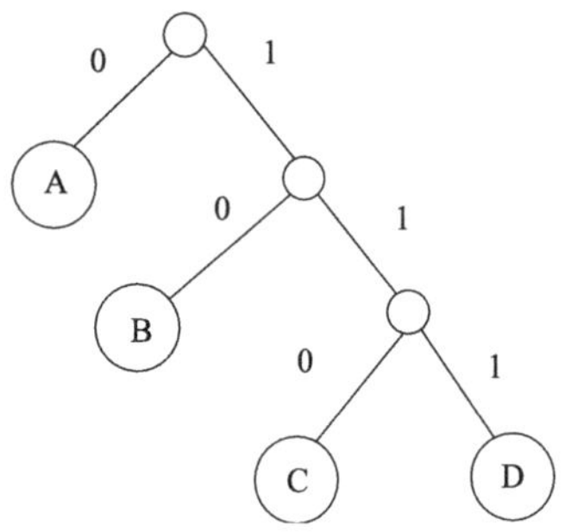

图 6-52　利用二叉树设计前缀编码

构成图 6-52 的二叉树，然后，左分支上标 0，右分支上标 1，叶结点字符的编码为从根结点到叶结点的路径的分支上标的 0, 1 符顺序组成的字符串。于是得到：A——0, B——10, C——110, D——111。则 ABACCDA 的编码为 01001101101110，码长为 14。如何结合字符出现频率或次数，设计原文的前缀编码，使长度最短？这就要引入哈夫曼编码。

④ 哈夫曼编码　　根据字符及其出现的频率或次数等某种信息分别作为叶结点和叶结点上的权值，通过哈夫曼算法，构造哈夫曼树，再在左分支上标 0，右分支上标 1，所得到的一种编码，称为哈夫曼编码。又称最优的前缀编码。

假设有 n 种字符，第 i 种字符出现的次数为 w_i，其编码长度为 l_i，则编码后的电文总长为 $\sum_{i=1}^{n} w_i l_i$。在二叉树上，若置 w_i 为叶结点的权，l_i 为根到叶结点的路径长度，则二叉树上带权路径长度为 $\sum_{i=1}^{n} w_i l_i$。要使编码后的电文总长最短，等价于相应二叉树上带权路径长度最小。

如果以这 n 种字符及其出现的次数叶字和叶结点上的权，构造一棵哈夫曼树，然后，得到前缀编码，可保证电文最短。

⑤ 哈夫曼编码的设计　　设字符集 $D=\{d_1,d_2,\cdots,d_n\}$，对应出现的频率或次数集 $W=\{w_1,w_2,\cdots, w_n\}$，用 $d_1,d_2,\cdots,d_n$ 作为叶结点，$w_1,w_2,\cdots,w_n$ 分别是相应叶结点的权，利用哈夫曼算法构造一棵带权路径长度最小的哈夫曼树。在哈夫曼树中，每个分支结点的左分支上标上 0，右分支上标上 1。从根到每个叶结点的路径上的标号连接起来作为该叶结点的字符编码。每个字符 d_i 的编码长度就是从根到叶结点 d_i 的路径长度。

例 6-10　设 $D=\{a,b,c,d,e\}$,$W=\{0.12,0.40,0.15,0.08,0.25\}$，则哈夫曼树和哈夫曼编码如图 6-53 所示。

译码与编码过程相反，从根结点出发，按二进制位串中的 0, 1，确定是沿左子树还是沿右子树，直到叶结点，译出该 0, 1 序列所对应的叶结点上的字符。

4. 哈夫曼树和哈夫曼编码的算法

n 个叶结点的哈夫曼树共有 $2n-1$ 个结点。用一个一维结构数组来实现哈夫曼树的构造和哈夫曼树编码的求取。数组的每个元素是一个结构，如图 6-54 所示。

而其中，parent、lchild 和 rchild 均为整型量，分别为其双亲、左孩子和右孩子在数组中的位置值，若不存在，对应地取值为–1。

类声明：

```
const int N=30;  // 叶结点最大数
const int M=2*N-1; // 结点最大数
```

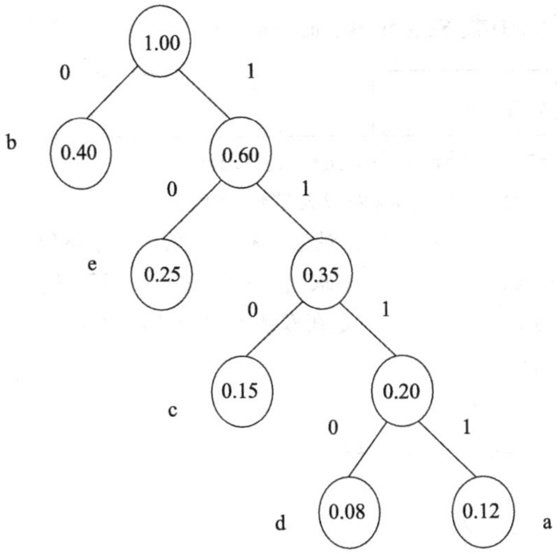

(a) 哈夫曼树

a：1111

b：0

c：110

d：1110

e：10

(b) 哈夫曼编码

图 6-53　哈夫曼树和哈夫曼编码

```
const int MAX=9999; // 最大常量
const int L=20;     // 编码最大长度
 struct element
{   int weight;
    int lchild, rchild, parent;
};   // 结点结构类型说明
typedef struct{
    char bits[N];     // 用于存放位串
    int  start;       // 用于存放编码在位串中的起始位置
    char ch;          // 存储字符。一个字符对应一个结构
} codetype;          // 编码存储的结构类型说明
```

weight	parent	lchild	rchild

图 6-54　结点结构

1)　建立哈夫曼树的算法

建立哈夫曼树的算法 HuffmanTree

```
void HuffmanTree(element hT[ ], int w[ ], int n )
{  int i,k,i1,i2;
   for(i=0;i<2*n-1;i++)hT[i].parent=hT[i].lchild=hT[i].rchild= -1;
   for (i=0; i<n; i++)  hT[i].weight=w[i];
   for (k=n; k<2*n-1; k++)
  {  Select(hT, i1, i2,k);
     hT[i1].parent=hT[i2].parent=k;
     hT[k].weight=hT[i1].weight+hT[i2].weight;
     hT[k].lchild=i1;
   hT[k].rchild=i2;
  }
}
```

其中，选取两棵最小的二叉树的函数 Select()可如下编写：

选取两棵最小的二叉树的函数 Select

```
void Select(element hT[],int &i1,int &i2,int k)
{  int min1=MAX,min2=MAX; // MAX为较大常数,如9999
   i1=0; i2=0;                // 分别记录最小和次小所在的下标值
   for (int i=0; i<k; i++)         // 求出min1<=min2,两个最小
   if(hT[i].parent==-1)        // 一定在双亲为空的结点中找
   if (hT[i].weight<min1)
       {  min2=min1; i2=i1;
          min1= hT[i].weight;  i1=i;
       }
else if (hT[i].weight<min2)
          {  min2=hT[i].weight;
             i2=i;
          }
}
```

2) 建立哈夫曼编码的算法

为求哈夫曼编码，在哈夫曼树中，从根结点出发向下走。约定走左分支为 0，右分支为 1，则从根到一叶结点所走过的路径中的分支上所得到的 0, 1 字符序列，即为该叶结点的哈夫曼编码。因按从根走到叶结点的方法来求哈夫曼编码不方便，所以，找一叶结点的哈夫曼编码只好从叶结点出发，向上走，走到根。

建立哈夫曼编码的算法 HuffmanCode

```
void HuffmanCode(element hT[],codetype code[],int n)
{  int i,c,p;  codetype cd;
   for(i=0;i<n;i++)
   { cd.start=n;  c=i; p=hT[c].parent;   // i的双亲p
     while(p!=-1)
         {  cd.start--;
            if (hT[p].lchild==c)
               cd.bits[cd.start]='0';  // i是p的左孩子，分支上置'0'
            else
              cd.bits[cd.start]='1'; // i是p的右孩子，分支上置'1'
            c=p;
            p=hT[c].parent;
         }
code[i]=cd;       // 注意：cd.ch为空的
     }
}
```

每从孩子走到其双亲，就判断该孩子与其双亲的关系。若该孩子是其双亲的左孩子，则编码对应为 0；若该孩子是其双亲的右孩子，则编码对应为 1。

由于从叶结点到根走的路径来求编码，所以，编码存储在相应一维数组中时应由后往前存放。而正过来看，由前往后所得到的 0, 1 序列就是该叶结点的哈夫曼编码。由于每个字符的编码不一定正好等于存放其编码的数组的长度，所以，要将其在数组中开始存放的位置记下来，以便编码使用。因编码长度至多为 *n*，所以放在数组 bits 中，相当于右对齐。另用一个变量 start 来标明编码开始存放的起始位置。

几点说明：

(1) 结构数组 *ht* 的前 *n* 个分量表示叶结点，最后一个分量表示根结点。

(2) 各字符的编码长度不等，但不超过 *n*。所以，表示一个字符的编码 codetype 型变量中的 bits 数组长度为 *n*。

(3) start 域表示编码开始的位置。若 *cd*.start=*k*，则该编码顺序存放在向量 *cd*.bits 中从 *cd*.start=*k* 开始的分量上。

(4) 译码的过程是，从根出发，逐一读进电文中的 0, 1 编码，按 0, 1 串中的 0, 1 确定走向左孩子还是右孩子，直到某个叶结点，便求得相应串译码要得的一个字符。接下去再从根开始，对接下来的编码序列译码。如此反复，只要电文编码序列无误，总能正确译成原文。

(5) Select()函数实现每次求双亲为空的两棵最小的子树，以备合并使用。

例 6-11　已知某系统在通讯联络中只可能出现八种字符，其频率分别为 0.05,0.25, 0.07,0.08,0.14,0.23,0.01,0.11。试设计哈夫曼编码。

	weight	parent	lch	rch
0	5	−1	−1	−1
1	25	−1	−1	−1
2	7	−1	−1	−1
3	8	−1	−1	−1
4	14	−1	−1	−1
5	23	−1	−1	−1
6	1	−1	−1	−1
7	11	−1	−1	−1
8		−1	−1	−1
9		−1	−1	−1
10		−1	−1	−1
11		−1	−1	−1
12		−1	−1	−1
13		−1	−1	−1
14		−1	−1	−1

*ht*的初态

	weight	parent	lch	rch
0	5	8	−1	−1
1	25	−1	−1	−1
2	7	−1	−1	−1
3	8	−1	−1	−1
4	14	−1	−1	−1
5	23	−1	−1	−1
6	1	8	−1	−1
7	11	−1	−1	−1
8	6	−1	6	0
9		−1	−1	−1
10		−1	−1	−1
11		−1	−1	−1
12		−1	−1	−1
13		−1	−1	−1
14		−1	−1	−1

合并根为5和1的子树

	weight	parent	lch	rch
0	5	8	−1	−1
1	25	−1	−1	−1
2	7	9	−1	−1
3	8	−1	−1	−1
4	14	−1	−1	−1
5	23	−1	−1	−1
6	1	8	−1	−1
7	11	−1	−1	−1
8	6	9	6	0
9	13	−1	8	2
10		−1	−1	−1
11		−1	−1	−1
12		−1	−1	−1
13		−1	−1	−1
14		−1	−1	−1

合并根为7和6的子树

图 6-55　按程序进行 Huffman 树构造过程中 *ht* 的变化过程的前 3 步

为简单起见，将所有频率都乘以 100，转换为整数，得到权集 $W=\{5,25,7,8,14,23,1,11\}$。于是，叶结点数 n=8，哈夫曼树的结点总数 $m=2\times8-1=15$。构造哈夫曼树的过程如图 6-55 和图 6-56 所示。图 6-55 和图 6-56 是存储变化过程。图 6-57 是对应的哈夫曼树。图 6-58 是对应的哈夫曼编码。

	weight	parent	lch	rch
0	5	8	−1	−1
1	25	−1	−1	−1
2	7	9	−1	−1
3	8	**10**	−1	−1
4	14	−1	−1	−1
5	23	−1	−1	−1
6	1	8	−1	−1
7	11	**10**	−1	−1
8	6	9	6	0
9	13	−1	8	2
10	**19**	−1	**3**	**7**
11		−1	−1	−1
12		−1	−1	−1
13		−1	−1	−1
14		−1	−1	−1

合并根为8和11的子树

	weight	parent	lch	rch
0	5	8	−1	−1
1	25	−1	−1	−1
2	7	9	−1	−1
3	8	10	−1	−1
4	14	**11**	−1	−1
5	23	−1	−1	−1
6	1	8	−1	−1
7	11	10	−1	−1
8	6	9	6	0
9	13	**11**	8	2
10	19	−1	3	7
11	**27**	−1	**9**	**4**
12		−1	−1	−1
13		−1	−1	−1
14		−1	−1	−1

合并根为14和13的子树

	weight	parent	lch	rch
0	5	8	−1	−1
1	25	−1	−1	−1
2	7	9	−1	−1
3	8	10	−1	−1
4	14	11	−1	−1
5	23	**12**	−1	−1
6	1	8	−1	−1
7	11	10	−1	−1
8	6	9	6	0
9	13	11	8	2
10	19	**12**	3	7
11	27	−1	9	4
12	**42**	−1	**10**	**5**
13		−1	−1	−1
14		−1	−1	−1

合并根为23和19的子树

	weight	parent	lch	rch
0	5	8	−1	−1
1	25	**13**	−1	−1
2	7	9	−1	−1
3	8	10	−1	−1
4	14	11	−1	−1
5	23	12	−1	−1
6	1	8	−1	−1
7	11	10	−1	−1
8	6	9	6	0
9	13	11	8	2
10	19	12	3	7
11	27	13	9	4
12	42	−1	10	5
13	**52**	−1	1	11
14		−1	−1	−1

合并根为25和27的子树

	weight	parent	lch	rch
0	5	8	−1	−1
1	25	13	−1	−1
2	7	9	−1	−1
3	8	10	−1	−1
4	14	11	−1	−1
5	23	12	−1	−1
6	1	8	−1	−1
7	11	10	−1	−1
8	6	9	6	0
9	13	11	8	2
10	19	12	3	7
11	27	13	9	4
12	42	**14**	10	5
13	52	**14**	1	11
14	**94**	−1	**12**	**13**

合并根为42和52的子树，即*ht*的终态

图 6-56　按程序进行 Huffman 树构造过程中 *ht* 的变化过程的后 5 步

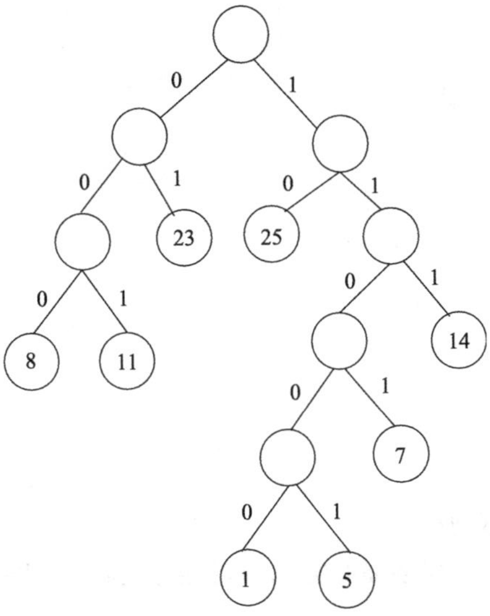

图 6-57　哈夫曼树

5：　11001	start: 3
25：　10	start: 6
7：　1101	start: 4
8：　000	start: 5
14：　111	start: 5
23：　01	start: 6

图 6-58　每个字符的哈夫曼编码及其在存储结构体 *cd* 中 start 的值

本章小结和学习要点

这一章是本门课程内容中的一个重点，本章学习要点是：

(1) 熟练掌握二叉树的结构特性，了解相应的证明方法。

(2) 熟悉二叉树的各种存储结构的特点及适用范围，掌握二叉链表的构造方法。

(3) 先序、中序和后序遍历二叉树是二叉树各种运算的基础，要熟练掌握这些遍历的递归算法，并能灵活运用遍历算法实现二叉树的其他运算；层次遍历是按另一条搜索路径进行的遍历算法，了解遍历过程中“队列”的变化过程；理解先序、中序和后序遍历的非递归算法，了解遍历过程中“栈”的状态。

(4) 了解线索二叉树和线索二叉链表，知道如何利用二叉链表中的空指针域来建立结点与其相应序列中的前驱或后继之间的联系。熟悉中序线索二叉树和线索二叉链表。

(5) 熟悉树的各种存储结构及其特点。掌握 1 至 2 种树的存储方法，会利用其编写实现树的一些运算的算法。

(6) 熟练掌握哈夫曼树(即最优二叉树)的特性，掌握建立最优二叉树和哈夫曼编码以及译码的方法。

习　题　6

1. 简答题

(1) 已知一棵有向树边的集合为：{<a,b>,<b,e>,<b,d>,<c,g>,<c,f>,<c,h>,<a,c>, <i,m>,<i,n>,<e,i>, <g,j>,<g,k>,<h,l>}，用树形表示法画出此树，并回答下列问题：

(a) 哪个是根结点?

(b) 哪些是叶结点?

(c) 哪个是 g 的双亲?

(d) 哪些是 g 的祖先?

(e) 哪些是 g 的孩子?

(f) 哪些是 e 的子孙?

(g) 哪些是 e 的兄弟?

(h) 结点 b 和 n 的层次各是多少?

(i) 结点 e 和 g 的度是多少?

(j) 以结点 c 为根的子树的深度是多少?

(k) 树的度数是多少?

(2) 树与二叉树有何区别?度为 2 的树与二叉树有何区别?

(3) 一个深度为 h 的满 k 叉树有如下性质：第 h 层上的结点都是叶结点，其余各层上每个结点都有 k 棵非空子树。如果按层次顺序从 1 开始对全部结点编号，问：

(a) 各层的结点数目是多少?

(b) 编号为 j 的结点的双亲结点(若存在)的编号是多少?

(c) 编号为 j 的结点的第 i 个孩子结点(若存在)的编号是多少?

(d) 编号为 j 的结点有右兄弟的条件是什么？若存在，则右兄弟编号是多少?

(4) 在 n 个结点的满二叉树中，有多少个叶子结点？有多少分支结点?

(5) 一棵分别含有 n 个结点和 n 个叶结点的满三叉树的高度各是多少?

(6) 在有 n 个结点的二叉树的二叉链表表示中一定有 n+1 个空链域，那么在其三叉链表表示中，有多少个空链域?

(7) 在结点数大于 1 的 Huffman 树中，有多少个度为 1 的结点?

(8) 在何种情况下，等长编码也是最优的前缀编码即 Huffman 编码?

2. 填空题

(1) 一棵有 n(n=1,3,7,15,…)个结点的满二叉树分别有______个分支结点和______个叶结点。

(2) 具有 n 个结点的完全二叉树的叶子结点数为______。

(3) 深度为 k 的完全二叉树至少有______个结点，至多有______个结点。

(4) 一棵有 n_0(n>0)个叶结点的满二叉树共有______个结点。

(5) 深度为 k 的满二叉树共有______个结点，______个叶结点。

(6) 深度为 k 的二叉树上只有度为 0 和度为 2 的结点，该二叉树的结点数可能达到的最大值是______，最小值是______。

(7) 深度为 k 的二叉树中，所含叶子的个数最多为________。

(8) 设一棵度为 3 的树中，度为 2 的结点有 3 个，度为 3 的结点有 2 个。则该树中有_____个叶子结点。

(9) 在具有 n 个结点的二叉链表中，空链域有______个，非空链域有______个。

(10) 一棵含 100 个结点的完全二叉树含有______个度为 1 的结点，_____个度为 2 的结点，_____个叶结点。

(11) 设一棵完全二叉树共有 8 层，最底层有 10 个叶结点，则它共含有_____个结点，其中，度为 1 的结点有______个，度为 2 的结点有______，叶结点有_____个，编号最小的叶结点的编号是_____，编号最大的非叶结点的编号是_____。

(12) 某二叉树的先序遍历序列是 ABDECFG，中序遍历序列是 DBEAFGC，则其后序遍历序列是______。

(13) 由分别均为 5 个结点的树所构成的森林在转化为一棵二叉树后，根结点的右子树上共有个结点。

(14) 在有 n 个叶子的哈夫曼树中，分支结点数为______，结点总数为______。

3. 选择题

(1) 设一棵完全二叉树有 n 个结点，则其深度为______。

A. $n-1$　　B. n　　C. $\lfloor \log_2 n+1 \rfloor$　　D. $\lceil \log_2 n \rceil+1$

(2) 中序遍历和后序遍历结果相同的二叉树是______。

A. 根结点无右孩子的二叉树　　B. 根结点无左孩子的二叉树

C. 左斜树　　D. 右斜树

(3) 一个高度为 k 的满二叉树共有 n 个结点，其中有 n_0 个叶子结点，则有_____。

A. $n=k+n_0$　　B. $2n=k+n_0$　　C. $n_0=k-1$　　D. $n=2n_0-1$

(4) 由树后序序列与其转换得到的二叉树的______相同。

A. 先序　　B. 中序　　C. 后序　　D. 层序

(5) 用顺序存储方法将含 n 个结点的一棵完全二叉树的所有结点按层序存放在一维数组 $A[0]$～$A[n-1]$中，结点 $A[i]$若有右子树，则其根结点在数组中的下标是________。

A. $2i-1$　　B. $2i+1$　　C. $2i+2$　　D. $2i$

(6) 对任何一棵二叉树，如果其叶结点个数为 n_0，度为 2 的结点个数为 n_2，则必有 $n_0=n_2+1$。当树有 n 个结点时，则度为 1 的结点个数 n_1 为______。

A. $n-n_2+1$　　B. $n-n_0+1$　　C. $n-2n_2+1$　　D. $n-2n_0+1$

(7) 若完全二叉树中任一结点左子树的深度为 h，则其右子树的深度为______。

A. h　　B. $h-1$　　C. h 或 $h-1$　　D. $h+1$

(8) 一棵度为 3 结点数为 121 的树的最小高度为______。

A. 5　　B. 6　　C .7　　D. 8

(9) 一棵度为 3 结点数为 121 的树的最小高度为______。

A. 5　　B. 6　　C .7　　D. 8

(10) 一棵完全二叉树共有 6 层，最底层有 12 个叶结点,则最小叶结点编号是_______。

A.20　　B.21　　C. 22　　D. 23

(11) 森林中有 5 棵结点数依次为 n_0, n_1, n_2, n_3, n_4 的树，则把森林转换成一棵二叉树后，其根结点的左、右子树上分别有______个结点。

A. n_0-1、$n_1+n_2+n_3+n_4$　　B. n_0、$n_1+n_2+n_3+n_4$

C. n_0+1、$n_1+n_2+n_3+n_4$　　D. $n_0+n_1+n_2+n_3+n_4$、n_0

(12) 指针 p 指向线索二叉链表中某结点，它没有右孩子的充要条件是________。

A. p->lchild=NULL　　B. p->rtag=0

C. p->rtag=1　　D. p->rchild=NULL

(13) 由 2,6,4,3,5,7 分别作为叶结点权值构造哈夫曼树，带权路径长度为__________。

A. 58　　B. 68　　C.48　　D. 74

4. 判断题

(1) 在任何满二叉树中，分支数一定是一个偶数。(　)

(2) 任何一棵二叉树的叶子结点在先序、中序、后序遍历序列中的相对次序都是肯定不发生改变的。(　)

(3) 两棵三结点的二叉树，先序序列和后序序列分别对应相同，则这两棵二叉树形态一定相同。(　)

(4) 完全二叉树的某结点若无左孩子，则它一定是叶结点。(　)

(5) 任何非空的完全二叉树中至多只有一个度为 1 的结点。(　)

(6) 若二叉树为右斜树，则先序序列和中序序列相同。(　)

(7) 在中序线索二叉树中，任一结点均有指向其前趋和后继的线索。(　)

(8) 在线索二叉树中，叶结点的充要条件是其左、右线索标志均为 0 。(　)

(9) 由于树中结点的度与图论中的结点的度定义不同，计算时不将到父结点的分支包括在内，所以，一棵具有 n 个结点的树，其所有结点的度数之和不是边数的 2 倍($2n-2$)，而就是 $n-1$。(　)

(10) 在二叉树的先序遍历序列中，任意一个结点均处在其子女的前面。(　)

(11) 度为 2 的树与二叉树是完全相同的。(　)

(12) 由树转换成二叉树，其根结点的右子树总是空的。(　)

(13) 在扩充二叉树为完全二叉树的扩展二叉树中增加的虚结点数是常数。(　)

(14) 用一维数组存储二叉树时，按层序存储其扩展后的完全二叉树中结点。(　)

5. 证明题

(1) 试证：n 个结点的完全 k 叉树的深度为 $\lfloor \log_k[n(k-1)] \rfloor+1$，这里，$k$>1。完全 k 叉树类似于完全二叉树的定义。每个结点的度为 0 或 3，所有叶子在最下面的两层，最底层结点全靠左，中间无缺少。最底层以上的结点构成的 k 叉树是一棵满 k 叉树即从根结点开始，每个结点都有 k 个孩子，直到所有叶结点处在同一层而结束。特别地，当 k=3 时，n 个结点的完全 3 叉树的深度为 $\lfloor \log_3(2n) \rfloor+1$。

(2) 试证：具有 n 个结点的满二叉树，其叶结点数 $n_0=(n+1)/2$。

(3) 试证：已知一棵二叉树的中序序列和后序序列，则也可唯一确定该二叉树。

(4) 试证明：n 个结点的完全二叉树上度为 1 的结点数 $n_1=(n+1)\%2$，即 n_1 的值取决于 n 的奇偶性。当 n 为偶数时，n_1=1，当 n 为奇数时，n_1=0。

(5) 试证：n 个结点的完全二叉树上度为 0 的结点即叶结点数 $n_0=\lceil n/2 \rceil$。

(6) 试证：n 个结点的完全二叉树最底层的叶结点数 $n_t=n-2^{h-1}+1$, 其中 h 为完全二叉树的深度。

(7) 试证：设 $n(n>1)$个结点的完全二叉树最底层的叶结点数为 n_t，度为 1 的结点数为 n_1，则其倒数第二层上的非叶结点数为$\lceil n_t/2 \rceil$，且$\lceil n_t/2 \rceil=(n_t+n_1)/2$。

(8) 试证：$n(n>1)$个结点的完全二叉树的倒数第二层上的非叶结点数为$\lceil n_t/2 \rceil=[n+1+(n+1)\%2]/2-2^{h-2}$，其中，$h$ 为完全二叉树的深度。

(9) 试证：将一棵 n 个结点的非完全二叉树补充一些虚结点后使之成为完全二叉树，最底层上的结点数为 n_t，则完全二叉树中总结点数为 $2^{h-1}+n_t-1$，补充的虚结点个数为 $2^{h-1}+n_t-n-1$，而且，当 n=1 时，叶结点数 n_0=1，但当 n>1 时，叶结点数 $n_0=2^{h-2}+\lfloor n_t/2 \rfloor$，其中，$h$ 为完全二叉树的深度。

6. 计算题

(1) 已知一棵度为 m 的树中有：n_1 个度为 1 的结点，n_2 个度为 2 的结点，……，n_m 个度为 m 的结点，问该树中共有多少个叶子结点？

(2) 试分别画出具有 3 个结点的树和 3 个结点的二叉树的所有不同形态。

(3) 若按中序遍历，得到中序序列为 BAC，则有哪几种不同二叉树可以得到这一结果？

(4) 试采用顺序存储方法和链接存储方法，分别画出图 6-59 中二叉树的存储结构。

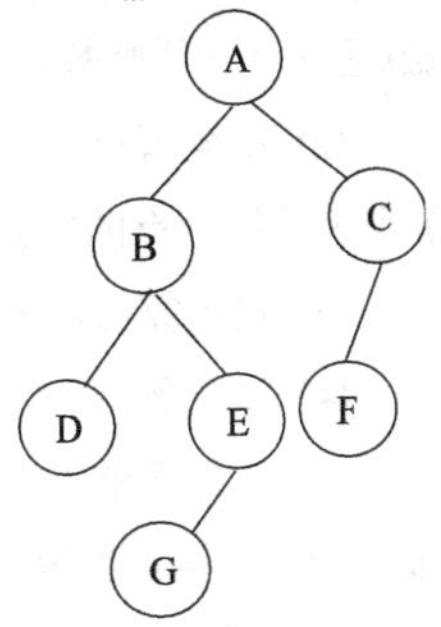

图 6-59　一棵二叉树

(5) 分别写出图 6-59 所示二叉树的先序、中序和后序序列。

(6) 试找出分别满足下面条件的所有二叉树：

(a) 先序序列和中序序列相同；

(b) 中序序列和后序序列相同；

(c) 先序序列和后序序列相同。

(7) 已知一棵二叉树的中序序列和后序序列分别为 BDCEAFHG 和 DECBHGFA，试构造该二叉树。

(8) 试画出图 6-59 所示二叉树先序、中序和后序线索二叉树及线索二叉链表。

(9) 试画出图 6-59 所示二叉树中序后继线索树及中序后继线索二叉链表。

(10) 将图 6-60 所示的树转换为二叉树。

(11) 将图 6-61 所示的森林转换为二叉树。

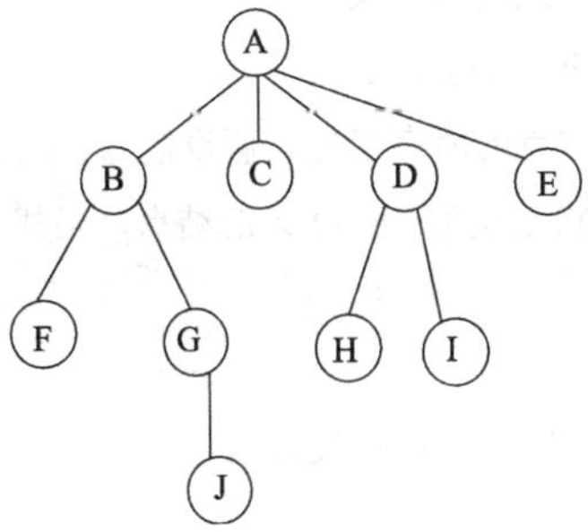

图 6-60　一棵树

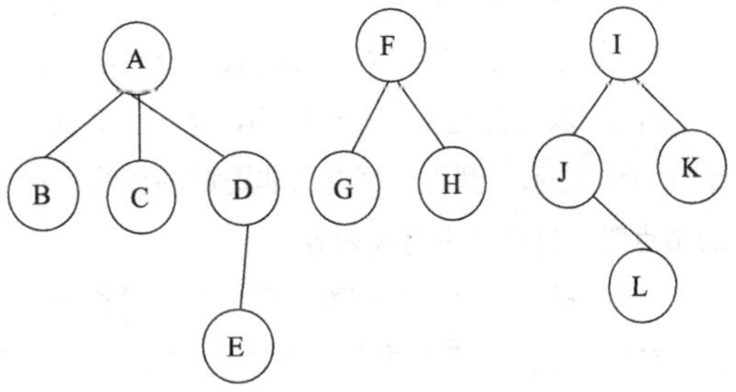

图 6-61　一个森林

(12) 将图 6-59 所示的二叉树转换为森林。

(13) 给出图 6-60 所示的树的先序序列和后序序列，并给出其转化为二叉树后的先序序列和中序序列(可直接使用第(10)题的转化结果)。

(14) 给出图 6-61 所示的森林的先序序列和后序序列。并给出其转化为二叉树后的先序序列和中序序列(可直接使用第(11)题的转化结果)。

(15) 给定权值集 $W=\{1,4,7,10,6,8\}$，试分别以它们每一个作为叶结点的权值构造相应的哈夫曼树，并计算其带权路径长度。

(16) 假设用于通讯的电文中 8 个字母出现的频率分别为 8,15,2,7,28,4,22,9。试为这 8 个字母设计哈夫曼编码。若一封电文仅由这 8 个字母构成，且每这 8 个字母出现的频率恰好构成了此频率序列，则该封电文的编码长度至少是多少？

7. 算法设计题

(1) 假设一棵二叉树是由某家族成员构成的谱系树转化而来的，且结点中仅存放的是个人的名字魔数(是一个一位整数)，试以二叉链表作存储结构，编写求该家族成员的平均名字魔数的算法。

(2) 试编写算法判断两棵二叉树是否等价。二叉树 T 和 S 等价：如果 T 和 S 都是空的二叉树；或者 T 和 S 的根结点的值相同，并且 T 的左子树与 S 的左子树等价，T 的右子树与 S 的右子树等价。

(3) 设计算法输出二叉树中的所有叶结点中的数据。

(4) 以二叉链表为存储结构，编写输出后序遍历二叉树结点数据序列逆序算法。

(5) 以二叉链表为存储结构，编写算法分裂一棵二叉树为至多两棵二叉树。假设二叉树 T 中至多有唯一的一个结点的数据域值为 x，将其为根的子树从二叉树中分裂，得到一棵二叉树，加上由原二叉树在去掉该子树后构成的二叉树，一共可得到两棵子树。特例情况是该结点为根结点，则去掉该子树后，原二叉树为空，或者 x 根本没有出现，此时，以该结点为根的子树为空。

(6) 以二叉链表为存储结构，编写求二叉树中结点 x 的双亲的算法。

(7) 在二叉树以一维数组表示下，实现先序、中序、后序递归遍历和层序遍历二叉树这 4 种算法之一。

(8) 以二叉链表为存储结构，编写交换二叉树中所有结点的左右子树的算法。

(9) 以二叉链表为存储结构，编写在二叉树中删除以值 x 为根结点的子树的算法。

(10) 以孩子兄弟表示法作存储结构，求树中结点 x 的第 i 个孩子。

(11)* 写出在先序线索二叉链表中查找给定结点*p 的先序后继的算法。

(12)* 设二叉树以顺序存储结构存储，编写非递归算法中序遍历该二叉树。

(13)* 写出在后序线索二叉链表中查找给定结点*p 的后序前驱的算法。

(14)* 以二叉链表为存储结构，试编写算法打印值为 x 的结点的所有祖先。假设值为 x 的结点不多于 1 个。提示：利用后序遍历非递归的算法，在二叉树中后序遍历查找值为 x 的结点，当找到值为 x 的结点时，打印栈中有关内容。

(15)* 设计一个算法判断一棵二叉树是否是完全二叉树。

(16)* 设计一个算法求一棵二叉树的"繁茂度"(层上最多的结点数*高度)。

思 考 题 6

1. 以二叉树扩充为完全二叉树后所得到的层序序列创建二叉链表，不需要将创建算法函数写成递归的形式，只需在算法内部使用一个辅助存储结构—指针数组，就能在输入扩充的完全二叉树的层序序列(含虚结点中'#')，给出一个输入结束标志'@'后,创建该二叉树的二叉链表。

2. 以三叉动态链表作存储结构，建立 Huffman 树，并进行编码和译码。

上 机 题 6

1. 对二叉树，在二叉链表存储结构下，将创建、遍历、统计结点数、计算高度等操作加以实现，以测试其正确性。

2. 编写主函数将 Huffman 树的创建、编码和译码算法加以运用。

第 7 章　图的数据结构

7.1　图的定义、基本术语和操作

1. 图的定义

一个图(graph)可以用一个二元组 $G=(V,R)$来表示。其中，V 称为顶点的非空有限集合，即 $V=\{x \mid x$ 为数据对象集中的元素$\}$；R 表示 V 上的二元关系的集合。在复杂的情况下，R 可含有多个二元关系。但一般情况下，也是本书所讨论的情况，R 中只含一个二元关系，即设 $R=\{E\}$，其中 E 是图 G 中有向边或弧构成的集合。对于只有一个二元关系 E 的图直接记为二元组 $G=(V,E)$。设一个图有 n 个顶点,则通常将顶点设为 $v_0,v_1,\cdots,v_{n-1}$ 或 $v_1,v_2,\cdots,v_n$，若不关心顶点上的信息时，可将顶点进行某种编号，如编号为：$0,1,\cdots,n-1$，或者编号为：$1,2,\cdots,n$。以便使用。这里用 $v_0,v_1,\cdots,v_{n-1}$ 或 $0,1,\cdots,n-1$。读者可简单地改用 $v_1,v_2,\cdots,v_n$ 或 $1,2,\cdots,n$。

2. 图的基本术语

有向图　若$<v,w>\in E$，则$<v,w>$表示从 v 到 w 的一条弧。v 为弧尾，w 为弧头。若$<v,w>$和$<w,v>$不同，即$<v,w>\in E$，但不一定有$<w,v>\in E$，则称 G 为有向图(directed graph)。图 7-1(a) 为 4 个顶点、5 条弧的有向图。

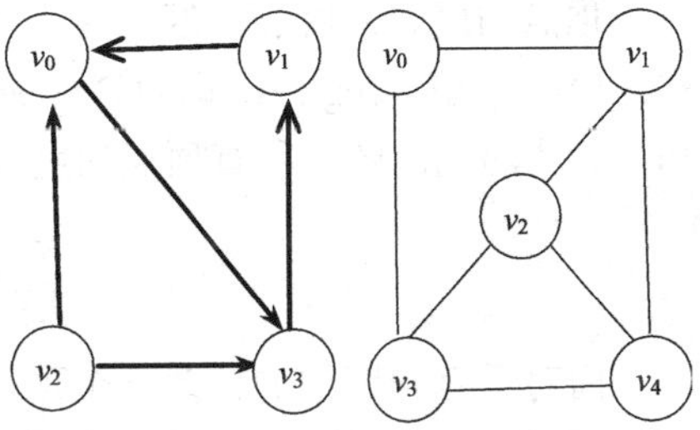

(a) 有向图G_1　　(b) 无向图G_2

图 7-1　图的示例

无向图　若$<v,w>\in E$，则必有$<w,v>\in E$，则称此图为无向图(undirected graph)。用无序偶对(v,w)代替这两个有序偶对，即将两条有向边或弧用一条无向边来代替。(v,w)表示 v 和 w 之间有一条边。无向边简称为边。图 7-1(b) 为 5 个顶点、7 条边的无向图。

混合图　既有有向边，又有无向边的图，称为混合图(hybrid graph)。但一般不考虑混合图，因若图既有有向边或弧，又有无向边，即它是一个混合图，则在保持有向边或弧不动的情况下，将其中每一条无向边用方向相反的两条有向边或弧代替，该混合图就可转化成一个有向图。

简单图　在无向图中，若不存在顶点到自身的边，且任意两个不同的顶点之间没有平行的两条边，则该无向图被称为简单无向图。在有向图中，若不存在顶点到自身的弧，且任意两个不同的顶点之间没有同方向的两条弧，则该有向图被称为简单有向图。简单无向图和简单有向图统称为简单图。本章所讨论的图，若不作特别声明，均指简单图。

邻接、依附或关联　对无向图中的任意两个不同的顶点 v 和 w，若存在边(v,w)，则

称顶点 v 和 w 相邻或邻接(adjacent)，同时称边(v,w)依附(adhere)顶点 v 和 w，或称与边(v,w)相关联(relation)的两个顶点是 v 和 w。

对有向图中的任意两个不同的顶点 v 和 w，若存在弧$<v,w>$，则称顶点 v 邻接到 w，顶点 w 邻接自 v，同时称弧$<v,w>$依附顶点 v 和 w，或称与弧$<v,w>$相关联的两个顶点是 v 和 w。通常也简称 w 是 v 的邻接点。

无向完全图　对简单无向图，若图中任意两个不同的顶点间都有边，则称该图为无向完全图(undirected complete graph)。具有 n 个顶点的无向完全图，必定恰好有 $n(n-1)/2$ 条边。

有向完全图　对简单有向图，若图中任意两个不同的顶点之间都有方向互为相反的两条弧，则称该图为有向完全图(directed complete graph)。具有 n 个顶点的有向完全图，必定恰好有 $n\times(n-1)$条弧。

注意：这里的有向完全图的定义可能与某些离散数学书中的定义不同。如有的离散数学书中将其定义为将无向完全图中的每一条边任意指定一个方向而成，那样，弧数仅有 $n\times(n-1)/2$ 条。

网或赋权图　若一个无向图或有向图的边或弧上还带有一个表示某种物理量的权值，则称其为网(network)，又称赋权图(weighted graph)。

稀疏图和稠密图　边或弧数都很少的无向图或有向图称为稀疏图(sparse graph)。反之，则称为稠密图(dense graph)。

顶点的度、入度和出度　对于无向图中的任意一个顶点 v，与 v 相关联的边的条数称为顶点 v 的度(degree)，记为 Degree(v)，或简记为 $D(v)$。对于有 n 个顶点(设为 $v_0,v_2,\cdots,v_{n-1}$)和 e 条边的无向图，所有顶点的度与边数的关系满足等式：

$$\sum_{v\in V} D(v) = \sum_{i=0}^{n-1} D(v_i) = 2e \tag{7-1}$$

而对于有向图中的任意一个顶点 v，根据弧对于该顶点的出入关系，可把度区分为入度和出度。以顶点 v 为弧头的弧的数目称为 v 的入度(indegree)，记为 Indegree(v)，或简记为 ID(v)；以顶点 v 为弧尾的弧的数目称为 v 的出度(outdegree)，记为 Outdegree(v)，或简记为 OD(v)。顶点 v 的度 $D(v)=\text{ID}(v)+\text{OD}(v)$。对于有 n 个顶点(设为 $v_0,v_2,\cdots,v_{n-1}$)和 e 条弧的有向图，所有顶点的入出度与弧数的关系满足等式：

$$\sum_{i=0}^{n-1} \text{ID}(v_i) = \sum_{i=0}^{n-1} \text{OD}(v_i) = e \tag{7-2}$$

或写为

$$\sum_{v\in V} \text{ID}(v) = \sum_{v\in V} \text{OD}(v) = e \tag{7-3}$$

同时也有

$$\sum_{v\in V} D(v) = \sum_{i=0}^{n-1} D(v_i) = \sum_{i=0}^{n-1} (\text{ID}(v_i) + \text{OD}(v_i)) = 2e \tag{7-4}$$

子图　设有图 $G=(V,E),G'=(V',E')$，若 $V'\subseteq V,E'\subseteq E$，且 E'的边仅与 V'中的顶点相

关联，则图 G'称为图 G 的子图(subgragh)。若有 $V'\subset V$ 或 $E'\subset E$ 成立，则进一步称 G' 为 G 的真子图。如图 7-2 所示。

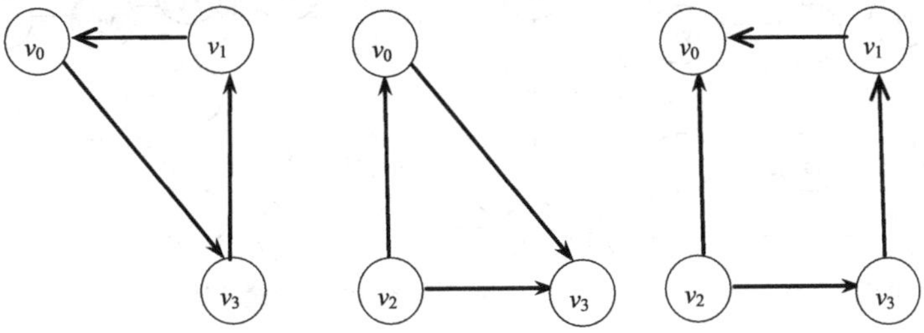

(a) 有向图G_1的子图

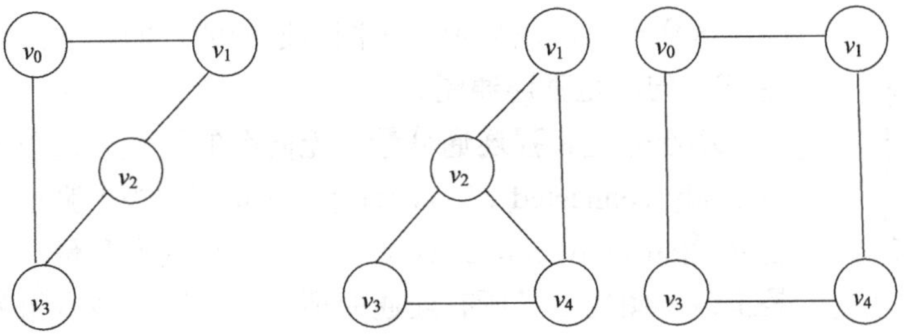

(b) 无向图G_2的子图

图 7-2　子图示例

路径、简单路径和回路　对于无向图 $G=(V,E)$。若有顶点序列 $v_s=v_{i_1},v_{i_2},\cdots,v_{i_k}=v_k$ $(k<n)$，且 $(v_{i_{j-1}},v_{i_j})\in E$ $(0<j\leqslant k)$，则称从 v_s 到 v_k 存在一条路径(path) $v_{i_1},v_{i_2},\cdots,v_{i_k}$。

对于有向图，路径也是有向的。设有顶点序列 $v_s=v_{i_1},v_{i_2},\cdots,v_{i_k}=v_k$ $(k<n)$，且 $<v_{i_{j-1}},v_{i_j}>$ $(0<j\leqslant k)$均为图中的弧，则称从 v_0 到 v_k 有一条有向路径 $v_{i_1},v_{i_2},\cdots,v_{i_k}$。

若从 v_s 到 v_k 的一条路径上的顶点，除顶点 v_s 和 v_k 可以相同外，其他顶点都不同，则在无向图中，称从 v_s 到 v_k 有一条简单无向路径(simple path)；在有向图中，称从 v_s 到 v_k 有一条简单有向路径。简单无向路径和简单有向路径可简称为简单路径。$v_s=v_k$ 的简单路径，在无向图中，称为回路(circuit)，在有向图中，称为有向回路或简称为回路。

连通和可达　在无向图 G 中，若从顶点 v 到 $w(v\neq w)$有一条路径，则称从 v 和 w 是连通的(connected)。在有向图 G 中，若有一条从 v 到 $w(v\neq w)$的有向路径存在，则称从 v 到 w 是可达的(reachable)。

连通图和强连通图　在无向图 G 中，若任意两个不同的顶点都是连通的，则称 G 为连通图(connected graph)，否则，称 G 为非连通图(unconnected graph)。

图 7-1(b)是连通图，而图 7-3(a)中的图 G_3 是非连通图。在有向图 G 中，若任意两个不同的顶点 v 和 $w(v\neq w)$，都是相互可达的，即，既有一条从 v 到 w 的有向路径，也有从 w 到 v 的有向路径，则称该有向图 G 是强连通图(strongly connected graph)或简称为连通图，否则称该有向图 G 为非强连通图或非连通图。

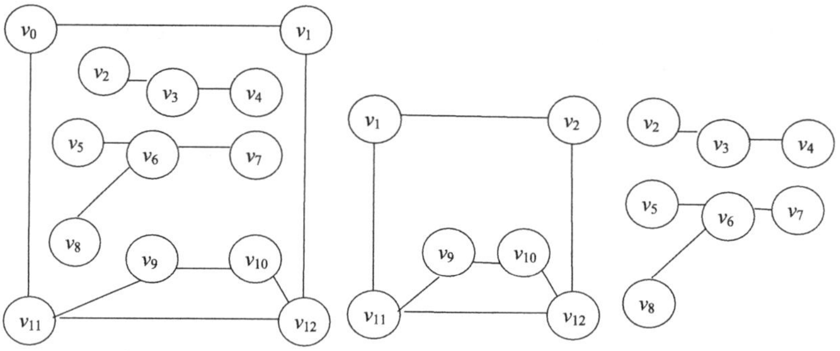

(a) 无向图G_3　　(b) 无向图G_3的3个连通分量

图 7-3　无向图及其连通分量示例

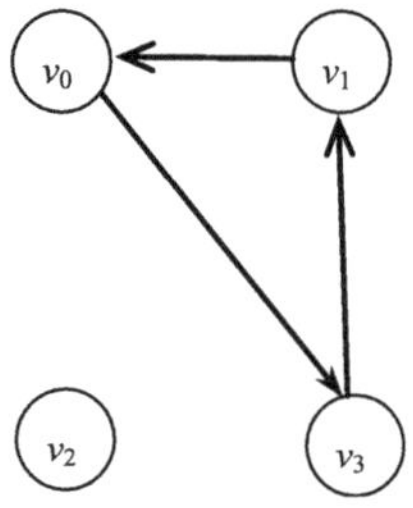

图 7-4 有向图 G_1 的 2 个强连通分量

这样一来，以后说一个图是连通的，即指无向图中任意两点连通,或有向图是强连通图。

连通分量和强连通分量　无向图的极大连通子图称为连通分量(strongly connected component)。有向图的极大强连通子图称为强连通分量(strongly connected component)或连通分量。“极大”的含义是指该子图包括了所有连通的顶点以及这些顶点相关联的所有边，但再增加其他的任何顶点后，由这些顶点得到的生成子图都不是连通图。连通无向图 G_2 只有 1 个连通分量，即自身。非连通无向图 G_3 有 3 个连通分量，如图 7-3(b)所示。有向图 G_1 有 2 个强连通分量如图 7-4 所示。

树和有向树　连通且无回路的无向图称为无向树，或简称树。含有 n 个顶点的树，一定有 n–1 条边。在忽略弧的方向后，连通且无回路的有向图称为有向树。含有 n 个顶点的有向图也一定恰有 n–1 条弧。不过，在实际中，我们所指的有向树，通常进一步要求，在选定一个顶点作为根结点后，弧的方向都与从根结点指向叶结点的方向一致，或者全部相反。对于有向树,一般来讲，仅在一般情形下才允许弧的方向随意。

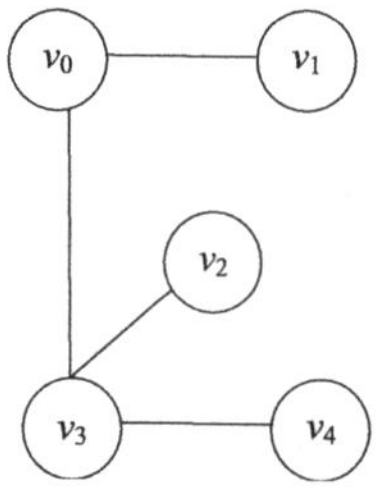

图 7-5　无向图 G_2 的一棵生成树

生成树、生成森林　由 n 个顶点构成的连通无向图的任何一个含 n 个顶点的极小连通子图称为该图的生成树(spanning tree)。连通无向图 G_2 的一棵生成树见图 7-5。由 n 个顶点构成的连通无向图的生成树中恰有 n–1 条边。连通无向图的生成树中任意两个不同的顶点之间必只有一条路径。

而对于 n 个顶点构成的有向图来讲，其生成树(directed spanning tree)是含有 n 个顶点和 n–1 条弧所构成的图,且可指定某个顶点为根，所有弧的方向要么都与从根指向叶的方向相同，要么都相反。有向图的这种生成树是一棵有向树。强连通有向图必定存在这样的生成树。但一个一般的有向图通常不一定能得到这样的生成树。

对于非连通无向图，通常由每个连通分量可得到一个生成子树。非连通无向图的所有连通分量得到的生成子树构成该图的生成森林。

对于有向图，含有向图中全部顶点，只有足以构成若干棵不相交的有向树的弧的子图，称为有向图的生成森林。如图 7-6 所示，7-6(b)是 7-6(a)的生成森林。

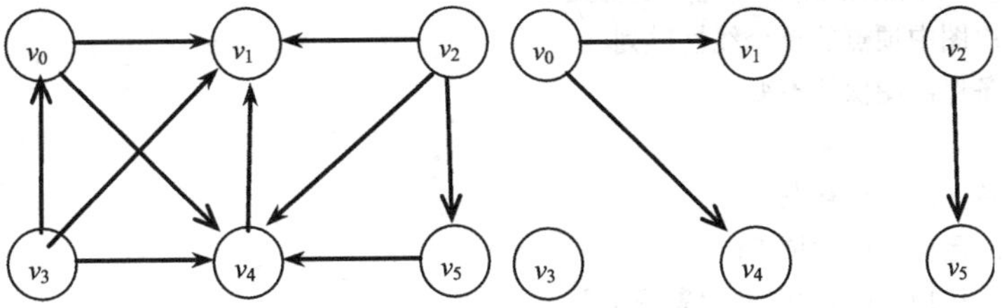

(a) 有向图　　(b) 有向图的生成森林

图 7-6　有向图及其生成森林示例

顶点在图中的位置　图中顶点之间不存在全序的关系(即无法将图中顶点排列成一个线性序列)。任何顶点都可看成第一个顶点，任一顶点的邻接点之间也不存在次序关系，但可以把图中顶点按任意的顺序排列起来(排列与边或弧的集合 E 无关)。而顶点在图中的位置则指该顶点在人为的排列中的位置或序号。特例情况下，当图中有 n 个顶点时，可以设这些顶点为 $v_1,v_2,\cdots, v_n$。或直接用自然数 1,2,…,n 来表示。一个顶点的位置就是属于{1,2, …,n}的一个元素。也可设这些顶点为 $v_0,v_1, \cdots, v_{n-1}$ 或直接用自然数 0,1,2, …,$n-1$ 表示，此时，顶点位置就是{0,1,2, …,$n-1$}的一个元素，若要逻辑序号，则再加 1。

3. 图的抽象数据类型定义

图是一种与具体应用密切相关的数据结构，它的基本操作往往随应用不同而有很大差别。下面给出一个图的抽象数据类型定义的例子，简单起见，基本操作仅包含图的遍历，针对具体应用，需要重新定义其基本操作。

ADT　Graph
Data
　　顶点的有穷非空集合和边的集合
Operation
　InitGraph
　　前置条件：图不存在
　　输入：无
　　功能：图的初始化
　　输出：无
　　后置条件：构造一个空的图
　DestroyGraph
　　前置条件：图已存在
　　输入：无
　　功能：销毁图
　　输出：无
　　后置条件：释放图所占用的存储空间
　DFS

前置条件：图已存在
输入：遍历的起始顶点v
功能：从顶点v出发深度优先遍历图
输出：图中顶点的一个线性排列
后置条件：图保持不变

BFS

前置条件：图已存在
输入：遍历的起始顶点v
功能：从顶点v出发广度优先遍历图
输出：图中顶点的一个线性排列
后置条件：图保持不变

endADT

除了上述操作外，图还可有下列操作：

(1) 确定顶点 v 在图 G 中的位置 LocVertex(G,v)。若有，则返回其位置，若无，则返回结果为零或 NULL。

(2) 求图 G 中第 i 个顶点的位置或信息 GetVertex (G,i)。$1\leqslant i\leqslant n$(n 为图的顶点数)，若 $i>n$，则返回值为空。

(3) 求图 G 中顶点 v 的第一个邻接点 FirstAdj(G,v)。若无， 则返回值为零或 NULL。

(4) NextAdj(G,v,w)。求 v 的邻接点 w 的下一个邻接点，若 w 为 v 之最后一个邻接点，则返回值为 NULL。

(5) AddVertex (G,v)。在图中增加顶点 v 且顶点数 n 增加 1，即 $n\leftarrow n+1$ 。

(6) AddArc(G,v,w)或 AddEdge(G,v,w)。增加弧$\langle v,w\rangle$或边(v,w)。

(7) DelVertex (G,v)删去顶点 v 及所有与之关联的边或弧。

(8) DelArc(G,v,w)或 DelEdge(G,v,w)。删去弧$\langle v,w\rangle$或边(v,w)

上述运算中(1)~(4)为查找运算，(5)~(6)为插入运算，而(7)~(8)为删除运算。此外，在图上还有很多其他的运算，如求赋权图的最小生成树，求连通分量，求最短路径，求拓扑序列，求图中过某点的回路，等等。一些专门的运算将在后面的章节中逐步进行讲解。

7.2 图的存储结构

图的结构比较复杂，任意两个顶点间都可能存在联系，因而数据元素之间的关系的表示比较困难。目前，主要采用：邻接矩阵、邻接表、邻接多重表、十字链表存储结构来表示图。此外，将边构成的集合顺序存储，即用边数组来表示图，有时可方便某些算法的实现，它也是图的一种简洁表示法。

7.2.1 邻接矩阵

1. 图的邻接矩阵

邻接矩阵(adjacency matrix)是用来表示顶点之间的相邻关系的矩阵。设图 $G=(V,E)$具

有 n 个顶点 $v_1,v_2,\cdots,v_n$，则图 G 的邻接矩阵 $A=(a_{ij})(i=1,2,\cdots,n;\ j=1,2,\cdots,n)$是具有如下元素的 n 阶方阵：

$$a_{ij}=\begin{cases}1,\text{若}<v_i,v_j>\text{或}(v_i,v_j)\in E\\0,\text{若}<v_i,v_j>\text{或}(v_i,v_j)\notin E\end{cases}\tag{7-5}$$

例 7-1　图 7-7(a)是一个无向图，该无向图的邻接矩阵为 A_1 如图 7-7(b)所示。图 7-7(c)是一个有向图，该有向图的邻接矩阵是 A_2 如图 7-7(d)所示。

无向图的邻接矩阵是对称矩阵，但有向图的邻接矩阵不一定是对称矩阵。

邻接矩阵 A 中的元素 a_{ij} 仅表示了从顶点 v_i 到 v_j 是否有边和弧，所以，对应的矩阵实际上就是 0、1 矩阵，有的文献上也称为关联矩阵。

无向图的邻接矩阵中的第 i 行中 1 的个数就是顶点 v_i 的度。第 i 行中所有元素之和就是第 i 行中 1 的个数，因此第 i 行中所有元素之和也就是顶点 v_i 的度。将行换成列，相应的结论也同样成立。

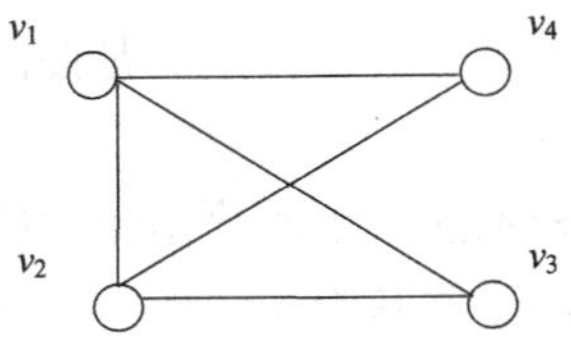

(a) 无向图

$$A_1=\begin{bmatrix}0&1&1&1\\1&0&1&1\\1&1&0&0\\1&1&0&0\end{bmatrix}$$

(b) 无向图的邻接矩阵

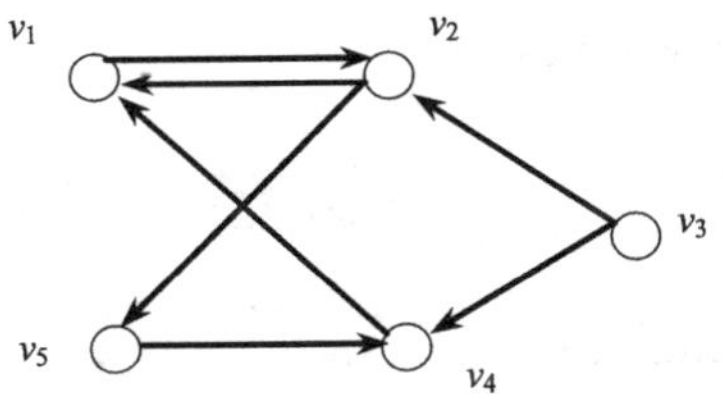

(c) 有向图

$$A_2=\begin{bmatrix}0&1&0&0&0\\1&0&0&0&1\\0&1&0&1&0\\1&0&0&0&0\\0&0&0&1&0\end{bmatrix}$$

(d) 有向图的邻接矩阵

图 7-7　无向图和有向图的邻接矩阵

有向图的邻接矩阵中的第 i 行中 1 的个数就是顶点 v_i 的出度。因第 i 行中所有元素之和就是第 i 行中 1 的个数，所以第 i 行中所有元素之和也就是顶点 v_i 的出度。有向图的邻接矩阵中的第 i 列中 1 的个数就是顶点 v_i 的入度。因第 i 列中所有元素之和就是第 i 列中 1 的个数，所以，该和也就是顶点 v_i 的入度。

2. 网的邻接矩阵的定义

网的邻接矩阵 $A=(a_{ij})(i=1,2,\cdots,n;j=1,2,\cdots,n)$是具有如下元素的 n 阶方阵：

$$a_{ij}=\begin{cases}w_{ij},\text{若}i\neq j,<v_i,v_j>\in E,\text{且}w_{ij}\text{为}<v_i,v_j>\text{上的权值}\\\infty,\quad\text{若}i\neq j,\text{但}<v_i,v_j>\notin E\\0,\quad\text{若}i=j\end{cases}\tag{7-6}$$

例如，对图 7-8(a)中的网，其邻接矩阵就如图 7-8(b)。

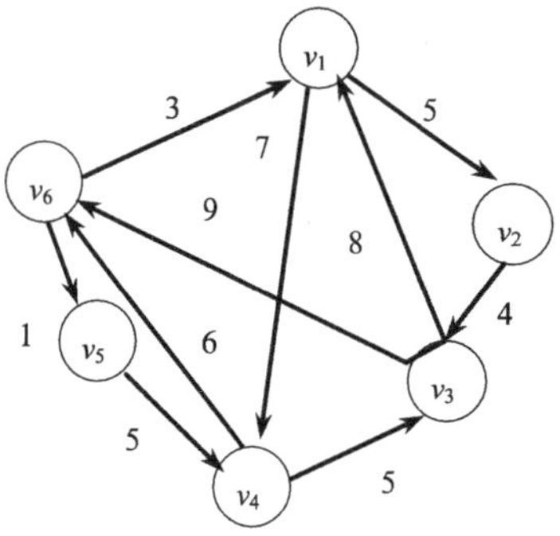

(a) 网

$$A_3=\begin{bmatrix} 0 & 5 & \infty & 7 & \infty & \infty \\ \infty & 0 & 4 & \infty & \infty & \infty \\ 8 & \infty & 0 & \infty & \infty & 9 \\ \infty & \infty & 5 & 0 & \infty & 6 \\ \infty & \infty & \infty & 5 & 0 & \infty \\ 3 & \infty & \infty & \infty & 1 & 0 \end{bmatrix}$$

(b) 邻接矩阵

图 7-8　网及其邻接矩阵

在程序设计中将邻接矩阵用二维数组来存储是最自然而简单的。此外，当顶点信息需要存储时，还需要用另一个维数组表来存储顶点信息。邻接矩阵是图的一种数学上的逻辑表示，而数组才是图在具体的程序实现中的表示。

但我们就把图的这种表示称为图的邻接矩阵表示法。下面给出无向图的以邻接矩阵为逻辑结构，用数组实现的存储结构的类声明，可简称其为无向图的邻接矩阵表示类，并给出成员函数的描述。

```
const int MaxSize=100;          // 图中最多顶点个数
template <class T>
class MGraph
{ public:
    MGraph( ) { vertexNum=0;edgeNum=0;}
    MGraph(T a[],int n);                   // 构造函数,初始化具n个顶点的零图
    void InsertEdge(int i, int j,int w);   // 插入顶点为i和j的一条边
    int W(int i,int j);                    // 取得边(i,j)上的值(对赋权图)
    void DFS(int v);                       // 从v出发深度优先遍历的递归函数
    void DFS1(int v);                      // 从v出发深度优先遍历的非递归函数
    void BFS(int v);                       // 从v点出发广度优先遍历
    T Vex(int i);                          // 返回顶点i的信息
    int VexNum() {return vertexNum;}       // 取顶点个数
private:
    T  vertex[MaxSize];                // 存放图中顶点信息的数组
    int adj[MaxSize][MaxSize];         // 图的邻接矩阵
    int vertexNum,edgeNum;             // 图的顶点数和边数
 };
```

对于私有数据成员，最好都编写成对的取和置私有数据的操作。也可引入其他的成员函数。这里只给出最基本的。主要操作函数如下：

i 有参构造函数

根据顶点信息形成零图。

图的邻接矩阵类构造函数MGraph

```
template <class T>
MGraph<T>::MGraph(T a[], int n)
{  int i,j;  vertexNum=n;   edgeNum=0;
   for (i=0; i<n; i++)   vertex[i]=a[i];
   for (i=0; i<n; i++)                 // 初始化邻接矩阵
        for (j=0; j<n; j++)
             adj[i][j]=0;
}
```

ii 在图中插入顶点 *i*、*j* 所依附的边

插入顶点*i*、*j* 依附的边的算法InsertEdge

```
template <class T>
void MGraph<T>::InsertEdge(int i, int j)
{ if ( i<0||i>=vertexNum||j<0||j>=vertexNum)
                throw "位置出错";
   adj[i][j]-adj[j][i]=1;
   edgeNum++;//边数增1

}
```

iii 取得图中边(*i*, *j*)上的权值(对赋权图)

对非赋权图，则取得邻接矩阵上的邻接信息，1 表示邻接，0 表示不邻接。

取得图中边(*i*, *j*)上的权值的算法W

```
template <class T>
void MGraph<T>::W(int i, int j)
{ if ( i<0||i>=vertexNum||j<0||j>=vertexNum)
                throw "位置出错";
return adj[i][j];           // 对于赋权图，adj[i][j]存放的是权值
}
```

iv 读取顶点信息的函数

取得图中边(i, j)上的权值的算法Vex

```
template <class T>
T MGraph<T>::Vex(int i)
{  if  (0<=i&& i<vertexNum)
       return vertex[i];
   else  throw "位置出错";
}
```

DFS(v)表示从出发点 v 开始，在邻接矩阵下深度优先搜索遍历图的递归算法函数，BFS(v)从出发点 v 开始，在邻接矩阵下广度优先搜索遍历图的算法函数。将在本章 7.3 节中作详细介绍。建立图的邻接矩阵的存储结构的时间复杂度为 $O(n^2+e+n)$。

7.2.2 边数组

用一个包括两个端点及其上的权值(若存在)的三元组(v_i, v_j, w_{ij})来表示图中的一条边或弧，图的所有边或弧构成的这种三元组的集合都称为图的边集表示。这里称其为集合而不是线性表，主要是因为，这里不像线性表那样，需要考虑元素之间的线性关系(邻接关系)。

在具体的程序时，图的边集总是用一个一维结构数组加以实现，称为图的边数组表示。对于有向图，因弧的起点和终点是明确的，所以可将弧集直接用边数组表示。对于无向图，要指定边的某个端点为起点，另一个端点为终点。边或弧在边数组中的位置可任意确定。

图的边数组表示实际上是图的邻接矩阵的一种简化表示形式，它只表示了存在的边或弧，而没有表示不存在的边或弧。对于只需在已存在的边或弧上进行操作的问题，可方便求解，简化某些算法的设计和实现。虽然一般也可在邻接矩阵上求解，但因边数组是一维的，而邻接矩阵是二维的，所以算法在一维数组上实现总比在二维数组上实现要简单。

通常，用一个一维的字符型或字符串型数组存储图的顶点信息，表示顶点信息的数组也称为顶点数组。在图的边数组表示中，查找一条边、求一个顶点的度、求最小权、求最大权等操作都要扫描边数组，其复杂性为 $O(e)$。而其他操作如插入顶点、插入边、删除顶点、删除边等操作，除在边数组中加以实现外，还需考虑顶点在顶点数组中的下标号与边在边数组中对应的始点、终点下标号的关系。用边数组和顶点数组表示图的方法也被合称为图的边数组表示，其空间复杂度为$(n+e)$。它比较适合于稀疏图的表示。图 7-9 给出了一个无向赋权图或称无向网的边数组表示存储示意图。

7.2.3 邻接表

1. 邻接表的概念

它是图的一种链式存储结构。对于图中每个顶点相应地都有一个单链表。N 个顶点

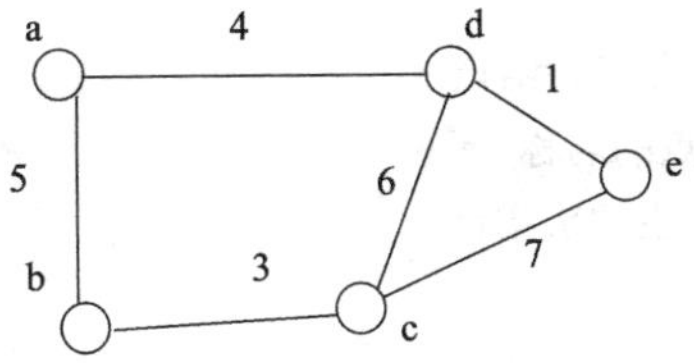

(a) 无向赋权图

下标	0	1	2	3	4
	a	b	c	d	e

(b) 存放顶点信息的一维数组

下标	0	1	2	3	4	5
from	0	0	1	2	2	3
end	1	3	2	3	4	4
weight	5	4	3	6	7	1

(c) 边数组

图 7-9　无向网的边数组表示

就有 n 个单链表。对于无向图的顶点 i,第 i 个链表的结点表示一条与顶点 v_i 相关联的边。对于有向图，第 i 个链表的每一个结点表示一条以顶点 v_i 为尾的弧。所有链表的头结点附带上相应的顶点信息，存放在一个线性表中，通常用数组实现，其整体称谓邻接表。

2. 无向图的邻接表

在无向图邻接表中，有两种结点：边表结点、表头结点。

边表结点　与图中每个顶点相关的链表上的结点称为边表结点，或简称为边结点。边表结点含有两个域：adjvex 和 next，其中，adjvex 存放与 v_i 邻接的顶点所在的位置，即邻接点在一维数组中的下标，next 表示指向与 v_i 邻接的下一条边对应的结点的指针。与某个顶点相关的链表上的边结点都是与 v_i 邻接的，所以，有时也将该链表成为邻接表。

边表结点结构如图 7-10(a)所示。边表结点的算法描述如下：

```
const int MaxSize=100;
struct EdgeNode       // 定义边表结点
{  int adjvex;        // 邻接点域
   EdgeNode *next;  // 指向下一个边结点的指针
};
```

邻接点域	链域
adjvex	next

(a) 边表结点

顶点信息域	始结点指针域
vertex	firstedge

(b) 表头结点

图 7-10　无向图邻接表中的结点结构

表头结点　表头结点是单链表的头结点，又称为顶点结点，因为在其中也存放了顶点的信息。表头结点含有两个域：vertex 和 firstedge，其中，vertex 域存放顶点 v_i 的信息，firstedge 域存放指向由边结点构成的链表(简称为边表)的开始结点的指针(也称为头指针)，即指向该边表第一个结点的指针。表头结点如图 7-10(b)所示。表头结点的算法描述如下：

```
template <class T>
struct VexNode                    // 定义顶点表结点
{  T vertex;                      // 顶点的名称
      EdgeNode *firstedge;        // 边表的头指针
};
```

在图 7-11 中，图 7-11(b)是 7-11(a)中无向图的邻接表的逻辑表示。之所以称其为仅是逻辑表示，是因为边表结点加入链表的次序是随意的。但在算法或程序中建立的邻接表，在每处理一条边时，通常要在边的两个端点所在的邻接表上分别插入一个边结点，插入的方法一般采用单链表的前插方法或后接方法插入，应该是有一定次序的，不一定是此次序。这里重在起到一个说明解释作用。

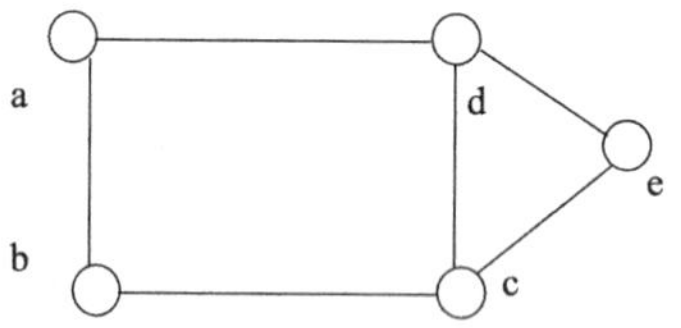

(a) 无向图

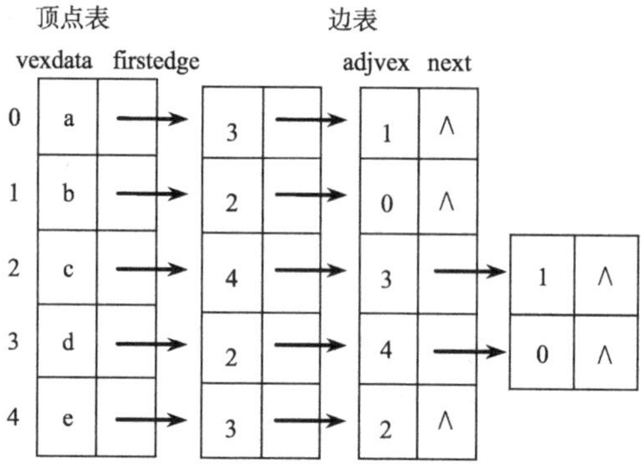

(b) 邻接表

图 7-11　无向图的邻接表表示

无向图的邻接表可用顶点结点类型的一个一维数组和相应的结点数和边数加以唯一确定表示。如采用下列形式加以说明：

```
VexNode<T> adjlist[MaxSize];
```

也可用类的方法加以表示。

无向图的邻接表模板类定义：

```
template <class T>
class ALGraph
{public:
```

```
  ALGraph( ) {  vertexNum=0; edgeNum=0;
                for (int i=0;i<MaxSize;i++)
                    adjlist[i].firstedge=NULL;
              }                   // 无参的构造函数
ALGraph(T a[ ],int n);            // 有参的构造函数
  ~ALGraph();                     // 析构函数
  void InsertEdge(int i, int j); // 插入一条边,依附的两顶点编号为i和j
  void DFSL(int v);   // 从v出发深度优先遍历可达顶点递归函数
  void DFSL1(int v);  // 从v出发深度优先遍历可达顶点的非递归函数
  void BFSL(int v);   // 从v点出发广度优先遍历可达顶点
 private:
  VexNode<T> adjlist[MaxSize];    // 存放顶点表的数组
  int vertexNum, edgeNum;        // 图的顶点数和边数
};
```

无向图的邻接表创建的算法思想：在建立邻接表类 ALGraph 的一个对象 *g* 后，数组 g.adjlist 开辟一个 VexNode 类型的长度为 MaxSize 的顺序存储空间，将 *n* 个顶点的信息存放在相应数组分量(为结构类型)的 vertex 域中(即顶点结点的 vertex 域内)，且每个数组分量(为结构类型)的链域置初值空(NULL)。*n* 为顶点数，边数置 0，即建立了一个零图(只有顶点而无边的图称为零图)。所以无向图邻接表类构造函数描述如下：

无向图邻接表类有参构造函数ALGraph

```
template <class T>
ALGraph<T>::ALGraph(T a[ ], int n)
{  vertexNum=n;  //顶点数
   edgeNum = 0;  //边数
   for (int i=0; i<vertexNum; i++)
     {  adjlist[i].vertex = a[i];
        adjlist[i].firstedge = NULL;
     }
}
```

然后，对无向图的每一个顶点对(i,j)，动态生成两个边结点，它们的数据域内分别为 j 和 i，分别插入到第 i 和第 j 个链表中。为了简便起见，将新结点均插入在链表的第一个结点之前。插入一条边的成员函数是 InsertEdge( )(这里暂时省略)

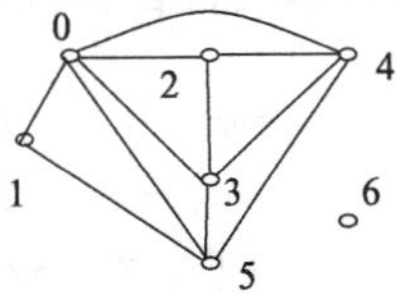

图 7-12　无向图

例 7-2　构造图 7-12 中的无向图的邻接表。

按照逻辑上给出的无向图的邻接表的构造方法，可得到如图 7-13 所示邻接表。

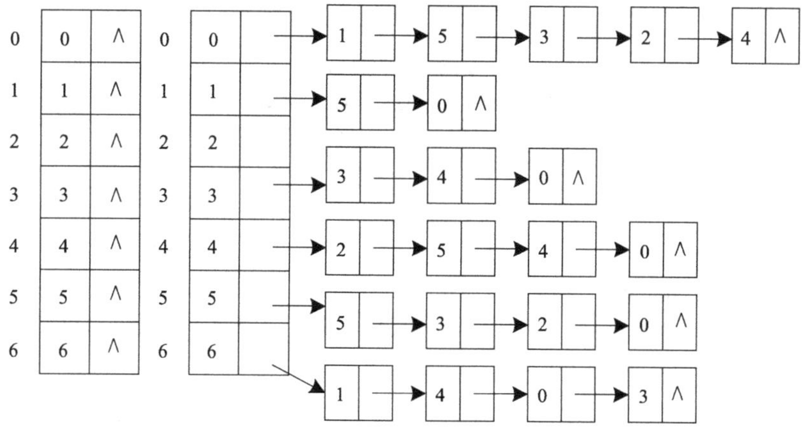

(a) 初始邻接表　　(b) 无向图的邻接表

图 7-13　由图 7-12 构建邻接表

3. 有向图的邻接表和逆邻接表

1) 有向图的邻接表

由于有向图中的弧是有方向的，所以，通常有两种表示方法，即出弧表和入弧表。以某顶点为中心，每条从该顶点引出的弧构成与该顶点相关联的一个出弧结点。该顶点的所有出弧结点链在一起构成该顶点的一条出弧结点链表，简称出弧表。

顶点信息存储在出弧表的头结点中。也将所有头结点(顶点结点)放在一个一维数组中。此数组也被称为顶点数组。

表结点(出弧结点)　表结点含两个域：一个是 adjvex，存放弧头结点的在顶点数组中的位置(一般用下标表示)。另一个是指向下一表结点的指针域 next。

```
struct ArcNode              // 定义弧表结点
  {  int adjvex;           // 邻接点域
     ArcNode *next;        // 指向下一个弧结点的指针
  };
```

表头结点　表头结点也是顶点结点，含两个域：vertex 和 firstarc，其中，vertex 域存放顶点 v_i 的信息， firstarc 域存放指向由出弧结点构成的链表(简称为出弧表)的开始结点的指针(有时也称为头指针)。

```
template <class T>          // 定义顶点结点
  struct VexNode
  {   T vertex;             // 存放与顶点有关的信息
      ArcNode *firstarc;  // 指向第一个结点的指针,即出弧表的头指针
   };
```

图 7-14 给出了一个有向图的邻接表存储示意图。图 7-14(a)是一个有向图，图 7-14(b)是构造出的邻接表。

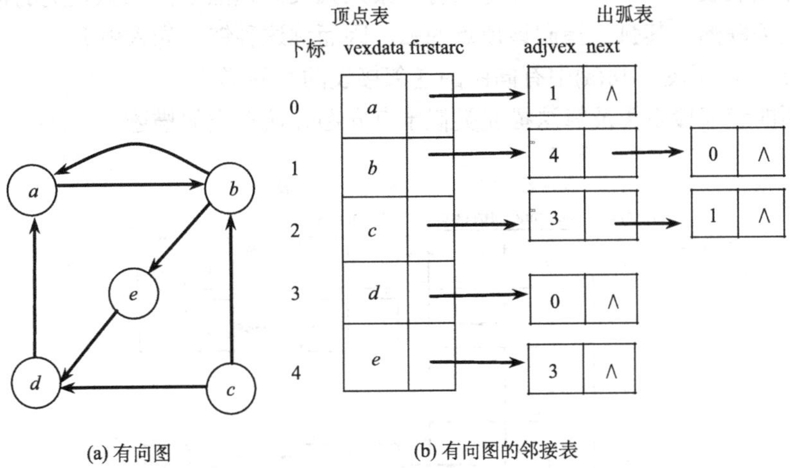

图 7-14　有向图的邻接表表示

有向图的邻接表表示，对于计算一个顶点的出度是方便的，因为只须顺着该顶点结点的指针域遍历一下其所指向的单链表，计算一下该链表上的结点数就可以了。但是当用于计算一个顶点的入度时，则不方便。因而有时为便于计算入度，构造有向图的逆邻接表。

在有向图的邻接表中，易找到任一顶点的第一个邻接顶点和下一个邻接点。当弧数 $\ll n(n-1)/2$ 时，比邻接矩阵节省空间。对于 n 个顶点和 e 条边的无向图来讲要用 n 个头结点和 $2e$ 个表结点，而对于有向图来讲，邻接表和逆邻接表分别仅需 n 个顶点结点和 e 个表结点。有时，需邻接表和逆邻接表同时使用，才能方便操作。有向图邻接表建立时间消耗比邻接矩阵好。在无向图的邻接表中，顶点 v_i 的度恰好为第 i 个链表的结点数；而在有向图的邻接表中，只是出度。为求入度，得对邻接表要全部扫描一遍，在所有链表中其邻接点域 adjvex 的值为 i 的个数为顶点 v_i 的入度，这样就相对复杂一些。

在有向图邻接表下，作为 ALGraph 的友函数求图中所有顶点出度的函数：

求图中所有顶点出度的函数OutDegree

```
template <class T>
void OutDegree(ALGraph<T> g,int od[])
{  int i; int n=g.vertexNum;
   for(i=0;i<n;i++)
    {  od[i]=0;
       ArcNode *p = g.adjlist[i].firstarc;
       while(p) { od[i]++;  p=p->next;}
    }
}
```

2) 有向图的逆邻接表

在逆邻接表表示下，每个顶点对应有一条入弧表。顶点 i 的入弧表上的每个结点是与该顶点相关联的、其弧头指向该顶点的弧。因而称这种链表为入弧表。

图 7-15 给出了图 7-14(a)中有向图的逆邻接表的存储形式。

有向图的逆邻接表类及算法描述类似于有向图邻接表类的描述。

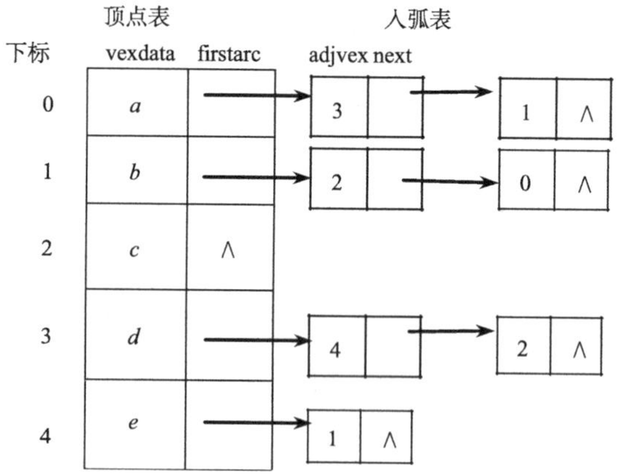

图 7-15　图 7-14(a)所给出的有向图的逆邻接表表示

7.2.4　图的十字链表表示

对于有向图，不管是采用邻接表还是采用逆邻接表，都可能会引起操作不便，因而，在实用中可将邻接表和逆邻接表合并，形成所谓的十字链表。

结点结构描述如下。

1. 弧结点

弧结点结构含 tailvex、headvex、hlink、tlink 四个域，如图 7-16 所示，结合一条从顶点 i 到 j 的弧来加以说明，其中：

tailvex——存放 i，表示 i 为该弧引出，i 是弧尾；

headvex——存放 j，表示该弧进入 j，j 是弧头；

hlink ——指向下一条进入顶点 j 的弧的弧结点；

tlink ——指向下一条从 i 引出的弧的弧结点。

tailvex	headvex	hlink	tlink

图 7-16　有向图十字链表的弧结点结构

data	firstin	firstout

图 7-17　顶点结点结构

弧结点的算法说明：

```
struct ArcNode { int tailvex,headvex;
                 ArcNode  *hlink, *tlink;
```

```
};
```

2. 顶点结点

顶点结点结构含 data、fiistin、firstout 三个域，如图 7-17 所示，其中，

data——存储和顶点相关的信息；

firstin——指向以该顶点为弧头的第一个弧结点的指针；

firstout ——指向以该顶点为弧尾的第一个弧结点的指针。

顶点的算法说明：

```
  template <class T>
struct VexNode {   T data;
                   ArcNode  *firstin, *firstout;
               };
```

十字链表中所有顶点也放在一个数组中，数组说明。

```
VexNode<T> ortholist[MaxSize];
```

十字链表表示的实质是通过用顶点结点作为头结点，使每个顶点的出弧表和入弧表均挂在该顶点结点后。通过顶点结点的 firstout，可遍历其出弧表，通过 firstin 域可遍历其入弧表，从而使得求一个顶点的出度和入度都分别比较方便，求出度只需遍历统计出弧表中结点个数，求入度只需遍历统计入弧表中结点个数。而且在求有向图的强连通分量及其个数时，也比较好用。

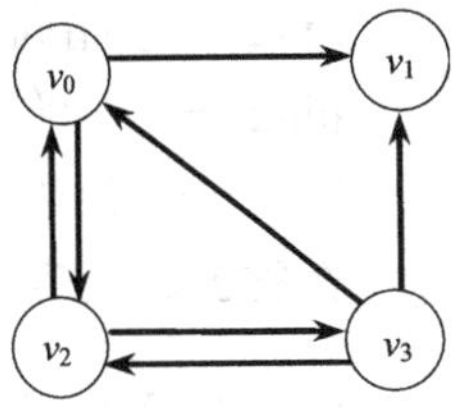

图 7-18　有向图

图 7-19 给出了图 7-18 的十字链表表示。从其中可以看到，弧的数目与弧结点的数目对应相等。顶点结点的数目与顶点数相等。

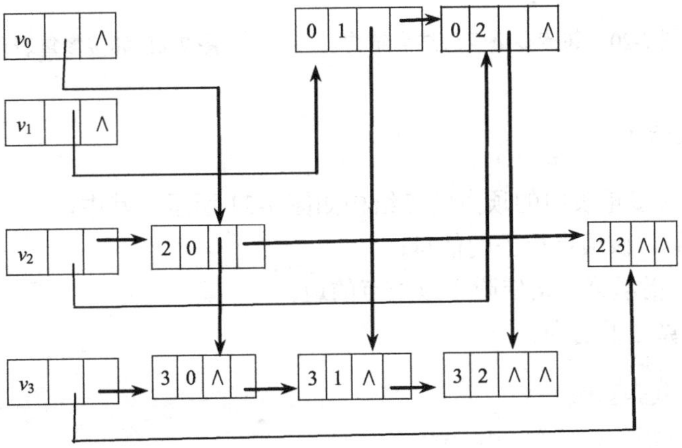

图 7-19　有向图(图 7-18)的十字链表表示

7.2.5　邻接多重表

邻接多重表(adjacency multilist)是针对无向图的一种链式存储结构表示。它与有向图的十字链表十分类似，在其中每一条边用一个结点表示。在邻接多重表中，所有依附于同一顶点的边串联在同一链表中，每个边结点同时链接在两个链表中。

这样表示有利于某些操作，避免在邻接表中，对同一个操作，必须对两个顶点结点所指的链表进行搜索。例如，在图的某些应用中，对已被搜索过的边作记号或删除一条边等，在邻接表表示下，需要找到表示同一条边的两个结点。而采用邻接多重表后，就勿需这样做。

结点结构描述如下。

1. 边结点

无向图的邻接多重表中的边结点结构如图 7-20 所示。其中，

mark——为标志域，标记该边是否被搜索过，0 未访问，1 已访问；

ivex, jvex ——该边依附的两个顶点在图中的位置；

ilink ——指向下一条依附于顶点 *ivex* 的边；

jlink ——指向下一条依附于顶点 *jvex* 的边；

info ——为边上的信息或指向与边有关的信息数据存储的指针域。

在省去边上信息 info 的说明外，边结点的算法说明为

```
struct EdgeNode {  int mark;  int ivex, jvex;
                    EdgeNode  *ilink, *jlink;
                 };
```

mark	ivex	ilink	jvex	jlink	info

图 7-20　邻接多重表边结点结构

vertex	firstedge

图 7-21 邻接多重表顶点结点结构

2. 顶点结点结构

无向图的邻接多重表中的顶点结点结构如图 7-21 所示。其中，

data——存储和该顶点相关的信息；

firstedge——指示第一条依附于该顶点的边。

顶点结点的算法说明为

```
template <class T>
struct VexNode {    T vertex;
                    EdgeNode *firstedge;
                };
```

无向图的邻接多重表和无向图的邻接表的差别仅仅在于，同一条边在邻接表中用两

个边结点表示，而在邻接多重表中，仅用一个边结点表示。除在边结点中增加一个标志域外，邻接多重表的一个结点将一条边的两个端点的信息以及分别链接两个顶点的另两条边的指针信息都包含在内，所以，所需的存储量与邻接表所需的存储量基本相同。在其上的各种基本运算的实现和邻接表基本相同。图 7-22 中的无向图的邻接多重表如图 7-23 所示。建立的方法是：

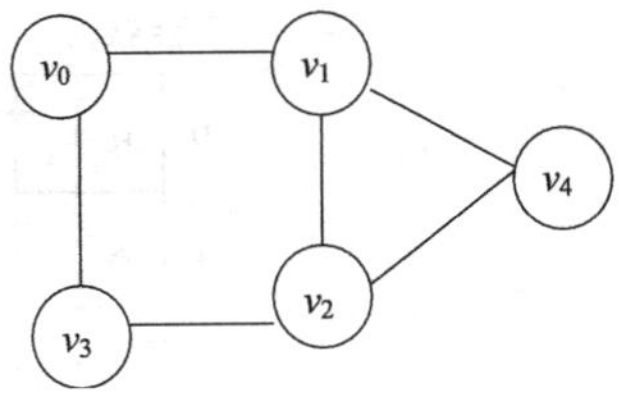

图 7-22　无向图

(1) 一条边对应建立一个边结点；

(2) 由于一个边的两个端点的次序是可随意的，因此每建立一个边结点，都要按其中的两个端点的序号，分别将该边结点链入两个不同的链表中。

如果结点链入链表仍采用前插方式进行，则图 7-23 中的邻接多重表的可看成是按边的次序：(0,3),(2,4),(2,3),(4,1),(2,1),(0,1)进行建立的。

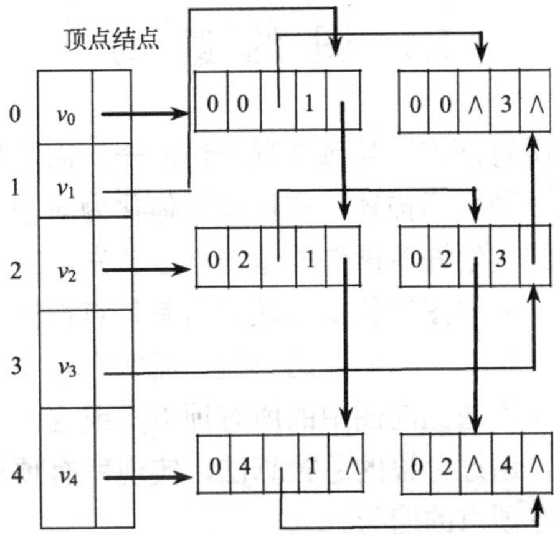

图 7-23　无向图的邻接多重表

此时，如果增加一条边(3,4)，则建立对应的边结点后，将其分别前插在两个不同的边表中，得到如图 7-24 所示的结果。

而在无向图的邻接多重表中求某个顶点的度应从该顶点结点的指针域出发，顺链统计其链表上的结点个数。但要注意，顺链往下走时，要根据结点中是 ivex 还是 jvex 与顶点的序号相同，选择顶点序号相同的一端所对应的 ilink 或 jlink 向下走。例如，在图 7-24 中，若要求 V_4 的度，在走到边结点(3,4)后，顺着 jlink 往下走一步到达边结点(4,1)，再顺着 ilink 走到边结点(2,4)，再顺 jlink 走时遇空指针，表明与顶点 V_4 或 4 相关联的边结点已遍历完，统计出 3 个边结点，即 V_4 或 4 的度为 3。

无向图的邻接多重表类声明可在无向图的邻接表类声明的基础上很容易改造得到，这里省略。

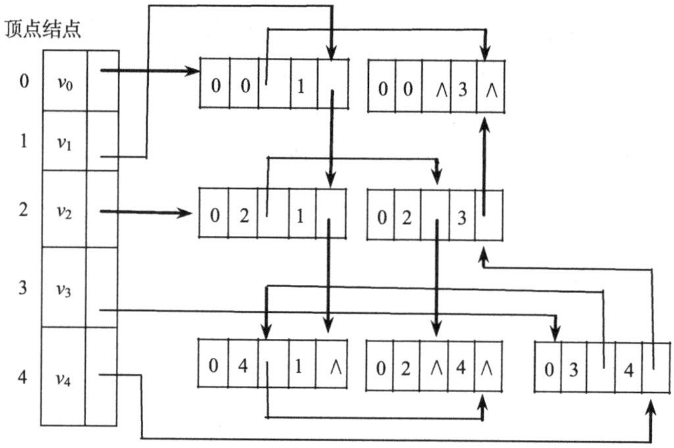

图 7-24　增加边(3,4)后的邻接多重表

7.3　图 的 遍 历

按一定方式访问图中所有顶点，且每个顶点访问一次而且仅访问一次，叫做图的遍历。这里“访问”一词是一种概括描述，它可以具体化为对顶点的某种处理，如输出顶点信息等。图的遍历是图的其他许多操作的基础。这里先给出能从图中顶点 v 可达到的所有顶点的遍历算法。由于无向图的从 v 可达的所有顶点在同一个连通分量中，所以，对无向图从 v 出发遍历的只是 v 所在的连通分量。而对有向图，则只能遍历从 v 可达的所有顶点，还不能遍历完非连通无向图中的所有顶点，或也不一定能遍历完非强连通有向图中的所有顶点。然后，通过分设的总控算法，实现所有顶点的遍历，包括连通或非连通无向图或有向图中所有顶点的遍历。

7.3.1　深度优先搜索遍历图

1. 深度优先搜索遍历过程

深度优先搜索 (depth first search) 遍历是以一种递归方式访问图中所有顶点。其过程是：首先在图 G 中选择一个顶点 v 作为出发点，访问顶点 v，然后从 v 的未被访问过的邻接顶点出发进行深度优先遍历，直至图中所有和 v 路径相通的顶点都被访问过。若图中尚有顶点未被访问，则从未被访问过的顶点中选一个顶点，作为新的起始点，继续再用深度优先搜索遍历方法访问，直到图中所有顶点均被访问完为止。

深度优先搜索遍历的特点是，选定一个出发点后进行遍历，能前进则前进，若不能前进时，回退一步再前进，或再回退一步后再继续前进。依此重复，直到所有与选定的出发点相通的所有顶点都被遍历。

2. 深度优先搜索遍历图示例

(1) 对图 7-25 中连通无向图，采用深度优先搜索遍历可得到的顶点访问序列为

$$v_0 \to v_1 \to v_3 \to v_7 \to v_4 \to v_8 \to v_2 \to v_5 \to v_6$$

(2) 对图 7-26 中的非连通无向图，深度优先搜索遍历可得到的顶点访问序列为

$$v_0 \to v_1 \to v_3 \to v_2 \to v_4 \to v_5 \to v_6 \to v_7$$

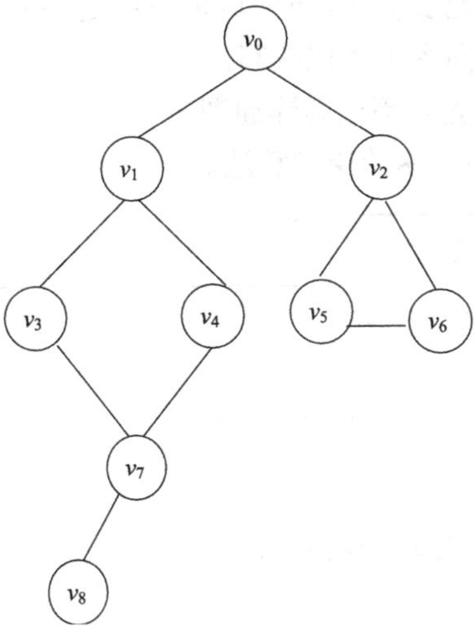

图 7-25　一个连通无向图

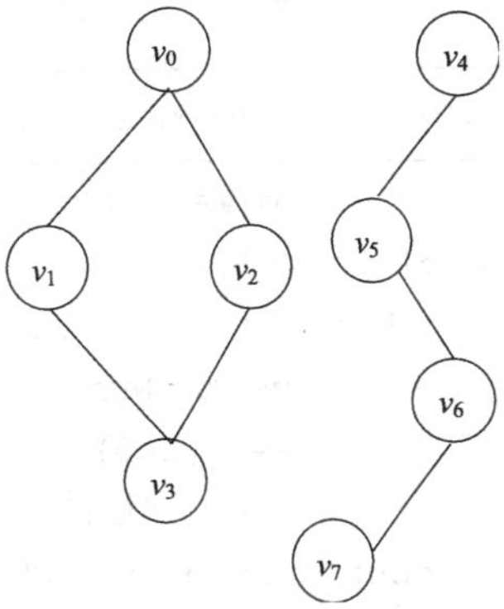

图 7-26　一个非连通无向图

注意，从 v_0 出发，只能访问其所在连通分量上的所有顶点。而另一个连通分量上的顶点的访问必须从其中取某个顶点，这里取 v_4 作为出发点，进行访问。

(3) 对图 7-27 中的有向图，采用深度优先搜索遍历得到的顶点访问序列可因出发点的选择不同而不同。如顶点访问次序为 $v_0 \to v_1 \to v_4 \to v_3 \to v_2$，其中，$v_2$ 为另一个起始点。

也可得到顶点访问次序：$v_2 \to v_3 \to v_0 \to v_1 \to v_4$，此时，不需要另一个起始点。亦可得到顶点访问次序：

$$v_2 \to v_1 \to v_0 \to v_4 \to v_3$$

其中，v_4 为另一个起始点。

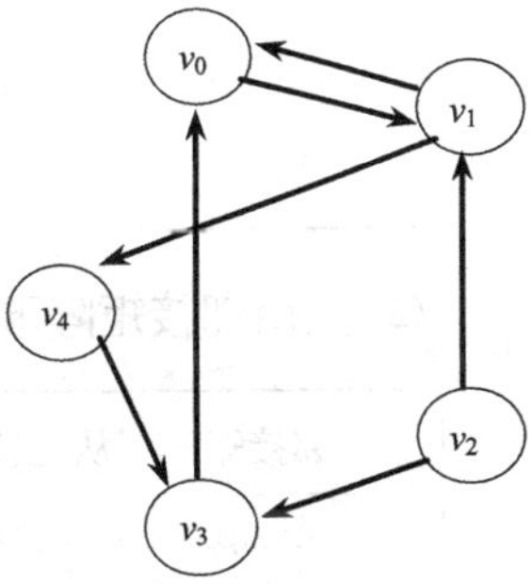

图 7-27　一个有向图

3. 连通图的深度优先搜索遍历

基本思想：深度优先搜索遍历是一个递归的过程，可以从图中某个未访问过的顶点 v 出发，访问该顶点，然后依次从 v 的未访问过的邻接点出发，深度优先遍历图，直到图中所有从 v 出发有路径可达的顶点被访问完为止。因此，它从出发点开始深度优先遍历只能访问从 v 可达的所有顶点。

为了判别图中的顶点是否被访问过，设置一个标志数组 visited。

该数组的分量与图的顶点相对应。每个分量的初值均设为 0，表示所有顶点未访问过。当顶点访问过时，对应的分量置 1。即

$$\text{visited}[i]=\begin{cases}0, \text{顶点 } i \text{ 尚未访问} \\ 1, \text{顶点 } i \text{ 已未访问}\end{cases} \tag{7-7}$$

这里给出从图中顶点 v 出发深度优先遍历算法。实际只能访问有向图中从 v 出发可到达的所有顶点。那些不能从 v 到达的顶点还无法访问。v 的取值范围是 $0\sim n-1$。

下面以无向图为例，给出有关算法。对有向图可类似编写。

(1)邻接矩阵存储结构下从 v 点出发深度优先遍历无向连通图。

① 采用邻接矩阵下，从 v 出发深度优先遍历图的递归算法。

邻接矩阵下从v出发深度优先遍历图递归算法DFS

```
int visited[MaxSize];   // 为全局标志数组
template <class T>
void MGraph<T>::DFS(int v)      // 从v出发深度优先遍历
{   int n=vertexNum;
    if ( v>=n||n<0)
         throw "位置出错";   // 如果输入不正确抛出异常
    cout<<vertex[v]<<" ";
    visited[v]=1;
    for (int j=0; j<n; j++)
      if (adj[v][j]==1 && visited[j]==0)
        DFS(j);
}
```

② 采用邻接矩阵下，从 v 出发深度优先遍历图的非递归算法。

邻接矩阵下从v出发深度优先遍历图非递归算法DFS1

```
template <class T>
void MGraph<T>::DFS1(int v)      // 深度优先遍历图的非递归方法
{   int S[MaxSize];  int n= vertexNum; int top=-1;
    if ( v>=n||v<0) throw "位置出错";  // 如果输入不正确抛出异常
    cout<<vertex[v]<<" ";
    visited[v]=1;
    S[++top]=v;
    while (top!=-1)
    {  v=S[top--];
       for (int j=0; j< n; j++)
          {if(adj[v][j]==1 && visited[j]==0)
              { cout<<vertex[j]<<" ";
               visited[j]=1; S[++top]=j;break;
              }
          }
    }
}
```

对于具有 n 个顶点 e 条边的连通图,用邻接矩阵实现深度优先搜索遍历图时,算法的时间复杂性为 $O(n)$。非递归形式算法的时间复杂度也是 $O(n)$。它们额外所耗费的辅助空间是标志数组，大家都可不记在内。递归时用内部栈，非递归时用明栈，故空间复杂度均为 $O(n)$。

(2)邻接表存储结构下从 v 点出发深度优先遍历无向连通图的算法。

① 采用邻接表表示下，从 v 出发深度优先遍历的递归算法。

邻接表表示从v出发深度优先遍历图递归算法DFSL

```
template <class T>
void ALGraph<T>::DFSL(int v)
{  int n=vertexNum;ArcNode *p;  int j;
   if ( v>=n||v<0) throw "位置出错";
   cout<<vertex[v]<<" ";
   visited[v]=1;  p=adjlist[v].firstedge;
   while  (p)                       // 依次搜索顶点v的邻接点j
   {   j=p->adjvex;
       if (visited[j]==0) DFSL(j);
       p=p->next;
   }
}
```

② 采用邻接表下，从 v 出发深度优先遍历图的非递归算法。

邻接表下从v出发深度优先遍历图非递归算法DFSL1

```
template <class T>
void ALGraph<T>::DFSL1(int v)      //深度优先遍历图非递归方法
{  int S[MaxSize]; int top=-1; ArcNode * p;
   int j,n=vertexNum;
   if ( v>=n||v<0)  throw "位置出错";
   cout<<vertex[v]<<" "; visited[v]=1;  S[++top]=v;
   while  (top!=-1)
   {  v=S[top--];  p=adjlist[v].firstedge;

      while  (p)                    //依次搜索顶点v的邻接点j
        {  j=p->adjvex;
           if (visited[j]==1) p=p->next;
           else {  cout<<<vertex[j]<<" ";
                 visited[j]=1;  S[++top]=j;
                 p=adjlist[j].firstedge;;
        }
      }
   }
}
```

在邻接表下，深度优先遍历的递归和非递归的算法都把时间耗费在了搜索 n 个顶点结点(作为头结点)及其链表的结点扫描上，总结点数是 $n+e$，所以它们的时间复杂性都是 $O(n+e)$。它们额外所耗费的辅助空间是标志数组和递归时的内部栈或非递归时的明栈，故空间复杂度均相同。

7.3.2 广度优先搜索遍历图

1. 广度优先搜索遍历过程

广度优先搜索(breadth first search)遍历的过程是从出发点 v 开始，由近到远，访问和出发点有路径相通且路径长度为 1 的未访问顶点、路径长度为 2 的未访问顶点 2，……，直到所有与出发点 v 有路径相通的未访问顶点访问完毕。

若此时，图中尚有顶点未访问，则在外控算法的控制下，另选图中一个未曾被访问的顶点作为起始点，重复上述过程，直到图中所有顶点都被访问为止。

2. 广度优先搜索遍历示例

(1) 对图 7-25 中的连通无向图，如果取 v_0 为出发点，采用广度优先搜索遍历，可得到顶点访问序列为 $v_0 \to v_1 \to v_2 \to v_3 \to v_4 \to v_5 \to v_6 \to v_7 \to v_8$。其搜索见图 7-28。

(2) 对图 7-26 中的非连通无向图，采用广度优先搜索遍历，可得到的顶点访问序列为 $v_0 \to v_1 \to v_2 \to v_3 \to v_4 \to v_5 \to v_6 \to v_7$。其中，$v_4$ 为从另一连通分量中选用的另一个所谓的起始点。其搜索示意图见图 7-29。

(3) 对图 7-27 中的有向图，采用广度优先搜索遍历，若从 v_2 出发，则其广度优先搜索遍历顶点的次序为 $v_2 \to v_1 \to v_3 \to v_0 \to v_4$，见图 7-30(a)。若从 v_0 出发，其广度优先搜索遍历顶点的次序为 $v_0 \to v_1 \to v_4 \to v_3 \to v_2$($v_2$ 为另一出发点)，见图 7-30(b)。

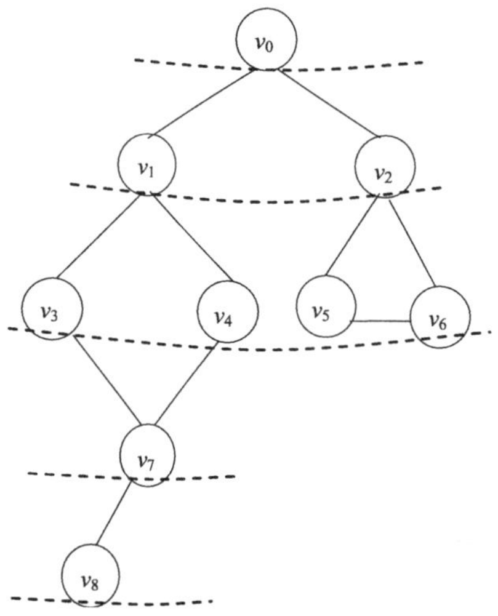

图 7-28 连通无向图广度优先搜索过程

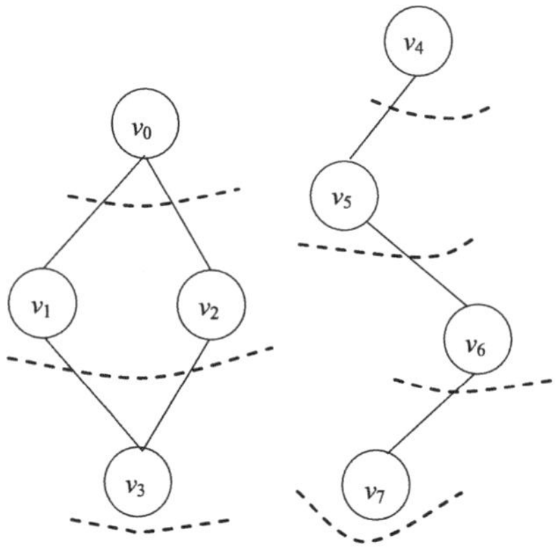

图 7-29 非连通无向图广度优先搜索过程

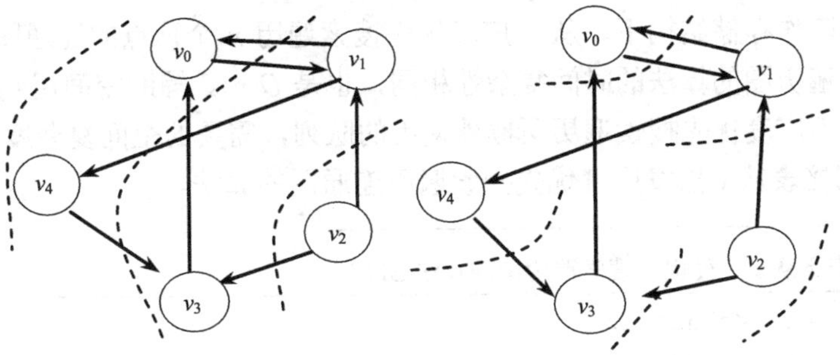

(a) 从v_2广度优先搜索　　(b) 从v_0广度优先搜索，v_2为新起点

图 7-30　广度优先搜索有向图

3. 连通图的广度优先搜索遍历算法过程

基本思想：假设初始状态时，图中所有顶点未访问过，从图中某顶点 v 出发，在访问了 v 之后，首先依次访问与 v 邻接的未访问过的全部顶点 $w_1,w_2,\cdots,w_d$。然后再依次访问与 $w_1,w_2,\cdots,w_d$ 邻接的尚未访问过的全部顶点，再从这些被访问过的顶点出发，逐一访问与它们邻接的尚未被访问过的全部顶点，……，直到与 v 有路径相通的所有顶点全被访问完为止。

(1) 采用邻接矩阵从 v 出发广度优先搜索遍历连通图的算法。

邻接矩阵下从v广度优先搜索遍历图的算法BFS

```
template <class T>
void MGraph<T>::BFS(int v)              // 广度优先遍历图
{  int n=vertexNum; int front,rear;
   if ( v>=n||v<0) throw "位置出错";      // 如果输入不正确抛出异常
   int Q[MaxSize];                      // Q作为队列
   front=rear=-1;           // 初始化顺序队列,且不会发生溢出
   cout<<vertext[v]<<" ";  // 被访问顶点入队
   visited[v]=1;            //  visited为全局数组,初始时每个分量置0
   Q[++rear]=v;

while (front!=rear)
{  v=Q[++front];        // 将队头元素出队并送到v中
   for (int j=0; j< n; j++)
      if (adj[v][j]==1 && visited [j]==0 )
         {  cout<<vertext[j]<<" ";
            visited[j]=1;
            Q[++rear]=j;
         }
 }
}
```

在邻接矩阵作存储结构下，从 v 广度优先搜索遍历 n 个顶点的连通图的算法与从 v 深度优先搜索遍历图的算法的时间复杂性相同，也是 $O(n)$。辅助空间用到的标志数组，大家都不计。而广度优先搜索遍历所额外使用的队列，需要的空间复杂度是 $O(n)$。

(2)采用邻接表从 v 出发广度优先搜索遍历连通图的算法。

邻接表下从 v 广度优先搜索遍历图的算法 BFSL

```
template <class T>
void ALGraph<T>::BFSL(int v)
{  int n=vertexNum;
   if ( v>=n||v<0) throw "位置出错";
   int front,rear,j; ArcNode *p;  int Q[MaxSize];
   front=rear=-1;     //假设队列采用顺序存储且不会发生溢出
   cout<<vertex[v]<<" ";
   visited[v]=1; Q[++rear]=v;           // 被访问顶点入队
   while (front!=rear)
    {  v=Q[++front];
       p=adjlist[v].firstedge;     // 弧表中的工作指针p初始化
       while (p)
           {   j= p->adjvex;
               if (visited[j]==0)
                  {  cout<<vertex[j]<<" ";
                     visited[j]=1;
                    Q[++rear]=j;
               }
             p=p->next;
       }
    }
}
```

采用邻接表作存储结构从 v 广度优先搜索遍历图的算法的时间复杂度也是 $O(n+e)$。不计辅助的标志数组，空间复杂度也是 $O(n)$。

7.3.3 图的遍历

一个图，无论是无向图还是有向图，从出发点 v 深度优先搜索遍历和广度优先搜索遍历并不一定能将图中所有顶点遍历到，因为无向图可能是非连通图，有向图中不一定所有顶点都由 v 可达。只有连通的无向图和强连通的有向图才可从任意一个顶点出发深度优先搜索遍历或广度优先搜索遍历图中的所有顶点。因此，需要有外控机制，保证图中所有顶点都能被访问。对应的控制算法如下：

控制遍历图的算法DFSCtrl

```
Template <class T>
void DFSCtrl(MGraph<T> alg,int v)
{  for (int i=0;i<MaxSize;i++) visited[i]=0;
   alg.DFS(v);              // 设alg为图对象已在前创建,v为出发点
   for(i=0;i<n;i++)
      if(visited[i]==0) alg.DFS(i);
}
```

而对于在邻接表下的外控算法也可类似来编写。

虽然看起来外控代码段增加了一个 for 循环语句，但由于所遍历的实际顶点数和边表结点或弧表结点数与从 v 出发最坏情况下的所遍历的实际顶点数和边表结点或弧表结点数分别对应相等，所以算法时间复杂度仍相当。即，在邻接矩阵下，深度和广度优先搜索遍历图的算法时间复杂度为 $O(n^2)$，空间复杂度为 $O(n)$。在邻接表下，深度和广度优先搜索遍历图的算法时间复杂度为 $O(n+e)$，空间复杂度为 $O(n)$。

例 7-3　对图 7-12 中的无向图，有边：(4,0),(0,2),(4,2),(3,0),(3,4),(5,3),(5,0),(4,5), (1,0),(1,5),(2,3)。可得到如图 7-13 的表示形式。这里给出一个主函数，以简单形式加以说明对无向图的建立、遍历。

```
void main( )
{  int which, k,string name;
   struct Edge
   { int from,end; };
   int n=6;int e=11;
   string a[6] = {"v0","v1","v2","v3","v4","v5"};
   Edge b[]={{4,0},{0,2},{4,2},{3,0},{3,4},{5,3},{5,0},
                {4,5},{1,0},{1,5},{2,3}};
   ALGraph<string> alg(a,n);            // 构造零图对象
 try{
   for ( k=0;k<e;k++)               // 插入所有边
      alg.InsertEdge(b[k].from,b[k].end);
   for (i=0; i<n; i++)  visited[i] = 0;
   cout<<"深度遍历,请输入起始顶点(0-"<<n-1<<"): ";
   cin>>v;
   cout<<"深度遍历顶点序列为: ";
   g.DFS(v);
   for (k=0;k<n;k++)         //对未访问顶点继续遍历
     if(visited[k]==0)  g.DFS(k);
   cout<<endl<<"从第"<<v<<"出发深度优先非递归遍历图: ";
   for (i=0; i<n; i++) visited[i] = 0; //恢复标志数组的初值
   cout<<"\n非递归深度优先再遍历顶点序列为: ";
```

```
        g.DFS1(v);
        for  (k=0;k<n;k++)      //对未访问顶点继续遍历
            if(visited[k]==0) g.DFS1(v);
        cout<<"\n";
        //广度优先遍历
         cout<<"广度遍历,请输入起始顶点(0-"<<n-1<<"): ";
         cin>>v;
         for  (i=0; i<n; i++) visited[i]=0;
         cout<<"广度遍历顶点序列为: ";
         g.BFS(v);
         for  (k=0;k<n;k++)    //增加对未访问顶点的访问控制
            if(visited[k]==0) g.BFS(k);
         cout<<"\n";
      }
    catch(char *msg)
      {   cout<<msg<<endl;  }
    }
```

由于篇幅所限，这里仅给出无向图的一些简单描述。读者可在下面的有向图及其算法的相关描述中类似地加以理解，并可简单地转换过来加以运用。

7.4　图的连通性和生成树

利用遍历图的算法可以解决很多涉及图的连通性问题。这里将讨论如何求图的连通分量、生成树等问题。

7.4.1　图的连通性和连通分量

1. 无向图的连通性

在对无向图进行遍历时，对于连通图，从图中任一顶点出发，按深度优先搜索遍历或广度优先搜索遍历便可访问图中各个顶点。对非连通图，则需多次调用从某个未访问顶点出发的搜索遍历函数。而每次调用得到的顶点访问序列恰为其各个连通分量中的顶点。所以在控制调用遍历的函数前适当增加语句，分隔多次调用函数所访问的顶点序列，就可得到各个连通分量中所含的顶点序列。

运用深度优先搜索遍历或广度优先搜索遍历无向图的算法可分析图的连通性，甚至可通过额外设置一个计数器 count(初值为 0)统计出图的连通分量数。每调用一次，计数器 count 增 1。当遍历完无向图后，计数器 count 的值为 1，则表明图是连通的。否则，若 count>1，则图是非连通的，count 的值就是该图的连通分量数。

统计图的连通分量数和判断连通性函数(作为 ALGraph 的友函数)可如下描述：

求连通分量数和判断连通性的算法CountComp

```
template <class T>
void CountComp(ALGrph<T> g)
{  int count=0;
   int n=g.VexNum();    // 取得图的顶点数
   for(int v=0;v<n;v++)
     if (visited[v]==0)
      {  count++;
         g.DFS(v);
      }
   if (count==1)  cout<<"该图是连通的";
   else  cout<<" 该图有"<<count<<"个连通分量"";
}
```

2. 有向图的连通性

求有向图的强连通分量的一种有效方法是，使用十字链表作为有向图的存储结构，利用深度优先非递归搜索遍历方法来求。步骤如下：

(1) 在有向图 G 上，按出弧表深度优先非递归搜索遍历有向图 G。从某个顶点 v 出发沿以该顶点为尾的弧进行深度优先非递归搜索遍历，并对深度优先非递归搜索遍历算法加以修改，使被访问过的顶点(下标)入栈，按顶点(下标)退栈的次序将顶点(下标)顺序记录在另一个辅助数组 outstack[MaxSize]中。若一次不能深度优先搜索非递归遍历图中所有顶点，则再任取下一个未被访问的顶点，再从该点出发深度优先非递归搜索遍历，并按顶点(下标)退栈的次序将顶点(下标)接着顺序记录在辅助数组 outstack [MaxSize]，如此继续，直到图的所有顶点访问完止。数组 outstack 设计为全局数组，全部顶点(下标)都记录在其中。另用一个全局型的整型变量 tailn 记录下次要存放在 outstack 数组分量的下标。

(2) 统计连通分量数的计数器 count 置 1。按入弧表对图进行深度优先非递归遍历。取 outstack 最后的顶点(下标所对应的顶点)，从该顶点出发，沿着以该顶点为头的弧作逆向(即按入弧表)深度优先非递归遍历。若此次遍历不能访问有向图中所有顶点，则从余下的顶点中最后完成搜索遍历的那个顶点出发，即对 outstack 中由后往前的未被访问的顶点(下标对应的顶点)继续作逆向(即按入弧表)深度优先非递归遍历。直至有向图中所有顶点都被逆向深度优先非递归遍历完为止。每一次作逆向深度优先非递归遍历，count 增 1。每一次逆向深度优先非递归遍历所访问到的顶点集便是有向图 G 的一个强连通分量的顶点集。count 的最后值就是有向图的强连通分量数。

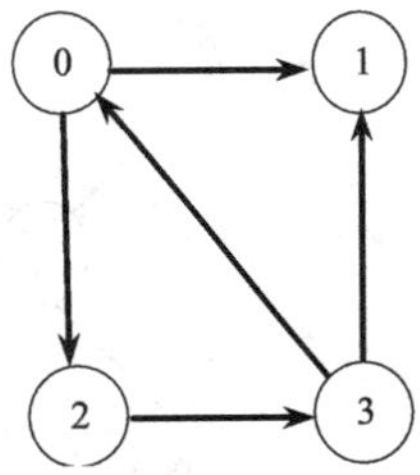

图 7-31　一个有向图

例如，对图 7-31 所示的有向图，假设从顶点 0 出发进行深度优先非递归搜索遍历，得到 outstack 数组中的顶点(下标)为 1,3,2,0(注意：在深度优先非递归搜索遍历过程中栈的压栈次序与其不同，是 0,2,3,1)。从 outstack 中最后的元素中的顶点(下标)0 出发作逆向深度优先搜索遍历，得到顶点集{0,3,2}，再从 outstack 中由后往前的未被逆向深度优先搜索遍历的元素对应的顶点(下标)1 出发，作逆向深度优先搜索遍历，得到顶点集{1}。{0,3,2}和{1}就是该有向图的两个强连通分量的顶点集。

7.4.2 生成树和生成森林

1. 无向图的生成树和生成森林

对于连通无向图，在图的深度优先搜索遍历或广度优先搜索遍历过程中历经的边的集合和图中所有顶点一起构成连通图的极小连通子图，就是一棵生成树(spanning tree)，并且称由深度优先搜索遍历得到的生成树为深度优先生成树；由广度优先搜索遍历得到的生成树为广度优先生成树。

对于非连通无向图，用深度优先搜索遍历或广度优先搜索遍历，每个连通分量中的顶点集和遍历时走过的边一起构成若干棵生成树，这些连通分量的生成树组成非连通图的生成森林。也可称由深度优先搜索遍历得到的生成森林为深度优先生成森林；由广度优先搜索遍历得到的生成森林为广度优先生成森林。

1) 无向图的深度优先生成树

对于连通无向图，深度优先搜索遍历过程所经过的边构成的边集 $T(G)$与顶点集 $V(G)$在一起即构成深度优先生成树。

图 7-25 的深度优先生成树如图 7-32 所示。

深度优先生成树的算法描写：只需在 DFS(v)算法的 if 语句中，在递归调用 DFS(v)之前，插入适当语句，再将边(v,j)打印或保存，即得到求 DFS 生成树的算法。

对于非连通无向图，按照上述类似的方法，只能得到生成森林。如对图 7-26 所示的非连通图，所得到的深度优先生成森林如图 7-33 所示。

2) 无向图的广度优先生成树和生成森林

对于连通无向图，广度优先搜索遍历过程所经过的边构成的边集 $T(G)$与顶点集 $V(G)$在一起即是广度优先生成树。图 7-25 的广度优先生成树如图 7-34 所示。

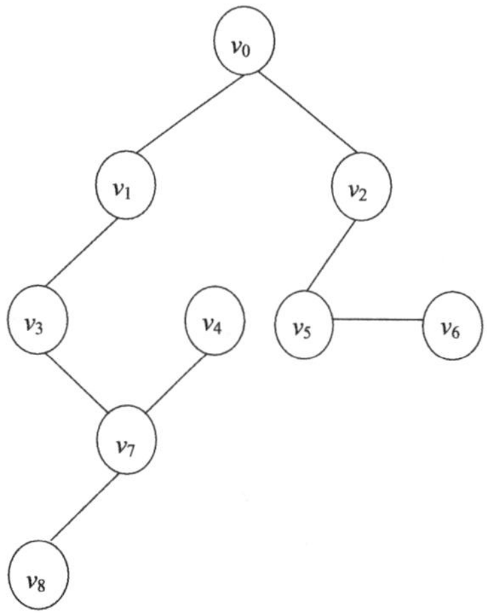

图 7-32　图 7-23 的 DFS 生成树

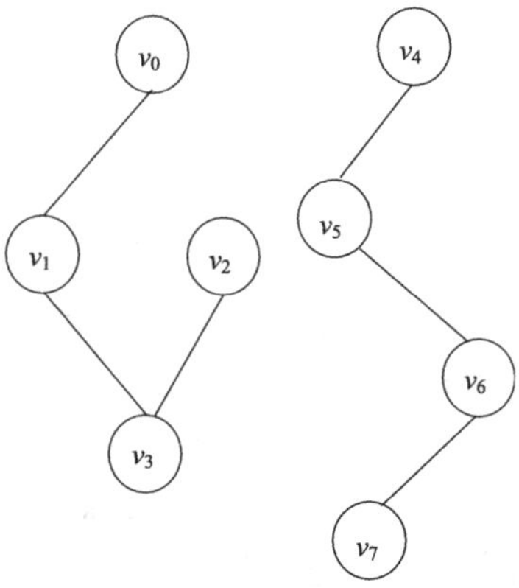

图 7-33　图 7-24 的 DFS 生成树

广度优先生成树的函数编写：只需在 BFS(v)函数的相应 if 语句中，入队列前存储或打印边之类的语句即可。

对于非连通无向图，广度优先搜索遍历只能到广度优先生成森林，函数代码的编写修改与上述方法类似。

图 7-26 的广度优先生成森林如图 7-35 所示。

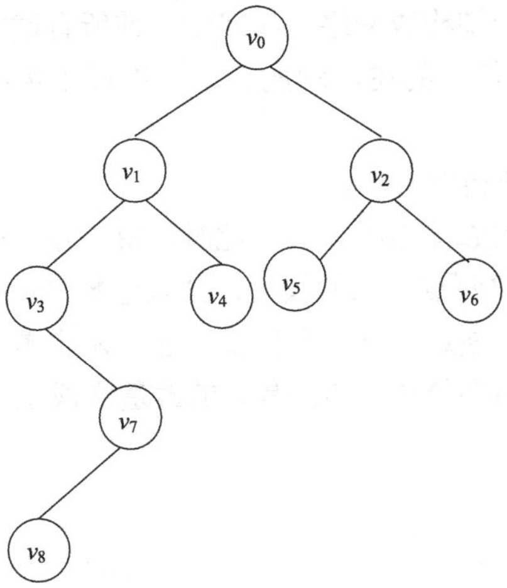

图 7-34　图 7-23 的 BFS 生成树

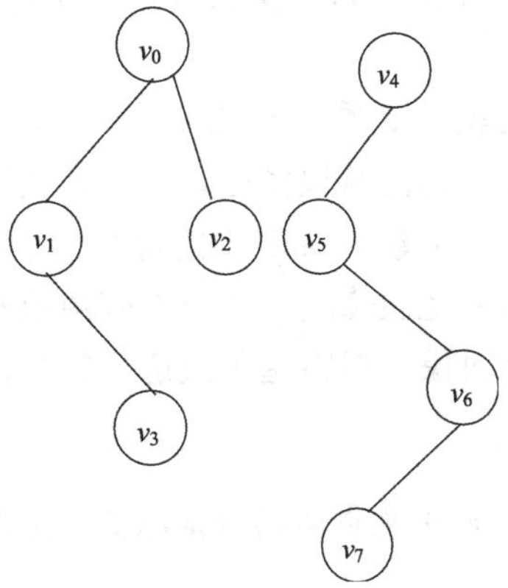

图 7-35　图 7-24 的 BFS 生成森林

2. 有向图的生成树和生成森林

对强连通有向图，用 DFS 和 BFS 算法可分别求得 DFS 生成树和 BFS 生成树。图 7-36(b)是图 7-36(a)的一个 DFS 生成树，而图 7-36(c)是一个 BFS 生成树。

对非强连通图，则一般只能得到生成森林。

因选取的出发点不同可得到不同的生成树或生成森林，所以一个无向图或有向图的深度优先或广度优先生成树或生成森林都不唯一。

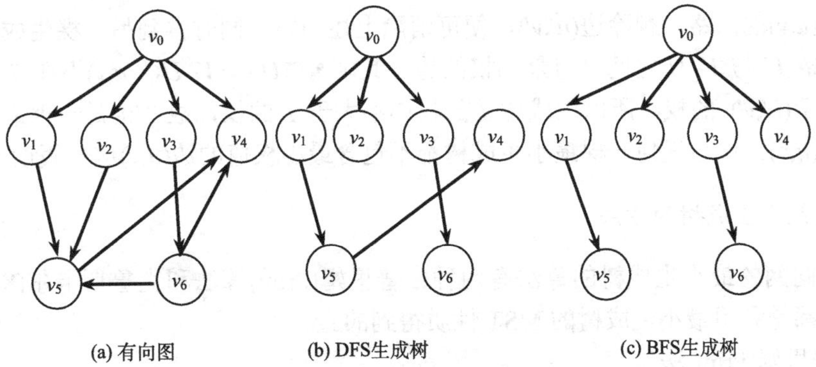

图 7-36　有向图的 DFS 生成树和 BFS 生成树

7.4.3　最小生成树

1. 网络的最小生成树概念

边赋权的图又称为网络。网络的生成树各边的权值总和称为生成树的权，权最小的生成树称为网络的最小生成树(minimal spanning tree，简称 MST) 。求网络的最小生成树有一定的现实意义。如 n 个城市之间公路都可分别构成网络。如何设计使所有城市之间相通，且使之为一棵长度或代价等权值总和为最小的树，就属于求网络最小生成树的范畴。

这里主要通过无向网来介绍求网络最小生成树的方法。

在对无向赋权图处理之前，要建立赋权图的邻接矩阵表示。此时，MGraph 类的数据成员二维数组 adj 中的每个元素应该改成存放两点之间的权值，插入函数 InsertEdge 也要相应地做修改，边结构应由原来的仅含两个顶点扩充一个权值，这样才能实现正确的建立对象。但将这种改造后的类，这里仍用名字 MGraph。具体的改造完成工作留给读者。

2. 最小生成树的性质(MST 性质)

最小生成树的性质(**MST 性质**)：假设 $G=(V,E)$是一个连通无向网，U 是顶点集 V 的一个非空子集，$V-U\neq\varnothing$。若(u,v)是一条 U 与 $V-U$ 之间具有最小权值的边，其中 $u\in U$，$v\in V-U$，则必定存在一棵包含最小权值的边(u,v)的最小生成树。

证明：用反证法。假设连通无向网 $G=(V,E)$的任何一棵最小生成树都不包含最小权值的边(u,v)。设 T 是连通无向网的一棵最小生成树，按生成树的定义，T 的顶点集就是 V。(u,v)不在 T 中。现在 U 是顶点集 V 的一个非空子集，$V-U$ 也是 V 的一个非空子集，且 $U\cap(V-U)=\varnothing$。现将边(u,v)加入 T 中。由生成树必是连通的要求，则在 T 上必存在一条从 U 中顶点到达 $V-U$ 中顶点的边(u',v')，其中 $u'\in U,v'\in V-U$，且 u 和 u'之间、v 和 v'之间均有路径相通。

由于生成树是树，且树有在任意加入另外的一条边必构成回路的特性，T 中必存在一条包含(u,v)的回路，删除边(u',v')，便可消除上述回路，同时得到另一棵生成树 T'。因(u,v)是一条 U 与 $V-U$ 之间具有最小权的边，其中 $u\in U,v\in V-U$，(u,v)不在 T 中。(u,v)的权不大于(u',v') 的权，所以生成树 T'的权亦不大于 T 的权，故 T'也是一棵最小生成树且包含边(u,v)。这与任何一棵最小生成树都不包含最小权值的边(u,v)这一假设矛盾。

3. 求最小生成树的方法

求无向网的最小生成树的算法有两种：普里姆(Prim)算法和克鲁斯卡尔(Kruskal)算法，它们都是利用最小生成树的 MST 性质得到的。

1) 普里姆(Prim)法

(1) 算法思想：逐渐长成一棵最小生成树。假设 $G=(V,E)$ 是连通无向网，$T=(V,\mathrm{TE})$ 是求得的 G 的最小生成树中边的集合，U 是求得的 G 的最小生成树所含的顶点集。初态时，任取一个顶点 u 加入 U，使得 $U=\{u\}$，$\text{TE}=\varnothing$。重复下述操作：找出 U 与 $V-U$ 之间的一条最小权的边(u,v)，将 v 并入 U，即 $U=U\cup\{v\}$，边(u,v)并入集合 TE，即 $\text{TE}=\text{TE}\cup\{(u,v)\}$。直到 $V=U$ 为止。最后得到的 $T=(V,\text{TE})$就是 G 的一棵最小生成树。也就是说，用普里姆(Prim) 算法求最小生成树是从一个顶点开始，每次加入一条最小权的边和对应的顶点，逐渐扩张生成的。图 7-37 为按普里姆算法求网的一棵最小生成树的过程。

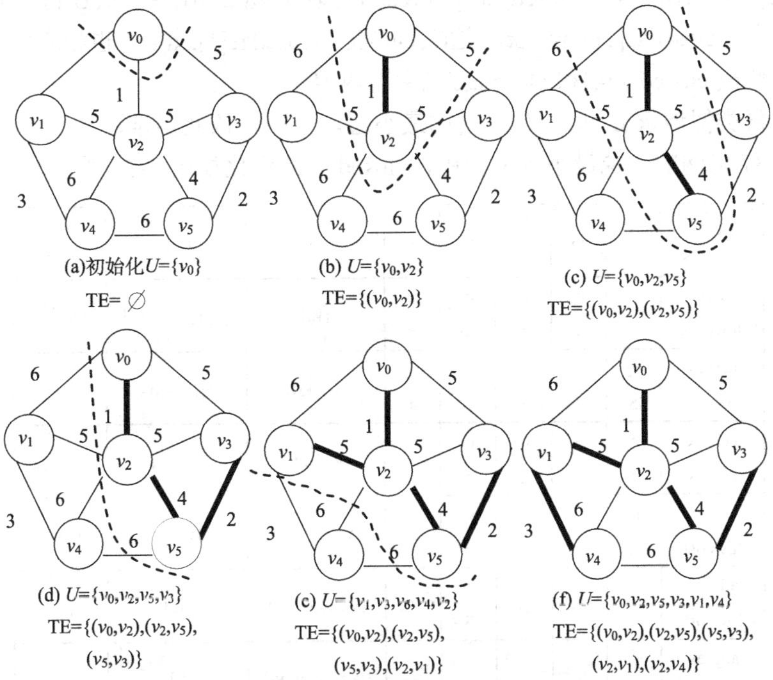

图 7-37　普里姆算法构造最小生成树的过程

(2) 算法描述：为了实现 Prim 算法，需附设一个辅助结构数组 closedge[MaxSize]。辅助数组中的每个分量对应一个顶点。设 closedge[i] 对应顶点 $v_i(i=0,2,\cdots,n-1)$。由于设顶点下标与数组下标相同，所以，顶点 v_i 也可直接就称为顶点 i，这样便于指称。closedge[i]包括两个域：lowcost 和 adjvex，其中，lowcost 域存储当前从 U 到 v_i 的最小权，adjvex 域存储该边依附的在 U 中的顶点(下标)。

随着 U 中增加一个顶点，辅助结构数组 closedge 也随之调整。一旦一个对应的顶点 v 加入 U，v 对应的 closedge 的分量中的 lowcost 域置为 0，表明该顶点已加入 U，不再参加下次的挑选。而属于 $V-U-\{v\}$中的每个顶点所对应的 closedge 的分量 lowcost 域的值可能要作相应调整，保证对任意 $v_j\in V-U-\{v\}$，若它对应在数组 closedge 中的下标为 j，则

$$\text{closedge}[j].\text{lowcost}=\min_k\{w(k,j)|v_k\in U,w(k,j)\text{表示边}(v_k,v_j)\text{的权}\} \tag{7-7}$$

而对应 adjvex 域调整为从 U 到 v_j 选择的当前最小边所依附的在 U 中的顶点。

初始状态时，$U=\{v_0\},V-U=\{v_1,v_2,v_3,v_4,v_5\}$；closedge[0].lowcost=0 表示从 v_0 到 v_0 的边长为 0；closedge[0].adjvex=0 表示是从 v_0 到 v_0 的使得 closedge[0].lowcost=0；到 $V-U$ 中各顶点 v_j 的最小权边，即为从依附于顶点 v_0 的到 $V-\{v_0\}$ 中各 v_j 的边，

closedge[0].lowcost=$w(0,i)$, closedge[i].adjvex=0。

第一次求 U 和 $V-U$ 之间的最小边，即在 closedge[i].lowcost($\neq 0$)(i=2,3,⋯,5)中求最小者(有多个相同最小者时，任取一个)。因(v_0,v_2)上的权最小，所以，它为生成树上的第一条边。同时将 v_2 并入集合 U。然后修改辅助数组中的值。

首先将 closedge[2].lowcost 改为 0，以示顶点 2 已并入集合 U，以后顶点 2 不再参加挑选。由于边(2,1)上的权值小于closedge[1].lowcost，这表明边(2,1)比原来从 U 到顶点 1 的边(0,1)要小，则需修改 closedge[1].lowcost 为边(2,1)的权，closedge[1].adjvex 也相应修改为 2。

同理，修改 closedge[4]和 closedge[5]中的内容。

第二次再类似地求 U 和 $V-U$ 之间的最小边，……，依此类推，直到 $U=V$。

在图 7-37 求网的一棵最小生成树中，closedge 的变化如图 7-38 所示。

顶点 数组	v_1	v_2	v_3	v_4	v_5	U	$V-U$	输出 边和权
adjvex lowcost	v_0 6	v_0 **1**	v_0 5	v_0 ∞	v_0 ∞	$\{v_0\}$	$\{v_1,v_2,v_3,v_4,v_5\}$	$(v_0,v_2)1$
adjvex lowcost	v_2 5		v_0 5	v_2 6	v_2 **4**	$\{v_0,v_2\}$	$\{v_1,v_3,v_4,v_5\}$	$(v_2, v_5)4$
adjvex lowcost	v_2 5		v_5 **2**	v_2 6		$\{v_0,v_2,v_5\}$	$\{v_1,v_3,v_4\}$	$(v_5,v_3)2$
adjvex lowcost	v_2 **5**			v_2 6		$\{v_0,v_2,v_5,v_3\}$	$\{v_1,v_4\}$	$(v_2,v_1)5$
adjvex lowcost				v_1 **3**		$\{v_0, v_2,v_5,v_1\}$	$\{v_4\}$	$(v_1,v_4)3$
adjvex lowcost						$\{v_0,v_2,v_5,v_1,v_4\}$	{ }	

图 7-38　用 Prim 算法求最小生成树过程中 closeedge 的变化示意图

假设以二维数组表示网的邻接矩阵，且令两个顶点之间不存在的边的权值为最大值 MAX(其值大大超过最大边上的权值)。普里姆算法可写成如下形式：

普里姆算法Prim

```
template <class T>
void Prim(MGraph<T> g,int u0)
{  int i,k,v; int n=g.VexNum( );   // 取得图的顶点数
   struct node { int adjvex;
                 int lowcost; } closedge[MaxSize];
   closedge[u0].adjvex=u0; closedge[u0].lowcost=0;
   for (v=0; v<n; v++)
    if ( v != u0 )  { closedge[v].adjvex=u0;
                      closedge[v].lowcost=g.W(u0,v);
                    }
   closedge[u0].lowcost=0;   // 辅助数组初始化
```

```
    for ( i=0;i<=n-2; i++ )  // 只需n-1条边
    { k=0;  int minw=MAX;
      for(v=0;v<=n-1;v++)
       if (closedge[v].lowcost>0 && (closedge[v].lowcost<minw))
          { k=v; minw=closedge[v].lowcost;}
      cout<<"("<<closedge[k].adjvex<<","<<k<<")"<<":"<<minw<<" ";
                                      // 输出生成树的边
      closedge[k].lowcost=0;          // 顶点k并入U集
      for (v=0; v<=n-1; v++)          // 调整
       if ( (closedge[v].lowcost!=0)&&(g.W(k,v)
                          <closedge[v].lowcost))
         {  closedge[v].lowcost=g.W(k,v);
            closedge[v].adjvex=k;
         }
    }
  }
```

Prim 算法求网络的最小生成树的时间复杂性是 $O(n^2)$。

2）克鲁斯卡尔(Kruskal)法

克鲁斯卡尔算法是克鲁斯卡尔在 1965 年提出的。

(1) 基本思想：设无向连通网 $G=(V,E)$,$|V|=n$。令最小生成树的初始状态为只有 n 个顶点而无边的非连通图 $T=(V,\mathrm{TE})$，其中 TE=∅，表示图中每个顶点自成一个连通分量。在 E 中选择代价最小的边，即权值最小的边，若该边依附的两个顶点落在 T 中不同的连通分量上，则将此边加入 T 中，连通分量数减 1，否则舍去此边而选择下一条代价最小的边。以此类推，直到仅有一个连通分量为止。

(2) 克鲁斯卡尔算法的伪代码描述：

伪代码

```
1. TE=∅; // 边集TE赋初值空
2. while (T的边数<n-1)
   { 从E中选取一条权最小的边(u,v);
     E=E-{(u,v)};          // 从E中删除边(u,v)
     if ((u,v)在T中不产生回路或u与v分属不同的连通分量)
        TE=TE∪{(u,v)} // 把不产生回路的最小边(u,v)加入T中
     }
```

图 7-39 为按克鲁斯卡尔算法构造网的一棵最小生成树的过程。

但在算法的描述中，如何判断两个顶点是否属于同一连通分量尚未给出。

这里，为了算法容易实现，采用边集表示法来表示图。若仍用邻接矩阵来表示图，则需先将图邻接矩阵表示转化为边集表示。为了方便起见，在算法中另设一个结构数组 GE，存储所有边及其权,称为边数组。在选边之前，对结构数组 GE 按权值大小，由小到

大排序。

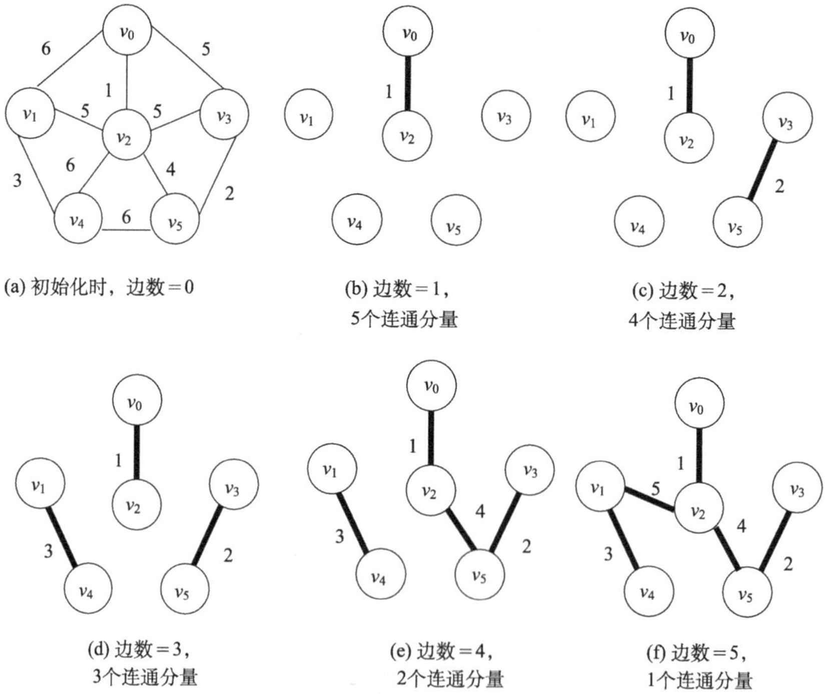

(a) 初始化时，边数＝0　(b) 边数＝1，5个连通分量　(c) 边数＝2，4个连通分量

(d) 边数＝3，3个连通分量　(e) 边数＝4，2个连通分量　(f) 边数＝5，1个连通分量

图 7-39　克鲁斯卡尔算法构造最小生成树的过程

这里为简单起见，排序的算法选用稳定的排序算法——冒泡排序算法，其时间复杂度为 $O(n^2)$。若想进一步提高算法效率，可选高效的排序算法，如归并排序算法等，其时间复杂度提高到 $O(n\log_2 n)$。以后只需扫描该结构数组一遍，对每扫描到的一个分量(即为一条边)，来加以考察。若当前扫描到的分量所代表的边属于最小生成树，则保留，若不属于则跳过。

将网的所有边保存在一个结构数组 GE 中。再用通过使用一个辅助数组 S[MaxSize]来加以实现。$S[i]$与顶点 i 对应(i=0,1,2,⋯,n−1)。在 S 的演变过程中，值相同的分量所对应的顶点都属于同一连通分量。初始时，$S[i]=i$，表示每个顶点构成一个单顶点连通分量。

选取当前一条最小权边(i,j)。若 $S[i]$与 $S[j]$的值相同，则表示顶点 i 与顶点 j 已属于同一连通分量，舍去该最小权边，再取下一条最小权边。若 $S[i]$与 $S[j]$的值不相同，则表示顶点 i 与顶点 j 不属于同一连通分量，应该加入最小生成树，并将 i 和 j 所在的两个连通分量加以合并。合并的表示方法是，先将 S 中所有与 $S[j]$相等的分量都赋为 $S[i]$，再将 $S[j]$的值赋为 $S[i]$，表示将与顶点 j 在同一连通分量中的所有顶点都并入顶点 i 所在的连通分量,构成一个连通分量，总的连通分量数也自然减少 1 个。当然也可将顶点 i 所在连通分量中的所有顶点都并入顶点 j 所在的连通分量，方法类似。只要选用其中一种方法合并两个连通分量即可。

再选下一条最小权的边，判断其两个顶点是否属同一连通分量，根据判断结果，考虑是否舍弃，若不应舍弃，则合并相应的两个连通分量为一个连通分量。以此方式进行下去，直到所有顶点都在一个连通分量为止。该连通分量就是一个连通无回路的图，正是所要求的最小生成树。

为知道究竟选了哪些边，另设一个保存数组中被选分量下标的一维整数组 C。

对图 7-39(a)所示的网，在按克鲁斯卡尔算法求一棵最小生成树的构造过程中，边数组排序结果如图 7-40 所示。辅助数组 S 作为判断两个顶点是否属于同一连通分量，其各分量中值的变化如图 7-41 所示。记录最小生成树中所含边在排序后的边数组中的下标的数组 C 的最后内容如图 7-42 所示。

from	0	3	1	2	0	1	2	0	2	4
end	2	5	4	5	3	2	3	1	4	5
weight	1	2	3	4	5	5	5	6	6	6

图 7-40　边数组排序后的结果

(a) S的初始状态	0	1	2	3	4	5
(b) 输出(0,2)边后	**0**	1	**0**	3	4	5
(c) 输出(3,5)边后	0	1	0	**3**	4	**3**
(d) 输出(1,4)边后	0	1	0	3	**1**	3
(e) 输出(2,5)边后	0	1	**0**	0	1	**0**
(f) 输出(1,2)边后	**1**	1	**1**	**1**	1	**1**

图 7-41　表示连通分量的数组 S 的变化过程

0	1	2	3	4

图 7-42　记录边数组排序后被最小生成树选中的边的下标的 C 数组

在描述 Kruskal 算法之前给出边数组说明和按权对边排序的算法描述：

```
const int MaxSize=100;
struct Edge { int from,end;
              int weight;
            };
void Bubblesort(Edge GE[],int e)  // 边数组排序
{ int i,j;Edge temp;
   for (i=0;i<e-1;i++)
     for (j=0;j<e-i-1;j++)
          if (GE[j].weight>GE[j+1].weight)
          (GE[j].from, GE[j].end, GE[j].weigh)←→(GE[j].from, GE[j].end,
           GE[j].weigh);
}
```

克鲁斯卡尔算法如下：

邻接矩阵下求最小生成树的克鲁斯卡尔算法Kruskal

```
void Kruskal(Edge GE[MaxSize],int n,int e)
{ int  S[MaxSize];  int  C[MaxSize];
int i,j=0,count=0,m1,m2,temp,k=0;
  for(i=0;i<n;i++) S[i]=i;    // 初始时每个顶点属于不同的集合
  while(count<n-1&&j<e)  //  j 表示 GE 的下标，初值为 0
{  m1=S[GE[j].from];    // 循环 n-1 次，每次求得一条边
   m2=S[GE[j].end];  //m1,m2 分别保存第 j 条边两个端点分量下标
   if  (m1!=m2)
   {   C[count++]=j;    // 第 j 条边是生成树的第 count 条边
       for  (k=0;k<n;  k++)  if(S[k]==m2)  S[k]=m1;
                  //将两个集合类号都用 m1 表示
       cout<<endl;
   }
   j++;
}
   cout<<"输出选取的所有边:"<<endl;
   for(i=0;i<count;i++)
   {  m1=GE[C[i]].from;m2=GE[C[i]].end;
      temp= GE[C[i]].weight;
      cout<<"("<<m1<<","<<m2<<"):"<<temp<<endl;
   }
  }
```

可用如下主函数测试：

```
void main(int argc, char* argv[])
{   int n,e;
    struct Edge GE[]={{0,1,6},{0,2,1},{0,3,5},{1,2,5},{1,4,3},
                      {2,3,5},{2,4,6},{2,5,4},{3,5,2},{4,5,6}};
     n=6; e=10;
     Bubblesort(GE,e);  //冒泡排序,边按值排序。
     Kruskal(GE,n,e);//源点为0
}
```

运行的部分结果：

```
输出所有选取的边:
(0,2):1
(3,5):2
(1,4):3
```

```
(2,5):4
(1,2):5
```

这样写出的 Kruskal 算法的时间复杂度是 $O(n^2)$，其中，n 表示图的顶点数。

在 Kruskal 算法的上述实现中，生成树在初始时每个顶点构成一单点树，形成多个不连通的树构成的连通分量，然后，每选取一条跨接两个不同连通分量树的最小边时，就将两棵树合并，到最后合并成一棵树。由于合并时要搜索整个数组 S 的 n 个分量，所以导致算法效率较低。若将 S 中保存的多棵树内的顶点之间的结构也能反映出来，如在保存时就以“双亲表示法”表示每一棵树，两棵树的合并改为一棵树的根的双亲为另一棵树的根,其效果同样实现了两个连通分量树的合并，也不影响边的选取。而每棵树的根具有唯一性，搜寻每棵树的根至多是其高度，平均高度不超过 $\log_2 n$，这样，Kruskal 算法的时间复杂度就可改进为 $O(e\log_2 n)$。

为直观起见，将数组 S 改用名字比较易理解的一个一维数组 parent[]，元素 parent[i] 表示顶点 i 的双亲结点，初始时，parent[i]= −1，表示顶点 i 没有双亲，即该结点是所在生成树的根结点(i=0,1,2,⋯)。对于边(u, v)，设 r_1 和 r_2 分别表示两个顶点所在树的根结点在 parent 中对应的下标，如果 $r_1 \neq r_2$，则顶点 u 和 v 必位于不同的树中，令 parent[r_2] = r_1，实现将两棵树的合并。

求某顶点 v 所在生成树的根结点只需沿数组 v=parent[v]不断查找 v 的双亲，直到 parent[v]等于−1。改进的 Kruskal 算法的伪代码描述：

伪代码

1. 初始化辅助数组 parent[ ];count= 0;i=0。
2. 依次考查网中按权值由小到大有序的每一条边，即
   while (i<n−1 && count<e)
   2.1 置 r_1 为 GE[i].from 所在树的根结点所在下标值；
   2.2 置 r_2 = GE[i].to 所在树的根结点所在下标值；
   2.3 如果 r_1 != r_2,执行下述操作：
       2.3.1 parent[r_2] = r_1;
       2.3.2 count++;
   2.4 i++。

对于图 7-37(a)所示的网，依次网中按权值由小到大有序的边数组(如图 7-38 所示)的一条边时，判断边的两个端点是否属于同一连通分量的辅助数组 parent 中各个分量的变化过程如下：

(a) 数组 parent 的初始状态，每个分量置−1，于是得到 parent 的结果为−1, −1, −1, −1, −1, −1。

(b) 考查边(v_0, v_2)。r_1=0,r_2=2,parent[r_1]=parent[r_2]= −1，v_0,v_2 属不同连通分量，parent[2]= parent[r_2] =r_1=0，于是得到 parent 的结果为−1, −1,0, −1, −1, −1 即边(v_0,v_2)被选中。

(c) 考查边(v_3, v_5)。r_1=3,r_2=5,parent[r_1]=parent[r_2]= −1，v_3,v_5 属不同连通分量，parent[5]= parent[r_2]=r_1=3，于是得到 parent 的结果为−1, −1,0, −1, −1,3，即边(v_3, v_5)被选中。

(d) 考查边(v_1, v_4)。r_1=1,r_2=4,parent[r_1]=parent[r_2]=−1，v_1,v_4 属不同连通分量，parent[4]

= parent[r_2]=r_1=1，于是得到 parent 的结果为–1, –1,0, –1, 1,3，即边(v_1, v_4)被选中。

邻接矩阵下求最小生成树的改进的克鲁斯卡尔算法 Kruskal

```
void Kruskal(Edge GE[MaxSize],int n,int e)
{  int  parent[MaxSize];  int  C[MaxSize];
   int i,r1,r2,temp,count=0; i=0;
   for(i=0;i<n;i++) parent[i]=-1;  // 初始时每个顶点属于不同的集合
   while(count<n-1&&i<e)       //  j 表示 GE 的下标，初值为 0
     // 共循环 n-1 次，每次求得一条边.若所有边均考查完，则结束
     {  r1=GE[i].from;
        while(parent[r1]!=-1)  r1=parent[r1];
        r2=GE[i].end;
        while(parent[r2]!=-1)  r2=parent[r2];
       if  (r1!=r2)
          {  C[count++]=i;    // 第 j 条边是生成树的第 count 条边
             parent[r2]=r1;   // 将两棵树合并
          }
       i++;
     }
   cout<<"输出选取的所有边:"<<endl;
   for(i=0;i<count;i++)
    {  r1=GE[C[i]].from;r2=GE[C[i]].end;
       temp= GE[C[i]].weight;
       cout<<"("<<r1<<","<<r2<<"):"<<temp<<endl;
    }
}
```

(e) 考查边(v_2, v_5)。初始时 r_1=2，只要 parent[r_1]≠–1, r_1=parent[r_1]，找到 v_2 所在的根的下标，最后 r_1=0；初始时 r_2=5，只要 parent[r_2]≠–1, r_2=parent[r_2]，找到 v_5 的双亲下标 3，即找到所在根的下标，最后 r_2=3；因 $r_1 \neq r_2$，所以 v_2,v_5 属不同连通分量，parent[3]=parent[r_2]=r_1=0，于是得到 parent 的结果为–1, –1,0,0, 1,3，即边(v_2, v_5)被选中。

(f) 考查边(v_1, v_2)。r_1=1, parent[r_1]= –1；初始时 r_2=2，只要 parent[r_2]≠–1, r_2=parent[r_2]，找到 v_2 的双亲下标 0，即找到所在的根的下标，r_2=0；因 $r_1 \neq r_2$，所以 v_1,v_2 不属同一连通分量，parent[0]=parent[r_2]=r_1=0，于是得到 parent 的结果为 1, –1,0,0,1,3，即边(v_1, v_2)被选中。至此，6 个顶点的网已选得 5 条边构成了其最小生成树。

注意，在考查一条边时，若该边的两个端点所在的逻辑树上的根的下标相同时，即表明它们属同一连通分量，则舍弃该边。parent 各分量保持不变。只要求得 n–1 条边，算法就立即结束。另外要注意的是，数组 parent 仅起逻辑上帮助判断一条边的两个端点是否属于同一个棵树的作用，与求生成树上的一条边后，导致两个连通分量的合并完全不是一回事，不能混淆。

这样写的克鲁斯卡尔算法在求稀疏网络的最小生成树时比 Prim 好，时间复杂度达到 $O(e\log_2 n)$，其中，e 表示图的边数，n 为图的顶点数。

7.5　最短路径问题

求带权图中最短路径问题，即求带权无向图或带权有向图中两个顶点之间长度最短的路径。而这里的路径长度指的是路径上的弧 (或边)所带权的总和。这里主要讨论两种情况，一是求单源顶点到其余各个顶点的最短路径，另一是求任意两点之间的最短最短路径。

7.5.1　求某个源点到其余各顶点的最短路径

1. 基本思想

求某个源点到其余各顶点的最短路径的算法思想是由 Dijkstra 提出的，所以，也称为 Dijkstra 算法。设将带权图的所有顶点分成两个子集，第一个子集 S 包含已确定最短路径的顶点，第二个子集 $V-S$ 包含尚未确定最短路径的顶点。

引进一个辅助向量 dist，它的每个分量 dist[i]表示当前找到的从源点 v 到顶点 v_i 的“当前最短路径长度”。dist[i]的初值设为：若从 v 到 v_i 有弧，则 dist[i]为弧上的权值；否则为∞。

初始时，S 只含源点，以后每一次都在 $V-S$ 的顶点中选一个从源点到该顶点具有“当前最短路径长度”最小的顶点 v_k 加到子集 S 中去，扩充 S。并从 $V-S$ 中删除顶点 v_k。v_k 的“当前最短路径长度”dist[k]也就是 v_k 最终的最短路径长度。

在顶点 v_k 加入 S 后，$V-S$ 中其余的任一顶点 v_j 的“当前最短路径长度”以及路径随之可能要加以修改。因为从源点到 v_k 的最短路径加上从 v_k 直达 v_j 的弧或边(若存在)形成从源点到 v_j 的一条新路径，其长度为从源点到 v_k 的最短路径长加上从 v_k 直达 v_j 的弧或边上的权值，并可能小于 v_j 原来的当前最短路径长度。若小于，就修改，否则不修改。这样始终保持 $V-S$ 中其余的任一顶点 v_j 的 dist[j]保存的是从源点到该顶点的“当前最短路径长度”。且到 v_j 的“当前最短路径”要么是从源点直达 v_j 的弧或边，要么是只经过 S 中的一个或多个顶点后再直达 v_j 的弧或边所构成的。可以看出，加入过程中，从源点 v 到 S 中顶点的最短路径长度都不大于从源点 v 到 $V-S$ 中顶点的当前最短路径长度。

性质　若从当前的 $V-S$ 中所选择的“当前最短路径长度”最小的顶点是 v_k，则

(1) dist[k]就是从源点 v 到 v_k 的最短路径长度。

(2) $V-S$ 中任何其他顶点的最短路径长度都不会小于 dist[k]。

(3) 在 $V-S$ 中，除 v_k 外，其他的任何顶点 v_j 的“当前最短路径长度”dist[j]，若小于从源点 v 到 v_k 的最短路径长 dist[k]+v_k 到 v_j 的直达弧或边的权值，则 dist[j]应修改为 dist[k]+w[k][j]，且 dist[k]+w[k][j]得到的是从 v 到 v_j 的只经过 S 中的点到 v_k，再到达 v_j 的当前最短路径长度。即不可能存在另一条只经过 S 中除 v_k 外的顶点再直达 v_j 的更短路径，见图 7-43。

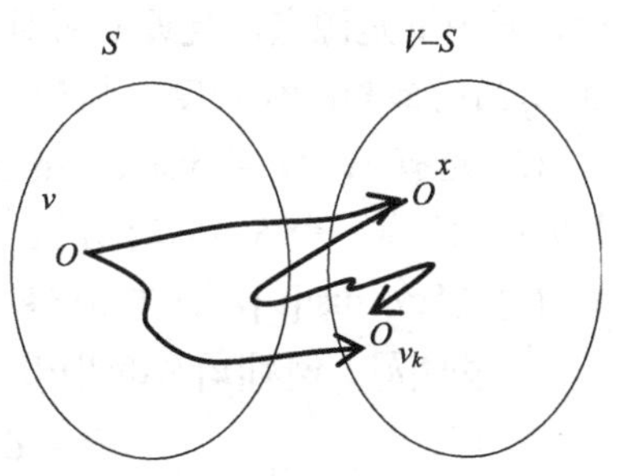

图 7-43　从源点到 $V-S$ 中当前最短路径点 v_k 不会经过 $V-S$ 中其他点 x

证明：(1) 若 dist[k]不是 v_k 的最短路径长度，则必存在另外一条从源点到顶点 v_k 的路径 P，其长度小于 dist[k]。 路径 P 上必包含一个或多个属于 $V–S$ 中的点作为中间点。假设从源点沿 P 到达 v_k 第一次碰到的属于 $V–S$ 中的点为 x，则从源点 v 到 x 的路径长显然不小于 x 的最短路径长度 dist[x]。而 P 上从 x 到 v_k 所经过的弧或边上的权值均为正数，所以 dist[x]<P 的长度，又因 P 的长度<dist[k]。于是有不等式：

dist[x]< P 的长度< dist[k]。

由此可知，dist[x]<dist[k]，这与 dist[k]是 $V–S$ 中“当前最短路径长度”中最小者产生矛盾。所以 dist[k]就是顶点 v_k 的最短路径长度。

(2) 设 v_j 是 $V–S$ 中任何一个异于 v_k 且比 v_k 的最短路径长度小的顶点。若 v_j 的最短路径只经过 S 中的顶点，则 v_j 的最短路径长度就是 dist[j]，这时，因 dist[k]最小，所以 dist[k]≤dist[j]。若 v_j 的最短路径 P 包含 $V–S$ 中其他的点作为中间点。

设由源点沿 P 到达 v_j 所遇到的第一个属于 $V–S$ 中的顶点为 v_x，dist[x]就是 v_x 的最短路径长度。显然，dist[k] ≤dist[x]，而 P 的长度=dist[x]+v_x 沿 P 的到 v_j 的路径上的弧或边的权值之和。而 v_x 沿 P 的到 v_j 的路径上的弧或边的权值之和为非负值，所以 dist[k]≤P 的长度。

故，$V–S$ 中任何其他顶点的最短路径长度都不会小于 dist[k]。

(3) 用反证法证明。假设在当前选择 v_k 后存在另一条只经过 S 中除 v_k 外的顶点再直达 v_j 的更短路径 P。设 x 是从源点 v 沿 P 到 v_j 的与 v_k 不同的且属于 S 的最后一个顶点。

由于 x 比 v_k 先加入 S，且在将 x 加入 S 时，v_j 的 dist[j]在计算时就已考虑过路径 P，即当 x 加入 S 后，dist[j]的值就小于或等于 P 的长度。而现在 v_k 加入时，又有 dist[j] 的值比从源点 v 经过 S 中若干顶点到 v_k 后再达 v_j 的路径 Q 的值大，两者之间显然矛盾。更不可能有过 v_k 再经 S 中不同于 V_k 的若干顶点后到达 v_j 的路径长比当前 Q 的长更小。

由上述证明的三个结果可得到,在选取 $V–S$ 中的一个顶点加入 S 时，只要每次在 $V–S$ 中选取具有仅经过“当前最短路径”长度为最小者(可能有多个，在有多个时可任取其中的一个)，将其加入 S，并对 $V–S$ 中剩下的顶点 v_j 的“当前最短路径”及长度作调整。即当 dist[j]>dist[k]+w[k][j]时，将 dist[j]更新为 dist[k]+w[k][j]。

2. 算法描述

(1) 假设用邻接矩阵表示带权图, 又设 S 为已找到最短路径的终点集合，则初态 S=\{v\}，其中 v 是源点，且设 v 所对应的下标为 i，辅助数组 dist 的每个分量 dist[j] 记录从 v 到 v_j 当前最短路径长度。则初态情况下，dist[i]=0,dist[j]＝w[i][j]。

(2) 选择 v_k, 使得 dist[k]＝min {dist[j] | $v_j \in V–S$}， 则 v_k 就是求得的一条从 v 出发的最短路径终点。令 $S=S\cup\{v_k\}$。

(3) 修改 dist[u]，其中 $u\in V–S, u\neq k$。

若 dist[k] + w[k][u] < dist[u]，则修改 dist[u] 为

$$\text{dist}[u]=\text{dist}[k]+w[k][u] \tag{7-8}$$

(4) 重复(2)，(3)共 $n–1$ 次，由此求得从 v 到其余各点的最短路径。

算法实现：为了便于程序实现，用一个与顶点对应的一维数组 S[MaxSize]作为辅助

存储结构，起到表示所有已求得最短路径长度的顶点所构成的集合与尚未求得最短路径长度的顶点所构成的集合之间的区分作用：其分量 $S[j]=0$ 表示顶点 v_j 尚未求得最短路径长度，$S[j]=1$ 表示顶点 v_j 已求得最短路径长度($j=0,1,\cdots,n-1$)。

另设一个整型数组 path，其分量 path[j]保存的值是到达顶点 v_j 的当前最短路径长度的前趋顶点的下标。初始时，path[j]的值如下设置：

$$\text{path}[j]=\begin{cases}-1, & j=i,\ i\text{ 为原点}v\text{的下标}\\ -1, & j\neq i,\ \text{且 }w[i][j]=\infty \\ i, & j\neq i,\ \text{且 }w[i][j]\neq\infty\end{cases}\tag{7-9}$$

由于到达顶点 v_j 的前趋顶点的路径长度也是最短的，所以通过 path[j],path[path[j]],…,i 可反向跟踪出由 v_i (v_i=v 为源点) 到 v_j 的最短路径所经过的顶点下标及顶点。所以 path 中保存了从源点到其余各个顶点的最短路径信息。

在算法执行中，path 的内容也随之变化,即在上述第(3)中，当调整从源点到 u 的当前最短路径长度时，用 path[u]=k 做调整,因 v_k 是当前最短路径上 u 的前趋结点。

Dijkstra 算法的代码如下：

求某个源点到其余各顶点的最短路径算法 Dijkstra

```
template <class T>
void Dijkstra(MGraph<T> g,int v0, int dist[],int path[])
{ // 数组dist和path分别记录从源点到每个顶点最短路径长度和路径
  int i,k,minval,S[MAX]; int n=g.VexNum( );
  for (i=0;i<n;i++) //初始化
    { dist[i]=g.W(v0,i);
      if (dist[i]!= MAX) path[i]=v0;
      else path[i]=-1;
    }
   S[v0]=1;//初始化集合S
   dist[v0]=0; int num=1; path[v0]=-1;
  while (num<n)
  { k=0;minval=MAX;
   for(i=0;i<n;i++)
     if ((dist[i]<minval)&&(S[i]!=1))
      { minval=dist[i];k=i;}
   S[k]=1;
   for(i=0;i<n;i++)
     if (dist[i]>dist[k]+g.W(k,i))    //  W是g的成员函数
     {  dist[i]=dist[k]+g.W(k,i);
        path[i]=k;
     }
 num++;
  }
 }
```

以图 7-39 所给出的图为例编写的主函数文件：

```
void main(int argc, char* argv[])
{ string vname[6]={"v0","v1","v2","v3","v4","v5"}; // 初始化各顶点
  int n=6;int arcN=0;
MGraph<string> g(vname,n);                    // 建立对象g,是零图
  int b[6][6]={ {  0,999, 10,999, 30,100},
                 {999,  0,  5,999,999,999},
                 {999,999,  0, 50,999,999},
                 {999,999,999,  0,999, 10},
                 {999,999,999, 20,  0, 60},
                 {999,999,999,999,999,  0}};
    for(int i=0;i<n;i++)
      for (int j=0;j<n;j++)
        if (i!=j&&b[i][j]!=MAX)  g.InsertArc(i,j,b[i][j]);
    int path[MaxSize];  int v0=0;                  // 源点为0
    int dist[MaxSize];
    Dijkstra(g,v0,dist,path);
    cout<<"\n输出到各顶点的最短路径长和路径:\n";
    for (i=0;i<n;i++)
    { if (i==v0||dist[i]==MAX)
        cout<<"\n"<<dist[i]<<" 路径(倒序):"<<i<<"<-"<<v0;
      else
        { cout<<"\n"<<dist[i]<<" 路径(倒序): "<<i<<" ";
          int pre=path[i];
          while(pre!=-1)
            {  cout<<"<-"<<pre<<" ";
            pre=path[pre];
                }
          }
    }
  }
```

对图 7-44(a)所给出的带权有向图(图 7-44(b)是其邻接矩阵)，用 Dijkstra 算法求从源点 v_0 到其余个各个顶点的最短路径和最短路径长度的过程见表 7-1。表中 v_j 一行的每一格表明到此确定了最短路径及最短路径长度的终点，而路径一行的每一格给出了最短路径。

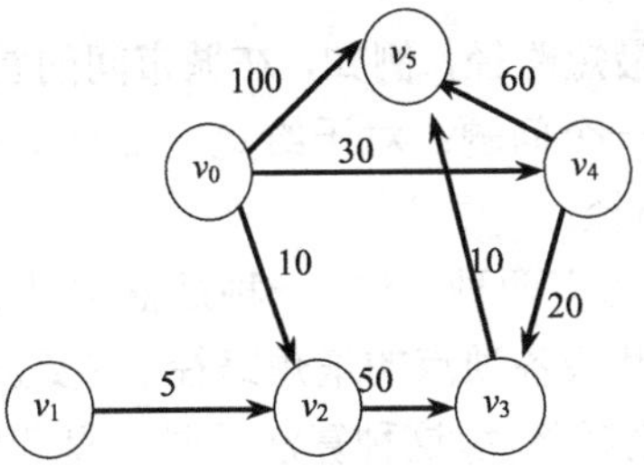

(a) 带权有向图

$$
\begin{array}{c} \\ v_0 \\ v_1 \\ v_2 \\ v_3 \\ v_4 \\ v_5 \end{array}
\begin{array}{c} \begin{array}{cccccc} v_0 & v_1 & v_2 & v_3 & v_4 & v_5 \end{array} \\
\begin{bmatrix}
0 & \infty & 10 & \infty & 30 & 100 \\
\infty & 0 & 5 & \infty & \infty & \infty \\
\infty & \infty & 0 & 50 & \infty & \infty \\
\infty & \infty & \infty & 0 & \infty & 10 \\
\infty & \infty & \infty & 20 & 0 & 60 \\
\infty & \infty & \infty & \infty & \infty & 0
\end{bmatrix} \end{array}
$$

(b) 带权邻接矩阵

图 7-44　一个有向图和其邻接矩阵

表 7-1　求从源点 v_0 到其余各个顶点最短路径及长度的过程

终点	第 1 次	第 1 次	第 1 次	第 1 次	第 1 次
v_1	∞	∞	∞	∞	∞
v_2	10 (v_0,v_2)	∞			
v_3	∞	60 (v_0,v_2,v_3)	50 (v_0,v_4,v_3)		
v_4	30 (v_0,v_4)	30 (v_0,v_4)			
v_5	100 (v_0,v_5)	100 (v_0,v_5)	90 (v_0,v_4,v_5)	60 (v_0,v_2,v_3,v_5)	
v_j	v_2	v_4	v_3	v_5	
路径	$\{v_0,v_2\}$	$\{v_0,v_2,v_4\}$	$\{v_0,v_2,v_4,v_3\}$	$\{v_0,v_2,v_4,v_3,v_5\}$	

path 的内容如图 7-45 所示。

下标	0	1	2	3	4	5
	−1	−1	0	4	0	3

图 7-45　path 的最后结果

path[5]为 3，表明从 v_0 到 v_5 的最短路径中，v_5 的前驱是 v_3，而 path[3]为 4,则表明到 v_3 的前驱是 v_4。而 path[4]为 0，则表明到 v_4 的前驱是 v_0。也就是说，从 v_0 到 v_5 的最短路径是 $v_0 \rightarrow v_4 \rightarrow v_3 \rightarrow v_5$。

Dijkstra 算法的时间复杂性为 $O(n^2)$。

7.5.2 求带权图中每一对顶点之间的最短路径

在一些问题中，需要求每一对顶点之间的最短路径，例如，在城市间的航空网络中，求每条路线的距离，等等。可以归纳为解这样一个问题：对于给定的带权图 $G=(V,E)$中任意一个顶点对$(v,w)(v\neq w)$，找 v 到 w 的最短路径。

求带权图 G 中每一对顶点之间的最短路径可有两种方法。一种是依次以 G 的每个顶点 v 作为源点，使用 Dijkstra 算法，求得从 v 到其余各顶点的最短路径。重复执行 Dijkstra 算法 $n-1$ 次，即可求得 G 中每一对顶点之间的最短路径。这种算法的时间复杂度是 $O(n^3)$。另一种方法就是这里弗洛伊德(Floyd)算法。

下面以带权有向图为例，来介绍求带权图中每一对顶点之间的最短路径及长度的弗洛伊德(Floyd) 算法的基本思想。带权无向图的求法类似。设带有向图 $G=(V,E)$, $V=\{v_0,v_1,v_2,\cdots,v_{n-1}\}$，$k$ 的下标为 $k(k=0,1,\cdots,n-1)$，顶点 k 也就是指 v_k。对于图 G 中的任意一对顶点 i 和 j，现求从顶点 i 和 j 之间的最短路径长度 $A[i][j]$。初始时，顶点 i 和 j 间的最短路径长度的值就是其邻接矩阵中的对应元素的值，$A[i][j]=w[i][j]$，即当图 G 中有弧 $<i,j>$存在时，其值是有限值；当不存在时，为无穷(用一较大的符号常量 MAX 表示)；若 $i=j$，则其值为 0。

但 $A[i][j]$不一定就是从顶点 i 和 j 的最短路径长度，因为可能存在一条从 i 经过若干个其他顶点作为中间点而到达 j 路径，其长度比当前的 $A[i][j]$更小。因此，我们要考虑以其他顶点为中间点的路径长度。方法如下：

(1) 考虑中间顶点号最大为 0 的路径。若存在弧$<i,0>,<0,j>$，则比较 $A[i][j]$与 $A[i][0]+A[0][j]$，以较小者作为从顶点 i 到 j 的当前最短路径长度，取长度较小者所对应的路径为从 i 到 j 的当前最短路径。即得到中间点号不大于 0 的最短路径，记为 $i\cdots0\cdots j$。它既可能是从 i 到 j 直达，也可能是从 i 经 0 到 j 的路径，但是其最短者。

(2) 再考虑中间顶点号最大为 1 的路径。路径 $i\cdots0\cdots1$ 与路径 $1\cdots0\cdots j$ 可能构成从 i 到 j 的一条新路径，比较他们的路径长度之和与路径 $i\cdots0\cdots j$ 的长度，取较小者作为从顶点 i 到 j 的当前最短路径长度。若路径 $i\cdots0\cdots j$ 的长度仍小，则从顶点 i 到 j 的当前最短路径仍是 $i\cdots0\cdots j$，否则，就是路径 $i\cdots0\cdots1$ 与路径 $1\cdots0\cdots j$ 的拼接而构成。记从 i 到 j 且中间顶点号最大为 1 的最短路径为 $i\cdots1\cdots j$。

(3) 按与(2)类似的思想，再继续考虑从 i 到 j 且中间顶点号最大为 2 的最短路径 $i\cdots2\cdots j$，……，直到中间顶点号最大为 $n-1$ 的最短路径 $i\cdots(n-1)\cdots j$ 考虑完，即求得 i 到 j 的最短路径及长度。

以矩阵的形式可把 Floyd 算法描述如下：

设 A 为存放图中所有顶点对之间的最短路径长度的 n 阶方阵。初始时，A 等于图 G 的邻接矩阵，即 $A=w$。取 $k=0,1,\cdots,n-1$，对 A 中的每个元素 $A[i][j]$作如下计算：

$$A[i][j]=\min\{A[i][j],A[i][k]+A[k][j]\} \tag{7-10}$$

它相当于随着 $k=0,1,\cdots,n-1$，产生 n 个不同的矩阵，后一个矩阵中的每一个元素都是由前一个矩阵按上述公式计算而得。而最后的结果矩阵中的元素 $A[i][j]$保存的就是从 i

到 j 的最短最短路径长度。

另设置一个 $n\times n$ 二维数组 P，$P[i][j]$保存的是由顶点 i 到顶点 j 的最短路径中 i 的直接后继。它的调整规律是：

若将 k 作为中间点时，路径 $i\cdots k\cdots j$ 的长度比 $i\cdots(k-1)\cdots j$ 的长度小时，即 $A[i][j]<A[i][k]+A[k][j]$时，$P[i][j]=P[i][k]$，表明从 i 到 j 的最短路径要加以调整时，从 i 到 j 的最短路径中间要经过 k，从 i 到 j 的最短路径上 i 的直接后继就是从 i 到 k 的最短路径上 i 的直接后继。否则不作调整。

例 7-4　用 Floyd 算法求图 7-46(a)给出的图中每对顶点之间的最短路径长度矩阵 A 的演变过程如图 7-46(b)~图 7-46(e)所示。

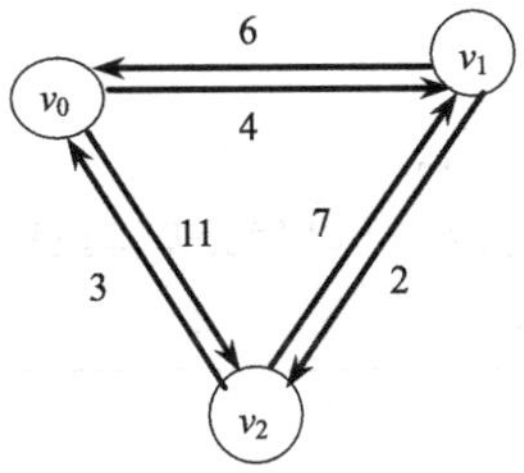

(a) 一个有向图

$$A = w = \begin{bmatrix} 0 & 4 & 11 \\ 6 & 0 & 2 \\ 3 & 7 & 0 \end{bmatrix}$$

(b) 邻接矩阵，最短路径矩阵初值

$$A = \begin{bmatrix} 0 & 4 & 11 \\ 6 & 0 & 2 \\ 3 & 7 & 0 \end{bmatrix}$$

(c) 中间点序号不大于0的最短路径矩阵

$$A = \begin{bmatrix} 0 & 4 & 6 \\ 6 & 0 & 2 \\ 3 & 7 & 0 \end{bmatrix}$$

(d) 中间点序号不大于1的最短路径矩阵

$$A = \begin{bmatrix} 0 & 4 & 6 \\ 5 & 0 & 2 \\ 3 & 7 & 0 \end{bmatrix}$$

(e) 中间点序号不大于2的最短路径矩阵

图 7-46　用 Floyd 算法求图中每对顶点间的最短路径

相应地，在求解过程中对于顶点 i 到顶点 j 的最短路径始终保存 i 的直接后继顶点号的路径矩阵(若直接后继顶点存在，否则保存−1)，如图 7-47(a)~(d)所示。

而求出的每对顶点之间的最短路径及最短路径长度则如后面运行结果所示。

$$P = \begin{bmatrix} -1 & 1 & 2 \\ 0 & -1 & 2 \\ 0 & 1 & -1 \end{bmatrix}$$

(a) 路径矩阵(初始值)

$$P = \begin{bmatrix} -1 & 1 & 2 \\ 0 & -1 & 2 \\ 0 & 1 & -1 \end{bmatrix}$$

(b) 路径矩阵(中间点号至多为0)

$$P = \begin{bmatrix} -1 & 1 & 1 \\ 0 & -1 & 2 \\ 0 & 1 & -1 \end{bmatrix}$$

(c) 路径矩阵(中间点号至多为1)

$$P = \begin{bmatrix} -1 & 1 & 1 \\ 2 & -1 & 2 \\ 0 & 1 & -1 \end{bmatrix}$$

(d) 路径矩阵(中间点号至多为2)

图 7-47　保存直接后继顶点号的路径矩阵

求带权图中每一对顶点之间最短路径的算法Floyd

```
template <class T>
void Floyd(MGraph<T> g,int A[M][M],int P[M][M])
{ int i,j,k;
   for (i=0; i<n; i++)
      for (j=0; j<n; j++)
         { A[i][j]=g.W(i,j);              // W为图的邻接矩阵
           if (A[i][j]!=999) P[i][j]=j;
              else P[i][j]=-1;
   }
  for (i=0; i<vertexNum; i++) P[i][i]=-1; // 自己到自己
    for (k=0; k<n; k++)
      for (i=0; i<n; i++)
         for (j=0; j<n; j++)
           if (A[i][k]+A[k][j]<A[i][j])
            { A[i][j]=A[i][k]+A[k][j]; P[i][j]=P[i][k];  }
}
```

测试用的主函数如下：

```
#include <iostream>
#include <string>                         //引入标准库中的头文件
#include "floydnext.cpp"                   //包含Floyd算法函数代码文件
using namespace std;
void main(int argc, char* argv[])
{ struct Arc
{ int from;
int end;
int weight;
};
      int n=3; int e=6;
string a[3]={"v0","v1","v2"};
     Arc b[6]={{0,1,4},{0,2,11},{1,0,6},{1,2,2},{2,0,3}, {2,1,7}};
      MGraph<string> g(a,n);
      for(int i=0;i<e;i++) g.InsertArc(b[i].from,b[i].end,b[i]. weight);
      int A[MaxSize][MaxSize]; int P[MaxSize][MaxSize];
      Floyd(g,A,P);
cout<<"distance Matrix:"<<endl;
for (i=0; i<n; i++)
{  for (int j=0; j<n; j++)
           if (A[i][j]<999) cout<<A[i][j]<<"\t"; else cout<<"\t";
         cout<<endl;
}
cout<<"Shortest Path Matrix:"<<endl;
```

```
for (i=0; i<n; i++)
{  for (int j=0; j<n; j++)
    if (A[i][j]<999) cout<<A[i][j]<<"\t"; else cout<<"\t";
    cout<<endl;
}
for (i=0; i<n; i++)
{  cout<<"Starting from vertex: "<<i<<":"<<endl;
       for (int j=0; j<n; j++)
if (j!=i&&A[i][j]<999)
{ cout<<i<<"->"<<j<<":distance="<<A[i][j]<<": "<<i;
                 int k=P[i][j];
                 while(k!=j)
                   {  cout<<"->"<<k; k=P[k][j];  }
                 cout<<"->"<<j<<endl;
               }
             else  cout<<i<<"->"<<j<<":distance="<<A[i][j]
            <<": "<<i<<"->"<<j<<endl;
          cout<<endl;
}
}
```

运行结果如下：

```
Starting from vertex: 0:
0->0: distance=0:  0->0
0->1: distance=4:  0->1
0->2: distance=6:  0->1->2
Starting from vertex: 1:
1->0: distance=5:  1->2->0
1->1: distance=0:  1->1
1->2: distance=2:  1->2
Starting from vertex: 2:
2->0: distance=3:  2->0
2->1: distance=7:  2->1
2->2: distance=0:  2->2
```

从算法中可以看出，Floyd 算法的时间复杂度为 $O(n^3)$。

7.6　拓 扑 排 序

一个无环的有向图称为有向无环图(directed acyclic graph)，简称 DAG 图。DAG 图是一类较有向树更一般的特殊有向图。

图 7-48 列示了有向树、DAG 图和有向图的例子。

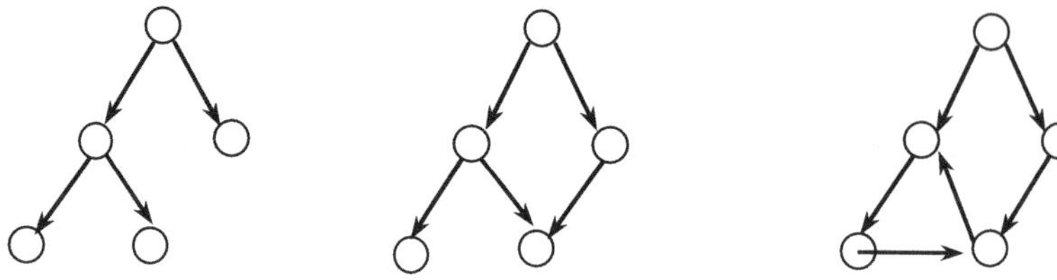

(a) 有向树　　(b) 有向无环图(DAG)　　(c) 有向图

图 7-48　有向树、DAG 图和有向图的例子

有向无环图是描述含有公共子式的表达式的有效工具。

例如下述表达式((*a*+*b*)*(*b** (*c*+*d*)+(*c*+*d*) **e*) * ((*c*+*d*) **e*)，可以用如图 7-49 所示的二叉树来表示。仔细观察该表达式，可发现有一些相同的子表达式，如(*c*+*d*)和(*c*+*d*) **e* 等，在二叉树中，它们也重复出现。若利用有向无环图，则可实现对相同子式的共享，从而节省存储空间。图 7-50 所示为表示同一表达式的有向无环图。

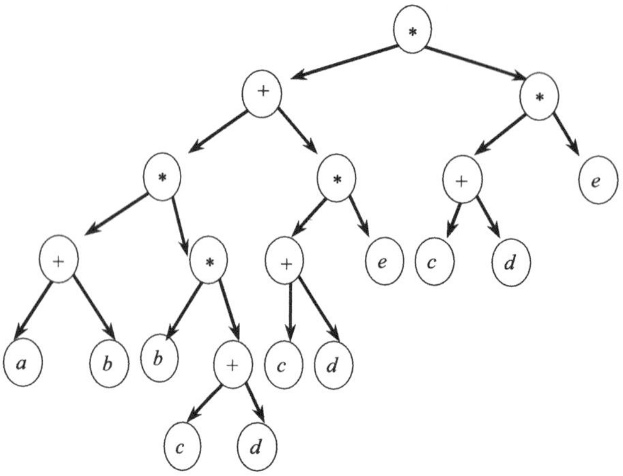

图 7-49　用二叉树表示表达式

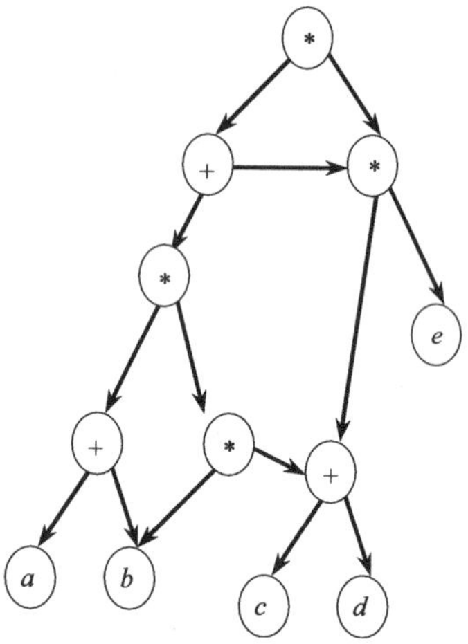

图 7-50　描述表达式的有向无环图

有向无环图也是描述一项工程或系统进行过程的有效工具。除最简单的情况之外，几乎所有的工程(project)都可分为若干个称为活动(activity)的子工程，而这些子工程之间，通常受着一定条件的约束，如其中某些子工程的开始必须在另一些子工程完成之后。对整个工程和系统，人们首先关心的是工程能否顺利进行的问题，对应于有向图，即为进行拓扑排序。像这样的问题还有：产品生产图、排课，等等。

1. 什么是拓扑排序

将顶点表示活动、弧表示活动间的先后关系的有向图称为活动在顶点上的网络(activity on vertex network,简称为 AOV 网)。

图 7-51 就是表 7-2 中各门课程之间具有先修关系的 AOV 网。

对于一个 AOV 网，将其所有顶点 $v_0,v_1,\cdots,v_{n-1}$ 排成线性序列 $v_{i_0},v_{i_1},\cdots,v_{i_{n-1}}$ 满足：若

从 v_i 到 v_j 有一条路径，则 v_i 排在 v_j 的前面。把满足这种关系的线性序列 $v_{i_0}, v_{i_1}, \cdots, v_{i_{n-1}}$ 称为 AOV 网的顶点的一个拓扑序列。并把由 AOV 网求得其所有顶点的一个拓扑序列的操作称为拓扑排序。例如，由图 7-51 所示的 AOV 网，可以求得拓扑序列：① $C_0,C_1,C_2,C_3,C_4,C_5,C_6,C_7,C_8,C_9$；② $C_0,C_1,C_2,C_5,C_3,C_4,C_7,C_6,C_8,C_9$。

显然，一个 AOV 网的拓扑排序并不一定是唯一的。

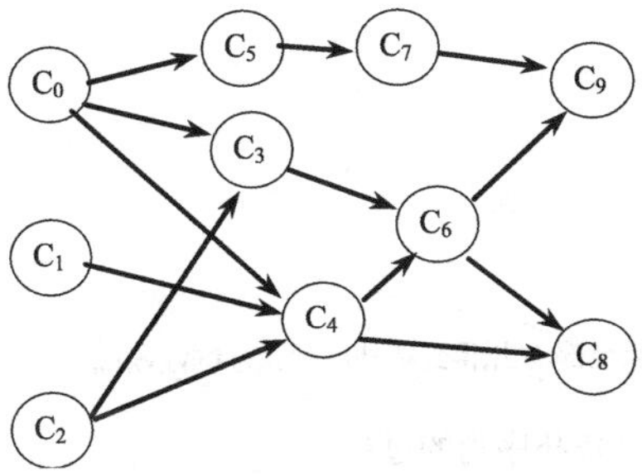

图 7-51　课程间先后关系有向图

表 7-2　计算机专业部分课程的修习关系

课程代号	课程名称	先修课程
C_0	高等数学	无
C_1	计算机基础	无
C_2	线性代数	无
C_3	离散数学	C_0，C_2
C_4	程序设计语言	C_0，C_1，C_2
C_5	普通物理	C_0
C_6	数据结构	C_3，C_4
C_7	计算机原理	C_5
C_8	编译原理	C_4，C_6
C_9	操作系统	C_6，C_7

2. 拓扑排序的步骤

(1)在有向图中选一个入度为 0 的顶点，且输出之；

(2)从图中删除该顶点和所有以它为尾的弧。

反复执行这两步，直到全部顶点均已输出，此时得到该无环有向图的所有顶点的拓扑序列，或者图中剩下的顶点中再也没有入度为 0 的顶点，此时，拓扑序列不存在，且图中一定存在环。

3. 拓扑排序示例

按拓扑排序步骤，图 7-52 给出了对一个 AOV 网求其顶点的一个拓扑序列的过程。

4. 拓扑排序的算法

当一个 AOV 网用邻接表作为存储结构时，首先要对邻接表的表头结点加以改造，增加一个以 in 为字段名的入度域,且先求出每个顶点的入度，存入该域中。

拓扑排序算法的伪代码描述如下：

(1) 查邻接表中入度为零的一个顶点 v_j，并输出之；

(2) 对 v_j 的每一个直接后继 v_k，将其入度减 1；

(3) 重复(1)和(2)，直到没有入度为 0 的顶点为止。

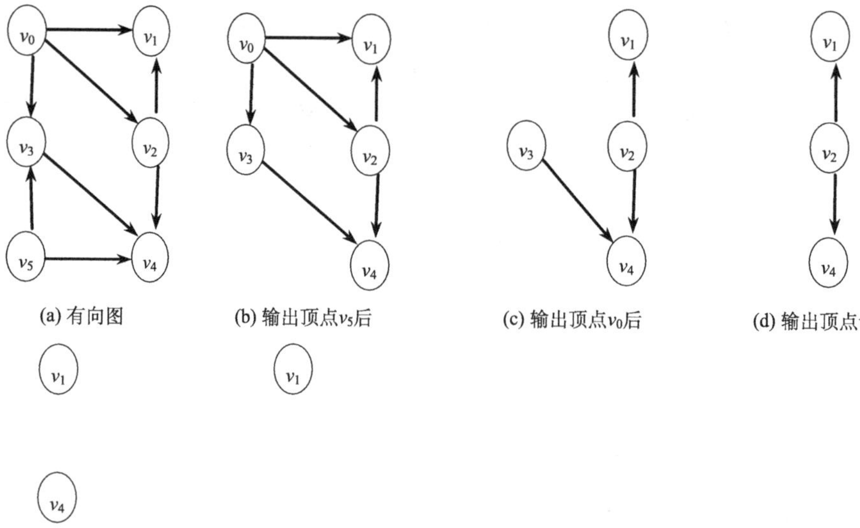

(a) 有向图　(b) 输出顶点v_5后　(c) 输出顶点v_0后　(d) 输出顶点v_3后

(e) 输出顶点v_2后　(f) 输出顶点v_4后　(g) 输出v_1后,图中顶点全部输出,得到拓扑序列：v_5,v_0,v_3,v_2,v_4,v_1

图 7-52　求一个无环有向图的一个拓扑序列的过程

若输出顶点数小于 AOV 网的顶点数， 则 AOV 网中必存在有向回路，否则拓扑排序结束，即得到全部顶点的一个拓扑排序序列。

但如果算法直接按上述思路来编写，则由于对 AOV 网的邻接表中的顶点表要进行反复的扫描，带来算法的低效。为避免反复扫描，提高算法的效率，可引进一个辅助存储空间，用来存放入度为 0 的顶点号。初始时，把入度为 0 的顶点号保存辅助存储空间中。

算法每次从辅助存储空间中取出一个顶点号，对相对应的顶点加以输出，并对其直接后继顶点的入度值减 1。若一个直接后继顶点的入度值减为 0，则将其顶点号加入辅助存储空间；否则，不加入。然后，再从辅助存储空间中取出一个顶点号，进行上述类似操作，直到辅助存储空间为空。

该辅助存储空间可以用一个栈或队列加以实现，只要能保证在算法的运行过程中入度为 0 的顶点都能被不重复处理即可。

以栈作为辅助存储空间的拓扑排序算法的伪代码描述：

(1) 扫描邻接表的顶点表，将入度为零的顶点号压栈；

(2) 当栈非空时，

① 弹出栈顶元素，设其对应的顶点是 v_j，输出之；

② 在邻接表中查找 v_j 的每个直接后继 v_k，将 v_k 的入度减 1，且将入度减至 0 的顶点进栈。

(3) 当栈空时，若输出顶点数小于 AOV 网的顶点数，则 AOV 网中必存在有向回路，不存在拓扑序列。否则，即得到了全部顶点的一个拓扑排序序列。拓扑排序结束。

该算法在进行拓扑排序之前，只需对邻接表表头向量扫描一遍，将所有入度为 0 的顶点序号存入这个辅助空间中，以后每次选入度为 0 的顶点就可直接从这个辅助空间中取。同时，拓扑排序过程中一旦出现新的入度为 0 的顶点，也存入这个辅助空间。

为节省存储空间，在算法的具体实现时，这个辅助空间并不需要另占额外的空间，可利用邻接表中顶点结点的入度域为 0 的入度域建立一个静态链表，因为一旦入度域的值减为 0，该入度域的值以后对拓扑排序就没有利用价值了。

在以栈作为辅助空间时，该静态链表即为静态链栈，只需设一个游标，模拟栈顶指针。游标变量存放入度域为 0 的顶点号(下标)。初始时，游标值置为–1。当扫描或遇到顶点的入度域的值为 0 的顶点(看作当前顶点)，并要将其顶点号压栈时，让当前游标值写入当前顶点的入度域，而栈顶游标置为当前顶点的顶点号。而弹出时，栈顶游标置为其所指顶点结点的入度域的值。

图 7-53 和图 7-54 给出了在邻接表上用入度域作为栈实现拓扑排序的过程。

图 7-54(a)~(h)是入度域作为栈的变化过程示意。

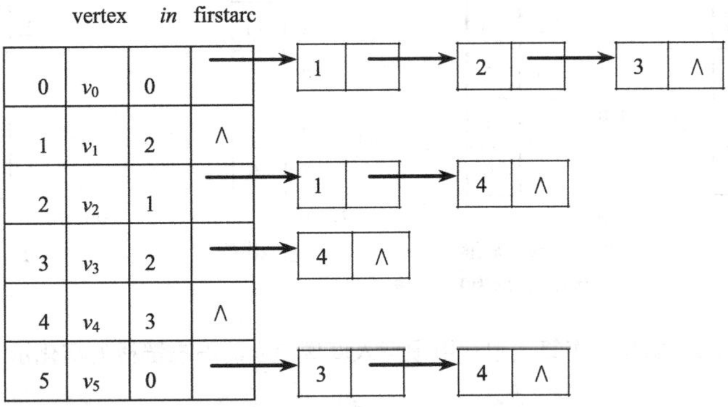

图 7-53　图 7-52 中无环有向图的带入度域 *in* 的邻接表

若以队列作为辅助空间，该静态链表即为静态链队列，需设两个游标，一个模拟队头指针，一个模拟队尾指针。都存放入度域为 0 的顶点号(下标)。初始时，队头游标和队尾游标的值都置为–1。表示队空。当扫描或遇到顶点的入度值为 0 的顶点(看作当前顶点)，并要将其顶点号入队时，当前队尾游标所指的队尾顶点结点的入度域存放当前顶点号，而队尾游标则置为当前顶点的顶点号。而出队时，队头游标置为其所指顶点结点的入度域的值，即让队头游标指向新的队头顶点。

这里给出以栈作为辅助空间的拓扑排序算法代码。以队列作为辅助空间的拓扑排序算法留给读者做练习。注意，在有向图的邻接表的类声明中，顶点结点的结构中要增加一个入度域，类名仍用 ALGraph。在使用拓扑排序算法前，所有顶点结点的入度域须已存放该顶点的入度值，即要预先求出每个顶点的入度。这可通过修改 ALGraph 的有参构造函数：

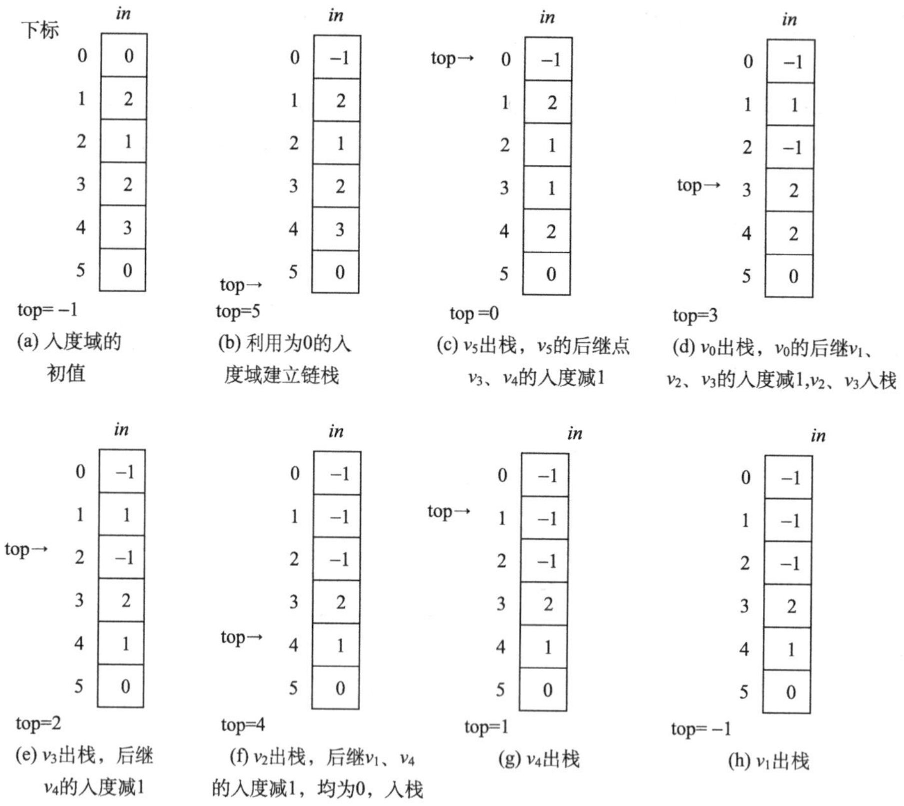

(a) 入度域的初值　(b) 利用为0的入度域建立链栈　(c) v_5出栈，v_5的后继点v_3、v_4的入度减1　(d) v_0出栈，v_0的后继v_1、v_2、v_3的入度减1,v_2、v_3入栈

(e) v_3出栈，后继v_4的入度减1　(f) v_2出栈，后继v_1、v_4的入度减1，均为0，入栈　(g) v_4出栈　(h) v_1出栈

图 7-54　拓扑排序算法中利用顶点入度域建立的静态链栈的演化示意图

修改后的 ALGraph 的有参构造函数 ALGraph

```
template <class T>
ALGraph<T>::ALGraph(T a[], int adj[9][9], int n, int e)
{   vertexNum=n;  arcNum = e;          //边数,顶点数
    int i, j;
    for (i=0; i<vertexNum; i++)          // 初始化顶点表
     { adjlist[i].vertex = a[i];  adjlist[i].in = 0;
       adjlist[i].firstarc = NULL;
     }

for (i=0;i<n;i++)
   for (j=0;j<n;j++)
     if(i!=j&&adj[i][j]<999)   // 为每条弧建立对应的弧结点
     { ArcNode *s=new ArcNode;  // 生成一个弧表结点 s
```

```
        s->adjvex=j; s->dut=adj[i][j];
        s->next=adjlist[i].firstarc;
                // 将结点 s 插入到结点 i 的弧表的表头
            adjlist[i].firstarc=s;
            adjlist[j].in++;          // 顶点 j 的入度增 1
        }
    }
```

以入度为 0 域作为栈空间求图的拓扑排序，作为 ALGraph 的成员函数：

求图的拓扑排序算法Toposort

```
 template <class T>
 int ALGraph<T>::Toposort(void)        // 利用入度为 0 的域作栈
 { int i,j,top,k,count;ArcNode *p;  top=-1;count=0;
for( i=0;i<vertexNum;i++)
 if (adjlist[i].in==0)
    { adjlist[i].in=top;
      top=i;
    }                          // 用入度域作栈
while (top!=-1)
 { j=top;top=adjlist[top].in;//出栈
   cout<<adjlist[j].vertex<<"  "; count++;
   p=adjlist[j].firstarc;
   while (p!=NULL)
   {    k=p->adjvex;
        adjlist[k].in--;
        if (adjlist[k].in==0)  {adjlist[k].in=top; top=k;}
        p=p->next;
   }
 }
 cout<<endl;
 if (count<vertexNum) {cout<<"\n 有回路"<<endl;return 0;}
   else { cout<<"\n 存在拓扑序列"<<endl;return 1; }
}
```

5. 拓扑排序算法的时间复杂性分析

对于有 n 个顶点和 e 条弧的有向图而言，建立邻接表的时间复杂性为 $O(e)$；搜索入度为零的时间为 $O(n)$；在拓扑排序过程中，若有向图无环，则每个顶点进一次栈，出一次栈，入度减 1 的操作在循环语句中总共执行 e 次，所以拓扑排序算法总的时间复杂性为 $O(n+e)$。

7.7　求关键路径

无环赋权有向图可描述一项工程的若干子工程之间带时间限制的约束，如其中某些子工程的开始必须在某个事件发生之后，即前期的一些子工程经过一段时间的实施完成之后，该事件发生，后续的子工程才能开始，并需要持续一段时间才能实施完成。对整个工程或系统，人们关心哪些子工程是整个工程中的关键子工程。关键子工程必须按时开工和完成，才不会影响整个工程的进度。只有缩短关键子工程的实施完成时间，才有可能缩短整个工程的完成时间。而对那些非关键性的子工程，即使缩短工期也不一定能缩短整个工程的完成时间。

图 7-55 给出了一个无环赋权有向图。其中，所有顶点 $v_0,v_1,\cdots,v_8$ 都表示事件，有向边(弧)表示活动，其上标的 $a_0,a_1,\cdots,a_{10}$ 均表示活动，活动所需要持续的时间直接写在等号后面，如从 v_4 到 v_5 的有向边上所标的 a_5=2 表示，它是在事件 v_4 发生后开始的一项活动，所需持续的时间为 2，当活动 a_5 完成后，事件 v_5 可发生。v_0 是源点，表示整个工程的开始事件。v_8 是终点，表示整个工程的结束事件。

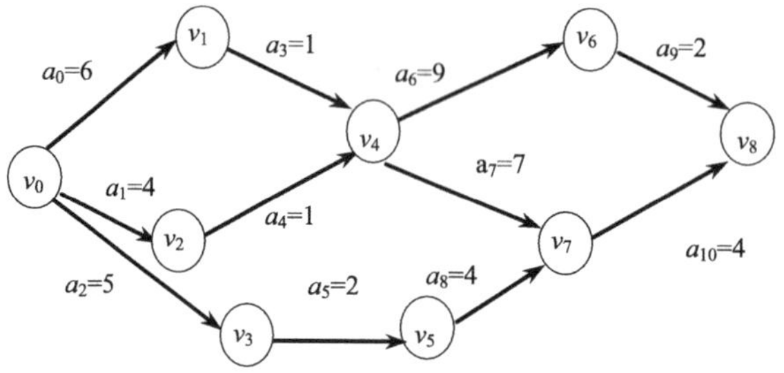

图 7-55　一个 AOE 网

对于这种顶点表示事件，边表示活动无环赋权有向图，称为活动在边上的网络(activity on edge network)，简称为 AOE 网。对于赋权有向图，从源点到终点的路径上各边的权之和构成该路径的长度，其中最长的路径称为关键路径(critical path)。关键路径上的活动就是关键活动。例如，图 7-55 中路径 v_0,v_1,v_4,v_7,v_8 是一条关键路径，长度为 18。也就是说，整个工程需要至少 18 个单位的时间才能完成。这里表示时间的单位既可能是天，也可能是月或年，具体的物理单位视具体情况而定。一个 AOE 网的关键路径不一定只有唯一一条。如图 7-55 中，路径 v_0,v_1,v_4,v_6,v_8 是另一条关键路径，其长度也是 18。显然，若图中有多条关键路径,则它们的长度都相等。

关键路径上的活动是关键活动。但反之则不一定。为了确定哪些活动是关键活动，首先需要对每个顶点所表示的事件 v_j，计算出其最早发生时间 $ve(j)$，最迟发生时间 $vl(j)$。然后计算每条有向边(弧)表示的活动的最早开始时间和最迟开始时间。若一个活动的最早开始时间和最迟开始时间相等，则该活动是关键活动。

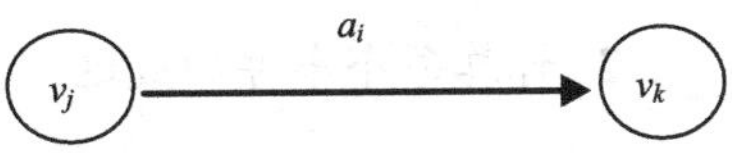

图 7-56　由 v_j 到 v_k 的弧上活动为 a_i

事件 v_j 的最早发生时间 $ve(j)$是从源点 v_0 到 v_j 的最长路径的长度。因为处在多条从源点 v_0 到 v_j 的不同路径上的活动是可以并行推进的，所以事件 v_j 的发生的最早时间 $ve(j)$是从源点 v_0 到 v_j 的所有路径上的所有活动都完成下的最早发生时间，因此事件 v_j 的最早发生时间 $ve(j)$必须要是从源点 v_0 到 v_j 的最长路径的长度。一旦事件 v_j 发生，以 v_j 为起点的各条出边上的活动可以开始，所以 $ve(j)$也是以 v_j 为起点的出边$<v_j,v_k>$所表示的活动的最早开始时间 $ae(i)$。即 $ve(j)=ae(i)$。如图 7-56 所示。

具体计算要依顶点表示的事件的拓扑序列所给出的顺序计算每个顶点的最早发生时间，因为只有在拓扑序列中排在前面的顶点所表示的事件发生后，后面的事件才能发生。而依相应的顶点表示的事件的拓扑序列的逆序计算每个顶点的最迟发生时间。下面分别给出计算方法：

1. 计算每个事件的最早发生时间 $ve(j)$

顶点 v_j 表示的事件的最早发生时间 $ve(j)$的计算应从源点开始，按照顶点的某个拓扑序列给出的次序向前计算到终点。$ve(j)$的计算应具有满足下列公式：

$$ve(j)=\begin{cases}0, j=0\\ \max\{ve(i)+\mathrm{dut}(<i,j>)\}, 1\leqslant j<n, <i,j>\in E\end{cases} \tag{7-11}$$

其中，顶点 v_0(序号为 0)是源点，$\mathrm{dut}(<i,j>)$是有向边$<i,j>$上的活动的持续时间，E 表示 AOE 网的有向边所构成的集合。j=0 表明其对应的顶点是 v_0，也就是源点。源点事件 v_0 的最早发生时间定义为 0。图 7-52 中 AOE 网的每个顶点表示的事件的最早发生时间计算如下：

$ve(0)=0$

$ve(1)= ve(0)+\mathrm{dut}(<0,1>)=0+6=6$

$ve(2)= ve(0)+\mathrm{dut}(<0,2>)=0+4=4$

$ve(3)= ve(0)+\mathrm{dut}(<0,3>)=0+5=5$

$ve(4)= \max\{ ve(1)+\mathrm{dut}(<1,4>), ve(2)+\mathrm{dut}(<2,4>)\}=\max\{6+1,4+1\}=7$

$ve(5)= ve(3)+\mathrm{dut}(<3,5>)=5+2=7$

$ve(6)= ve(4)+\mathrm{dut}(<4,6>)=7+9=16$

$ve(7)= \max\{ ve(4)+\mathrm{dut}(<4,7>), ve(5)+\mathrm{dut}(<5,7>)\}=\max\{7+7,7+4\}=14$

$ve(8)= \max\{ ve(6)+\mathrm{dut}(<6,8>), ve(7)+\mathrm{dut}(<7,8>)\}=\max\{16+2,14+4\}=18$

顶点 v_8 是终点，$ve(8)$=18，所以整个工程至少需要 18 个单位时间才能完成。由于在计算后一时间的最早发生时间时要用其前驱顶点事件的最早发生时间，所以，所有顶点事件的最早发生时间的计算顺序是按拓扑序列：$v_0,v_1,v_2,v_3,v_4,v_5,v_6,v_7,v_8$ 给出的次序计算的。显然，只要是按某个拓扑序列给出的次序计算，都会正常计算出所有顶点事件的最早发生时间。

2. 计算每个事件的最迟发生时间 $vl(i)$

$vl(i)$的计算要从终点 v_{n-1} 开始，由后往前按某个拓扑序列的逆序加以计算。为简单起见，一般用在计算 $ve(j)$的拓扑序列的逆序加以计算。通常把终点事件的最早发生时间作为终点事件的最迟发生时间，即 $vl(n-1)=ve(n-1)$。设$<i,j>$是 AOE 网上的一条有向边，则顶点事件 v_i 的最迟发生时间不得迟于其后继顶点事件 v_j 的最迟发生时间 $vl(j)-\mathrm{dut}(<i,j>)$。因此，$v_i$ 的最迟发生时间 $vl(i)$可用下列递归公式表示：

$$vl(i)=\begin{cases}ve(n-1), i=n-1,\text{其中}n-1\text{是终点}\\ \min\{vl(j)-\mathrm{dut}(<i,j>)\}, 0\leqslant i<n-1, <i,j>\in E\end{cases} \tag{7-12}$$

按该公式可计算出图 7-52 中各顶点事件的最迟发生时间如下：

$vl(8)=ve(8)=18$　　$vl(7)=vl(8)-\mathrm{dut}(<7,8>)=18-4=14$

$vl(6)=vl(8)-\mathrm{dut}(<6,8>)=18-2=16$　　$vl(5)=vl(7)-\mathrm{dut}(<5,7>)=14-4=10$

$vl(4)=\min\{vl(6)-\mathrm{dut}(<4,6>), vl(7)-\mathrm{dut}(<4,7>)=\min\{16-9,14-7\}=7$

$vl(3)=vl(5)-\mathrm{dut}(<3,5>)=10-2=8$　　$vl(2)=vl(4)-\mathrm{dut}(<2,4>)=7-1=6$

$vl(1)=vl(4)-\mathrm{dut}(<1,4>)=7-1=6$

$vl(0)=\min\{vl(1)-\mathrm{dut}(<0,1>), vl(2)-\mathrm{dut}(<0,2>), vl(3)-\mathrm{dut}(<0,3>)\}$

$=\min\{6-6,6-4,8-5\}=\min\{0,2,3\}=0$

图 7-55 所示 AOE 网中各个顶点事件的最早和最迟发生时间的计算结果见图 7-57。

	v_0	v_1	v_2	v_3	v_4	v_5	v_6	v_7	v_8
ve	0	6	4	5	7	7	15	14	18
vl	0	0	6	8	7	10	16	14	18

图 7-57　图 7-55 中 AOE 网各顶点事件的最早发生时间和最迟发生时间

从上述计算 ve,vl 的两个递推公式看出，它们的计算必须在拓扑有序或逆拓扑有序的前提下进行。

3. 计算每个活动$<i,j>$的最早开始时间 $ae(<i,j>)$

$$ae(<i,j>)=ve(i) \tag{7-13}$$

4. 计算每个活动$<i,j>$的最迟开始时间 $al(<i,j>)$

$$al(<i,j>))=vl(j)-\mathrm{dut}(<i,j>) \tag{7-14}$$

图 7-55 所示 AOE 网中各条边活动的最早和最迟开始时间的计算结果见图 7-58。

	a_1	a_2	a_3	a_4	a_5	a_6	a_7	a_8	a_9	a_{10}	a_{11}
ae	0	0	0	6	4	5	7	7	7	15	14
al	0	2	3	6	6	8	8	7	10	16	14

图 7-58　图 7-55 所示 AOE 网中各条边表示的活动的最早和最迟开始时间

凡满足 $ae(<i,j>)=al(<i,j>)$ 的活动均为关键活动。关键路径上的活动均为关键活动。见图 7-59。注意：有的参考书上将 ae 和 al 分别简写为 e 和 l。

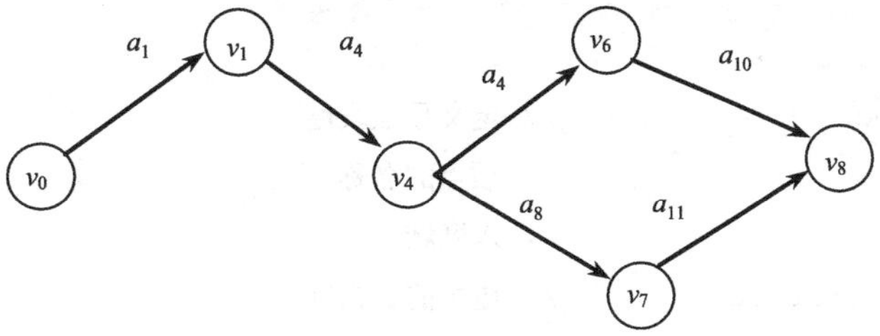

图 7-59　图 7-55 所示 AOE 网的关键路径

当 AOE 网采用邻接表为存储结构时，求关键路径的伪代码如下：

伪代码

1. 输入 e 条弧 $<j,k>$，　建立 AOE 网的邻接表。
2. 计算所有顶点的入度；
3. 在邻接表中查入度为零的顶点，并进**栈 1**。
4. 令 $ve(i)=0$，$0\leqslant i<n-1$。顶点个数记数器 m 清 0，初始化**栈 2**。
5. 当栈 1 非空时进行拓扑排序，并计算各顶点的 $ve(i)$
   5.1 输出栈 1 的栈顶元素 v_j；退栈 1，v_j 入栈 2，$m=m+1$；
   5.2 在邻接表中查找 v_j 的直接后继 v_k，计算 $ve(k)$。
   5.3 将 v_k 的入度减 1，并将入度减至零的顶点进栈 1。
6. 当 $m<n$ 时，AOV 网有环存在，不能求关键路径，算法终止，否则转下一步。
7. 令 $vl[i]=ve[n-1]$, $i=0,\cdots,n-1$。即初始化为完成时间(最大值)。
8. 当栈 2 非空时，退栈，且求各顶点的最迟发生时间 $vl[i]$，这里 $0\leqslant i<n-1$。
9. 根据已求得的各顶点的 ve, vl 值，求每个活动 a_i 的 $ae(i)$, $al(i)$，若 $ae(i)=al(i)$，则 a_i 为关键活动。

下面介绍求关键路径算法。

为方便起见，将下列说明得到的变量和类型作为全程的。

```
const int MaxSize=100;
int top1,top2;
                        // top1 作为用入度域作为栈的栈顶指针,top2 为栈 s 的栈顶指针
int s[MaxSize];              //  s 为栈
int ve[MaxSize];             // 用于存放每个顶点的最早开始时间
int vl[MaxSize];             // 用于存放每个顶点的最迟开始时间
struct ArcNode               // 定义边表结点
{ int dut;
```

```
    int adjvex;                    // 邻接点域
    ArcNode *next;                 // 指向下一个边结点的指针
};
template <class T>
struct VexNode                     // 定义顶点表结点
{   T vertex;                      // 顶点的名称
    int in;                        // 入度域
    ArcNode *firstarc;             // 边表的头指针
};
```

已增加顶点入度域 *in* 的邻接表类仍用 ALGraph 表示。

先写出求拓扑排序及每个顶点事件的最早发生时间(合在一起,不同于普通的拓扑排序算法)函数，命名为 Toposort1，且作为邻接表类的成员函数。当存在拓扑排序时，该函数返回 1，否则，返回 0。

求拓扑排序及每个顶点事件的最早发生时间的算法 Toposort1

```
#include "graph.cpp"                              // 引用 graph.cpp 文件
template <class T>
int Toposort1(ALGraph<T> g)
{  ArcNode *p;  int i,j,k,count,x; top1=-1;
   InDegree(g);                                   // 求各个顶点的入度(见上节)
   for (i=0;i<g.vertexNum;i++)
     if (g.adjlist[i].in==0 )
        { g.adjlist[i].in=top1; top1=i;} // 建入度为零的顶点栈 top1
   count=0;  top2=-1;                             // 初始化 top2 栈
   for (i=0; i<g.vertexNum;i++)  ve[i]=0;  // 初始化 ve 的值
   cout<<"toposort:"<<endl;
   while (top1>-1)
      { j=top1;cout<<g.adjlist[j].vertex<<" ";
        top1=g.adjlist[top1].in;count++;
        top2++; s[top2]=j;   //从 top1 中出栈的顶点，压入栈 s
        p=g.adjlist[j].firstarc;
        while ( p!= NULL )
         {  k=p->adjvex;
            g.adjlist[k].in=g.adjlist[k].in-1;  // 弧: j->k
            if (g.adjlist[k].in==0)
              { g.adjlist[k].in=top1; top1=k; }
            x=ve[j]+p->dut;   // 弧: j->k。j 的最早发生时间+dut
            if (x>ve[k])  ve[k]=x;   // 意味 k 的发生要更迟!
            p=p->next;
         }
    }
   cout<<"\n 输出各顶点的最早发生时间: "<<endl;
```

```
    for(i=0;i<g.vertexNum;i++)
          cout<<ve[i]<<" ";
    cout<<endl;
    if (count<g.vertexNum) return (0);else return (1);
}
```

再给出求关键路径的算法：

求关键路径的算法Cripath

```
#include "toposort1.cpp"
template <class T>
void Cripath(ALGraph<T> g)
{   int top1,top2. vl[MaxSize], ve[MaxSize];
    int i,j,k,ae,al; ArcNode *p;  char tag;
    if (!Toposort1(g)) cout<<" has a cycle"<<endl;
    else
      {  for (i=0; i<g.vertexNum;i++)
             vl[i]=ve[g.vertexNum-1];   // 初始化顶点最迟发生时间
         cout<<"各顶点最迟发生时间初值："<<endl;
         for (i=0; i<g.vertexNum;i++) cout<<vl[i]<<" ";
         cout<<endl;
         while (top2>-1 )          // 逆拓扑有序求各顶点 vl 值
         {  j=s[top2--];
            p=g.adjlist[j].firstarc;
            while ( p != NULL )
            { k=p->adjvex;
              int temp=vl[k]-p->dut;  //弧：j->k,k 的最迟发生时间-dut
              if (temp<vl[j]) vl[j]=temp;
                          // 更小,意味着要更早发生
                          // j 的最迟发生不影响 j->k 的活动开始
              p=p->next;
            }
         }
       cout<<"activity:"<<endl;
       cout<<"No->No,dut,ae,al,al-ae,tag"<<endl;
       for (j=0;j<g.vertexNum;j++)
            // 求最早、最迟开始时间 ae,al 和关键活动
     {  p=g.adjlist[j].firstarc;
          while (p!=NULL)
        {  k=p->adjvex;ae=ve[j];
             // 弧：j->k.弧上活动最早开始时间==j 最早发生时间
            al=vl[k]-p->dut;
            // 弧上活动最迟开始时间==k 的最迟发生时间-dut
            if (ae==al) tag='*'; else tag=' ';
            cout<<g.adjlist[j].vertex<<"->"<<g.adjlist[k].vertex<<" "
```

```
                <<p->dut<<" "<<ae<<" "<<al<<" "
                <<al-ae<<" "<<tag<<endl;
                p=p->next;
            }                       //  输出关键活动
        }
    }
}
```

测试用的含主函数的代码：

```
void main(int argc, char* argv[])
{   int a[9][9]={
    {  0,  6,  4,  5,999,999,999,999,999},
    {999,  0,999,999,  1,999,999,999,999},
    {999,999,  0,999,  1,999,999,999,999},
    {999,999,999,  0,999,  2,999,999,999},
    {999,999,999,999,  0,999,  9,  7,999},
    {999,999,999,999,999,  0,999,  4,999},
    {999,999,999,999,999,999,  0,999,  2},
    {999,999,999,999,999,999,999,  0,  4},
    {999,999,999,999,999,999,999,999,  0}};
char vname[9]={'A','B','C','D','E','F','G','H','I'}; // 初始化各顶点
ALGraph<char> g(vname,a,9,11);                       // 调用 Graph 程序
    Cripath(g);
}
```

按求关键路径算法求得的图 7-60(a)所示 AOE 网的关键路径如图 7-60(b)所示。为区分起见，图中顶点中的 v_1~v_6 与 1~6 互相可代替地使用。图中各顶点事件的最早发生时间和最迟发生时间以及各边上活动的最早和最迟开始时间如图 7-61 所示。

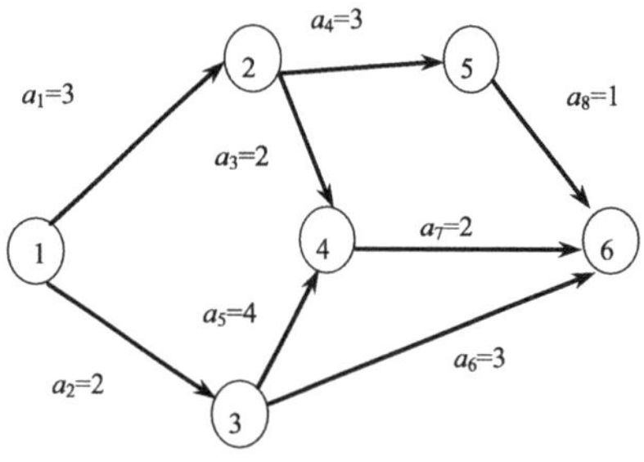

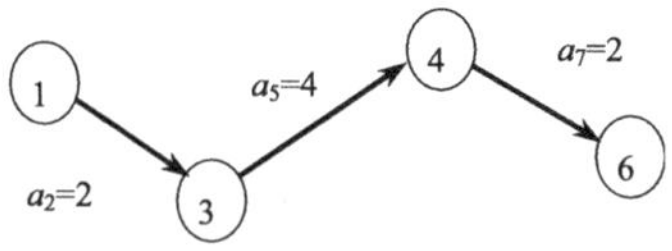

图 7-60　AOE 网及其关键路径

顶点	*ve*	*vl*	活动	*ae*	*al*	*al*–*ae*
v_1	0	0	a_1	0	1	1
v_2	3	4	a_2	0	0	0
v_3	2	2	a_3	3	4	1
v_4	6	6	a_4	3	4	1
v_5	6	7	a_5	2	2	0
v_6	8	8	a_6	2	5	3
			a_7	6	6	0
			a_8	6	7	1

图 7-61　图 7-60(a)中的 AOE 网中顶点的发生时间和活动的开始时间

7.8　图的遍历算法的应用

7.8.1　求过给定点 *v* 长度大于或等于 *k* 的简单有向回路

假设给定有向图上的顶点 *v*，现利用深度优先搜索遍历，求以 *v* 为始点和终点的简单有向回路，长度大于或等于 *k* 时为有效回路，否则属无效回路。

算法思想：从给定点 *v* 出发进行深度优先搜索，在搜索过程中，判别当前访问的顶点是否是 *v*，若是且回路的长度大于或等于 *k*，则找到了一条有效回路，否则继续搜索。其具体步骤或内容是：

(1) 加设数组 path[MaxSize]记载构成回路的顶点序列。将访问当前顶点改为将当前访问的顶点加入 path[curlen]中。这里 curlen 也表示当前路径长度，初值为–1，每向前访问一个顶点，其值增 1。

(2) 要求找的回路的路径长度大于 *k*，因此在判别是否找到回路时应附加条件 curlen>=*k*。

求有向图中过顶点*v*且长度≥*k*的简单有向回路算法pathi_jlenk

```
template <class T>
void ALGraph<T>::pathi_jlenk(int i,int j,int k,int path[],int curlen)
        //curlen是到当前为止已走过的路径长度，调用时初值为-1
{ int u,w;ArcNode *p;
  visited[i]=1;                  //  visited为全局数组
  curlen++;                     // 路径长度增1
  path[curlen]=i;
  p=adjlist[i].firstarc;           // 从i点开始搜索
  while (p != NULL )
   { w=p->adjvex;
```

```
        if (w==j && curlen>=k)  // 找到回路
        { cout<<"   ";
          for (u=0; u<=curlen; u++) cout<<path[u]<<" ";
          cout<<j<<endl;
        }
        if (visited[w] == 0 ) pathi_jlenk(w,j,k,path,curlen);
        p=p->next;
      }
     visited[i]=0;          // 恢复环境，使该顶点可重新使用
  }
```

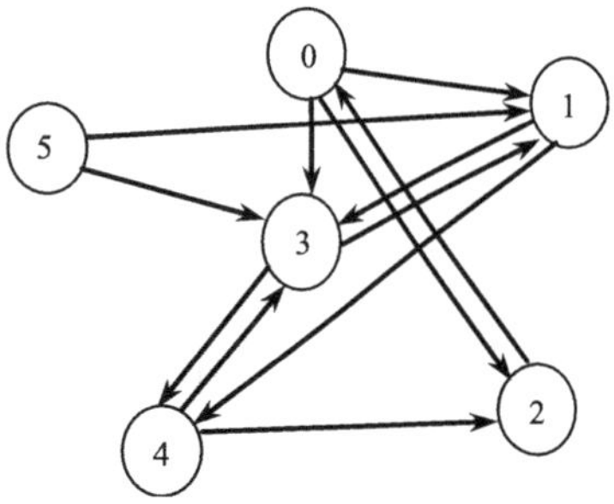

图 7-62 一个有向图

对于图 7-62 所给出的有向图，若以语句：

```
alg.pathi_jlenk(0,0,2,path,-1);
```

来调用并执行上述函数，则表示要求从顶点 0 出发回到顶点 0 的长度大于或等于 2 的回路。运行的结果为：

```
0 3 4 2 0
0 3 1 4 2 0
0 1 4 2 0
0 1 3 4 2 0
```

这表明，在该图中顶点 0 有 4 条长度大于或等于 2 的有向回路。

7.8.2　地图四色问题

可以用不多于四色对地图着色，使相邻的区域不重色。利用回溯法对一幅给定的地图着色。例如，对图 7-63 所示的一个区域地图，设各区域编号为 0、1、2、3、4、5、6。色数为 1、2、3、4。

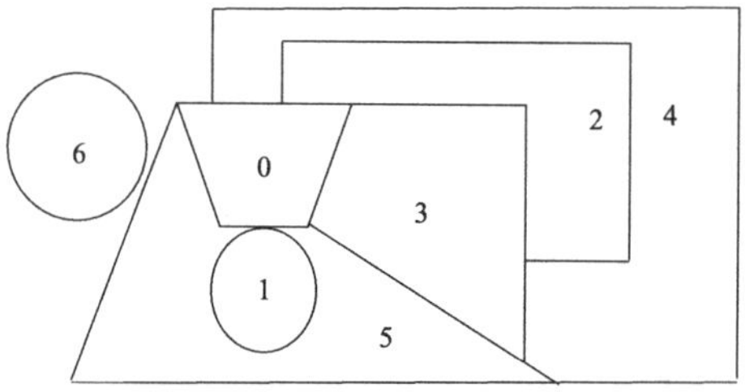

图 7-63　着色区域地图

着色思想：从编号为 0 的区域开始逐一着色，对每个区域用色数 1、2、3、4 依次进行试探，并尽可能用小色数。若当前所用色数与周围已着色的区域不重色，则用栈记下该区域的色数，否则，依次用下一色数进行试探；若从 1 到 4 色均与相邻某区域发生重色，则需退栈回溯，修改栈顶区域的色数，修改用更大的色数。

算法中，用一个二维数组 R 表示区域之间的邻接关系(也称关系矩阵)。若第 i 号区域与第 j 号区域相邻，则 $R[i][j]$的值为 1，否则为 0。设一个一维数组 S 用作栈，记录每个区域的着色数。栈空间的下标表示区域编号，栈的内容为色数。如 $S[0]$=1 表示区域 0 的

色数为 1。算法如下：

地图四色问题求解的算法 MapColor

```
void MapColor(int R[7][7],int n,int S[])  //假定有 7 个区域要着色
{  int top=1;int j=1,k; S[0]=1;  // 区域号 0 着色 1
                                 // top 为当前区域号，j 为当前色数
   while (top<=n)                // 对第 top 号区域进行着色
   { while (j<=4&&top<=n)
     {  k=1;                     // k 指示已着色的区域编号
        while (k<top&&S[k-1]*R[top-1][k-1]!=j) k=k+1;
                    // 检测已着色的相邻区域编号是否已着色 j
        if(k<top)  j=j+1;   // 用 j+1 色继续试探
         else // 若 k==top，表明对 top 所指区域着色为 j 色是可行的
           {  S[top-1]=j; top=top+1; j=1; }
         // 不与相邻区域重色，进栈记下着色结果
         // 继续对下一区域从 0 起进行试探
  }
  if(j>4)                         // 若对所有色都试探无效
    {  top=top-1;                 // 变更栈顶区域的着色色数
       j=S[top-1];                // 退栈顶
       j=j+1;          // 原栈顶区域的颜色要修改(色数增 1)
    }
  }
}
```

可编写主函数如下加以测试：

```
void main()
{  int n=7;
   int R[7][7]={
     {0,1,1,1,1,1,0},
     {1,0,0,0,0,1,0},
     {1,0,0,1,1,0,0},
     {1,0,1,0,1,1,0},
     {1,0,1,1,0,1,0},
     {1,1,0,1,1,0,0},
   {0,0,0,0,0,0,0}};
  int S[7];
  MapColor(R,7,S);
  for(int i=0;i<7;i++)
      cout<<S[i]<<"  ";
  cout<<endl;
}
```

输出结果：

1 2 3 2 4 3 1

本章小结和学习要点

这一章的学习要点是：

(1) 熟练掌握图的基本概念、公式和各种存储结构，包括邻接矩阵、邻接表、边集数组、十字链表等，了解实际问题的求解是与采用何种存储结构和算法有密切联系的。

(2) 熟练掌握深度优先遍历图的递归和非递归算法和广度优先遍历图的算法。

(3) 用图的遍历算法来解图的各种适宜的应用问题。

(4) 熟练图的各种应用算法：求最小生成树的 Prim 算法和 Kruskal 算法；求图中给定源点到其余各个顶点的最短路径的 Dijkstra 算法；求图中所有两个顶点之间的最短路径的 Floyd 算法；求拓扑排序的算法。理解求关键路径的算法。

习 题 7

1. 概念解释题

(1) 图中顶点的度与上章所定义的树中结点的度有何区别?

(2) 无向图的连通分量与有向图的连通分量的定义各是什么?

(3) 无向完全图与有向完全图各是如何定义的?

(4) 若图中有负值的权，Dijkstra 算法是否仍适用? 若不适用，试给出一个例子加以说明，并试着给出适用的条件。

2. 选择题

(1) 在一个简单图(有向图或无向图)中，所有顶点的度数之和等于边数的___倍。

A. 1/2　　B. 1　　C. 2　　D. 4

(2) 在一个简单有向图中，所有顶点的入度之和等于所有顶点的______之和。

A. 出度　　B. 度　　C. 顶点数　　D. 边数

(3) n 个顶点的简单有向图，若它是强连通的，则它至少有______条弧。

A. n　　B. n+1　　C. n−1　　D. n×(n−1)

(4) 含 n 个顶点的连通图中的任意一条简单路径，其长度不可能超过______。

A. 1　　B. n/2　　C. n−1　　D. n

(5) 一个具有 n 个顶点和 e 条边的无向图，若采用邻接表存储，则邻接表结点总数是___。

A. n　　B. 2n　　C. e　　D. 2e

(6) 6 个顶点的生成树有______条边。

A. 5　　B. 6　　C. 7　　D. n−1

(7) 设无向图 G=(V, E)和 G'=(V', E')，如果 G' 是 G 的生成树，则____是正确的。

A. G' 为 G 的连通子图　　B. G' 为 G 的极小连通子图且 $V = V'$

C. G' 是 G 的一个无环子图　　D. G' 为 G 的子图

(8) G 是一个非连通无向图，共有 18 条边，则该图至少有______个顶点。

A. 7　　B. 5　　C. 6　　D. 8

(9) 连通网的最小生成树指的是连通网的生成树，且______。

A. 边数最少　　B. 顶点数最少

C. 权值之和最小　　D. 权值之和可为任意值

(10) 判定一个有向图是否存在回路可以利用______。

A. 拓扑排序方法　　B. 深度优先遍历算法

C. 广度优先遍历算法　　D. 三种方法都可以

(11) 下面关于工程计划的 AOE 网中，缩短______，就可提前完成工程。

A. 任一关键活动的完成时间　　B. 非关键活动的完成时间

C. 所有的非关键活动的完成时间

D. 在多条关键路径上同时出现的一个关键活动的完成时间

3. 填空题

(1) 设无向图 G 为具有 n 个顶点的简单连通图，则 G 至少有____条边，至多有___条边。

(2) 若有向图 G 为具有 n 个顶点的简单强连通图，则 G 至少有___条弧，至多有__条弧。

(3) 若图 G 是一个稀疏图/稠密图，则采用______/ ______存储较节省存储空间。

(4) 求一个稀疏图/稠密图 G 的最小生成树，采用______/ ______存储较合适。

(5) 图的邻接表存储结构较适合于______图。

(6) 在有向图的邻接矩阵表示下，删除所有到达第 i 个顶点的弧的方法是____。

(7) 在无向图的邻接矩阵表示下，删除顶点 i 所关联的边的方法是______。

(8) 在有向图的邻接矩阵表示下，删除所有从第 i 个顶点出发的弧的方法是___。

(9) 图的深度优先遍历序列逻辑上__唯一，算法得到的深度优先遍历序列___唯一的。

(10) 图的宽度优先遍历序列逻辑上____唯一，算法得到的宽度优先遍历序列____唯一。

(11) 图的 DFS 生成树的高度比图的 BFS 生成树的高度______。

(12) 具有 n 个顶点的无向连通赋权图，其最小生成树含______个顶点，______条边。

(13) 图的存储结构有邻接矩阵、邻接表、逆邻接、十字链表、邻接多重表和______。

(14) 已知无向图 G 的顶点数为 n，边数为 e，其邻接矩阵和邻接表表示的空间复杂度分别为____和____。

(15) 用邻接矩阵表示有向图时，第 i 个顶点的入度和出度的计算方法分别是___和___。

(16) 图的深度优先遍历和广度优先遍历算法的空间复杂度分别是___和____。

(17) 利用 Prim 算法和 Kruskal 算法分别求一个含有 n 个顶点 e 条边的无向连通赋权图的最小生成树时，其时间复杂度分别是____和____，因而____更适合求稀疏图的最小生成树。

(18) 如果一个有向图全部顶点不可以排成一个拓扑序列，则该图一定存在___。

(19) 在有向图的拓扑排序算法中，若将入度为 0 的顶点用队列作为辅助存储结构加以保存。以后，每出队一次排出一个度为 0 的顶点，并将以其为弧尾的弧删掉，将所有被删除的弧的弧头对应的顶点的入度减 1，减为 0 的顶点加入队列，直到队列为空止。______有向图的拓扑序列。

(20) 求一个具有 n 个顶点 e 条弧的有向图的拓扑序列算法，其时间复杂度为__。

(21) AOV 网的拓扑序列逻辑上可能___唯一，算法得到的拓扑序列___唯一的。

(22) AOE 网的关键路径逻辑上可能____唯一，算法或程序得到的关键路径___唯一的。

4. 判断题

(1) 无向图的邻接矩阵中 1 的个数与无向图的邻接表中边表结点个数相等。( )

(2) 一个有向图的邻接表和逆邻接表中的弧表结点个数都与弧的条数相等。( )

(3) 一个有向图的邻接表和逆邻接表中的结点个数一定相等。( )

(4) 用邻接矩阵存储图，所占存储空间大小只与图中顶点个数有关，而与图的边数无关。( )

(5) 图 G 的生成树是该图的一个极小连通子图。( )

(6) $n(n>1)$个顶点的有向简单图为强连通图时包含的最少弧数是 n,且构成环状形。( )

(7) 无向图的邻接矩阵一定是对称的，有向图的邻接矩阵一定是不对称的。( )

(8) 在无向图邻接表中，任意两个顶点 i 和 j 是否有边相连，可通过遍历 i 所对应的边表，查看其中是否出现了邻接点 j，或遍历 j 所对应的边表，查看其中是否出现了 i。( )

(9) 在无向图邻接表存储中，顶点 i 的度就等于 i 所对应的边表中结点的个数。( )

(10) 在无向图邻接表存储中，图中边的条数就等于所有边表中结点的个数。( )

(11) 在有向图邻接表存储中，图中弧的条数就等于所有弧表中结点的个数。( )

(12) 在无向图邻接矩阵 $A[n][n]$中，顶点 i 和 j 有边相连时 $A[i][j]=1$。( )

(13) 在无向图邻接矩阵中，边的条数就等于邻接矩阵中 1 的个数。( )

(14) 在无向图邻接矩阵 $A[n][n]$中，第 i 列元素之和等于顶点 i 的度。( )

(15) 对任意一个图，从某顶点出发进行一次深度或广度优先遍历，可访问所有顶点。( )

(16) 在有向图的拓扑序列中，若顶点 A 在顶点 B 之前，则图中必有一条从 A 到 B 的弧。( )

(17) 对有向无环图，可适当排列顶点次序，使得其邻接矩阵中对角线以下元素均为 0。( )

(18) 在顶点表示活动的有向网 AOV 的邻接表表示下的拓扑排序算法中，将栈改用队列不可求出其拓扑序列。( )

(19) AOE 网中一定只有一条关键路径。( )

(20) AOE 网求关键路径算法中将源点事件的最早发生时间定为 0。( )

(21) AOE 网求关键路径算法中将汇点事件的最早发生时间定为图中最长路径的长度。( )

5. 证明题

(1) 无向连通图的生成树中最长路径的起点和终点的度均为 1 。

(2) 含 n 个顶点的无向图,若有 k 个连通分量,则其边数至少为 $n-k$。

6. 计算题

(1) 按顺序输入无向图的顶点对：(0,1), (0,3), (0,5), (1,2), (1,6), (2,6), (1,4), (6,4), (1,3), (3,4), (6,5), (4,5), (1,5), (3,5)，分别建立其邻接矩阵和邻接表(按前插方式建立每条边表)，并分别写出，在相应邻接矩阵和邻接表上从顶点 3 开始搜索遍历所得的 DFS 和 BFS 序列。

(2) 按顺序输入有向图的弧的顶点对：<0,1>, <0,3>, <0,5>, <1,2>, <1,6>, <2,6>, <1,4>, <6,4>, <1,3>, <3,4>, <6,5>, <4,5>, <1,5>, <3,5>，分别建立其邻接矩阵和邻接表(按前插方式建立每条出边表)，并分别写出在相应邻接矩阵邻接表上，从顶点 3 开始搜索遍历所得的 DFS 和 BFS 序列。

(3) 给出图 7-64 所示的有向图的邻接矩阵、邻接表和逆邻接表。

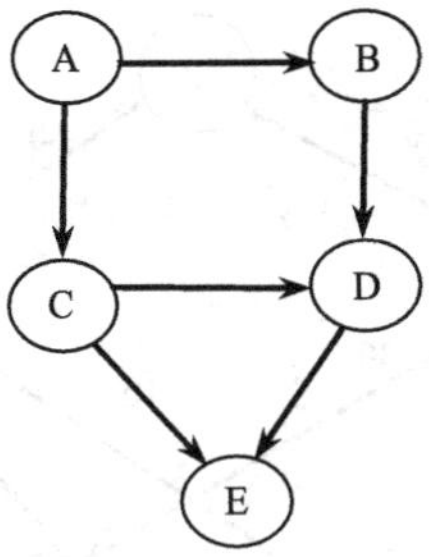

图 7-64　有向图

$$\begin{bmatrix} 0 & 1 & 0 & 1 & 1 & 0 \\ 1 & 0 & 1 & 1 & 0 & 1 \\ 0 & 1 & 0 & 0 & 1 & 0 \\ 1 & 1 & 0 & 0 & 1 & 1 \\ 1 & 0 & 1 & 1 & 0 & 1 \\ 0 & 1 & 0 & 1 & 1 & 0 \end{bmatrix}$$

图 7-65　邻接矩阵

(4) 已知一个连通无向图的邻接矩阵表示如图 7-65 所示，试画出相应的无向图，并分别给出一个从顶点 0 出发深度优先遍历和广度优先遍历的顶点序列。

(5) 已知一个连通无向图的邻接表存储结构如图 7-66 所示，试画出相应的无向图，并从顶点 *a* 出发对该图进行遍历，分别给出按邻接表一个深度优先遍历和一个广度优先遍历的顶点序列。

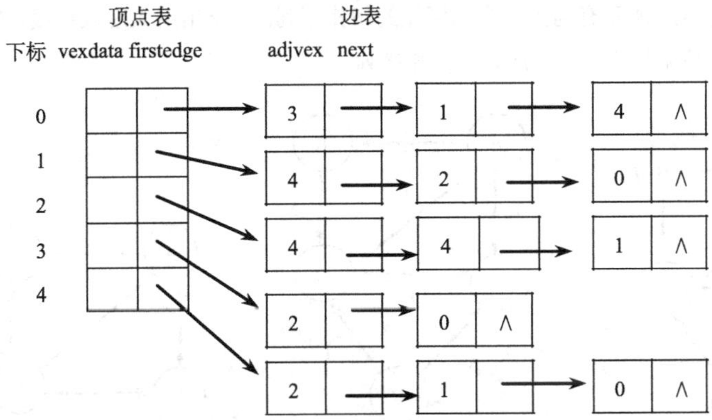

图 7-66　无向图的邻接表

(6) 具有 *n* 个顶点和 *e* 条边的无向图或 *e* 条弧的有向图，分别在邻接矩阵或邻接表存储结构下，用深度优先遍历 DFS 或广度优先遍历算法 BFS 的时间和空间复杂度填写表 7-3。

表 7-3　DFS 和 BFS 遍历算法的时间和空间复杂度

存储结构	DFS 的 $T(n)$	BFS 的 $T(n)$	DFS 的 $S(n)$	BFS 的 $S(n)$
无向图的邻接矩阵				
有向图的邻接矩阵				
无向图的邻接表				
有向图的邻接表				

(7) 图 7-67 所示是一个无向带权图，请分别按 Prim 算法和 Kruskal 算法求最小生成树。

(8) 如图 7-68 的有向网，利用 Dijkstra 算法，列表求从顶点 O 到其他各顶点最短路径。

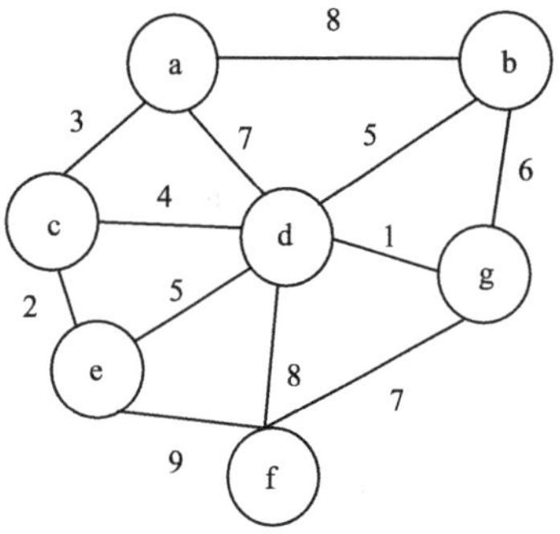

图 7-67　带权无向图

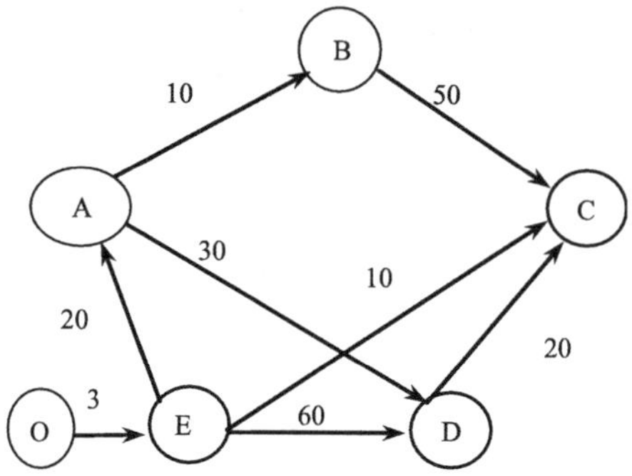

图 7-68　带权有向图

(9) 对图 7-69 所示有向图，画出从顶点 A 开始遍历所得到的 DFS 和 BFS 生成树或森林。

(10) 试利用 Floyd 算法求图 7-70 所示的有向图的各对顶点之间的最短路径，并写出在执行算法过程中所得到的最短路径长度矩阵序列和最短路径矩阵序列。

(11) 试列出图 7-71 所示有向图中全部可能的拓扑序列。并指出用入度域作栈，在邻接表(先确定其存储结构)表示下，按拓扑排序算法所求的拓扑序列。

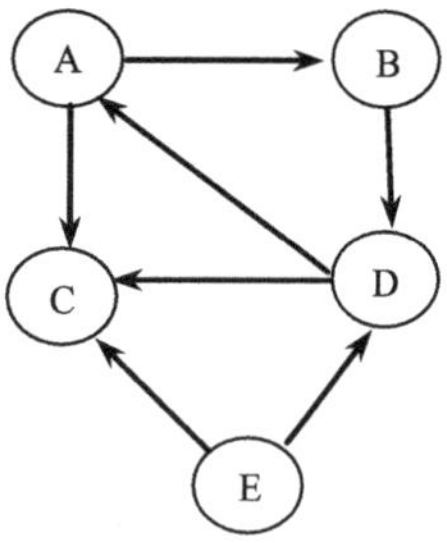

图 7-69　有向图

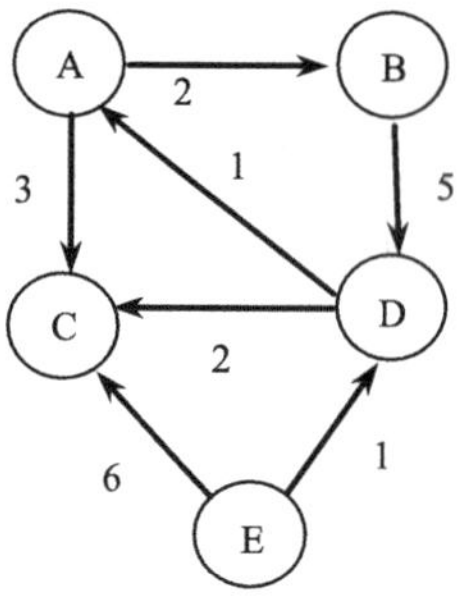

图 7-70　有向图

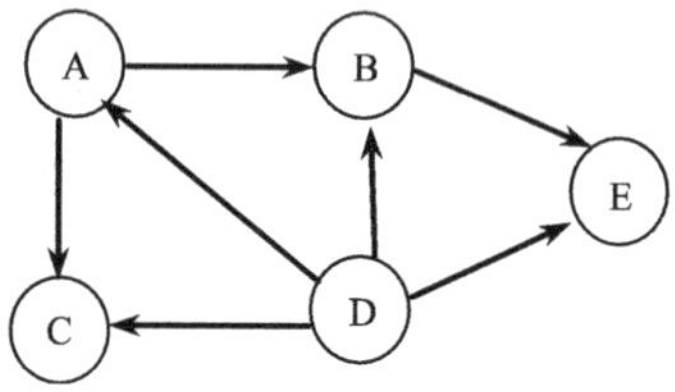

图 7-71　有向图

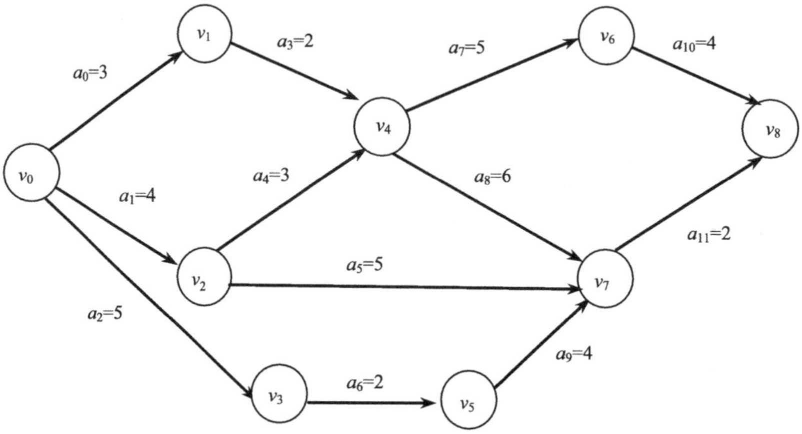

图 7-72　一个 AOE 网

(12) 对图 7-72 所示的 AOE 网，v_0为源点，v_8为汇点，求出各顶点表示的事件的最早发生时间和最迟发生时间，边上的活动的最早开始时间 $e(i)$和最迟开始时间 $l(i)$，并回答：

① 工程完成的最短时间是多少?

② 哪些活动是关键活动?

③ 举例说明是否有活动提早完成能导致整个工期缩短。

7. 算法设计

(1) 设计一个算法,将保存在邻接矩阵表示类对象中的有向图转换保存在一个邻接表类对象中。

(2) 以邻接表作为无向图的存储结构，设计一个算法将该图保存在一个邻接矩阵中。

(3) 以逆邻接表作为有向图的存储结构，设计一个算法将该图保存在一个邻接表中。

(4) 以邻接矩阵为存储结构，写出求无向图的深度优先遍历得到的生成树，并用邻接表存储该生成树的算法。

(5) 以邻接矩阵为存储结构，写出求无向图的宽度优先遍历得到的生成树，并用邻接表存储该生成树的算法。(作为学生习题)

(6) 以逆邻接表为存储结构，写出求有向图中每个顶点的出度的算法。

(7) 利用图的深度优先搜索遍历和广度优先搜索遍历各写一个算法，判断以邻接表方式表示的有向图中是否存在由顶点 v_i到顶点 v_j的路径($i \neq j$)。

(8) 用 Dijkstra 算法编写一个求无向图中任意给定的两个顶点之间的最短路径。

(9)* 用存储从 i 到 j 两点之间当前最短路径上 j 的直接前驱的方法记录最短路径的方法，利用 Floyd 算法，编写求图中所有的每一对顶点之间的最短路径。

(10)* 利用深度优先搜索遍历，写一个对无回路的 AOV 网进行拓扑排序的算法。

(11)* 利用图的广度优先搜索遍历写一个算法，求出以邻接表方式表示的有向图中由顶点 v_i到顶点 v_j的路径($i \neq j$)的所有路径。

(12)* 利用图的深度优先搜索遍历写一个算法，求出以邻接表方式表示的有向图中由过顶点 v 且长度大于 2 的所有回路。

思 考 题 7

1. 利用宽度优先搜索遍历，能否一个对无回路的 AOV 网进行拓扑排序的算法?

2. 对于弧上权值可能为负时的有向图，能否利用 Dijktra 算法求出单源点到图中其余各个点的最短路径？若不能，请给出反例，并讨论在什么情况下可行，同时给出相应的算法。

上 机 题 7

1. *哥尼斯堡七桥问题*(Konigsberg Seven Bridges Problem)　哥尼斯堡(Konigsberg)市过去属普鲁士(Prussia)，现在属于俄罗斯的加里宁格勒(Kaliningrad Russia)。在哥尼斯堡的一个公园里，有七座桥将普雷格尔(Pregel)河中两个岛及岛与河岸连接起来，如图 7-73(a)所示。有个人提出一个问题：一个步行者怎样才能不重复、不遗漏地一次走完七座桥，最后回到出发点？并将其作为一项有趣的消遣活动，让市民星期六作一次走过所有七座桥的散步，每座桥只能经过一次而且起点与终点必须是同一地点。即问是否可能从这四块陆地中任一块出发，恰好通过每座桥一次，再回到起点？

当 Euler 在 1736 年访问 Konigsberg 时，他发现当地市民正从事这项非常有趣的消遣活动。后来大数学家欧拉把它转化成一个几何问题(如图 7-73(b)所示)——一笔画问题。他不仅解决了此问题，且给出了连通图可以一笔画的充要条件是：奇点的数目不是 0 个就是 2 个(连到一点的线如是奇数条，就称为该点为奇点，如果是偶数条就称为偶点，要想一笔画成，必须中间点均是偶点，也就是有来路必有另一条去路，奇点只可能在两端，因此任何图能一笔画成，奇点要么没有要么在两端)。

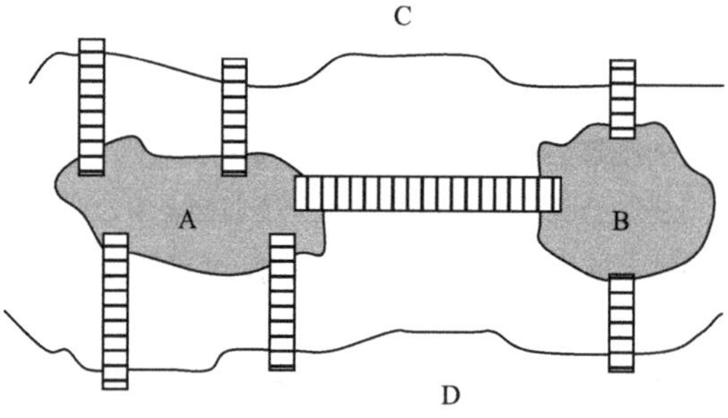

(a) 河岸、河中两岛通过七桥联接

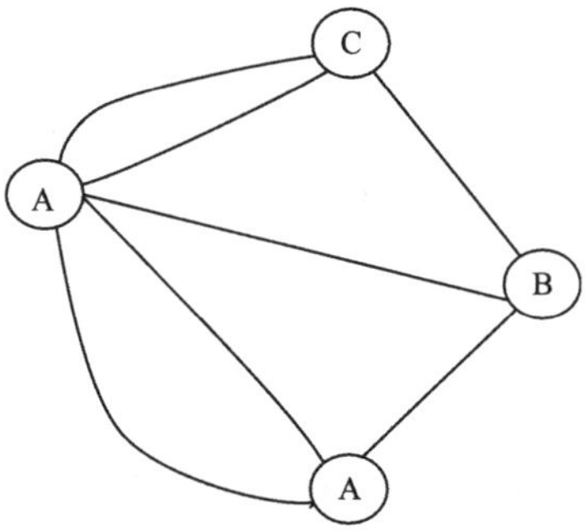

(b) 等价的点线图(无向图)

图 7-73　哥尼斯堡问题示意图

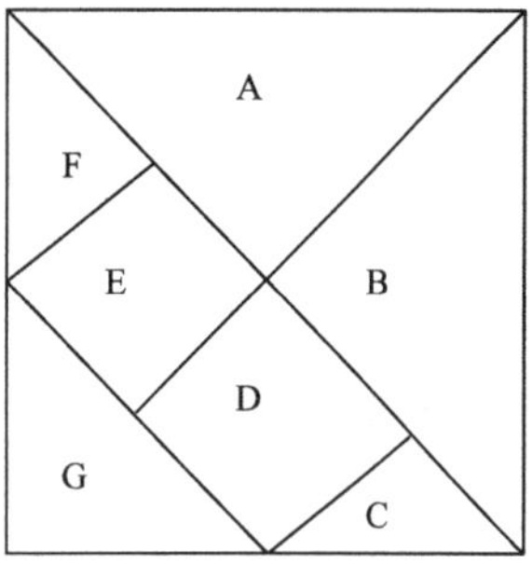

图 7-74　七巧板

欧拉证明了上述走法是不可能的。因此，一笔画问题有时也称为欧拉问题。若图中存在能回到出发点回路，则称存在欧拉回路。若只有能走过所有边的路而不是回路，则称存在欧拉路。

现在的问题是，设计一个算法程序，判断一个连通无向图是否是一笔画的。且以哥尼斯堡七桥问题中的图为例，验证其正确性。

2. *七巧板涂色问题*　对如图 7-74 所示的七巧板，试设计计算法，使用至多 4 种不同颜色对七巧板进行涂色(每块涂一种颜色)，要求相邻区域(有公共边的两个区域称为相邻区域。B 和 E 不是相邻区域)的颜色互不相同。

第 8 章　排　　序

8.1　排序的基本概念和术语

1. 排序

排序(sorting)是数据处理领域的重要运算，其功能是将一组无序的数据元素序列调整成为一组有序序列。

排序的目的有两点，第一是为了加快查找速度，因为排好序的数据元素序列的查找，可以用特定的查找算法来进行。第二是实际应用中很多情况下要用到排列数据元素的次序等情况，如比赛中按积分排定冠军、亚军、季军等。

1) 简单数据元素情况下的排序

简单数据元素情况是指待排序的数据元素序列就是数值序列、字符序列或字符串序列的情况。在简单数据元素情况下排序，数值序列按值的大小排序；字符序列按字母顺序排序或 ASCII 码值排序；字符串序列按字典顺序(排在前的字符串被认为小于排在后的字符串，这也称为字典序)排序。在某个简单数据元素序列给定下，假设元素之间存在着“<”(小于)、“>”(大于)、“=”(等于)、“≤”(小于或等于)或“≥”(大于或等于)的可比较关系，这些可比较关系用在数值之间表示值的大小，用在字符之间则表示字符的自然次序的先后关系或 ASCII 码值的大小，而用在字符串之间则表示按字典顺序的先后关系。使得对于任意三个简单数据元素 x,y,z，都有

① 若 $x \leqslant y$，而且 $y \leqslant z$，则蕴含着 $x \leqslant z$。即关系“≤”是传递的；

② 若 $x \leqslant y, y \leqslant x$ 均成立，则 $x=y$；

③ $x<y, x=y, y<x$ 三个可能中，只有一个成立。

任何满足①～③的关系的简单数据元素，都可按本章的各种排序法进行排序。

对于简单数据元素序列，有下面几种序列：

(1) **升序序列**　n 个可比较大小(如数值)或先后次序(字符串按字典顺序有次序)的数据：$k_1,k_2,\cdots,k_n$。若满足条件：$k_1 \leqslant k_2 \leqslant k_3 \leqslant \cdots \leqslant k_n$，则称 $k_1,k_2,\cdots,k_n$ 为升序序列。升序序列又可称为**非降序列或递增序列**。

(2) **严格升序序列**　若 $k_1<k_2<k_3<\cdots<k_n$，则称其为严格升序序列。显然，严格升序序列是升序序列的一种特例。严格升序序列也称为**严格递增序列**。

(3) **降序序列**　若 $k_1 \geqslant k_2 \geqslant k_3 \geqslant \cdots \geqslant k_n$，则称 $k_1,k_2,\cdots,k_n$ 为降序序列。降序序列又可称为**非升序列或递减序列**。

(4) **严格降序序列**　若 $k_1>k_2>k_3>\cdots>k_n$，则称 $k_1,k_2,\cdots,k_n$ 为严格降序序列。显然，严格降序序列是降序序列的一种特例。严格降序序列也可称为**严格递减序列**。

例如，45,50,50,70,75 为升序序列；45,50,70,75 为严格升序序列。而 75,70,50,50,45

为降序序列；75,70,50,45 为严格降序序列。

对于一组数据，只有当其中任意两个数据都不相同时，才可得到其严格升序序列或严格降序序列。因此，我们一般主要考虑如何得到一组数据的升序或降序序列。

2) 在复杂数据元素情况下的排序

在复杂情况下数据元素序列由结构数据元素或称记录构成。理论上讲，记录是无法比较大小的。但可通过以结构数据的某个成分数据如关键字值排列次序，即进行排序。

2. 关键字(key)

可以唯一标识一个记录的某个数据项(或几个数据项)称为关键字或**关键码**，其值称为**关键字值**或**关键码值**，它可作为排序的依据。为简便起见，一般不严格区分关键字和关键字值或关键码与关键码值。通常所说的按关键字或关键码排序，实际上就是指按关键字值或关键码值大小进行排序。为简单起见，这里主要考虑关键码仅由一个数据项构成的情况。而由多个数据项构成的关键码的情况可类似地处理。

不可唯一标识一个记录的一个数据项，有时也称为**次关键字**，因其也可作为记录排序的依据。只不过按次关键字排序后，值相同的记录肯定都在一起，处在先后靠近的位置，而它们的区别尚需用其他数据项作进一步比较才能区分。

例如，对学生成绩统计表，见表 8-1，能唯一标识考生即可区分考生的数据项可由学号决定，因而学号是关键字。但也可不按关键字作为依据加以排序，如按总分对学生排序。此时，不同的学生可能出现相同的总分。这也就是为什么在现实中可能按总分排名出现并列的现象的原因。

表 8-1　学生成绩表

学号	姓名	语文	数学	英语	总分
16091601101	陈红一	85	86	88	259
16091601106	李卫华	78	75	90	243
16091601103	张国平	82	80	78	240

所以对记录排序的依据既可以是关键字，也可以是次关键字。为方便起见，统称为依关键字排序。若关键字的值有重复值，则该关键字是次关键字；若关键字的值互异，则该关键字是真正的关键字。

3. 待排记录序列

对于要按其关键字排序的记录 $R_1,R_2,\cdots,R_n$，我们称它们构成一个待排记录序列。有时为了方便起见，待排记录序列简称为待排序列。待排记录子序列简称为待排子序列。在 C++语言中，记录用结构体来实现，而待排记录序列的内部表示，一般可用结构数组或链表来表示。前者多于后者。

排序就是将待排记录序列中的记录，按关键字升序或降序的次序排列起来。形式上可如下描述：设待排序的记录序列为：$R_1,R_2,\cdots,R_n$，通过选择某种排序策略，得到记录的一个新序列：$R_{k_1}, R_{k_2}, \cdots, R_{k_n}$，其中 $k_1, k_2, \cdots, k_n$ 为 $1,2,\cdots,n$ 的一个组合数学意义上的排列。若满足：$k_1 \leqslant k_2 \leqslant \cdots \leqslant k_n$，则称将记录排成了一个升序序列。若满足：$k_1 \geqslant k_2 \geqslant \cdots \geqslant k_n$，则称将记录排成了一个降序序列。

若能将≤换成<，则称排成了一个严格升序序列。

若能将≥换成>，则称排成了一个严格降序序列。

对于任何记录序列 $R_1, R_2, \cdots, R_n$，只要按指定的关键字构成升序序列、严格升序序列、降序序列或严格降序序列，都称该记录序列为**有序序列**。

例如高考成绩统计表中按总分的大小由高到低排列，即形成学生按总分降序排列的次序。若按准考证号大小(含字母字符时，看成字符串)由小到大排列则可排成严格的。

4. 稳定性

关键字值相同的记录，排序前后的相对位置保持不变的排序，即原来在前的记录在排序后一定仍在前面，这样的排序称为**稳定的排序**(stable sort)。其算法也称为稳定的排序算法。否则，称为**不稳定的排序**(unstable sort)，即关键字值相同的记录，相对位置原来在前面，有可能排序后不在前面，这样的排序算法也称为不稳定的排序算法。考察一个排序算法是稳定的还是不稳定的，称为分析该排序算法的**稳定性**(stability)。

5. 评价排序算法的标准

(1) 时间复杂性：决定因素为关键字的比较次数和记录的移动次数。用 n 的数量级表示。

(2) 空间复杂性：一般用排序算法所需占用的额外空间来衡量，一般也是用 n 的数量级来表示。而不是指 n 个待排记录数据元素或所占用的基本存储空间。

6. 排序方法的分类

(1) 按待排记录的存储位置分类。

① 内排序：待排记录存储在内存(RAM)中的排序，称为内排序。本章我们所讨论的排序即为内排序。

② 外排序：待排记录存储在外存中，待排记录的数量很大，以致内存一次不能容纳全部记录，在排序过程中需对外存进行访问，内存数据需写到外存上，即涉及内外存数据的交换，这种涉及内外存数据交换的排序称为外排序。

(2) 按工作量分类。即按算法的时间复杂度量级来分类，可分为 3 类：

① 简单的排序方法，其时间复杂度为 $O(n^2)$，为平方量级。

② 先进的排序方法，其时间复杂度为 $O(n\log_2 n)$。

③ 基数排序，其时间复杂度为 $O(d(n+r))$，其中 r 为基数的个数，n 为待排数据元素数目 d 为关键字最大的位数。

(3) 按排序所用的策略分类，可分为 5 类：

① 插入排序：每次将一个记录插入到某个位置。

② 选择排序：每次选取某个记录放在特定位置。

③ 交换排序：每次交换两个记录的位置。

④ 归并排序：每次归并两组有序的记录为一组有序的记录。

⑤ 基数排序(又称分配排序)：对所依据的排序数据项的值的构造形式进行分析，然后通过分配和收集的方式进行排序。

此外，还有计数排序，它是通过对数据进行统计以确定每个数据的位置的一种排序方法。

(4) 按稳定性分类，可分为 2 类：①稳定的排序；②不稳定的排序。

(5) 按实现的存储结构分类，可分为 2 类：

① 顺序存储结构下的排序：待排记录数据主要以顺序存储结构存储。为了方便讨论，对于顺序存储的待排记录中的记录(或称结构或结构体)，假定其含有一个关键字项及其他任意项(可以是一项或多项)，其算法描述如下：

```
template <class KeyType>
struct RecType  {  KeyType  key;
                   datatype otheritem;
                 };
```

如对于学生成绩表，每个学生的信息可定义为

```
     template <class KeyType >
struct RecType  {  KeyType key;   // 存放学号
                    int Chinese, English, math, total;
                 };
```

② 链表存储结构下的排序：待排记录数据主要以链式存储结构存储。通常用一个带头结点的单链表表示，链表的结点类型定义为

```
template <class KeyType>
struct RecType  {  KeyType key;
                   datatype otheritem;
                   RecType *next;
                 };
```

8.2 插 入 排 序

插入排序(insertion sort)是一类籍助于“插入”操作进行的排序方法。插入排序方法可分为：直接插入排序、折半插入排序、谢尔排序等具体算法。

8.2.1 直接插入排序

直接插入的主要思想是，以排好序的记录子序列 (简称子序列)开始，每次将待排序的一个记录，按其关键字的大小插入到前面已排好序的子序列中的适当位置，即保持按

关键字大小有序，排好序的记录子序列每次增加一条记录，直到所有的记录都排好序为止。可用图 8-1 来表示。

一般最方便的方法是，初始有序记录子序列以第一个记录构成，然后从第二个记录开始，将其插入到有序子序列中。由于整个记录是有限的，所以，以这种方式，n 个记录的待排记录只需要 $n-1$ 次插入就可完成排序。

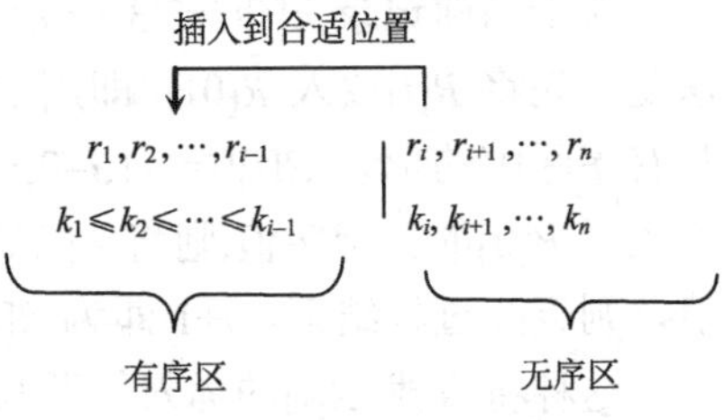

图 8-1　直接插入排序的基本思想

例如，给定关键字序列：49,38,65,97,76,13,27,49'，其中，49'就是 49，上面的一撇表示其与前面一个 49 相等，但代表的是不同的记录的关键字的值。按上述直接插入排序的思想进行排序就可如图 8-2 所示，经过 $n-1=7$ 次插入就可实现其排序。

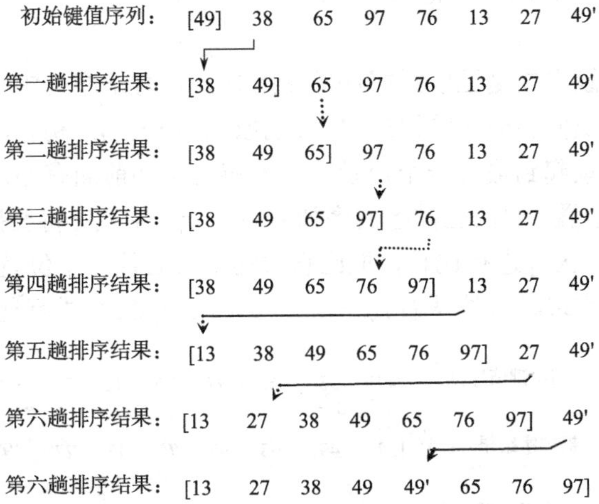

图 8-2　直接插入排序过程示例

1. 设置“岗哨”的直接插入排序

设置“岗哨”的直接插入排序的基本思想：假设待排序的记录存放在结构数组的分量 $R[1]$~$R[n]$中，下标为 0 的分量 $R[0]$留作它用，主要作为“岗哨”。在当前对第 i 个记录处理之前，$R[1]$~$R[n]$被划分为两个子段 $R[1]$~$R[i-1]$和 $R[i]$~$R[n]$。前一子段是有序的(称为有序区)，而后一子段是无序的(称为无序区)。当前要将第 i 个记录(也是无序区的第一个记录)$R[i]$插入到有序区中适当位置，使得 $R[1]$~$R[i]$成为有序的。

整个排序过程为：最开始，初始的有序区只含第一个记录，以后依次将第二个记录 $R[2]$按其关键字大小插入到这个有序区中去，且插入后的子序列仍保持有序，再插入第三个记录 $R[3]$到前面的有序子序列，……，最后插入第 n 个记录 $R[n]$到前面的有序子序列，直到整个序列有序，排序过程才算结束。由于每做一次插入，有序区增加一个记录，无序区中相应地减少一个记录，而整个记录的个数是有限的，只需经过 $n-1$ 次这样的插入操作，所有记录最终都会属于有序区，这样，所有的记录就自然地排成有序的了。

对于当前记录 $R[i](i=2,3,\cdots,n)$，将它插入其前面的有序区使得插入后仍保持有序的方法是：先将 $R[i]$放入 $R[0]$，即用 $R[0]$保存当前要处理的记录，再将 $R[i]$的关键字值依次与有序区中的记录 $R[j](j=i-1,i-2,\cdots,1,0)$的关键字值由后往前进行比较，若 $R[j]$的关键字值大于 $R[0]$的关键字值,则将 $R[j]$后移一个位置；若 $R[j]$的关键字值不大于 $R[0]$的关键字值，则查找过程结束，$j+1$ 即为 $R[0]$的插入位置。

这种将查找 $R[i]$的插入位置与记录可能的后移同时进行的方法，比先找插入位置，再由后往前移动记录腾出插入位置的所谓分两步的方法，简便高效，而且由于将当前待插记录事先放入“岗哨”，可避免在 j 的扫描赋值过程中，需要每次进行下标是否越界的检查(可结合其算法的代码实现来体会)。

(1) 示例：假定给定了一组记录,其关键字为 49,38,65,97,76,13,27,49′,则按设置岗哨的直接插入排序方法进行排序的方式可如图 8-3 所示。其中，也略去了记录中的其他数据项, 49′表示关键字与 49 相同，但记录的其他内容不同。

(2) 排序步骤：

① 把第 1 个记录看成是已经排好序的子序列，这时子序列中只有一个记录，并虚设一个记录 r_0，存放我们要插入的记录 r(r 分别取 $r_2,r_3,\cdots,r_n$)，初始时，r 取为 r_2。

② 从第 2 个记录起到最后一个记录，依次将记录和前面有序的子序列中的记录比较，确定记录插入的位置，即在已排序的序列 $r_1,r_2,\cdots,r_{i-1}$ 中找 r 将要插入位置。即用 r 的关键字依次与 $K_1,K_2,\cdots,K_{i-1}$ 进行比较，把比它大的记录右移一个位置。 直到找到适当的插入位置为止。具体实现时可按从右到左依此与 $K_{i-1},\cdots,K_2,K_1$ 进行比较。

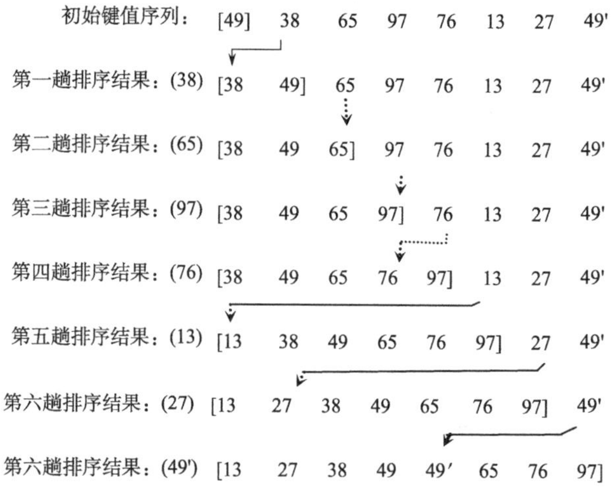

图 8-3　带岗哨的直接插入排序过程示例

③ 把 r_i 插入到相应的位置上。有序的子序列中记录个数增加 1。

④ 接下来 r 取下一个记录作为当前待排记录，重复②③，直至记录全部插入完，即有序的子序列长度和原来待排序列长度一致时结束。

(3)直接插入排序算法的 C++函数描述如下：

直接插入排序算法InsertSort(带岗哨)

```
void  InsertSort(RecType r[ ], int n)       // 非递减排序
{  for (i=2; i<=n; i++)
   {  r[0]=r[i];                           //  r[0] 设置为岗哨
      for(j=i-1;r[0].key<r[j].key;j--)  r[j+1]=r[j];
        r[j+1]=r[0];                       // 插入 r[0]
   }
}
```

注意：其内层的 for 循环也可用下列 while 循环语句代替：

```
while (r[0].key<r[j].key)  {  r[j+1]=r[j];  j--;  }
```

(4) 直接插入排序算法的时间复杂性分析：

① 关键字比较次数：从算法中可以看出，当待排记录按关键字是逆序时为最坏的情况，每一次最内层的循环都必须将插入的元素与数组边界元素交换位置，每个记录 $r[j]$ 至多均与前 j–1 个记录及岗哨的关键字作比较(第一个记录直接插入，不用比较)。所以，在最坏情况下(反序时)，累计的比较次数为

$$\sum_{j=2}^{n} j=(n+2)(n-1) \tag{8-1}$$

② 移动记录的次数：在最坏情况下为

$$\sum_{i=2}^{n}(i-1+2)=\frac{n(n+1)}{2}-3 \tag{8-2}$$

所以，总的时间复杂度 $T(n)=O(n^2)$。

从上容易看出，如果数组已按所要的排序次序有序，插入元素时将不再移动元素，此时插入排序仅使用 n–1 次比较，而不使用交换。因而，当数组已接近被排好序时，插入排序是一个很好的选择。

2. 不设置岗哨的直接插入排序

若在直接插入排序中不设置岗哨，则在每做一趟插入排序时，扫描变量每取一个下标值，都要判断其取值是否会越界，算法要写成如下形式：

不设置岗哨的直接插入排序算法

```
void InsertSort1(RecType r[ ], int n)
{  for (i=2; i<=n; i++)
   {  r[0]=r[i];
      for (j=i-1;j>0&& r[0].key<r[j].key;j--)
```

```
            r[j+1]=r[j];
        r[j+1]= r[0];
      }
  }
```

3. 折半插入排序

若将搜索待插入位置的操作改为在区间[1,*i*–1]上进行折半查找来实现，则得到一种改进的直接插入排序算法，称为折半插入排序(binary insertion sort)算法。

折半插入排序算法BiInsertSort

```
void BiInsertSort(RecType  r[ ], int n)
{  for ( i=2;  i<=n;  i++)
   {  r[0]=r[i];              //  暂存记录 r[i]
   low=1;  high=i-1;     // low 和 high 分别为下标下界和上界
   while (low<=high)
     {  m=(low+high)/2;
        if ( x<r[m].key ) high=m-1;
             else  low=m+1;  //  确定 r[i]的插入位置 low
     }
   for ( k=i-1; k>=low; k--)
             r[k+1]=r[k];        // 记录由后往前向后移动
   r[low]=r[0];
   }
}
```

折半插入排序只能采用顺序存储结构，该算法是稳定的，时间复杂度仍是 $O(n^2)$。

8.2.2　谢尔排序

谢尔排序(Shell sort)，又称为缩小增量排序(diminishing increment sort)。从直接插入排序算法的分析可知，由于其每插入一个元素，且原序列是无序的， 因而要比较和移动大量元素，并且此比较与移动元素的数目与原序列的排列情况有关。我们不妨设想，如果原序列已按关键字基本有序，那么可以节约大量时间。谢尔排序正是这种设想的实现。

(1) 基本思想：首先设计好一个递减的整型增量序列 $d_1,d_2,\cdots,d_t$(t 为某个正数)，满足 $d_1>d_2>d_3>\cdots>d_t=1$，依顺序取增量 $d_1,d_2,\cdots,d_t$，对于每个增量 d_i，把记录按下标以该增量逻辑分组，而不是物理分组，即所有下标距离为 d_i 的记录视为同一组，且对每组记录使用直接插入排序法排序。由于增量逐渐减少，且相应于每个增量在每组进行了一趟插入排序，当增量较大时，组内元素相距较远，元素若发生移动，则移动的步伐大，最后当增量为 1，待排记录的序列按关键字已基本有序，此时整个序列中的所有记录在一组，再进行直接插入排序后，整个序列便被排列为有序的，从而完成了整个序列的谢尔排序。

(2) 具体作法：

① 取初值 i=1；

② $h=d_i$，把所有记录逻辑上分成若干个各元素相距为 h 的子记录集合；

③ 对各个子记录集合进行直接插入排序；

④ $i=i+1$，只要 $i<=t$，重复②，直到 $d_t=1$ 时进行一趟插入排序后结束。此时，全部记录便按关键字值的排好次序。

(3) 例如，设有记录关键字 19,41,11,17,47,43,13,37,31,23，整型增量序列为 5,2,1，则进行谢尔排序的过程如图 8-4 所示。

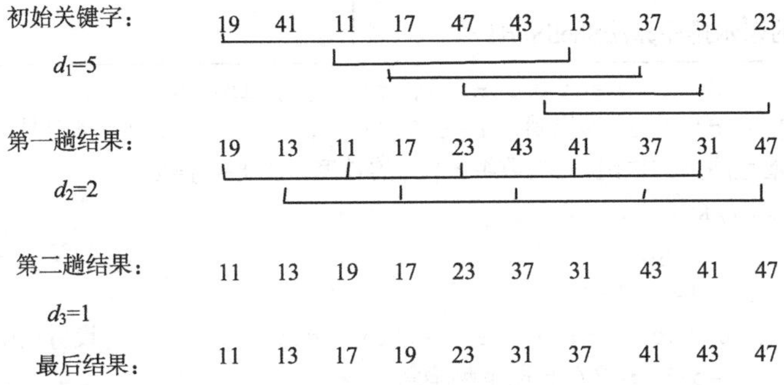

图 8-4　谢尔排序过程

(4) 谢尔排序算法的描述：

谢尔排序算法ShellSort

```
void ShellSort(RecType r[ ],int d[ ],int t,int n)
   //r[1]~r[n]为待排记录,d 为增量数组,t 为数组 d[]的长度,d[t-1]=1
{ int i,j,k; RecType temp;
  for(k=0;k<t;k++)
    {  h=d[k]; // h 取增量值 d[k]
  for(i=h+1;i<=n;i++)  // 每趟分组内直接插入排序
       {  temp=r[i];
          j=i-h;  // j 为每组中往回找组内插入位置的初始值
          while(temp.key<r[j].key&&j>0)  // 找插入位置及移动
             {  r[j+h]=r[j];
                j=j-h;
             }
           r[j+h]=temp;      // 插入记录
       }
    }
}
```

(5) 谢尔排序的分析：由于对于不同的情况，所选取的增量序列不相同，从而分析它目前仍是困难的。增量序列应如何选择才能产生最好的排序效果，至今没有得到解决。谢尔本人最初提出：$d_1=[n/2],d_{i+1}=[d_i/2],d_t=1,t=[\log_2 n]$。后来又有人提出：$d_1=[n/2]$,

$d_{i+1}=[(d_i-1)/3]$, $d_t=1$, $t=[\log_3 n-1]$ 及 $d_1=[n/2]$, $d_{i+1}=[(d_i-1)/2]$, $d_t=1$, $t=[\log_2 n-1]$。谢尔排序的平均比较次数和平均移动次数都是 $O(n^{1.3})$左右。

(6) 设岗哨的谢尔排序算法：如果像直接插入排序算法那样，将待插入记录 $R_i(h+1\leqslant i<n)$在查找插入位置之前保存到岗哨中，那么必须先计算 R_i 属于哪一组，才能决定用哪个岗哨来保存 R_i。为了避免这种计算，可以将 R_i 保存到另一个辅助记录 x 中，而将所有岗哨 R_{1-h}，R_{2-h},⋯, R_0 的关键字设置为少于序列中的任何关键字即可。因为增量是变化的，所以，各趟排序中所需的岗哨数目也不相同，但是我们可以按最大增量 d_1 来设置岗哨。

设岗哨的谢尔排序算法描述如下：

设岗哨的谢尔排序算法ShellSort1

```
void ShellSort1(Rectype R[ ],int d[ ],int n)
// r[0]~r[d[0]-1]为岗哨, r[d[0]]~ r[n+d[0]-1]为待排记录
// d为增量序列的数组,t为数组d[ ]的长度，d[t-1]=1
{  int i,j,k=0,h;
   Rectype temp;
   int maxint=32767;
   for (i=0;i<d[0];i++)  R[i].key=-maxint;     // 设置岗哨
   do {   h=d[k]; // h取本趟增量d[k]
          for (i=h+d[0]; i<n+d[0]; i++)     // 每趟分组内直接插入排序
            {   temp=R[i];                  // 保存待插入记录R[i]
            j=i-h;
                while (temp.key<R[j].key)   // 查找插入位置及后移
                  {  R[j+h]=R[j];
                     j=j-h;                 // 得到前一记录位置
                  }
                R[j+h]=temp;               //  插入R[i]
            }    // 本趟排序完成
            k++;
      } while (h!=1)                       // 增量为1排序后终止算法
}
```

谢尔排序是不稳定的。谢尔排序中关键字记录的分组，即待排序子序列，其构成并不是简单地“逐段分割”，而是将相隔某个增量的等间隔记录逻辑上视为一个子序列。由于当前要处理的记录的关键字是与同一子序列中的前一个记录的关键字进行比较，因此关键字较小的记录就不是一步步地往前挪动，而是跳跃式地往前移，从而使得当进行最后一趟增量为 1 分组排序时，实即为直接插入排序，此时序列已基本有序，只需作记录的少量比较与移动即可完成排序工作，因而节约了时间。

8.3 选 择 排 序

选择排序(selection sort)是一类籍助于“选择”操作进行的排序方法，其主要做法是：

每一趟从待排序序列中选一个按序所需要的记录，放在已排好序的子序列之前或之后，保持有序，这样，有序子序列每次增加一个记录，直到全部记录排完为止。选择排序主要有两个算法：简单选择排序和堆排序。

8.3.1 简单选择排序

简单选择排序(simple selection sort)的思想是：每一趟从待排记录序列中选具有最小关键字值的记录，顺序放在已排好序的子序列后，直到全部记录排完。

1. 排序方法步骤

(1) 在第 i 次(i=1,2,…,n−1)挑选步骤中，在记录 $r_i,r_{i+1},\cdots,r_n$ 中挑选出具有最小关键字值的记录 r。

(2) 把 r 与 r_i 进行交换。这样在执行完第 i 步后，前 i 个最小关键字的记录按排序次序已占有 $r_1,r_2,\cdots,r_i$，且是有序的。

n 个记录的序列，只需做 n−1 次选择，就已排好序，因为剩下的最后一个记录，其关键字肯定是最大的，应排在最后的位置。

2. 示例

假设给定的一组待排记录的关键字为 49,38,65,49′,76,13,27,97，对它们进行简单选择排序的算法如图 8-5 所示。

初始关键字	[49	38	65	49′	76	13	27	97]
第一趟简单选择排序	13	[38	65	49′	76	49	27	97]
第二趟简单选择排序	13	27	[65	49′	76	49	38	97]
第三趟简单选择排序	13	27	38	[49′	76	49	65	97]
第四趟简单选择排序	13	27	38	49′	[76	49	65	97]
第五趟简单选择排序	13	27	38	49′	49	[76	65	97]
第六趟简单选择排序	13	27	38	49′	49	65	[76	97]
第七趟简单选择排序	13	27	38	49′	49	65	76	[97]
最后排序结果为：	13	27	38	49′	49	65	76	97

图 8-5　简单选择排序过程

3. 简单选择排序算法的描述

在算法中要体现,从所存储记录中选出关键字值最小的记录，把它和第一个记录进行交换。然后在其余记录中(除第一个记录外)选出其最小关键字的记录，把它和第二个记录进行交换……，依次类推，直到所有记录排好序为止。

简单选择排序算法StraightSelectSort

```
void StraightSelectSort(RecType r[ ],int n)
// 本算法对 r[1…n]中记录进行简单选择排序
{ for (i=1; i<n; i++)    //进行 n-1 趟选择
   {  k=i;
      for (j=i+1; j<=n; j++)
        if ( r[j].key < r[k].key )
              k=j; // k 指示 r[i…n]中关键字最小的记录
      if ( k != i )
              r[i] ⟷ r[k];    // 交换
   }
}
```

时间复杂性分析：从算法中可看出，简单选择排序移动记录的次数较少，但关键码的比较次数总是$(n-1)+(n-2)+\cdots+1=n(n-1)/2$。在最坏情况下，记录交换 $n-1$ 次。如果原序列基本有序，需要交换次数还可减少。算法的时间复杂度为 $O(n^2)$。

空间复杂度分析：简单选择排序算法只需要一个辅助空间来作为交换记录用的暂存单元。因此，它的空间复杂度为 $O(1)$。

简单选择排序是不稳定的排序。如前例所示，关键字值相同的两个不同的记录在排序前后的相对位置可能会发生变化，如其中的 49 和 49′。 简单选择排序前 49 在 49′ 之前，但排序后，49′却排在了 49 之前，所以，简单选择排序是不稳定的。

8.3.2　改进的简单选择排序

简单选择排序是不稳定的，但只要做一点改进，即将要交换的两个元素，不立即直接交换，而是先取出后面的元素，将后面元素之前的元素直到前一个元素“向后平移”一个位置，再将取出的该元素赋在前面空出的位置(当前正要确定元素正确定位的位置)上，就可成为一个稳定的排序，我们称为改进的简单选择排序。

改进的简单选择排序算法StraightSelectSort1

```
void StraightSelectSort1(RecType r[ ],int n)
// 本算法对 r[1…n]中记录进行简单选择排序
{ for (i=1; i<n; i++)    //进行 n-1 趟选择
   {  k=i;
      for (j=i+1; j<=n; j++)
        if ( r[j].key < r[k].key )
              k=j; // k 指示 r[i…n]中关键字最小的记录
      if ( k != i )
        { RecType temp=r[k];
          for ( j=k-1;j>=i;j-)       // 向后平移一位
                r[j]=r[j-1];
          r[i] =temp;
        }
   }
}
```

显然改进的简单选择排序算法的时间复杂性是 $O(n^3)$，空间复杂性仍为 $O(1)$。

8.3.3 堆排序

堆排序(heap sort)是一种稍复杂而高效的选择排序算法。

1. 堆的定义

n 个元素的关键字值序列 $k_1,k_2,\cdots,k_n$，当且仅当满足下列关系时，称之为堆：$k_i \leqslant k_{2i}$ 且 $k_i \leqslant k_{2i+1}$，或 $k_i \geqslant k_{2i}$ 且 $k_i \geqslant k_{2i+1}$，$i=1,2,\cdots,n/2$。满足前一组关系的称为最小堆(或称小根堆)，满足后一组关系的则称为最大堆(或称大根堆)。见图 8-6。

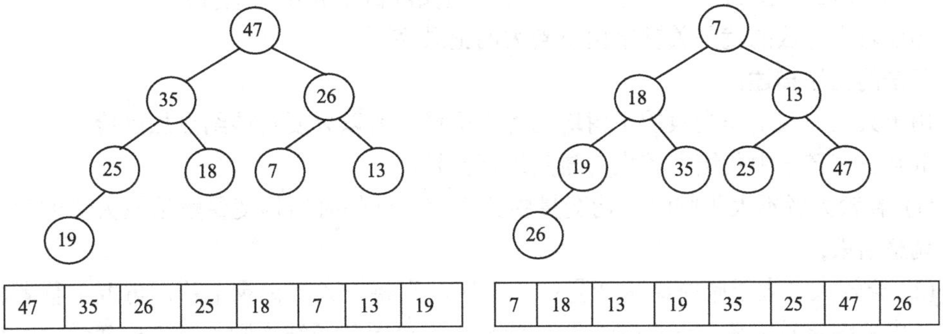

(a) 大根堆及其对应的序列　　(b) 小根堆及其对应的序列

图 8-6　堆的示例

将待排序的记录序列即一维结构数组逻辑上看成是一个完全二叉树上结点自顶向下自左至右的排列，则能比较直观地判断该记录序列(仅关键字值)是否构成一个大根堆或小根堆。若记录关键字序列 $\{k_1,k_2,\cdots,k_n\}$ 是最大堆，则堆顶记录(即完全二叉树的根)的关键字必为序列中 n 个元素关键字值的最大者。而在最小堆中，堆顶记录的关键字必为最小者。

2. 以最大堆为例来介绍堆排序

以最大堆进行堆排序的思想：首先将 n 个记录按关键字大小建成最大堆，得到的 n 个记录中关键字最大的记录就在堆顶(即根)上，将堆顶记录与最后一个记录交换，关键字最大的记录排在了最后。然后，对前面的 $n-1$ 个记录只需从根开始调整成堆，这 $n-1$ 个记录中关键字最大(整体上为次大)的记录必在堆顶(即根)上，再将堆顶记录与这 $n-1$ 个记录中的最后一个记录交换。如此反复，便得到一个按关键字有序的序列。构成堆的过程可有两种方法：

(1) 从根结点起逐一插入结点，插入过程中比较结点数据，进行必要的互换调整。

(2) 先把所有数据按任意次序置入完全二叉树的各结点中，然后由下而上进行结点数据比较并利用“筛”(sift)的方法进行调整,使之成为“堆”。

这两种构成堆的方法对建立大根堆和小根堆都适用。

利用大根堆进行排序的算法描述：

(1) 初始建堆，将 n 个待排记录存储的一维数组(下标从 1 到 n)看成一个完全二叉树上结点按从上到下从左到右的一排列，最后一个非叶结点是第 $[n/2]$个元素。从第 $[n/2]$个结点开始，依次将第 $\lfloor n/2 \rfloor$ 个结点，第 $\lfloor n/2 \rfloor-1$ 个结点，……，第 2 个结点，第 1 个结点，作为当前结点(并将记录内容保存在一个临时结构变量中)，按照大根堆的定义，逐一检查以其为根的子树是否构成大根堆。将待排序的记录序列构造成一个大根堆。此时，选出了堆中所有记录的最大者(在堆顶，即根中)。

(2) 将堆顶从堆中移走，与待排序范围内最后一个记录交换，并将剩余的记录(前 $n-i$ 个)再调整成堆。这样又找出了次大关键字的记录。

(3) 重复(2)，直到堆中只有一个记录为止(实际做了 $n-1$ 次选择) 。

顺序表中存放的就是关键字由小到大的记录序列。

筛法的文字描述：

由于其左右孩子作为根的子树均已为大根堆，所以只要对该结点加以检查：

取其左右孩子中关键字较大者与其进行比较：

(1) 若较大者不大于临时结构变量中关键字，则临时结构变量赋给较大者的双亲，算法调整结束；

(2) 若较大者大于临时结构变量中关键字，则将较大者记录上移，再取上移者原左右孩子中关键字较大者，重复(1)，(2)，或较大者再无孩子结点则临时结构变量赋给较大者原所在位置，算法调整结束。

筛法算法Sift

```
void Sift(RecType r[ ],int k,int m)
//  r[k]为根,r[2k]和 r[2k+1]为根的左右子树均为大根堆
// 调整使序列 r[k…m]满足大根堆的性质
{   i=k;  j=2*i;  x=r[k];                  // 暂存"根"记录 r[k]
    while ( j<= m )
       {  if (j < m && r[j].key < r[j+1].key )
                  j++;                       // j 指向较大者
          if ( x.key >= r[j].key ) break;
          else
           {  r[i]=r[j];
              i=j;
              j=2*i ;
           }    //  r[j]大时向上提升
       }
     r[i]=x;                           //  r[k]填入适当位置
}
```

堆排序的算法HeadSort (主控部分)

```
void HeadSort (RecType r[ ],int n)
// 对 r[1…n]进行堆排序
{  for (i=n/2; i>= 1; i--)
          Sift (r,i,n);         // 自第[n/2]个记录进行筛选建堆
   for (i=n;  i >= 2; i--)
     {  r[1] ←→ r[i];   // 将堆顶记录和堆中每趟最后一个记录互换
          Sift (r,1,i-1);    // 调整r[1…i-1],使之变为堆
     }
 }
```

利用小根堆同样也可进行排序，只不过每次选出的是最小者，此时一般可直接输出，得到的即为按关键字由小到大排列的记录序列。若仍要保存在原结构数组中，则其中存放的是从后往前按关键字由小到大排列的记录序列。

3. 堆排序的例子

设给定待排记录关键字值序列为 49,38,65,97,76,13,27,49'，对它们进行堆排序的过程如图 8-7 和图 8-8 所示。

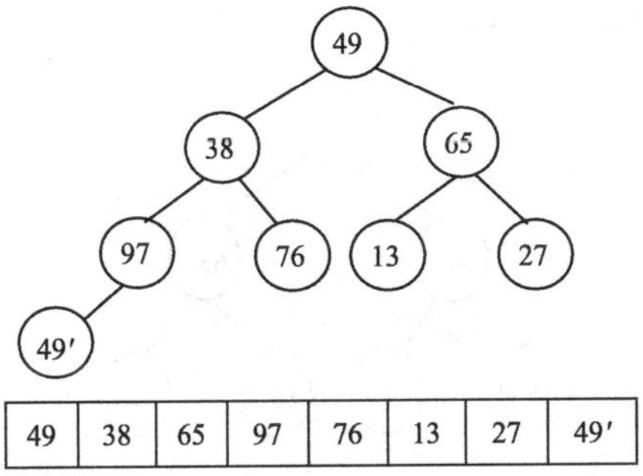

(a) 待排序序列

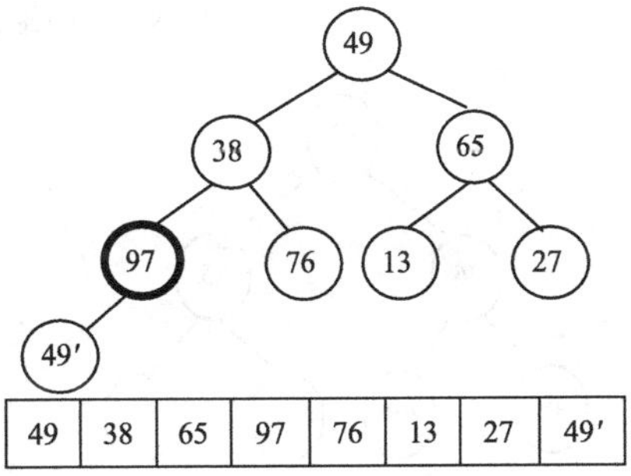

(b) 第1次筛97,不用调整

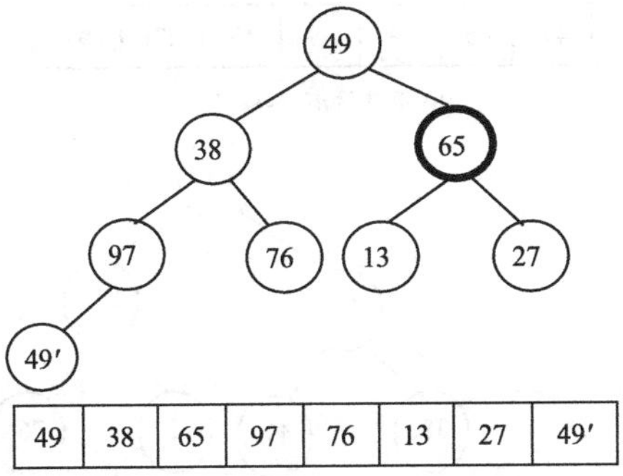

(c) 第2次筛65,不用调整

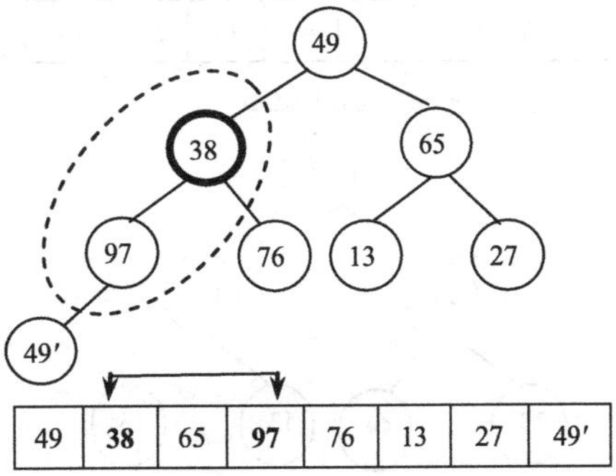

(d) 第3次筛38，调整

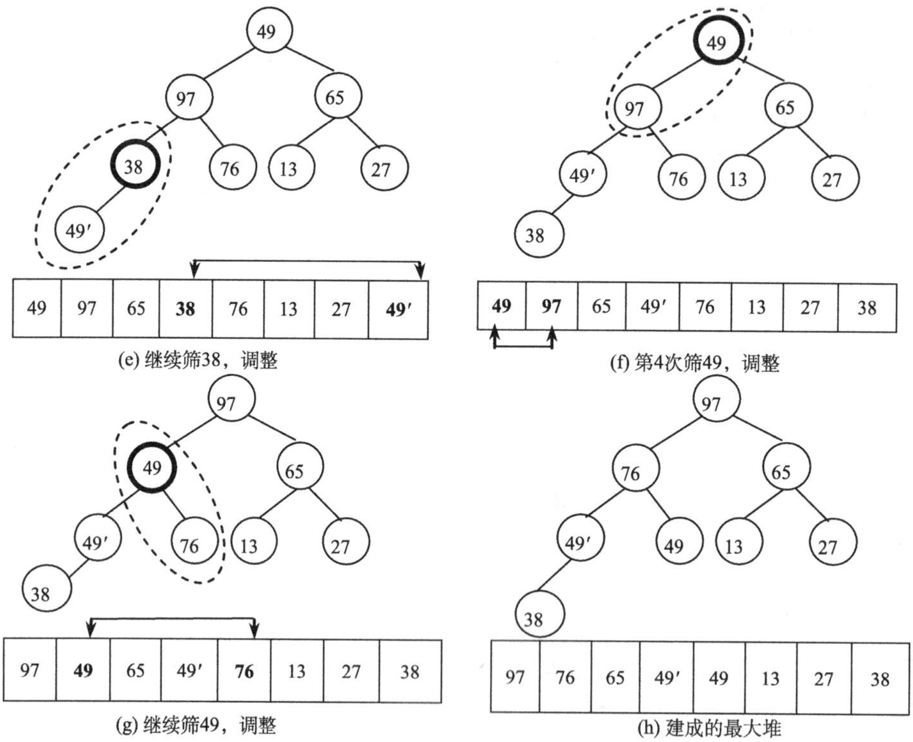

图 8-7　初始建立最大堆的过程

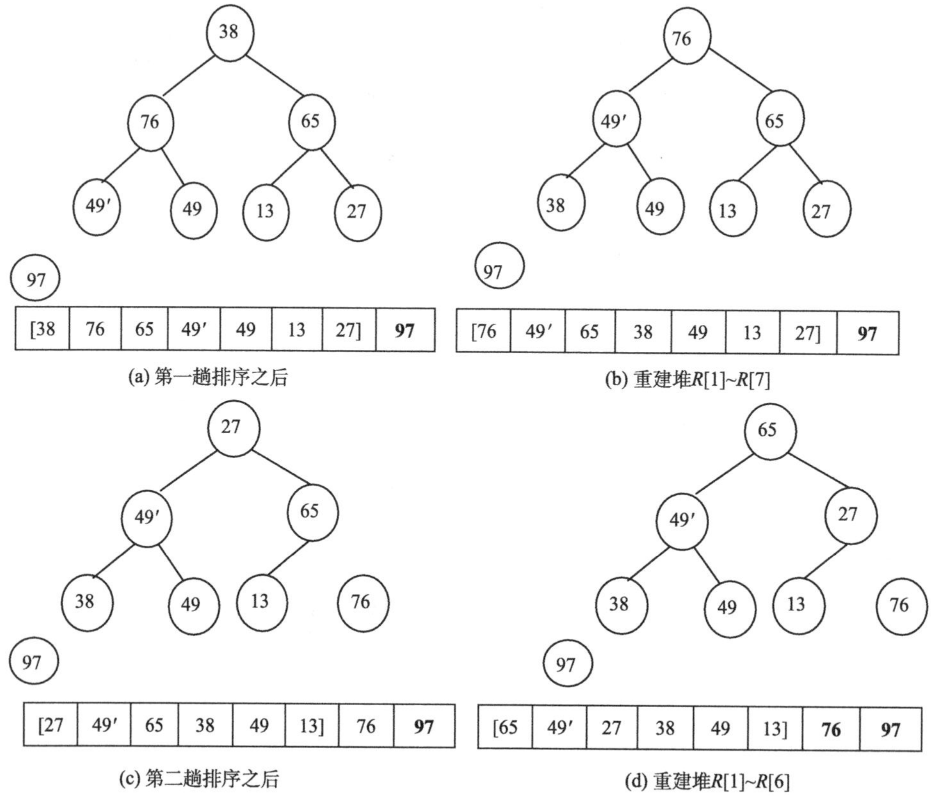

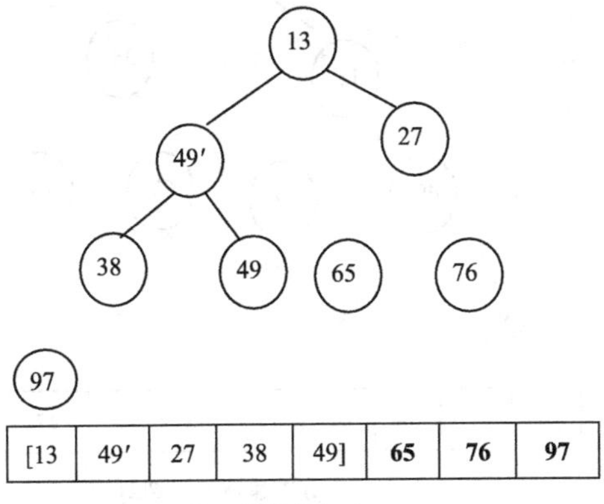

(e) 第三趟排序之后

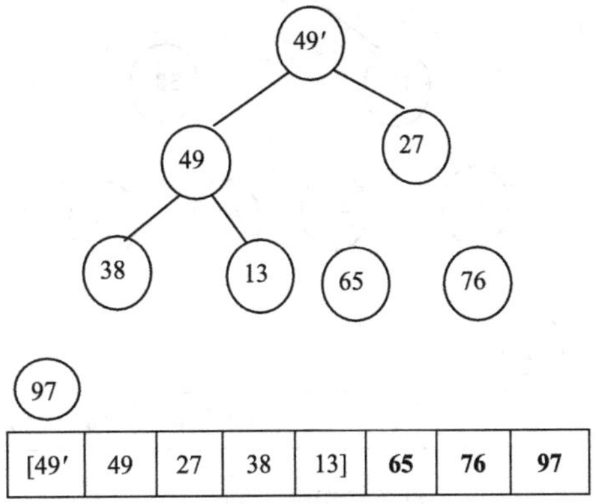

(f) 重建堆$R[1]$~$R[5]$

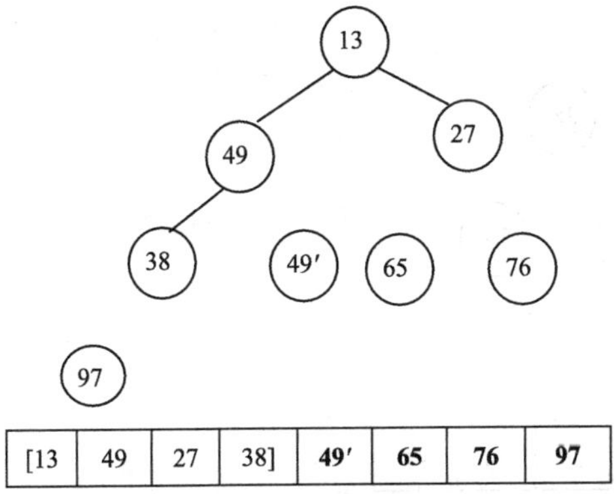

(g) 第四趟排序之后

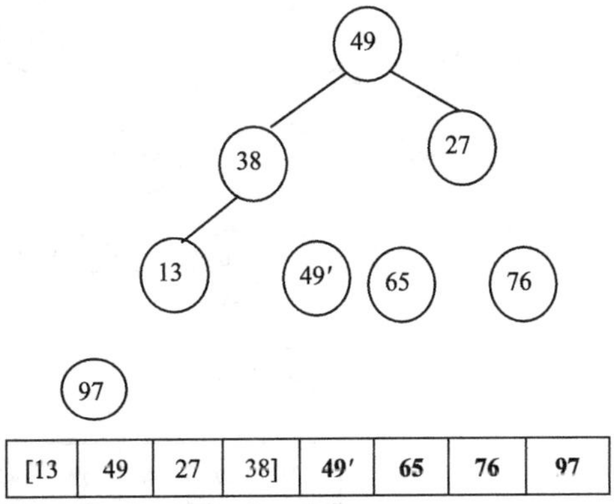

(h) 重建堆$R[1]$~$R[4]$

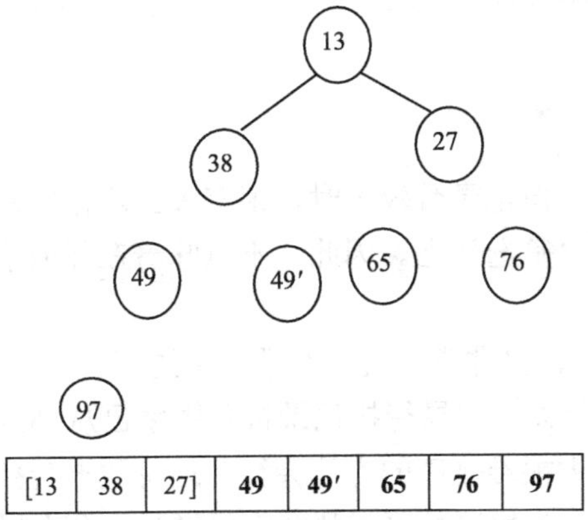

(i) 第五趟排序之后

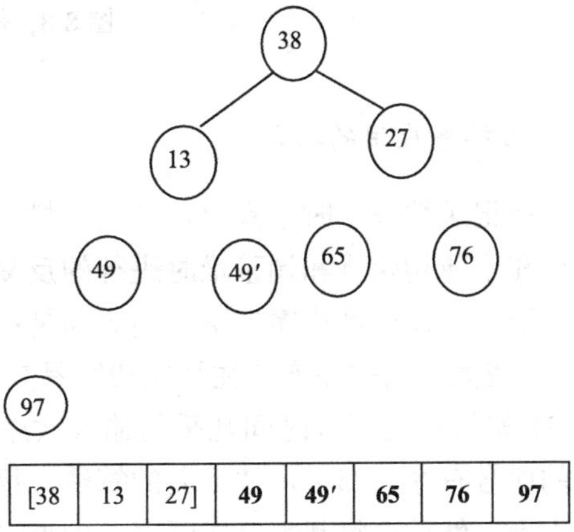

(j) 重建堆$R[1]$~$R[3]$

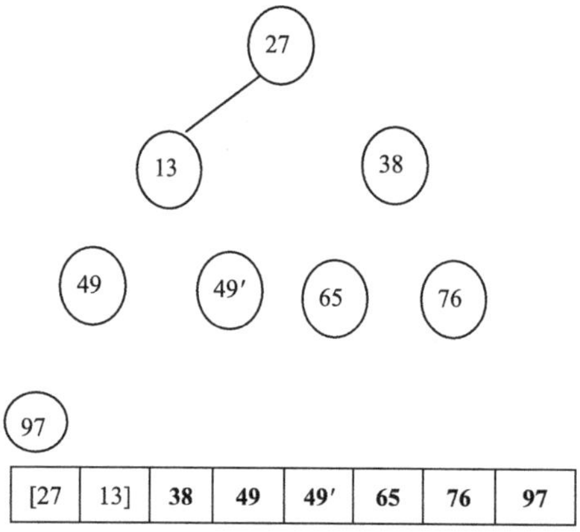

(k) 第六趟排序之后

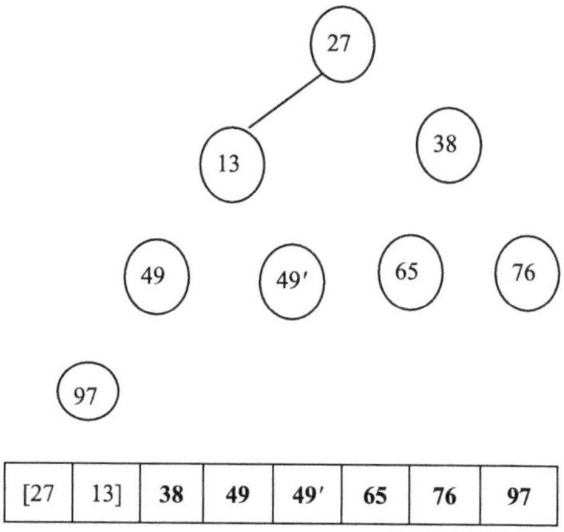

(l) 重建堆*R*[1]~*R*[2]

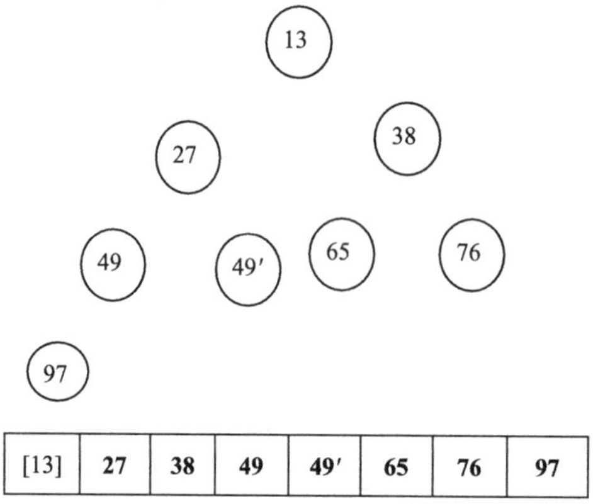

(m) 第七趟排序之后，即得到最后的排序结果：13,27,38,49,49 ,65,76,97

图 8-8　堆排序过程

4. 堆排序应用的场合

待排记录数较小时不宜提倡使用堆排序。但记录数较大时，很有效。堆排序时间消耗主要在于建初始堆和调整堆时进行的反复“筛选”上。因此，不意味着在任何情况下都可以简单地使用堆排序方法。其原因是：

(1) 较简单的排序方法往往比较容易实现，且非常适合于在数组上进行。

(2) 堆排序的运行时间几乎与输入次序无关。如果待排记录按关键字已从小到大按要求的序号有序，那么，按上面的算法，用大根堆排序的方法会徒劳地将数据转换成一个最大堆，然后再将其恢复成顺序。如果输入为反序顺序，那么它已经是一个大根堆。

5. 堆排序算法的时间复杂性分析

深度为 k 的堆，关键字比较次数至多为 $2(k-1)$次。

在建有 n 个元素且深度为 h 的堆时，总共进行的关键字比较次数≤$4n$。n 个结点的完全二叉树的深度 $h=\lfloor \log_2 n \rfloor+1$，则建新堆时调用 sift 函数 $n-1$ 次，总共进行的比较次数

不超过 $2(\lfloor\log_2(n-1)\rfloor+\lfloor\log_2(n-2)\rfloor+\cdots+\lfloor\log_2 2\rfloor)<2n(\lfloor\log_2 n\rfloor)$因此，在最坏情况下，时间复杂性为 $O(n\log_2 n)$。堆排序是一种不稳定的排序算法。

8.4　交换排序

交换排序的基本思想是比较待排序记录的关键字的值，发现其次序相反时交换两个记录。主要有简单交换排序即冒泡排序(bubble sort)和快速排序(quick sort)两种具体的交换排序算法。

8.4.1　冒泡排序

1. 冒泡排序的主要思想

通过对待排序列中两个记录的关键码相比较，如果反序(即排列顺序与排序后的次序正好相反)，则交换它们的存储位置，来实现排序。从宏观上看来，冒泡排序方法在排序过程中“重”的(即值大的)往下沉，“轻”的(即值小的)往上飘，因而类似于冒泡，所以称为冒泡排序。

2. 冒泡排序方法的排序过程

(1) 将整个待排序的记录序列划分成有序区和无序区，初始状态有序区为空，无序区包括所有待排序的记录。

(2) 对无序区从前向后依次将相邻记录的关键码进行比较，若反序则交换，从而使得关键码小的记录向前移，关键码大的记录向后移。

(3) 重复执行(2)，直到无序区中没有反序的记录。

对无序区用冒泡排序方法排序，最大关键字的记录必定调整到了无序区的最后位置上，那也就是该最大关键字的记录所最终应排位置。这样，每做一次，无序区至少减少一个元素。

3. 示例

设给定的一组记录的关键字分别为 49,38,65,97,76,13,27,49′，则按冒泡排序算法的过程如图 8-9 所示。

初始关键字	49	38	65	97	76	13	27	49′
第一趟	[38	49	65	76	13	27	49′]	97
第二趟	[38	49	65	13	27	49′]	76	97
第三趟	[38	49	13	27	49′]	65	76	97
第四趟	[38	13	27]	49	49′	65	76	97
第五趟	[13	27]	38	49	49′	65	76	97
第六趟	13	27	38	49	49′	65	76	97

图 8-9　冒泡排序过程示例

4. 冒泡排序方法的算法描述

(1) 高效的冒泡排序算法描述：

高效的冒泡排序算法BubbleSort

```
void BubbleSort(RecType r[ ], int n)
{    exchange=n; //保证循环能进行
     while (exchange)
      {   bound=exchange;
          exchange=0; //每一趟起泡排序之前 exchange 置 0
          for (j=1; j<bound; j++)
             if (r[j].key>r[j+1].key)
                           {    r[j]←→r[j+1]; exchange=j;  }
       }
}
```

在每趟排序结束后，若 exchange 的值保持为 0，则表明不再出现有次序发生反序，因而不再需要继续下一趟排序，即已排好序；若 exchange 的值不为 0，则它记载的是本趟最后发生反序而进行了交换的位置，也成为下趟排序的上界。如不这样设置，可能会导致不太高效的冒泡排序算法。

(2) 不高效的冒泡排序算法之一描述：

不高效的冒泡排序算法BubbleSort1

```
void BubbleSort1(RecType r[ ], int n)
{   exchange=1;
    for(i=1;i<n&&exchange;i++)
      {  exchange=0;
         for (j=1; j<n-i+1; j++)
            if (r[j].key>r[j+1].key)
               {   r[j]←→r[j+1]; exchange=1;  }
       }
}
```

该算法只记录每趟是否有元素交换，没有记录上界。

(3) 不高效的冒泡排序排序算法之二描述：

不高效的冒泡排序算法BubbleSort2

```
void BubbleSort2(RecType r[ ], int n)
{  for(i=1;i<n;i++)
      for (j=1; j<n-i+1; j++)
```

```
            if (r[j].key>r[j+1].key)
                r[j]←→r[j+1];
    }
```

该算法既没记录每趟是否发生元素交换的信息，也没记录上界，其效率最低。但因最简单，所以，人们可能经常在用。

5. 冒泡排序算法的时间复杂性

分析冒泡排序算法，容易看出，若初始序列为“正序”序列，则只需进行一趟排序，在排序过程中进行 $n-1$ 次关键字间的比较，且不移动记录；反之，若初始序列为“逆序”序列时，则需进行 $n-1$ 趟排序，需进行 $n(n-1)/2$ 次比较，并作等数量级的记录移动。因此，总的时间复杂度为 $O(n^2)$。

6. 冒泡排序的稳定性

冒泡排序算法是稳定的，因为关键字值相等的记录决不会彼此交换。

8.4.2 快速排序

在起泡排序中，记录的比较和移动是在相邻单元中进行的，记录每次交换只能上移或下移一个单元，因而总的比较次数和移动次数较多。改进的着眼点是：在快速排序中，记录的比较和移动是从两端向中间进行的，关键码较大的记录一次就能从前面移动到后面的单元，关键码较小的记录一次就能从后面移动到前面的单元，记录每次移动的距离较远，从而减少了总的比较次数和移动次数。

1. 快速排序(quick sort)的基本思想

在待排序的 n 个记录中任选一个记录(一般选第一个记录作为基准，以该记录的关键字值为准，使得这个记录前面的所有记录的关键字值均小于或等于该关键字，而它后面的那些记录的关键字值均大于或等于该关键字值，故这个关键字记录正好处于它最终排序位置——即完成一趟快速排序，然后对所分的前、后两组记录分别重复上述方法，直到所有记录都处于它们的最终位置为止。由于这种排序算法在确定一个记录位置时，不仅考虑了本身，而且兼顾考虑了前后的记录，因此快速排序称谓名实相符，排序确实快速。

以选定的基准记录的关键字值为准，设置指待排序段的两端并从两端开始，将后面的关键字值较小(比基准记录关键字值小的)记录移到前面去，将前面的较大(比基准记录关键字值大的) 记录移到后面去，反复上述过程，直到扫描指针碰头为止。具体来讲，就是设法把序列 $F=\{R_1,R_2,\cdots,R_n\}$ 在基准记录 R_x 处分成两个子序列 $F_1=\{R_{1a},R_{1b},\cdots,R_{1m}\}$，$F_2=\{R_{21},R_{22},\cdots,R_{2k}\}$使得

$K_i \leqslant K_x$　K_i 是 F_1 中任一记录的关键字

$K_j \geqslant K_x$　K_j 是 F_2 中任一记录的关键字

R_x 在最终排序的正确位置上，R_x 称为枢轴元素，其中 K_x 是 R_x 的关键字值。这也叫做一趟快速排序。

对 F_1 和 F_2 重复上述过程，直到全部记录均在排序后的位置上。

由于$(n/2)^2+(n/2)^2 \leqslant n^2$(将 n 个元素分成 $n/2$ 个，再对 $n/2$ 个元素进行排序)，从而使 n 个记录排序的时间复杂度由 $O(n^2)$降至 $O(n\log_2 n)$。

2. 快速排序方法

一趟快速排序实际上是确定划分元素 R_x 的位置,通常按以下具体方法进行：

(1) 取子序列的第一记录赋给 R_x。

(2) 设两个序列变量 i 和 j，i 指向第一个记录，j 指向最后一个记录。

① j 从右至左找 $K_j<K_x$ 的记录；若有，则将对应的 R_j 送到 i 新指的位置上；

② i 接着从左至右找 $K_i>K_x$ 的记录；若有，则将 R_i 送到 j 新指的位置上；

③ 重复①②，直到 $i=j$；

④ 将 R_x 置于位置 $i=j$ (该位置必为 R_x 排序后的正确位置)。

3. 示例

对前面给出的初始关键字序列进行一趟快速排序的过程如图 8-10 所示.

初始关键字	[49	38	65	97	76	13	27	49′]
一次交换后	[27	38	65	97	76	13	27_j	49′]
一次交换后	[27	38	65	97	76	13	65_j	49′]
三次交换后	[27	38	13	97	76	13	65	49′]
四次交换后	[27	38	13	97	76	97	65	49′]
完成一趟排序	[27	38	13]	49	[76	97	65	49′]

图 8-10　一趟快速排序的过程

而对该关键字序列进行快速排序各趟的结果如图 8-11 所示。

初始关键字	[49	38	65	97	76	13	27	49′]
一趟排序后	[27	38	13]	49	[76	97	65	49′]
二趟排序后	[13]	27	[38]	49	[49′	65]	76	[97]
三趟排序后	13	27	38	49	49′	[65]	76	97
最后结果	13	27	38	49	49′	65	76	97

图 8-11　快速排序各趟结果

4. 快速排序算法描述

整个快速排序算法分为两个函数来描述,第一个是划分函数 Partition()，第二个是快速排序的总控函数。

划分函数Partition

```
int Partition(RecType r[],s,t)
{  x=r[s];                              // 选 r[s]为枢轴记录
   i=s; j=t;
   while(i<j)
    { while( i<j&&r[j].key>=x.key) j--;  //找关键字<X 的记录 r[j]
        if(i<j) r[i]=r[j];               // 若有,则将其送给 r[i]
        while(i<j&&r[i].key<=x.key) i++; //找关键字>X 的记录 r[i]
        if (i<j) r[j]=r[i];              // 若有,则将其送给 r[j]
     }                               // 当 i 等于 j 时循环结束
   r[i]=x;                              // 中枢元素归位
   return i;                            // 返回划分点值
 }
```

快速排序算法QuickSort(总控部分)

```
void QuickSort(RecType r[ ], int first, int end )
{ if ( first < end)
      {    pivot = Partition (r, first, end );
           QuickSort(r, first, pivot-1);
           QuickSort(r, pivot+1, end );
      }
}
```

将划分函数 Partition 和快速排序算法 QuickSort(总控部分) 合在一起也可构成快速排序算法:

快速排序算法QuickSort1

```
void QuickSort1(RecType  r[ ], int first, int end )
// 在序列 first~end 中递归地进行快速排序
{   if ( first < end)
          {   x=r[first];
             i=first; j=end;
             while(i<j)
            { while( i<j&&r[j].key>=x.key) j--;
                if(i<j) r[i]=r[j];
                while(i<j&&r[i].key<=x.key) i++;
                if (i<j) r[j]=r[i];
              }
             r[i]=x;
             QuickSort1(r, first, i-1);
             QuickSort1(r, i+1, end );
           }
    }
```

5. 快速排序的时空复杂性分析

假设 $T(n)$为对 n 个记录 $r[1\cdots n]$进行快速排序所需时间，则由算法 QuickSort 可见，$\mathrm{T}(n)=T_{\mathrm{partition}}(n)+T(k-1)+T(n-k)$，其中 $T_{\mathrm{partition}}(n)$为对 n 个记录进行划分，即调用函数 partition(r,l,n)所需时间(设 partition(r,l,n)的返回值为 k)。从 partition(r,l,n) 函数可见，它所需时间主要花费在记录关键字的比较上，所需比较次数至多为 n。于是，$T(n)\leqslant n+T(k-1)+T(n-k)$，$T(k-1)$和 $T(n-k)$分别为对 $r[1\cdots k-1]$和 $r[k+1\cdots n]$中记录进行快速排序 QuikSort$(r,\mathrm{l},k-1)$和 QuikSort$(r,k+1,n)$所需时间。

快速排序的最好情况下的时间复杂性分析：每次划分后，恰好把待划分区间划分为两个长度相等的子区间，此时有

$$\begin{aligned}T(n)&\leqslant n+T(k-1)+T(n-k)=n+2T(n/2)\\&=n+2(2T(n/4)+n/2)\\&=2n+4T(n/4)\\&=3n+8(T(n/8)\\&=n\log_2 n+nT(1)=O(n\log_2 n)\end{aligned}$$

因此，快速排序的最好时间复杂度为 $O(n\log_2 n)$。

快速排序的平均时间复杂性分析：在平均情况下，假设待排序列中记录是随机排列的，则在一趟排序之后，k 取 1 到 n 之间任何一值的概率相同为 $1/n$，快速排序所需时间的平均值则为

$$T(n)=n+\frac{1}{n}\sum_{k=1}^{n}[T(k-1)+T(n-k)]=n+\frac{2}{n}\sum_{i=0}^{n-1}T(i)$$

即

$$T(n)=n+\frac{2}{n}\sum_{i=0}^{n-1}T(i) \tag{8-3}$$

于是，也有

$$T(n-1)=(n-1)+\frac{2}{n-1}\sum_{i=0}^{n-2}T(i) \tag{8-4}$$

将式(8-1)两边同时除以 $2/n$,将式(8-2)两边同时除以 $2/n-1$,然后相减，并整理得

$$\begin{aligned}T(n)&=\frac{n+1}{n}T(n-1)+\frac{2n-1}{n}\\&<\frac{n+1}{2}T(1)+2(n+1)(\frac{1}{2}+\frac{1}{3}+\cdots+\frac{1}{n+1})\\&<(\frac{T(1)}{2}+2)(n+1)\ln(n+1),n\geqslant 2\end{aligned}$$

假定 $T(1)=0$，则

$$T(n)<\frac{2(n+1)}{\log_2 e}\log_2(n+1),n\geqslant 2 \tag{8-5}$$

即快速排序的平均时间复杂度为 $O(n\log_2 n)$。此时，快速排序的平均时间的主项 $kn\log_2 n$

的系数 k 为 $2/\log_2 e<2$。经验证明，在所有同数量级的此类(先进的)排序方法中，快速排序的常数因子 k 最小。因此，就平均时间而言，通常认为，在所有同数量级($O(n\log_2 n)$)的排序算法中，快速排序的平均时间性能最好。快速排序是目前被认为最好的一种内部排序方法。

快速排序的最坏情况下的时间复杂度分析：若初始记录序列按关键字有序时，快速排序中每次划分所得到的两个子序列，一个为空，另一个则只比上次划分少一个记录。但仍要经过 $n-1$ 次递归调用才能将所有记录定位，而在第 i 趟排序中要进行 $n-i$ 次关键字值的比较，才能确定第 i 个记录作为枢轴记录所在的位置。因此，总的比较次数为 $\sum_{i=1}^{n-1}(n-i)=\frac{n(n-1)}{2}$，所以，快速排序的最坏时间复杂度 $T(n)=O(n^2)$。

为改进之，通常依“三者取中”的法则来选取枢轴记录，即对待排记录 $r[s]$~$r[t]$，比较 $r[s].key$、$r[t].key$、$r[(s+t)/2].key$，取三者中其关键字值取中值的记录为枢轴，只要将该记录和 $r[s]$互换，则算法的其他不变。经验证明，采用三者取中的规则可大大改善快速排序在最坏情况下的性能。

快速排序的空间复杂度分析：快速排序需要一个栈空间来实现递归。若每一趟排序都将记录序列均匀地分割成长度相接近的两个子序列，则栈的最大深度为$\lfloor\log_2 n\rfloor+1$，即快速排序的最好空间复杂度为 $O(\log_2 n)$。

但是，若每趟排序之后，k 均取 t 值，则为最坏情况。因要进行 $n-1$ 次递归调用，所以，栈的最大深度为 n，即快速排序的最坏空间复杂度为 $O(n)$。平均情况下，栈的深度为 $O(\log_2 n)$，所以，快速排序的平均空间复杂度为 $O(\log n)$。

6. 快速排序的不稳定性

快速排序是不稳定的，见图 8-12。

[28	49	12	49′	25	20]
[20	25	12]	〈28〉	[49′	49]
[12]	〈20〉	[25]	28	〈49′〉	[49]
12	20	25	28	49′	49

图 8-12 快速排序是不稳定的举例说明

7. 快速排序算法的非递归形式

只要在每次以中枢元素划分待排数据之后，先将右区间的下界 $i+1$ 和上界 h 暂时入栈保存(i 为中枢元素的位置)，继续对左区间进行快速排序，直到分划所得左区间中只有一个记录为止，再从栈中取出待排序无序区的下界和上界继续进行快速排序。

非递归的快速排序算法QuickSort2

```
void QuikSort2(RecType  r[ ], int l, int h )
// 在序列 l~h 中进行非递归的快速排序
{  int  s[M][2];            // 二维数组 s 作为栈, M 为大于 n 的整常量
   top=-1;
   do
   {  while (l<h)
      {  int i=partition(r,l,h);
```

```
            top=top+1;          // 右区间下界和上界进栈
            s[top][0]=i+1;         // 右区间下界进栈
            s[top][1]=h;          // 右区间上界进栈
            h=i-1;
         }
       if (top>0)
           { l=s[top][0];h=s[top][1];
             top--;
           }
     } while ((top!=-1)||l<h);
   }
```

8.5 归并排序

归并排序(merge sort)是借助于“归并”技术来进行排序的一种排序方法。所谓归并，就是指将若干个已排序的子文件合并成一个有序的文件。

1. 归并排序

归并排序假定，排序前待排记录序列分为若干个子序列，各子序列是已排好序的，将已排好序的子序列视为归并段，将这些有序的子序列合并成较大的排好序的归并段，直到只剩下一个归并段为止。

每次只合并两个归并段的归并排序叫两路归并排序，而每次合并 k 个归并段的归并排序则称 k 路归并排序。这里主要讨论两路归并排序，也简称为归并排序。

2. 二路归并排序

二路归并排序的基本思想：将一个具有 n 个待排序记录的序列看成是 n 个长度为 1 的有序序列，然后进行两两归并，得到 $n/2$ 个长度为 2 的有序序列；再进行两两归并，得到 $n/4$ 个长度为 4 的有序序列；……；直至得到一个长度为 n 的有序序列为止。

例 8-1　在给定初始关键字：25,57,48,37,12,92,86,98,100,120,110 下，将其二路归并排序的过程如图 8-13 所示。

初始关键字	25	57	48	37	12	92	86	98	100	120	110
8 个归并段	[25]	[57]	[48]	[37]	[12]	[92]	[86]	[98]	[100]	[120]	[110]
第一趟合并	[25	57]	[37	48]	[12	92]	[86	98]	[100	120]	[110]
第二趟合并	[25	37	48	57]	[12	86	92	98]	[100	110	120]
第三趟合并	[12	25	37	48	57	86	92	98]	[100	110	120]
第四趟合并	[12	25	37	48	57	86	92	98	100	110	120]

图 8-13　归并排序过程示例

3. 二路归并排序的算法描述

要将二路归并排序的基本思想用算法加以完整描述，需分三步完成：

(1) 相邻两个归并段合并成一个有序归并段的算法描述。

相邻两个归并段合并成一个有序段的算法Merge

```
void Merge(RecType r[ ],RecType r1[ ], int s, int m, int t )
// r[s~m]和 r[m+1~t]分别有序,归并为一有序,并存在 r1[s~t]
{  i=s; j=m+1; k=s;
   while (i<=m && j<=t)
      if (r[i].key<=r[j].key)  r1[k++]=r[i++];
             else  r1[k++]=r[j++];
   while (i<=m)    r1[k++]=r[i++];
   while (j<=t)    r1[k++]=r[j++];
}
```

相邻两个归并段合并成一个有序归并段的时间复杂度为 $O(t)$，其中 t 为总长。

(2) 段长为 h 的一趟归并算法。

在待排序记录的序列 $r[1\cdots n]$中的记录按段长 h 分段有序的情况下，将其每相邻的两个归并段都对应地归并到 $r1[1\cdots n]$，使之按长度 $2h$ 分段有序。

段长为*h*的一趟归并算法MergePass

```
void MergePass(RecType r[],RecType r1[],int n, int h)
{  i=1;
   while (i<=n-2*h+1)
     {  Merge (r, r1, i, i+h-1, i+2*h-1);    // 归并两段,结果赋给 r1
        i+=2*h;                          // 准备将接下来的相邻两段归并
     }
   if (i<n-h+1)    Merge (r, r1, i, i+h-1, n);
         else      for (k=i; k<=n; k++)  r1[k]=r[k];
}                  // 归并之后 r1 中存放段长 2h 的分段有序结果
```

(3) 二路归并排序的总体算法描述。

首先把 n 个记录看成 n 个长度为 1 的排序序列，把这些序列成对地加以合并，取长度为 2 的 $n/2$ 个排序的序列(若 n 为奇数，则有一个序列的长度为 1)。然后再将这 $n/2$ 个序列成对地合并，这样把合并过程继续下去，直到最后得到一个长度为 n 的序列为止。段长 h 的初值为 1，每做完一趟二路归并，h 翻倍，即 $h=2h$。

归并排序算法MergeSort(总体部分)

```
void  MergeSort(RecType r[ ], RecType r1[ ], int n )
// 对 r[1...n]中的记录二路归并排序
{  h=1;
   while (h<n)
    {  MergePass (r, r1, h);
       h=2*h;
       MergePass (r1, r, h);
       h=2*h;
    }
}
```

4. 归并排序算法的分析

归并排序对接受排序的记录进行了若干遍扫描。在第一遍扫描中，长度为 1 的有序子序列得到合并。在第一遍扫描中，合并后有序子序列的长度为 2。在第 i 遍扫描中，合并后有序子序列的长度为 2^{i-1}。因此，对 n 个记录的数据共进行 $\log_2 n+1$ 趟扫描。由于两个序列合并需要的比较次数为两序列总长度，故归并排序的每一趟需要比较次数为 n。由于要进行 $\log_2 n+1$ 趟扫描，所以计算时间总共为 $O(n\log_2 n)$。算法中所需要的辅助数组 $r1$ 所需的空间量是 $O(n)$。

归并排序算法既适合于内部排序，也适合外排序。

归并排序是稳定的。

8.6　基 数 排 序

基数排序(radix sort)是由多关键字排序的思想和前面的分配排序中如何进一步减少或固定桶的个数的思想，同时考虑记录的关键字的特殊构成情况而形成的，是多关键字排序和分配排序的推广或特化。

1. 多关键字排序

对于记录的多关键字或一个关键字由多位构成这两种情况可以统一描述为一个关键字且是一个 d 元组的形式：$(k(1),\cdots,k(d))$，简写为$(k(1)\cdots k(d))$，其中 $k(1)$为关键字的最高位，而 $k(d)$为关键字的最低位。两个 d 元组$(k(1)_i,\cdots,k(d)_i)$和$(k(1)_j,\cdots,k(d)_j)$，当且仅当 $k(s)_i=k(s)_j$ $(1\leqslant s\leqslant t)$ 以及 $k(s+1)_i<k(s+1)_j$ $(t\leqslant d-1)$ 时，d 元组$(k(1)_i,\cdots,k(d)_i)$小于 d 元组$(k(1)_j,\cdots,k(d)_j)$；当且仅当 $k(s)_i=k(s)$ $(1\leqslant s\leqslant d)$时，$d$ 元组$(k(1)_i,\cdots,k(d)_i)$等于 d 元组$(k(1)_j,\cdots,k(d)_j)$。所以当且仅当每两个记录 R_i, R_j 的关键字有$(k(1)_i,\cdots,k(d)_i)\leqslant(k(1)_j,\cdots,k(d)_j)$ $(1\leqslant i<j\leqslant n)$时，称记录 $R_1,R_2,\cdots,R_n$ 是按关键字$(k(1),\cdots,k(d))$排序的。

为了完成这种排序，通常采用的方法有两种：

(1) 按最主要关键字位即最高位 $k(1)$排序，结果可以得到若干个记录的堆，每一堆诸 $k(1)$值都相同，然后对这若干堆中的每一堆分别按关键字位 $k(2)$进行排序，即将其再分成若干子堆，结果每一子堆的 $k(1)$ 和 $k(2)$ 的值都相同，再对这若干子堆中的每一子堆按关键字位 $k(3)$ 进行排序，如此等等，最后再把各堆放在一起。按这种方法排序，称为最高位优先(most significant digit first，缩写为 MSD)排序。

(2) 按最次要关键字位即最低位 $k(d)$ 排序，结果得到按 $k(d)$ 值的大小分成的若干堆，然后从小到大把各堆收集起来；再对 $k(d-1)$ 用相同方法进行排序，如此等等，最后也可得到所要求的次序。按这种方法排序，称为最低位优先(least significant digit first，缩写为 LSD)排序。

例如，我们可把一副扑克牌的排序看成是一种两个关键字——花色和面值的排序，其次序关系定义如下：

花色：梅花<方块<红心<黑桃

面值：2<3<…<10<J<Q<K<A

用 MSD 排序法即先把 52 张扑克牌分成四堆，每一堆均具有相同花色，然后按面值把每一堆从小到大排序，最后按堆相叠，得到所要求的次序为

梅花 2,…,梅花 A,…,…,黑桃 2,…,黑桃 A。

而用 LSD 排序法即先把 52 张扑克牌按面值大小分成 13 堆，然后从小到大把它们收集起来，再按花色分成 4 堆，最后顺序收集起来。也得到与上面相同的扑克牌次序。

比较两个方法(MSD 和 LSD)，LSD 要比 MSD 来得简单，因为 LSD 是从头到尾进行若干次分配和收集，执行的次数取决于构成关键字值的成分有多少，而 MSD 则要处理各堆与子堆的独立排序问题，通常是一个递归过程。

2. 基数排序

基数排序是按组成关键字的各位值进行排序的技术。

下面我们着重讨论以 r 为基数按 LSD 排序的实现问题。如果关键字是数字，则可以把每个十进位数字作为一个关键字位。

例如，假如所有关键字值的范围是 0~999，按三个关键字位 $k(1)k(2)k(3)$ 排序，其中 $k(1)$ 为百位数，$k(2)$ 为十位数，$k(3)$ 为个位数，并且 $0\leqslant k(j)\leqslant 9(j=1,2,3)$。0 到 9 共有 10 个数字，称为基数数字，这种关键字为十进制数的排序称之为以 10 为基数的基数排序。

如果关键字值采用二进制表示法，则称之为以 2 为基数的排序。

一般地，可以任意选择基数 r，从而得到以 r 为基数的排序。

这里主要以 10 进制数为例(即 r=10)加以介绍基数排序。

首先按最低位(即个位)的数值依次把各数据元素分配到相应的桶中，然后按照桶号从小到大和进入桶中数据元素的先后次序收集在各桶中的数据元素，这样就形成了数据元素集合的一个新的排列，我们称这样的一次排序过程为一次基数排序。

再对一次基数排序得到的数据元素序列按次低位(即十位)的数值依次把各数据元素分配到相应的桶中，然后按照桶号从小到大和进入桶中数据元素的先后次序收集各桶中的数据元素。

这样的过程重复进行，当完成了第 m 次基数排序后，就得到了排好序的数据元素序列。m=3 就是三位数关键字的基数排序。m>3 就指多位数(m 位)的基数排序。

现在来描述以 r 为基数的排序方法。假定线性表由记录 $R_1,\cdots,R_d$ 构成。每个记录 R_i 的关键字由 d 元组($k(1)_i\cdots k(d)_i$)组成，其中 $0\leqslant k(j)_i\leqslant r-1(1\leqslant i\leqslant n,1\leqslant j\leqslant d)$，在排序的过程中，使用 r 个队列 $Q_0,\cdots,Q_{r-1}$，排序过程可以叙述如下：

对于 $j=d,d-1,\cdots,1$ 各做一次“分配”和“收集”。

(1) 分配：开始时，把队列 $Q_0,Q_1,\cdots,Q_{r-1}$ 置成空队，然后对于 $i=1,2,\cdots,n$ 依次考查线性表中的第 i 个结点 R_i，如果 R_i 的关键字 $k(j)_i=k$ 就把 R_i 加进 Q_k 队列中。

(2) 收集：把队列 $Q_0,Q_1,\cdots,Q_{r-1}$ 中的结点依次首尾相接，得到新的结点序列，从而组成新的线性表。

例如，对初始关键字：710,342,045,686,6,841,429,134,68,264，关键字的最大位数 d=3，基数 r=10(十进制)，设 r(=10)个队列(桶) $Q_0,Q_1,\cdots,Q_9$，进行基数排序的过程如图 8-14 所示。可以看出，经过三趟分配和收集，最后就可得到关键字的一个有序序列。

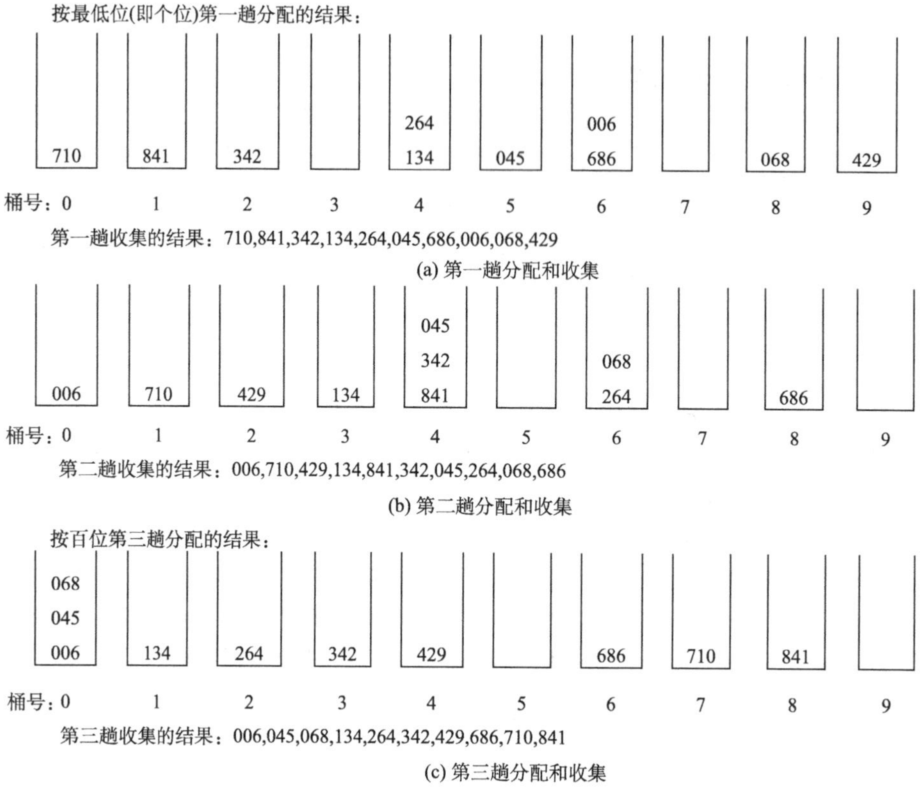

图 8-14　基数排序的示例

下面给出以 r 进制整数为关键字的基数排序法的程序。

基数排序算法RadixSort

```
#include "LinkQueue.cpp"
void RadixSort(int a[], int d, int r,int n)
// a为要排序的数据元素,r为进制的基数,d为数据元素的最大位数
```

```
{  int i, j, k, l, power = 1;
   const int M=100;
   LinkQueue<int>  myQueue[M];
                         //M为桶的最大个数。但只用 0~r-1 共 r 个桶
                         //创建链式队列对象数组。也可改用顺序队列
   for(i = 0; i < d; i++)    // 做 d 次分配和收集
     {
      if(i == 0) power = 1;
          else power = power * r;        //power=r^i
      // 分配
      for (j = 0; j < n; j++)
                        // 依次将 n 个数据元素按第 k 位的大小放到相应队列
     { k = a[j] / power - (a[j] / (power * r)) * r;
                      //计算 k 值,如 1526/100-(1526/1000)*10=5
        myQueue[k].EnQueue(a[j]); // a[j]入队列 k
      }
      // 收集
     int p= 0;
     for (j = 0; j < r; j++)   // 顺序回收各队列中的数据元素到数组 a 中
         {  while(! myQueue[j].Empty())
             {  a[p] = myQueue[j].DeQueue();
                p++;
             }
         }
    }
}
```

下面给出调用基数排序的一个示例性主函数：

```
void main( )
{  int a[]= {710,342,045,686,6,841,429,134,68,264};
     int n = 10;
     int d = 3, r = 10;
     RadixSort(a,d,r,n);
     for(int i = 0; i < n; i++)  cout<<a[i] << "  ";
}
```

3. 基数排序的算法时间复杂性分析

从基数算法中容易看出，对于 n 个记录(每个记录的关键字含 d 位，每位的取值范围为 r 个值)进行静态链式基数排序。每一趟分配的时间复杂度为 $O(n)$。每一趟收集的时间复杂度为 $O(r)$，整个排序需进行 d 趟分配和收集，其时间复杂度量级为 $O(d(n+r))$。基数排序的最好、最坏、平均时间复杂性都是 $O(d(n+r))$，其中，d 为关键字的最大位数，n 为元素个数，r 为基数。

所需辅助空间为 r 个队列结点所占用的空间，总量为 n。所以，基数排序的空间复杂度为 $O(n)$。当然，由于需用链表作存储结构，则相对于其他以顺序结构存储记录的排序方法而言，还增加了 $2r$ 个指针域的空间。

基数排序算法是稳定的。

8.7 各种内部排序算法的比较

至此，我们已介绍了多种排序方法，每种排序方法都有其自身的特点和适应场合，并不能笼统地说孰好孰坏，要根据待排序数据和具体要求加以选用。因为有些方法适用于 n 较小的情况，而另一些方法适用于 n 较大的情况。有的排序算法具有稳定性，而有的却不具有稳定性。一般可根据以下几个方面的因素综合考虑：

(1) 算法的时间复杂度和空间复杂度；

(2) 稳定性；

(3) 算法简单性；

(4) 待排序记录个数 n 的大小以及记录本身的规模大小；

(5) 关键字值的构成结构和分布情况。

对各种基本内部排序方法的时间复杂性，所需辅助存储空间以及稳定性可列为表 8-2 的形式。其中，r 表示基数的个数或简称基数，d 表示键值的最大位数。

表 8-2　基本内部排序算法性能情况表

排序方法	平均情况	最好情况	最坏情况	辅助空间	稳定性
直接插入排序	$O(n^2)$	$O(n)$	$O(n^2)$	$O(1)$	稳定
谢尔排序	$O(n\log_2 n)$~$O(n^2)$	$O(n^{1.3})$	$O(n^2)$	$O(1)$	不稳定
冒泡排序	$O(n^2)$	$O(n)$	$O(n^2)$	$O(1)$	稳定
快速排序	$O(n\log_2 n)$	$O(n\log_2 n)$	$O(n^2)$	$O(\log_2 n)$~$O(n)$	不稳定
简单选择排序	$O(n^2)$	$O(n^2)$	$O(n^2)$	$O(1)$	不稳定
改进的简单选择排序	$O(n^3)$	$O(n^2)$	$O(n^3)$	$O(1)$	稳定
堆排序	$O(n\log_2 n)$	$O(n\log_2 n)$	$O(n\log_2 n)$	$O(1)$	不稳定
归并排序	$O(n\log_2 n)$	$O(n\log_2 n)$	$O(n\log_2 n)$	$O(n)$	稳定
基数排序	$O(d(n+r))$	$O(d(n+r))$	$O(d(n+r))$	$O(n+r)$	不稳定

基于“关键字间的比较”这个操作进行的排序方法，在最坏情况下的时间复杂度不会好于 $O(n\log_2 n)$，也就是，借助于“比较”进行排序的算法在最坏情况下能达到的最好的时间复杂度为 $O(n\log_2 n)$。这是因为，含 n 个记录的序列可能出现 $n!$个不同的排列(状态)。每做一次比较，相当于二叉树中的一个分支节点来做一次判断，而要把 n 个记录排序,则相当于最终要形成一棵有 $n!$个叶子结点的判定树，而对应判定树(二叉树)的高度若设为 h，则其叶子结点数至多为 2^{h-1}(可用归纳法证明之)。而对于有 $n!$ 个叶子结点的判定树，则应有 $2^{h-1}\geqslant n!$。于是，$h\geqslant\log_2(n!)+1$，即判定树至少存在一条长度为 $\log_2(n!)+1$ 的

从根到叶子的路径,才能完全区分开$n!$种不同的排列情况,所以,时间复杂度至少是$O(\log_2(n!)+1)= O(\log_2(n!))$。而根据斯特林公式，有$O(\log_2(n!))=O(n\log_2 n)$。所以在最坏情况下能达到的最好的时间复杂度为$O(n\log_2 n)$。

下面结合表8-2，主要对基本内部排序算法从几方面给出一些综合性的结论。

1. 算法时间复杂度

从平均情况而言,时间复杂度为$O(n^2)$的低效排序算法是：直接插入排序、冒泡排序、简单选择排序、改进的简单选择排序。其中以直接插入排序和冒泡排序最常用，特别是对已按关键字基本有序的记录序列，用这两种排序法都可取得好效果，但用选择排序，效率并不一定能够得到改善。

时间复杂度为$O(n\log_2 n)$的高效排序算法是：快速排序、堆排序和归并排序。快速排序被认为是目前最快的一种排序方法。

谢尔排序的时间复杂度介于 $O(n\log_2 n)$~$O(n^2)$之间。基数排序的时间复杂度是$O(d(n+r))$，在关键字的位数d较小的情况下，其时间复杂度可近似看成$O(n)$。但它的最大特点是，其排序不是通过做关键字值的比较，而是通过分配和收集来完成的。

从最好情况而言，直接插入排序和冒泡排序的时间复杂度是$O(n)$，达到线性量级，为最好，而其他排序算法的最好时间复杂度则与平均时间复杂度相同。

从最坏情况而言，快速排序的时间复杂度从$O(n\log_2 n)$退化到$O(n^2)$，即从高效变为低效的排序算法。直接插入排序和冒泡排序的时间复杂度虽然仍是$O(n^2)$，与其平均情况下的时间复杂度$O(n^2)$相比，看起来相同，但系数大约增加一倍，运行效率几乎降低一半。在最坏的数据分布情况下，简单选择排序、改进的简单选择排序、堆排序、归并排序和基数排序的时间复杂度与平均情况下的相应的时间复杂度量级相同，即对算法没太大的影响。

所以，在平均情况下，快速排序最快；在最好情况下，直接插入排序和冒泡排序最快；在最坏情况下，堆排序和归并排序最快；而如果不想通过关键字的比较来排序，那么就应选用基数排序。

2. 算法的空间复杂度

从辅助空间的消耗量从低到高来说，对于基本的排序算法，可分为如下4类：

(1) 空间复杂度为$O(1)$的有：直接插入排序、谢尔排序、冒泡排序、简单选择排序、改进的简单选择排序、堆排序；

(2) 空间复杂度为$O(\log_2 n)$~$O(n)$的有快速排序；

(3) 空间复杂度为$O(n)$是归并排序；

(4) 空间复杂度为$O(n+r)$的是基数排序，其中r为基数。

3. 稳定性

稳定的排序有：直接插入排序、冒泡排序、改进的简单选择排序、归并排序、基数排序；

不稳定的排序有：谢尔排序、快速排序、简单选择排序、堆排序，若要选择既稳定而又高效的顺序表上的排序，则只能选择归并排序。

4. 算法简单性

简单性一般包括编写和阅读两个方面。通常分为两类，一类是简单的排序算法，如直接插入排序、冒泡排序、简单选择排序、改进的简单选择排序；另一类则是非简单的排序，包括谢尔排序、快速排序、堆排序、归并排序、基数排序等。

5. 待排序记录个数 n 的大小

当 n 较小时，由于 $O(n^2)$与 $O(n\log_2 n)$相差较小，可选用简单的排序算法，因为简单的排序算法直观易理解，容易编写，如直接插入排序、冒泡排序、简单选择排序、改进的简单选择排序，开销低，是较佳的排序法。而在 n 较大时，则应选用高效的排序算法。若只追求快速，而不顾稳定性，则可选用快速排序，在时间复杂度为 $O(n\log_2 n)$的算法中，快速排序速度最快，但当序列已近乎排好序时，快速排序的时间复杂度反而退化到 $O(n^2)$。若要稳定的排序，则选归并排序，在最坏的情况下，它仍具有最佳性能 $O(n\log_2 n)$。

6. 记录本身的大小

记录本身的大小是指构成记录数据量的大小。记录本身所含数据量越大，在移动时所需花费的时间就越多，移动记录次数多的算法就越慢。比较直接插入排序、冒泡排序、简单选择排序、改进的简单选择排序这四种简单排序算法在不同情况下的记录移动次数量级，见表 8-3，简单选择排序比直接插入排序、冒泡排序和改进的简单选择排序所需移动记录次数量级小。简单选择排序不能保证稳定性，而直接插入排序和冒泡排序是稳定的，只有改进的简单选择排序才是稳定的。

表 8-3　四种简单排序算法中记录移动次数的量级

排序方法	平均情况	最好情况	最坏情况
直接插入排序	$O(n^2)$	$O(n)$	$O(n^2)$
冒泡排序	$O(n^2)$	0	$O(n^2)$
简单选择排序	$O(n)$	0	$O(n)$
改进的简单选择排序	$O(n)$	0	$O(n^2)$

对于以数组作为存储结构的排序算法，降低记录移动次数，以减少时间消耗的一种方法是，额外设置一个一维整型数组 $t[\ ]$，排序前，$t[i]=i$，存储记录下标，当算法中要求交换 $r[i]$和 $r[j]$时，只交换 $t[i]$和 $t[j]$，排序结束后，$t[i]$指示相应的记录应放在此位置上。

7. 关键字值的构成结构

若关键字的取值在一定范围内，且是 r 进制(r=8,10,16)非负整数或由英文 26 个字母构成，则可选用基数排序或改造为适合多关键字排序的基数排序。

8. 关键字值的分布情况

对于以数组作为存储结构的排序算法，待排序记录在排序前，若按关键字的值已为正序或基本为正序，则用直接插入排序或冒泡排序，时间复杂度在 $O(n)$左右。相比之下，一般还认为，此时用直接插入排序比用冒泡排序具有更少的比较次数。而若已为正序或反序，则不宜采用快速排序，因为此时，其时间复杂度会蜕化到 $O(n^2)$。只有在分布相当随机均匀不为有序时，快速排序才能显示其优势。简单选择排序、改进的简单选择排序、堆排序、归并排序、基数排序的时间复杂度不受关键字值的分布情况的影响。

总之，选择使用哪一种排序算法应综合考虑多方面的因素，视具体情况而定。

下面给出综合考虑上述八个方面的因素而得到的一些结论，供读者参考：

(1) 若待排序记录个数 n 较小，记录基本有序，且要求稳定排序时，采用直接插入排序或冒泡排序。

(2) 若待排序记录个数 n 较小，记录所含数据量大，数据项多，且不要求稳定排序时，采用简单选择排序。

(3) 若待排序记录个数 n 较大，关键字值分布较均匀随机，且不要求稳定排序时，采用快速排序。

(4) 若待排序记录个数 n 较大，关键字值分布可能出现为有序(正序或反序)，且要求稳定排序时，采用归并排序。归并排序是高效而稳定的排序方法，但消耗 $O(n)$的辅助空间。

(5) 若待排序记录个数 n 较大，关键字值分布可能出现为有序(正序或反序)，且不要求稳定排序时，采用堆排序。

(6) 若待排序记录关键字值具有很好的结构特性，如为某 r 进制整数或字母构成，则可选用基数排序。

(7) 若待排序记录个数 n 较大，但只需找出关键字值最小的前几个记录，则选用简单选择排序或堆排序。

(8) 若待排序记录个数 n 较大，但只需找出关键字值为第 k 大的记录，则选用快速排序。因为当快速排序中，中枢元素位置正好为 k 时，放在 k 位置上的元素就是所求。

本章小结和学习要点

本章共介绍了五种内排序算法: 插入排序、交换排序、选择排序、归并排序和分配排序。归并是外排序的基本方法。

这一章的学习要点是：

(1) 深刻理解各种排序方法的特点；

(2) 了解各种排序方法的排序过程；

(3) 掌握各种排序方法时间复杂度和空间复杂性的分析结果及其分析方法。

(4) 能根据需要及具体情况灵活选用某个合适的排序算法，去求解实际问题。

习　题　8

1．解答题

(1) 为什么在直接插入排序时要设置“岗哨”？

(2) 什么叫排序算法的稳定性？哪些是稳定的？哪些是不稳定的？对不稳定的方法试举出相应的例子加以说明。

(3) 快速排序算法为何在键值有序时效率反而降低？

2. 选择题

(1) 对一组记录键值：14,18,16,13,15,22,17,85,63，进行直接插入排序，当把第 7 个记录 17 插入到有序表时，为寻找插入位置需比较______次。

A. 2　　B.3　　C.4　　D.5

(2) 对于记录键值序列：11,16,21,38,67,35,9,22,29,56,13,4，用筛选法建堆，必须从键值为______的结点开始。

A. 11　　B.　35　　C. 4　　D.　67

(3) 下列排序算法中，不稳定的是______排序法。

A．冒泡　　B. 直接插入　　C. 简单选择　　D. 归并

(4) 在记录按关键字有序的情况下，______排序法的效率反而退化到最差。

A. 谢尔　　B. 堆　　C. 快速　　D.　归并

(5) 排序过程，键值比较次数与待排序记录键值初始分布无关的排序方法是______。

A. 插入排序　　B. 快速排序

C. 选择排序和归并排序　　D. 冒泡排序

(6) 下列序列中，______是执行第一趟快速排序的结果。

A. [dog,aid,eye,die,boy, can] fly [hat,got,has]

B. [dog,aid,eye, has can] fly [hat,die,boy,got]

C. [got, dog, aid,eye] fly [die,boy, can, hat, ,has]

B. [dog,aid, boy , has can] fly [hat,die, eye,got]

(7) 对初始状态为正序有序的序列进行排序，最省时间的是______。

A. 堆排序　　B.直接插入排序

C.快速排序　　D. 简单选择排序

(8) 堆的形状是一棵______。

A. 二叉排序树　　B. 满二叉树　　C. 完全二叉树　　D. 判定树

(9) 当待排序序列基本有序或个数较小的情况下，最佳的内部排序方法是______。

A. 直接插入排序　　B. 冒泡排序　　C. 简单选择排序　　D. 快速排序

(10) 下列排序算法中，既稳定又运行时间效率高的排序算法是______。

A. 快速排序　　B. 谢尔排序　　C. 堆排序　　D. 归并排序

(11) 设有 10000 个元素，希望用最快速度挑选出前 10 个最大的，采用______方法最好。

A. 快速排序　　B. 堆排序　　C. 简单选择排序　D. 归并排序

(12) 快速排序在______情况下最不利于发挥其长处。

A. 待排序的数据量太大　　B. 待排序的数据中含有多个相同值

C. 待排序的数据已基本有序　　D. 待排序的数据数量为奇数

(13) ______方法是从未排序序列中挑选元素，并将其放入已排序序列的一端。

A. 归并排序　B. 插入排序　C. 快速排序　D. 堆排序

(14) 对记录键值序列： 57, 72, 43, 36, 41, 82，利用快速排序方法，以第一个记录为基准得到的一次划分结果为______。

A． 41, 36, 43, 57, 72, 82　　B. 41, 36, 43, 72, 57, 82

C. 41, 36, 43, 82, 57, 72　　D. 82, 72, 57, 41, 43, 36

(15) 排序趟数与序列的原始状态有关的排序方法是______。

A. 堆排序　B. 简单选择排序　C. 快速排序　D. 归并排序

(16) 用直接插入排序对下面四个序列进行由小到大排序，元素比较次数最少的是______。

A. 94, 32, 40, 90, 80, 46, 21, 69　　B. 21, 32, 46, 40, 80, 69, 90, 94

C. 32, 40, 21, 46, 69, 94, 90, 80　　D. 90, 69, 80, 46, 21, 32, 94, 40

(17) 对数列：15, 25, 22, 43, 12,18, 11, 33, 9，进行排序，元素序列变化情况如下：

① 9, 11, 12, 15, 43, 18 ,22,33, 25　　② 9, 11, 12, 15, 25, 18,22, 33, 43

③ 9, 11, 12, 15, 22, 18,25, 33, 43　　④ 9, 11, 12, 15, 18,22, 25, 33, 43

则采用的排序方法是______。

A. 谢尔排序　B. 简单选择排序　C. 快速排序　D. 归并排序

(18) ______排序方法在每趟结束后不一定能选出一个元素放在其排好序的位置上。

A.选择　B.冒泡　C.归并　D.堆

(19) 对 5 个不同的数据进行排序，最多需要比较______次。

A.8　B.10　C.15　D.25

(20) 下列排序算法中，稳定的是______排序。

A.简单选择　B.直接插入　C.快速　D.堆

3. 填空题

(1) 排序的主要目的是为了以后对已排序的数据元素进行______。

(2) 对 n 个元素进行起泡排序，在______情况下比较的次数最少，其比较次数为______。在______情况下比较次数最多，其比较次数为______。

(3) 对一组记录关键字：54, 38, 96, 23, 15, 72, 60, 45, 83，进行直接插入排序，当把第 6 个记录 72 插入到有序表时，为寻找插入位置需比较______次。

(4) 对 n 个待排序记录序列进行快速排序，所需要的最好时间是____，最坏时间是____。

(5) 利用简单选择排序对 n 个记录进行排序，最坏情况下，记录交换的次数为______。

(6) 若将关键字序列：14,18,75,66,84,25,43，建成最小堆，只需把 75 与______交换。

(7) 对于键值序列：11,23,18,38,40,35,9,28,21,14，用筛选法建堆，必须从键值为______的结点开始。

(8) 设要将序列：H,A,P,Y,N,E,C,S,R,T,M,X，按字母升序排列，则

冒泡排序一趟扫描的结果是________________________________；

以增量为 3 的谢尔排序一趟扫描的结果是________________________；

二路归并排序一趟扫描的结果是______________________________；

以第一个元素为轴值的快速排序一趟扫描的结果是____________________；

堆排序初始建堆的结果是________________________________。

(9) 从未排序序列中依次取出元素，与已排序序列中的元素作比较，将其放入已排序序列的正确位置上，这种排序方法是______ 。

(10) 从未排序序列中挑选元素，并将其依次放入已排序序列的某一端，这种排序方法是______。

(11) 对序列中元素进行一系列比较，当被比较的两元素为逆序时，进行交换，基于这种思想的排序方法是______和______两种排序方法，而______是比______效率更高的方法。

(12) 基于完全二叉树结构而进行的一种高效的选择排序方法称为______。

(13) 对 n 个记录组成的任意序列进行简单选择排序，所需进行的关键码间的比较次数总共为______。

(14) 快速排序在 n 个数据呈现为______，算法效率反而降为 $O(n^2)$。

(15) 对一组记录关键字：51, 33, 16, 21, 18, 52, 10, 25, 33，进行快速排序，在非递归中使用的栈所能达到的最大深度为______。

4. 判断题

(1) 如果某种排序算法是不稳定的，则该排序方法没有实际应用价值。（　）

(2) 当待排序的元素“粒度”很大(即含数据成分多)时，为了交换元素的位置，移动元素要占用较多的时间，这是影响时间复杂性的主要因素。（　）

(3) 对 n 个记录的集合进行快速排序时，所需要的附加空间是 $O(\log_2 n)$~$O(n)$。（　）

(4) 堆排序所需的时间与待排序的记录个数无关。（　）

(5) 若键值序列 $k_1, k_2, \cdots, k_n$，有 $k_1 \leqslant k_2 \leqslant \cdots \leqslant k_n$，则它一定是堆。（　）

(6) 对于一个堆，按二叉树的层序遍历可以得到一个有序序列。（　）

5. 计算题

(1) 已知数据序列为：11,4,8,18,5,27,23，对该数据序列进行排序，写出插入排序、谢尔排序(增量为 5,2,1,)、起泡排序、快速排序、简单选择排序、堆排序以及二路归并排序每趟的结果。

(2) 已知下列各种初始状态(长度为 n)的元素，试问当利用直接插入排序进行排序时，至少需要进行多少次比较(要求排序后的记录由小到大顺序排列)?

① 关键码从小到大有序($k_1 < k_2 < \cdots < k_n$)；

② 关键码从大到小有序($k_1 > k_2 > \cdots > k_n$)；

③ 奇数关键码顺序有序，偶数关键码顺序有序($key_1 < key_3 < \cdots$；　$key_2 < key_4 \cdots$)

④ 前半部分元素按关键码顺序有序，后半部分元素按关键码顺序有序，即：$key_1 < key_2 < \cdots < key_m$，$key_{m+1} < key_{m+2} < \cdots < key_n$

(3) 对 n 个元素组成的线性表进行快速排序，所需的比较次数依赖于这 n 个元素的初始排列。

① n=15，在最好情况下需进行多少次比较?请说明理由。

② 对 n=15，给出快速排序一个最好情况和最坏情况的初始排列的实例。

(4) 指出下列序列哪个是堆，哪个不是堆：

(a) 100,86,48,73,35,39,42,57,66,21；

(b) 12,20,33,65,24,56,48,92,86,33；

(c) 103,97,56,38,66,23,42,12,30,52,06,20；

(d) 100,28,76,35,61,29,38,40,23,20,56,05

(5) 下列序列是否为堆，如不是，按照堆排序思想把它调整为堆，用图表示建堆的过程。

① 1,5,7,25,21,8,8,42　　　　② 3,9,5,8,4,17,21,6

(6) 如果只想得到一个序列中第 k 个最小元素之前的部分排序序列，最好采用什么排序方法？为什么？对于序列：57, 40, 38, 11, 13, 34, 48, 75, 25, 6, 19, 9, 7，得到其第 4 个最小元素之前的部分序列：6,7,9,11，使用所选排序算法时，要执行多少次比较？

(7) 对于给定的一组关键字：112,317,152,621,68,571,917,555,306,669,100,224,313，写出基数排序的各趟运行结果。

6. 算法填空题

(1) 双向冒泡排序是指从右往左从倒数的第 1 个位置进行两两比较，发现逆序就进行交换，将最小关键字的元素排至排序范围中的第一个位置。再从左往右从第 2 个位置开始两两相邻的数据元素按关键字进行比较，发现逆序的两个元素就进行交换，将最大的交换到扫描范围内的最后位置上。如此继续，下一趟比上一趟排序范围至少减少前后两个元素。直到最后排好序为止。

```
struct ElemType {
    KeyType key;
    DataType others;
};
typedef ElemType SQLIST[M];  // M为一个较大的常数
void dbbubble(SQLIST r,n)  // n为待排数据元素实际个数,0分量不用
{   int i=1,j, flag=1;
    ElemType temp;
    while (flag)
{ ____①____ ;
for(____②____;j>=i+1;j--)
 if(r[j].key<r[j-1].key)
{  flag=1;
temp=r[j];
  ____③____;
r[j-1]=temp;
        }
      for (j=i+1; ____④____;j++)
if(r[j].key>r[j+1].key)
{  flag=1;
temp=r[j];
  ____⑤____;
r[j+1]=temp;
        }
  ____⑥____;
 }
}
```

(2) 下面是对数组 r 中数据 $r[0\sim n-1]$进行堆排序的算法。由于下标从 0 开始，所以，i 的左孩子是 $2i+1$,右孩子是 $2i+2$。其筛法用 Sift 函数实现：假设 $r[k\cdots m]$是以 $r[k]$为根的完全二叉树，且分别以 $r[2k+1]$和 $r[2k+2]$为根的左右子树满足大根堆的性质，Sift 算法调整 $r[k]$使序列 $r[k\cdots m]$满足大根堆的性质。

```
void Sift(int r[], int k, int m)  // 筛选法调整堆
{    int i;
     int j;
     i=k; int temp=r[i];
     j=___①___;                                  // 置i为要筛的结点,j为i的左孩子
    while (j<m)                                  // 筛选还没有进行到叶子
     {  if (j< ___②___&& r[j]<r[j+1])j++;        // 比较i的左右孩子,j为较大者
        if (temp>r[j]) break;                    // 根结点已经大于左右孩子中的较大者
        else
            {  r[i]=r[j];
               i=j;
               j=2*i+1;                          // 被筛结点位于原来结点j的位置
            }
     }
   r[i]=temp;
}
void HeapSort(int r[ ], int n)          // 堆排序
{  int i;
   int temp;
   for (i=___③___; i>=0; i--)           // 初始建堆,从最后一个非终端结点至根结点
     Sift(r, i, n) ;
   for (i=0; i<n; i++)                  // 重复执行移走堆顶及重建堆的操作
    {       temp=r[0];
         r[0]=r[n-i-1];
        ___④___=temp;
        Sift(r, 0,___⑤___);
    }
}
```

7. 算法设计题

(1) 直接插入排序中寻找插入位置的操作可以通过折半查找来实现。据此写一个改进的插入排序的算法。

(2) 设待排序的记录序列用单链表作存储结构，试写出直接插入排序算法。

(3) 设待排序的记录序列用单链表作存储结构，试写出简单选择排序算法。

(4) 对给定的序号 $k(1\leqslant k<n)$，要求在无序记录 $A[0]\sim A[n-1]$中找到按关键码从小到大排在第 k 位上的记录，试利用快速排序的划分思想设计算法实现上述查找。

(5) 一个线性表中的元素为正整数或负整数。设计算法将正整数和负整数分开，使线性表的前一半

为负整数，后一半为正整数。不要求对这些元素排序，但要求尽量减少比较次数。

(6) 试写出使用栈消除递归所得到的非递归快速排序算法。

(7) 采用三者取中规则在待排数据区间中选取中枢元素的方法，编写快速排序算法。

(8) 在一次划分后，先对长度较短的部分进行排序，且将另一部分的上、下界入栈保存。试写出改进的快速排序非递归算法。

(9) 试设计一个算法，使得在尽可能少的时间内重排整型数组，使所有取负值的整数排在前，其他排在后。

(10) 荷兰国旗问题。荷兰国旗的颜色有三种：R,W, B(R 代表红色，W 代表白色，B 代表蓝色)。现在给定一个由 R,W,B 三个字符构成的一个字符数组，要求重新排列该数组，使得所有的 R 都排在前面，W 排在其次，B 排在最后。设计一个时间性能为 $O(n)$ 算法求解此问题。

(11) 已知$(r_0, r_1, \cdots, r_{k-1})$是最大堆，试写一算法将$(r_0, r_1, \cdots, r_k)$调整为最大堆。用此思想写一个从空最大堆开始，一个一个添入元素的建最大堆的算法。

(12) 给定 n 个记录的有序序列 $A[n]$和 m 个记录的有序序列 $B[m]$，将它们归并为一个有序序列，存放在 $C[m+n]$中，试写出这一算法。

思 考 题 8

1. 设有一个互异的整数序列，每个元素取值为 0~n–1，存储在整型数组 $A[0\cdots n-1]$中。设计一个算法对 A 排序，要求时间复杂度为 $O(n)$。

2. 先对待排序序列扫描，找出并划分为最大有序子序列的前两个，将它们归并成一个子序列。再继续找这样的前两个有序子序列，再归并。如此进行，直到整个数据成为一个有序序列，即排好序。试将这一策略在顺序表上加以实现即写成算法。

3. 以静态链表为存储结构，先进行直接插入排序，使得该静态链表成为一个有序表，然后，利用链表中指针物理重排记录，成为一个顺序有序表。

上 机 题 8

1. 已知数据序列存放在数组 A，$A[0\sim n-1]$中的值互不相同，可按如下方法实现计数排序：另设一个数组 C，对于 $C[0\sim n-1]$，$C[i]$中存放统计出的序列数据中比 $A[i]$小的元素个数，则 $C[i]=0$ 必有 $A[i]$最小，$C[i]=1$ 必有 $A[i]$次小，依此类推。即按 $C[i]$值的大小对 A 中元素进行重新排列。试编写算法实现上述计数排序。

2. 对于记录序列 $A[1]\sim A[n]$可按如下如下方法实现奇偶交换排序：第一趟对所有的奇数 i，将 $A[i]$和 $A[i+1]$进行比较，第二趟对所有的偶数 i，将 $A[i]$和 $A[i+1]$进行比较，每次比较时若 $A[i]>A[i+1]$，则将二者交换，然后重复上述排序过程，直至整个数组有序。编写算法实现上述奇偶交换排序。

3. 试写一个将一组英文单词按字典序排列的基数排序算法。设单词均由大写字母构成，最长的单词有 d 个字母。提示：所有长度不足 d 个字母的单词，都在尾部补足空格，空格字符的 ASCII 码值为 32，小于字母 A 的 ASCII 码值。单词排序由首字符开始比较，小的排在前，大的排在后。基数排序时设置 27 个桶，分别与空格，A,B,⋯,Z 对应。

第9章　查　　找

在前面几章中讨论各种基本数据结构及其应用的同时，自然地给出了在那些数据结构中访问元素的方法。例如，在线性表中查找元素所在的位置，按下标访问数组中的一个元素，按指针所指的路径访问链表中的某个元素，等等。一般地，这些访问方法都与具体数据结构的特性以及其存储方法有关。访问实际上也就是某种查找(searching 或 retrieve)。在本章中，我们将一般性地讨论查找问题，并对各种查找方法作简要的分析和评价，给出适当的示例及算法描述。

查找例子很多，如：

(1) 电话号码中查找“某单位”或“个人”的电话号码；

(2) 字典中查找某个单词；

(3) 图书馆中查找某本书或杂志；

(4) 编译程序中符号表的查找；

(5) 信息处理系统中信息的查找；

(6) 学生花名册中学生的查找。

在具体介绍各种查找方法之前，先说明一些与查找有关的术语。

9.1　查找的基本概念和术语

1. 关键字(key)

关键字是数据元素(或结构或记录)中某个或某几个数据项组成的，其值可唯一地标识数据元素(或记录)。关键字可有多个。被使用者当前使用的关键字称为主关键字(primary key)，而没被当前使用的关键字或数据项都称为次关键字(secondary key)。当关键字中只有一个数据项时，关键字即为该数据项。

例如，有一职工通讯录，其数据元素是由“职工号”、“姓名”、“地址”和“电话号码”等组成的记录。通常人们选取“职工号”作为关键字，而且“职工号”是主关键字。这是因为，在一个单位中，每个职工的”职工号”是唯一的。但现实中，人们多选取“姓名”进行查询，而“姓名”可能会有同名现象发生，所以“姓名”是次关键字。“地址”和“电话号码”等则都可认为都是次关键字。注意，本书所指的关键字并不一定指的是主关键字，仅指作为查找依据的一个或多个数据项或值。

2. 查找表

由同一类型的数据元素(或记录)构成的集合称为查找表。由于“集合”中数据元素之间存在着松散的关系，因此查找表是一种应用灵活的数据结构。对查找表的操作有：查询某个“特定的”数据元素是否在查找表中；检索某个“特定的”数据元素的各种属性；在查找表中插入一个数据元素；从查找表中删去某个数据元素，等等。根据查找前后查找表上的数据或数据结构是否发生变化，而将查找分为静态查找和动态查找表。仅作查询和检索操作的查找表称为静态查找。静态查找在查找过程中查找表本身不发生变化。在查找过程中，同时也插入查找表中不存在的数据元素，或者从查找表中删除已存在的某个数据元素，此类查找为动态查找。动态查找在查找过程中查找表可能会发生变化。

3. 查找及其分类

查找又称为检索，简单地说就是查表。对于给定的键值 K，若在查找表能找到与之相等的关键字记录，则称查找成功；都找不到关键字等于 K 的记录，则称查找失败。

根据涉及的数据存储位置，可将查找分为**内查找**和**外查找**。数据全部在内存中的查找成为内查找。而涉及外存上的数据的查找则称为外查找。

根据查找过程中是否改变数据或数据结构又可将查找分为静态查找和动态查找。不涉及插入和删除操作的查找称**静态查找**。而涉及插入和删除操作的查找称**动态查找**。

查找表分为顺序表、链表、索引顺序表、树型查找表、散列表等多种逻辑和存储结构组织形式。

顺序表指以顺序存储方式实现的查找表。链表则是以链式存储结构实现的查找表。主要适合顺序查找。索引顺序表又称为分块存储结构，可适合动态查找。树型查找表也适合动态查找。散列查找既适合静态查找，又适合动态查找。

每一种查找方法都和它的存储结构密切相关。

4. 平均查找长度

查找的结果是，根据给定的某个值(即给定关键字值)，确定关键字值与该给定值相等的记录在文件中的位置。当相找成功时，可给出该记录在文件中的位置或该记录的有关信息，若查找不成功，则可给出相应的信息，或者把该记录插入到文件中的适当位置。查找算法的优劣对计算机的使用效率影响甚大，好的查找方法可以极大地提高程序的运行效率。

衡量查找算法效率的主要标准是查找过程中关键字的平均比较次数，或称平均查找长度 ASL(average search length)。它是为了确定待查记录在表中的位置，需和表中进行关键字比较次数的期望值。对含有 n 个记录的查找表，平均查找长度

$$\mathrm{ASL}=\sum_{i=1}^{n}P_iC_i \tag{9-1}$$

其中，P_i 为查找第 i 个记录的概率；C_i 为查找第 i 个记录的比较次数。

9.2 以顺序表为基础的查找

9.2.1 顺序表的顺序查找

1. 顺序查找

1) 查找方法

顺序查找是由表的一端开始，逐个检测每个记录是否就是所要查找的记录。如果找到，则称查找成功，否则，若一直查找到表的另一端还没有查找到所需要的记录，则称查找失败。

一般来说，查找都是用关键字来进行查找。设有一个包含 n 个记录的文件，文件中的记录按其逻辑次序存放在内存中，记录 R_i 的关键字值为 $K_i(i=1,2,\cdots,n)$，若要查找一个具有关键字值为 K 的记录，则按顺序查找的过程是：依次将 K 逐个地顺次与关键字值 $K_1,K_2,\cdots,K_n$ 进行比较，或顺次地与 $K_n,K_{n-1},\cdots, K_2,K_1$ 进行比较，若 $K_i=K$，则查找成功，R_i 就为所要查找的记录，其逻辑位置由下标 i 给出。如果经过 n 次比较，即查完了整个文件都没有找到所要查找的记录，则查找失败。在查找中，若记录的关键字还是主关键字，则按定义，在文件中没有主关键字的值相同的两个记录，查找成功时不管从哪个方向开始扫描，结果都是唯一的。否则，对于非主关键字的查找，扫描方向不同，查找的结果就不一定能保证是唯一的。非主关键字只能说是一种查找依据。实际中，按查找依据来查找应该是查找的主要工作内容。习惯上我们称其为按关键字查找。

2) 算法描述

(1) 顺序存储结构下的顺序查找。

此时，顺序存储的记录以一维结构数组作为查找表的存贮结构。描述如下：

```
typedef int KeyType;
struct RecType
{  KeyType key;     // 关键字域
                    // 其他域省略
};
```

顺序存储结构下的顺序查找的基本思想：从表的最后一个元素起，依次往前将每个元素的关键字与给定的 K 值比较，若相等，即查到，则查找成功，若所有元素的关键字值与 K 值都不相等，则查找失败。

"岗哨"设在 $R_0(K_0=K)$ 顺序查找算法SeqSearch

```
int SeqSearch(RecType r[ ],KeyType k,int n)
//返回值为0,表示查找不成功,否则返回关键字等于k的记录在r中的序号
{  int i;
   r[0].key=k;    // 将k值送入监视哨,从第n个记录开始查找
   i=n;
```

```
    while (r[i].key!=k) i--;      // 逐个比较
    return(i);                 // 返回函数值
  }
```

在用顺序存储结构实现的顺序查找中，我们虚设了一个关键字值 $K_0=K$ 的记录 R_0 用来作为元素查找最多只能查到此元素的标志。见图 9-1 所示。因此，在 while 循环中就不必再进行文件的终点测试(判断是否有 $i>0$)，否则，i 每取下一个值(即 $i=i-1$),都要作一次终点测试(判断是否有 $i>0$)，以判断是否查找到了文件的尽头。虚设的记录 R_0 有效地起着“监视哨”或称“岗哨”的作用。由于这个小小的技巧，使算法的性能大为改善，在 n 很大的情况下，大约可节省 50%的运行时间。当然，在具体实现中，也可把“岗哨”设在 $R_{n+1}(K_{n+1}=K)$，且查找是按从 K_1 到 K_{n+1} 顺序进行查找的。见图 9-2。

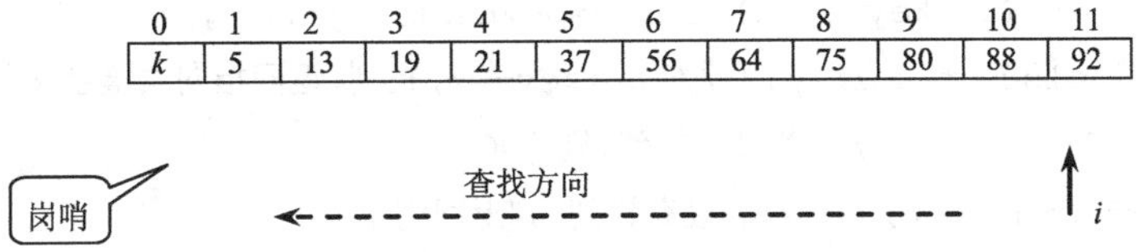

图 9-1　顺序查找示意图

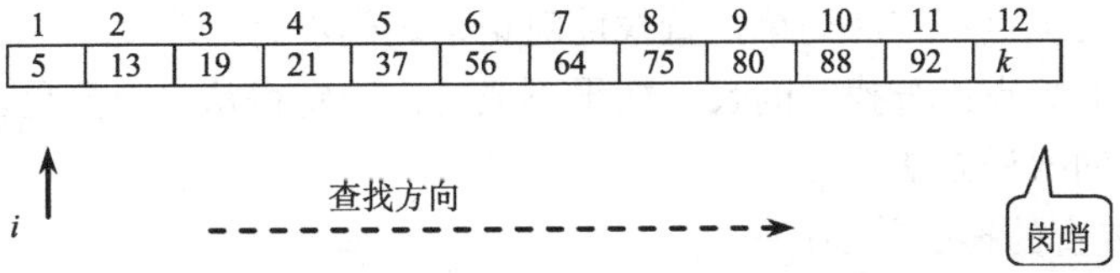

图 9-2　顺序查找示意图

由前往后顺序查找的算法描述如下：

“岗哨”设在 $R_{n+1}(K_{n+1}=K)$顺序查找SeqSearch1

```
int SeqSearch1(RecType r[ ],KeyType k,int n)
//返回值为 0 时,表示查找不成功,否则返回关键字等于 k 的记录在 r 中的序号
{   int i;   r[n+1].key=k;   // 将 k 值送入监视哨,从第 n 个记录开始查找
    i=1;
    while (r[i].key!=k) i++;      // 逐个比较
    return  i%(n+1);                  // 返回函数值
}
```

(2) 以链表为存贮结构的顺序查找。

当用链表作为存储结构时，顺序查找就只能从头指针顺链查到尾结点，逐个比较每个结点的关键字值是否与给定关键字值相等。

结点结构算法说明：

```
struct Node
    { KeyType key;       //关键字域
      Node *next;
 };
```

以链表为存储结构的顺序查找算法描述：

链表为存储结构的顺序查找算法LinkSearch

```
Node *LinkSearch(Node *first, KeyType k,int &j)
{    Node *p=first->next;  j=1;
     while (p!= NULL)
       if (p->key != k) {    p=p->next;  j++;  }
       else  return p;  // p->key==k,找到,返回指向关键字 k 的指针
     j=0;          // 若没有找到,则 j=0
     return NULL;   // 若没有找到,则返回空指针
}
```

顺序查找法的优点：方法简单，查找前对记录之间没有排序要求。

顺序查找法的缺点：查找时间长。如果不成功，一定得从头查到尾。

顺序查找法的改进方法：

① 把经常要查的摆在前面；

② 把记录的关键字排序，这样不一定要从头查到尾。

2. 顺序查找法的算法时间复杂度分析

顺序查找算法的执行时间主要取决于关键字的比较次数。

以在顺序表下设置岗哨的方法由后往前进行扫描查找的方法为例，来加以分析。在顺序表中，由后往前查找第 n 个记录，只要进行一次比较，查找第 $n-1$ 个记录，需要作两次比较。一般地，查找第 i 个记录需要作 $n-i+1$ 次比较($i=n,n-1,\cdots,1$)。所以，对于有 n 个记录的顺序表，查找一个记录的平均比较次数为

$$\mathrm{ASL}=\sum_{i=n}^{1}P_iC_i=\sum_{i=n}^{1}P_i\times(n-i+1) \tag{9-2}$$

其中,P_i 为查找第 i 个记录的概率；C_i 为查找第 i 个记录的比较次数，假定每个记录的查找概率相等，即 $P_i=1/n(i=n,n-1,\cdots,1)$，则

$$\mathrm{ASL}=\frac{1}{n}\sum_{i=n}^{1}(n-i+1)=\frac{(n+1)}{2} \tag{9-3}$$

由以上分析可知,用顺序查找法查找一个记录平均需要大约表长的一半的比较次数。对于由前往后的顺序查找算法的时间复杂度可类似分析，结果也是平均需要大约表长的

一半的比较次数。

在链表的顺序查找中，查找第 1 个记录只要进行一次比较，查找第 2 个记录要作两次比较。一般地，查找第 i 个记录要作 i 次比较(i=1,2,…,n)。所以，对于有 n 个记录的链表，查找一个记录的平均比较次数为

$$\mathrm{ASL}=\sum_{i=1}^{n}P_i\times C_i=\sum_{i=1}^{n}P_i\times i \tag{9-4}$$

其中，P_i为查找第 i 个记录的概率；C_i为查找第 i 个记录的比较次数，假定每个记录的查找概率相等，即 $P_i=1/n(i=1,\cdots,n)$，则

$$\mathrm{ASL}=\frac{1}{n}\sum_{i=1}^{n}i=\frac{(n+1)}{2} \tag{9-5}$$

由以上分析可知，在链表上用顺序查找法查找一个记录平均也需要大约表长的一半的比较次数。

对于顺序查找，查找不成功时所需要的关键字的比较次数都是 n，因为必须从开始处查到结束都要经过 n 次关键字的比较才能确定查找不成功，所以

$$\mathrm{ASL}_{\mathrm{unsucc}}=n=O(n) \tag{9-6}$$

可见，不管查找成功与否，顺序查找的效率都很低，对于记录较多的大顺序表，顺序查找方法相当费时。

在实际中，顺序查找还可以有其他推广形式或应用，如要求由前往后查找关键字等于 K 的记录的第 2 次、第 3 次、……、第 i 次出现的位置(i 为某个正整数)；或查找 K 的所有出现的位置，等等。

9.2.2　有序表的二分法查找

对于有序表，由于关键字之间有大小顺序关系，所以查找可不再用顺序查找的方法来进行查找，而是采用二分法来查找。有序表上的二分法查找又称为折半查找，是一种高效率的查找。查找前要求记录按关键字值排序(升序或降序)，即是有序表，且用数组作为存储结构(不是用链表作存储结构)。

基本思想：由于有序表 r 按关键字有序，所以，查找过程是，先确定待查记录所在范围(区间)，然后，逐步缩小范围，直到找到或者找不到该记录为止。

基本步骤：假定待查表的记录是按关键字值升序排列(即由小到大排列，或非降序排列)，设待查记录的关键字是 K。求待查区间的中点，设为 mid，然后让给定 K 值与 mid 位置上的记录的关键字 K_{mid} 进行比较（ 即 K 与 r[mid].key 比较)。给定关键字值 K 与有序查找表中间记录(即处在查找范围内的中间位置上的记录)的关键字值 K_{mid} 的比较结果三种可能：

$K<r$[mid].key：则待查记录必不在待查区间的后半部，故可化为在待查区间的前半部中继续二分法查找的问题。

$K>r$[mid].key：则待查记录必不在待查区间的前半部，故可化为在待查区间的后半部中继续二分法查找的问题。

$K=r$[mid].key：mid 为所求位置，查找成功结束。

图 9-3 给出了二分查找中如何取查找区间中点及将查找范围一分为二的示意图。

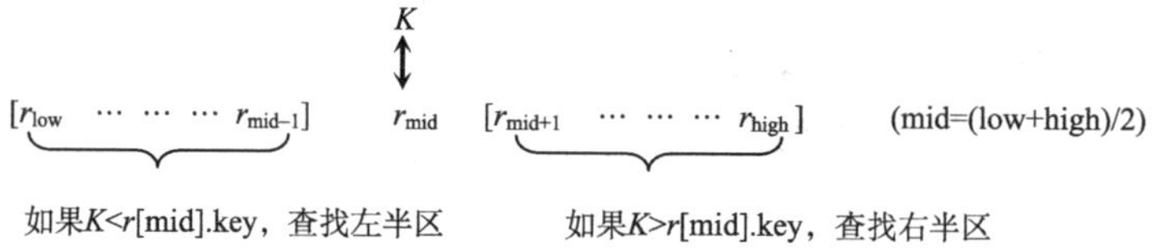

图 9-3　二分法查找如何取查找区间中点及将查找范围一分为二的示意图

1. 二分查找的算法描述

二分查找算法BinSearch

```
int BinSearch(RecType r[ ],int n ,int k)
{  int low=1, high=n;            // 设置初始查找区间下、上界初值
   while (low<=high)             // 判别查找区间大小
    { int mid=(low+high)/2;      // 取中间点, 比较 k 与 r[mid]
     if (k<r[mid].key) high=mid-1;  // 修改上界,在前半部查找
       else if (k>r[mid].key) low=mid+1; // 修改下界,在后半部查找
            else   return mid;       //  k==r[mid].key,查找成功
    }
   return 0;                      // 查找失败,返回值为 0
}
```

例 9-1　设给定记录关键字有序序列为 5,13,19,21,37,56,64,75,80,88,92，存放在一维数组中，用二分法分别查找 $K=21$ 和 $K=66$ 的记录。

查找过程见图 9-4。图 9-4(a)是查找 $K=21$ 的记录，查找成功。因为按二分查找算法，在第三次求得区间上下界的中间点值时，mid=4，且 r[4].key=21。

图 9-4(b)是查找 $K=66$ 的记录的过程。按照每次在当前查找范围内(由下界 low 和上界确定)取得区间中点 mid，然后比较 r[mid].key 与 K 的大小。根据大小关系，若相等，即找到；若 K 小于 r[mid].key，则进一步到区间[low,mid−1]中去找；若 K 大于 r[mid].key，则进一步到区间[mid+1,high]中去找。

按照这种方式，直到第五次出现 low=8,high=7，使得 low≤high 不再成立。这时，说明数据记录中不可能存在键值与 K 相等的记录，查找不成功，即查找失败。

2. 二分法查找的性能分析

1) 结合具体的判定树加以分析

将二分法查找过程用一棵二叉树加以描述,树中每个结点对应查找表中一个记录，结点中的值为该记录在表中的位置，通常称这个描述查找过程的二叉树为**判定树**，如图 9-5 所示。

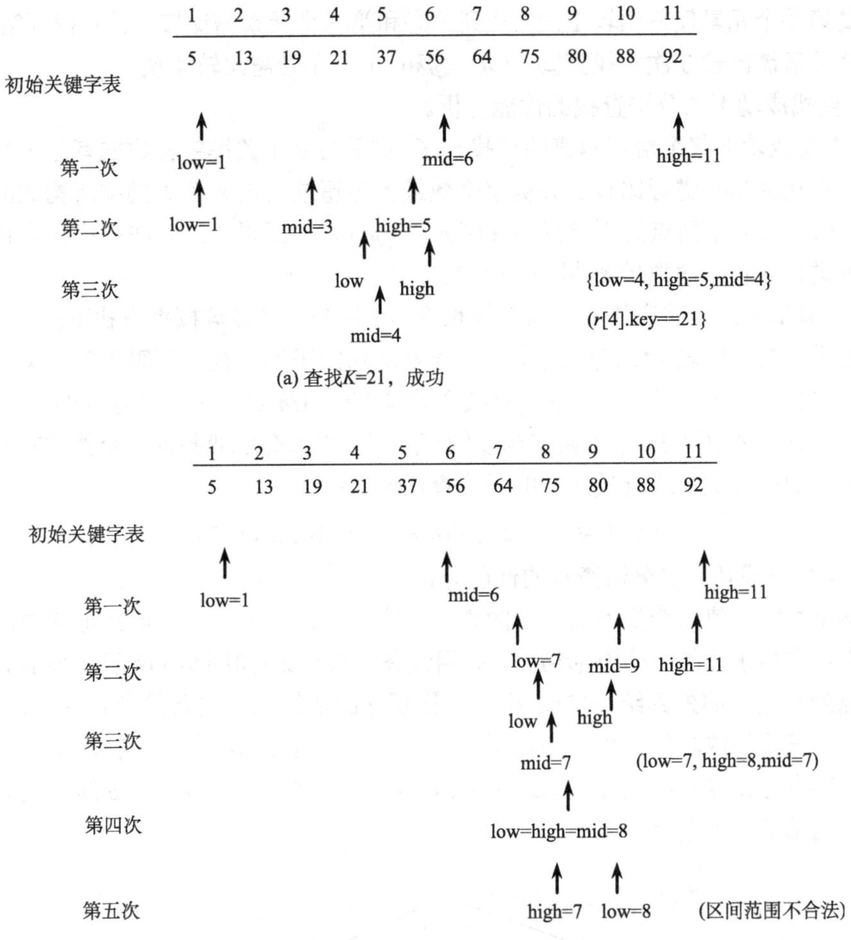

(b) 查找K=66，不成功

图 9-4 二分法查找示意图

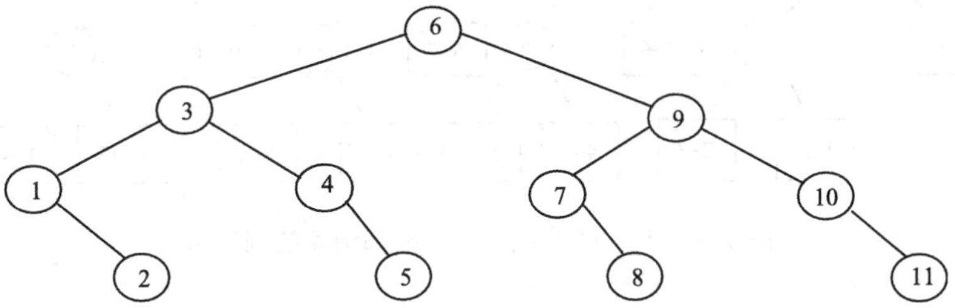

图 9-5 具有 11 个结点的判定树

从判定树上可见，查找 21 的过程恰好是走了一条从根到结点④的路径，和给定值进行关键字比较的次数为该路径上的结点数或结点④在判定树上的层次数。类似地，找到有序表中任一记录的过程就是走了一条从根结点到与该记录相应的结点的路径，和给定值进行关键字比较的次数恰为该结点在判定树上的层次数。如对上述 11 个元素的有序表的具体例子，从二分法查找过程可知：

找到第⑥个元素仅需比较 1 次；找到第③和第⑨个元素需比较 2 次；找到第①、④、⑦和⑩个元素需比较 3 次；找到②、⑤、⑧和 11 个元素需比较 4 次。

(1) 查找成功下二分法查找的性能分析。

① 查找成功下某个给定码值的查找长度。对于由 n 个关键字构成的有序表用二分法查找时，查找成功时进行比较的关键字个数最多不超过由这 n 个关键字所构成的判定树的深度，而具有 n 个结点的判定树的深度为$\lfloor \log_2 n \rfloor+1$。所以，二分法查找在查找成功时和给定值进行比较的次数最多为$\lfloor \log_2 n \rfloor+1$。

② 等概率下二分法查找的平均查找长度。在每个码值被等概率查找下，由 n 个关键字构成的具体的有序表,用二分法查找时，查找成功的平均查找长度等于判定树上所有结点所在的层数(即比较次数)之和除以 n(或说乘以 $1/n$，$1/n$ 是每个码被查找的概率)。

因此，对前例中这 11 个关键字构成的有序表，用二分法查找时，查找成功时，平均所需关键字的比较次数或查找成功的平均查找长度：

$$ASL=(1\times1+2\times2+3\times4+4\times4)/11=33/11=3$$

(2) 查找不成功下二分法查找的性能分析。

①某个给定码值在查找不成功下的查找长度。如果在图 9-5 所示判定树中，将所有结点的空左右孩子处加一个**方形结点**，并用线条连接起来(如图 9-6 所示)，并且，称这些方形结点为判定树的**外部结点**(与之相对，称那些圆形结点为**内部结点**)，那么，在二分法查找时，查找不成功的过程就是走了一条从根结点到外部结点的路径，所需的给定键值和关键字进行比较的次数等于该路径上内部结点个数。例如，查找 66 的过程即为走了一条从根到结点 7~8 的路径。

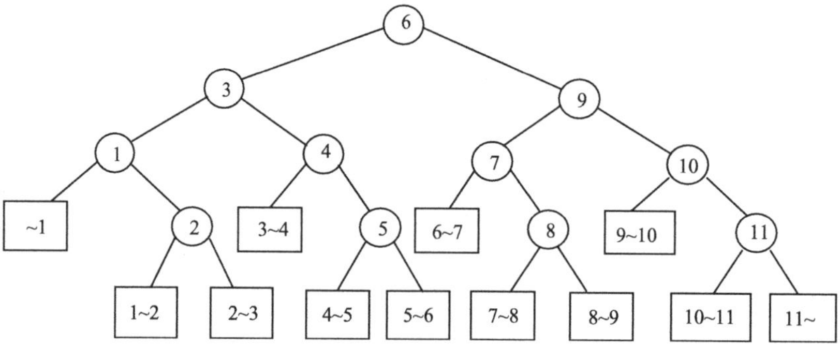

图 9-6　具有 11 个结点的带外部结点的判定树

对于由 n 个关键字构成的具体有序表,用二分法查找时，查找不成功时进行比较的关键字个数最多不超过由这 n 个关键字所构成的判定树的深度(不包括外部结点在内)，而具有 n 个结点的判定树的深度为$\lfloor \log_2 n \rfloor+1$，所以，二分法查找在查找不成功时，给定键值和关键字进行比较的次数最多也不超过$\lfloor \log_2 n \rfloor+1$。

② 等概率下二分法查找不成功的平均查找长度。由 n 个关键字构成的具体有序表，其判定树的外部结点数是 $n+1$，因此，用二分法查找时，查找不成功的平均查找长度等于判定树上所有外结点所在的层数减 1(即实际的比较次数)求和后，再除以 $n+1$(或说乘以

1/(n+1)，1/(n+1)是查到每个外部结点的概率)。

例如，对于上例中，11 个关键字构成的有序表，二分法查找时，查找不成功的平均所需的关键字比较次数(或查找不成功的平均查找长度)为

$$\mathrm{ASL_{unsucc}}=(3+4+4+3+4+4+3+4+4+3+4+4)/12=44/12=11/3$$

2) 一般情况下二分法查找成功下的平均查找长度分析

为讨论方便起见，假定表的长度 $n=2^{h-1}$(反之，$h=\lfloor\log_2 n\rfloor+1$)，则描述二分法查找的判定树是深度为 h 的满二叉树。树中层次为 1 的结点有 1 个，层次为 2 的结点有 2 个，……，层次为 h 的结点有 2^{h-1} 个，假设表中每个记录的查找概率相等($p_i=1/n$)，则查找成功时，n 个关键字构成的有序表的二分法查找的平均查找长度。

$$\begin{aligned}\mathrm{ASL_{bs}}&=\sum_{i=1}^{n}P_iC_i=\frac{1}{n}\sum_{i=1}^{h}i*2^{i-1}=\frac{1}{n}\left(\sum_{i=0}^{h-1}2^i+2\sum_{i=0}^{h-2}2^i+\cdots+2^{h-1}\sum_{i=0}^{0}2^i\right)\\&=\frac{1}{n}[h\cdot 2^h-(2^0+2^1+\cdots+2^{h-1})]=\frac{1}{n}[(h-1)2^h+1]\\&=\frac{1}{n}[(n+1)(\log_2(n+1)-1)+1]=\frac{n+1}{n}\log_2(n+1)-1\end{aligned}$$

对任意的 n，当 n 较大($n>50$)时，可有下列近似结果：

$$\mathrm{ASL_{bs}}=\log_2(n+1)-1 \qquad (9\text{-}7)$$

可见，二分法查找的效率比顺序查找高，但二分法查找只适用于有序表，且限于顺序存储结构(对线性链表无法进行二分法查找)。

以有序表表示查找表时，二分法查找的关键思想是找到“分割点”，再根据有序的特点，将查找范围缩小到由“分割点”分开的两个子段中的某一段继续进行查找，查找的范围不断缩小，直到要么查找成功，要么查找失败。按照这种找“分割点”的方法，除二分法查找之外，还有斐波那契查找、插值查找和静态查找树查找等方法。

- **斐波那契查找**　斐波那契查找是根据斐波那契序列的特点确定有序表的分割点，从而实现对有序表进行分割。斐波那契序列定义为：$F_0=0,F_1=1,F_i=F_{i-1}+F_{i-2}(i\geqslant 2)$。假设开始时有序表中记录个数比某个斐波那契数小 1，即 $n=F_u-1$，然后将关键字 K 和 $r[F_{u-1}]$.key 进行比较，若相等，则查找成功；若 $K<r[F_{u-1}]$.key，则继续在由$[1,F_{u-1}-1]$范围确定的子表即 $r[1]$到 $r[F_{u-1}-1]$中查找，否则继续在 $r[F_{u-1}+1]$至 $r[F_u-1]$的子表中查找，后一子表的长度为 $F_{u-2}-1$。而在$[1,F_{u-1}-1]$范围内查找又可转化为将关键字 K 和 $r[F_{u-2}]$.key 进行比较，在$[F_{u-1}+1,F_u-1]$范围内查找又可转化为将关键字 K 和 $r[F_{u-1}+F_{u-3}]$.key 进行比较。斐波那契查找的平均性能比二分法查找好，但最坏情况下的性能(虽然仍是 $O(\log_2 n)$)却比二分法查找差。它还有一个优点就是在区间分割时只需进行加、减运算。

- **插值查找**　插值查找是根据给定值 K 来确定进行比较的关键字 $r[i]$.key 的查找方法，令

$$i=\frac{K-r[\text{low}].\text{key}}{r[\text{high}].\text{key}-r[\text{low}].\text{key}}(\text{high}-\text{low}+1) \qquad (9\text{-}8)$$

其中，r[low]和 r[high]分别为有序表中在给定范围[low,high]内具有最小关键字和最大关

键字的记录。插值查找只适于关键字均匀分布的有序表。在这种情况下，对表长较大的有序表，其平均性能比二分法查找好。

9.2.3 静态树表的查找

对有序表的查找性能的讨论是在“等概率”的前提下进行的，即当有序表中各记录的查找概率相等，按图 9-5 所示判定树描述的查找过程来进行二分法查找，其性能最优。但如果有序表中各记录的查找概率不等，情况又如何呢？先看一个具体例子。

例 9-2 假设有序表中含 5 个记录，并且已知各记录的查找概率不等，分别为 $P_1=0.3,P_2=0.1,P_3=0.1,P_4=0.1$ 和 $P_5=0.4$。则对此有序表按图 9-7 所示的查找次序进行二分法查找，查找成功时的平均查找长度为

$$\sum_{i=1}^{5} P_i C_i = 0.3\times 2+0.1\times 3+0.1\times 2+0.1\times 2+0.4\times 3=2.5$$

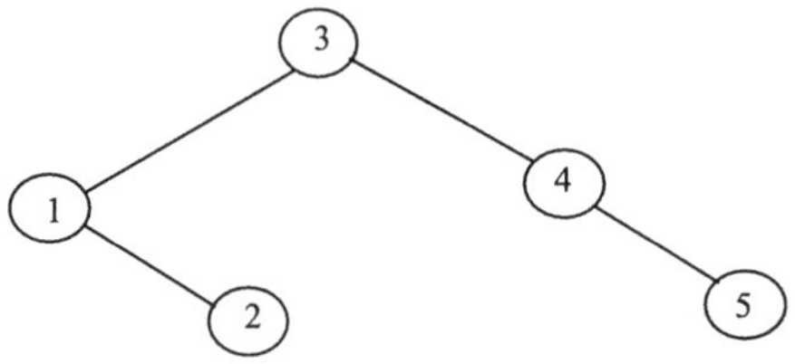

图 9-7 具有 5 个结点的二分法查找路线图

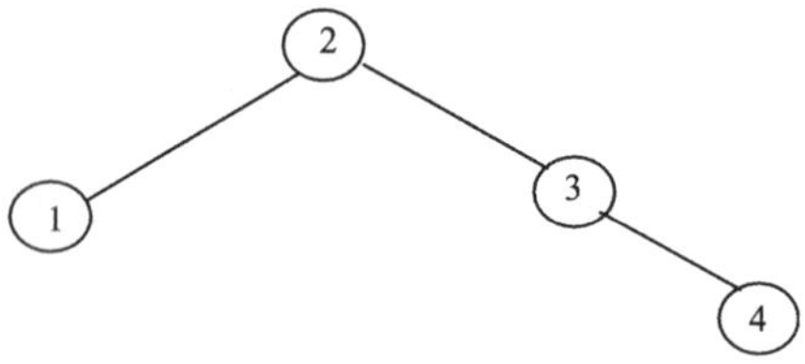

图 9-8 具有 4 个结点的二分法查找路线图

但是，如果在查找时令给定值先和第 5 个记录的关键字进行比较，比较不相等时再将前 4 个元素按图 9-8 所示的查找次序进行二分法查找，则查找成功时的平均查找长度为

$$\sum_{i=1}^{5} P_i C_i = 0.3\times 2+0.1\times 1+0.1\times 2+0.1\times 1+0.4\times 1=1.5$$

这说明，当有序表中各记录的查找概率不等时，按图 9-7 所示判定树进行二分法查找，其性能未必是最优的。那么，此时应如何进行查找呢？换句话说，描述查找过程的判定树为何类二叉树时，其查找性能最佳？如果只考虑查找成功的情况，则使查找性能达最佳的判定树是其带权内部路径长度之和：

$$\mathrm{PH}=\sum_{i=1}^{n} w_i h_i \tag{9-9}$$

取最小值的二叉树。其中：n 为二叉树上结点的个数(即有序表的长度)；h_i 为第 i 个结点在二叉树上的层数；结点的权 w_i 可任意给定。为方便计算，一般可考虑为正整数。当 $w_i=P_i(i=1,2,\cdots,n)$，P_i 为结点 i 的查找成功时的概率，则 PH 值就是二叉树上结点成功查找时进行的结点上关键字比较次数的期望值或称关键字平均比较次数,即 $\mathrm{ASL_{succ}}$。即使 w_i 不是结点 i 的查找概率，而是某种频度，也可通过归一化，转化为概率。归一化的方

法就是将每个 w_i 都除以它们的平方和的平方根，即可令 $w_i' = w_i / \sqrt{\sum_{i=1}^{n} w_i^2}$ 来代替 w_i。由于归一化后所得到的 $PH' = \sum_{i=1}^{n} w_i' h_i$ 与 $PH = \sum_{i=1}^{n} w_i h_i$ 仅相差一个常数，不影响其取极小值，所以，一般就以 PH 值直接作为衡量指标。称使 PH 值达到最小的二叉树为静态最优查找二叉树(static optimal search binary tree)。

实际中，有时不一定能构造静态最优查找二叉树，但可构造静态近似最优查找二叉树。所以，静态树表的查找分为静态近优查找二叉树的查找和静态最优查找二叉树的查找两类。

1. 静态近似最优查找二叉树的查找

以近似最优查找二叉树结构来进行查找，称为静态近优查找二叉树(static sub-optimal search binary tree)或次优查找二叉树上的查找。其实质仍是在待查区间范围内，找一个“分割点”。因$(r_1,r_2,\cdots,r_n)$是 $(r_l,r_{l+1},\cdots,r_h)$在 $l=1,h=n$ 情况下的特例，所以下面以后一种情况为例来加以介绍。

设待查记录序列为一个按关键字有序的一段记录序列为$(r_l,r_{l+1},\cdots,r_h)$，$l<h$。其中，$r_l.\text{key} < r_{l+1}.\text{key} <\cdots< r_h.\text{key}$。与每个记录相应的权值为 $w_l,w_{l+1},\cdots,w_h$

对于 $l<h$，定义 $\Delta P_i\ (i=l,l+1,\cdots,h)$如下：

$$\Delta P_i = \begin{cases} \sum_{j=l+1}^{h} w_j, & i=l \\ \sum_{j=l}^{h-1} w_j, & i=h \\ \left| \sum_{j=i+1}^{h} w_j - \sum_{j=l}^{i-1} w_j \right|, & l<i<h \end{cases} \tag{9-10}$$

取第 $i(l\leqslant i\leqslant h,l<h)$个记录构造根结点，对应记录 r_i，使得 ΔP_i 取最小值，即 $\Delta P_i = \min_{l\leqslant j\leqslant h}\{\Delta P_j\}$。然后，分别对子序列$\{r_l,r_{l+1},\cdots,r_{i-1}\}$和$\{r_{i+1},\cdots,r_h\}$构造两棵次优查找树，并分别设为根结点的左子树和右子树。也就是选择根结点使得左右子树上结点的查找概率之和间的误差达到最小，从而使左子树与右子树尽量在结点的查找概率之和意义上达到平衡。同时，以这种方法所构造出的二叉树满足“二叉排序树”(见下节)的特性，即对任一结点，其左子树上每个结点上的记录的关键字都比该结点的关键字小，其右子树上每个结点上的记录的关键字都比该结点的关键字大。以后在查找时，将待查关键字与根结点上的记录的关键字比较后，根据比较的结果，可得到结果：已查到；或到左子树上继续查找；或到右子树上继续查找。查找的范围不断缩小。如果不构造相应的二叉树，而是直接进行查找，则意味着在当前范围$[l,h]$中的查找点就是 i，然后，根据比较结果确定是找到还是继续到 i 的左半区间$[l,i-1]$或右半区间$[i+1,h]$中去继续查找。

为便于计算ΔP_i，引入累计权值和 $s_i, s_i=\sum_{j=l}^{i} w_j$ $(i=l,l+1,\cdots,h)$。则

$$\begin{cases} s_i = w_l, & i=l,即 s_l = w_l \\ s_{i-1}=\sum_{j=l}^{i-1} w_j, & l<i<h \\ s_h - s_i = \sum_{j=i+1}^{h} w_j, & l<i<h \end{cases} \tag{9-11}$$

于是，对于ΔP_i有

$$\Delta P_i = \begin{cases} \sum_{j=l+1}^{h} w_j = s_h - s_l, & i=l \\ \sum_{j=l}^{h-1} w_j = s_{h-1}, & i=h \\ |(s_h - s_i) - s_{i-1}| = |s_h - s_i - s_{i-1}|, & l<i<h \end{cases} \tag{9-12}$$

或

$$\Delta P_i = \begin{cases} \sum_{j=l+1}^{h} w_j = s_h - s_l, & i=l \\ |(s_h - s_i) - s_{i-1}| = |s_h - s_i - s_{i-1}|, & l<i\leqslant h \end{cases} \tag{9-13}$$

也就是,为求 ΔP_i,可先求出 $s_l, s_{l+1}, \cdots, s_h$,然后由序列 $s_l, s_{l+1}, \cdots, s_h$ 来求 ΔP_i，会方便些。

次优查找二叉树上的查找又可进一步分为两种实现方式。一种是不构造次优查找二叉树，直接进行查找，另一种是，先构造次优查找二叉树，再在该树上进行查找。

例 9-3 设已知含 9 个关键字的有序表及其相应权值为

关键字	A	B	C	D	E	F	G	H	I
权 值	1	1	2	5	3	4	4	3	5

则按构造次优查找树的算法，累计权值 s 和ΔP_i的值如图 9-9(a)所示，构造所得的次优二叉查找树如图 9-9(b)所示。

在构造次优查找树的过程中，由于没有考察单个记录权值大小的影响，所以有可能出现被选为根的记录的权值比与它相邻的记录的权值小。此时应作适当调整：选取邻近的权值较大的关键字记录作为当前所构造的(可能也是局部的)次优查找树的根结点。调整时，权值大的关键码作为根后，原根上的码值若小，则作为根的左孩子，原根上的码值大，则作为根的右孩子(即保持为二叉排序树)，以便今后的查找。

j	1	2	3	4	5	6	7	8	9
key*i*	A	B	C	D	E	F	G	H	I
wi	1	1	2	5	3	4	4	3	5
is	1	2	4	9	12	16	20	23	28
ΔPj	27	25	22	15	7	0	8	15	23
(根)						↑*i*			
ΔPj	11	9	6	1	9		8	1	7
(根)				↑*i*				↑*i*	
ΔPj	3	1	2		0		0		0
(根)		↑*i*			↑*i*		↑*i*		↑*i*
ΔPj	0		0						
(根)	↑*i*		↑*i*						

(a) 累计权值和及ΔPj值

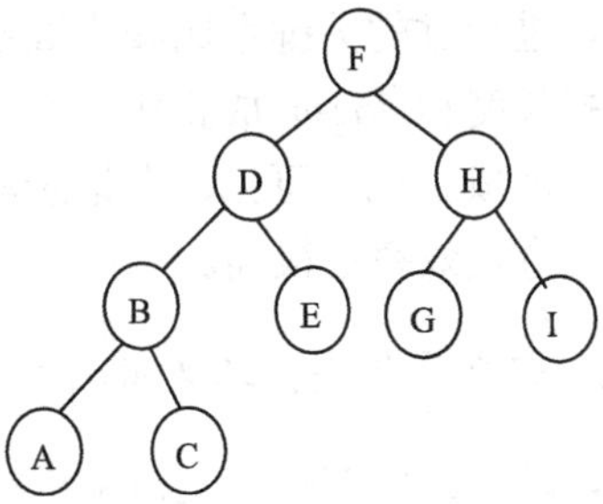

(b) 次优查找树

图 9-9 构造次优二叉树示例

例 9-4 设有 5 个关键字记录的有序表及其相应权值为

关键字	A	B	C	D	E
权 值	1	30	2	29	3

则按构造算法得到的次优查找树如图 9-10(a)所示，其 PH 值为 132。

由于根 C 的权值 2 比其左孩子 B 的权值 30 小，所以可将 B 调整为根，得到另一棵次优查找树，如图 9-10(b)所示。容易算得，其 PH 值为 105。调整后的次优查找树更优。但不定是最优。如图 9-10(c)，它是一棵更好的次优查找树，其 PH 值为 104。

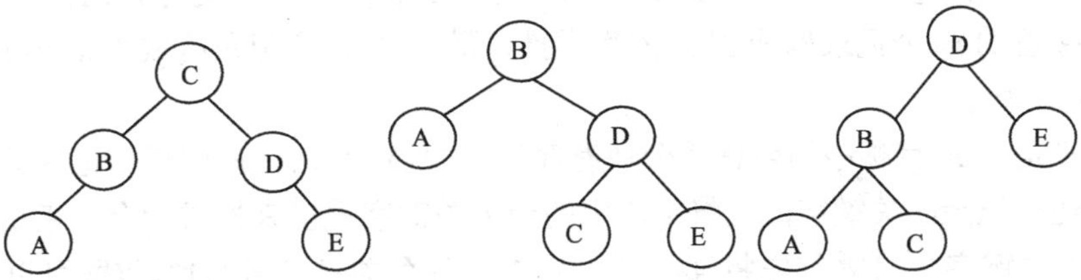

(a) 调整前　　(b) 调整后　　(c) 更好的一棵次优查找树

图 9-10 根的权小于树根权的情况

大量的实验研究表明，次优查找树和最优查找树的查找性能之差仅为 1%～2%，很少超过 3%，而且构造次优查找树的算法的时间复杂度为 $O(n\log_2 n)$，因此构造近似最优二叉查找树的算法是一个有效算法。

在次优查找树上的查找过程类似于二分法查找。若次优查找树为空，则查找不成功，否则，首先将给定键值 K 与其根结点的关键字相比，若相等，则查找成功，该根结点的记录即为所求；否则，若 K 小于根结点的关键字，则继续到其左子树上去查找；再否则，即 K 大于根结点的关键字，则继续到其右子树上去查找,直至查找成功或查找不成功为止。由于查找过程恰是走了一条从根到关键字相同的记录所在结点(或叶子结点)的一条路径，进行过的关键字比较次数不超过树的深度，因此，次优查找树的关键值比较的平均查找长度和 $\log_2 n$ 成正比。查找不成功时次优查找树的关键值比较的平均查找长度也和 $\log_2 n$ 成正比。可见，在记录的查找概率互不相等时，可用次优查找树表示查找树，得到的查找效率也很高。

2. 静态最优查找二叉树构造和查找

以静态最优查找二叉树来进行查找，称为静态最优查找二叉树查找。如何构造静态最优查找二叉树需要使用所谓的“动态规划方法”，已超出本书的范围，读者可参看有关参考书。

最优查找二叉树上的查找原理也是从最优查找二叉树的根结点开始。根据待查关键字 K 与根结点上的关键字比较的结果，确定查找的走向。若相等，则查找成功，返回该结点的指针。

次优查找二叉树与最优查找二叉树已非常接近相同。它们各有优缺点。次优查找二叉树构造算法相对简单，但不一定达到最优，当然，计算 PH 值一般也不一定很方便。而最优查找二叉树构造算法相对复杂。构造最优二叉查找树的时间复杂度是 $O(n^3)$但有关资料上显示，其计算时间量级可进一步改进为 $O(n^2)$。感兴趣的读者可参阅有关参考书。

9.2.4 分块查找

分块查找又称为索引顺序查找。在这种查找法中，除基本的查找表(简称为“基本表”)之外，还有相应建立的索引表。假设基本表 $F=\{R_1,R_2,\cdots,R_n\}$，并有 m 个数 $n_1,n_2,\cdots,n_m$，且 $n_1+n_2+\cdots+n_m=n$。把 F 分成 m 块：$F_1,F_2,\cdots,F_m$，使得 F 的前 n_1 个记录构成 F_1，紧接着的 n_2 个记录构成 F_2，依次类推，最后的 n_m 个记录构成 F_m，$n_1,n_2,\cdots,n_m$ 也分别叫做各块块长。

如果 F 是按 F_i 有顺序的或称“分块有序”，即当 $i<j$ 时，F_i 中任一记录的关键字都小于 F_j 中任一记录的关键字，且将每块中的最大关键字提出来构成一个“索引表”，则对于给定的关键字，只需首先将其与索引表中的各个关键字进行比较(既可以是顺序比较，也可以是二分法查找)。当给定的关键字大于某个“最大关键字”，又小于另一个“最大关键字”时，则给定的关键字所标识的记录必在由后一“最大关键字”标识的那一块中。一般来讲，“索引表”中的每一项由每块记录的最大关键字和块首地址(用数组存放待查表时，就是块首元素的下标)组成。因而通过查找索引表后，再到所确定的块中进行查找。

确定块号一般用二分法查找。块内顺序查找。当然，如果块内有序，则块内亦可采用二分法进行查找。

基本表在逻辑上分成若干块时，每个块既可以是等长的，即每块中所含记录的个数相等，也可以是非等长的。但要保证“分块有序”。图 9-11 给出了一个等长分块有序的基本表和索引表的组织结构。

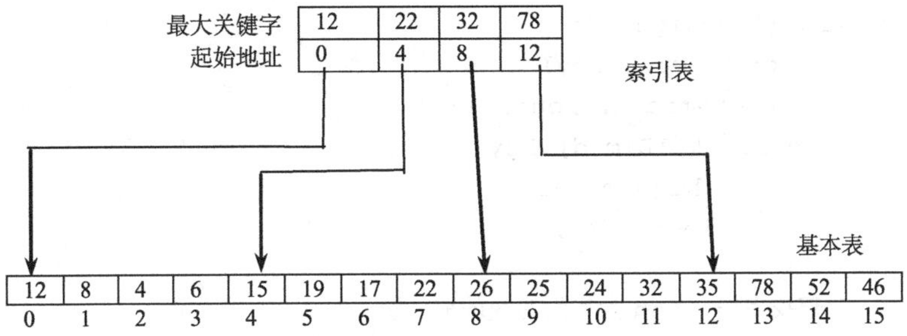

图 9-11 一个由基本表和索引表组成的查找结构

若基本表 F 是按关键字已排好序，此时可以用某个固定的整数来确定块长，除最后一块的块长外，前面的块长都相同。索引表只需存放每块中的最大关键字，每一块的首地址可通过计算求出。

这里给出一种特例情况下的分块查找算法：假设基本表 F 分块有序，存放在数组 r 中，即数组 r 存放 n 个记录，除最后一块外，每块含 $s=[n/b]$个记录，块内无序，ID[]是存放 b 个索引项的索引表(只存放每块中的最大关键字)，每一块的首地址可通过计算求出，k 为给定关键字。采用二分法查找索引表，确定块号，在块内进行顺序查找。查找成功时返回记录在数组中的下标，查找不成功时，返回−1。

暂定关键字类型为 int 型：

```
typedef int KeyType;
```

主文件中的记录结构类型说明：

```
struct RecType {     //仅含关键字域,其他域省略
          KeyType key;
};
```

索引表中索引项的结构类型说明：

```
struct IDNode {
        KeyType key;
            int addr;
};
```

这种特例情况下的分块查找算法如下描述。

分块查找的算法BlkSearch

```
int BlkSearch(RecType r[ ],int n,IDNode ID[ ],int b,int s,KeyType k)
{ int low=1;  int high=b;  int h;  int mid;
  int found=0;// found作为找到块标志量,0表示未查到,1表示找到
  while(low<=high && found!=1)
   {  mid=(low+high)/2;
      if (k==ID[mid].key)
         { high=mid-1; found=1; }
      else if (k<ID[mid].key)
               high=mid-1;
          else low=mid+1;
   }
   // 查找完毕,high为找到的块的前一块号
  int i=ID[high+1].addr;   // 所要查找块的下界,或i=high*s+1;
  if (high==b-1)
     h=n;            // 所要查找块若是最后一块,则上界为n
  else
     h=(high+1)*s;  // 所要查找块不是最后一块,上界为(high+1)*s
                    // i和h分别为所要查找块的下界和上界
  while (i<h && r[i].key!=k)  i=i+1;
  if  (r[i].key==k)   return(i);    // 查找成功
  else  return(-1);                // 查找不成功,返回-1
}
```

分块查找的特点：

(1) 分块查找比顺序查找快很多，但不如二分法查找快；

(2) 分块查找法也适合于线性链表存贮的查找表；

(3) 每块中的记录数不一定相等，此时只要在索引表中存放记录的最大关键字，以及每块记录的初始位置和终止位置；

(4) 分块查找既可作为静态查找法，也可作为动态查找法。因在块内无序，若块内没有查找到，则可插入，此前该块内应有空，且索引表应含每一块的上、下界。

分块查找算法的时间复杂性分析：

因为分块查找算法是由两种查找算法简单合成的，所以，有

分块查找算法的平均查找长度＝确定块的平均查找长度＋块内顺序查找的平均查找长度

即分块查找的平均查找长度为

$$ASL_{bs}=L_b+L_w。\tag{9-14}$$

其中，L_b 为查找索引表确定所在块的平均查找长度，L_w 为在块内查找元素的平均查找长度。

这里给出一种特定情况下的分块查找的平均查找长度分析。设为进行分块查找，长度为 n 的表可被均匀地分成 b 块(“等长分块”)，每块含有 s 个记录，即 $b=\lceil n/s\rceil$；又

假定表中每个记录的查找概率相等，则每块查找的概率为 $1/b$，块中每个记录的查找概率为 $1/s$。

若用顺序查找确定所在块，块内顺序查找，则分块查找的平均查找长度为

$$ASL_{bs} = L_b + L_w = \frac{1}{b}\sum_{j=1}^{b} j + \frac{1}{s}\sum_{i=1}^{s} i = \frac{b+1}{2} + \frac{s+1}{2} = \frac{1}{2}(\frac{n}{s} + s) + 1 \tag{9-15}$$

可见，平均查找长度不仅和表长 n 有关，而且和每一块中记录个数 s 有关。在给定 n 前提下，s 可看成是变量，用微分学中求极值的方法，上式对 s 求导数，并令导数等于0，可容易解得

$$s = \sqrt{n} \tag{9-16}$$

即此时，ASL_{bs} 取最小值 $\sqrt{n}+1$，即

$$ASL_{bs} = \sqrt{n} + 1 \tag{9-17}$$

这个值比顺序查找的时间复杂度$(n+1)/2$有了很大改进，但远不及二分法查找的时间复杂度$(\log_2 n)$。

若用二分法查找确定所在块，块内顺序查找，则分块查找的平均查找长度为

$$ASL'_{bs} \approx \log_2(\frac{n}{s} + 1) + \frac{s}{2} \tag{9-18}$$

使 ASL'_{bs} 取最小值的 s 为

$$s \approx \frac{1}{2}(\sqrt{n^2 + 8n / \ln 2} - n) \tag{9-19}$$

9.3　树形结构的查找

用树形结构的存储结构来存储待查数据，是树的进一步应用，需要用相应的查找方法才能查找到其中的记录。

9.3.1　二叉排序树

1. 什么是二叉排序树

二叉排序树可用递归方式定义如下。

二叉排序树或是一棵空树，或是具有下列性质的二叉树：对于根结点，若左子树不空，则左子树上所有结点的值小于根结点的值；若右子树不空，则右子树上所有结点的值大于根结点的值；根结点的左右子树也分别是二叉排序树。

如图 9-12 所示，图 9-12(a)是一棵二叉排序树，而图 9-12(b)却不是一棵二叉排序树，因其中的 10 大于 5。

2. 如何构造二叉排序树

对于给定的关键字序列，如何由其构造一棵二叉排序树呢?

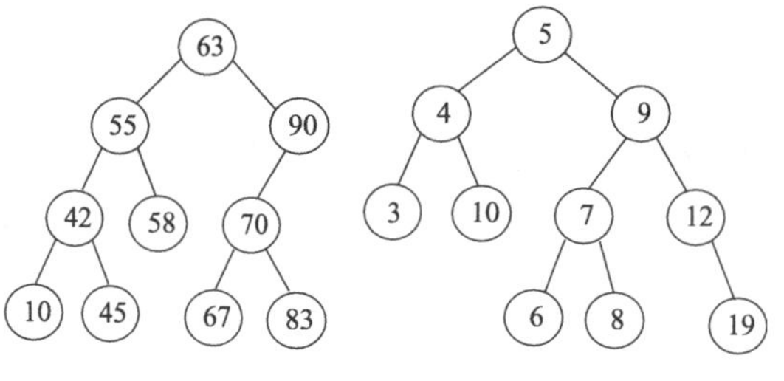

(a) 二叉排序树　　(b) 非二叉排序树

图 9-12　二叉排序树与非二叉排序树示意图

例 9-5　由关键字序列{45,24,53,12,26,90}，构造一棵二叉排序树。

构造过程如图 9-13 所示。

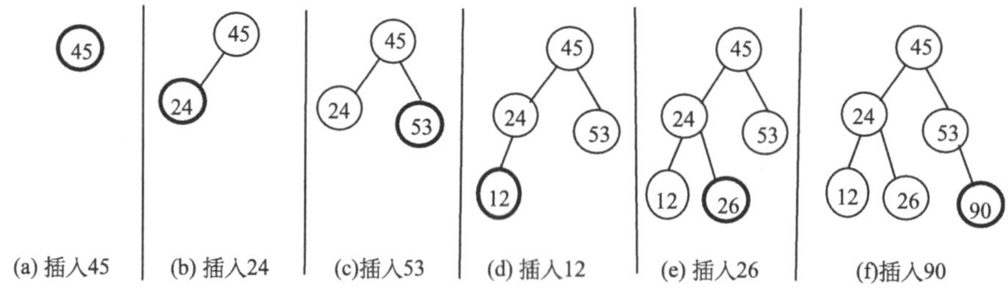

图 9-13　从空树开始建立二叉排序树的过程

一般是按记录关键字扫描读入的次序来建立二叉排序树。先由第一个关键字构成其根结点上的关键字，其次，每读入下一个关键字，则与根结点上的关键字进行比较，若较小，则当根的左子树为空时，将其作为根的左孩子结点上的关键字，若左子树非空，则该结点插入根的左子树上；若较大，则当根的右子树为空时，将其作为根的右孩子结点上的关键字，若右子树非空，则将该结点插入根的右子树上。不管是插在左子树还是右子树，其方法同上。

3. 二叉排序树的存储结构及算法说明

lchild	key	rchild

图 9-14 二叉排序树结点结构

由于构造二叉排序树的过程是不断插入新结点的过程，因此必须用动态数据结构来实现二叉排序树的构造算法。通常用二叉链表表示二叉排序树，其结点结构如图 9-14 所示。结点中含左孩子指针 lchild，关键字 key 和右孩子指针 rchild。

二叉排序树结点及类的数据类型说明如下：

```
typedef int KeyType;
struct RecType
  { KeyType key;
  }; // 记录集合。这里假设仅含关键字域,其他域省略。
struct BiNode
  {   KeyType key;
```

```
        BiNode *lchild,*rchild;
    };
class BiSortTree{    //假定记录中只有一个整型数据项
  public:
    BiSortTree(RecType a[ ], int n);    // 建立查找记录集合a[n]的二叉排序树
    ~BiSortTree(void);                  // 析构函数,释放所有结点,同二叉链表的析构函数
     BiNode* Getroot( );                // 获取指向根结点的指针
     BiNode* InsertBST(BiNode *root, BiNode *s);    // 在二叉排序树中插入一
                                                       个结点s
     void DeleteBST(BiNode *p, BiNode *f );          // 删除结点f的左孩子结点p
     BiNode* SearchBST(BiNode *root, KeyType k);   //查找值为k的结点
 private:
      BiNode *root;                      // 二叉排序树(即二叉链表)的根指针
      void Release(BiNode *root);        // 析构函数调用
};
```

4. 二叉排序树上的算法

1) 二叉排序树上插入一个关键字的算法

(1) 非递归形式。

基本思想：若二叉排序树为空，则插入结点为新的根结点，否则根据插入结点的关键字与根结点的关键字值比较结果确定是继续在左子树还是在右子树上找插入位置，若比根结点关键字值小，则应在左子树上找插入位置，否则到右子树上找插入位置。在左子树或右子树上继续查找插入位置时，直到某个结点左子树或右子树为空止，则插入结点为该结点的左或右孩子。

二叉排序树上插入一个关键字的算法InsertBST(非递归的)

```
BiNode* BiSortTree::InsertBST(BiNode *root, BiNode *s)
// 在根 root 的二叉排序树上插入结点 s.若树空,则插入结点为根结点
// 否则,根据 s->key 小于(或大于) root->key 而插入 root 的左或右子树
{   BiNode *p,*q;
    if  (root==NULL)  return s;
    else{  q=NULL; p=root;
           while  (p!=NULL)
              {  q=p;
                 if  ( s->key<p->key)   p=p->lchild;
                 else  p=p->rchild;
              }
           if  ( s->key<q->key )  q->lchild=s;
           else q->rchild=s;
           return root;
         }
    }
```

(2) 递归形式。

基本思想：若二叉排序树为空，则插入结点为新的根结点，否则，递归为在左子树或右子树上插入该结点的问题。

二叉排序树上插入一个关键字的算法InsertBST1(递归的)

```
BiNode* BiSortTree::InsertBST(BiNode *root, BiNode *s)
{  if (root==NULL) return s;
   else
     if(s->key<root->key)
        root->lchild = InsertBST1(root->lchild, s);  // 插入左子树
     else
        root->rchild = InsertBST1(root->rchild, s);  // 插入右子树
    return root;
}
```

2) 二叉排序树的建立算法

为了由给定的序列建立二叉排序树，则必须针对每个记录的关键字将它们一个接一个地插入到正在建立的二叉排序树中。其算法如下：

二叉排序树的构造函数BiSortTree

```
BiSortTree::BiSortTree(RecType a[ ], int n)  // 构造函数
{  root = NULL;
   for (int i = 0; i < n; i++)
       { BiNode* s = new BiNode;
         s->key = a[i].key; s->lchild = NULL; s->rchild = NULL;
         root = InsertBST(root, s);
       }
}
```

一个无序序列，通过建立二叉排序树，再经中序遍历，可得到其相应的有序序列。这是因为用中序遍历算法对二叉排序树进行遍历所采取的先遍历左子树、访问根结点、再遍历右子树策略，正好是对二叉排序树中结点从小到大访问的。例如，对图 9-13 中二叉排序树，用中序遍历方法所得到的有序序列为 12,24,24,45,53,90。正因为二叉排序树的中序遍历可得到结点键值的一个有序序列，所以在二叉排序树的命名中才冠有“排序”二字。

3) 二叉排序树的删除操作

在二叉排序树上删除一个结点的操作称为二叉排序树的删除操作。

设被删除的结点为 p 指针所指结点，f 所指的结点是被删除结点的**双亲**。为方便起见，由 p 指针所指结点，就称为 p 结点，由 f 指针所指结点亦称为 f 结点，且设 p 是 f 的左孩子(对 p 是 f 的右孩子类似处理)。则删除操作可分为三种情况：

(1) 若 p 为叶子，则只需做下列操作：$f \to$lchild＝NULL；见图 9-15。

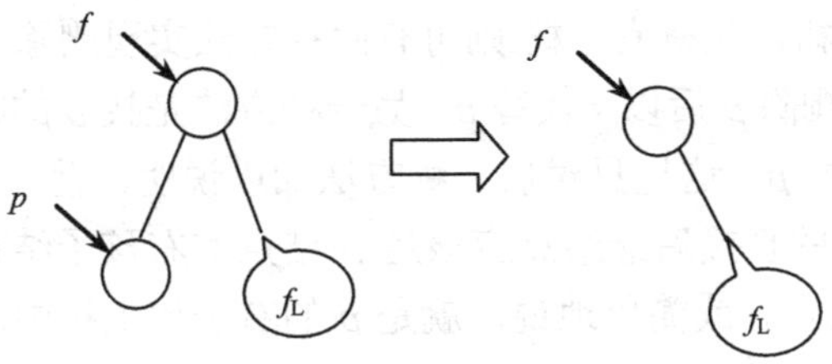

图 9-15 在二叉排序树中删除叶子结点

(2) 若 p 只有左子树 p_L，则 f→lchild＝p→lchild；或者 p 只有右子树 p_R，则 f→lchild＝p→rchild；见图 9-16。

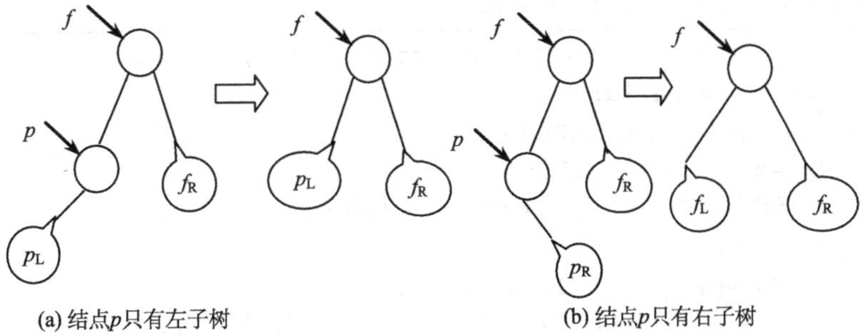

图 9-16 在二叉排序树中删除只有左或右子树的结点

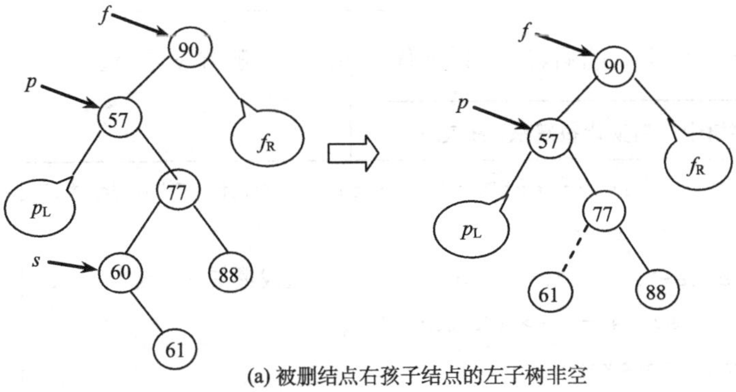

(a) 被删结点右孩子结点的左子树非空

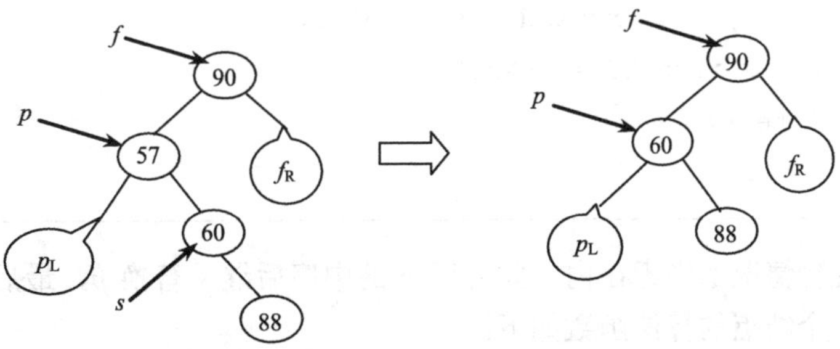

(b) 被删结点右孩子结点的左子树为空，p的右孩子即是p_R中最小值结点

图 9-17 在二叉排序树中删除具有两个子树的结点

(3) 若 p 既有左子树，又有右子树,则可有两种方法实现删除。一种是找 p 的在中序序列中的直接前趋 s，删除 p 后以 s 代替 p。另一种方法是找 p 的在中序序列中的直接后继 s，删除 p 后以 s 代替 p。这里只对后一种方法加以说明，前一种方法类似。

p 的在中序序列中的直接后继结点应该是 p 结点的右孩子结点作为根结点的子树上按中序访问的第一个结点。或简单地说，就是 p 的右子树上按中序遍历访问的第一个结点。由中序遍历可知，它就是右子树上最左下结点。但也有两种情况要加以处理。一种情况是右子树根结点无左子树，还有一种情况是右子树根结点的左子树非空。见图 9-17 所示。

① 查找中序序列中 p 的前趋 s，以 s 代替 p，然后删除 s 结点。

二叉排序树中序前趋代替算法PriorRep

```
void BiSortTree::PriorRep(BiSortTree &bst, BiNode *p)
{  q=p; s=p->lchild;
   while (s->rchild!=NULL)
     { q=s;  s=s->rchild;  }
    // 查找到中序序列中 p 的先趋 s,以 s 代替 p,然后删除 s 结点
    p->key=s->key;
    if  (q!=p) q->rchild=s->lchild;
    else q->lchild=s->lchild;   // q==p 时,即 s 为 p 的左孩子
    delete s;
}
```

② 查找中序序列中 p 的后继 s，以 s 代替 p，然后删除 s 结点。

二叉排序树中序后继代替算法NextRep

```
void BiSortTree::NextRep(BiSortTree &bst, BiNode *p)
{  q=p;s = p->rchild;
   while (s->lchild!=NULL)        // 查找最左下结点
     { q = s;  s = s->lchild;  }
   p->key = s->key;
   if (q==p)  q->rchild = s->rchild;
   else  q->lchild = s->rchild;
   delete s;
}
```

将以上几种情况都考虑在内，并使用 p 的中序后继 s 替换 p，最后可得到在二叉排序树上删除一个结点的算法函数如下：

二叉排序树删除一个结点的算法DeleteBST

```
void BiSortTree::DeleteBST(BiNode *p, BiNode *f )
{ BiNode *q,*s;  // 根据 p 是 f 的左孩子还是右孩子来删除
  if (p == f->lchild)                          // p 是 f 的左孩子
    { if (!p->lchild && !p->rchild)            // p 为叶子
        { f->lchild = NULL; delete p;  }
      else { if (!p->rchild)                   // p 只有左子树
                 {f->lchild = p->lchild;  delete p; }
             else {  if (!p->lchild)           // p 只有右子树
                       { f->lchild = p->rchild; delete p; }
                     else                      // p 的左右子树均不空
                       NextRep(BiSortTree this, BiNode *p);
                  }
           }
  else                                         // p 是 f 的右孩子
    { if(!p->lchild && !p->rchild)             // p 为叶子
           { f->rchild = NULL; delete p;  }
      else { if (!p->rchild)                   // p 只有左子树
                 {f->rchild = p->lchild;  delete p; }
             else { if (!p->lchild)            // p 只有右子树
                       { f->rchild = p->rchild; delete p; }
                     else                      // p 的左右子树均不空
                       NextRep(BiSortTree this, BiNode *p);
                  }
           }
    }
}
```

4) 二叉排序树的查找算法

算法思想：将给定关键字与二叉排序树根结点记录的关键字进行比较，若相同则查找成功。若较小，则在根结点的左子树上继续查找；若较大，则在根结点的右子树上继续查找。直到遇到空结点时，查找失败。

(1)二叉排序树查找算法的非递归形式：

二叉排序树查找算法SearchBST(非递归形式)

```
BiNode* BiSortTree::SearchBST(BiNode *root, KeyType k)
// 查找关键字 K,比较次数存入 count
{  BiNode *p=root;
   while(p!=NULL)
     if (p->key==k)  return p;
          else if (k < p->key) p=p→lchild;
                 else p=p->rchild;
   return(NULL);
}
```

(2) 二叉排序树查找算法的递归形式：

二叉排序树查找算法SearchBST1(递归形式)

```
BiNode* BiSortTree::SearchBST1(BiNode *root, KeyType k)
// 查找关键字等于 K 的结点。返回结点指针。比较次数存入 count
{  if (root==NULL)   return NULL;
   else  if (root->key==k) return root;      // 查找成功,返回
         else if (k < root->key)
                 return SearchBST1(root->lchild, k,count); // 查左子树
               else
                return SearchBST1(root->rchild, k,count); // 查右子树
}
```

如果要求当查找不成功时在此二叉排序树上插入一个关键字为 K 的新记录结点，该结点如果总是插在某个叶结点的下端，即作为叶子，则对前述**非递归算法**作一定的修改后,得到另一个函数算法(可加入二叉排序树类的定义中，成为一个成员函数)。其中，flag 的返回值作为一个标志量。若 flag 为 0，则表示原二叉排序树上没有该关键字，但已插入。若 flag 为 1，则表示在原二叉排序树上查找到了该关键字。

二叉排序树查找算法SearchBST1(递归形式)

```
BiNode* BiSortTree::SearchBST2(BiNode *root, KeyType k, int
&count,int &flag)
{ flag=0;                        // 标志 flag 置初值,先查找若找到前置 1
 BiNode *p=root,*q=NULL;   // q 指向当前所查结点之父结点,初始时置空
 while  (p!=NULL && flag==0)
if (p->key==k) flag=1;
else {  q=p;             //q 中保留下次作比较的结点的父结点
        if (k<p->key) p=p->lchild;   else p=p->rchild;
   }
if (flag==0)  // 未查找到
{ BiNode *s=new BiNode;
    s->key=k;  s->lchild=s->rchild=NULL;   // 生成新结点
    p=s;
    if (q== NULL) root=s;  // 如原来是空树,则新结点为根结点
    else                  // 否则,新结点为原 q 结点的左孩子或右孩子
      if  (k<q->key)  q->lchild=s;  // 作为左孩子
      else q->rchild=s;
 }
 return(p); // 返回 p,或为查找到时关键字等于 k 的结点指针或为新插入结点指针
}
```

5) 取二叉排序树对应的二叉链表的根指针函数算法

```
BiNode* BiSortTree::Getroot( )
```

```
{  return root;}
```

6) 其他函数算法

析构函数和释放二叉排序树结点的函数 release( )与前面第 6 章中一般二叉树中所给出的形式完全相同，这里省略。

7) 主函数

这里给出一个主函数，示例性地对二叉排序树中的函数加以应用。

```
void main( )
{  BiNode *searchnode;
   BiNode *p = NULL;
   int r[10] = {63, 55, 90, 42, 58, 70, 10, 45, 67, 83};
   BiSortTree bst = BiSortTree(r,10);                    // 初始化一棵二叉排序树
   BiNode *root = bst.Getroot( );                        // 获取其根结点
   cout<<"查找数据值为70的结点"<<endl;
   searchnode=bst.SearchBST(root, 70,count);             // 查找结点数据值为70的结点
   p=bst.SearchBST(root, 67,count);                      // 查67(为70的左孩子)
   cout<<"删除数据值为70的左孩子结点67"<<endl;
   bst.DeleteBST(p, searchnode);          // 删除数值域的值70的左孩子(为67的结点)
   cout<<"再查找数据值为67的结点"<<endl;
   bst.SearchBST(root, 67,count);                    // 查找结点数据值为67的结点,失败
   p=bst.SearchBST(root, 83,count);                  // 查83(为70的右孩子)
   cout<<"删除数据值为70的右孩子结点83"<<endl;
   bst.DeleteBST(p, searchnode);          // 删除数值域的值70的右孩了(为83的结点)
   bst.SearchBST(root, 83,count);                 // 查找结点数据值为83的结点,失败
}
```

二叉排序树的查找算法的时间复杂度分析：

在二叉排序树上查找关键字等于给定值的结点的过程，恰是走了一条从根结点到该结点的路径的过程，和给定值比较的关键字个数等于路径长度加 1(或结点所在层次数)，因此，和二分法查找类似，与给定值比较的关键字个数不超过树的深度。然而，二分法查找长度为 n 的表的判定树是唯一的，而含有 n 个结点的二叉排序树却不唯一。

例 9-6　由关键字序列：45,24,53,12,37,93，构造的二叉排序树如图 9-18(a)，而由关键字序列：12,24,37,45,53,93，构造的二叉排序树如图 9-18(b)。两棵二叉排序树中结点的关键字都相同，图 9-18(a)树的深度为 3，而(b)树的深度为 6。

从平均查找长度来看，假设 6 个记录查找概率相等，均为 1/6，则图 9-18 (a)树的查找成功时的平均查找长度(简称为平均查找长度) $ASL_{succ}=(1+2+2+3+3+3)/6=7/3$，查找不成功时的平均查找长度 $ASL_{unsucc}=(3+3+3+3+2+3+3)/7=20/7\approx 2.86$。而图 9-18 (b)树的查找成功时的平均查找长度 $ASL_{succ}=(1+2+3+4+5+6)/6=21/6$，查找不成功时的平均查找长度 $ASL_{unsucc}=6$。

由此可见，同样的关键字值集，排列顺序不同，所构成的二叉排序树的形态不一定相同，查找成功与不成功时的平均查找长度也分别不一定相同。

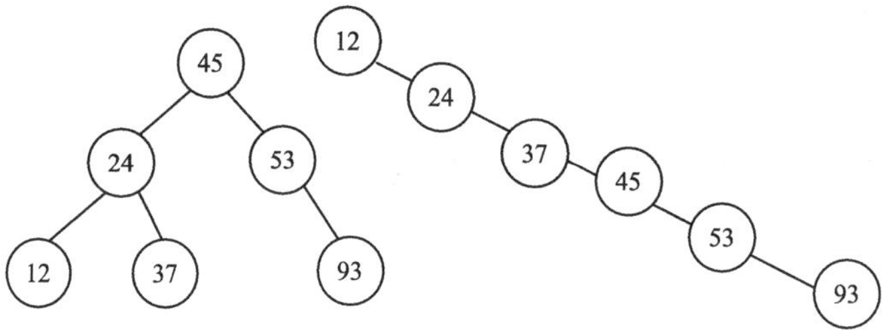

(a) 按第一个序列构造的二叉排序树　(b) 按第二个序列构造的二叉排序树

图 9-18　不同形态的二叉查找树

一般而言，含有 n 个结点的二叉排序树的平均查找长度和树的形态有关。当插入的关键字有序时，构成的二叉排序树蜕变为单支树。树的深度为 n，其平均查找长度为 $(n+1)/2$(和顺序查找相同)。这是最差的情况。显然，最好的情况是二叉排序树的形态和二分法查找的判定树相同，其平均查找长度和 $\log_2 n$ 成正比。

那么，二叉排序树的平均性能如何呢?

假设在含有 $n(n\geqslant 1)$个关键字的序列中，有 i 个关键字小于第一个关键字(作为根上的关键字)，$n-i-1$ 个关键字大于或等于第一个关键字，则由此构造而得到的二叉排序树在 n 个记录的查找概率相等的情况下，其平均查找长度为

$$\begin{aligned}P(n,i)&=\frac{1}{n}[1+i\times(P(i)+1)+(n-i-1)(P(n-i-1)+1]\\&=1+\frac{1}{n}[i\times(P(i)+1)+(n-i-1)(P(n-i-1)]\end{aligned}\tag{9-20}$$

其中，$P(i)$为含有 i 个结点的二叉排序树的平均查找长度，则 $P(i)+1$ 为查找左子树中每个关键字时所用比较次数的平均值，$P(n-i-1)+1$ 为查找右子树中每个关键字时所用比较次数的平均值。

假设表中 n 个关键字的排列是“随机”的，即任一个关键字在序列中将是第 1 个，或第 2 个，……，或第 n 个的概率相同，则可对上式从 i 等于 0 至 $n-1$ 取平均值：

$$\begin{aligned}P(n)&=\frac{1}{n}\sum_{i=0}^{n-1}P(n,i)\\&=1+\frac{1}{n^2}\sum_{i=0}^{n-1}[iP(i)+(n-i-1)P(n-i-1)]\\&=1+\frac{2}{n^2}\sum_{i=0}^{n-1}iP(i),\qquad n\geqslant 1\end{aligned}\tag{9-21}$$

显然，$P(0)=0, P(1)=1$。于是

$$P(n)=\begin{cases}0, & n=0\\ 1+\dfrac{2}{n^2}\sum\limits_{i=0}^{n-1}iP(i), & n\geqslant 1\end{cases}\tag{9-22}$$

在 $n\geqslant 1$ 的情况下，有

$$\sum_{i=0}^{n-1} iP(i) = \frac{n^2}{2}[P(n)-1], \quad n \geqslant 1$$

而在 $n \geqslant 2$ 的情况下，有

$$\begin{aligned}\sum_{i=0}^{n-1} iP(i) &= (n-1)P(n-1) + \sum_{i=0}^{n-2} iP(i) \\ &= (n-1)P(n-1) + \frac{(n-1)^2}{2}[P(n-1)-1], \quad n \geqslant 2\end{aligned} \tag{9-23}$$

于是，

$$\frac{n^2}{2}[P(n)-1] = (n-1)P(n-1) + \frac{(n-1)^2}{2}[P(n-1)-1], \quad n \geqslant 2 \tag{9-24}$$

故

$$P(n) = \frac{n^2-1}{n^2}P(n-1) + \frac{2}{n} - \frac{1}{n^2}, \quad n \geqslant 2 \tag{9-25}$$

从而，在 $n \geqslant 2$ 和 $P(1)=1$ 的情况下，可推得

$$\begin{aligned}P(n) &= 2\frac{n+1}{n}\left(\frac{1}{2}+\frac{1}{3}+\cdots\frac{1}{n+1}\right)-1 \\ &= 2\left(1+\frac{1}{n}\right)\left(\frac{1}{2}+\frac{1}{3}+\cdots+\frac{1}{n}\right)+\frac{2}{n}-1\end{aligned} \tag{9-26}$$

根据“欧拉公式”：

$$1+\frac{1}{2}+\frac{1}{3}+\cdots+\frac{1}{n} \approx \ln n + C \tag{9-27}$$

其中，C 为欧拉常数，$C \approx 0.577$。所以

$$\frac{1}{2}+\frac{1}{3}+\cdots+\frac{1}{n} \approx \ln n + C - 1 < \ln n \tag{9-28}$$

又当 $n \geqslant 2$ 时，$\frac{2}{n}-1 \leqslant 0$。所以

$$\begin{aligned}P(n) &= 2\left(1+\frac{1}{n}\right)\left(\frac{1}{2}+\frac{1}{3}+\cdots+\frac{1}{n}\right)+\frac{2}{n}-1 \\ &\leqslant 2\left(1+\frac{1}{n}\right)\ln n = \frac{2}{\log_2 e}\left(1+\frac{1}{n}\right)\log_2 n, \quad n \geqslant 2\end{aligned} \tag{9-29}$$

由此可见，在随机的情况下，二叉排序树的平均查找长度为 $O(\log_2 n)$。然而，有人研究证明，这种情况出现的概率约为 46.5%。

一般地，二叉排序树的查找性能在 $O(\log_2 n)$ 和 $O(n)$ 之间。若要获得较好的查找性能，就要构造比较平衡的二叉排序树。要做到这一点，需在构建二叉排序树的过程中进行“平衡化”处理，使建立的二叉排序树是平衡二叉排序树，即平衡二叉树。

9.3.2 平衡二叉树

对于给定的关键字记录序列，由于输入的顺序不同，所产生的二叉排序树的形态差

异很大，因而影响其最终的查找效率。例如对于给定 6 个关键字：45,24,53,12,37,93，三种序列可分别产生三棵不同的二叉排序树：

(1) 关键字序列为：45,24,53,12,37,93 时，生成的二叉排序树比较平稳，查找效率高。

(2) 关键字序列为：12,24,37,45,53,93 时，因其为由小到大升序排列的，所以，建立的二叉排序树是右单支树，称为**右斜树**，在其上的查找蜕化为顺序查找，查找效率低。

(3) 关键字序列为：93,53,45,37,24,12 时，因其为由大到小降序排列的，所以，建立的二叉排序树是左单支树，称为**左斜树**，在其上的查找也蜕化为顺序查找，查找效率低。

1. 平衡二叉树的定义

1) 二叉树高度的定义

二叉树中所有叶子结点的最大路径长度，即根结点到叶子的最大长度。空的二叉树高度为 0，仅含一个根结点二叉树高度为 1。

2) 平衡二叉树的定义

二叉树中任一结点的左右子树的高度相差不超过 1 的二叉树，称为平衡二叉树(balanced binary tree，简称 BBT 树)。即对任一结点，设其左子树的高度为 L，右子树的高度为 H，则都有 $|L-H|\leqslant 1$。

3) 平衡二叉排序树的定义

既是平衡二叉树，又是二叉排序树的二叉树，称为平衡二叉排序树(balanced and binary sort tree，简称 BBST 树)。平衡二叉排序树通常被简称为平衡二叉树。所以，一般所称呼的平衡二叉树，在不作特别声明时，就是指的平衡二叉排序树。平衡二叉树一般称为 AVL 树，因为它是由 Adelson-Velskii 和 Landis 首先研究的，所以，就用他们名字中所有单词的第一个字母缩写而成。AVL 树也就是指的平衡二叉排序树。并不是指的一般的平衡二叉树。而一般的平衡二叉树是指只具有平衡性，但不一定是二叉排序树的二叉树。

这里也给出平衡二叉树(AVL 树)的一个递归定义：

平衡二叉树或是一棵空的二叉排序树，或是满足下列特性的一棵平衡二叉树：

① 根结点的左子树和右子树的高度最多相差 1；

② 根结点的左子树和右子树也都是平衡二叉树。

4) 结点平衡因子的定义

对于二叉树中的任一结点，其左子树的高度减去右子树的高度所得的结果称为该结点的平衡因子。

对平衡二叉树，显然每个结点的平衡因子只能是 0、−1 或+1。而对于一棵不平衡二叉树，至少有一个结点的平衡因子的绝对值大于 1。

例如，如图 9-19 所示，图 9-19(a)给出了两棵平衡二叉树，图 9-19(b)则给出了两棵不平衡二叉树，且每个结点中给出了其平衡因子的计算结果。

5)最小不平衡子树

最小不平衡子树(minimal unbalanced subtree)是指在平衡二叉树的构造过程中，当插入一个结点而导致从原来是平衡二叉树的情况下变为不平衡二叉树时，距离该插入结点最近的、且平衡因子的绝对值大于 1 的结点为根的子树。

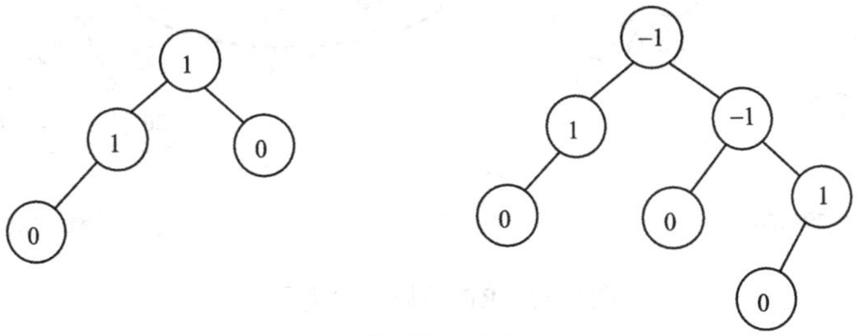

(a) 两棵平衡二叉树

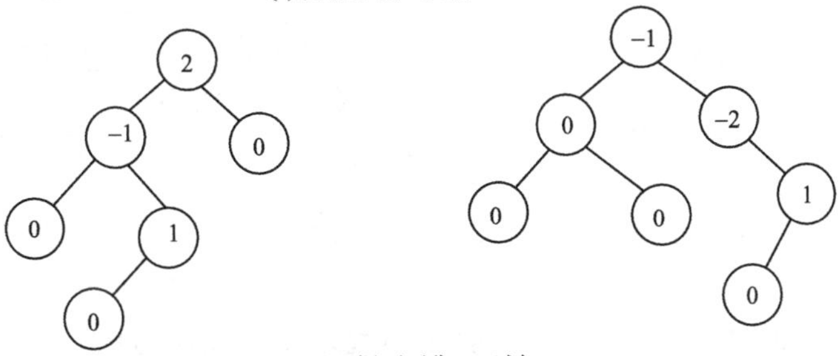

(b) 两棵不平衡二叉树

图 9-19　平衡和不平衡的二叉树及结点的平衡因子

2. 平衡二叉树的构造

构造平衡二叉树的基本思想是：在构造二叉排序树的过程中，每当插入一个结点时，都检查是否因插入而破坏了树的平衡性。若破坏了二叉树的平衡性，则找出最小不平衡子树。在保持二叉排序树特性的前提下，调整最小不平衡子树中各结点之间的链接关系，即进行相应的“旋转操作”，使之成为新的平衡子树。从而，在该结点插入调整后，整棵二叉树仍是一棵平衡二叉树。若插入结点后没破坏二叉树平衡性，则不做调整。以此方式，将所有结点逐一插入就建成了平衡二叉树。

例 9-7　假设关键码集合为{20,50,60,10,40,30}。从空的二叉排序树开始，按顺序，扫描其中的关键字，依次插入树中。当插入 20 和 50 后，所建的二叉排序树如图 9-20(a)所示，此时仍是平衡的。当把 60 插入后，得到如图 9-20(b)所示的二叉排序树，此时出现了不平衡现象。最小不平衡子树的根结点是 20。此不平衡是因为在最小不平衡子树根结点的右孩子的右子树(right child right subtree)中插入一个结点导致的，这时，平衡调整叫 RR 型调整。若将结点 50 往右上拉一定距离，且用 50 代替 20，作为根结点，60 成为 50 的右孩子，则最小不平衡子树调整成为一个新平衡子树。见图 9-20(c)。这一操作简称为以 20 为根向左的逆时针旋转。

为直观起见，图中用带箭头的弯线弧给出在当前图下接着要进行的旋转和方向。

再插入 10 和 40，如图 9-21(a)，二叉排序树仍是平衡的。然而，插入 30 时却失去了平衡，此时最小不平衡子树根结点是 50，如图 9-21(b)所示。此不平衡是因在最小不平衡子树根结点的左孩子的右子树(left child right subtree)中插入一个结点导致的。这时平衡调

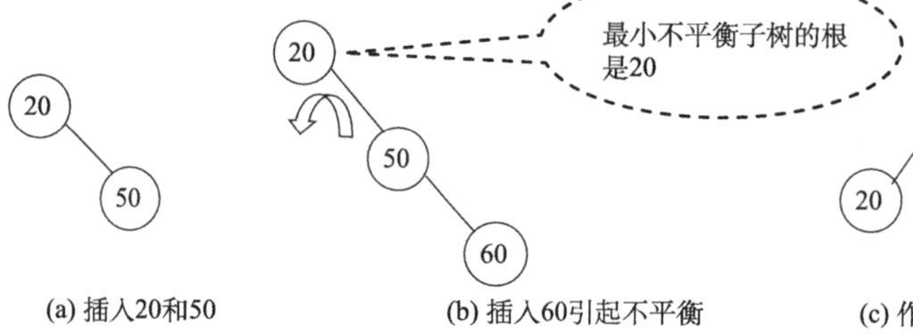

图 9-20　RR 型调整的例子

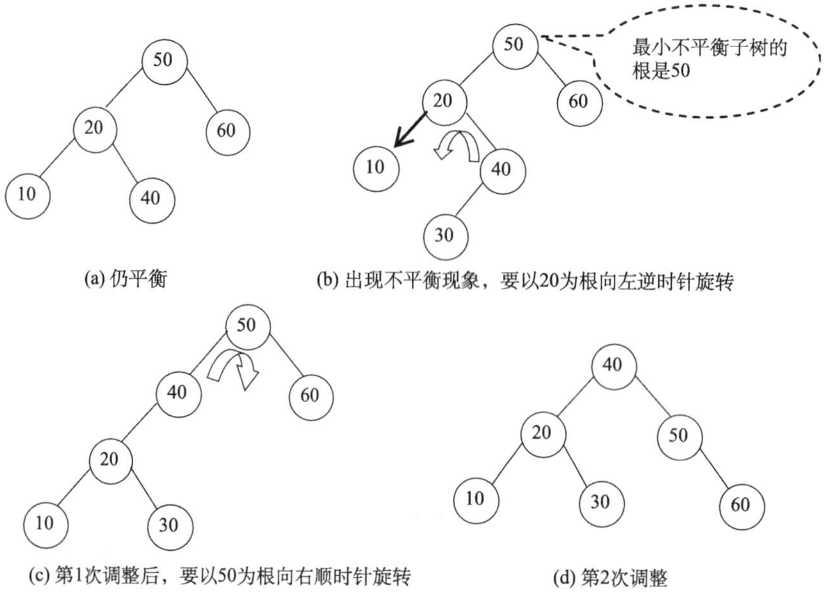

图 9-21　LR 型调整的例子

整叫 LR 型调整，且要分两次旋转完成。

第一次旋转：由于 50、50 的左孩子 20、20 的右孩子 40，即 50、20、40 三者中，40 居中，所以，先将 40 插入 50 与 20 的连线中间，即 40 替代 20 作为 50 的左孩子，40 原来的左子树接着 20 的右子树，这里实际上 30 作为 20 的右孩子，如图 9-21(c)所示，其仍是一棵二叉排序树。这一操作简称为以 20 为根向左的逆时针旋转。

第二次旋转：将结点 40 往左上拉一拉，使得 50 成为 40 的右孩子，其他不变。这样就得到如图 9-21(d)所示的二叉树，它是一个平衡的二叉排序树。此操作就是以 50 为根作向右的顺时针旋转。

3. 平衡二叉树的调整

一般来说，设最小不平衡子树根结点是 A，对该子树进行平衡化调整归纳为 4 种。

1) LL 型调整

在最小不平衡子树根结点 A 的左孩子的左子树(left child light subtree)中插入一个结

点导致不平衡,这时平衡调整叫 LL 型调整。图 9-22(a)为插入前的平衡二叉树。其中，B 是 A 的左孩子，A_R 为 A 的右子树，B_L 和 B_R 分别为 B 的左右子树，且 A_R、B_L、B_R 的高度均为 h。将结点 x 插在 B 的左子树上，导致 A 的平衡因子由 1 变为 2，使结点 A 为子树成为最小不平衡子树。如图 9-22(b)所示。

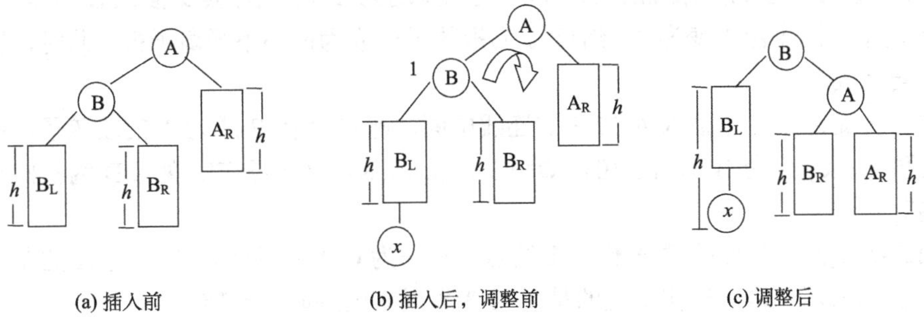

图 9-22 LL 型调整

在这种情况下，只要将 B 往左上方向拉出一定角度，并以 B 代替 A 成为根结点，A 成为 B 的右孩子，B 原来的右子树 B_R 成为 A 的左子树，如图 9-22(c)所示。这一操作简称为以 A 为根向右的顺时针旋转。

2) RR 型调整

由于在最小不平衡子树根结点 A 的右孩子的右子树(right child right subtree)上插入结点 x，使 A 失去平衡，这时平衡调整叫 RR 型调整。图 9-23(a)为插入前的平衡二叉树。其中，B 是 A 的右孩子，A_L 为 A 的左子树，B_L 和 B_R 分别为 B 的左右子树，且 A_L、B_L、B_R 的高度均为 h。将结点 x 插在 B 的右子树上，导致 A 的平衡因子由−1 减至−2 而失去平衡，结点 A 为根的子树成为最小不平衡子树。如图 9-23(b)所示。当然，A 上的结点一般也会为不平衡点，但只要把 A 调整为平衡后，得到的就是一棵平衡二叉树。

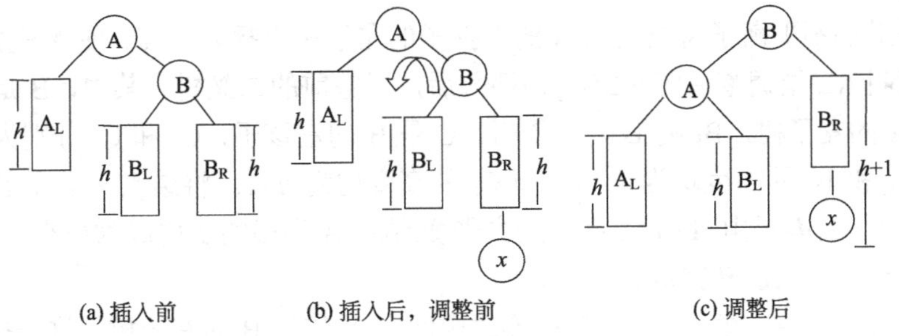

图 9-23 RR 型调整

在这种情况下，只要将 B 往右上方向拉出一定角度，并以 B 代替 A 成为根结点，A 成为 B 的左孩子，B 原来的左子树 B_L 成为 A 的右子树，如图 9-23(c)所示。这一操作简称为以 A 为根向左的逆时针旋转。

3) LR 型调整

由于在最小不平衡子树根结点 A 的左孩子的右子树上插入结点，使 A 失去平衡，这时平衡调整叫 LR 型调整。图 9-24(a)为插入后，调整前的二叉树。其中，B 是 A 的左孩子，A_R 为 A 的右子树，B_L 为 B 的左子树，C 是 B 的右孩子，C_L 和 C_R 分别为 C 的左右子树，且 A_R、B_L 的高度均为 h，C_L 和 C_R 的高度均为 $h-1$。将结点 x 插在 B 的右子树上，导致 A 的平衡因子由 1 变为 2，结点 A 为根的子树成为最小不平衡子树。此时，调整分两次旋转完成。

第一次旋转：将 C 插入 A 与 B 的连线中间，即 C 替代 B 成为 A 的左孩子，B 成为 C 的左孩子，C_L 作为 B 的右子树，如图 9-24(b)所示。这一操作实现以 B 为根向左逆时针旋转。

第二次旋转：以 C 代替 A 作为根结点，A 作为 C 的右孩子，C_R 作为 A 的左子树。如图 9-24(c)所示。这一操作实现的是以 A 为根向右的顺时针旋转。

LR 型调整又可简称为先左旋后右旋。

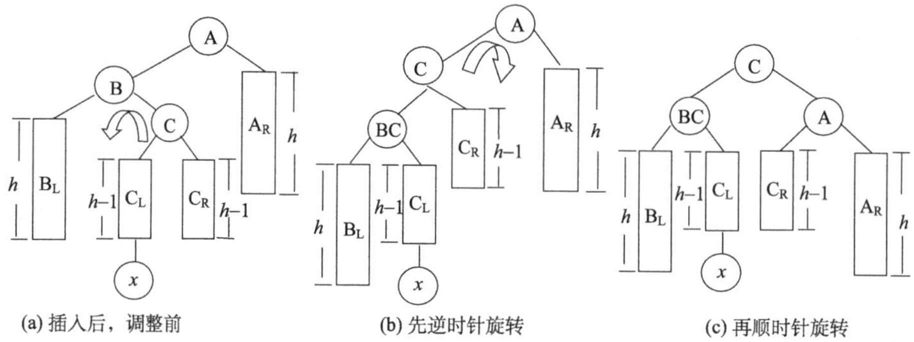

图 9-24　LR 型调整

4) RL 型调整

由于在最小不平衡子树根结点 A 的右孩子的左子树上插入结点，使 A 失去平衡，这时平衡调整叫 RL 型调整。图 9-25(a)为插入后，调整前的二叉树。其中，B 是 A 的右孩子，A_L 为 A 的左子树，B_R 为 B 的右子树，C 是 B 的左孩子，C_L 和 C_R 分别为 C 的左右子树，且 A_L 和 B_R 的高度均为 h，C_L 和 C_R 的高度均为 $h-1$。将结点 x 插在 B 的左子树上，导致 A 的平衡因子由−1 减至−2 而失去平衡,结点 A 为根的子树成为最小不平衡子树。此时，调整也分两次旋转完成。

第一次旋转：将 C 插入 A 与 B 的连线中间，C_R 作为 B 的左子树，这一操作实现的是以 B 为根向右的顺时针旋转。结果如图 9-25(b)所示。

第二次旋转：以 C 代替 A 作为根结点，A 作为 C 的左孩子，C_L 作为 A 的右子树。这一操作实现的是以 A 为根向左的逆时针旋转。结果如图 9-25(c)所示。

RL 型调整又可简称为先右旋后左旋。

旋转的正确性容易由“保持二叉排序树的特性且按中序遍历所得关键字的中序序列自小到大有序且不变”证明之。从图 9-24 到图 9-25 可见，无论哪种调整，在经过平衡化后，以B或C为根的新子树均为平衡二叉树，而且其深度与插入之前以A为根的子树的深度相同。因此，当插入一个结点到一棵平衡二叉树使之失去平衡时，仅需对最小不平衡子树作平衡化调整，不影响原来A的所有祖先结点的平衡因子，就可使之转化为平衡二叉树。

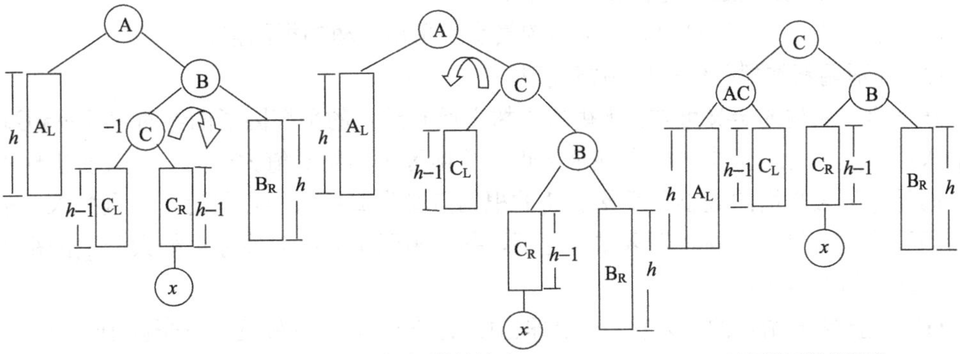

(a) 插入后，调整前　　(b) 先顺时针旋转后　　(c) 再逆时针旋转后

图 9-25　RL 型调整

例 9-8　设关键字序列为 20,50,60,10,40,30,55，造相应平衡二叉树。

关键字序列为 20,50,60,10,40,30 已在图 9-24 至图 9-25 中构成了平衡二叉树，现在只需接着将 55 插入该平衡二叉树，若使之不平衡，则使用相应的调整操作使之平衡。整个调整过程见图 9-26。在插入 55 后得到如图 9-26(a)所示的不平衡二叉树。最小不平衡子树的根是 50。由于 55 是在最小不平衡子树根结点 50 的右孩子的左子树上插入一个结点导致不平衡的，所以要做 RL 调整。具体又分两次旋转完成，先以 60 为根做右旋，得图 9-26(b)，再由根 50 做左旋，得图 9-26(c)，即得到平衡二叉树。

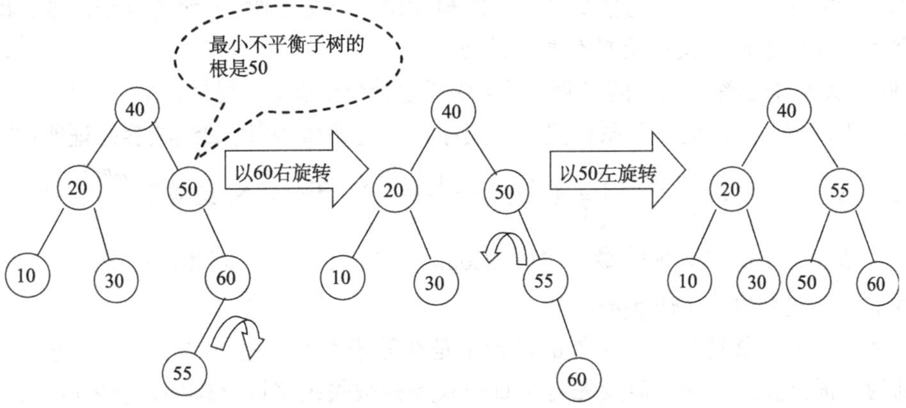

(a) 插入55不平衡，RL型　　(b) 先以60右旋后　　(c) 再以55左旋后

图 9-26　平衡二叉树构造示例

前面介绍的 LL 型、RR 型、LR 型、RL 型四种平衡化调整，便于逻辑上直观地做手工调整。

4. 平衡二叉树的算法

为了使从关键字序列得到的二叉排序树为平衡二叉树，需在二叉排序树的插入算法基础上作如下几点修改，才能得到平衡二叉树的插入算法：

(1) 判别插入结点之后是否使之不平衡；

(2) 若不平衡，则先找到失去平衡的最小不平衡子树的根结点；

(3) 判别调整类型并作相应调整处理。

从平衡二叉树的定义可知，平衡二叉树上所有结点的平衡因子的绝对值都不超过 1。在插入结点之后若二叉排序树上某个结点的平衡因子的绝对值大于 1，则说明出现不平衡；同时，失去平衡的最小不平衡子树的根结点必为离插入结点最近，而且插入之前的平衡因子的绝对值大于 0(在插入结点之后，其平衡因子的绝对值才可能大于 1)的祖先结点。为此，需要做到：

(1) 在查找 s 结点的插入位置的过程中，记下离 s 结点最近、且平衡因子不等于 0 的结点，令指针 a 指向该结点；

(2) 修改自 a 至 s 路径上所有结点的平衡因子值；

(3) 判别树是否失去平衡，即在插入结点 s 之后，a 结点的平衡因子绝对值是否大于 1。若是，则需判别调整类型并作相应调整处理，否则插入过程结束。

在二叉排序树的二叉链表结点中增加一个存储结点的平衡因子的域 bf，使其构成平衡二叉树的二叉链表结点结构。

5. 平衡二叉树查找的复杂度分析

在平衡二叉树上进行查找的过程和二叉排序树相同，因此，在查找过程中，给定键值与结点上的关键字进行比较的次数不超过树的深度。

那么，含有 n 个关键字的平衡二叉树的最大深度是多少呢?为解答这个问题，我们先分析深度为 h 的平衡二叉树所具有最少结点数。

假设以 N_h 表示深度为 h 的平衡二叉树中所含最少结点数。显然，$N_0=0, N_1=1, N_2=2$，并且 $N_h=N_{h-1}+N_{h-2}+1$。这个关系和斐波那契序列极为相似。利用归纳法容易证明：当 $h\geqslant 0$ 时，$N_h=F_{h+2}-1$，而 F_h 约等于 $\frac{\varphi^h}{\sqrt{5}}$ (其中 $\varphi=\frac{1+\sqrt{5}}{2}$)，于是，$N_h$ 约等于 $\frac{\varphi^{h+2}}{\sqrt{5}}-1$。从而，含有 n 个结点的平衡二叉树的最大深度为 $\log_\varphi(\sqrt{5}(n+1))-2)$。因此，在平衡二叉树上进行查找的时间复杂度为 $O(\log_2 n)$。

上述对平衡二叉树的查找性能的讨论都是在等概率的前提下进行的。若查找概率不等，则为了提高查找效率，需要先对待查记录序列按关键字进行排序，使之成为升序(或降序)有序的，然后再构造次优查找树或最优查找树。显然，次优查找树和最优查找树也都是二叉排序树，但次优查找树和最优查找树都不能在查找过程中，以插入结点方式加以生成。次优查找树和最优查找树都是静态树表。

而平衡二叉树都可以以插入结点方式加以生成，生成之后还都可以分别插入结点且相应地保持仍为平衡二叉树，所以，平衡二叉树是动态树表。

9.4　散列表的查找

查找实际上就是要确定给定关键码的记录是否在查找结构中存在。若存在还进一步给出其所在位置，若不存在，则给出相应不存在的标志。前面讨论的各种查找中，由于记录的存储位置与关键码之间不存在任何对应关系，所以查找只能通过不断地比较给定关键码与当前所能访问的存储位置上的记录的关键码。这类查找都是建立在比较的基础上，查找的效率由比较次数所决定。不仅与被查数据整体的存储结构有关，还与逻辑上可被查找的数据集合所含的数据个数有关，同时也与待查记录在查找表中的位置以及查找用的策略如查找方向等有关。

理想的查找是不经过任何比较就能根据所查关键码直接得到待查记录所在的存储位置。散列查找技术就是朝这种方向努力的一种查找技术。它在关键码与存储位置之间建立一个对应关系，也就是建立关键码与存储位置之间的一个函数。由一个关键码就可通过这个函数计算出唯一的一个地址。在存储数据元素时通过计算其关键字的散列函数值来确定存储地址。查找时，计算给定关键字的散列函数值，得到一个存储地址，然后，去判断该地址处是否就是所要查找的数据元素，以决定查找成功与否。所以，散列技术中的查找不是依赖大量关键码的比较来实现查找。关键码与存储位置之间的这个对应函数称为散列函数，如图 9-27 所示。散列技术是一种有效的存储和查找技术。因为散列的英文为 hash(中译为哈希),所以散列函数也称为哈希函数,散列存储也称为哈希存储，散列表也称为哈希表，散列查找也称为哈希查找(hash search)。散列技术也称为哈希技术。

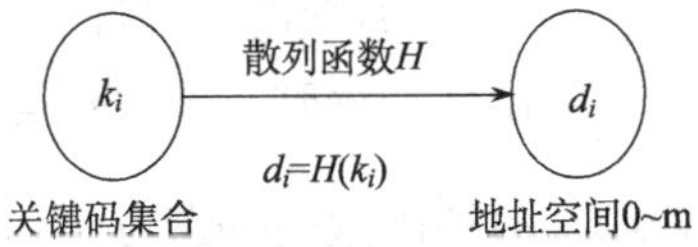

图 9-27　散列的基本思想示意图

9.4.1　散列技术中的主要概念

(1) 散列函数　当设计好记录的存储地址范围，如由一个一维数组(下标为 0~m−1)给出记录的一块连续的存储空间后，存储地址范围就是 0~m−1。由任意一个记录关键码，散列函数(hash function)应能根据其计算出唯一的一个值，属于该地址范围，代表其所要存储的地址,称为散列地址(hash address)。散列函数，用 H 表示，它就是关键码集合到地址空间的一个映射。对任一关键码 K_i，计算

$$d_i=H(K_i)\in\{1,2,\cdots,m-1\} \tag{9-30}$$

如图 9-27 所示。当记录在存放时用这个函数把记录存进给定的地址处，查找时，同样用这个函数计算出一个地址，到该处去找要查的记录。

(2) 散列表　一个记录具体存储在一块通常用一个一维数组给出的连续存储空间中时，根据记录关键码的散列函数值来确定其存储地址，这块连续的存储空间连同其中所存储的记录(可为空)，称为散列表(hash table)。有别于线性表，散列表不一定具有记录数据安放的连续性，中间可能会有“间隙”(即空)。由于散列函数具有散列性，即关键码看似相似的两个不同记录可能被安放在距离较远的不同之处，所以记录是散列存储的,

得到的存储表示也叫散列表。散列还有杂凑的意思，所以散列表也称为杂凑表。

(3) 冲突与同义词　理想的散列函数是把不同的关键码映射为不同的散列地址，这样的散列函数是完美散列函数，得到的散列表也是完美散列表。但这需要的存储空间可能很大。但在实际应用中，存储空间一般是有限的$\{0,1,\cdots,m-1\}$，因此，完美的散列表通常是不常见的。当然我们可以尽量构造相对来说散列性较佳的散列函数。但无能怎样设计散列函数，通常都会出现冲突现象。若 $K_1 \neq K_2$，但 $H(K_1)=H(K_2)$，即不同的关键字对应同一地址，则称这种现象为冲突(collision)。或简称为 K_1 和 K_2 发生了冲突，此时，称 K_1 和 K_2 为相对于 H 的同义词(synonym)。这种情况往往会因记录量大，而散列表不够大时出现。

一旦出现冲突，后存储的记录就要另找存储地址来加以存储，这叫处理冲突。查找时也按这一过程来进行，即先计算待查关键码的散列函数值，确定一个存储地址，检查该地址中的记录是否是所要找的，若是，则查找成功，否则，应该按另找地址的方法，即处理冲突的方法到相应的地方去查找，这种另找方式可能会重复多次，直到要么查找成功，要么找到一个“空隙”(即空)处，能明确断定查找失败为止。

(4) 散列技术的两个主要问题：

① 找一个好的散列函数 H，尽可能使记录存放在某个地址空间范围内时，分布均匀，同时，散列函数本身计算简单。

② 设计有效的处理冲突方法。在散列表中，不论散列函数如何选取，但冲突不可避免，当出现冲突时，要设计有效的处理冲突方法。

9.4.2　散列函数的构造方法

如何选择散列函数或哈希函数，是散列表这种存储方式能否成功实现数据记录的散列存储和散列查找的关键。设计散列函数应遵循的基本原则是：

(1) 散列函数本身计算简单。容易从关键码计算得到一个地址范围内的值，计算量小，计算速度快，否则会降低查找效率。

(2) 分布均匀。即产生的冲突尽可能少，存储空间能得到有效利用。

设计散列函数的上述两个基本原则在实际应用中往往两难兼顾。要保证散列函数散列的均匀性比较好，散列函数的计算就可能比较复杂；散列函数计算简单，则均匀性就不一定能得到保障。因此，在设计散列函数时，要根据关键码的分布情况来考虑。散列函数可有以下几种设计方法。

1. 直接定址法

关键码本身与地址之间存在某个线性函数关系时，散列函数取为关键码的线性函数，即

$$H(\text{key})=a\times\text{key}+b \tag{9-31}$$

其中，a 和 b 均为常数。

例 9-9　设关键码集合为{10010,10030,10050,10060,10070,10090}，地址范围为

$\{0,1,\cdots,9\}$，则选取散列函数为 $H(\text{key})=(\text{key}-10000)/10=\text{key}/10-1000$，建立的散列表如图 9-28 所示。

0	1	2	3	4	5	6	7	8	9
	10010		10030		10050	10060	10070		10090

图 9-28 直接定址法构造的散列表

2. 数字分析法

假设关键码完全已知，且每个关键码都是以某个数 r 为基数(例如以 10 为基数的十进制数)的值，则当关键码中的若干位恰能构成分布比较均匀的散列地址空间时，可取关键码的若干位的组合作为散列地址。

例 9-10 若有不超过 100 个记录的文件，其关键字是 9 位十进制数，所要建立的散列表表长为 100，即地址为 2 位整数(0 至 99)，则可取关键字中的两位十进制数组成散列地址。究竟选哪两位呢？应具体分析所有关键码的构成情况，选其值分布比较均匀且冲突少的两位。如在图 9-29 中，关键码的第①、②位是 3 或 4，第③位只有 7、8、9，第⑤位上只有 5 或 6，第⑦位也只有 4、5、6，只有第④位和第⑥位都分布比较均匀。所以，只可选第④位和第⑥位合起来构成的两位数作为对应的散列地址。散列函数为

$$H(\text{key})=((\text{key}/1000)\%10)\times10+(\text{key}\%100)/10$$

关键码 位：	①	②	③	④	⑤	⑥	⑦	散列地址
	3	4	7	1	5	2	5	12
	3	4	8	2	6	9	5	29
	3	4	8	5	5	7	6	57
	3	4	8	6	6	0	6	60
	3	4	9	0	5	5	5	5
	3	4	7	9	6	7	5	97
	3	4	7	3	5	1	4	31

图 9-29 数字分析法示例

即要将关键码的第④位和第⑥位分离出来，再构成一个两位数。显然，这样的散列函数其构成和计算都是较为复杂的。

3. 除留余数法

除留余数法通过选择适当的正整数 p，按计算公式：

$$H(K)=K \bmod p \tag{9-32}$$

来计算出关键码 K 所对应的散列地址，其中，mod 称为模除取余，对应于 C++语言中的“%”运算符。

这一方法的关键在于选取合适的正整数 p。若 p 选择得不好，则容易产生同义词。例如，若 p 含有质因子，如设 $p=m\times n$，则所有含因子 m 或 n 的关键码的散列地址均为 m 或 n 的倍数。如图 9-30 所示，在 $p=3\times 5$ 时，所有含 3 或 5 的关键码都是 3 或 5 的倍数，这显然会增加冲突的机会。

关键码	18	27	35	39	48	50	65
散列地址	3	12	5	9	3	5	5

图 9-30　p=15 的散列地址示例

因此，若关键码的个数为 n，散列表表长为 m(一般 $m\geqslant n$)，通常选 p 为小于或等于表长 m(最好是接近 m)的最大素数或不包含小于 20 的质因子的合数。当然，一般也要求 $p\geqslant n$。图 9-31 给出了几个表长 m 取值固定后，接近 m 的最大素数。

表长m	8	64	128	256	512	…
最大质数	7	63	127	251	503	…

图 9-31　接近表长 m 的最大素数示例

除留余数法所确定的散列函数计算最简单，同时也不需要根据全部关键码的分布情况研究如何从中析取数据，所以是一种最常用的构造散列函数的方法。

4. 平方取中法

将关键码 K 平方，取 K^2 中间几位作为其散列地址 $H(K)$的值。

例 9-11　设关键码 $K=422016$，则 $K^2=178097504356$。若地址范围为 3 位，则取中间的 3 位作为地位，可得 $H(K)=750$。之所以这样取，是因为一个数平方后，中间几位牵涉到关键码的大多数位上的值参与运算，分布较均匀，很少有不同的关键码会在平方后截取结果中的中间几位是相同的，因而减少了冲突发生的概率。

5. 折叠法

一般在关键码位数较长的情况下才会考虑使用此方法来构造散列函数。它是将关键码从低位到高位分割成位数相等的几段，最后一段可以短些。或者从高位到低位分割成位数相等的几段，最后一段可以短些。然后将这些段构成的数值按照某种叠加方法求和。最后，在散列地址范围限制下，取求和结果的最后几位作为关键码的散列函数值。如图 9-32 所示。叠加方法通常有下列两种：

(1) 移位叠加：将各段数值最后一位对齐相加。

(2) 间界叠加：从各数值段的一端到另一端沿各个段的分界线来回折叠后，以最后一位对齐相加。

例 9-12　设关键码为 582422241，散列地址范围为 3 位整数(0~999)，则对关键码按三位一段分割，可有以下 2 种方法：

① 由低向高位分割为： 58 | 2422 | 241

② 由高向低位分割为： 582 | 4222 | 41

折叠法主要针对位数比较多的关键码。显然，这种方法所确定的散列函数的计算是比较麻烦的。见图 9-32。例中，移位叠加法的散列函数表达式可写成如下形式：

$$H(\text{key})=\text{key}\%1000+(\text{key}/1000)\%1000+(\text{key}/1000)/1000$$

其中，除“/”表示整除。但间界叠加的散列函数计算公式虽然是可设计出的，但可以想象得到，是比较复杂的。因此，若考虑计算量的问题，除非特别需要，通常还是少采用间界叠加方法为宜。

58	582	58	582
2422	4222	2242	2224
+ 241	+ 41	+ 241	+ 41
2721	4845	2541	2747
H(key)=721	H(key)=845	H(key)= 541	H(key)=747
(a) ①的移位叠加	(b) ②的移位叠加	(c) ①的间界叠加	(d) ②的间界叠加

图 9-32　折叠法示例

6. 随机数法

因为计算机的程序设计语言中，一般都有随机函数(或者用户也可构造一个随机函数)， 因而可用关键码作为随机函数的自变量而产生一个值在散列地址范围内的随机数作为该关键码所要存储的地址，即 H(key)＝random(key)，其中 random 为随机函数。但这里的随机数法一般要用所谓伪随机数来代替真正的随机数。伪随机数列对同一关键码(相当于作为种子)，在不同时间所产生的随机数列都相同，这样能保证存储和查找都能找到同一地址，否则，若在存储时是一个随机数地址，而到查找时因时间不同而不能保证产生同一个地址，那么查找就无法或很难成功。这里着重要求由不同关键字产生随机地址，地址值具有随机性就可以了。

通常当关键码长度不等时，采用伪随机数法构造散列函数较恰当。

究竟怎样才能选择得到与可能的关键码取值密切相关且适宜的散列函数?目前还无什么特别的理论指导，只能根据具体情况，凭经验选定。在选择时，使用者可考虑以下几个因素：

(1) 计算散列函数需时间(包括硬件指令因素)；

(2) 关键字的长度；

(3) 关键字的间隔程度即分布情况；

(4) 散列表的大小；

(5) 记录的查找频率。

9.4.3 冲突的处理方法

散列函数选得好，计算地址分布均匀，可减少冲突。但无论怎么选取散列函数，冲突仍是不可避开的。关键是，当出现冲突时，如何处理冲突？这是构造散列表不可缺少的一个方面。通常处理冲突的方法有：开放定址法、拉链法、建立公共溢出区等主要方法。

1. 开放定址法(建立闭散列表)

所谓开放定址法(open addressing)是指散列表的地址对任何记录数据都是开放的，也就是可以存储使用。但散列表的长度一旦确定，总的可用地址是有限的，所以，用开放定址法处理冲突所得到的散列表叫做闭散列表。自然也就要求闭散列表的表长大于或等于所需存储的记录数。一旦冲突发生时，后到的记录总能找到空的散列地址将其存入。查找时，按照一种固定的顺序检索散列表中的相应项，直至找到一个关键字等于 k 或找到一个空单元将关键字为 K 的记录插入。因此它也是一种动态查找结构。

开放定址法中找下一个空的散列地址的方法主要有：线性探测法、二次探测法、伪随机探测法等。

1) 线性探测法

线性探测法依次从发生冲突位置的下一个位置起寻找空的散列地址。设关键码为 key，$H(\text{key})=d$，闭散列表的长度为 m。当发生冲突时，线性探测下一个散列地址的公式为

$$H_i=(H(\text{key})+d_i)\%m \quad (d_i=1,2,\cdots,m-1) \tag{9-33}$$

它实际上是按 $H(\text{key})+1,H(\text{key})+2,\cdots,m-1,0,1,\cdots,H(\text{key})-1$ 的顺序(把散列表视作首尾相连的循环表)探测，一旦探测到空的散列地址，该关键码记录就可存入其中。

例 9-13 已知一组关键码为 19,14,23,1,68,20,84,27,55,11,10,79，散列表长度为 16，以除留余数法设计散列函数，且在公式 $H(\text{key})=\text{key}\%p$ 中，$p=13$，即散列函数 $H(\text{key})=\text{key}\%13$。用线性探测法处理冲突，构造地址范围为 0~15，且存放在由数组 $a[0\sim15]$所给出的存储空间中。当冲突发生时，线性探测下一个散列地址的公式：$H_i=(H(\text{key})+d_i)\%m$ $(d_i=1,2,\cdots,m-1)$(其中，$m=16$)，即 $H_i=(H(\text{key})+d_i)\%16$ $(d_i=1,2,\cdots,15)$。注意：要区分 p 和 m。这里 $p=13,m=16$。

顺序扫描关键码，用散列函数计算每一个关键码的散列地址如下：

19%13=6，不冲突，可直接存入。

14%13=1，不冲突，可直接存入。

23%13=10，不冲突，可直接存入。

1%13=1，出现冲突，线性探测下一个位置，即(1+1)%16 =2。为空，可存入。

68%13=3，不冲突，可直接存入。

20%13=7，不冲突，可直接存入。

84%13=6，出现冲突，线性探测下一个位置，(6+1)%16=7。仍出现冲突，线性探

测下一个位置，(6+2)%16=8。不冲突，可存入。

27%13=1，出现冲突，线性探测下一个位置，(1+1)%16=2。仍出现冲突，继续探测下一个位置，(1+2)%16=3。仍出现冲突，继续探测下一个位置，(1+3)%16=4。不冲突，可存入。

55%13=3，出现冲突，线性探测下一个位置，(3+1)%16=4。仍出现冲突，继续探测下一个位置，(3+2)%16=5。不冲突，可存入。

11%13=11，不冲突，可直接存入。

10%13=10，出现冲突，线性探测下一个位置，(10+1)%16=11。仍出现冲突，继续探测下一个位置，(10+2)%16=12。不冲突，可存入；

79%13=1，出现冲突，线性探测下一个位置，(1+1)%16=2。仍出现冲突，继续探测下一个位置，(1+2)%16=3。仍出现冲突，继续探测下一个位置，(1+3)%16=4。仍出现冲突，继续探测下一个位置，(1+4)%16=5。仍出现冲突，继续探测下一个位置，(1+5)%16=6。仍出现冲突，继续探测下一个位置，(1+6)%16=7。仍出现冲突，继续探测下一个位置，(1+7)%16=8。仍出现冲突，继续探测下一个位置，(1+8)%16=9。不冲突，可存入。

最后所建立的闭散列表如图 9-33 所示，其中也给出了每个关键码的探测次数。

散列地址	0	1	2	3	4	5	6	7	8	9	10	11	12	13	14	15
关键码		14	1	68	27	55	19	20	84	79	23	11	10			
探测次数		1	2	1	4	3	1	1	3	9	1	1	3			

图 9-33 线性探测法构造的闭散列表

用线性探测法处理冲突虽然简单，但也会产生新的问题，那就是，会出现即使是非同义词也可能要争夺同一个地址空间的现象，导致多个关键码堆积(mass)，造成今后在其上的查找效率降低。例如，上例中，27 和 55，它们不是同义词，但它们都争夺过地址 3、4，它们之后的关键码 79 也争夺过这些地址，以至于它们很快就占满了相应范围内的地址。

2) 二次探测法

若在发生冲突时，下一个位置的探测采用公式：

$$H_i=(H(\text{key})+d_i)\%m \qquad (d_i=1^2,-1^2,2^2,-2^2,\cdots,q^2,-q^2,\text{且 } q\leqslant\sqrt{m}) \tag{9-34}$$

则称其为二次探测法构造散列表。它在一定程度上可解决线性探测中的“堆积”现象。

例 9-14 在给出与前例相同的关键码序列下，用二次探测法构造散列表如图 9-34 所示。

散列地址	0	1	2	3	4	5	6	7	8	9	10	11	12	13	14	15
关键码	27	14	1	68	55	84	19	20		10	23	11		79		

图 9-34 二次探测法构造的闭散列表

计算散列函数值的过程如下：

19％13＝6；14％13＝1；23％13＝10；没有冲突，可直接存入 19、14、23。

1％13＝1，出现冲突，二次探测法下一个位置，(1+1)％16＝2，不冲突，可存入。

68％13＝3；20％13＝7；没有冲突，可直接存入。

84％13＝6，出现冲突，二次探测法探下一个位置，(6+1)％16＝7，仍出现冲突，继续探测下一个位置，(6−1)％16＝5，不冲突，可存入。

27％13＝1，出现冲突，二次探测法探下一个位置，(1+1)％16＝2，出现冲突，二次探测法探下一个位置，(1−1)％16＝0，不冲突，可存入。

55％13＝3，出现冲突，二次探测法探下一个位置，(3+1)％16＝4，不冲突，可存入。

1％13＝11，没有冲突，可直接存入。

10％13＝10，出现冲突，二次探测法探下一个位置，(10+1)％16＝11，出现冲突，二次探测法探下一个位置，(10−1)％16＝9，不冲突，可存入。

79％13＝1，出现冲突，二次探测法探下一个位置，(1+1)％16＝2，出现冲突，二次探测法探下一个位置，(1−1)％16＝0，出现冲突，二次探测法探下一个位置，出现冲突，二次探测法探下一个位置，$(1+2^2)$％16＝5，出现冲突，二次探测法探下一个位置，(1−4)％16＝(−3)％16＝(−3+16)％16=13，不冲突，可存入。

用线性探测再散列处理冲突可以做到，只要散列表未填满，总能为一个发生冲突的记录找到一个地址，而二次探测再散列，由于增量序列是跳跃式的$(\pm i^2)$，所以只有当散列表长 m 为形如 $4j+3$(j 为整数)的素数时，才可能为一个发生冲突的记录找到一个地址。

3) 随机探测法

当冲突发生时，利用在随机数列中顺序取的一个数作为散列地址的位移量实现下一个散列地址的探测。其公式为

$$H_i=(H(\text{key})+d_i)\%m,\ d_i\in\{1,2,\cdots,m-1\} \tag{9-35}$$

其中，d_i 是$\{1,2,\cdots,m-1\}$中的数构成的一个随机数列中顺序取的一个数，随机数通常取自伪随机数列来实现。它也在一定程度上可解决线性探测中的“堆积”现象。

4) 再散列函数法

除基本的散列函数外，事先设计一个散列函数序列：$RH_1,RH_2,\cdots,RH_k$，k 为某个正整数。RH_i 均为不同的散列函数($i=1,2,\cdots,k$)。对任一关键码 key，第 i 个散列函数在 key 上的值 $H_i(\text{key})\in\{1,2,\cdots,m-1\}$。如果再产生冲突，则再用下一个散列函数。$H_i=RH_i(\text{key})$，$i=1,2,\cdots,k$，即在同义词产生地址冲突时，计算另一个散列函数，直到无冲突发生。一种特例而且也比较简单的一种方法是仅设计两个散列函数：H_1 和 H_2，由 H_1 计算关键码的地址 $d=H_1(\text{key})$，若发生冲突，则探测下一个地址为 $d_i=(d+i\times H_2(\text{key}))\bmod m(i=1,2,\cdots)$。这种方法也叫做双散列探测法。

5) 建立公共溢出区

另外开辟一个存储空间，当发生冲突时，把同义词均顺序放入该空间中，所以该空间又称为公共的溢出区或公共的同义词表。有时，也被称为公共溢出表。如果把散列表看成主表或父表，那么公共的同义词表就是一个次表或子表，因此，它也被称为公共的

同义词子表。若以此方法处理冲突，则在查找时，先根据待查关键码的散列地址去寻找，找不到时，转到公共的同义词子表去顺序寻找，若找到就是查找成功，否则，就是查找失败。公共的同义词表既可以用单链表，也可以是用顺序表实现。

例 9-15　对于前面的例 9-13，以除留余数法设计散列函数，且 $H(\text{key})=\text{key}\%p$ 中，$p=13$，即散列函数 $H(\text{key})=\text{key}\%13$ 实现记录的存储，建立散列表，另建一个与基本的散列表完全类似的顺序表作为公共的溢出区或公共的同义词子表处理冲突，得到的结果如图 9-35 所示。图 9-35(a)由保存探测次数为 1 的关键码所构成的散列表，而探测次数大于 1 的关键码全部顺序放入公共的同义词子表，见图 9-35(b)。用顺序表表示，长度 M 根据需要设定。若用单链表，则不需考虑它的长度。

散列地址	0	1	2	3	4	5	6	7	8	9	10	11	12	13	14	15
关键码		14		68			19	20			23	11				

(a) 基本的散列表

地址	0	1	2	3	4	5	6	7	…	$M-1$
关键码	1	84	27	55	10	79			…	

(b) 公共的溢出区或公共的的同义词子表

图 9-35　建立公共的同义词子表处理冲突

2. 拉链法(链地址法，建立开散列表)

用拉链法(chaining)处理冲突的主要思想是：将所有散列地址相同的记录存储在同一个单链表中，该单链表称为同义词单链表，或简称为同义词子表。该单链表的头指针存储在散列表中。因此散列表实际上就是一个指针数组，数组下标就是由关键码用散列函数计算出的散列地址。初始时，指针数组的每个元素为空指针，相当于所有单链表的头指针为空。以后每扫描到一条记录，就按其关键码的散列地址，在对应的单链表中加入一个含该记录的结点。指针数组下标的全部就是散列地址空间。在这种处理冲突的方法中，散列表中地址相同的每一个键值都保存在同一个单链表。

当一个记录应放在散列表的地址即下标 $i\in[0,m-1]$处时，就将该记录加入对应的单链表。这样构造出来的散列表叫做开散列表。也就是说，开散列表是由 m 条单链表所组成的。若存储记录总数为 n，则同义词子表的平均长度为 n/m。因为，同义词子表用单链表表示，而单链表的容量仅受内存量的限制，所以，它不同于闭散列表(其容量有限)，其容量可很大，仅受内存容量的限制。

例 9-16　设关键码序列为 19,14,23,1,68,20,84,27,55,11,10,79，散列表长度为 16，以除留余数法设计散列函数，且 $H(\text{key})=\text{key}\%p$ 中，$p=13$，即散列函数 $H(\text{key})=\text{key}\%13$。用拉链法处理冲突，散列地址范围为 0~15，且同义词子表(单链表)的头指针存放在由指针数组 a[0~15]所给出的存储空间中。则构造的开散列表如图 9-36 所示。

在记录加入散列表时，结点插入位置既可以在单链表表头，也可以在单链表表尾，或者在单链表中间。既可以使每个单链表按关键字大小排序，也可以不排序。图 9-36 是将发生冲突的记录添加在其对应的同义词单链表表尾构造散列表的。

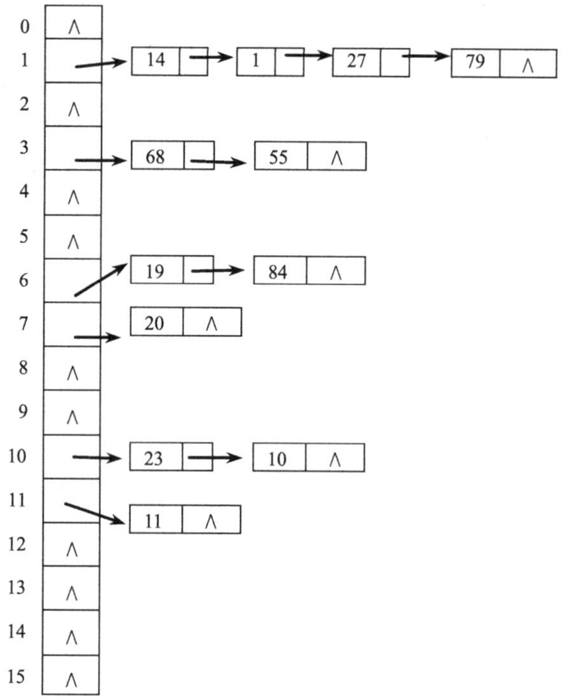

图 9-36　拉链法处理冲突构造的开散列表

9.4.4　散列表上的查找算法

在散列表上进行查找的方式与散列表的构造过程基本相对应。如在开放定址法中，散列表的构造过程是，先开辟一个线性空间，如一维结构数组，再将关键字所代表的记录存储进去，如有冲突，则用解决冲突的方法寻找可用地址。而查找时，对于给定的关键字 K，根据构造散列表时所用的散列函数求得其散列地址，若此地址上没有记录，则查找不成功，否则，比较散列表上该地址中存放的记录的关键字，若相等，则查找成功；若不相等，则需根据构造散列表时所采用的冲空处理方法找“下一个地址”，再进行比较，依次类推，直到某个“下一个地址”中为空，即查找失败，或相同即查找成功。

当查找不成功时，新的记录也可以插入。当查找成功时，查找到的记录也可从散列表上删除或修改，因此，散列表既适合于静态查找，也适合于动态查找。

而在链地址法中，其查找的方法与链地址法下的散列表的构造过程也类似相仿。

9.4.5　散列表查找的时间复杂度分析

1. 具体散列表的查找效率分析

对给定的一组关键码的记录，当散列函数和处理冲突的方法确定后，在记录的查找概率相等的前提下，可以通过计算直接得到散列表的平均查找长度。包括查找成功下的平均查找长度 ASL_{succ} 和查找不成功下的平均查找长度 ASL_{unsucc}。

1) 具体闭散列表的查找效率分析

以前面的例子为例，在表长 m=16，用除留余数法构造散列函数 $H(key)=key\%p$ $=key\%13$，将每个记录按关键码的散列地址插入散列表而构造散列表时，在采取不同方法处理冲突和记录的查找概率都相等的前提情况下，计算查找成功的关键码平均比较次数即查找成功平均查找长度。也可在每个地址被查找的概率都相等的前提下的情况下，计算查找不成功的关键码平均比较次数即查找不成功平均查找长度。

(1) 线性探测法处理冲突。

若只考虑关键码的比较，不考虑判空等操作，在把所探测的次数即要进行的关键码比较次数给出的情况下，可得到图 9-37。容易得到：

散列地址	0	1	2	3	4	5	6	7	8	9	10	11	12	13	14	15
关键码		14	1	68	27	55	19	20	84	79	23	11	10			
成功时		1	2	1	4	3	1	1	3	9	1	1	3			
不成功时		12	11	10	9	8	7	6	5	4	3	2	1			

图 9-37 线性探测法构造的闭散列表及探测次数

线性探测法下，查找成功平均查找长度：

$$ASL_{succ}=(1\times6+2\times1+3\times3+4\times1+9\times1)/n=30/12=2.5 \quad (9\text{-}36)$$

线性探测法下，查找不成功平均查找长度：

$$ASL_{unsucc}=(1+2+\cdots+12)/m=78/16=4.375 \quad (9\text{-}37)$$

在 ASL_{unsucc} 的计算中，假定每个地址被查到的概率相等(等于 $1/m=1/16$)。从每个地址出发，寻找下一位置直到为空所进行过的关键码比较的次数即是从查到该地址时查找不成功所进行的关键码比较次数。例如，从 0 出发，直接遇空，就可立即判断查找不成功，所以，关键码比较次数为 0；从 1 出发，寻找下一位置一直要到 13 遇空，才能确定判断查找不成功，所以，关键码比较次数为 12 次；从 2 出发，寻找下一位置一直到 13 遇空，才能确定判断查找不成功，所以，关键码比较次数为 11 次；……；从 2 出发，寻找下一位置一直到 13 遇空，才能确定判断查找不成功，所以，关键码比较次数为 1 次；从 13、14、15 出发，分别都直接遇空，都能立即确定判断查找不成功，所以关键码比较次数都分别为 0 次。

(2) 二次探测法。

类似地，也可得到带探测次数或关键码比较次数的闭散列表，如图 9-38 所示。其中计算每个地址上查找不成功时所探测的次数是从该地址出发，利用增量序列 $\pm1,\pm2^2,\pm3^2,\cdots$，直到遇到空时关键码需比较的次数。

散列地址	0	1	2	3	4	5	6	7	8	9	10	11	12	13	14	15
关键码	27	14	1	68	55	84	19	20		10	23	11		79		
成功时	3	1	2	1	2	3	1	1		3	1	1		5		
不成功时	2	6	4	4	3	5	5	1		2	3	1		1		

图 9-38　二次探测法构造的闭散列表及探测次数

二次探测法下，查找成功平均查找长度：

$$ASL_{succ}=(1\times6+2\times2+3\times3+5\times1)/n=(1\times6+2\times2+3\times3+5\times1)/12=2 \qquad (9\text{-}38)$$

二次探测法下，查找不成功平均查找长度：

$$\begin{aligned}ASL_{unsucc}&=(1\times3+2\times2+3\times2+4\times2+5\times2+6\times1)/m\\&=(1\times3+2\times2+3\times2+4\times2+5\times2+6\times1)/16=37/16=2.3125\end{aligned} \qquad (9\text{-}39)$$

由此可见，不同的冲突处理方法得到的闭散列表不同，它们的平均查找长度也不同。

2) 具体开散列表的查找效率分析

同样，以例 9-15 为例，在关键码序列相同的情况下，采用拉链法处理冲突，则在记录的查找概率都相等的前提下，可计算查找成功时关键码平均比较次数,即查找成功的平均查找长度。也可在每个地址被查找的概率都相等的前提下，计算查找不成功时关键码平均比较次数,即查找不成功的平均查找长度。

拉链法处理冲突下，查找成功的平均查找长度：

$$ASL_{succ}=(1\times6+2\times4+3\times1+4\times1)/n=(1\times6+2\times4+3\times1+4\times1)/12=1.75 \qquad (9\text{-}40)$$

拉链法处理冲突下，查找不成功的平均查找长度：

$$ASL_{unsucc}=(1\times2+2\times3+4\times1)/m=(1\times2+2\times3+4\times1)/16=0.75 \qquad (9\text{-}41)$$

2. 一般情况下散列表的查找效率分析

从散列表的查找过程可见：

(1) 虽然散列表通过散列函数在关键码与记录的存储地址之间建立了一个映象，但由于“冲突”的产生，使得散列表的查找尚不能仅做一次给定值和关键码的比较就能完全判断查找是否成功。在散列表上进行查找的过程和散列表构造的过程基本一致。给定码值 K，根据造表时设定的散列函数求得散列地址，对于闭散列表，若表中此地址上没有记录，则查找不成功，否则比较关键码，若和给定码值 K 相等，则查找成功；否则根据造表时设定的处理冲突的方法找下一“地址”，直至该“地址”中所填记录的关键码等于给定码值 K 或为“空”止。而对于开散列表，则要到该地址所对应的单链表上去顺链查找，若找到即查找成功，若链表上无该码值结点，则查找失败。因此，不论是在何种散列表上进行查找,查找的效率都需要以平均的码值比较次数即平均查找长度来衡量。

(2) 查找过程中需和给定码值进行比较的次数取决于三个因素：散列函数、处理冲突的方法、散列表的装填因子。

散列函数的“好坏”影响出现冲突的频繁程度。但是，对于“均匀的”散列函数可以假定：不同的散列函数对同一组随机的关键码，产生冲突的可能性相同， 因为一般情况下设定的散列函数是均匀的，故可不考虑散列函数对平均查找长度的影响。

处理冲突的方法不同，对查找次数的影响可能是不同的。线性探测法在处理冲突的过程中易产生记录的二次“聚集”，即，使得散列地址不相同的记录也可能产生冲突；而拉链法处理冲突不会发生这种情况，因为散列地址不同的记录在不同的链表中。

一般情况下，处理冲突方法相同的散列表，其查找成功时的平均查找长度依赖于散列表的装填因子。散列表的装填因子定义为

$$\alpha=表中填入的记录数/哈希表的长度 \tag{9-42}$$

α 标志散列表的装满程度。直观地看，α 越小，发生冲突的可能性越小；反之，α 越大，表中已填入的记录越多，再填记录时，发生冲突的可能性越大，查找时，给定值需与之进行比较关键码的个数也就越多。

由于散列表在查找不成功时所用比较次数也和给定值有关，则可类似地定义散列表在查找不成功时的平均查找长度为查找不成功时需和给定值进行关键字比较的个数的期望值。

可以证明，散列表的平均查找长度是装填因子 α 的函数，不同的处理冲突方法对应有不同的函数。图 9-39 给出了几种不同的处理冲突的方法下所对应的查找成功时的平均查找长度和查找不成功时的平均查找长度。其证明可参见参考书后文献(Horowitz, et al., 1976; Ford, et al., 1996)。

处理冲突的方法		ASL_{succ}	ASL_{unsucc}
闭散列表	线性探测法	$\frac{1}{2}\left(1+\frac{1}{1-\alpha}\right)$	$\frac{1}{2}\left[1+\frac{1}{(1-\alpha)^2}\right]$
	二次探测法 随机探测法 再散列函数法	$-\frac{1}{\alpha}\ln(1-\alpha)$	随机探测法 $\frac{1}{1-\alpha}$
开散列表	拉链法	$1+\frac{\alpha}{2}$	$\alpha+e^{-\alpha}$

图 9-39　几种不同处理冲突方法下散列表的平均查找长度

例 9-17　对于前面的例子，利用这里的函数可得到平均查找长度的近似估计值：

(1)在线性探测法下，将 α=0.75 代入公式得

$$ASL_{succ}=(1+1/(1-0.75))=2.5,\qquad ASL_{unsucc}=(1+(1/(1-0.75)^2)/2=8.5$$

与线性探测法下直接计算出的查找成功下的平均查找长度 2.5 和查找不成功下的平均查找长度 4.375 分别相比，前者相同，而后者有一定差别。

(2)在二次探测法下，将 α=0.75 代入相应的公式得

$$ASL_{succ}=-\ln(1-0.75)/0.75\approx1.8484,\qquad ASL_{unsucc}=1/(1-0.75)=4$$

与二次探测法下直接计算出的查找成功下的平均查找长度 2 和查找不成功下的平均查找长度 2.3125 分别相比，前者接近相同，而后者有一定差别。

(3)在拉链法下，将 α=0.375 代入相应的公式得

$$ASL_{succ}=1+0.375/2=1.1875,\qquad ASL_{unsucc}=0.375+e^{-0.375}\approx1.0623$$

与拉链法下直接计算出的查找成功下的平均查找长度 1.75 和查找不成功下的平均查找长度 0.75 分别相比，都接近相同。

这些公式一般在直接计算比较复杂的情况下，加以使用，作为衡量不同冲突处理方

法下平均查找长度的估计公式，以便了解其性能。

下面仅以随机探测法处理冲突下的平均查找长度两个公式为例，分析推导一下所给出的估计公式。

假定散列函数是均匀的。即产生表中各个地址的概率相等，处理冲突后产生的地址也是随机的。现分析长度为 m，散列表中有 n 个记录时，即装填因子 $\alpha=n/m$ 时查找不成功的平均查找长度。这个问题相当于要求在散列表中填入第 $n+1$ 个记录时所需做的比较次数的期望值。

假设 p_i 表示前 i 各散列地址均发生冲突的概率，q_i 表示需进行 i 次比较才找到一个“空位”的散列地址(即前 $i-1$ 次发生冲突，第 i 次不冲突)的概率，则有

$$p_1=\frac{n}{m},q_1=1-\frac{n}{m}$$

$$p_2=\frac{n}{m}\cdot\frac{n-1}{m-1},q_2=\frac{n}{m}\cdot\left(1-\frac{n-1}{m-1}\right)$$

$$\vdots$$

$$p_i=\frac{n}{m}\cdot\frac{n-1}{m-1}\cdots\frac{n-i+1}{m-i+1},q_i=\frac{n}{m}\cdot\frac{n-1}{m-1}\cdots\frac{n-i+2}{m-i+2}\left(1-\frac{n-i+1}{m-i+1}\right)$$

$$\vdots$$

$$p_n=\frac{n}{m}\cdot\frac{n-1}{m-1}\cdots\frac{1}{m-n+1},\ q_n=\frac{n}{m}\cdot\frac{n-1}{m-1}\cdots\frac{2}{m-i+2}\cdots\left(1-\frac{1}{m-i+1}\right)$$

$$p_{n+1}=0,\ q_{n+1}=\frac{n}{m}\cdot\frac{n-1}{m-1}\cdots\frac{1}{m-n+1}$$

且 $q_i=p_{i-1}-p_i$。于是，当长度为 m 的散列表中已填有 n 个记录时，查找不成功的平均查找长度为

$$\begin{aligned}U_n&=1-\sum_{i=1}^{n+1}p_iC_i=\sum_{i=1}^{n+1}q_iC_i=\sum_{i=1}^{n+1}(p_{i-1}-p_i)i\\&=1+p_1+p_2+\cdots+p_n-(n+1)p_{n+1}\\&=\frac{1}{1-\dfrac{n}{m+1}}\approx\frac{1}{1-\alpha}\end{aligned}$$

再分析长度为 m 的散列表中有 n 个记录的情况，$\alpha=n/m$ 时，查找成功的平均查找长度。

由于散列表中 n 个记录是先后填入的，查找每一个记录所需比较次数的期望值，恰为填入此记录时找到此散列地址所进行的比较次数的期望值。因此，对表长为 m、记录数为 n 的散列表，设对 n 个记录的查找概率相等，即每个记录被查找的概率 $p_i=1/n$，则查找成功的平均查找长度为

$$\begin{aligned}S_n&=\sum_{i=1}^{n-1}p_iC_i=\sum_{i=0}^{n-1}p_iU_i=\frac{1}{n}\sum_{i=0}^{n-1}U_i\\&=\frac{1}{n}\sum_{i=0}^{n-1}\frac{1}{1-\dfrac{i}{m}}\approx\frac{m}{n}\int_0^{\alpha}\frac{dx}{1-x}\approx-\frac{1}{\alpha}\ln(1-\alpha)\end{aligned}$$

从以上分析可见，散列表的平均查找长度是 α 的函数，而不是 n 的函数。因此，不管 n 多大，我们总可以选择一个合适的装填因子以便将平均查找长度限定在一个范围内。

本章小结和学习要点

这一章的学习要点是：

(1) 熟练掌握顺序查找、二分法查找和分块查找的方法，并能灵活应用；

(2) 熟练掌握二叉排序树的构造方法和查找方法；

(3) 理解和学会平衡二叉树的建树方法；

(4) 熟练掌握散列表的构造方法，深刻理解散列表与其他结构的表的实质性的差别；

(5) 熟练掌握在各种查找方法中，在等概率情况下，查找成功时的平均查找长度和查找不成功时的平均查找长度的计算方法。

习　题　9

1. 选择题

(1) 长度为 11 的顺序表，采用顺序查找技术，在等概率情况下，查找成功时的平均查找长度是_______，查找失败时的平均查找长度是_______。

A. 5　　B. 6　　C. 11　　D. 12

(2) 既适合于静态查找又适合于动态查找的数据结构是_______。

A. 顺序表　　B. 有序表　　C. 二叉排序树　　D. 双链表

(3) 不适合于动态查找的数据结构是_______。

A. 二叉排序树　　B. 索引顺序表　　C. 散列表　　D. 有序表

(4) 动态查找与静态查找的根本区别在于操作上是否容许_______。

A. 插入　　B. 删除　　C. 更新　　D. 以上三种操作任意之一

(5) 用顺序存储结构表示长度为 7 的有序表，在采用二分法查找且每个元素被查找的概率相等的情况下，查找成功的平均查找长度是_______，查找失败的平均查找长度是_______。

A. 17/7　　B.3　　C. 16/7　　D. 4

(6) 用 16 个键值构造一棵二叉排序树，其最低高度为_______，最大的高度为_______。

A.　4　　B. 5　　C. 9　　D. 16

(7) 二叉排序树中，最大值结点是_______。

A. 根结点最左下的结点　　B. 根结点最右下的结点

C. 左、右指针均为空的结点　　D. 左、右指针均不为空的结点

(8) 如果要求一个线性表既能较快地查找，又能适应动态变化的要求，可采用_______查找方法。

A. 顺序　　B. 二分　　C. 分块　　D. 随机

(9) 采用分块查找时，若线性表中共有 225 个元素，查找每个元素的概率相同，假设采用顺序查找来确定结点所在的块时，每块应分含_______个结点最佳。

A. 12　　B.10　　C. 15　　D. 25

(10) 二叉排序树上最小的结点在_______。

A. 最左下　　B. 最右下　　C. 叶子中　　D. 内结点

(11) 设长度为 100 的分块索引表均匀分成 10 块，确定块号和在块内查找均采用线性查找，则查找的平均查找长度为_______。

A.11　　B. 10　　C.5.5　　D. $\log_2 101-1$

(12) 设散列表表长 m=15，散列函数 $H(k)=k \bmod 13$。表中已插入 24、36、48、52、64 五个元素，如果用线性探测法处理冲突，则元素 74 的存储地址是_______。

A. 11　　B.12　　C. 13　　D. 14

(13) 在采用二次探测法处理冲突所构成的闭散列表上进行查找，可能要探测多个位置，在查找成功的情况下，所探测的这些位置的键值_______。

A. 一定都是同义词　　B. 一定都不是同义词

C.不一定都是同义词　　D. 都相同

(14) 已知一个有 11 个码值的有序表为(2,4,6,8,10,12,14,16,18,20,22)，当用二分法查找值为 18 的元素时，经过_______次比较后查找成功。

A. 5　　B. 2　　C. 4　　D. 3

(15) 已知 8 码值为 42,26,18,37,64,78,58,44,36，按照依次扫描插入一棵从空开始的二叉排序树的方法建立二叉排序树，查找值为 58 的结点所需比较次数为_______。

A. 2　　B. 3　　C. 4　　D. 5

(16) 按_______遍历二叉排序树得到的序列是一个有序序列。

A. 前序　　B. 中序　　C. 后序　　D. 层次

(17) 对键值：2,9,3,6,7,10,5，依次扫描建立一棵平衡二叉树，其中可能用到 LL、LR、RR、RL 型调整操作，该树上有_______个叶结点。

A. 2　　B. 3　　C. 4　　D. 5

(18) 对键值：18, 26,37,42,64,78，依次扫描建立一棵平衡二叉树，其中可能用到 LL、LR、RR、RL 型调整操作，该树的根结点是_______。

A. 26　　B. 42　　C. 64　　D. 37

(19) 一棵高度为 h 的平衡二叉树，最多含有_______个结点。

A. 2^h　　B. 2^{h-1}　　C. 2^h+1　　D. 2^h-1

(20) 在散列函数 $H(k)=k \bmod p$ 中，一般来讲，p 应取_______。

A. 奇数　　B. 合数　　C. 偶数　　D. 素数或不含 20 以内因子的合数

(21) 在构造散列表时，若有 k 个关键码的散列函数值相同，采用线性探测法处理冲突，则将这 k 个关键码记录加入散列表，至少要进行_______次关键码的比较。

A. k　　B. $k+1$　　C. $k(k+1)/2$　　D. $k(k-1)/2$

2. 判断题

(1) 散列表的平均查找长度不与表中元素个数 n 直接有关，而是与装填因子有关。( )

(2) 平衡二叉树的查找与有序表的二分法查找的时间性能相同。( )

(3) 二叉排序树的定义可以换成：任一结点的值均大于其左孩子的值，小于其右孩子的值。( )

(4) 平衡二叉树也是二叉排序树。( )

(5) 散列技术的查找效率主要取决于装填因子。( )

(6) 装填因子接近 0.5 时，以二次探测法处理冲突的闭散列表的查找不成功的平均查找长度接近 2。( )

(7) 装填因子接近 1 时，拉链法处理冲突的查找成功平均查找长度接近 1.5。(　)

3. 填空题

(1) 散列法存储的基本思想是根据_____________来决定存储地址。

(2) 二分法查找技术适用于存储结构为____________________的线性表。

(3) 用二分法在长度为 65 的一个有序表上查找与给定值相等的元素，查找成功时至多需比较_______次。

(4) 对 8 个码值所构成的二叉排序树，查找一个码值的平均比较次数为_______。

(5) 长度为 15 的有序表采用二分法查找，共有_______个元素的查找长度为 4。

(6) 假定一个数列{25,43,62,31,48,56}，采用的散列函数为 $H(k)=k$ mod 7，则元素 48 的同义词是_______。

(7) 在散列技术中，处理冲突的两种主要方法是开放定址法和_______。

(8) 在各种查找方法中，平均查找长度与结点个数无关的查找方法是_______。

(9) 适合于动态查找的方法有：__________________________________。

4．计算和/或画图题

(1) 分别画出在有序表(a,b,c,d,e,f,g,h)中进行二分法查找关键码 c 和 f 的过程。

(2) 画出长度为 10 的二分法查找判定树，并求等概率时查找成功和不成功的平均查找长度。

(3) 构造码值序列为：27,15,13,17, 22,36,28 的二叉排序树。

(4) 已知长度为 12 的表为：(Jan,Feb,Apr,May,June,July,Aug,Sep,Oct,Nov,Dec)

① 试按表中元素的次序依次插入一棵初始时为空的二叉排序树，请画出插入完成之后的二叉排序树，并求其在等概率情况下查找成功的平均查找长度。

② 按表中元素顺序构造一棵 AVL 树，并求其在等概率情况下查找成功的平均查找长度。

(5) 将数列(27,15,13,17, 22,36,28)的各元素依次插入一棵初始为空的平衡二叉树中，请画出最后的结果并求等概率情况下查找成功的平均查找长度和查找不成功的平均查找长度。

(6) 一棵二叉排序树的结构如图 9-40 所示，结点的值为 1～10，请标出各结点的值。

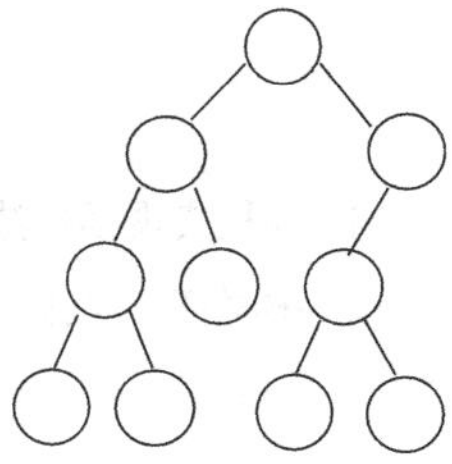

图 9-40　题 4.(6)图

(7) 已知散列函数 $H(k)=k$ mod 12，键值序列为(25, 37, 52, 43, 84, 99, 120, 15, 26, 11, 70, 82)，采用拉链法处理冲突，试构造开散列表，并分别计算查找成功和不成功的平均查找长度。

(8) 已知关键码序列为(Jan, Feb, Mar, Apr, May, Jun, Jul, Aug, Sep, Oct, Nov, Dec)，散列表的地址空间为 0~16，设散列函数为 $H(k)=[i/2]$，其中 i 为关键码 k 中第一个字母在字母表中的序号，试分别用线性探测法和链地址法处理冲突构造散列表，并分别求等概率情况下查找成功和不成功的平均查找长度。

(9) 已知一组关键字为 26,36,41,38,44,15,68,12,6,51,25,22，用线性探查法解决冲突，构造散列表。要求：装填因子为 0.8，选用除留余法 H(Key)=Key % p 作散列函数，p=13，并分别计算查找成功和不成功下的查找平均长度。

(10) 试推导含有 12 个结点的平衡二叉树的最大深度，并画出这样的以棵树。

(11) 设散列表的长度为 13，散列函数为 $H(K)=K\%13$，给定的关键字序列为 19,14,23,01,68,20,84,27,55,11,10,79。试画出分别用拉链法和线性探查法解决冲突时所构造的散列表，并求出在等概率情况下，这两种方法的查找成功和查找不成功的平均查找长度。

(12)* 设有有序码值序列：4,7,11,18,29,57,86，它们分别被查找的概率为 0.2,0.25,0.15,0.35,0.1,0.05,0.3，试在下述情况下，分别计算其查找成功和不成功的平均查找长度：

① 顺序查找；

② 二分法查找；

③ 平衡二叉树(先建后查)；

④ 次优查找树；

⑤ 最优查找树。

5. 算法设计

(1) 编写算法求给定结点在二叉排序树中所在的层数。

(2) 若线性表中各结点的查找概率不等，则可用如下策略提高顺序查找的效率：若找到指定结点，则将该结点和其前趋(若存在)结点交换，使得经常被查找的结点尽量位于表的前端。试对线性表的顺序存储结构和链式存储结构写出实现上述策略的顺序查找算法(注意，查找时必须从表头开始向后扫描)。

(3) 试编写一算法，在给定的二叉排序树上找出任意两个不同结点最近的公共祖先(若在两结点 A,B 中，A 是 B 的祖先，则认为 A，B 最近的公共祖先就是 A)。

(4) 试编写算法，在二叉排序树中查找键值为 k 的结点，若找不到，则返回空指针。若找到，则返回该结点的指针，并将其为根的子树中的所有结点中的值按由小到大的次序加以输出(设结点中仅含一个整数关键码)。要求

① 以递归形式编写；

② 以非递归形式编写。

(5)* 试编写一个哈希函数为 $H(\text{key})=\text{key}\ \%\ p$，用拉链法解决冲突的散列表上的关键码查找算法。若关键码不在相应单链表上，则建立结点且将其插入单链表表尾。

(6)* 以二叉链表作存储结构,试写一个判别二叉树是否为二叉排序树的算法。

思 考 题 9

1. 编程实现插值法在有序表上进行查找任意给定的关键字。

2. 编写在二叉排序树上查找关键码次小的结点的算法。

上 机 题 9

1. 编程实现 Fibnacci 插值法在有序表上进行查找任意给定的关键字。

2. 设磁盘文件 data.txt 中存放有 10 个人的信息，包括编号、姓名、电话号码、地址等(具体数据自己编定)，试编写程序将 data.txt 中的记录读入，建立二叉排序树，并对任意给定的关键字值进行查找(编号是关键字)，若查到，则显示其全部信息，若未查到，则给出相应无的信息。

第 10 章　索 引 技 术

存储在外存上的数据元素(此时也称为记录)的集合称谓文件。由多个有关联的文件所构成的集合称为数据库。计算机应用程序主要都是以大型数据库为中心的实用系统，如银行、邮政、水电、煤气业务系统等。数据结构在数据库应用系统中的一个最主要的应用是查找，包括精确匹配查找、范围查找、最大值和最小值查找等。快速查找是这类系统中所主要面临的问题和要求。索引是为了加快查找而设计的一种数据结构，索引技术是提高大型数据库以及磁盘文件查找效率而采用的一种重要技术。本章介绍基本的线性索引和树形索引技术。

10.1　索引的基本概念

1. 数据文件

构成数据库的数据文件可以有多个，特殊情况下，只有一个。每一个数据文件称为**数据库表**，或**数据表**，在这里我们也称之为**数据文件，或主文件，或基本文件**。它是结构的记录集合，每个记录可由若干个数据项组成，记录是对文件进行存存取的基本单位，数据项是文件中可使用的数据的最小单位。为方便起见，数据库表被在此称为**文件**，或**数据文件**。它实际上也是输入顺序文件(entry-sequenced file)，即按照记录进入文件的顺序存储记录。由于它一般没有按某种依据进行排序，因此不支持高效率的查找。

2. 索引、索引项、索引表、索引文件

索引(indexing)是把一个数据文件的关键码与它对应的数据记录相关联的过程。每一个关联构成一个索引项(index item)。每个索引项应包含关键码和关键码对应的记录在数据文件中的位置等信息。所有索引项的集合构成该文件的一个索引表。保存在磁盘上的索引表又称为索引文件。索引项是构成索引表的基本单位。

索引并不一定对数据文件中的记录按关键码重新物理排序。一个数据文件可能有多个索引和索引表，但每个索引和索引表一般都只支持一个关键码。若索引是按主关键码进行的，则该索引称为**主索引**，相应的索引表称为**主索引**表，索引文件称为**主索引文件**。

通过索引和索引表可实现按相应关键码对文件中的记录进行高效访问。

3. 稠密索引、稀疏索引、分块索引

对文件中的每一个记录都建立一个索引项的索引称为**稠密索引**(dense index)。一般用在文件中的记录按关键码无序的情况，也可用在文件中的记录按关键码有序的情况。带索引的有序文件也被称为**索引顺序文件**(indexed sequential file)。带索引的无序文件则被称为**索引非顺序文件**(indexed non-sequential file)。

对文件中的一组记录建立一个索引项的索引称为**稀疏索引**(sparse index)。

当文件中的记录按关键码有序存放时，可以把记录分成多个组(块),索引项中的位置信息(也称为指针)指向的是这组记录的起始位置。若文件中记录按关键码“分块有序”，即块间有序(后一块中最小关键码都大于前一块中最大关键码)，块内不一定有序,将块内最大关键码和块的首地址构成索引表的索引项，这样索引叫做**分块索引**，是一种稀疏索引。

4. 静态索引、动态索引

静态索引是指在文件创建时就生成索引结构,即在记录写入文件时就建立了索引项，一旦生成就固定下来，只有当文件再组织时才容许改变索引项的内容。

动态索引是指在文件执行插入、删除、修改等操作时，文件的索引项的内容随之也发生改变的索引。

5. 线性索引、树形索引

若索引项组织为线性结构，则称其为**线性索引**(linear index)或**索引表**(index table)；若索引项组织为树结构，则称其为**树形索引**(tree –like index)。

6. 多级索引

对大型文件(指记录数很多)，其索引本身也可能很大，在这种情况下，可对索引再建立索引,这样就构成了二级索引(second index)。若仍很大,可进一步建立三级索引(third index)。含二级以上的索引称为**多级索引**(multiple index)。当某级索引很大时，索引文件本身也可能要驻留在外存。

10.2 线 性 索 引

若文件的索引表是线性表，则这种索引称为线性索引。线性索引一般用顺序存储结构或静态链式结构加以实现。线性索引分为：稠密索引、分块索引(属于稀疏索引)、多重表、倒排表。索引中，索引项按关键码总是有序的，一般按由小到大次序排列，也可按由大到小排列。

10.2.1 稠密索引

在索引中，以稠密索引的方式加以索引，将为文件的每一个记录建立一个索引项，索引项是按关键码有序的，所以索引表是有序表。当索引文件可以在内存中容纳时，将索引文件驻留内存，可用高效的查找算法，如二分法查找算法，实现索引表上的查找，在找到索引项后，根据索引项中存放的指向记录的位置信息，可以快速找到要找的记录。

设有两个文件：主文件 maindata.dat 和索引文件 index.dat。主文件由若干记录组成，每个记录登记了学生学习成绩情况，包括数据项：学号、姓名、语文、数学、外语。

索引文件是稠密索引的，每个索引项(也是记录)有两个域:学号和相应的学生在主文件中的位置。它们间的关系如图 10-1 所示。

图 10-1　稠密索引示例

把线性索引存储在内存中，能大大地提高检索速度。因为对索引表可以进行高效查找，例如，用二分法查找，在检索到相应的索引项后，再根据索引项中指针或游标给出的该关键码在主文件中的位置，就可去主文件中读出相应的数据，实现查找功能的完成。

但若主文件记录数较大，由于是稠密索引，所以索引表也会很大，甚至无法存储在内存中，这样，查找索引表也可能要多次读取磁盘上的索引文件以查找索引项，导致查找效率降低。为了克服这一困难，现实中可引入二级索引，在二级索引文件也较大时，还可采用三级索引，……，甚至多级索引。多级索引的实现机理原则上是线性索引实现的推广，在这里，不展开讨论了。

稠密索引不适合于在主文件中进行插入或删除一条记录的运算，因为，一旦在文件中插入或删除了一条记录，就必然要引起记录的移动。为了使稠密索引文件是按关键码有序的而且是顺序存储的,索引就必须更新，这也就是说，在稠密索引下，在主文件中进行插入和删除运算的代价会很大。

10.2.2　稀疏索引

在主文件按关键码有序或者分块有序的情况下，为加快查找，可采用稀疏索引。稀疏索引又称为分块索引。它既适用于静态索引，也适用于动态索引。所谓主文件**分块有序**是指主文件可被划分为若干块，每一块内不要求有序(即块内无序，当然若是有序也行)，但下一块中所有记录的关键码均大于上一块中所有记录的关键码(即块间有序)。

对于有序或者分块有序的主文件，每块只需建立一个索引项，含块内最大关键码、块长、块在主文件中首地址(简称为块首地址)，这种索引方法叫做**分块索引**。索引文件中的索引项按关键码(即块内最大关键码)有序排列，是一个有序索引表。

块长可以是等长的，但一般是非等长的。在上一章中，图 10-3 给出了一个等长分块索引组织结构示意图。在此，考虑非等长块的索引。此时，索引项的结构如图 10-2 所示。图 10-3 中，给出一个非等长块的分块索引组织结构示意图。

在分块索引组织方式下进行的查找称为**分块查找**(也称为**索引顺序查找**)，要查找一个给定关键码的记录需两步完成：

块内最大关键码	块长	块首地址

图 10-2　分块索引中索引项的结构

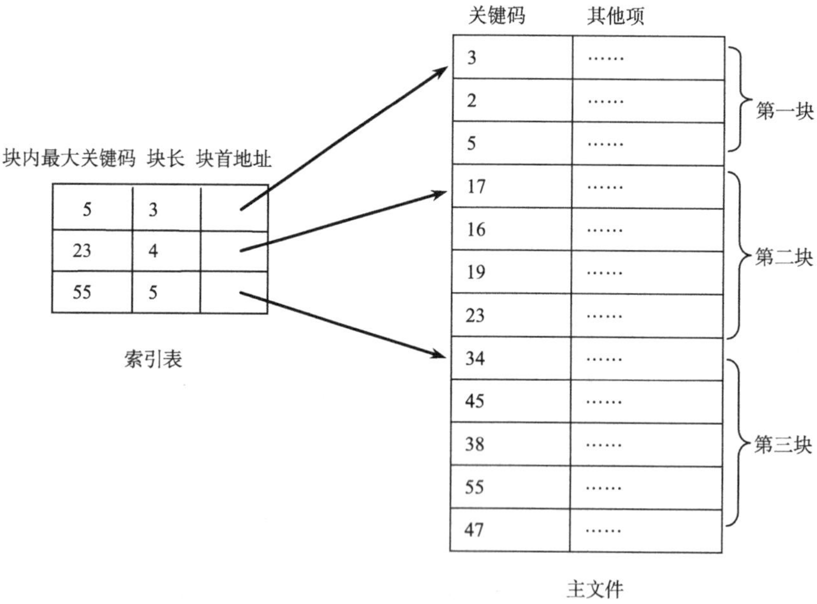

图 10-3　非等长分块索引示例

(1) 在索引表中确定待查关键码所在的块；

(2) 在主文件的相应块中查找待查关键码的记录。

由于索引表是有序表，所以，在索引表中确定关键码所属的块时，既可采用顺序检索，也可采用二分法检索。在块内查找关键码所对应的记录时，若块内无序，则只能采用顺序查找；若块内有序，则也可以按二分法查找。

非等长分块索引组织结构情况下的查找算法，可通过结合等长分块下的分块查找算法和线性索引下的查找算法来编写。这里留给读者做练习。

等长分块索引组织结构情况下的查找算法的时间复杂性分析在上章中已做了描述。而非等长分块索引组织结构情况下的查找算法的时间复杂度因块长不等，只能针对具体情况做具体分析。

例如，对长度为 m 的索引表采用二分查找确定块，则时间复杂度为 $O(\log_2 m)$。若找到的块内含 t 个记录且是有序的，也采用二分法查找，则块内查找的时间复杂度为 $O(\log_2 t)$，查找的总的时间复杂度就为 $O(\log_2 m)+O(\log_2 t)$；若找到的块内含 t 个记录且是无序的，则只能采用顺序查找，块内查找的时间复杂度为 $O(t)$，此时，查找的总的时间复杂度就为 $O(\log_2 m)+O(t)$。

10.2.3 多重表

若不仅要按主关键码进行查找，还需要按次关键码按给定码值或给定取值范围进行查找，则需要在建立主索引的同时，也建立次关键码索引，才能方便查找。

例如，对学生成绩情况，查找给定主关键码的一个码值(学号)，从主索引表出发进行查找会很方便地完成查找任务。但若要查找数学取得 87 分的有哪些学生，则仅由主索引表去查找就不方便。而若建立了以数学作为次关键码的索引，主文件内将相同码值的记录链起来，那就能比较方便完成这一查找任务了。若要查找语文成绩在 85~90 范围内有哪些学生，且建立了以语文为次关键码的分块索引，语文成绩在 85~90 的记录共用一个索引项，在主文件内将码值在 85~90 范围内的记录链起来，则回答这样的查找问题也是比较方便的。

多重表实际上也就是一种多索引结构，它除了为文件按主关键码建立一个主索引外，还为每个需要查找的次关键码建立一个索引。在文件中，为建立索引的次关键码分别增设一个指针域(实际是游标)，用于将关键码相同的记录链在一起(对稠密索引)，或将在同一取值范围中的记录链在一起(对分块索引)。图 10-4 给出了一个多重表的示意图。

学号

学号	位置
1601	
1602	
1603	
1604	
1605	

(a) 主索引

学生成绩登记表

学号	姓名	性别		语文		数学		外语
1602	张宁	女	3	82	4	87	2	85
1601	王方	男	4	90	5	88	5	89
1604	吴华	女	0	91	0	92	0	93
1605	姚立	男	5	81	0	82	0	92
1603	李凯	男	0	85	0	87	0	86

(b) 主文件

性别	头指针	长度
女	1	2
男	2	3

(c) “性别”次关键码索引

语文	头指针	长度
80~84	1	2
85~90	2	2
91~100	3	1

(d) “语文”次关键码索引

数学	头指针	长度
80~84	4	1
85~90	1	3
91~100	3	1

(e) “数学”次关键码索引

图 10-4 多重表示例

10.2.4 倒排表

多重表需要对主文件中的次关键码建立游标性的连接，这在现实中并不是十分受追捧的。因为它要事先对主文件加以组织，其工作量是较繁重的。若用倒排表则可克服这个麻烦。倒排表也是针对次关键码建立的一种索引表。

关键码值或取值范围	记录号表

图 10-5　倒排表中索引项的结构

在倒排表中，索引项包括次关键码的值和具有该值的各记录的地址(在稠密索引中)，或者包括次关键码的一个取值范围，和取值在该范围内的所有记录的地址(在分块索引中)，其结构如图 10-5 所示。其中，记录号表用于存储具有相同次关键码值的所有记录的记录号(有序排列)。

在这种表中，由于是由属性值来确定记录的位置，而不是由记录来确定属性(即数据项)值，因而称为倒排表。图 10-6 给出了一个倒排表组织结构示意图。

学号　　指针

学号	位置
1601	
1602	
1603	
1604	
1605	

(a) 主索引

学生成绩登记表

学号	姓名	性别	语文	数学	外语
1602	张宁	女	82	87	85
1601	王方	男	90	88	89
1604	吴华	女	91	92	93
1605	姚立	男	81	82	92
1603	李凯	男	85	87	86

(b) 主文件

性别	记录号表
女	1，3
男	2，4，5

(c) “性别”倒排表

语文	记录号表
80~84	1，4
85~90	2，5
91~100	3

(d) “语文”倒排表

数学	记录号表
80~84	4
85~90	1，2，5
91~100	3

(e) “数学”倒排表

图 10-6　倒排表示例

在“性别”倒排表中，“女”所对应的记录号表为“1,3”，表示第 1、3 条记录的性别均为女。在“语文”倒排表中，“80~84”所对应的记录号表为“1,4”，表示第 1、4 条记录的语文成绩均在 80 到 84 之间。在“数学”倒排表中，“85~90”所对应的记录号表为“1,2,5”，表示第 1、2、5 条记录的数学成绩均在 85 到 90 之间。

在倒排表组织情况下，查找若是对给定关键码进行，则仍从主索引开始查找；若是对给定次关键码进行查找，或对次关键码值范围的查找，则从倒排表开始查询。从所查询到的索引项对应的记录号表就可得知有哪些记录满足要求。例如，若查找数学成绩在 85~90 之间有多少个学生，则直接到“数学”倒排表可找到记录号表“1,2,5”，有三个学生满足条件。这时，甚至不需要读记录的具体内容就可得到答案。所以，倒排表的优点如下：

(1) 倒排表既适合主关键码的查找，也适合于次关键码的查找；

(2) 查找速度较快；

(3) 倒排表没有要求对主文件中次关键码相同的记录建立链接，因而不需要对主文件进行修改，所以，其使用和维护简单方便。

倒排表的缺点是：

(1) 由于记录号表是不定长的，所以处理起来可能不太方便。

(2) 由于倒排表的记录号表中的记录号要求有序，这对在主文件中进行插入和删除记录操作带来相应处理上的工作量。

10.3 树形索引

树形索引是线性索引的推广形式，它把索引项组织为一棵树形结构，查找速度比线性索引下快，同时也适合于在树形索引中增加或删除结点，因此，树形索引是一种动态索引。树形索引一般采用链式存储结构加以实现。二叉排序树也可作一定的处理后看成一种最简单的树形索引。这里将要介绍的 B^-树、B^+树也可看成是二叉排序树的推广，因为它们都是适合查找的多叉树。

10.3.1 B^-树

1. B^-树的定义

B^-树上的每个结点包含有多个关键码，关键码是从小到大排列的，是一种平衡的多路查找树。具有较高查找效率。为给出 B^-树的定义，先看图 10-7 所示一棵 4 阶 B^-树，结合图 10-7 可看到，最底层的结点，称为**外结点或叶结点**。它是由上一层结点中的一些指针变量因取值为空所引出的一种标记，实际上代表的是空指针。其中含的字符 F 仅表示将来查找到该结点时就表明查找失败的标志。

因外结点或叶结点代表的只是空指针，所以，在画 B^-树的图形时一般省略不画，除了外结点外，B^-树上的结点可分为两种：终端结点和非终端结点。叶结点的上一层中的结点称为**终端结点**。非终端结点一般默认为终端结点层以上的结点。

一棵 m 阶的 B^-树，或为空树，或为满足下列特性的 m 叉树：

(1) 树中每个结点至多有 m 棵子树；

(2) 若根结点不是空结点(或根结点不是外结点)，则至少有两棵子树；

(3) 除根结点和外结点之外的每个结点至少有 $\lceil m/2\rceil$ 棵子树；

(4) 除外结点之外的所有结点中都包含下列信息数据：

$$(n,A_0,K_1,A_1,K_2,A_2,\cdots,K_n,A_n)$$

其中，n 为结点中关键码的个数。$K_i(i=1,2,\cdots,n)$为关键码，且 $K_i<K_{i+1}(i=1,\cdots,n-1)$。

若该结点为根结点，则 n 满足条件：$1\leqslant n\leqslant m-1$，否则 $2\leqslant\lceil m/2\rceil\leqslant n\leqslant m-1$。

若该结点为终端结点，则 $A_i(i=0,1,2,\cdots,n)$均为指向外结点的指针，即空指针。

若该结点为根或非终端结点(即只要不是 B^-树中的终端结点，也不是外结点)，则 $A_i(i=0,1,2,\cdots,n)$为指向子树根结点的指针，指针 A_{i-1} 所指子树中所有结点的关键码均小于 $K_i(i=1,\cdots,n)$，指针 A_i 所指子树中所有结点的关键码均大于 $K_i(i=2,3,\cdots,n)$。

(5) 所有外结点都出现在同一层次上，并且不带信息(外结点可以看做是查找失败的结点，实际上外结点也可认为是不存在的，指向这些结点的指针为空)。

由于所有外结点都出现在同一层次上，所以，所有终端结点也在同一层上。

例如,图 10-7 为一棵 4 阶的 B⁻树，其中，每个结点所含关键码的个数至多为 3(或小于 4)，根结点有 2 棵子树，含一个关键码。非根结点和外结点之外的每个结点至少有$\lceil m/2 \rceil = \lceil 4/2 \rceil = 2$ 棵子树，至多有 m=4 棵子树(一般出现在终端结点中，否则终端结点的子树或指针就会大于 m 个)；至少含$\lceil m/2 \rceil - 1 = \lceil 4/2 \rceil - 1 = 1$ 个关键码，至多含 $m-1=3$ 个关键码；深度为 4；终端结点层和外结点层分别是 B⁻树中最下面的两层。在画上述 B⁻树的图形时，有时，为简单起见，外结点可省去不画出来。树的深度实际为 3。此时终端结点就是非空的叶结点。

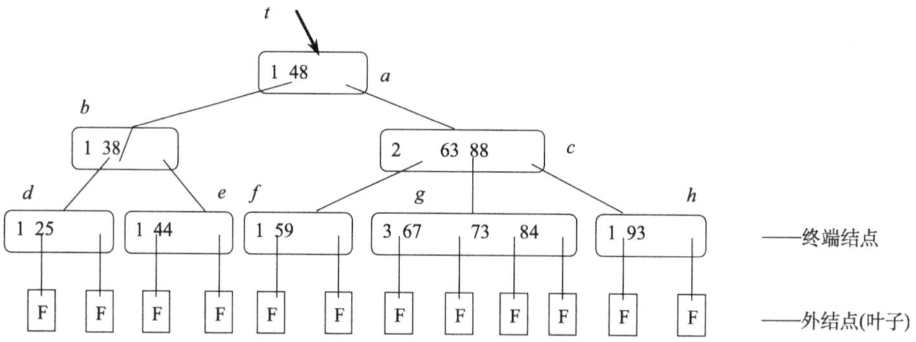

图 10-7 一个 4 阶 B⁻树

由 B⁻树的定义立即可推得：

(1) 树中每个不是外结点的结点至多含 $m-1$ 个关键码；否则若有一个结点含 m 个关键码，则它必有 $m+1$ 棵子树,这会违反 B⁻树的定义。

(2) 若根结点不是外结点(即空结点)，则根结点至少含一个关键码；

(3) 若一个不是外结点的结点含 $n \leqslant m-1$ 个关键码，则该结点必有 $n+1$ 棵子树。

实际上，在 B⁻树上的每个含 $n(\leqslant m-1)$个关键码的结点中，还应包含 n 个指向每个关键码对应的记录的指针(即在主文件中的地址),在查找关键码对应记录在主文件位置时需要使用这些指针。

2. B⁻树的查找

由于 B⁻树主要用作文件的索引，因此它的查找涉及外存的存取。在此略去外存的读写，只作示意性的描述。

在 B⁻树上进行查找的过程是一个顺指针查找结点和在结点的关键字中进行查找交叉进行的过程。在根指针为 t 的 m 阶 B⁻树上查找关键码 K 的查找算法函数返回结果可设为一个结构体或记录，含三个内容：pt,i,tag。

它们的含义如下：若查找成功，则特征位 tag＝1，指针 pt 所指结点中的第 i 个关键码即为等于 K 的关键码；若查找不成功，则特征位 tag＝0，指针 pt 所指结点中第 i 和第 $i+1$ 个关键码之间的位置为关键码 K 应插入的位置。

因此，*pt* 是 B⁻树的一个结点的指针，*i* 为整型量，tag 为标志量。

为便于 B⁻树的插入操作，*m* 阶 B⁻树的结点中应留出比所含关键码容许的最大个数 *m*−1 多 1 的空间，用于存放关键码。一旦在不是外结点的结点中所具有的关键码个数大于 *m*−1，即等于 *m* 时就要分裂该结点。所以在给出 B⁻树的结点类型和类的类型描述时要考虑这种情况的发生，适当留有一定的空间余量。

B⁻树的结点类型和类的类型描述如下：

```
#define M 10            // M大于B⁻树的阶m
```

结点类型说明：

```
template <class Key>
struct MBNode{
        int n; // 结点关键码个数,考虑到插入所用,n最大可为m,但最终实际最大为m-1
        MBNode<Key> *parent;  // 指向父结点的指针
        Key key[M];           // 存储关键码的数组,最多有m个关键码(因插入)
        MBNode<Key> *ptr[M];  // 指向孩子结点的指针,最多有m+1个指针
     int rcdptr[M];           // 指向记录的指针数组(用游标形式),数组长至多为m
};
```

用于在 B⁻树中查找关键码所在结点、位置、及是否查找成功标志的数据结构：

```
template <class Key>
struct Result {
      MBNode<Key> *pt;      // 指向关键码所在结点的指针
      int i;                  // 记录关键码在结点中的位置
      int tag;        // 标识是否检索到了关键码,tag=1表示找到,tag=0表示失败
 };
```

B⁻树类描述：

```
template <class Key>
class MBTree {
     MBNode<Key> *root;
     MBTree();                          //  B⁻树的构造函数
     Result<Key> *SearchMBTree(Key x);       // 查找关键码为x的结点
  int InsertMBTree(Key x);                // 插入关键码x
    int DeleteMBTree(Key x);                  // 删除关键码x
private:
 int m;                                //  B⁻树的阶
}
```

由 B⁻树的定义可知，在 B⁻树上进行查找的过程和二叉排序树的查找类似。

查找成功的情况：例如，在图 10-5 的 B⁻树上查找关键码 73，首先从根开始，根据

根结点指针 t 找到结点 a，因结点 a 中只有一个关键码 48，且 73>48，则若存在必在其指针 A_1 所指的子树内。顺结点 a 中指针 A_1 找到结点 c。结点 c 有两个关键码(63 和 88)，而 63<73<88。若存在必在 c 的指针 A_1 所指的子树中。同样，顺结点 c 的指针 A_1 找到结点 g，在结点 g 中找到关键码 73，查找成功。

查找不成功的情况：例如，在同一棵树中查找关键码 36。从根开始，因 36<48，则顺根结点中指针 A_0 找到结点 b，又因为结点 b 中只有一个关键码 38，且 36<38，所以顺结点 b 中指针 A_0 找到结点 d。因为 36>25，则顺结点 d 的指针 A_1 往下找，此时因指针 A_1 所指为外结点，即 A_1 为空指针，说明此 B^-树中不存在关键码 36，查找失败。

由此可见，在 B^-树上进行查找的过程是一个顺指针查找结点、在结点的关键码表中确定位置和关键码比较的过程。如果查找不成功时要将关键码插入 B^-树，则该关键码一定插在终端结点中。算法描述如下：

B^-树上进行查找算法SearchMBtree

```
Result SearchMBtree(MBNode *t, KeyType K)
{ MBNode *p,*q;
  int i,found;
  p=t; q=NULL; found=0; i=0;
   // 初始化,p 指向待查结点,q 指向 p 的双亲结点
  while ((p!=NULL) && !found)
    { n=p->keynum;
      i=Search(p,K,n);     // 在 p->key[0…n-1]中进行查找
                           // 直至 p->key[i]<=K<p->key[i+1],0≤i≤n
      if ((i>=0)&&(i<=n)&&(p->key[i]==K)) found=1;
      else {q=p;  p=p->ptr[i];}
     }
   if (found) return(p,i,1);   // 查找成功
   else return(q,i,0);      // 查找不成功,返回插入位置信息
}
```

3. B^-树查找分析

在 B^-树上进行查找包含两种基本操作：

(1) 在 B^-树中找结点；

(2) 在结点中找关键码。

由于 B^-树通常存储在磁盘上，则前一查找操作是在磁盘上进行的(在算法中没有体现)，而后一查找操作是在内存中进行的。即在磁盘上找到指针 p 所指结点后，先将结点中的信息 B^-读入内存，然后，再利用顺序查找或二分法查找查询等于 K 的关键码。显然，在磁盘上进行一次查找比在内存中进行一次查找耗费时间多得多，因此，在磁盘上进行查找的次数，即待查关键码所在结点在 B^-树上的层次数，是决定 B^-树查找效率的首要　因素。

现考虑最坏的情况，即待查结点在 B^-树上的最大层次数。也就是，含 N 个关键码的

m 阶 B^-树的最大深度是多少?

先看一棵 3 阶的 B^-树。按 B^-树的定义，3 阶的 B^-树上所有非外结点至多可有两个关键码，至少有一个关键码(即子树个数为 2 或 3，故又称 **2–3 树**)。因此，若关键码个数 $\leqslant m-1=3-1=2$ 时，树的深度为 2(即外结点层次为 2)；若关键码个数≤6 时，树的深度不超过 3。反之，若 B^-树的深度为 4，则关键码的个数必须≥7，此时，每个结点都含有可能的关键码的最小数目。

一般情况的分析可类似平衡二叉树进行，先讨论深度为 $l+1$ 的 m 阶 B^-树所具有的最少结点数。

根据 B^-树的定义，第一层至少有 1 个结点；第二层至少有 2 个结点；由于除根之外的每个非外结点至少有 $\lceil m/2 \rceil$ 棵子树，则第三层至少有 $2\lceil m/2 \rceil$ 个结点，第四层至少有 $2\lceil m/2 \rceil^2$ 个结点，……，依此类推，第 $l+1$ 层至少有 $2(\lceil m/2 \rceil)^{l-1}$ 个结点。而 $l+1$ 层的结点为外结点(当然地，终端结点在 l 层)。若 m 阶 B^-树中具有 n 个关键码，则外结点即查找不成功的结点数为 $n+1$，由此有

$$n+1 \geqslant 2(\lceil m/2 \rceil)^{l+1}，\ l \leqslant \log_{\lceil m/2 \rceil}\left(\frac{n+1}{2}\right)+1$$

此即，在含有 n 个关键码的 B^-树上进行查找时，从根结点到关键码所在结点的路径上结点数不超过 $l=\log_{\lceil m/2 \rceil}\left(\frac{n+1}{2}\right)+1$。它就是 n 个关键码 m 阶 B^-树实际最大深度。

下面主要以在 $m=3$ 时的一棵 3 阶 B^-树(即 2–3 树)上的操作来说明 B^-树上的运算。其他的 m 阶 B^-树($m>3$)上的操作类似。

4. B^-树的插入

B^-树的生成也是从空树开始，逐个插入关键码而得。每次插入一个关键码不是在树中添加一个外结点，而是首先在某个终端结点中插入一个关键码。但由于 B^-树结点中的关键码个数 n 必须满足限制条件：$\lceil m/2 \rceil-1 \leqslant n \leqslant m-1$，因此，若该结点的关键码个数不超过 $m-1$，则插入就算完成；否则若超过 $m-1$，即插入后，结点中关键码数为 m 时，则要对该结点进行“分裂”处理，以使得结点中关键码个数 n 满足 $n \leqslant m-1$ 的限制条件。插入过程可归纳如下：

1) 定位

确定插入位置。由于待插关键码 K 一定是插在终端结点上，所以，要从根结点开始，通过比较给定关键码 K 与结点中的码表中的关键码，确定顺哪条指针向下搜寻，确定待插入关键码 K 所要插入的终端结点。定位的结果是，返回待插关键码 K 所属的终端结点的指针 p。若 p 中的关键码个数小于 $m-1$,则直接插入 K；否则，结点 p 的关键码个数为 m，产生溢出，需要对结点 p 进行分裂，即进入“分裂–提升”操作，以保证插入 K 后的树仍是 B^-树。

2) 分裂–提升

当终端结点 p 中插入给定关键码 K，使得该结点中的关键码个数 $n=m$ 时，需要将结点 p 一分为二，分裂为两个结点：p 和 p'。

关键码 $K_{[m/2]}$提升到其父结点(注意：若 m 为奇数，$K_{[m/2]}$正好是中间的一个关键码；若 m 为偶数，则 $K_{[m/2]}$不是中间的关键码)，父结点中 $K_{[m/2]}$的左边的指针指向结点 p，右边的指针指向结点 p'。原结点 p 中 $K_{[m/2]}$之前的关键码放在结点 p，之后的关键码放在结点 p'。如果 p 的父结点中关键码的个数因插入 $K_{[m/2]}$后也溢出，则要继续执行“分裂-提升”操作。这一操作可能一直上传到根结点。若根结点也被分裂，则树高就要增加 1。

“分裂”结点可形式描述如下：

假设结点 p 中已有 $m-1$ 个关键码，当插入一个关键码之后，结点中含有信息为

$$m,A_0, K_1,A_1,\cdots,K_m,A_m$$

且其中，$K_i<K_{i+1},1\leqslant i\leqslant m-1$。此时，要将结点 p 分裂为 p 和 p'两个结点。结点 p 中含有信息为

$$\lceil m/2\rceil-1,A_0, K_1,A_1,\cdots, K_{\lceil m/2\rceil-1},A_{\lceil m/2\rceil-1}$$

结点 p'中含有信息为

$$m-\lceil m/2\rceil,A_{\lceil m/2\rceil}, K_{\lceil m/2\rceil+1},A_{\lceil m/2\rceil+1},\cdots, K_m,A_m$$

而关键码 $K_{\lceil m/2\rceil}$ 和指针 p'一起插入到结点 p 的双亲结点中。

图 10-8 所示为一棵 3 阶 B⁻树(图中略去 F 结点,即外结点)。因 m=3，所以 $m-1$=2，这意味着每个结点中至多只能有两个关键码。

假设现在需依次插入关键码 60,64,37 和 82。

先插入关键码 60。在找到 60 所要插入的终端结点后，将 60 插入。插入 60 后，结点的 $n=2<m$,不需要对其所在的终端结点执行“分裂-提升”操作，插入完成，见图 10-9。

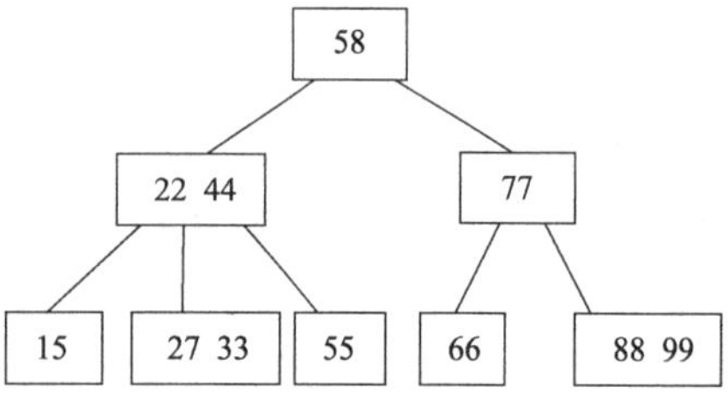

图 10-8　一棵三阶 B⁻树

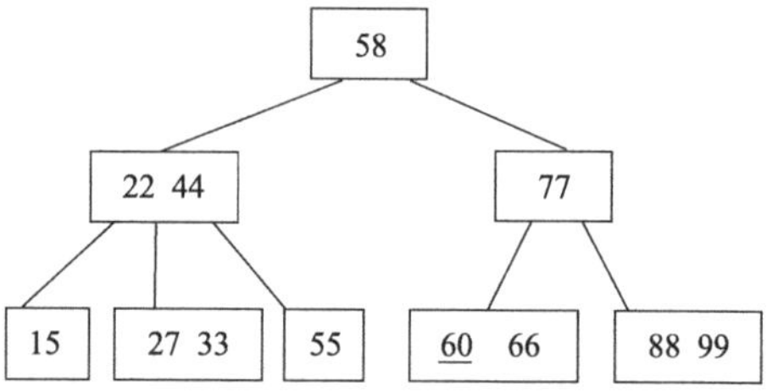

图 10-9　在图 11-8 中插入 60

插入关键码 64。因插入 64 在其所属的终端结点后，结点的 $n=3=m$，需要对其所在的终端结点执行一次分裂-提升操作，64 被提升到其父结点，不破坏 B⁻树的定义，插入完成，见图 10-10(a)~(c)。

插入关键码 37 和 82 的过程如图 10-10(d)~(j)所示。对它们插入过程的描述在此省略。

5.　B⁻树的删除

在 B⁻树上删除一个关键码，则首先应找到该关键码所在的结点，并从中删除之。假设所删关键码为非终端结点中的 K_i，则可以用指针 A_i 所指子树中的最小关键码 Y(Y 在某个终端结点中)代替 K_i，然后在相应的终端结点中删去 Y。例如，在图 10-8 的三阶 B⁻树上删去 58，可以用终端结点中的 66 代替 58，然后在相应的终端结点中删去 66。若该关

键码所在的结点为终端结点，且其中的关键码个数≥⌈m/2⌉，则删除可直接完成，否则要进行“合并”结点的操作。

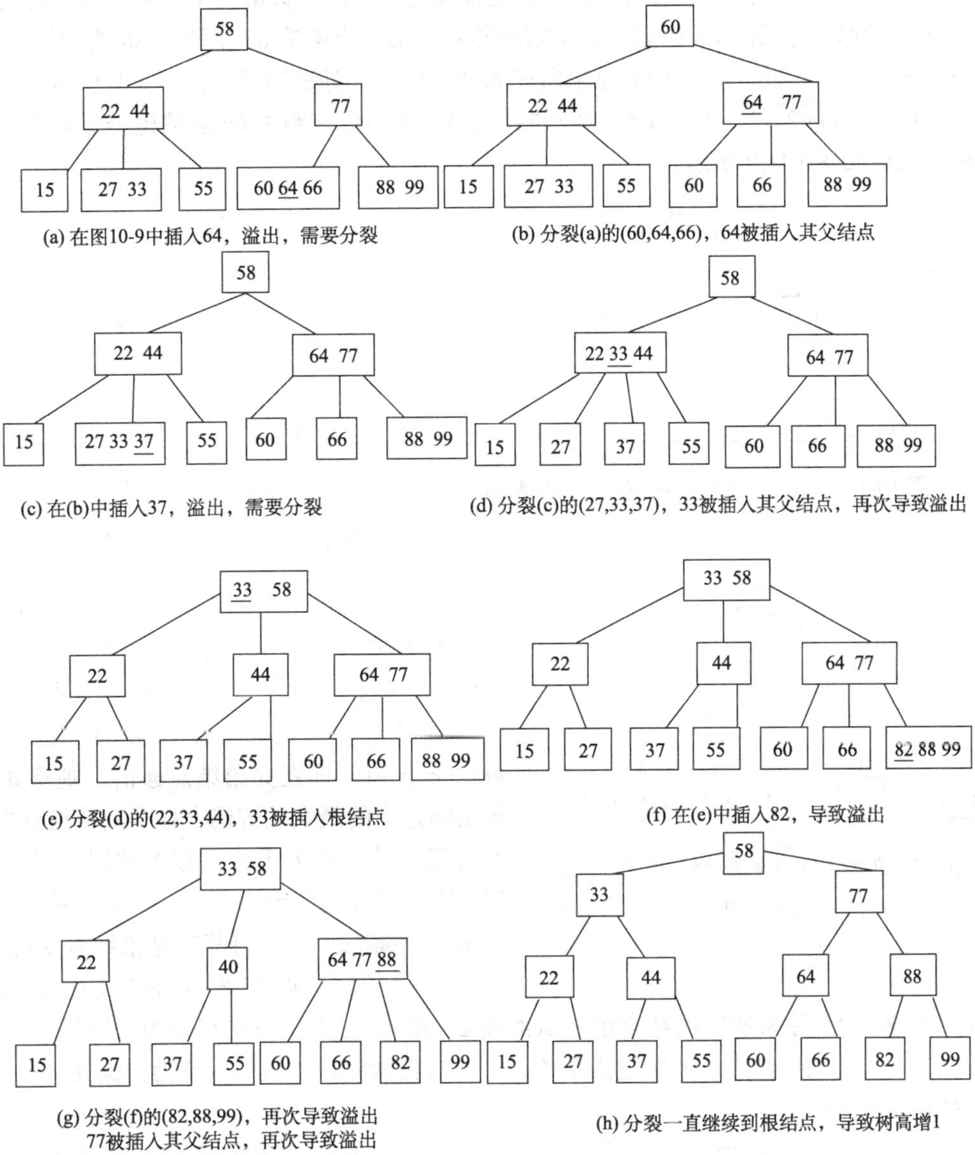

(a) 在图10-9中插入64，溢出，需要分裂

(b) 分裂(a)的(60,64,66)，64被插入其父结点

(c) 在(b)中插入37，溢出，需要分裂

(d) 分裂(c)的(27,33,37)，33被插入其父结点，再次导致溢出

(e) 分裂(d)的(22,33,44)，33被插入根结点

(f) 在(e)中插入82，导致溢出

(g) 分裂(f)的(82,88,99)，再次导致溢出
77被插入其父结点，再次导致溢出

(h) 分裂一直继续到根结点，导致树高增1

图 10-10　在图 10-9 的 B^-树上插入 64，37，和 82 的过程

下面我们可以只需讨论删除终端结点中关键码的情形。有下列三种可能：

(1) 被删关键码所在结点中的关键码数目≥⌈m/2⌉，则只需从该结点中直接删去关键码 K_i 和相应指针 A_i，树的其他部分不变。例如，从图 10-8 所示的三阶 B^-树中删去关键码 99，因 99 所在结点的关键码个数 $n=2\geq\lceil m/2\rceil=\lceil 3/2\rceil=2$，所以，可直接删除。删除 99 后，99 所属的结点仍含有 1 个关键码，其子树数为 $2\geq\lceil m/2\rceil$。删除 99 后的树仍保持为是一棵 3 阶 B^-树。删除后的 B^-树如图 10-11 所示。

(2) 被删关键码所在结点中的关键码个数 $n=\lceil m/2 \rceil-1$，而与该结点相邻的右兄弟结点中的关键码个数$>\lceil m/2 \rceil-1$，**右兄弟结点够借**，则需将其右兄弟结点中的最小关键码上移至双亲结点中，而将双亲结点中小于该上移关键码的最大关键码下移至被删关键码所在结点中。例如，从图 10-8 中删去 66，需将其右兄弟结点中的 88 上移至 88 的父结点(77 所在的结点)中，而将 77 移至 66 原来所在的结点中，从而使 77 和 99 分别所在结点中关键码个数均$\geqslant\lceil m/2 \rceil-1$，而双亲结点中的关键码个数不变。删去 66 后的树仍保持为一棵 B$^-$树。结果如图 10-12 所示。

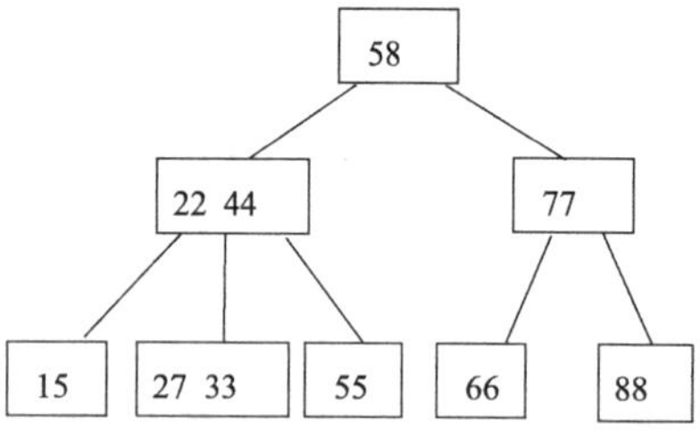

图 10-11　在图 10-8 中删除 99，可直接删除

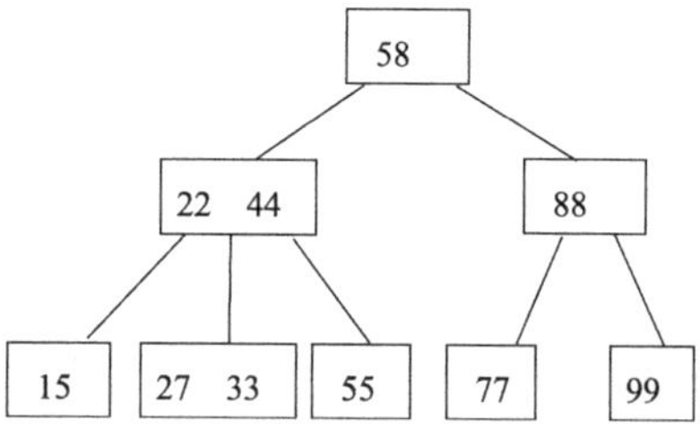

图 10-12　在图 10-8 中删除 66，要向 66 的右兄弟借关键码实现

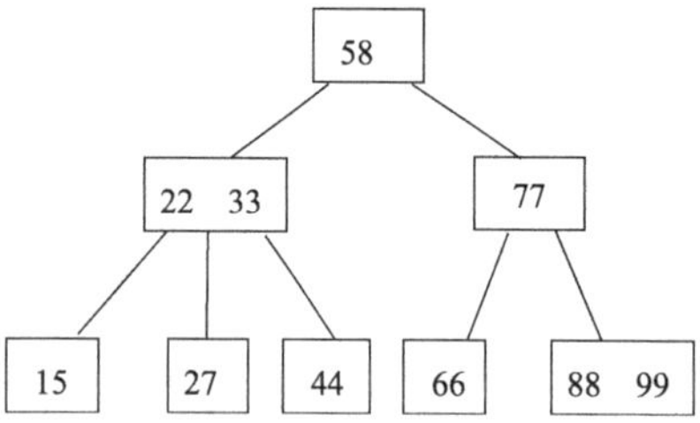

图 10-13　在图 10-6 中删除 55，要向 55 的左兄弟借，导致 33 上移到其双亲结点，44 下移到被删关键码所在结点

若与该结点相邻的右兄弟结点不存在或其中的关键码个数$\leqslant\lceil m/2 \rceil-1$，即右兄弟结点中关键码数已是最少，**右兄弟结点不够借**，但与该结点相邻的左兄弟结点的关键码个数$>\lceil m/2 \rceil-1$，即**左兄弟结点够借**，则将其左兄弟结点中的最大关键码上移至双亲结点中，而将双亲结点中大于该上移关键码的最小关键码下移至被删关键码所在结点中。例如，从图 10-8 中删去 55，需将其左兄弟结点中的 33 上移至 33 的父结点(22 和 44 所在的结点)中，而将 44 移至 55 原来所在的结点中，从而使 27 和 44 分别所在结点中的关键码个数均$\geqslant\lceil m/2 \rceil-1$，而双亲结点中的关键码个数不变。这样做完后的树仍保持为一棵 B$^-$树。结果如图 10-13 所示。

(3) 被删关键码所在结点和其相邻的左右兄弟结点中的关键码个数均等于$\lceil m/2 \rceil-1$，**左右兄弟结点都不够借**。假设该结点有右兄弟，且其右兄弟结点地址由双亲结点中的指针 A_i 所指，则在删去关键码之后，将它所在结点中剩余的关键码，加上双亲结点中的关键码 K_i 一起合并至 A_i 所指的右兄弟结点中。例如，从图 10-11 的 B$^-$树中删去 66，则删去 66 及其所属的结点，并将其双亲结点中的 77 一起合并到 66 的右兄弟结点中。删除后的树如图 10-14(a)所示。这导致 99 的父结点下溢，该结点的左兄弟够借，导致 44 上移，58 下移，44 原来的右指针作为 58 的左指针,结果如图 10-14(b)所示。

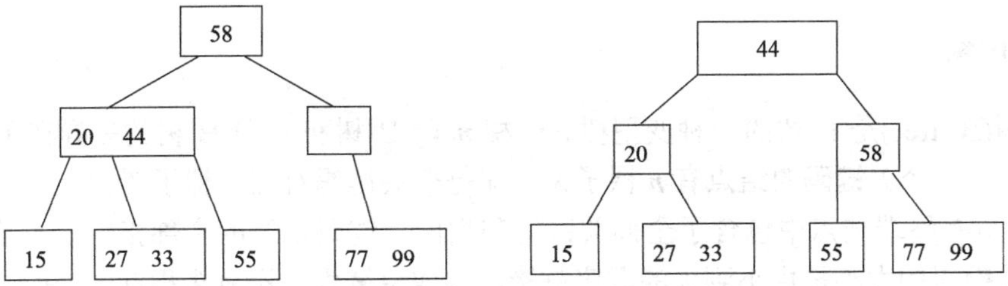

(a) 在图10-11中删除66，右兄弟不够借，合并右兄弟，导致双亲结点中77下移，79的双亲结点下溢

(b) 相当于删除79的双亲结点，左兄弟够借，导致根中58下移，44上移，55所属结点作为58的左子树根结点

图 10-14　B^-树中删除关键码引起结点合并、码上移、下移，子树移动的示例

若被删关键码所在结点和其相邻的左右兄弟结点中的关键码个数均等于$\lceil m/2\rceil-1$。假设该结点没有右兄弟，但有左兄弟，且不够借。若其左兄弟结点地址由双亲结点中的指针A_{i-1}所指，则在删去关键码之后，将它所在结点中剩余的关键码，加上双亲结点中的关键码K_i一起合并至A_{i-1}所指的左兄弟结点中。例如，从图 10-11 所示B^-树中删去 44，则应删去结点 44，并将双亲结点中的 33 一起合并到左兄弟结点中，得到码表为(27, 33)的结点。删除后的B^-树如图 10-15 所示。

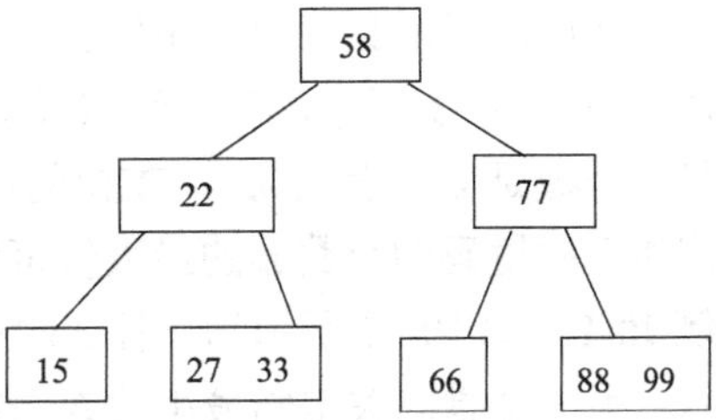

图 10-15　在图 10-13 中删除 44，左兄弟不够借，导致合并左兄弟，33 下移左兄弟结点

如果因此使双亲结点中的关键码个数小于$\lceil m/2\rceil-1$，则仍需继续处理。例如，在图 10-16(a)的B^-树中删去关键码 27 之后，左右兄弟都不够借，它只有左兄弟，则将其双亲结点中关键码 22 一起合并到左兄弟结点中，形成码表为(15,22)的结点，如图 10-16(b)所示。

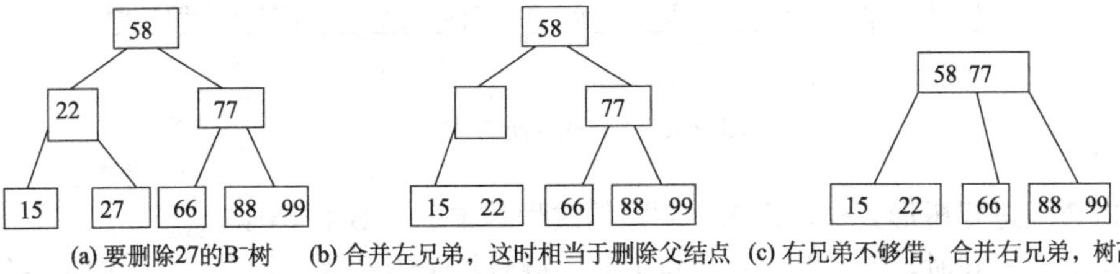

(a) 要删除27的B^-树　(b) 合并左兄弟，这时相当于删除父结点　(c) 右兄弟不够借，合并右兄弟，树高减1

图 10-16　删除左右兄弟不够借时的示意图

这又导致 15 的双亲结点下溢，此时 15 的双亲结点要向其右兄弟借，右兄弟不够借，合并右兄弟的双亲 58 到右兄弟结点，形成码表为(58,77)的结点。将三个指针分别接在 58 和 77 的前、中、后，得到的B^-树树高减 1，如图 10-16(c)所示。

在B^-树中删除结点的算法，要把上述各种不同的情况考虑在内，然后加以编写，留给读者做练习。

10.3.2　B^+树

B^+树(B^+ tree)是 B^-树的一种变型树。一棵 m 阶 B^+树和 m 阶 B^-树的差异在于：

(1) 含 n 个关键码的结点有 n 棵子树，即每个关键码对应一棵子树。

(2) 所有终端结点中包含了全部关键码和指向关键码记录的全部指针，且终端结点本身依关键码的大小按由小到大的顺序链接，构成单链表，设有头指针。

(3) 所有非终端结点(不包括外结点)构成的树可以看成是全部关键码所构成的树形索引，结点中仅含有其子树根结点中的最大关键码(也可全改用最小关键码，形成按最小关键码的方式构成 B^+树)。

(4) B^+树的所有外结点均不是空指针，而是作为指向关键码所对应记录在文件中的位置指针。在画其图时只画出一条线。

由于在 m 阶 B^+树中，每个结点最多有 m 棵子树，所以，m 阶 B^+树的结点所含关键码的最大个数是 m，而在 m 阶 B^-树的结点中所含关键码的最大个数是 $m-1$。m 阶 B^+树的结点所含关键码的个数 n 的最大值可为 m。

例 10-1　图 10-17 所示为一棵 3 阶的 B^+树。通常在 B^+树上有两个头指针，一个指向根结点，另一个指向关键码最小的终端结点。因此，可以对 B^+树进行两种查找运算：一种是从最小关键码起顺序查找；另一种是从根结点开始，进行与 B^-树类似的向下不断确定分支结点的树形查找，最后可在终端结点上确定是否查找成功。后一种查找也称为随机查找。

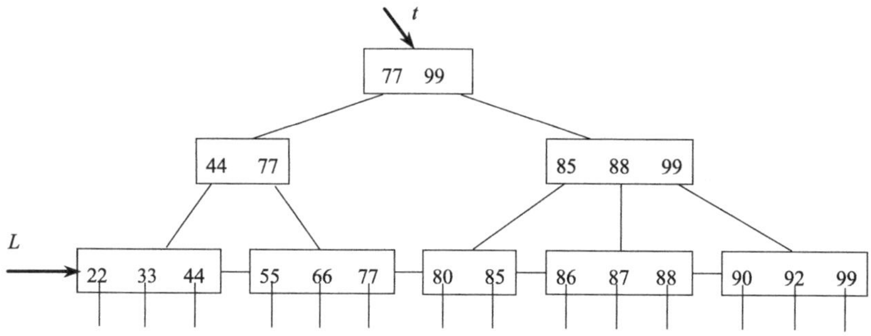

图 10-17　一棵 3 阶 B^+树

在 B^+树上进行树形查找、插入和删除的过程基本上与 B^-树类似。

在 B^+树上查找时，若在非终端结点上有关键码等于给定值，并不终止，而是继续向下直到终端结点。因此，在 B^+树上不管查找成功与否，每次查找都是走了一条从根到外结点的路径。B^+树查找的分析类似于 B^-树。

B^+树插入仅在终端结点上进行，当终端结点中的关键码个数大于 m 时要分裂成两个结点，设结点中因插入后已含 $m+1$ 个关键码下，分裂所得的两个结点含关键码的个数依 m 的奇偶性决定：

若 m 为奇数，则分裂所得两个结点所含关键码的个数均为 $(m+1)/2$；

若 m 为偶数，则分裂所得两个结点所含关键码的个数分别为 $m/2$ 和 $m/2+1$(左边有 m/2 个，右边有 $m/2+1$ 个关键码。或者左边有 $m/2+1$ 个，右边有 $m/2$ 个关键码)。并且，它们的双亲结点中应同时包含这两个结点的最大关键码。

在深度大于 1 的 B^+树上插入一个比根结点上最大关键码还要大的关键码时，为了不破坏 B^+的特性，可用如下技巧使得插入所可能涉及的分裂-提升操作尽可能少：将根至终端结点路径上结点(不包括终端结点)中的原最大关键码改为新插入的较大关键码，而仅在终端结点中将新插入的较大关键码添加在原最大关键码之后，然后，检查终端结点是否满足 m 阶 B^+树的定义要求。若加入后，终端结点中的关键码个数仍小于或等于 m，则不需分裂结点。若加入后，终端结点中的关键码个数为 $m+1$，则需对该终端结点进行分裂-提升操作。

这样就克服了无法顺键值(因新插入的关键码大于所有原有的关键码)找插入结点因要顺比其大的最小关键码往下查找会出现无码值依据的问题。

B^+树的删除也仅在终端结点上进行，当终端结点中的最大关键码被删除时，则在非终端结点中的值(即为该最大关键码)可以作为一个“分界关键码”存在。若为了 B^+树的组织严格，也可将次最大关键码提升到其父结点代替原来的最大关键码。这一提升过程也可能还要进一步上传，甚至到根结点。若因删除而使结点中关键码的个数少于 $\lceil m/2 \rceil$ 时，就要启动合并操作。其和兄弟结点的合并过程亦和 B^-树类似。

B^+树特别适合范围查找。一旦找到了范围中的第一个关键码及记录(在某终端结点上)，就可在该终端结点或顺着该终端结点往后的链接指针，根据范围所给出的上界值，快速地找出所需要查找范围内的全部关键码和记录。

10.3.3 键树

键树又称为数字查找树(digital search trees)。它是一棵度≥2 的树，树中的每个结点中不是包含一个或几个关键码，而是只含有组成关键码的符号。例如，若关键码是数值，则结点中只包含一个数位；若关键码是单词，则结点中只包含一个字母字符。这种树会给某种类型关键码的表的查找带来方便。这里主要以存放字母字符为例加以描述。

假设有如下关键码的集合：{HORSE,CAT, DOG,DEER,BEAR,DUCK,CAMEL}。

可对此集合逐层分割。首先按其首字符不同将它们分成 4 个子集：{CAT,CAMEL},{BEAR},{DOG,DEER,DUCK},{HORSE}。

然后对其中 2 个关键码个数大于 1 的子集再按其第二个字符的不同进行分割。若所得子集的关键码多于 1 个，则还需按其第三个字符的不同进行再分割。依此类推，直到每个小子集中只包含一个关键码为止。例如对首字符为 C 的集合可进一步按第 3 个字母分割为两个子集：{CAT},{CAMEL}。对首字符为 D 的集合可进一步分割为 3 个子集{DOG},{DEAR},{DUCK}。

可以用一棵树表示关键码集合、分次按字母分割的得到的子集以及元素之间的层次关系，所构成的树称为键树。

例如，上述集合及其分割的键树表示如图 10-18 所示。树中根结点的 4 棵子树分别表示首字符为 C、B、D 和 H 的 4 个关键码子集。从根到叶结点路径上所有结点的字符组成的字符串表示一个关键码，叶结点中的特殊符号$表示字符串的结束。在叶结点中还含有指向该关键码对应记录的指针。

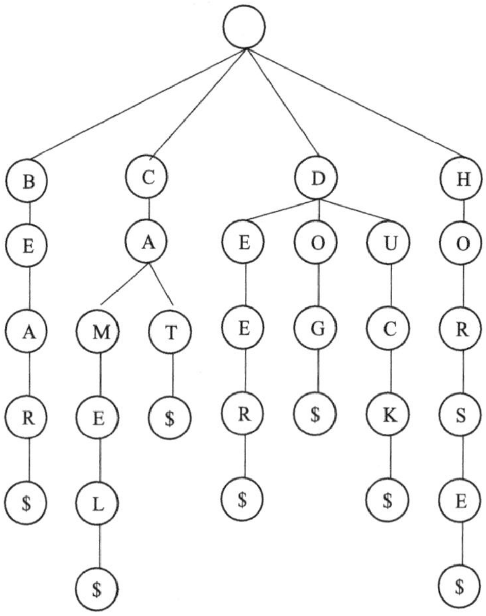

图 10-18　关键码集的一棵键树

为了查找和插入方便，约定键树是有序树，即同一层中兄弟结点之间依所含符号自左至右有序，并约定结束符$小于任何字符。

通常，键树有两种存储结构：以树的孩子兄弟链表表示键树，以树的多重链表表示键树。

(1) **键树的孩子兄弟链表表示**　此时，结点分为两种，一种是非叶结点，另一种是叶结点。为了将它们统一用一个结构类型对结点加以算法说明，要在结构类型中设一个标识 nodetp(为枚举型，值取枚举常量 leaf 或 nonleaf)，以区分结点的类型：存放实际字母字符的结点和叶结点两种结点。除了在每个结点中有这个标识外，还设存储一个字符的 symbol 域(存储关键码的一个字符) 。此外,每个非叶结点包括 2 个指针域：

first 域：存储指向第一棵子树根的指针；

next 域：存储指向右兄弟的指针。

nodetp	symbol	(first,next)/recptr

图 11-19　键树的孩子兄弟链表表示下的结点结构

每个叶结点只包括 recptr 域：存储指向该关键码记录的指针。

把非叶结点的这 2 个域构成的结构体和叶结点的指针域 recptr 构成 C++的一种union 类型(叫联合类型)。

结点结构如图 10-19 所示。

键树的孩子兄弟链表表示的逻辑树又称为双链树。图 10-18 中的键树的双链树表示如图 10-20 所示。

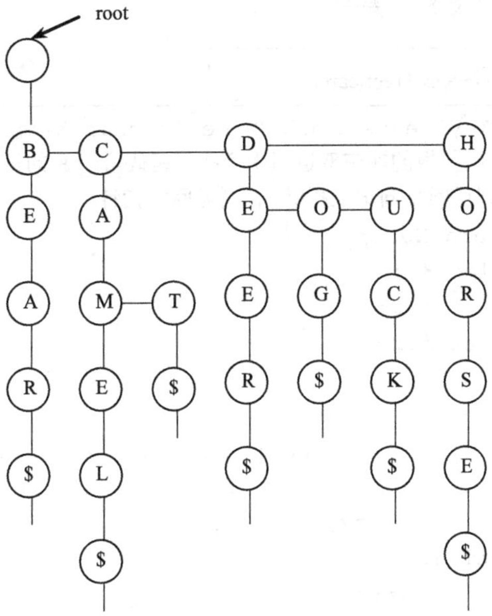

图 10-20　一棵双链树

在双链树上的查找可如下进行：假设给定码值为 *K*，*K* 为字符串，num=strlen(*K*)为 *K* 的长度。待查关键码 *K* 中不必含字符"$"。从双链树的根指针出发，顺 first 指针找到第一棵子树的根结点，以 *K*[0]和此结点的 symbol 域比较，若不相等，则沿 next 域继续查找下一棵子树。若直至"空"仍比较不等，则查找失败。若有相等发生，且该结点为非叶结点，则顺其 first 域再比较下一字符。若遇叶结点，且关键码 *K* 中的字母字符也比较完，则表示查找成功，可返回相应关键码记录的指针。若中间有不相等情况发生，则沿 next 域继续查找。直至要么查找成功，要么查找失败。

在双链树的表示下结点类型的描述如下：

```
enum NodeType {leaf,nonleaf};
struct SBNode;
struct twoptr
    {  SBNode *first,*next;
    };
union unionptrnode
    {  RecLinkType recptr;      // 如果是叶结点即nodetp=leaf
       twoptr tptr;             // 如果是非叶结点即nodetp=nonleaf
    };
struct SBNode
  {  char symbol;
       NodeType nodetp;
       unionptrnode uptr;
  };
```

则在双链树中查找记录的过程如下。

双链键树中查找算法KeyTreeSearch

```
RecLinkType  KeyTreeSearch(SBNode *t,char K[])
// 在由指针 t 指向其根的非空双链树中查找关键码等于 K 的记录
// 若查找成功,则返回指向记录指针,否则返回空指针
{ if  (!t)  return NULL;
  int num=strlen(K);
  SBNode *p; int i=0;                                        // 初始化
  p=t->uptr.tptr.first;
  while  (p!=NULL)
    { switch  (p->nodetp)
      { case leaf:  if  (i==num)  return(p->uptr.recptr);  // 查找成功
                    else return NULL;                      // 查找失败
                    break;
       case nonleaf:
                    i=0;
                    if  ( i<num && p->symbol<K[i])
                        p=p->uptr.tptr.next; // 查找关键码第 i 位字符
                    if  (i==num && p->symbol=='$')
                        return(p->uptr.recptr);        // 查找成功
                    if  ( i<num && p->symbol==K[i])
                        {  p=p->uptr.tptr.first;  // 准备查找下一位
                           i++;break;
                         }
                     if  (i==num && p->symbol!='$')  return NULL;
                                                       //查找失败
                     break;
             }
        }
   return NULL;  // 查找失败
}
```

键树中每个结点的最大度 d 和关键码的“基数”有关,若关键码是单词,则 $d=26$(结点中字符字母本身是一个字母字符，但又多用了一个符号“$”，所以最大为 26)，若关键码是数值，则 $d=10$。键树的深度 h 则取决于关键码中字符或数位的个数。假设关键码为随机的(即关键码中每一位取基数内任何值的概率相同)，则在双链树中对每一位的查找平均查找长度为$(1+d)/2$。又假设关键码中字符(或数位)的个数都相等为 h，则在双链树中进行查找的平均查找长度为$(1+d)h/2$。

在双链树中插入一个关键码，要在树中先进行查找，以便关键码的前缀部分与树中已存储的与之匹配的从根开始到达某个结点的部分(若存在这样的前缀)不必重复存储，然后将关键码后续部分从头至尾按每个字母字符逐一生成结点链接在该结点之后，之后之后，……，并最后生成“$”结点(其中还存放指向关键码记录的指针)。某个结点上插

入或删除一棵子树，在此不再详述。

在双链树中删除一个关键码，则也需先从根开始先下进行查找，以记下最后的分支点，该分支点过后有一条路径中结点中的字母字符构成的序列和要删除的关键码的后缀匹配，且其上不会出现新的分支。然后，从该分支点将通向与其后缀匹配的路径上的所有结点删掉。

(2) **键树的多重链表表示**　在键树的多重链表的每个结点中设 d+1 个指针域(字母关键码时，d=26；数字关键码时，d=10)，此时的键树又称为 Trie 树(retrieval 树，即检索树)。

若从键树中某个结点到叶结点的路径上每个结点都只有一个孩子，则可将该路径上所有结点压缩成一个“叶结点”，且在该叶结点中存储关键码及指向记录的指针等信息。例如，图 10-18 所示键树中，从结点 B 到结点$为单支树，则在图 10-21 相应的 Trie 树中只有一个含有关键码 BEAR 及相关信息的终端结点。HORSE 所对应的结点也如此。

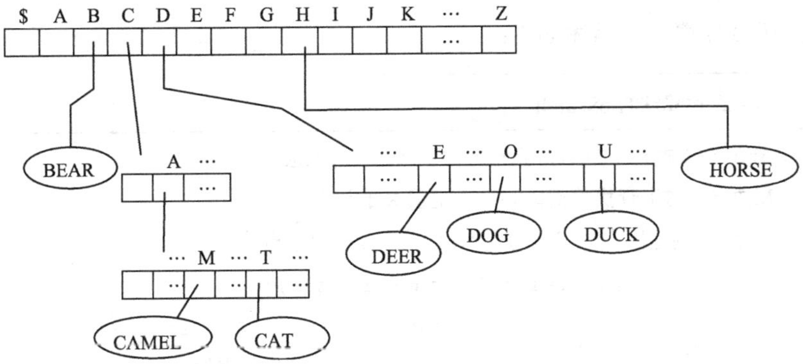

图 10-21　关键码集的 Trie 树 (深度=4)

在 Trie 树中有两种结点：分支结点、叶结点。

分支结点含有 d+1 个指针域和一个指示该结点中非空指针域个数的整数域;叶结点含有关键码域和指向记录的指针域。

在分支结点中不设数据域，每个分支结点所表示的字符均由其双亲结点中(指向该结点)的指针所在位置决定。

在 Trie 树上进行查找的过程为：从根结点出发，沿和给定值相应的指针逐层向下，直到叶结点。若叶结点中的关键码和给定值相等，则查找成功，否则查找不成功。若将分支结点和叶结点这两种结点用一个类型来描述，则需设置区分标志，不同的部分用 union 类型加以共用。

结点类型描述如下：

```
const int MAXLEN=30;      // 设关键码的最大长度MAXLEN=30
 enum Nodetype {branch,leaf};
 struct TNode;
 struct BranchNode
 { TNode *ptr[27];          // 按字母字符关键码设计，d=26,d+1=27
    int num;
```

```
  };
struct LeafNode
  { char data[MAXLEN];
     RecordLinkType  recptr;
   };
union UnionMixNode
   { BranchNode branchfld;
      LeafNode leaffld;
   };
  struct TNode
   { Nodetype nodetp;
      UnionMixNode mxp;
   };
```

则 Trie 树查找算法可描述如下：

Trie树中查找算法TrieSearch

```
RecordLinkType TrieSearch(TNode *t,char K[])
// 在 Trie 树上查找关键码等于给定值 K 的记录
// 若存在,则返回指向记录的"指针",否则返回"空指针"
{  TNode *p=t;int i=1;int num=strlen(K);
   while ((p!=NULL) && (p->nodetp!=leaf) && (i<num))
                                       // p 为分支结点
   { p=p->mxp.branchfld.ptr[ord(K[i])];
          //ord 求字母在字母表中的序号
          //假设字符'$'的序号为 0.ord(K[i])可用 K[i]-'A'+1 代替
     i++;
    }
   if ((p!=NULL)&&(p->nodetp==leaf)&&
     (strcmp(p->mxp.Leaffld.data,K)==1)
     return  p->mxp.Leaffld.recptr;              // 查找成功
   else      return NULL;                   // 查找失败
}
```

从上述查找过程可见，Trie 树的查找和 B^+树类似，查找成功时走了一条从根到叶结点的路径。例如，在图 10-21 上，查找关键码 CAMEL 的过程为：从根结点出发，顺 C 对应的指针指向走到下一层结点，再由下层结点中的 A 对应的指针指向走到再下一层的结点，再由 M 对应的指针到达叶结点，即找到 CAMEL。查找 DONKEY 的过程为：从根结点出发，顺 D 对应的指针指向走到下一层结点，再顺 O 对应的指针指向走到再下一层结点时，由于该结点中和字符 O 相应的指针只有关键码 DOG，但 DOG 又不与 DONKEY

相同，所以，查找失败。而查找 CAP 的过程则是：从根结点出发，顺 C 对应的指针指向走到下一层结点，再顺 A 对应的指针指向走到再下一层结点，而欲再由 P 相应的指针指向往下走时，因 P 所对应的指针为空，且关键码又没比较完，所以，查找也失败。

多重链表表示的键树上的查找的时间依赖于树的深度。因此，如何在构建多重链表时使树的高度尽量矮，是人们感兴趣的研究问题。由于在关键码集合给定后，若在 Trie 树中能使关键码较早出现，树就矮，查找效率就高，所以在考虑关键码按字母分层分割时，尽早能分出一个关键码能构成一个子集，就是理想的分割法，将来生成的 Trie 树就更理想。将关键码按首字母分割后，对那些元素个数大于 2 的子集按尾字母字符分割，若还有元素个数大于 2 的子集，再按第二个字符分割，即首尾字符交替进行，这样一种方法通常会得到较好的分割效果。例如，对图 10-18 所给的键树，采用首尾交替分割的方法可得到如图 10-22 所示的另一棵 Trie 树。

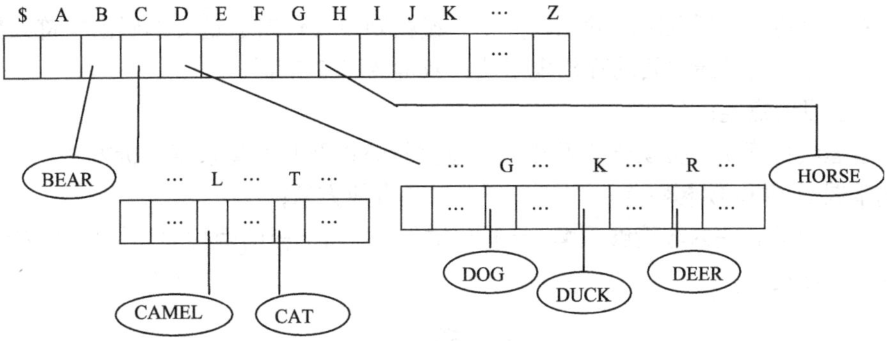

图 10-22　关键码集按首尾字符交替分割得到的另一棵 Trie 树（深度=3)

图 10-22 所示的 Trie 树比图 10-21 所示的 Trie 树矮一层。当然，在对关键码集按首尾字符交替分割得到的 Trie 树上进行查找操作时，也要注意，从根结点开始的结点上的字符与待查关键码的字符的比较时也要分别将关键码以首尾字符交替方式进行比对。

键树的双链树和 Trie 树这两种不同表示方法各有特点。若键树中结点的度较大，则采用 Trie 树结构较双链树更为合适。

在键树上的查找，不论查找成功，还是失败，都需从根结点出发，向某个终端结点(或叶结点)顺链行走。若没走到终端结点，查找肯定失败。若走到了终端结点，关键码仍没比较完所有的位，查找仍失败。在走到了终端结点，关键码与路径上字符分别对应相等且关键码所有位比较完，或与终端结点所指的关键码相同，此时，查找才成功。

总之，树表上的查找时间复杂度都依赖于树的深度。由于树表主要用作文件索引，因此结点查找总的效率还涉及外部存储设备的特性。故它们的平均查找长度要结合外部存储设备的特性来分析考虑。这里仅根据树可能的最大深度给出了相当于最坏情况下的时间复杂度分析。

本章内容小结和学习要点

用户对数据文件最频繁的操作是数据查找。一般情况下，进行查找需要对整个文件进行数据搜索。当文件中数据很多时，搜索数据就需要花很长的时间。为了提高查找数据的速度，引入了数据文件的索引。索引分主索引和辅助索引两种。主索引是针对主码的索引，有稠密索引、稀疏索引和多级索引等形式。主索引是按文件中记录的关键码进行的索引。辅助索引是对次关键码进行的索引，分为倒排表和多重表两种。通过辅助索引可以提高对次关键码进行查找的效率。索引通常会增加数据存储的开销。但对提高查找效率有很大的裨益。线性索引文件组织的主要缺陷是随着文件的增大，性能会下降。为了克服这个缺陷，可以使用多级索引，甚至用 B^-树的组织形式进行索引。B^+树的索引味道更浓。B^-树和 B^+树都是平衡树，即从树根到任意终端结点的路径长度都相等。这种查找简单有效的，但插入和删除比较复杂。键树则主要针对的是关键码由字符或数位构成的情况，可有两种最主要的存储表示法：双链树和 Trie 树。

本章学习要点是：

(1)掌握线性索引、分块索引及相应的查找策略以及时间复杂度分析方法；

(2)掌握 B^-树和 B^+树特点、建树过程，以及查找方法；

(3)对键树的有关内容能够理解，会画出键树，画出键树的两种存储结构的逻辑表示：双链树和 Trie 树。

习 题 10

1. 解答题

(1) 有哪几种最主要的索引方式？每种索引方式的特点是什么？

(2) 分块索引下的查找分哪两步完成？

(3) 什么叫分块有序？

(4) 哪几种索引适合于动态查找？

(5) 为什么在 m 阶 B^-树中，通常使用 m=3 的 3 阶 B^-树比更高阶的 B^-树要多？

2. 判断题

(1) 分块索引情况下采用分块查找，在等概率情况下，其平均查找长度不仅与块数有关，而且与每一个块中的记录个数有关。( )

(2) 数据文件按关键码有序情况下既可以建稠密索引，也可建稀疏索引。( )

(3) 数据文件按关键码分块有序情况下不能建稠密索引。( )

(4) 索引顺序组织结构的优点不包括适合顺序查找。( )

(5) B^-树是一种动态索引结构，既适用于顺序查找，也适用于随机查找。( )

(6) B^+树是一种动态索引结构，既适用于顺序查找，也适用于随机查找。( )

(7) 对于 B^-树中任一终端结点以上层的结点中的某个关键码 k 来说，比 k 大的最小关键码和比 k 小的最大关键码一定都在终端结点中。( )

(8) 在索引文件中的查找，既可以顺序查找，也可以折半查找。( )

(9) m 阶 B^-树中每个非终端结点都至少含 $\lceil m/2 \rceil$ 个关键码，至多含 m 个。( )

(10) m 阶 B^-树和 m 阶 B^+树中任何一个结点的左右子树的高度都相等。( )

(11) 7 阶 B^-树中非终端结点所含的子树的最少个数是 2，最大个数是 7。( )

(12) B^+树中任何一个非外结点所含关键码个数与其子树数都相等。( )

(13) m 阶 B^+树终端结点以上层中的每个结点也有指向记录位置信息指针。( )

(14) 键树也是平衡树。( )

3. 选择题

(1) 在插入一个关键码到一棵 m 阶 B^-树的一终端结点前，若其关键字个数已等于______，则插入后必须将该结点分裂为两个结点。

A. m　　B. $m-1$　　C. $m+1$　　D. $m/2$

(2) 在一个 7 阶的 B^-树上，除根外的每个非外结点所含的子树数最少为______。

A. 3　　B. 3　　C. 4　　D. 5

(3) 对 289 个按关键字有序的记录文件建立分块索引，为提高查找效率，每块大小应设为______。

A. 15　　B. 17　　C. 16　　D. 18

(4) 适合于基于比较关键码的动态查找方法是______。

A. 顺序查找　　B. 散列查找　　C. 索引顺序查找　　D. 折半查找

4. 填空题

(1) 在索引表中，每个索引项至少包含______和______等信息。

(2) 在线性索引中，______称为稠密索引，______称为稀疏索引。

(3) 分块有序是指文件可划分为若干块，______无序，______有序。

(4) 在分块查找方法中，首先查找______，然后查找相应的 ______。

(5) 9 阶 B^-树中根结点若非空，则它所含关键码个数最多为______，最少为______。

(6) 在一棵 5 阶 B^-树中，除根结点和外结点外，每个结点的子树数目最少为______，最多为______。

(7) 在一棵 7 阶 B^+树中，除根结点和外结点外，每个结点的关键码最少为______，最多为______。

(8) 对于包含 n 个关键码的 m 阶 B^-树，其最小高度是______，最大高度是______。

(9) 在一棵 B^-树中删除关键码，若最终引起树根结点的合并，则新树比原树的高度______。

(10) 在一棵高度为 h 的 B^-树中，外结点处于第______层，当向该 B^-树中插入一个新关键码时，为查找插入位置需读取______个结点。

(11) 对于分块索引组织结构，主文件记录数为 n，若每块长度正好相等，用顺序查找确定待查的块，在块内顺序查找，则查找时间复杂性为______。若用二分法查找确定待查块，在块内顺序查找，则查找时间复杂性为______。

(12) 在索引顺序表(数据文件也按关键码有序)中，首先查找______，然后再查找相应的______，都采用二分法查找，则其平均查找长度等于______。

(13) 在一个 3 阶的 B^-树上，每个结点所含的子树数目最多为______。

(14) 在一棵 m 阶的 B^-树中，当将一个关键码插入某结点而引起该结点分裂时，此结点原有个关键码；若删去某结点中的一个关键码，而导致结点合并时，该结点原有______个关键码。

(15) 当向 B^-树中插入关键码时，可能引起结点的______，最终可能导致整个 B^-树的高度______，当从 B^-树中删除关键码时，可能引起结点______，最终可能导致整个 B^-树的高度______。

(16) 在 9 阶 B^-树中，除根结点和外结点之外的结点中的关键码个数不少于______。

5. 计算和操作题

(1) 对图 11-23 所示的 4 阶 B^-树，分别给出插入关键码为 32,44,46,58 和 70 之后的结果。

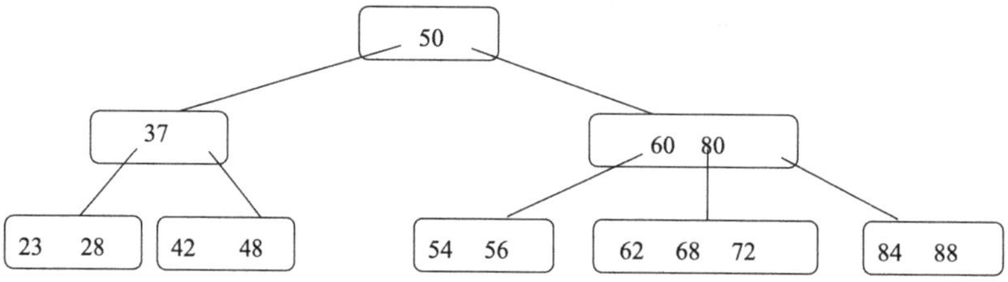

图 10-23　一个 4 阶 B^-树

(2) 对图 10-23 所示的 4 阶 B^-树，分别给出删除关键码为 54,48,60 之后的结果。

(3) 给定一组记录，其关键码为字母。记录按照下面的顺序插入一棵空的 3 阶 B^-树中：A,P,L,E,C,R,O,D,I,G,U,B,T。请画出插入这些记录后的 3 阶 B^-树。

(4) 已知一个 B^+树有 5 个终端结点，每个终端结点中的关键码如图 10-24 所示，请画出这棵 3 阶 B^+树。然后,在此树中插入关键码 68，再画出插入后的 B^+树。

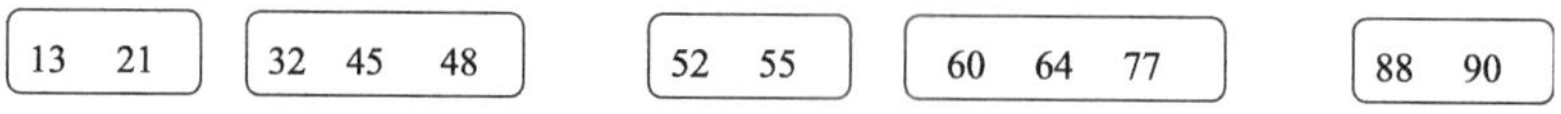

图 10-24　一个 3 阶 B^+树的终端结点

(5) 给定一组关键码为字母记录，关键码序列为 A,P,L,E,C,R,O,D,I,G,U,B,T。试从一棵空的 3 阶 B^+树开始，插入到该 3 阶 B^+树中，建立最终的 3 阶 B^+树。

(6) 在由图 10-24 所构造的 3 阶 B^+树中，试画出删除关键码 52、55 以后的 3 阶 B^+树。

思 考 题 10

在给出如下关键码的集合：{APPLE,PEAR,PEACH,ORANGE, BANANA, GRAPE, LITCHT, PINE, PEACOCK, INFANT, INSECT, BARBEQUE}下，画出其下列图形：

① 键树；

② 双链树；

③ Trie 树；

④ 按键值首尾字符交替分割所得到的 Trie 树。

上 机 题 10

设有两个文件：主文件 maindata.dat 和索引文件 index.dat。主文件由若干记录组成，每个记录登记了学生学习成绩情况，包括数据项：学号、姓名、语文、数学、外语。索引文件是稠密索引的，每个索引项(也是记录)有两个域: 学号和相应的学生在主文件中的位置。索引文件中的记录是按学生学号升序排列的。要求读入学生的学号，从索引表文件中找出该学号对应的学生在主文件中的位置并打印出该学生的所有信息。

主要参考文献

刘大友, 唐海鹰, 孙舒杨, 等. 2001. 数据结构. 北京: 高等教育出版社.

彭波. 2004. 数据结构教程. 北京: 清华大学出版社.

唐策善, 李龙澍, 黄刘生. 2002. 数据结构——用 C 语言描述. 北京: 高等教育出版社.

王红梅, 胡明, 王涛. 2011. 数据结构(C++版). 2 版. 北京: 清华大学出版社.

许卓群, 杨冬青, 唐世渭, 等. 2004. 数据结构与算法. 北京: 高等教育出版社.

严蔚敏, 吴伟民. 1997. 数据结构. 北京: 清华大学出版社.

Basse S, Van Gelder A. 2000. Computer algorithms: introduction to design and analysis. 3rd Edition. London: Pearson Education.

Ford W, Topp W. 1996. Data structures with C++. Upper Saddle River: Prentice Hall.

Horowitz E, Sahni S. 1976. Fundamentals of data structures. London: Pitman Publishing Ltd.

Shaffer C A. 1997. Data structures and algorithm analysis. Upper Saddle River: Prentice Hall.

附录　上机实验报告格式

实验题目：××××××××××

一、问题描述

对实验内容的一个概要描述。

二、实验目的

1. ××××××××

2. ××××××××

三、实验内容

1. ×××××××××

2. ×××××××××

四、实验要求

1. ×××××××××

2. ×××××××××

五、设计与提示

1. 用到的理论知识

列出与本实验密切相关的理论知识，应用的必要性或自己理解的用途或用法。

2. 主要算法设计

给出所用到的数据逻辑结构和存储结构；主要算法设计思想；类定义，包括数据成员和函数成员的定义。

3. 文件设计

给出存储代码准备用到的磁盘文件名。

4. 界面设计

给出便于人机交互的人机界面设想，包括输入输出时的汉字提示信息，是否有大小写字母转换等保证程序健壮性措施。

5. 功能划分

给出功能划分和调用关系。

六、编码

给出具体的实现代码，尽量带较为详细的注释。尤其要给出主函数的代码、类定义代码、任务处理的代码等。

七、运行与测试

1. 在编译连接阶段遇到了哪些问题，是如何解决的？

2. 在运行时遇到什么问题，是如何解决的？

3. 在使用测试数据运行时，是否出现了问题，如何改正的？

4. 多组测试数据下是否都能获得相应正确结果？如果不能，是如何解决的？如果能，是否能保证正确？

八、总结与心得体会

经过本实验掌握了那些知识？排除编译错误时取得了什么经验？排除逻辑错误时又取得了那些经验？对求解问题的数据模型和算法有了什么体会和收获？对过去学习过的程序设计语言的理解和使用技巧上是否有了提升的感觉？今后解决类似问题时，能否以此为出发点设计和实现更加“训练有素”的算法或程序？

索　　引

索　引